U0309272

“十二五”国家重点图书出版规划项目
核能与核技术出版工程
总主编 杨福家

中国核农学通论

Introduction to Nuclear Agricultural Sciences in China

华跃进 主编

内容提要

本书系统地介绍了我国在该领域的研究成果，以及核农学的基础理论、关键技术的历史、现状及未来趋势。全书分10章，主要内容由导言、基础、技术及应用等几大部分组成，包括中国核农学发展史、核农学相关理论与技术基础(核物理和探测技术、放射化学、辐射剂量与防护、放射生物学)、核素示踪法、核分析技术、植物辐射诱变育种、辐射加工、昆虫辐射不育等，并附中国核农学大事记及一些常用参数表。

图书在版编目(CIP)数据

中国核农学通论 / 华跃进主编. —上海：上海交通大学出版社，2016
核能与核技术出版工程
ISBN 978-7-313-14185-9

Ⅰ.①中… Ⅱ.①华… Ⅲ.①核技术应用—农业—中国 Ⅳ.①S124

中国版本图书馆CIP数据核字(2015)第290152号

中国核农学通论

主　　编：华跃进
出版发行：上海交通大学出版社　　地　　址：上海市番禺路951号
邮政编码：200030　　电　　话：021-64071208
出 版 人：韩建民
印　　制：山东鸿君杰文化发展有限公司　　经　　销：全国新华书店
开　　本：710 mm×1000 mm　1/16　　印　　张：39.25
字　　数：654千字
版　　次：2016年4月第1版　　印　　次：2016年4月第1次印刷
书　　号：ISBN 978-7-313-14185-9/S
定　　价：198.00元

丛书编委会

本书编委会

总　　序

1896 年法国物理学家贝可勒尔对天然放射性现象的发现,标志着原子核物理学的开始,直接导致了居里夫妇镭的发现,为后来核科学的发展开辟了道路。1942 年人类历史上第一个核反应堆在芝加哥的建成被认为是原子核科学技术应用的开端,至今已经历了 70 多年的发展历程。核技术应用包括军用与民用两个方面,其中民用核技术又分为民用动力核技术(核电)与民用非动力核技术(即核技术在理、工、农、医方面的应用)。在核技术应用发展史上发生的两次核爆炸与三次重大核电站事故,成为人们长期挥之不去的阴影。然而全球能源匮乏以及生态环境恶化问题日益严峻,迫切需要开发新能源,调整能源结构。核能作为清洁、高效、安全的绿色能源,还具有储量最丰富、高能量密集度、低碳无污染等优点,受到了各国政府的极大重视。发展安全核能已成为当前各国解决能源不足和应对气候变化的重要战略。我国《国家中长期科学和技术发展规划纲要(2006—2020)》明确指出"大力发展核能技术,形成核电系统技术的自主开发能力",并设立国家科技重大专项"大型先进压水堆及高温气冷堆核电站专项",把"钍基熔盐堆"核能系统列为国家首项科技先导项目,投资 25 亿元,已在中国科学院上海应用物理研究所启动,以创建具有自主知识产权的中国核电技术品牌。

从世界来看,核能应用范围正不断扩大。目前核能发电量美国排名第一,中国排名第六;不过核能发电的占比方面,法国占比约 74%,排名第一,中国仅约 2%,排名几乎最后。但是中国在建、拟建和提议的反应堆数比任何国家都多。相比而言,未来中国核电有很大的发展空间。2015 年为中国核电重启的关键年,据中国核能行业协会发布的最新数据显示,截至 2015 年 6 月底,中国投入商业运行的核电机组共 25 台,总装机容量为 2 334 万千瓦。值此核电发展的历史机遇期,中国应大力推广自主开发的第三代以及第四代的"快堆"、

"高温气冷堆"、"钍基熔盐堆"核电技术，努力使中国核电走出去，带动中国由核电大国向核电强国跨越。

随着先进核技术的应用发展，核能将成为逐步代替化石能源的重要能源。受控核聚变技术有望从实验室走向实用，为人类提供取之不尽的干净能源；威力巨大的核爆炸将为工程建设、改造环境和开发资源服务；核动力将在交通运输及星际航行等方面发挥更大的作用。核技术几乎在国民经济的所有领域得到应用。原子核结构的揭示，核能、核技术的开发利用，是21世纪人类征服自然的重大突破，具有划时代的意义。然而，日本大海啸导致的福岛核电站危机，使得发展安全级别更高的核能系统更加急迫，核能技术与核安全成为先进核电技术产业化追求的核心目标，在国家核心利益中的地位愈加显著。

在21世纪的尖端科学中，核科学技术作为战略性高科技学科，已成为标志国家经济发展实力和国防力量的关键学科之一。通过学科间的交叉、融合，核科学技术已形成了多个分支学科并得到了广泛应用，诸如核物理与原子物理、核天体物理、核反应堆工程技术、加速器工程技术、辐射工艺与辐射加工、同步辐射技术、放射化学、放射性同位素及示踪技术、辐射生物等，以及核技术在农学、医学、环境、国防安全等领域的应用。随着核科学技术的稳步发展，我国已经形成了较为完整的核工业体系。核科学技术已走进各行各业，为人类造福。

无论是科学研究方面，还是产业化进程方面，我国的核能与核技术研究与应用都积累了丰富的成果和宝贵经验，应该系统总结、整理一下。另外，在大力发展核电的新时期，也急需有一套系统而实用的、汇集前沿成果的技术丛书作指导。在此鼓舞下，上海交通大学出版社联合上海市核学会，召集了国内核领域的权威专家组成高水平编委会，经过多次策划、研讨，召开编委会商讨大纲、遴选书目，最终编写了这套"核能与核技术出版工程"丛书。本丛书的出版旨在：培养核科技人才；推动核科学研究和学科发展；为核技术应用提供决策参考和智力支持；为核科学研究与交流搭建一个学术平台，鼓励创新与科学精神的传承。

这套丛书的编委及作者都是活跃在核科学前沿领域的优秀学者，如核反应堆工程及核安全专家王大中院士、核武器专家胡思得院士、实验核物理专家沈文庆院士、核动力专家于俊崇院士、核材料专家周邦新院士、核电设备专家潘健生院士，还有"国家杰出青年"科学家、"973"项目首席科学家、"国家千人计划"特聘教授等一批有影响的科研工作者。他们都来自各大高校及研究单位，如清华大学、复旦大学、上海交通大学、浙江大学、上海大学、中国科学院上海应用物理研究所、中国科学院近代物理研究所、中国原子能科学研究院、中国核动力研究设计院、中国工程物理研究院、上海核工程研究设计院、上海市辐射环境监督站等。本丛书是他们最新研究成果的荟萃，其中多项研究成果获国家级或省部级大奖，代表了国内甚至国际先进水平。丛书涵盖军用核技术、民用动力核技术、民用非动力核技术及其在理、工、农、医方面的应用。内容系统而全面且极具实用性与指导性，例如，《应用核物理》就阐述了当今国内外核物理研究与应用的全貌，有助于读者对核物理的应用领域及实验技术有全面的了解，其他书目也都力求做到了这一点，极具可读性。

由于本丛书良好的立意和高品质的学术成果，使得本丛书在策划之初就受到国家的重视，成功入选了“十二五”国家重点图书出版规划项目。另外，本丛书也受到上海新闻出版局的高度肯定，部分书目成功入选了“上海高校服务国家重大战略出版工程”。

在丛书出版的过程中，我们本着追求卓越的精神，力争把丛书从内容到形式上做到最好。希望这套丛书的出版能为我国大力发展核能技术提供上游的思想、理论、方法，能为核科技人才的培养与科创中心建设贡献一份力量，能成为不断汇集核能与核技术科研成果的平台，推动我国核科学事业不断向前发展。

2015 年 11 月

序

核农学是原子核科学技术与农业科学技术相互渗透和结合发展而成的综合性交叉学科。值中国核农学创建60周年之际,《中国核农学通论》即将面世,这是我国核农学领域的一件大事,可喜可贺!

回顾我国半个世纪以来核农学科的形成与发展史,共经历了筹建与开创(1956—1964年)、调整与滞缓(1965—1975年)、恢复与巩固(1976—1985年)、开放与发展(1986—1998年)和创新与持续发展(1999年至今)等五个时期,至今已经形成了一门系统的“当代科技新学科”。核素与核技术在农业科学和农业生产中的应用已成为现代农业科学技术的重要组成部分,是现代化农业重要标志之一。核农学深化了“绿色革命”,成为改造传统农业、促进农业现代化的科学技术,在农作物辐射改良、辐照杀虫灭菌、辐照促进生物增产、农副产品辐照加工和食品辐照保藏等方面取得了巨大的经济效益、社会效益和生态效益。自中国核农学于1956年创建以来,全体“核农人”风雨兼程,齐心协力,经过几代人的共同努力,经历许多曲折与磨难,克服种种艰难与困苦,锐意进取,取得了一系列世人瞩目的成就。今天的中国核农学已经跻身世界强林,受到国际原子能机构和全球同行的高度认可和赞扬。

为了总结与反映半个多世纪以来中国核农学的发展与成就,浙江大学原子核农业科学研究所华跃进教授组织并邀请我国长期从事核农学教学和研究的有丰富经验的部分教授、专家共同编写《中国核农学通论》一书。该书是“核能与核技术出版工程”重点图书之一,是中国核技术农业应用领域中一部较为全面的理论性、综合性和实用性的著作,内容丰富,包括中国核农学发展简史、核物理和探测技术基础、基础放射化学、辐射剂量与防护基础、放射生物学基础、核素示踪法及其应用、核分析技术、植物辐射诱变育种、昆虫辐射不育技术及其应用和辐照食品加工等。该书具有较强的系统性、先进性和多学科交叉性，适合从事核农学教学和研究的专业人员、相关专业的高年级本科生和研究生以及对核农学感兴趣的有关读者。

希望该书的出版发行对推动我国核农学的进一步发展起到事半功倍的作用。祝中国核农学事业更上一层楼！

中国科学院院士

陈子元

2015 年 8 月

前　　言

核农学(Nuclear Agricultural Sciences)是原子核科学技术与农业科学技术相互渗透和结合发展而成的综合性交叉学科。它的快速发展和广泛应用对我国乃至世界农业科学和农业生产的进步产生了深刻影响,已成为改造和创新传统农业的重要科学技术,也是现代农业科学技术发展的一个重要标志。

为了总结与反映中国核农学半个多世纪以来的发展与成就,由中国科学院院士、中国核农学开拓者陈子元教授提议,由中国核农学领域重点研究单位的浙江大学原子核农业科学研究所组织并邀请我国长期从事核农学教学和研究的有丰富经验的部分教授、专家共同编写《中国核农学通论》一书。

本书是"核能与核技术出版工程"重点图书之一,是中国核技术农业应用领域中较为全面的一部理论性、综合性和实用性的巨著。全书分为10章,内容包括中国核农学发展简史(华跃进)、核物理和探测技术基础(史建君)、基础放射化学(郭江峰、丁兴成)、辐射剂量与防护基础(史建君)、放射生物学基础(田兵、王梁燕)、核素示踪法及其应用(杨俊诚、潘家荣、葛才林、吕金印、姜慧敏、张建峰)、核分析技术(郭江峰、汪志平)、植物辐射诱变育种(刘录祥、吴殿星、陈秀兰)、昆虫辐射不育技术及其应用(季清娥)和辐照食品加工(戚文元、黄敏、孔秋莲)。

在本书编撰出版过程中,得到了有关领导及前辈的重视和关怀,特别是中国核农学先驱、中国科学院院士陈子元教授对本书的编写给予了高度关怀和大力指导,也得到了参加编撰者所在单位的通力协助,还得到了有关专家对书中相关章节的审阅；另外，参阅引用了国内外其他作者的大量文献资料。在此，我们一并表示衷心感谢。

本书力求全面反映中国核农学最新发展和科学水平，但限于编者水平，加之多人执笔，书中存在的遗漏和不妥之处，敬请广大读者批评指正。

目　　录

第1章
中国核农学发展简史

1.1 核农学的概念和基本任务

1.1.1 核农学的概念与基本任务

1.1.1.1 核农学的概念

核农学(Nuclear Agricultural Sciences, NAS)是原子核科学技术(简称核技术 Nuclear Technology)与农业科学技术相结合而形成的一门新兴的交叉学科,是核素与核辐射技术在农业科学与农业生产中广泛应用的科学[1]。由于现代核科学与技术的迅速发展,目前核素与核辐射技术的应用仍然是一个发展的概念,因而核农学也是一个发展的概念,所以讨论核农学,只是指明它的科学含义,即核农学是研究核的特性及核辐射与物质相互作用的物理学、化学和生物学效应在农业科学与农业生产中的应用及其理论基础[2]。

核农学作为核科学技术与农业科学技术相结合的应用科学,集中了近代核物理学、核化学、辐射化学、放射生物学、辐射遗传学、核电子学以及现代生物学和基础农学等的最新成就,跻身于现代科学与高新技术之列。核农学的特点是以核物理学和核化学的研究手段,以生命物质和生命活动为研究对象,所以,核农学体现了当代科学的技术化与技术的科学化的特征,已经成为现代农业科学技术的重要组成部分,也是农业现代化的标志之一[3]。

核素与核辐射技术是属于"轻型结构技术",所以核农学工程规模较小,投资不大,但回收快,社会和经济效益显著,并且可以在无损伤的情况下,获得生命物质的微观和宏观运动变化规律,是其他技术无法取代的。中国核技术在农业上的应用蓬勃发展,近半个世纪以来在农业的不同领域中获得卓越成就,创造了重大的经济和社会效益,积累了诸多经验、技术与方法,建立了相应的基础理论体系。在此基础上,原子核科学技术与农业科学技术之间不断地相互渗透，逐步形成了具有独特学科体系的新分支学科——核农学。

中国核农学在长期的发展中逐步形成了两个体系：一是全国26个省、市、自治区都建立有核农学专业研究机构，业务上密切联系，形成了全国的科研体系；二是在中国原子能农学会（一级学会）的牵头下全国有21个省、市、自治区成立了省级的原子能农学会，形成了学术交流体系。尤其是"十一五"和"十二五"期间，中国核农学得到了国家行业科研专项（农业）的大力支持，使得这两个体系的联系更加紧密，更有实质性。这两个体系相辅相成、互相促进，有力地促进了中国核农学的发展。这两个体系是国际上绝无仅有的，体现了中国核农学的特色和优势[2]。

1.1.1.2　核农学的基本任务

核农学既是核科学技术的一个分支学科，又是农业科学和农业技术的重要组成部分。农业科学技术与农业生产的基本任务是有效地利用和保护自然界丰富的物质资源，以满足人类日益增长的物质需要。理所当然地核农学的基本任务也应该是和平利用原子能，有效利用和保护人类赖以生存的丰富的生物资源，并不断地改造与创造新的生物资源以满足人类日益增长的物质需要。这一个基本任务贯穿于整个生物产业的全过程，即前期的调查、研究、勘探与计划，中期生产过程中的种植栽培、饲养繁殖、灾害防治，以及后期产品的加工、保鲜与利用等[1]。

1.1.2　核农学的主要研究内容

核农学就其功能而言，其研究的内容可分为核素示踪技术和核辐射技术两部分[3]。

1.1.2.1　核素示踪技术

利用核素的核特性，即放射性核衰变和稳定性核质量差异作为信息表达，通过核物理仪器仪表的探测和核化学分析以获取信息，从而阐明自然界宏观与微观的物质运动和变化规律，揭示农业科学和农业生产中的奥秘。通常称核素示踪技术（nuclides tracer technique）在农业中的应用为狭义的"核农学"，主要包括核素示踪学和示踪动力学等。

1.1.2.2　核辐射技术

通常称核辐射技术（nuclear radiation technique）在农业中的应用为"辐射农学"或者"放射农学"（Radiation Agronomy）。包括利用核辐射与物质相互作用所产生的物理学、化学和生物学效应，对生命物质进行改造，创造生物新品种(种质),刺激生物增产,杀虫灭菌,利用和保护自然资源等。

归结起来,核农学就是核素与辐射技术在大农业,包括农、林、牧、渔业等各个领域中的广泛应用而发展起来的综合性科学。所以广义上称"核农学"(Nuclear Agricultural Sciences),是综合化的概念即核农业科学[1]。

除此之外,核农学的研究还包括核素与核辐射应用的方法与技术的研究,例如,不断地探索新的辐射源、辐照工艺和开拓新的诱变因素与技术;开发新的核素(放射性核素与稳定性核素)及其制品(标记化合物)的制备技术;核监测分析与测量技术,核信息处理与计算机技术以及核技术与其他高新技术的结合等。

1.1.3 核农学与农业科学技术

核农学在现代农业科学研究和农业生产中发挥了重要作用,为促进农业科学技术的发展,改进农业生产技术,加速实现农业现代化,提供了先进的科学理论和技术手段。农业科学是以生命科学为基础的应用科学,农业生产和技术进步有赖于农业科学的发展,所以在某种意义上讲,核农学是以农业科学和农业生产为研究对象,以核素和核辐射技术为研究手段的[4]。核农学的进步与发展同样要依赖于农业科学与农业生产的进步与发展,特别是依赖于基础农学的进步与发展。早在20世纪50年代,核技术在农业上的应用只限于农作物的辐射育种、合理施肥和植物保护等少数领域,后来由于农业生产的全面发展和农业科技的进步,核农学的研究与应用领域迅速地拓宽到畜牧兽医、渔业水产、果树、蔬菜、林木花卉、农副产品加工、农业环境保护、防治虫害和农业工程等[5]。近年来由于农业环境生态学、遗传学以及分子生物学的发展,特别是农业生物技术的崛起,使核农学在微观和宏观等方面的研究与应用都有了深入的发展,例如,研究农药等农用化学物质的药理药效及各化学物质在生物体内和环境中的动态变化等规律,从而促使不断建立和改进稳定核素和后活化示踪方法与技术。为了提高植物诱变频率,不断地探索辐射诱变机理以及遗传物质的操作与修复等[2]。

核农学是核科学技术与农业科学技术相结合而形成的交叉学科,但是,实际上与农业科学技术相结合的核科学技术主要是核素与核辐射技术。按照技术结构,主要分为核农学与环境科学、核农学与其他非核科学技术两大块。

1.1.3.1 核农学与环境科学

核农学在环境科学上的应用中发挥了很重要的作用,对于环境工程、农业环境保护和环境化学来说，同位素示踪技术具有突出的优点。将标记化合物或示踪剂加入所研究的体系中，借助于对同位素的测定技术即可发现这种物质随同类物质进行的运动和变化规律。由于同位素的特殊辐射性能往往无需分离即可达到极高的测定灵敏度和准确度，该方法早已被广泛应用于研究污染物在土壤地表水、地下水中的迁移行为。另外，对于污染物在生物链中转移规律的研究、污染物处理的机理研究中，经常应用示踪技术对关键核素的迁移与转化所开展的研究，在核废物的处理、处置中占有极重要的地位[1]。我国多年来在核环境方面取得了大量的研究成果。利用测定样品中示踪同位素在不同条件下的含量差别，可以推断环境基质在自然界中曾经发生的过程。例如，利用同位素作为准确的时标，通过海水中的铀系不平衡研究，可以推断与预测一系列的海洋环境变迁过程。在环境水文地质范畴中，利用^{14}C，^{3}H以及若干稳定性同位素示踪技术对地表水和地下水的研究，早已积累了系统的经验。在农业环境保护中应用放射性核素示踪技术也有较长的历史。例如，利用标记技术能够全方位跟踪农药和化学污染物在生态系统中的施加、吸收、降解、转移与积累等过程。由于示踪技术能够揭示原子、分子运动规律以及其他方法难以发现的现象，在高科技领域里发挥了重要的作用。例如，在环境化学领域里，可以用来识别反应的中间产物；在研究生物机体的新陈代谢过程时，示踪法不仅能定量地测定代谢物质的转移与变化规律，而且可以确定代谢物质在各个器官中的定量分布，是生态研究极为有力的武器。由于用人工方式可以得到具有极高放射性比活度的示踪剂，因而大大提高了放射性测定的灵敏度与精确度，这个特点使得示踪技术在环境领域中的应用范围仍在继续扩大[2]。

1.1.3.2　核农学与其他非核科学技术

20世纪50年代以来，一大批建立在现代科学技术之上的高新技术日益崛起，这些高新技术包括信息技术(即计算机技术)、新材料技术、生物技术、新能源技术、海洋技术和空间技术。信息技术是世界新技术革命的核心，它不仅作为一项主导技术独立存在，而且还要广泛渗透于其他高新技术领域，成为其他高新技术领域的依托和手段。所以现代高新技术的发展是以信息技术为先导，以新材料技术为基础，以新能源技术为支柱，由微观领域向生物技术发展，由宏观领域向海洋和空间技术发展，它们之间是既独立又相互渗透、互相支撑和互相发展的一个整体群[2]。

核技术在农业中的应用是核能利用的重要组成部分，核能(nuclear

energy)俗称原子能(atomic energy),是原子核的核子重新分配时释放出来的能量。核能分两类:一类是重元素(如铀或钚等)原子核分裂时释放的裂变能;一类是轻元素(氚和氘)原子核聚合时释放的聚变能。地球上蕴藏着丰富的铀和钍等资源,可以满足人类上千年的能源需求。而核技术为勘探、开采、分离和浓缩这些资源提供了重要技术保证[3]。

核素的示踪技术是科学研究中获得信息的重要手段之一,而核农学研究中获得的大量的信息,数据的处理、储存,建立数学模型和信息的传递,需要广泛的应用计算机技术,核农学研究中的自动化和系统化实际是计算机化。所以示踪技术在农业中的应用与发展的计算机化是核农学发展的重要趋势[5]。

新方法、新材料、新工艺是技术进步的突破口。20 世纪 70 年代以来,辐射化学的应用研究发展很快,例如研究电离辐射对各种物质的辐射损伤与破坏作用,以寻求耐强辐射的材料或制备新材料;利用电离辐射引起物理表观的物理变化和化学变化,以改进物质的某些性能或得到新产品。在这方面有机化合物的辐射合成以及高分子材料的辐射聚合、辐射交联、辐射裂解和辐射接枝的辐射化学工业产品的相继问世以及品种和数量的不断增长,则是辐射技术对国民经济的重要贡献[2]。

生物技术是直接或间接利用生物体及其组成部分和功能的实践,揭示生命活动的奥秘,创造新生物的全新领域,是今后解决农业粮食问题的主要途径之一,将是农业生产上又一次"绿色革命"。而生物技术中的微生物工程(发酵工程)、酶工程、细胞工程和基因工程的研究均离不开核素示踪技术的应用,尤其是对分子水平的农业遗传工程的研究,核技术提供重要的研究手段和方法,有些是其他技术和方法无法替代的。例如,生物技术中研究 DNA 的突变、重组、扩增、转移和表达以及分子杂交等关键技术都是用核素做标记,用示踪观察 DNA 的活动与变化,从而使核农学的研究水平发展到分子水平。生命活动中物质在生物体内和生态环境系统中的运动、变化是服从动力学的基础原理的,所以在核农学研究中核素示踪试验的设计、实验分析和结果,也要求用示踪动力学原理与方法进行,才能符合客观规律,才能掌握研究对象在复杂试验中的动态变化规律,从而近年来逐渐发展和形成了核素示踪动力学这一分支科学。与此同时核农学在研究中将更多地利用现代数学和物理学的基础原理和方法,使核农学的应用发展提高到一个新水平。

空间技术是在空间天文学、天文物理学、微重力科学和空间生物医学的基础上发展起来的一项巨大的系统工程,空间给人类提供一个微重力、高真空、超低温、强宇宙辐射以及无尘、无菌的超净环境等十分有利的条件,这种环境条件是地面上无法模拟的[4]。近年来,随着空间技术的发展,人类开始了空间生命的科学研究,探索空间众多因素对生物和人类生命活动产生的影响,从而充分地开发和利用空间资源。目前中国是世界上掌握卫星返回技术的少数国家之一,并有较高的返回成功率,利用返回式卫星和高空气球搭载农作物种子,在空间环境条件下,诱发农作物遗传变异,为培育农作物新品种开辟了新途径,一个空间技术与生物育种相结合的新科学——空间生物育种学正在产生。从 1987 年起,中国成功地利用返回式卫星进行十余次有关水稻、小麦、谷子、棉花、青椒和番茄等多种农作物种子的卫星和高空气球搭载实验,并取得了十分可喜的成果,农作物出现的大量遗传变异,充分体现了空间育种具有有益变异增多、变异幅度增大、稳定性较快的特点,空间遗传育种的研究和开发,拓宽和深化了核农学的研究领域,有力地促进中国核农学向纵深发展[5]。

总之,随着科学技术的发展,核农学与非核科学技术的相互渗透、相互支撑会越来越密切。

1.2 中国核农学的形成与发展

核农学是研究核素、核辐射与相应核技术在农业科学研究与农业生产中应用及其理论基础的一门学科。这门学科的形成过程是漫长的,它与核科学技术的进步和发展是融为一体的,从 1895 年威廉·伦琴(W. K. Röntgen)发现 X 射线和 1896 年贝可勒尔(H. Becguerel)发现铀的天然放射性算起,核素与核辐射技术的产生与发展已有近 120 年的历史。而对于核农学来说,如果从 1923 年 Hevesy 以^{212}Pb 研究菜豆对铅的吸收与 1927 年 Müller 发现射线诱发遗传变异算起,核技术在农业上的应用已有 90 年的历史。

中国从 1956 年开始在农业科学研究和农业生产中应用核素与核辐射技术。起初,应用只限于在诱变育种、耕作施肥、植物保护等领域,后来逐渐扩展到畜牧兽医、果树园艺、林业、水产、农副产品加工、刺激生物生长以及环境生态等领域。到目前,核农学已有自己的研究内容,逐步建立起理论基础和科学体系的研究方法[1]。

1956 年至 1965 年可以说是我国核农学的开创时期。1956 年,我国制定了第一个"十二年科学发展规划",将原子能和平利用列为五大重点发展项目之一。1957 年,在中国农业科学院建立了原子能利用研究室,接着沈阳、长春、杭州、南京、广州等地相继建立了一批同位素实验室。1958年，陈子元院士在原浙江农业大学主持创建了中国高等农业院校中第一个放射性同位素实验室。与此同时，北京农业大学(现中国农业大学)、沈阳农学院(现沈阳农业大学)、吉林农业大学、浙江农学院(现浙江大学农业与生物技术学院)、华南农学院(现华南农业大学)、西南农学院(现西南大学)等农业院校也相继建立了农业生物物理或农业物理等专业，开始培养专业人才。

1966年至1975年，"文化大革命"期间，中国经济建设遭到严重的破坏，中国核农学事业也遭浩劫，使刚刚兴起的核农学事业受到了严重的摧残，一些核农学研究机构被撤销，人员流失，科学试验停止，一批十分珍贵的试验资料和材料丢失，仪器设备毁坏，一些农业高等院校下放，核农学专业停办、撤销。但是，即使在如此艰难的条件下，从中央到地方的不少单位仍然坚持科学实验。高等院校和各相关研究单位，均取得了非常可喜的发展，获得了大量的科研成果，为核农学的事业以后的进一步发展奠定了坚实的基础。

"文化大革命"后，核农学事业进入了全面的恢复和发展时期，一些农业院校恢复专业并招生，北京、浙江、吉林、江苏、四川、广西等农业院校与研究单位还招收硕士研究生。尤其是1979年3月在杭州成立了"中国原子能农学会"，著名核农学专家徐冠任教授被推举为首届理事长，接着21个省市相继成立了分会，广泛开展了各种学术活动、科普活动与培训技术队伍等，有力地促进了核农学事业的发展。与此同时，北京、浙江、吉林、江苏、四川等农业院校先后恢复农业生物物理或农业物理专业本科生和研究生的招生，为本科生和研究生开设核农学课程，中国农业科学院原子能利用研究所和原浙江农业大学原子能核农业科学研究所还招收了生物物理(农)即核农学的博士研究生。

核技术农业应用研究在"六五"期间被国家科委列入重点攻关项目，在"七五"和"八五"期间被列为农业部重点科研项目。核农学的研究与应用一直受到国家科委、国家教委和农业部的重视和支持。1984年中国参加了国际原子能机构(IAEA)以后，中国核农学的研究和应用与国外同行开展了广泛的科技合作和学术交流，多年来中国核农学的研究不仅得到了国际原子能机构多方面的支持与资助，而且，还派出专家赴国外技术服务，举办各种国际会议和培训班，为国际原子能机构和第三世界发展中国家核农学事业的发展作出了重要贡献，受到国际原子能机构和国外同行专家的高度赞誉，使中国核农学事业的发展更加辉煌。1986年经国家原子能机构推荐，陈子元院士正式出任IAEA总干事长科学顾问。在此期间，中国原子能农学会和中国农业科学院原子能利用研究所还共同创办了《核农学报》、《核农学通报》两个国家核心学术刊物。从此，标志了中国核农学作为一门科学技术已经发展到成熟阶段。

进入20世纪90年代，世界进入经济一体化时代，科学技术无论从广度还是深度都在飞跃发展，科学从传统的技术向纵深发展，许多新的交叉学科又产生新工艺新技术。中国经济迅速发展，科技日新月异，中国核电站先后建成，航天技术走在世界前列，中国核农学也在不断调整和巩固。1994年，中国原子能农学会晋升为一级会员，中国农业科学院原子能利用研究所增挂中国核工业总公司核农学研究所。1995年，召开了全国航天育种交流会，从此，核农学开拓了航天育种领域的研究。1997年，中国农业科学院原子能利用研究所又增挂中国航天工业总公司空间技术农业应用研究所，农业部给予航天育种专项经费支持，由该所牵头组织并会同中国空间技术研究院、中国科学院联合向中央申报航天育种立项后，投资2.8亿元，于2006年发射了“实践八号”农业卫星。在此期间，北京、江苏、河南、山东、四川、安徽等地原子能农业利用研究所均在新建和扩建辐照源，目的是增加单位经济效益，全国农业辐照加工科研和生产形势很好。1999年经各国推荐，国际原子能机构正式确认中国为IAEA/RCA核技术农业应用领域牵头国。在这一期间，核农学又取得了一批国家级和省部级科技成果，但各单位对如何改革均感迷惘并抱有期待[2,3]。

随着科技体制的改革，农业核技术研发应面向经济建设主战场，以市场为导向，加强科技开发和产业化，加强科研成果的转化，将科学研究、示范推广、产品开发与市场紧密地衔接起来。在新的形势下，由于各单位对改革的认识不同，做法也不尽相同。2000年以来，中国农业科学院原子能利用研究所“改革转企”的决策名存实亡，影响到全国许多农业原子能利用研究所，四川、湖北、江苏、浙江、江西、新疆等地农业原子能利用研究所或摘牌或改变研究所的名称或与其他单位合并，人才大量流失，老同志也陆续退休，中国核农学又处于极大的困难之中。但国家对核农学仍很重视，“十五”、“十一五”期间国家继续给核农学立项。2005年受IAEA委托成立了“浙江大学-国际原子能机构植物种质资源研发合作中心”。2008年，国防科工局、农业部、财政部等部委还制定核农学12年发展规划，为核农学的发展注入了新的活力。同年，由浙江大学组织主持的国家公益性行业专项（农业）“核技术应用”项目正式启动，项目参加单位几乎涵盖全国各主要省市地的所有核农学研究相关单位，标志着核农学在全国范围内的合作进入了新阶段。该项目在“十二五”期间得到了国家的滚动支持。目前该项目进展顺利，已获得省部级一等奖2项，二等奖、三等奖多项；审定了水稻、小麦等作物新品种24个，申请植物新品种权28个，增产粮棉油逾18亿公斤；完成新技术14项，实现辐照农产品产值152亿元；发表学术400余篇，其中SCI收录论文152篇。完成新产品23个，如营养"黄金"米"福必得"，原生态大米"康农珍米"，专用品种白酒"御谷佳酿"；申报并已授权国家发明专利52项，制定了32项技术标准，其中多项技术标准已颁布实施，取得很好的经济效益；培养了学术骨干23人，博士后12人，硕/博士生169人；建立实验基地55个，品种和技术示范点35个，中试生产线14条。核农学为保障粮食安全，提升农产品食用安全性，农业生态环境的保护和修复等现代农业的发展提供了重要的科技支撑。2014年，国际原子能机构分别授予江苏里下河农科所水稻育种团队杰出成就奖(excellent achivement award)，浙江大学和中国农业科学院水稻育种团队成就奖(achivement award)[5]。

1.3　核农学在科学与国民经济中的地位

1.3.1　中国核农学成就回顾

目前，中国核农学研究已成为促进农业经济发展的重要科技手段，在各方面取得了显著成就。

1.3.1.1　植物辐射诱变育种

植物辐射诱变育种(plant radiation mutation breeding)是核技术在农业中应用的主要领域之一，是核农学的重点研究课题。辐射诱变技术具有突变率高、突变谱宽、后代形状稳定、育种周期短等优点，目前已成为获得新种质资源的有效途径之一。据分析，辐射育种研究在核农研究中所占的比重约为37.4%。中国植物辐射育种研究虽然比国外发达国家起步大约晚30年，但是发展迅速、成绩斐然。从20世纪60年代中期第一批育成的稻、麦新品种问世至2008年，植物辐射诱变育成新品种为623个，占世界辐射诱变育成品种总数的26.85%，中国辐射育种前25年间育成的品种增产值累计达200亿元以上，年均增值8亿元[6]。辐射诱变技术与生物技术相结合，将为提高体细胞突变率、加快植物遗传改良开辟广阔的发展前景。组织培养技术的发展，克服了辐射诱变的随机性、嵌合性和单细胞突变缺陷，能在一定程度上扩大遗传变异、提高育种效率和加快育种进程。目前，辐射诱变组织培养复合育种技术，已迅速纳入诱变育种的程序，并已成为一个重要的研究领域。

中国的植物诱变育种，为国家创造了巨大的社会经济效益，全国辐射诱变育成的油料作物每年产量达10多亿公斤，辐射诱变育成的品种每年增产粮食30多亿公斤，并得到了国家和各级政府的奖励。据不完全统计，江苏里下河地区农科所辐射诱变育成“扬麦158号”、“水稻扬辐籼2号”等20多个新品种，累计推广面积27亿亩，增产粮食110亿公斤，创经济效益136亿元。前浙江农业大学育成的水稻新品种“浙辐802”连续9年居全国常规稻推广面积之首，累计种植面积达1 400万公顷，创经济效益22亿元。中国农业科学院原子能利用研究所育成的多抗高产小麦品种原冬3号，1986—1993年累计推广面积100万公顷，增产小麦45亿公斤，创经济效益54亿元。自20世纪70年代以来，湖南省用辐射技术育成水稻品种60个，累计推广面积约660万公顷，增产粮食约25亿公斤，获经济效益约40亿元。新疆农业科学院核技术与生物技术研究所育成小麦品种“新春2号”、“新春3号”，已成为1986年以来新疆春小麦种植面积最大的栽培品种，在该地区占绝对优势，增产小麦6亿公斤，获经济效益9亿元。山东农业科学院原子能利用研究所利用“原武02”自交系，以它为亲本组配的鲁原单玉米杂交种，10年累计推广面积593万公顷，获经济效益895亿元。黑龙江农业科学院原子能所15年育成大豆突变品种13个，累计种植面积196万公顷，获经济效益65亿元。

利用太空辐射进行的太空诱变育种也已取得了不菲的成就。自1987年以来，我国科学家利用返回式卫星、飞船和高空气球搭载了200多种植物800多个品种的种子，涉及粮、棉、油、蔬菜、瓜果、牧草和花卉等植物。据2008年不完全统计，已培育出一批具有高产、优质、抗病的新品种约50多个，新品系100多个，还有一大批种质资源。2006年9月，我国成功发射和回收实践八号农业卫星，涉及152个物种，搭载总质量208公斤。据不完全统计，迄今为止，中国已经有22个省(市)参与了航天育种工作，通过国家审定的品种已经有38个，80多个品种在大面积推广。以前太空育种多集中于水稻、小麦及蔬菜，而现今已经延伸至林业中的用材林木、城市森林景观的园林植物，还有当今被称为能源植物的油料植物，其中部分品种已经大面积推广，特别是在广西、福建、甘肃都有大面积种植。1994年和1996年四川农业大学玉米研究所率先在国内开展玉米空间诱变育种研究，从中获得1份具有矮化作用的由隐性单基因控制的细胞核雄性不育新材料，为遗传学研究和育种利用提供了宝贵资源。该不育材料的雄穗不发达，分枝少，分枝顶端有退化迹象，不育株无任何花药外露。不育花药瘦瘪、细小，只有可育花药的1/3大小。挤压不育花药使其破裂，没有花粉散出，败育彻底，育性表现稳定，不受光照和温度等环境条件影响，是1个“无花粉型”的雄性不育。生物在太空环境中性状发生改变的主要原因是，太空环境因素引起染色体损伤，导致生物体对受损部位进行修复，在大量修复过程中造成修复出错，使染色体DNA结构发生改变而造成表达性状的变异[7]。

近年来，我国在植物辐射诱变育种主要进展有以下几项。

1）花卉、林果等无性繁殖植物诱变育种进展

利用射线辐照花卉诱变育种，作为一种快速而有效的育种方法，已被各国育种家所接受和重视。实践证明：花卉辐射诱变育种是获得新遗传资源、选育新品种以及解决某些特殊问题的有效途径。我国通过核技术进行观赏植物诱变育种已育出许多花卉新品种。诱变育种在无性繁殖植物品种改良中具有极大的技术优势：一是可以提供突变概率，克服自然芽变概率过低的问题；二是可以缩短育种周期，解决实生苗育种周期太长的难题；三是可以创新基因突变新类型，如耐低温、耐弱光、耐储运、抗病、无核等。我国20世纪80—90年代，在梨、苹果、板栗、柑橘、月季、菊花等植物中育成了大量创新种质和新品种。江苏省里下河地区农科所包建忠、陈秀兰等研究人员，利用辐射诱变技术对君子兰、芍药、兰等名贵花卉开展新品种选育，筛选出“双子星1号”、“双子星2号”、“新佛光”、“大洒锦”等4个君子兰新品系和芍药变异单株；筛选出兰新种质2个，分别为“兰选07-1”、“兰选07-2”[8]。该所水生花卉研究初见成效，近年来先后引进荷花、睡莲、西伯利亚鸢尾、花菖蒲、梭鱼草、美人蕉、香蒲、千屈菜、花叶白草、水葱、再力花等水生花卉品种资源415份，建立了水生花卉品种资源圃，并通过辐射诱变、杂交等技术手段和研究，获得一批好的水生花卉中间材料，性状稳定。云南省农科院的唐开学等研究人员利用辐射诱变培育出切花月季新品种[9]；中科院近物所的科技人员应用重离子辐照技术和甘肃临洮新兴花卉公司，培养出两种大丽花新种类——“新兴红”、“新兴白”，市场前景看好[10]。藏世臣等等太空诱变技术对大青杨开展苗木培育研究，选出的“H495”等三个无性系综合表现突出，年产已达10万多株[11]。

2）以粮食作物为代表的大田主要农作物诱变育种新成效

大田作物在农业种植业中占据主导地位，特别是小麦、水稻、玉米、棉花、大豆、花生等粮棉油作物地位更高、影响更大。我国早期在大田作物诱变育种方面曾取得了巨大的成就，育成了“鲁棉1号”棉花，“原丰早”、“浙辐802”水稻，“铁丰18”、“黑农26”大豆，“山农辐63”、“原冬3号”小麦，“粤油1号”花生等一大批具有重大影响的新品种和创新资源，获得多项高层次科技成果奖。

浙江大学核农所开展的“辐射植物诱变育种”研究，已成功培育出20多个突变植物品种，涵盖水稻、小麦等众多农作物。该所的科研人员，历经8年技术攻关，利用辐射诱变技术在国际上率先培育出高抗性淀粉水稻新品种，研发了一种糖尿病患者也可放心食用的主食——“宜糖米”。宜糖米生长在深水中，因此极少虫害和污染，属天然无公害产品。浙江大学农学院的研究团队，多年来通过辐射诱变技术不断改良直链和支链淀粉的含量与精细结构，成功研制出胶囊专用水稻品种——“浙大胶稻”。该特用品种直链淀粉含量适中，支链淀粉精细结构优化，既可以快速形成稳定的胶体结构，又具柔软的凝胶质。以该品种的原淀粉为原料，在中国胶囊之乡浙江新昌县儒岙镇反复试验，其生产的淀粉胶囊性能基本与传统胶囊无异，显示了广阔的产业应用前景。该研究突破了传统农作物的产业领域，有利于增加农产品的附加值。

江苏里下河地区农科所通过辐射诱变培育出“国审2009031”、“扬两优013”、“扬籼优418”等水稻新品种和“扬麦16”、“扬麦18”、“扬辐麦4号”、“5号”等小麦新品种。“扬麦16”，高产稳产、大穗大粒、品质优异、综合抗性强，获得了国家植物新品种权保护，是江苏省近五年来年推广面积最大的小麦品种，曾刷新过全省淮南麦区小麦亩产最高纪录，并在上海、浙江、安徽等省市也得到了大面积推广，为农业增产和农民增收发挥了巨大作用。浙江省农科院作物与核技术利用研究所，利用辐射诱变选育出的“辐501”水稻新品种丰产性和稳产性好，抗稻瘟病。河南省科学院同位素研究所的科研人员创建了小麦辐射与航天诱变育种技术规程，在国内首次提出种子切分技术，大大提高了育种效率和效果。利用辐射与航天诱变，培育出的“富麦2008”小麦新品种，高产、稳产、优质、多抗，通过了国家品种审定委员会的审定，在黄淮麦区大面积推广，为河南的粮食核心区建设作出了积极贡献。

由于作物的秸秆柔韧性强，机械难以粉碎。未经粉碎的秸秆堆在田里，耕作时很难压到土里，造成秸秆长期不腐解，影响播种，所以农民往往一烧了之，污染了环境。中国科学院合肥物质科学研究院（中科院离子束生物工程学重点实验室）科研团队利用离子束辐照水稻，诱发其突变，获得3个水稻脆秆突变体，其中有两个特别容易折断，无法进行田间管理。而另一个却让科研人员非常惊喜，这个脆秆突变体茎秆脆，而且不容易倒伏，完全可以进行田间操作，解决了秸秆收割、还田的难题。这种脆秆水稻开始在巢湖、肥西、全椒、凤台、庐江等地进行示范，开始推广。不仅可以解决烟雾污染，还能提高土壤肥力。

中科院近代物理研究所和甘肃荣华集团联合开展重离子辐照诱变甜高粱新品种的培育，选育的优良饲用型甜高粱具有耐干旱、耐盐碱、适应性强、生物产量高、糖分含量高等特点，是理想的节水饲草作物和谷氨酸、乙醇的生产原料。

1.3.1.2　农用核素示踪技术

农用核素示踪技术（application of isotope tracer techniques in agriculture）在农业科学和农业生产中的应用也是核农学的重要组成部分，所占的比重约为 19.5%。农用核素示踪技术的应用渗透于大农业（农、林、牧、副、渔等）的各个领域，其意义在于揭示和阐明农业生物生命活动的奥秘，以及农业科学就和农业生产过程中各种因素的作用机理，为农业生产技术的实施、环境评价及宏观管理提供科学依据。核素示踪技术在中国农业上的广泛应用，进一步促进了农用核仪器（表）及分析技术的发展，并在农业生产、农业工程及农业气象等方面发挥了重要作用，如已广泛应用的中子测水仪直接经济效益达 40 万元，在水库及农用灌溉上的应用节支达 300 万元等，由农用核仪器及分析技术获得的可以测算的经济效益达 1 500 万元，间接经济效益达 2.1 亿元以上[12]。核素示踪技术在农业科研与生产中尤其在现代生物技术中正在发挥着越来越大的作用。

近年来，我国在农用核素示踪技术的主要进展有以下几项。

1）核素示踪对农用化学物质合成及生态环境的贡献

浙江大学原子核农业科学研究所利用同位素示踪技术对高效、环保新型农用化学物质进行研创与利用。例如在丙酯草醚的代谢、降解和环境行为等研究的基础上，借助于计算机辅助设计技术，有针对性地对 2-嘧啶氧基-N-芳基苄胺类化合物的结构进行了优化，设计合成新系列的 2-嘧啶氧基-N-芳基苄胺类化合物，并对其除草活性和安全性进行了研究[13]。

新烟碱类杀虫剂为目前世界上销售量最大的杀虫剂品种之一，环氧虫啶是我国第一个得到国外跨国公司认可的、拥有自主知识产权的新烟碱类杀虫剂。叶庆富教授对其开展了在环境中的降解代谢行为研究，采用标记的顺硝烯杀虫剂[^{14}C2]-环氧虫啶，从对映体角度研究了环氧虫啶在好氧土壤中的残留及降解规律。对新型高效、广谱、低毒烟碱类杀虫剂哌虫啶在植物中的对映体选择性吸收和运转规律、水介质中哌虫啶、环氧虫啶的快速、高效检测方法、稳定性及环境行为进行了研究。这些研究对安全、有效施用农药、保障我国的食品安全都具有十分重要的现实意义[13]。

2）名特优农产品原产地同位素溯源研究

我国名特优农产品资源丰富，如库尔勒香梨、宁夏枸杞、烟台苹果、信阳毛尖、新郑大枣、四大怀药等。受种植地域土壤、气候等特殊地理因素影响，这些名优农产品品质独特，声誉在全国乃至世界上都具有较高的地位。但是，近年来以次充好、假冒名优农产品等无序市场竞争行为时有发生，严重损害了相关产品的国际、国内声誉。利用农产品原产地同位素丰度不可模拟的特点，中国农科院潘家荣研究员等受国外疯牛病的启发，在国内开展了牛肉产地溯源应用研究；浙江省农科院农产品质量标准研究所的研究人员利用稳定同位素等技术对茶叶、稻米等开展原产地判别研究；河南省科学院同位素研究所科研人员对四大怀药等产地溯源开展应用研究。这些研究收到了良好效果，为政府部门打击假冒伪劣产品、保护名牌提供技术支撑[14]。

3）同位素指纹技术在农产品污染物溯源中的研究进展

产地环境污染直接或间接影响农产品的质量与安全。产地环境污染主要是大气污染、水体污染和土壤污染。利用不同来源的物质中同位素丰度存在差异的原理，可检测环境与农产品中污染物的来源。例如通过测定大气颗粒物中$^{206}Pb/^{207}Pb$比值，并将其与源排放样品中Pb同位素数据进行比较，判断大气颗粒中Pb的污染源及其贡献。

1.3.1.3 农副产品的辐照加工

农副产品的辐照加工(food irradiation and processing)、保鲜为农民增收、农产品增效、提高食品安全性和改善品质提供了新的技术方法，如延迟成熟或生理生长、抑制发芽、延长货架期、除虫、灭菌及微生物控制、检疫病虫害控制、为病人提供无菌食品等。

辐射食品保藏即通过辐照抑制食用产品器官的新陈代谢和生长发育，同时杀灭害虫和致病微生物，以改进食品品质，减少贮运损失，延长贮存期和货架陈放期。长期的生物试验结果证明，辐照食品是卫生和安全的，不会使食品产生感生放射性；射线杀虫、灭菌还能减轻甚至消除病原体及其产生的毒素，而不会产生病原体及其毒素。人食用辐射食品后无不良反应。辐射保藏食品经40多年世界性的研究证明是一种安全有效的技术。目前世界上已有约半数国家进行开发性研究。中国自1958年来开展辐照保藏食品研究，用$^{60}Co-\gamma$射线直接杀死板栗、枣、葡萄干、豆腐粉、烟草中的害虫，取得了很好效果。近年来利用核辐射处理中药材，也取得良好效果，是保存中草药的一项极有前途的措施。我国农产品及食品辐照加工技术经过50多年的发展，取得了辉煌的成就。目前,我国的相关研究与产业化开发在国际上处于领先地位,农产品辐照加工已经成为我国食品加工不可缺少的一项高新技术,为国内经济发展和农产品出口贸易作出了巨大贡献。辐照加工技术有效解决了大蒜的发芽问题,使大蒜季产季销变成了季产年销,促进了种植业结构调整,增加了农民收入。辐照加工技术在抑制农产品发芽、杀虫、防霉方面发挥了重要和不可替代的作用。除此之外,近几年在以下几个方面取得了重要进展。

1) 辐照提升农产品的食用安全性研究有了新进展

"民以食为天,食以安为先。"随着全球经济一体化和食品贸易国际化的发展,也随着人们物质生活的提高,对食品安全的要求越来越高,食品安全已成为一个世界性的重要的公共卫生问题,已引起国际社会和各国政府的高度关注和重视。央视财经频道《第一时间》在关注辐照食品时,指出我国包括果蔬、调料、包装食品等在内的辐照食品每年产量占全球的近1/3。

(1) 辐照可以有效防控食源性疾病微生物危害。农产品感染门氏菌、弯曲菌、大肠杆菌及金黄色葡萄球菌等后造成细菌性污染,使用后造成大规模的人群中毒甚至死亡的案例在国内外屡见不鲜。近几年食品中因感染病毒性微生物造成的社会影响及经济损失更是引起社会动荡和恐慌。事实证明辐照防控技术比传统的杀菌消毒手段具有不可替代的优势,辐照对农产品中各类致病菌的杀灭效果安全、可靠,不影响其品种和风味。

(2) 辐照降解了农产品中的有害物质。近年来,我国广泛地开展了农产品及食品中有害物质的辐照降解研究,主要研究对象包括真菌毒素、农药残留、兽药残留、外来化学添加物和农产品中自身存在的有害物质,取得了大量的研究成果及发明专利。我国的花生在国际市场一直具有明显的价格优势,自2000年欧盟实施严格的黄曲霉毒素限量标准和检验要求以后,各国纷纷效仿,导致我国输欧花生等农产品严重受挫,极大阻滞了我国农产品的出口销售,近几年国内不少学者对玉米、花生、稻谷等及其深加工产品中易产生的黄曲霉毒素B1等真菌毒素进行了辐照降解研究,研究结果表明,辐照剂量越大,黄曲霉毒素B1的降解率越高,0.1 mg/L的黄曲霉毒素B1溶液在4 kGy时降解率达到80%以上,6 kGy时降解率达到96%,取得了良好效果,为我国花生等农产品的出口销售提供了有力的技术支持。

研究表明,用$^{60}Co-\gamma$射线和NBL-100型电子加速器辐照降解冻虾仁中的氯霉素,在6 kGy下可以将虾仁中残留的氯霉素降解到0.1 μg/kg以下,而对其营养成分以及感观指标均无影响。以辐照手段对鱼类的保鲜进行研究,结果表明 1.5 kGy 的辐照剂量即可有效控制其中沙门氏菌的数量，并降解其中有害物质。利用$^{60}Co-\gamma$射线辐照蜂蜜、蜂王浆，在 8～10 kGy 的剂量辐照下，氯霉素残留可降至 0.1 pg/kg 以下，辐照产品的品质符合 GB/T 18796—2002，GB/T 9697—2002 标准要求。四川原子能研究院对“射线降解茶叶中有毒农药技术研究与产业化”开展研究，试验证明，经过 γ 射线照射，茶叶中的农药残留含量降低了，射线能量会将农残大分子的分子键打断，使之降解成为小分子，降低农药在茶叶中的残留，使茶叶的安全性增强，而且辐照后的茶叶没有产生二次污染，且基本不改变茶叶品质。

$^{60}Co-\gamma$辐照可以显著降低肉制品中克伦特罗含量，降解率随辐照剂量增大而提高，当辐照剂量为 3.4 kGy 时，肉制品中克伦特罗的降解率在 80% 以上。河南省科学院同位素研究所利用电子束辐照分别对饲粮中有害生物(有害物质)以及烟草的霉变和虫害防控研究时，发现电子束辐照后可不同程度地降解多种饲料源中的莱克多巴胺、黄曲霉毒素等外源性有害物质，并达到了国家饲粮标准。辐照后的烟草不仅可以达到防虫防霉效果，而且能降低、降解卷烟主流烟气中苯酚、氢氰酸、巴豆醛等多种有害成分，并加速醇化。

(3) 辐照技术替代传统化学熏蒸检疫处理的应用越来越广泛。口岸检疫在防范外来有害生物入侵、传播、扩散，保护本国生态环境，保护农、林、牧、渔业的健康具有重要意义。同国外相比，我国辐照检疫处理技术起步较晚，但近年来在粮食、水果和木材的检疫处理方面做了大量的研究工作，颁布实施了《植物检疫措施准则：辐照处理》(GB/T 21659)国家标准[15]。

2) 辐照装置有了新变化

以往传统的食品辐照加工手段主要采用的是$^{60}Co-\gamma$辐照装置所产生的 γ 射线，近年来，随着电子加速器设备生产技术的突破，使得电子束辐照技术应用于农产品得以于实现。相对而言，电子束比 γ 射线辐照具有更多技术优势和产业化应用优势，因此，电子束辐照技术被公认为是国内外当今新兴的辐照加工高新技术手段，是未来食品辐照加工应用的主导方向。目前，我国现有运行的各类辐照装置约 140 座，设计装源能力超过 1.5 亿居里，实际装源约 5 800 万居里；我国现有加速器近 400 台，有约 50 座用于农产品和食品辐照；近年来，我国涌现出了一批具有生产用于农产品辐照加工电子加速器的龙头企业，如同方威视、中国原子能研究院、江苏达胜、南通海维、无锡爱邦、山东蓝孚等公司。

3）农产品辐照加工技术日渐受到重视

尽管社会上一部分人对农产品（食品）辐照有误解，但是，近几年我国的农产品辐照加工仍然取得了较大发展，尤其是一些政府部门已经采取了明确措施。全国质检系统首家检疫辐照处理重点实验室已经在天津通过了验收，正式投入使用，开放运行，将进一步保障天津口岸进出口辐照农产品安全。天津检验检疫局辐照处理与检测实验室于2009年开始建设，主要承担天津口岸进出口辐照食品的检测、检疫辐照处理相关技术开发、标准研究等工作。已经开展了针对进出口中草药、香辛料、脱水蔬菜、保健品等产品的辐照食品检测。"实验室建有1 700多平方米的辐照处理场所及实验室，拥有包括ISO 750电子直线检疫处理器、电子自旋共振波谱仪等在内的国际先进的大型仪器设备，能够满足开展辐照食品处理、检测及科研工作的需要。"截至目前，已经有热释光法、光释光法、气质法等5个辐照食品检测方法通过了中国合格评定国家认可委员会（China National Accreditation Service for Conformity Assessment，CNAS）认可，是系统内辐照食品检测CNAS认可方法最多的实验室。

为了确保进口水果不带有检疫性害虫和致病菌，由广西检验检疫局、凭祥市政府、凭祥检验检疫局、广西熏蒸消毒研究所、清华同方威视技术股份有限公司等共同组建了"凭祥口岸水果检疫辐照处理中心"。湖南省食品质量监督检验研究院，被国家质检总局考核评定为全国首批Ⅰ类产品质量检验机构，目前正申报筹建国家辐照食品质量监督检测中心。

2013年5月6—10日由国际原子能机构委托中国国家原子能机构主办，上海市农业科学院承办的IAEA/RCA食品辐照质量控制最佳实践国际研讨会在上海农科院召开，来自国际原子能机构、澳大利亚、孟加拉、印度、印尼、日本、韩国、马来西亚等亚太地区核科技合作协定的17个成员国的代表和国内有关领域的科研院所、企事业单位代表参会。

在此期间，中国农科院哈益明研究员主编的《辐照食品鉴定检测原理与方法》于2013年正式出版，73万字。中国工程院院士刘旭认为：该书的出版将对保障辐照食品产业的规范发展、促进农产品国际贸易起到积极的推动作用。河南省科学院同位素研究所范家霖研究员主编的《农产品辐照加工技术及应用》，2010年正式出版，52万字，陈子元院士为该书作序。该书被评为河南省2010—2011年度优秀"三农"图书。

1.3.1.4 辐射不育防治农业害虫

利用核辐射防治农业害虫（pest radiation sterile technique）是现代生物防

治技术中唯一有可能灭绝一种害虫的有效手段，也是一项无公害的生物防治新技术。此法不会造成环境污染，对人、畜和天敌无害，防效持久，专一性强，对消灭螟虫、棉铃虫等钻进植物体内隐蔽、药剂和天敌很难触及的害虫效果尤佳。中国从20世纪60年代初开始先后对玉米螟、小菜蛾、柑橘大实蝇等10多种害虫进行辐射不育研究，并进行了区域释放实验，获得了预期的效果，尤其是近年来对柑橘大实蝇的规模释放实验，使危害率由常年的5%～8%下降到0.1%以下，收到很高的效益，并为今后大量人工饲养害虫、根除害虫的危害做了技术储备。世界上约有1/3的国家对上百种昆虫进行辐射不育的研究，已知有30多种害虫进入了中间试验或应用阶段。螺旋蝇、地中海果蝇、红铃虫等一些重要害虫用辐射不育方法防治，都取得了重大成果。

1.3.2 中国核农学在国际核农学的地位

中国核农学的研究与应用虽有40余年的发展历史，并取得了多方面的成就，甚至在某些领域已达到国际先进水平。但就整体水平而言，中国核农学的研究和应用与发达国家相比还有一定差距。其表现为虽取得相当数量的科技成果，并已进入中间试验或小规模的生产，但尚未形成产业化规模，尤其缺乏与国际接轨和大批量生产的能力，因此产品质量不够稳定，技术缺乏市场竞争能力，另外跟踪仿制技术和产品多，有创新、技术含量高的产品与成果少，综合配套开发和生产体系不健全。综合起来，中国核农学与国外发达国家核农学发展相比，应用基础研究比较薄弱，如不采取措施加以解决，将会严重阻碍中国核农学的进一步发展。

据世界粮农组织(FAO)/国际原子能机构(IAEA)不完全统计，我国遗传诱变育种技术的研究与应用成就令人瞩目。截至2007年3月，我国采用以核诱变为主，用相关现代生物方法与技术相结合，已经在45种植物上累计育成新品种约739个，超过世界各国诱变育成新品种总数(2 252个)的四分之一。“十五”期间，我国农作物核诱变育种与遗传研究进展也十分显著，包括育成农作物新品种(组合)13个，创制新种质(新品系)41个，累计推广包括“九五”以来育成的突变新品种(组合)在内的高达467万公顷以上，取得了极其显著的社会经济效益。有效利用核辐射诱变技术创制出水稻白化转绿型标记基因、隐性高秆基因、高抗性淀粉、低植酸、巨胚等极为珍贵的新种质，不仅为发展育种新方向及特色农产品的开发提供资源基础，也成为“十五”及今后的功能基因组学一系列研究的新素材，探索研究了质子、零磁空间等新型因子的诱变效应及其机理，同时通过协作攻关，还培养了一批从事核诱变育种的专业人才，使我国在核辐射诱变技术的研究与应用方面继续保持了国际领先地位。为此，国际原子能机构(IAEA)于2004年出版专辑宣传和介绍了中国核诱变育种成就，并于同年10月授权在国际上建立了首个国际合作中心[16]。

1.3.3　中国核农学在国民经济中的地位

经过近60年的发展，核农学对我国农业生产发展和农业科学技术进步产生了深刻的影响，取得了日益明显的经济效益、社会效益和生态效益，对我国农业的持续发展作出了巨大贡献，已经成为改造、革新传统农业和促进农业现代化的重要科学技术，其技术成果中有60余项获国家级奖，其中4项为国家发明一等奖。辐射诱变育种已成为植物遗传改良中一种独特的技术手段，是核农学的重要组成部分，在育成的品种数量、种植面积、取得的社会经济效益，以及整体技术水平均居世界首位。辐射育种，我国在这一应用方面居世界领先地位。辐射育种品种的年种植面积超过900万公顷以上，约占我国各类作物种植面积的10%，每年为国家增产粮棉油33亿～40亿公斤。中国辐射育种所创造的经济效益，已成为国民经济发展的一个重要组成成分。

核素示踪技术应用产生的经济效益和社会效益、是巨大的，例如应用^{15}N示踪技术试验表明，水稻采用一次全层基施氮肥可使氮肥利用率提高10%～20%，平均增产5%～12%，累计推广面积已达47万公顷，经济效益达4.5亿元。通过核素示踪技术研究了作物的生理生化过程，从而改进了作物的栽培技术，由此获得的经济效益约为17亿元。应用同位素示踪法所取得的成果为国家增产粮食19亿公斤，创经济效益28亿元，获国家级科技成果奖十多项[4]。

农产品辐照加工已从简单的辐照保鲜向多用途、深层次发展，仅农口辐照加工的产值就可达每年十亿元。

总之，当今世界核农技术研究方兴未艾，应继续发挥核农学的创新优势，并与现代生物技术相结合，为创造生长周期短、有效成分高的种质资源作出贡献。核技术，作为一种新兴科学技术，必然将在我国国民经济中发挥日益重要的作用。核技术应用之花必将开遍中华大地，结出更加丰硕的成果，为祖国建设作出更大的贡献。

1.4 中国核农学发展战略

1.4.1 中国核农学面临的机遇和挑战

中国在核农学领域的研究工作起步于20世纪50年代，经过半个多世纪的艰苦创业，我国科学家将核技术用于农业的不同领域并取得了举世瞩目的成就，为我国的农业生产作出了巨大的贡献。对作物辐射育种、食品辐照保藏、辐射昆虫不育防治害虫、低剂量辐射刺激增产及核素示踪技术发展而言是一次大的机遇[1,2]。纵观中国近60年核农学的发展历程，前景十分广阔，核农学将进一步扩大应用于农业科学的各个领域。

(1) 核辐射技术的扩大应用：核辐射遗传育种除在以粮食、棉花和油料等主要作物上应用外，已拓宽应用于蔬菜、水果、花卉、药用植物、工业原料作物以及经济价值高的特种植物；充分发挥辐射诱变的"创新优势"，创造更多的优异种质资源，育成突破性的新品种，提高作物的生产力；育种的目的也进一步地多样化，特别向抗性和特殊需要的诱变以及定向诱变上前进；与此同时，也开始注意微生物和水生生物的辐射育种研究；辐射不育防治害虫技术除了扩大应用范围外，还要加速中间试验的进程，建设规模较大的昆虫养虫工厂，以尽快达到生产应用水平，同时加强害虫的人工饲养、辐照技术以及应用细胞和分子生物学技术，提高辐射不育害虫的性竞争能力，开展有益昆虫的诱变选育和昆虫雄性化的研究，特别开展了 F_1 不育防止重大害虫的机理的研究；辐照农副产品与食品的实用化和商业化的进程将更快、效果更好、面向农业生产和经济建设主战场，把现有的科技成果和技术尽快转化为生产力，以创造更大的社会效益和经济效益。

(2) 核素示踪技术的扩大应用：核素示踪技术在大农业的各个领域的应用更加深入，更加广泛。除了广辟农业生物资源，合理试用农用化学物质，保护农业生态环境的进一步研究利用外，核素示踪技术已在大农业(农、林、牧、副、渔等各个领域)中广泛应用，而且在宏观上更多地利用放射性示踪剂研究环境异物对农业生态系的污染与扩散及其运动规律，研究有害物质对土壤的污染与治理途径，研究环境生态系统中植物-微生物-动物相互作用的分子机理。随着生物技术的发展，核素示踪技术在农业生物学，特别是细胞和分子生物学的应用更加普遍。

(3) 核技术与其他技术结合后的应用：例如辐射诱变技术与生物技术相

结合，将为提高体细胞突变率、加快植物遗传改良开辟广阔的发展前景。组织培养技术的发展，克服了辐射诱变的随机性、嵌合性和单细胞突变缺陷，能在一定程度上扩大遗传变异、提高育种效率和加快育种进程。目前，辐射诱变组织培养复合育种技术，已迅速纳入诱变育种的程序，并已成为一个重要的研究领域。

然而，在逐步形成的社会主义市场经济体制下以及在科技体制改革的过程中，我国核农学的发展速度有所下降，核农学领域的科研队伍等相关资源出现萎缩，对核农学来说是一个巨大挑战。因此，中国核农学在面临机遇的同时，也面临着在研究和应用中的一些问题，例如：

(1) 农用放射性同位素标记化合物严重缺乏，已成为制约国内相关研究的技术瓶颈。

(2) 核素示踪共享技术平台的缺乏制约了我国自主创制新农药的产业化进程。

(3) 放射生物学基础研究平台缺乏和相关基础研究的薄弱限制了辐射育种乃至核农学的进程。

(4) 具有时代特色、符合市场生产新需求的突变新资源(新基因)的创新力度不够，导致与生物技术等同类技术相比，独特性正逐步丧失。

(5) 核辐射诱变技术的服务目标过窄，共性技术、显示度与深度未完全充分发掘。

(6) 高通量、大规模检测与筛选突变基因的技术尚未开发。

(7) 农产品射线辐照加工技术与工艺尚不完善。大中型辐照设施的辐照食品质量保证体系尚未健全，对电子加速器辐照农产品的加工工艺和标准的研究尚处于起步阶段。

1.4.2　中国核农学发展战略思考

任何科学技术的发展，都有其自身的规律，只有正确分析和认识这些规律，才能更好地把握机遇和迎接挑战。核农学是现代农业科学的重要组成部分，是发展农业科学和农业生产不可缺少的高新技术。中国核农学的产生和发展是一个循序渐进的过程，是科学技术发展大系统中的一部分，确切地反映了当时的经济要求和生产力发展的水平。每项科学技术的发展必须是在一定的时空随着人类的认识实践而不断进步。要遵循这些科技发展的自身规律，以促进中国核农学的健康发展。我国核农学取得了很大进展和显著的经济效益与社会效益，为农业产业作出了卓越的贡献，也得到了同行的高度评价。FAO/IAEA 联合处处长 Fried 访华时曾说，世界上没有一个国家像中国这样，在核农业应用上有这样庞大的队伍和完整的研究体系，核农学研究成果是显著的。

根据当前中国改革开放和发展高新技术产业的时代机遇，结合中国核农学发展的实际情况，核农学要继续坚持"走出去，面向经济建设主战场"和贯彻执行"引进来，促成科技经济一体化"的指导方针，在重视基础研究和应用基础研究的前提下，进一步加强研究开发，努力创新，集中优势，通过与相关学科交叉结合，重点解决好从研究到实践的核心技术，尽快把已有的技术和成果用到生产实践中去，为中国国民经济提升作出更大贡献[3]。

制定科学技术发展战略，首先要提出恰当的战略目标，从 20 世纪末到现在，中国核农学的发展战略不仅是紧跟世界核技术农业中应用的发展趋势，而且要继续保持中国核农学发展的优势，优先选择核农学研究中农作物辐射诱变育种和农副产品辐照加工等具有巨大增产潜力和重大经济效益的基础理论和技术，组织全国力量攻关加以突破。重点选育水稻、小麦、玉米和棉花等作物的高产、优质、抗逆性强的新品种和突变品种，以及研究提高突变的调控原理及其分子转化技术。进一步加强辐照加工技术的应用与开发，加大电子加速器等新型辐照源的研发与应用力度，尽快形成集约化的产业。争取尽早使中国核农学在原创性研究、应用广度和深度上均达到世界一流水平。

现代科技像被一张由各行各业交织起来的大"网"联系着，形成一个有机的整体。只有对这张"网"的充分了解，才能制定出科学的发展对策，才能制定出适合核农人自己的发展道路[5]。为此，中国核农学发展应着重思考下述几方面。

(1) 发挥优势、形成特色与不断创新。要注意以下三点：一是我们虽然比先进国家的发展落后多年，但是中国核农学已经有了较好的基础，在很多技术领域都具有相当水平，是世界核农学的"领头羊"，所以要充分利用现有基础和有理条件。二是各地区发展的水平不平衡，一定要结合本单位的实际情况，采取多层次并存的发展对策，忽略主客观条件，操之过急，必定会适得其反。从国内来说，每个单位都要理论联系实际，发展出自己的特色，不要归一化，模式化，要坚持改革，因为改革是经济和社会发展的强大动力。三是核农学要有大的发展，一方面规划管理好人、财、物，另一方面要研究与应用相结合。研究与应用、技术与经济一体化，才能使核农学有大的发展。

（2）千方百计改善研究条件。每个学科的起步都有一定的物质基础，包括图书和情报资料、实验和仪器设备、化学试剂，以及交通、通信和实验基地等。目前，虽然由于经费问题基础设置不可能有更大的变化，但是在发展当中一定要发挥人的主观能动性，千方百计注意这方面建设，这是直接关系到核农学能否继续发展的必要条件。

（3）以人为本加强队伍建设。遵循"以核为本，多科结合，为农服务，有所作为，开拓创新，持续发展"的宗旨。核农学的发展，从根本上说离不开一批高素质的科技人才。但当前重要的是稳定全国核农学队伍，提高专业人员的科技素质和思想素质。所以要坚持和加强农业科研单位和院校不同层次的核农学专业人才的培养和队伍建设。培养高精尖的人才是向深度发展的体现。

（4）加强学科创新平台建设。包括重点实验室、工程技术研究中心、院士工作站、创新团队、产业联盟、研发中心、研发基地等在内的各类科技创新平台，聚集本行业、本地区的优势科技资源，是推动我国核农学发展的重要途径。

（5）加强应用基础及理论研究。应用基础具有"基础"和"应用"的双重性。应用基础研究是为了某种应用目的而进行的基础规律的研究，核农学是应用科学，所以应用基础研究是十分重要的。例如，在研究原子核反应中不断发现核素，进而研究这些新核素的特性并使之能在核农学中应用。如果应用基础研究能够得以加强和深化，必将进一步提高核农学的研究水平。

（6）要继续促进学科之间的相互渗透，扩大研究领域。核农学科技工作者应该结合自己学科的优势和特点，积极大胆地向各个领域渗透，同时并注意引进当代前沿科学技术（如空间技术、信息技术、微电子技术、生物技术和新材料技术等），核技术的应用涉及大农业的种植业、养殖业及其加工业的各个方面，使之结合形成新的边缘学科，只有这样才能使核农学更具生命力，使核农学更加丰富。

（7）加强国际交往与学术交流。核技术在农学方面的应用，在国外并没有像我国这样庞大的研究队伍和完整的研究体系。不过技术发达国家还是有不少研究，IAEA 每年均有有关核农学的学术活动，参加这些活动将会为我国核农学的发展提供积极的条件。

本着科学发展观的规律，在核农学具体发展战略上，可做到有所为有所不为、有所赶有所不赶的原则，实行总体跟进、局部优先的发展战略；突出重点，在辐射和空间诱变育种的分子机理和定向诱变、核素示踪在环保领域的研究、辐照加工在海关检疫技术、动物生产与健康等关键技术上取得突破。以下所述可以作为持续发展的一些战略方向。

1.4.2.1 核素示踪技术及应用方向

根据我国核科学农业应用领域发展的实际情况，现阶段核素示踪技术及应用方向发展的重点是构建各种农用放射性同位素标记化合物合成机制和核素示踪共享技术平台，以满足科研和生产的迫切需要。同时开展农药尤其是我国自主创制农药新品种的代谢、构效关系、作用机理、环境行为与归趋研究，推动我国"农药结合残留及其环境安全性"评价体系和标准的建立探索持久性有机污染物、食品和饲料添加剂及重金属污染物在农业生态系统中的迁移、转化、降解、分配及其动力学特征，对污染物的环境安全性和健康风险进行区域评价。开发污染环境的修复技术，进一步研究影响农产品品质与安全的关键因子，促进农产品产量、品质及安全水平的提高。

1.4.2.2 农业生物新资源核诱变创制及应用方向

在我国，粮食安全是一个十分重要的课题。为了保证粮食安全，应加快育种工作建设。加强诱变育种与生物技术的结合是发展的趋势。核辐射诱变农业生物独特的优势在于创造自然界未有的新资源和新基因。通过现代核辐射诱变技术与生物技术、现代仪器分析技术和信息技术有效结合，构建高通量的检测技术，创制具有时代特色的突变新资源(新基因)，并开展关键突变基因的特性评价、分子机制与利用研究。

1.4.2.3 核辐射应用基础方向

该建设方向应用近代物理、分子生物学等有关试验技术与理论。重点建立为开展生物的辐射损伤与修复、放射生态修复等辐射基础生物学的研究平台，为核辐射应用提供新概念、新技术、新材料、新方法。重点开展辐射抗性物种、基因等生物资源的发现与利用基础研究。用放射生物学、基因组学和蛋白质组学的理论和手段，以耐辐射球菌、拟南芥等模式生物为材料进行DNA放射分子生物学机制研究，克隆与DNA辐射损伤修复相关的基因及其表达的调控机理，为定向和高效辐射育种提供基础材料和理论依据。

1.4.2.4 农产品辐照加工技术与工艺方向

现代生活对食品保鲜的要求日益提高，食品保鲜的商业化明显加快。根据核农学和社会、经济发展的需要，以高附加值农副产品为对象，开展辐照加工技术研究，应用电子加速器和辐照源，针对目前农产品辐照技术应用中的关键技术环节，重点开展肉类食品辐照异味去除技术的研发。研究与制定辐照食品商业化过程中所需要的国家标准和质量保证体系，开展射线降解食品中必检的抗生素、农药残留、生物毒素和致敏蛋白的机理等研究，建立辐照加工技术标准体系，进一步拓宽辐照技术农业应用的新领域。

60 年前，中国核农学的先驱者为我们开创了学科领域。半个多世纪以来，在中央和地方各级相关部门的关心和支持下，通过数代“核农人”的共同努力，克服种种艰难险阻，中国核农学得到了长足的进步和发展，取得了举世瞩目的成就，受到世人的关注和认可。然而，为了进一步推动学科发展，为国家战略目标的实现作出更大贡献，我们任重道远，前途光明。

参考文献

[1] 温贤芳. 中国核农学[M]. 郑州：河南科学技术出版社，1999.

[2] 柴立红，叶庆富，华跃进. 中国核农学发展现状调查报告[J]. 核农学报，2008，22(6)：918 - 922.

[3] 谢学民. 核技术农学应用[M]. 上海：上海科学技术出版社，1989.

[4] 中国核学会. 2014—2015 核科学技术学科发展报告[M]. 北京：中国原子能出版社，2016.

[5] 王志东. 对我国核农学发展规律的探讨[J]. 核农学报，2003，17(5)：328 - 331.

[6] 田杰，赵宪忠，董泽锋，等. 观赏植物辐射诱变育种的研究进展[J]. 河北林业科技，2012：55 - 56.

[7] 温贤芳. 中国核农学的发展历程与成就[J]. 原子能科学技术，2009，43：124 - 128.

[8] 包建忠，陈秀兰. 电离辐射对君子兰生物学性状影响的研究[J]. 江西农业学报，2010，22(9)：60 - 61.

[9] 李树发，张颢，唐开学. 切花月季新品种“云玫”和“云粉”[J]. 园艺学报，2007，34(3)：804.

[10] 董喜存，李文建，余丽霞，等. 用随机扩增多态性 DNA 技术对重离子辐照大丽花花色突变体的初步研究[J]. 辐射研究与辐射工艺学报，2007，25(01)：62 - 64.

[11] 崔彬彬，孙宇涵，李云. 木本植物航天诱变育种研究进展[J]. 核农学报，2013，27(12)：1853 - 1857.

[12] 张爱华，董明. 稳定同位素示踪技术应用研究进展[J]. 中国卫生检验杂志，2010：2652 - 2654.

[13] 岳玲，余志扬，叶庆富. 好氧土壤中[C 环- U -^{14}C]丙酯草醚的结合残留及其在腐殖质中的分布动态[J]. 核农学报，2009，23(1)：134 - 138.

[14] 郭波莉，魏益民，潘家荣. 同位素指纹技术在农产品污染物溯源中的研究进展[J]. 农业工程学报，2007，23：284 - 289.

[15] 高美须，陈浩，刘春泉，等. 食品辐照技术在中国的研究和商业化应用[J]. 核农学报，2007，21：606 - 611.

[16] 温贤芳，汪勋清. 中国核农学的现状及发展建议[J]. 核农学报，2004，18：164 - 169.

第 2 章

核物理和探测技术基础

自然界里的物质是由元素组成的。到目前为止，人类共发现 118 种元素，其中 92 种是天然存在的，26 种是人工制造的，被称为“超铀元素”。这表明元素的稳定性相对的。可以预见，随着人工嬗变技术的发展将会有更多的元素制造出来。

组成每种元素的基本单位是原子。原子是很小的粒子，其直径为 10^{-10} m；原子的质量也很微小，一个氢原子的质量为 1.67×10^{-27} kg，就是最重的天然元素铀原子的质量也只有 3.95×10^{-25} kg。

1911 年，卢瑟福(E. Rutherford)通过 α 粒子的散射实验，证明了原子的核式结构。原子是由几何体积很小、荷正电的核与沿一定轨道环绕核运动的、荷负电的电子壳层组成的。一个电子所带的电荷为 1.6×10^{-19}C，通常以字母 e 表示。原子核所带正电荷数(以 e 为单位)等于门捷列夫周期表中的原子序数。

原子内的电子是按一定的规律分布的，每一轨道最多只能容纳两个电子，几个轨道组合在一起，又形成壳层结构，离核最近的壳层称 K 层，K 层上有(除原子序数为 1 的氢原子外)两个电子(K 电子)，其次的一层称 L 层，有 8 个电子，以此类推。各壳层容纳的最多电子数可由通式 $2n^2$ 算出，n 为层次。$n=1$ 是 K 层，$n=2$ 是 L 层，$n=3$ 是 M 层，等等，但最外层不超过 8 个电子。如果附加能量给原子壳层(比如用高速电子轰击物质，以光或热激发原子)，则原子壳层中电子的能量呈不连续的增加，则原子将由一种量子状态转变到另一种状态——“高量子状态”；若去除外界的激发，处于高量子态的原子便转入“低量子状态”，即低能态；此时将放出光量子，其频率 ν 可由关系式 $h\nu=\Delta E$ 求出。式中 ΔE 为原子壳层的两个能量状态(即能级)之差，而 h 为普朗克常数，$h=6.626\times10^{-34}$ J·s，平常所说的特征 X 射线乃是最内壳层间的电子跃迁所致[1]。

作为原子核科学技术基础的原子核物理和放射性探测技术，主要研究原子核的结构、性质和变化规律以及射线与物质的相互作用、射线的探测方法等。

2.1 核的基本性质及核的结合能

2.1.1 原子核的基本性质

2.1.1.1 原子核的组成

原子核(nucleus)由质子(proton)和中子(neutron)组成。质子实质上就是氢的原子核，带一个单位正电荷；中子是一种不带电的中性粒子，比质子略重。质子和中子是组成原子核的基本单元，它们又统称为核子。在此，我们提出一个重要的术语"核素"。所谓核素乃是具有一定核特征，即一定质子数和中子数的一类原子。由于电荷和质量是原子核的两个最重要的性质，国际上通常用质量数和原子序数表示核素的特征。方法是把质量数 A 放在化学符号的左上角，原子序数 Z 放左下角。如质量数为 36、原子序数为 17 的核素氯，表示成$^{36}_{17}Cl$。一般地，对质量数 A、原子序数 Z 的核素 X，表示成$^{A}_{Z}X$；有时，只标出质量数，而原子序数略掉，如核素$^{12}_{6}C$ 只写成^{12}C 等[2]。

2.1.1.2 原子核的电荷

核电荷是原子核的重要特征之一。通常，原子是电中性的，而电子壳层带负电；可见，原子核带正电，且其所带的正电荷数等于核外电子壳层的电荷数，即核带有$+Z$个电荷，其电荷数等于组成该核的质子数。对自然界中所有元素的原子核分析研究时发现，同一种元素的原子核往往含有不同数目的中子，把质子数(或原子序数)相同而中子数不同的原子核所相应的核素互称为同位素；把原子核内总核子数相同，但质子和中子数不同的核素互称为同量异位素，而把那些核内的质子数和中子数均相同，但具有不同的能量状态核素互称为同质异能素。

2.1.1.3 原子核的质量

核的质量是原子核的另一重要特征。为了方便，通常并不以"克"或"千克"表示原子核的质量，而是以相对质量，即原子质量表示。其定义是：以天然最广泛存在的碳的一种同位素质量的 1/12 作为单位，其他元素的原子或原子核的质量与该单位作比较，即得到相应的原子质量。例如质子的质量与该单位之比值为1.007 276,那么质子的质量就是1.007 276原子质量单位(原子质量单位通常记为u,unit的缩写),由此,中子为1.008 665 u。对各元素原子质量的研究指出,所有原子的质量都接近整数,我们把该整数叫做质量数,以A表示。如一种氧的同位素的质量为15.994 915 u,一种金的同位素为196.968 231 u,它们分别接近整数16和197。不难理解,中子和质子的质量数皆为1,因此,质量数就是原子核中所含的核子数。

2.1.1.4　原子核的半径

对于原子核大小的理解,与平常对物体大小的理解有所不同。一种是指组成原子核的粒子间的距离,或核电荷的分布范围;另一种是指核力的作用范围,即核力的作用半径。但由这两类基本实验得出的关于核半径的数值差异不大。实验证明,原子核的体积与其质量成正比:$V \propto m \approx A$。

同时,大量实验证明,原子核是近于球形的,故常用核半径来表示核的大小,这样,上式可变为

$$R_o \propto A^{1/3} \quad 或 \quad R_o = r_0 A^{1/3}$$

式中,r_0为比例常数。若$A=1$,则$R_o = r_0$,即r_0表示一个核子的大小。用不同的方法得到$r_0 = (1.2 \sim 1.5) \times 10^{-15}$ m。

于是,原子核的体积便可写成

$$V = \frac{4}{3}\pi R_o{}^3 = \frac{4}{3}\pi r_0^3 A$$

若原子核的质量为m,则核内物质的平均密度为

$$\rho = \frac{m}{V} \approx \frac{A}{VN_A} = \frac{3}{4\pi r_0^3 N_A}$$

式中,N_A为阿伏伽德罗常数。平均密度非常接近于常数。若将N_A,r_0值代入上式,得$\rho = 10^{17}$ kg/m^3。可见,核物质的密度大得惊人。

2.1.2　原子核的结合能及其稳定性

2.1.2.1　原子核的结合能和质量亏损

前已述及,原子核是由质子和中子组成。但是核素的质量并不等于组成核素的所有质子、中子及电子的质量之和(或者明确地说,原子核的质量并不等于组成它的全部的质子和中子的质量之和)。例如^{2}H核由一个质子和一个

中子组成，其质量之和为 $m_n + m_p$，而^{2}H 核的质量为 m_{2H}，两者之差

$$\Delta m = m_p + m_n - m_{2H} = 1.007\,276\ \mathrm{u} + 1.008\,665\ \mathrm{u} - 2.013\,553\ \mathrm{u}$$
$$= 0.002\,238\ \mathrm{u}$$

这种质量的差异，揭示了原子核具有潜在的、巨大的核能的原因。根据相对论原理，质量和能量的相互关系是 $E = mc^2$。

这就是著名的爱因斯坦质能关系式，或叫质能互换定律。它表明 m(kg)的物体便具有 mc^2(J)的能量。于是，一个中子和一个质子结合成^{2}H 时多出了 0.002 388 u 的质量(何止是^{2}H 核，所有原子核的质量皆小于组成它的全部质子和中子的质量之和)，这就转变成相应的能量放出，我们把这个能量称为原子核的结合能；Δm 则称为质量亏损，$\Delta E = \Delta mc^2$。

2.1.2.2 原子核结合能的计算

如果把组成原子核(或原子)的核子的质量总和与该核(或原子)的质量作比较，便可求出核的(或原子及原子核)结合能。总的原子和原子核的结合能为

$$E_t = [Zm_p + (A - Z)m_n + Zm_e - M_0]c^2$$

式中，M_0，m_e 分别为原子核所属核素的质量、电子质量；m_n，m_p 为中子和质子的质量。其质量亏损为

$$\Delta m = Zm_p + (A - Z)m_n + Zm_e - M_0$$

而 E_t 可分别以原子的结合能 E_a 和原子核的结合能 E 表示：

$$E_a = m + Zm_e - M_0$$
$$E = Zm_p + (A - Z)m_n - m$$

式中，m 为原子核的质量。

因为实验所测定的都是原子质量，而且和原子核(结合)能比较起来，原子(结合)能非常之小，所以质量数为 A、原子序数为 Z 的核素的质量 M。可以近似为核质量 m 与 Z 个电子质量之和：

$$M_0 \approx m + Zm_e$$

这样便可把 E 写成

$$E = [ZM_{1H} + (A - Z)m_n] - M_0 \quad 或 \quad E = [ZM_{1H} + (A - Z)m_n]c^2 - M_0c^2$$

式中，M_{1H}为核素氢的质量。

根据质能互换定律，人们不难计算出 1 u 所对应的能量。由于 1 u=1.66×10^{-27} kg，而光在真空中的速度 $c=3\times10^{8}$ m/s，于是 1 u×c^2=1.49×10^{-10} J。但在核研究中一般并不采用焦耳作能量单位。最常用的是电子伏特(记为 eV)，它相当于电子通过 1 V 电位差(加速)时所获得的能量。因为电子的电量为 1.6×10^{-19} C，于是 1 eV = 1.6×10^{-19}×1 = 1.6×10^{-19} J。

更大的单位采用千电子伏(记为 keV)、兆电子伏(记为 MeV)。1 keV=10^3 eV，1 MeV = 10^3 keV = 10^6 eV。运用这些新的单位，可得 1 u = 931.50 MeV，m_e=0.511 MeV。

作为练习，我们把中子与质子质量之差用 MeV 表示：

$$m_n - m_p = 1.008\,665\ \text{u} - 1.007\,276\ \text{u} = 0.001\,389\ \text{u} = 1.29\ \text{MeV}$$

可见，中子与质子质量之差比电子的质量约大 0.78 MeV。表 2-1 列出了某些核素的原子质量；表 2-2 给出了能量单位的变换系数。

表 2-1　一些核素的原子质量

核　素	M/u	核　素	M/u
n	1.008 665	^{12}C	12.000 000
^{1}H	1.007 825	^{14}C	14.003 242
^{2}H	2.014 102	^{14}N	14.003 074
^{3}H	3.016 049	^{16}O	15.994 915
^{3}He	3.016 030	^{27}Al	26.981 542
^{4}He	4.002 603	^{56}Fe	55.934 940
^{6}Li	6.015 123	^{208}Pb	207.976 641
^{7}Li	7.016 004	^{235}U	235.043 925
^{9}Be	9.012 183	^{238}U	238.050 786

表 2-2　能量单位换算表

	MeV	u	erg	J	kg	Cal
1 MeV	1	1.07×10^{-3}	1.60×10^{-6}	1.6×10^{-13}	1.78×10^{-30}	3.82×10^{-14}
1 u	931.50	1	1.49×10^{-3}	1.49×10^{-10}	1.66×10^{-27}	3.57×10^{-11}
1 erg=10^{-7} W·s	6.23×10^{5}	6.70×10^{2}	1	1×10^{-7}	1.11×10^{-24}	2.39×10^{-8}

（续表）

	MeV	u	erg	J	kg	Cal
1 J=1 W·s	6.23×10^{12}	6.70×10^{9}	1×10^{7}	1	1.11×10^{-17}	2.39×10^{-1}
1 kg	5.62×10^{29}	6.02×10^{26}	9.0×10^{23}	9.0×10^{16}	1	2.15×10^{16}
1 Cal	2.63×10^{13}	2.81×10^{10}	4.19×10^{7}	4.19	4.66×10^{-17}	1

如果将原子核的结合能除以它所包含的核子数（即质量数），便得每个核子的平均结合能，或称比结合能：$\varepsilon=\dfrac{E}{A}$。

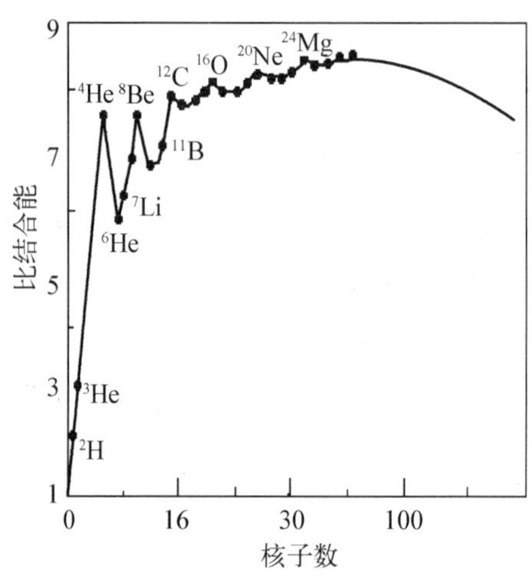

图 2-1　核子的平均结合能

图 2-1 为比结合能与质量数的关系曲线。可见，在 $A<30$ 时，曲线的趋势是上升的，但有明显的起伏，在^{4}He，^{8}Be，^{12}C，^{16}O，^{20}Ne 和^{24}Mg 处出现明显的峰；当 $A>30$ 时，比结合能变化不大，且 $\varepsilon\approx 8$ MeV，但在 A 很大时，比结合能有所下降。这样就形成了曲线中间高两边低（低 A 端，低中有峰）。

原子核的结合能，确切地说，比结合能反映了原子核的稳定性。曲线形状表明，很轻和很重的一些核的比结合能较小，它们较之中等质量的核要不稳定，即结合得较松散，而^{4}He，^{8}Be，^{12}C，^{16}O，^{20}Ne 和^{24}Mg 则要较其附近的核稳定得多。在重核裂变或轻核聚变时，都相当于比结合能较小的核转变为比结合能较大的核，因而释放出能量。

作为一个例子，计算^{4}He 核的结合能。利用结合能计算公式，并由表 2-1 查得相应的质量数据，便可得

$$
\begin{aligned}
E &= (2M_{1\text{H}}+2m_{\text{n}})-M_{4\text{He}}\\
&= (2\times1.007\,825\ \text{u}+2\times1.008\,665\ \text{u})-4.002\,603\ \text{u}\\
&= 0.030\,377\ \text{u}=28.30\ \text{MeV}
\end{aligned}
$$

而比结合能
$$\varepsilon=\frac{E}{A}=\frac{28.30}{4}=7.07\ \text{MeV /核子}$$

这里，不打算把所讨论的问题再进一步引申。但值得注意的是，核的稳定

性与核中的质子数和中子数之间的比例以及它们数目的奇偶性有着密切的关系。当$A<36$时，中子数和质子数大约相等；随着A的增加，稳定核中的中子数便超过质子数；而对于重的原子核，中子数与质子数之比达1.5左右。另一方面，中子数和质子数皆为偶数的核，即所谓的偶-偶核最稳定；其次是奇数中子和偶数质子，即奇-偶核；再次是偶数中子和奇数质子，即偶-奇核；而奇数中子、奇数质子，即奇-奇核的稳定性最差。天然存在的274种稳定核素中，偶-偶核达163种，奇-偶核57种，偶-奇核50种，而奇-奇核只有4种，且皆是较轻的核$^{2}_{1}H$，$^{6}_{3}Li$，$^{10}_{5}B$和$^{14}_{7}N$。图2-2示出了稳定核中的中子数和质子数之间的关系[1]。

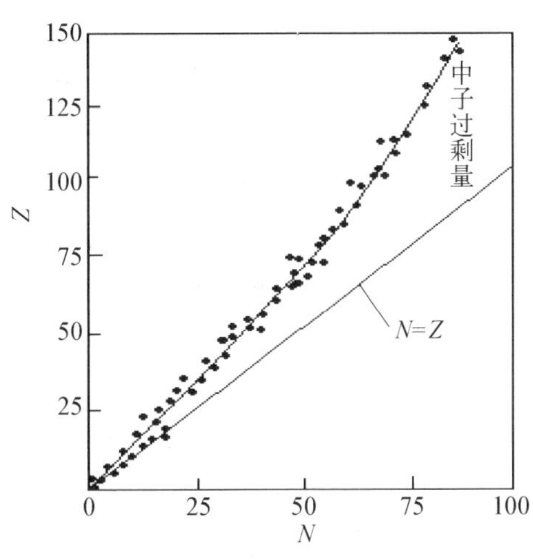

图2-2　最常见稳定核素的中子和质子图

此外，原子核的稳定性随着质子数和中子数的变化出现某种周期性。当质子数或中子数为2,8,20,28,50,82及中子数126时，原子核就特别稳定，在自然界中分布也很广。上述这些数字称为幻数。有些原子核的质子数和中子数皆为幻数，称为双幻核，如$^{4}_{2}He$，$^{16}_{8}O$，$^{40}_{20}Ca$等。具有幻数的核特别稳定已为实验所证实；这种现象可用原子中电子壳被填满而原子特别稳定作类似的解释。

2.2　放射性核衰变

2.2.1　放射核衰变一般特性

1896年，贝可勒尔发现了铀的放射性，是原子物理学史上的极为重要的事件之一。接着，1898年，玛丽·居里(Marie Curie)夫妇发现了钍的化合物也能放出与铀相似的辐射。从此开始了原子核自发变化过程的一系列研究。在当时已经清楚，铀所发出的辐射与它的物理、化学状态无关，辐射对该元素来说是一种特殊的性质。我们把这些原子核自发地放出辐射的现象称为放射性，把因放射性而使一种原子核转变为另一种原子核的过程称为核衰变。在目前已发现的2 000多种核素中，天然存在的稳定性核素只有274种；其余都是不稳定的，即具有放射性。

研究表明，放射性物质表现出一系列特殊的性质。它能使气体电离，使照相乳胶变黑，使某些荧光物质发光，它们还放出能量，所以放射性物质的温度常比周围介质的温度高。后来(1899 年)的实验表明，镭所放出的射线有三种：α，β，γ 射线。

α 射线的贯穿本领很小，但有很强的电离作用，照相作用也很强，在磁场中要产生偏转。

β 射线较之 α 射线有大的贯穿本领和小的电离作用，在磁场中也要发生偏转，但偏转的方向与 α 射线相反。

γ 射线较之上述两种射线有最大的贯穿本领和最小的电离作用，在磁场中不偏转。

对放射性的进一步研究证实了放射性物质随时间而减少。对某一放射性核素来说，其放射性减少一半总有一特定的时间，这个时间叫半衰期。因为放射性是核素的性质，则可清楚地看出，若辐射强度减少 1/2，与此相应的放射性核素也减少了同样的量，即减少了 1/2。

放射性核衰变是一个统计过程。就是说，原子核的衰变不是同时发生的，而是有先有后，没有规定的顺序，对某一特定的原子核，它的衰变完全是个随机过程。一般地说，衰变速度是由原子核内部的特性决定的，与核素本身所处的化学状态无关；衰变后的核有的稳定，有的不稳定而继续衰变，通常把衰变前的核称为母核，衰变后的核称为子核。若子体继续衰变，则有第二代子体以至于更多代子体，对于第二代子体而言，第一代子体便是它的母体，余可类推[2]。

2.2.2 单次衰变定律

我们仅研究最简单的衰变(单次衰变)的规律。假定一定量的某种放射性核素，其所含的原子数为 N_0。显然，N_0 随时间而减少。精确的实验证明，在时间间隔为 $t \to t+\Delta t$ 内，原子核的衰变数 ΔN 与时间 Δt 及该瞬时尚未衰变的原子核数 N 的乘积成正比：$\Delta N \propto N \cdot \Delta t$。

写成等式则为

$$\frac{\Delta N}{\Delta t} = -\lambda N$$

式中，λ 为比例常数。右边负号表示 N 的值随 t 的增长而减小，亦即 $\Delta N < 0$。若所取的时间间隔非常小，则上式可写为

$$\frac{\mathrm{d}N}{\mathrm{d}t} = -\lambda N \quad 或 \quad \frac{-\mathrm{d}N}{\mathrm{d}t} = \lambda N$$

若令开始时的原子核数为 N_0，经过时间 t 后剩下的原子核数为 N，将上式积分可得 $N = N_0 e^{-\lambda t}$。

这就是最简单的衰变定律的一般表达式。该式表明：N 的值随时间按指数规律衰减。式中 λ 为衰变常数。对每一种放射性核素来说，λ 都保持着固定和特有的值。由上式可得

$$\lambda = \frac{-\frac{dN}{dt}}{N}$$

其物理意义是明显的：λ 表示在单位时间内平均每一个原子核的衰变概率。所以，λ 值大，表示衰变得快，反之则慢。

表征放射性特性除 λ 外，常用半衰期 $T_{1/2}$。按定义，经过 $t = T_{1/2}$ 后剩下的原子核数为 $N = \frac{1}{2}N_0 = N_0 e^{-\lambda t}$，因而 $T_{1/2} = \frac{\ln 2}{\lambda} = \frac{0.693}{\lambda}$。

$-\frac{dN}{dt}$ 表示单位时间内原子核因衰变而减少的数目，谓之衰变速度或(绝对)放射性活度，通常用 A 表示，即 $A = -\frac{dN}{dt} = \lambda N$。

现在，我们进一步研究如何从实验上测得放射性物质的特征常数 λ，$T_{1/2}$。

由 $N = N_0 e^{-\lambda t}$ 可得 $\ln \frac{N}{N_0} = -\lambda t$　或　$\ln \frac{A}{A_0} = -\lambda t$

式中，A_0 为起始的放射性活度；A 为某一瞬时的放射性活度。若将 $\ln \frac{A}{A_0}$ 对 t 作图，则为一直线(见图 2-3)。此直线斜率的负数即 λ，由 $T_{1/2} = \frac{\ln 2}{\lambda}$ 便可求出 $T_{1/2}$。

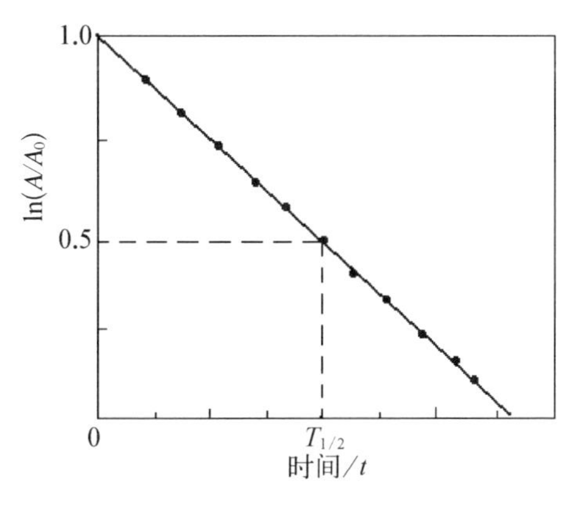

图 2-3　简单放射性物质半衰期测定

上面我们只研究了单个孤立放射性物质的衰变，但由母体衰变而产生的子体也可能是放射性的，甚至有多代子体衰变的情况，这就形成所谓的“放射系”。已发现三个天然放射系和一个人造放射系。但由于本书性质的

限制，不做进一步的讨论和介绍，有兴趣的读者可参阅有关的书籍。

2.2.3 核衰变的种类

放射性核素的衰变是多种多样的。有 α 衰变、β^- 衰变、β^+ 衰变、电子俘获、γ 衰变等；此外，还有别种衰变，如自发裂变和放射中子等。

2.2.3.1 α 衰变

从放射性核素的核放射出来的 α 粒子实际上是氦原子核，它由 2 个质子和 2 个中子组成，其质量 $m_\alpha = 4.001\,505$ u，电荷 $+2e$。

由此，若以 X 代表母体，Y 代表子体，则 α 衰变可表示成

$$^{A}_{Z}X \rightarrow {}^{A-4}_{Z-2}Y + \alpha + Q$$

式中，Q 为衰变能。它的值为母体核的质量与子体核及 α 粒子的总质量的差；但是在实际计算中，都不用核的质量，而用连同绕行电子质量在内的核素的质量。这样可得

$$Q = M_Z - (M_{Z-2} + 2m_e + m_\alpha)$$

式中，M_Z，M_{Z-2} 分别为母体和子体核素的质量；m_e，m_α 分别为电子和 α 粒子的质量，但 $2m_e + m_\alpha = M_{^4\mathrm{He}}$ 为核素 $^4_2$He 的质量。于是，有

$$Q = M_Z - (M_{Z-2} + M_{^4\mathrm{He}})$$

式中，Q 必须是正的。所以，凡是能自发发生 α 衰变的核素其母体质量一定大于子体和核素 $^4_2$He 的总质量，即 $M_Z > M_{Z-2} + M_{^4\mathrm{He}}$。

这就是进行 α 衰变的必要条件。它说明了为什么有些核素能进行 α 衰变，有些却不能的原因。进行 α 衰变的天然核素绝大部分的 $Z>82$，而 $Z<82$ 的只有 $^{147}_{62}$Sm，$^{144}_{60}$Nb，$^{180}_{74}$W 和 $^{190}_{78}$Pt，且它们的半衰期皆很长。

其次，同一核素所放射出来的 α 粒子的能量是单一的，这是 α 衰变的一个重要特点。另外，α 粒子的能量与半衰期有某种关系。一般是半衰期长的 α 粒子能量小，短的则大；随着 α 粒子能量的变化，半衰期变化很大，如 ^{212}Po 和 ^{238}U 的 α 粒子能量仅相差一倍多，而两者的半衰期却相差 10^{23} 倍。在同一放射系内，各个 α 放射性核素的 α 粒子能量 E_α 和半衰期间的关系为盖革-努塔耳法则所描述：

$$\ln E_\alpha = a - b\ln T_{1/2}$$

式中，a，b 为常数。

2.2.3.2　β^- 衰变

β^- 粒子本质上是电子，是来自放射性核并具有一定动能的电子。其静止质量为 0.000 549 u，带一个负电荷。由于其质量和核的质量比起来要小得多，所以进行 β^- 衰变时母体和子体的质量数相同，但子体的原子序数却提高了一位：

$$^A_ZX \rightarrow {}^{A}_{Z+1}Y + \beta^- + \tilde{\nu} + Q$$

式中，$\tilde{\nu}$ 为反中微子，其静质量近于零（经测定，反中微子及下面就要提到的中微子的静质量上限为 60 eV，就是说，不超过电子静质量的万分之一），不带电。实际上 β^- 衰变可视为母核中有一个中子转变为质子的结果：

$$\mathrm{n} \rightarrow \mathrm{p} + \beta^- + \tilde{\nu}$$

式中，n 代表中子，p 代表质子。衰变中产生的 β^- 粒子在被物质阻止后就成为自由电子。

β^- 衰变能 Q 可从母核的质量和子核、β^- 粒子、反中微子的总质量的差求出：

$$\begin{aligned} Q &= m_Z - m_{Z+1} - m_e - m_{\tilde{\nu}} \approx m_Z - m_{Z+1} - m_e \\ &= (M_Z - Zm_e) - [M_{Z+1} - (Z+1)m_e] - m_e \end{aligned}$$

于是，$Q = M_Z - M_{Z+1}$。

由此得出 β^- 衰变的必要条件：$M_Z > M_{Z+1}$。

应特别注意，由于 β^- 衰变有三个生成物：子核 ${}^{A}_{Z+1}Y$，β^- 粒子和反中微子 $\tilde{\nu}$，所以在衰变时所释放的能量将由这三个粒子共同分享。由于三个粒子的发射方向可以是任意的，所以每个粒子带走的能量将是不固定的；同时，由于子核的质量比 β^- 粒子质量大几千倍甚至几十万倍，因而子核所带走的能量是微不足道的。故有

$$Q = E_Y + E_{\beta^-} + E_{\tilde{\nu}} \approx E_{\beta^-} + E_{\tilde{\nu}}$$

式中，E_Y，E_{β^-}，$E_{\tilde{\nu}}$ 分别是子核、β^- 粒子和反中微子的动能。E_{β^-} 的值可从最小的零（$E_{\tilde{\nu}} \approx Q$）至最大值 Q（$E_{\tilde{\nu}} \approx 0$），从而形成一个连续能谱。如图 2－4 所示。能谱曲线有个最大能量 E_0，在约 $\frac{1}{3}E_0$ 处有一高峰。一般图表上给的 β^- 能量皆指 E_0。

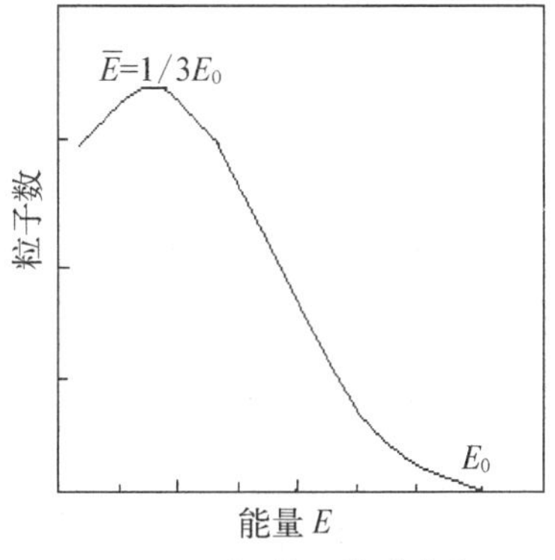

图 2－4　β^- 粒子能谱曲线

许多 β^- 衰变的放射性核素只放射 β^- 粒子而不伴随其他辐射，如 ^{32}P 等［见

图 2-5(a)]；有些则有两组或两组以上的 β^- 粒子，如 ^{137}Cs 等[见图 2-5(b)]；而有些则多达 4～5 组 β^- 粒子，如 ^{131}I[见图 2-5(c)]。

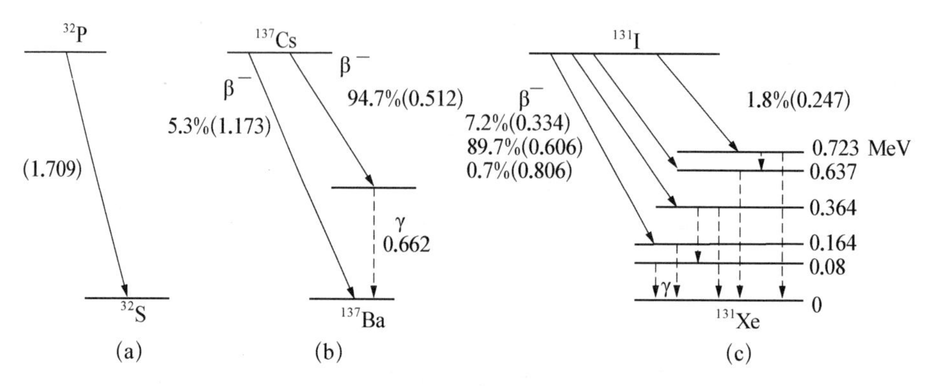

图 2-5 β⁻衰变

2.2.3.3 β^+ 衰变

β^+ 粒子又称正电子或阳电子，它是一种质量和电子相等，但带单位正电荷的粒子，亦可说是电子的反粒子或反电子。作 β^+ 衰变的核素可视为由于核内一个质子转变为中子而放出 β^+ 粒子和中微子的结果：

$$p \rightarrow n + \beta^+ + \nu$$

式中，ν 为中微子，它与反中微子 $\tilde{\nu}$ 的性质基本相同，只是其运动方向与自旋方向相反。而反中微子 $\tilde{\nu}$ 则一致。

β^+ 衰变的通式为 $\quad {}^A_Z X \rightarrow {}_{Z-1}^{\ A} Y + \beta^+ + \nu + Q$

其衰变能

$$\begin{aligned} Q &= m_Z - m_{Z-1} - m_e - m_\nu \approx m_Z - m_{Z-1} - m_e \\ &= (M_Z - Zm_e) - [M_{Z-1} - (Z-1)m_e - m_e] \end{aligned}$$

于是 $\quad Q = M_Z - M_{Z-1} - 2m_e$

因而，发生 β^+ 衰变的必要条件是：

$$M_Z > M_{Z-1} + 2m_e$$

同样，β^+ 能谱也是连续的，且最大能量 $E_0 = Q$。

应注意，β^+ 衰变粒子被物质阻止而失去动能后将与物质中的电子相结合而把正负电子的静质量转化为电磁辐射，该过程叫光化辐射或湮没辐射。光化辐射可以是一个光子、两个光子或三个光子，其中以两个光子最为普遍。由于每个电子的静止质量对应于 0.511 MeV，故产生两个光子的光化辐射的每一光子能量为

0.511 MeV，探测这个能量的辐射存在与否，常可判断有无 β^+ 衰变发生。图2-6 为 β^+ 衰变图例。

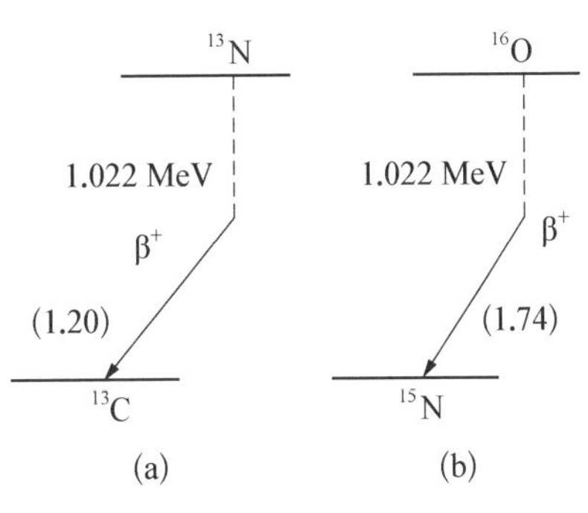

图 2-6　β^+ 衰变

2.2.3.4　电子俘获

所谓电子俘获是指原子核俘获一个核外电子而使一个质子转变为中子和中微子的过程：

$$p + e^- \rightarrow n + \nu$$

其衰变过程可用下面式子来表示：

$${}^A_Z X + e^- \rightarrow {}^{\ \ A}_{Z-1} Y + \nu + Q$$

由于 K 壳层离核最近，K 电子被俘获的可能性较其他壳层电子为大，所以这样的衰变一般叫 K 电子俘获或 K 俘获。由于被俘获的电子原来处于束缚态，母核要俘获它必须消耗相当于它的结合能 ε_i（以 u 为单位），故衰变能

$$\begin{aligned} Q &= m_Z + m_e - m_{Z-1} - \varepsilon_i \\ &\approx (M_Z - Zm_e) + m_e - [M_{Z-1} - (Z-1)m_e] - \varepsilon_i \\ &= M_Z - M_{Z-1} - \varepsilon_i \\ &\qquad (i = \mathrm{K},\ \mathrm{L},\ \mathrm{M},\ \cdots) \end{aligned}$$

于是，电子俘获的必要条件为

$$M_Z > M_{Z-1} + \varepsilon_i$$

由于电子俘获过程中只放出一个中微子，所以中微子能量是单色的：$E_\nu = Q$。

应予以指出的是，能满足 β^+ 衰变的条件，也就能满足电子俘获的条件。这就是许多放射性核素同时具有 β^+ 衰变和电子俘获的原因。图 2-7 为电子俘获（包括同时有 β^-，β^+ 及 γ 的衰变）衰变实例。

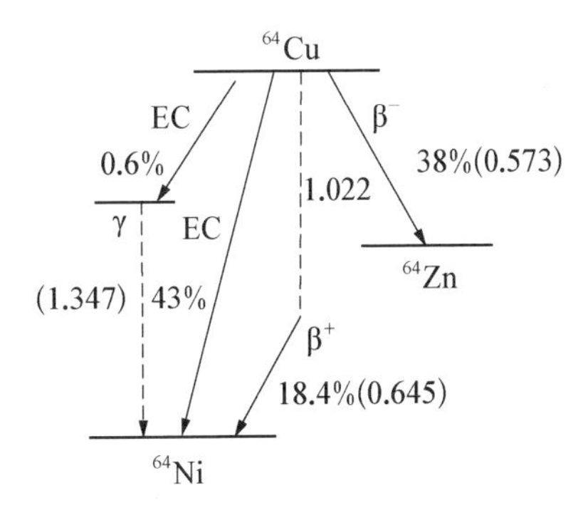

图 2-7　^{64}Cu 衰变

从电子俘获的分析不难看出，除了某些核素因子体处于激发态而放出 γ 射线外，并没放出任何易于探测的辐射，然而，却能探测其次级辐射。比如，当 K 电子被俘获后，K

层少了一个电子，此时比K层能级高的电子（如L层电子）有可能跃迁至K层来填充被俘获电子的空位，而将两壳层的能量差转变为X射线放射出来：

$$E_X = h\nu = E_L - E_K$$

式中，E_X 为X射线的能量，E_L，E_K 分别为L层和K层能级的能量（注意 E_L，E_K 皆为负值，且 $|E_L| < |E_K|$）。然而，该过剩能量 $E_L - E_K$ 并不一定以X射线形式放出，也可能传给另一L电子，使它成为自由电子放射出来，该自由电子称为俄歇电子，其能量是单一的：

$$E_{俄歇} = (E_L - E_K) - \varepsilon_L = E_L - E_K + E_L = 2E_L - E_K$$

式中，ε_L 为L电子的结合能，且 $\varepsilon_L = -E_L$。若填充K电子空位的是M电子，而俄歇电子亦来自M层，则 $E_{俄歇} = 2E_M - E_K$。

X射线和俄歇电子都是可探测的次级辐射。

综上所述，β^-，β^+ 和电子俘获的衰变过程都是发生在同量异位素之间；因而似乎可以说，相邻的同量异位素不可能都是稳定的，情况确实如此。过去曾认为 $^{123}_{51}Sb$ 和 $^{123}_{52}Te$ 是唯一的例外，即它们皆是稳定的；实际上，$^{123}_{52}Te$ 是放射性的，只不过它的半衰期（1.2×10^{13} 年）很长而已[3]。

2.2.3.5　γ衰变

γ射线是从原子核内放射出来的波长很短（$10^{-10}\sim10^{-14}$ m）的电磁波。它的性质和X射线十分相似。从核衰变所得到的γ射线通常是伴随α射线、β射线或其他辐射一起产生的。

γ射线是原子核从高能态跃迁至低能态或基态时的产物。显然，这种跃迁对核素的原子序数和质量数都没有影响。当母核发射β粒子（或其他粒子）而跃迁到子核的激发能级时，它处在激发态的时间十分短暂（约 10^{-13} s），差不多马上就跃迁到基态而放出γ射线。在此过程中，β粒子和γ射线虽然是两个阶段的衰变，但很难把它们分开而测出各自的半衰期。但有些衰变，子体在激发能级停留的时间比较长，能够单独地把γ衰变的半衰期测出来。如 $^{89}_{40}Zr \xrightarrow{78.5\ h} {}^{89m}_{39}Y + \beta^+ + \nu$。

$$\sigma_0 = \sqrt{\frac{\sum_{i=1}^{m}(\bar{n} - n_i)^2}{m(m-1)}} = 6.3\ \text{cpm}^{①} \quad (E_\gamma = 0.91\ \text{MeV})$$

① cpm表示每分钟计数。

$$ {}^{203}_{83}\mathrm{Bi} \xrightarrow{11.8\ \mathrm{h}} {}^{203\mathrm{m}}_{82}\mathrm{Pb} + \beta^{+} + \nu $$

$$ {}^{203\mathrm{m}}_{82}\mathrm{Pb} \xrightarrow{6.1\ \mathrm{s}} {}^{203}_{82}\mathrm{Pb} + \gamma \qquad (E_{\gamma} = 0.82\ \mathrm{MeV}) $$

式中，${}^{89\mathrm{m}}_{39}\mathrm{Y}$ 和${}^{203\mathrm{m}}_{82}\mathrm{Pb}$ 分别为${}^{89}_{39}\mathrm{Y}$ 和${}^{203}_{82}\mathrm{Pb}$ 的同质异能素。寿命较长的核激发态称为同质异能态。当然，原子核的同质异能态与激发态之间并无严格的界线，它与测量技术的精确度有关。现代测量技术能测到半衰期 $T_{1/2} > 10^{-11}$ s 的激发态。现已发现半衰期大于 0.1 s 的同质异能素达 400 多种。

当然，放射 γ 射线并不是同质异能素的唯一衰变方式。例如${}^{83\mathrm{m}}_{34}\mathrm{Se}$ 只放出 β^{-} 射线，而并无 γ 射线；其他如${}^{85\mathrm{m}}_{36}\mathrm{Kr}$，${}^{115\mathrm{m}}_{49}\mathrm{In}$ 等，除了发生 γ 跃迁外还有放射 β^{-} 粒子的衰变方式，图 2-8 所示为${}^{115\mathrm{m}}_{49}\mathrm{In}$ 和${}^{115}_{49}\mathrm{In}$ 的衰变。

有些同质异能素本身并不是 β 衰变或其他衰变的产物，同时它们的基态又是稳定的，这就构成了纯 γ 衰变，如${}^{195\mathrm{m}}_{78}\mathrm{Pt}$ 等[4]。

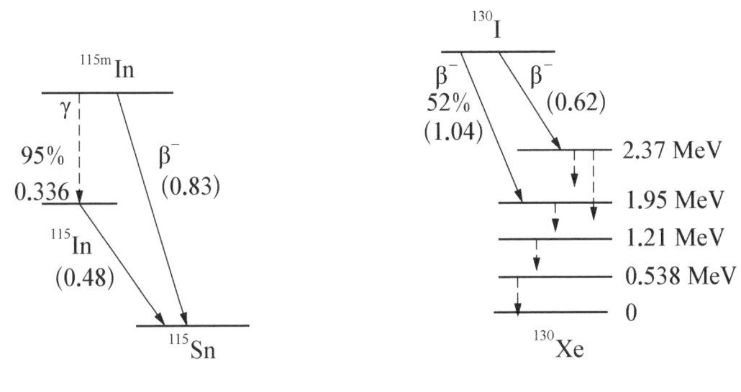

图 2-8 $^{115\mathrm{m}}$In 与^{115}In 的衰变　　**图 2-9 ^{130}I 衰变**

与 β 射线不同，γ 射线的能量是单色(能)的，它的大小差不多等于两个能级之差；可是一个核衰变往往不止放出一组 γ 射线，而有两组或两组以上的 γ 射线。如^{130}I，就有五组不同能量的 γ 射线(见图 2-9)。

此外，处于激发态的核还可能通过发射核外电子的方式回到较低的激发态或基态，而不再放射 γ 射线。这就是 γ 射线的内转换。发射出的电子叫内转换电子。内转换电子主要来自 K 层，也有 L 层或其他壳层。内转换电子的能量是单色的，因此与 β 射线的连续能谱有极大的区别。若令 ΔE 为核跃迁前后两个能级的能量差，ε_i 代表轨道电子的结合能，则有

$$ E_{\mathrm{e}} = \Delta E - \varepsilon_i \qquad (i = \mathrm{K},\ \mathrm{L},\ \mathrm{M},\ \cdots) $$

通过内转换电子能量 E_{e} 的测定，可以很精确地确定 ΔE 或 E_{γ} 的值。

放射 γ 射线和内转换电子是原子核从激发能级跃迁至较低的激发能级或基态的两种可能方式。通常用内转换系数 a_o 来表示内转换电子所占的比例：

$$a_o = \frac{N_e}{N_\gamma + N_e}$$

式中，N_e 为内转换电子总数；N_γ 代表 γ 光子数。内转换系数因放射性核素而异，其变化范围从 0～100%，表 2-3 列出了某些核素的内转换系数，可以看出，在同一放射性核素中，对应于不同的 E_γ，a_o 是不相等的；另外，发射内转换电子之后便可能发射特征 X 射线或俄歇电子；还有，当核的激发能大于 1.022 MeV 时，有可能直接发射正负电子对而回到基态，这叫电子对内转换[5]。

表 2-3　某些核素的内转换系数

核　素	^{80m}Br	^{85}Sr	^{110m}Ag	^{114m}In	^{119m}Sn	^{137m}Ba	^{177}Lu	^{195}Pt
T	4.5 h	65.0 d	250.38 d	49.5 d	245 d	2.6 m	6.71 d	4.1 d
E_γ/MeV	0.05,0.04	0.51	0.66	0.19	0.07,0.02	0.66	0.21,0.11	0.099,0.130
$a_o = \frac{N_e}{N_\gamma + N_e} / \%$	100,57	0	0.3	79.7	100,83.7	0	0.7,13.3	81.4,4.3

2.2.4　放射性活度的单位

放射性活度的国际单位为秒$^{-1}$，专名为贝可勒尔，简称贝可或贝，缩写 Bq。1 Bq=1 衰变/秒。历史上并且至今仍普遍采用的放射性活度的单位为居里，简称居，缩写 Ci；1 Ci=3.7×10^{10} 衰变/秒（衰变/秒常记为 dps）。于是，1 Ci=3.7×10^{10} Bq，或 1 Bq=2.703×10^{-11} Ci。

实际工作中，有时以居里为单位太大，常用毫居（1 mCi=10^{-3} Ci）、微居（1 μCi=10^{-6} Ci）、纳居（1 nCi=10^{-9} Ci）、皮居（1 pCi=10^{-12} Ci）等。

在工作中，有时还使用比放射性（或放射性比活度、比强）和放射性浓度（比强、比活度）这些量。常以单位摩尔的放射性活度来表示比放射性、比强或浓度的，此时的单位为 Ci/mol 或 Bq/mol。有时比放射性以单位质量的放射性活度表示（常用于固体），单位为 Ci/g，Bq/g 等；放射性浓度常用于液体或气体，表示单位体积的放射性活度，单位为 Ci/mL 或 Bq/mL。

需要特别注意的是，居里数相同（即放射性活度相同）只表示它们在每秒内核衰变数相同，而并不表示所放出的辐射粒子数相同。例如，^{60}Co 衰变时，除了放射一个（主要的）β^- 粒子外，还同时放出两个（主要的）γ 射线；而 ^{32}P 衰变时则只放出一个 β^- 粒子，并无 γ 射线。如果 ^{32}P 的活度是 1 Ci，即每秒钟 ^{32}P

放出 3.7×10^{10} 个 β^- 粒子，而 1 Ci 的 ^{60}Co，则每秒钟放出 3.7×10^{10} 个 β^- 粒子，各 3.7×10^{10} 个两种 γ 射线，即每秒钟总共放出 $3\times3.7\times10^{10}$ 个辐射粒子。

2.3　射线与物质的相互作用

原子核衰变放出的射线，大致可分为三类。一类是带电粒子组成的射线，如 β^- 射线、β^+ 射线、α 射线以及核衰变的间接产物内转换电子和俄歇电子；另一类是电磁辐射，如 γ 射线和 X 射线；第三类是中子。这些射线通过物质时将与物质发生相互作用。研究这些作用可以详细地了解核结构、射线的性质及其对生物机体的影响，同时它也是设计和研制辐射探测器的重要基础。

2.3.1　带电粒子与物质的相互作用

带电粒子与物质作用的过程是复杂的。主要有电离、激发和散射，其他还有轫致辐射（系指高速带电粒子在物质中运动受阻时损耗其能量而产生具有连续能谱的电磁辐射）、光化辐射（前已述及，即正负电子相遇后产生“湮没”而放出两个或两个以上光子辐射）、契仑科夫辐射（系指带电粒子在物质中运动的速度超过光在该物质中的运动速度时所放出的可见光或接近可见光的光波），核反应，以及引起物质的化学变化，等等。

带电粒子通过物质时，可以直接从原子里打出电子而产生由自由电子和正离子组成的离子对，它们又可使物质产生新的电离。这样，便在带电粒子径迹周围留下许多离子对，把单位径迹上产生的离子对数称为电离比值或电离比度。α 粒子的质量大，速度小，所带的电荷多，因此它的电离比值远大于同能量的 β 粒子。

带电粒子与物质作用的过程中，随着能量的不断损失而速度变小，相互作用的概率增大，所以到了快近径迹末端时，电离比值增加很快，过了峰值就急剧地下降而趋于零。图 2－10 为 α 粒子在空气中的电离比值随能量的变化情况。

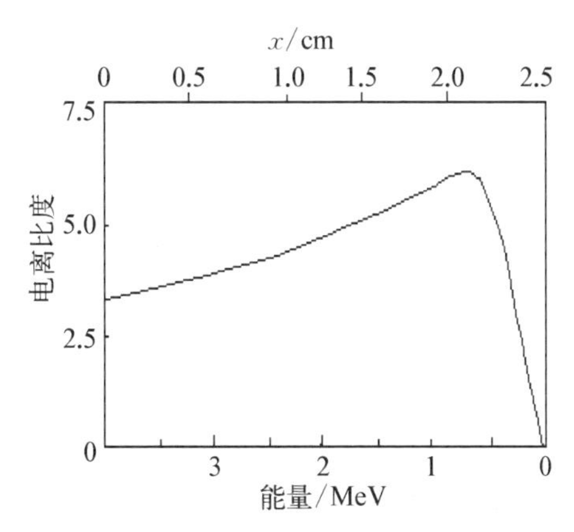

图 2－10　α 粒子在空气(288 K,1.013×10^5 Pa)中的电离比度

在发生电离的同时，也会发生激

发。当给予轨道电子的能量不足以使它逸出原子，而是由低能级跃迁到高能级，使原子处于激发态，此过程谓之激发。受激原子是不稳定的，将自发地跃迁到低能级而回到基态，此时便伴随特征波长光量子的发射。

带电粒子通过物质时，还会因受到原子核库仑场的作用而改变运动方向，这种现象称散射，入射粒子经过散射后，其散射角大部分较小，但散射角大于90°也是可能的。这种现象称反散射。较轻粒子(如β粒子)的反散射要比较重粒子(如α粒子)的反散射显著得多。

物质对入射的带电粒子的吸收作用可以看作是电离、激发和散射作用的结果。通常将粒子从进入物质到停止所通过的直线距离叫射程，而将带电粒子在单位路程上转移到物质中的能量叫线能量转移(LET)或传能线密度，显然，射程的大小与射线的种类、初始能量及吸收物质的性质有关。对同一吸收物质，α粒子的传能线密度比同能量的β粒子大，所以β粒子的射程要比α粒子的射程大得多。

测量α粒子的射程 R_α 通常是以α粒子通过 288 K，1.013×10^5 Pa(帕斯卡)的干燥空气时所走的平均距离来决定的。可以用经验公式估算α粒子在空气中的射程(cm)，或根据测得的α粒子的射程求出α粒子的能量(MeV)。例如，对于 4～8 MeV 的α粒子，射程在 2.5～7.5 cm 之间，可用下式由 E_α 求出 R_α 或由 R_α 求出 E_α：$R_\alpha = 0.325\,E_\alpha^{3/2}$，$E_\alpha = 2.12\,R_\alpha^{2/3}$。

当 $E_\alpha > 8$ MeV 时，R_α 大约与 E_α^2 成正比；而 $E_\alpha < 4$ MeV 时，R_α 差不多与 $E_\alpha^{3/4}$ 成正比。

射程与能量的关系也可由图 2-11 求出。但对于非空气介质，射程 R'_α 可用下式求得：

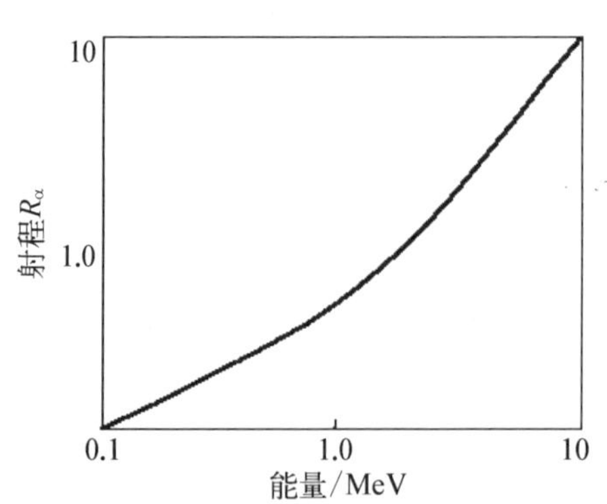

图 2-11　α粒子在干燥空气(288 K，1.013×10^5 Pa)中的射程

$$R'_\alpha = 3.2\times10^{-4}\,\frac{R_\alpha\sqrt{M}}{\rho}\,(\text{cm})$$

式中，R_α 为α粒子在空气中的射程；ρ 为吸收体的密度；M 为吸收体核素的原子质量。在实际计算时，可用质量数 A 来代替原子质量 M。例如 RaA (^{218}Po)的α粒子在空气中的射程为 $R_\alpha=4.62$ cm，在铜中的射程，若令 $M=63.5$，$\rho=8.85$ g/cm^3，则 $R'_\alpha=$

$3.2 \times 10^{-4} \times \frac{4.62\sqrt{63.5}}{8.85} = 1.32 \times 10^{-3}$(cm)。

在固体中的射程有时还用质量厚度表示。它定义为单位面积上所含物质的质量，通常以 g/cm^2 或 mg/cm^2 为单位。质量厚度表示的射程与物质的实际密度和物理状态几乎无关。质量厚度 $R_m = \rho R_l$，ρ 为吸收体密度，R_l 为线厚度(cm)表示的射程。这样，上例中的射程 $R_m = 11.7\ \text{mg/cm}^2$。

另外，在生物学和医学上，常常要知道 α 射线在组织中的射程，可用下式计算：

$$\rho_t R_t = R_l \rho$$

式中，R_t，ρ_t 分别为 α 粒子在组织中的射程和组织的密度，由于 $\rho_t \approx 1\ \text{g/cm}^3$，而在 288 K，$1.013\times10^5$ Pa 时空气的密度 $\rho = 0.001\,22\ \text{g/cm}^3$，故上式可简化为 $R_t = 0.001\,22R$。

有时吸收体是混合物，则有效原子质量可用下式计算：

$$\sqrt{M} = a_1\sqrt{M_1} + a_2\sqrt{M_2} + \cdots = \sum a_i\sqrt{M_i}$$

式中，M_i 为某一组成物的原子质量，a_i 为相应的百分含量。例如，空气约由 20%的氧和 80%的氮组成，因而 $\sqrt{M} = 0.8\sqrt{14} + 0.2\sqrt{16} = 3.8$。表 2.4 示出不同能量的 α 粒子在空气、组织和铝中的射程。

表 2－4　α 粒子在空气、生物组织和铝中的射程

E_α/MeV	4.0	4.5	5.0	5.5	6.0	6.5	7.0	7.5	8.0	8.5	9.0	10.0
空气/cm	2.5	3.0	3.5	4.0	4.6	5.2	5.9	6.6	7.4	8.1	8.9	10.6
生物组织/μm	31	37	43	49	56	64	72	81	91	100	110	130
铝/μm	16	20	23	26	30	34	38	43	48	53	58	69

由于在空气中 β 粒子的射程要比同能量的 α 粒子的射程长得多，一般能量的 β 粒子可穿过几米甚至十几米的空气层，所以用空气来测定 β 粒子的射程是不恰当的。通常用纯铝对于 β 粒子的吸收来测定其在铝中的射程。射程和最大能量间有很多半经验公式，其中比较常用的是

$$R_\beta = 0.543E_0 - 0.16\ (E_0 < 3\ \text{MeV}),\quad E_0 = 1.84R_\beta + 0.294$$

式中，R_β 的单位为 g/cm^2；E_0 的单位为 MeV。

在 $0.15 < E_0 < 0.8$ MeV 时，有下列经验式：

$$R_\beta = 0.407E_0^{1.38}\text{，}E_0 = 1.92R_\beta^{0.725}\ (0.03\ \text{g/cm}^2 < R_\beta < 0.3\ \text{g/cm}^2)$$

当β粒子能量甚低时，如^3H(E_0=0.018 6 MeV)，^{14}C(0.156 MeV)，可用下式计算：

$$R_\beta = 0.685\ E_0^{1.67} \quad (E_0 < 0.2\ \text{MeV})$$

总之，β射线的能量和射程的关系很难用一个统一的、简单的经验公式来表示；还有许多经验公式，例如，$R_\beta = 0.542E_0 - 0.133\ (E_0 > 0.8\ \text{MeV})$，$E_0 = 1.85R_\beta + 0.245\ (R_\beta > 0.3\ \text{g/cm}^2)$。

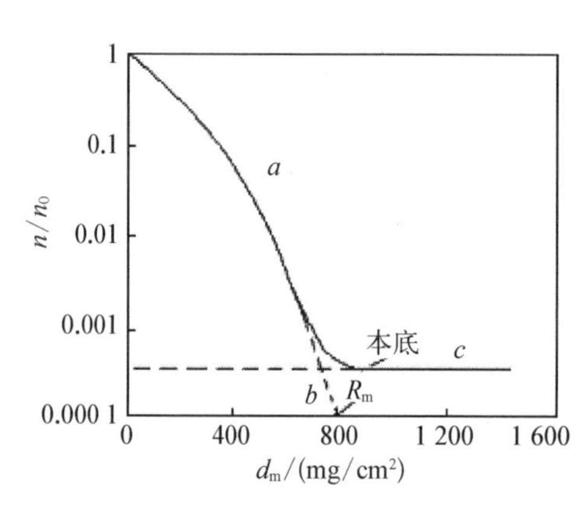

图 2-12　^{32}P 的 β 吸收曲线

此外，β射线随铝吸收厚度的增加，其强度变化如图 2-12 所示。曲线尾部是斜率很小的直线，将它外推至d_m=0 处，它是β测量中的γ本底；如果放射源是纯β放射性的，则γ本底主要来自轫致辐射和天然本底，由 a 减去直线 c 上对应点的值得曲线 b，它就是β射线在铝中的吸收曲线；将其外推至原强度的万分之一处，则对应的铝片厚度就是β射线在铝中的射程 R_m。

2.3.2　γ射线与物质的相互作用

通常，γ射线与物质相互作用主要有三种方式：光电效应、康普顿-吴有训效应和电子对效应。各种效应的概率随γ射线的能量和物质的原子序数的不同而变化。

2.3.2.1　光电效应

当一个光子与物质的原子作用时，可能将全部能量传递给一个电子而使之脱离原子成为自由电子，光子本身则被吸收。这种现象称为光电效应。被打出的电子叫光电子。光电效应和物质的原子序数有密切的关系，一般来说，低能光子与原子序数大的物质作用时，光电效应概率就大，当能量增至 2 MeV 时，光电效应就不明显了。

2.3.2.2　康普顿-吴有训效应

康普顿-吴有训效应是光子与物质原子的一个轨道电子或自由电子的弹

性碰撞过程;在这种过程中,光子将一部分能量传给电子使轨道电子弹出轨道,并按一定方向运动,此时光子在新的方向上以降低了的能量散射。因此,在康普顿-吴有训效应中,光子只损失其部分能量,作用的结果是除了那个能量减弱了的光子外,还产生了一个康普顿电子。康普顿-吴有训效应与物质的原子序数成正比,主要发生在中等能量区域。

2.3.2.3 电子对效应

当光子能量大于两个电子的静质量相应的能量时,即大于1.022 MeV时,则它和物质相互作用时会产生一对正负电子,而光子本身被吸收。正负电子沿各自路径产生电离、激发;由于正电子是不稳定的,它将很快与自由电子结合而转化为两个(概率较大)能量各为0.511 MeV的γ光子。高能γ射线与大原子序数物质作用时,电子对效应很重要,所以这时也很容易探测到特征能量为0.511 MeV的γ射线。此外,当γ光子能量很高时(如大于7 MeV),可能引起原子核反应。3种主要效应如图2-13所示。

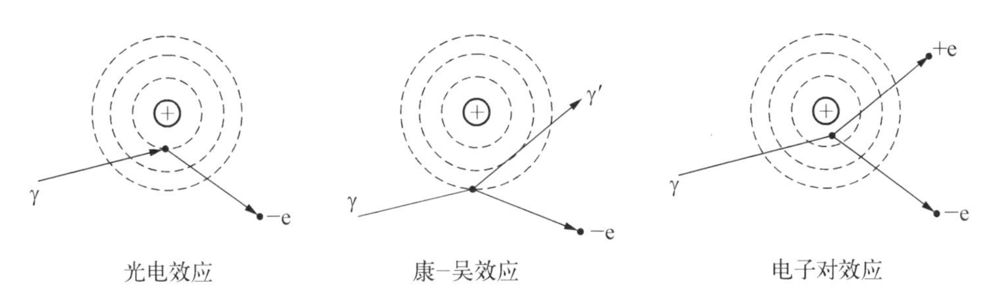

图2-13 γ射线与物质的相互作用

表示γ射线与物质作用产生的三种效应的概率常用相应的减弱系数或相应的截面表征。图2-14表示三种效应的概率与物质原子序数及光子能量的关系。

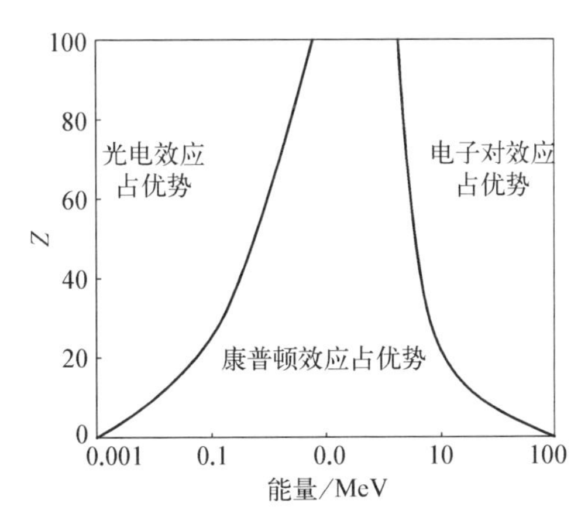

图2-14 γ射线三种效应E_γ与Z的关系

2.3.3 中子与物质的相互作用

中子按能量可以划分为:冷中子(E_n<5×10^{-3} eV)、热中子(E_n=0.025 eV)、超热中子(0.1 eV~0.5 keV)、中能中子(0.5 keV~

0.2 MeV)、快中子(0.2～20 MeV)、超快中子或相对论性中子(E_n>20 MeV)。

与上述射线不同,中子不与吸收介质的原子核外层电子相互作用。当中子流通过物质时,它可以进入吸收物质的原子核内部并与核子相互作用。其一,中子可能被原子核散射,若是弹性散射,中子改变运动方向;若是非弹性散射,中子将一部分能量消耗于原子核的激发上,而被激发的原子核放出γ光子后又回到正常状态。其二,物质的原子核俘获中子而形成一个新的不稳定核,这种新的不稳定核通过发射γ光子、β粒子或α粒子或通过重核裂变而发生衰变。

中子与原子核作用的各种过程的概率随中子能量和物质原子核的性质而异,中子的探测就是以这些反应为基础的。根据不同的测量对象制作成不同的中子探测器。例如,测量慢中子可用充有BF_3气体的正比计数管,它利用中子与硼产生核反应生成α粒子所引起的电离来记录慢中子[1]。

2.4 辐射的探测及测量方法

2.4.1 辐射探测器的种类

在核物理研究及放射性同位素应用中,要探测各种辐射的存在,分辨并确定它们的性质,如能量、半衰期、电荷、放射性活度等,用来做这类工作的仪器总称为探测器。

探测器的基本原理是利用辐射与物质相互作用而产生的一些特殊现象,如电离、荧光、核反应、热效应、化学效应以及一些特殊的次级效应;对放射性核素应用上的测量来说,基于电离、荧光制成的探测器最为常见。

探测器可分为以下几种:气体探测器,它是利用射线与气体的相互作用,如电离室、正比计数器、G-M计数器等;固体探测器,它是利用射线与固体的相互作用,如各种类型(有机、无机)闪烁计数器、半导体探测器等;液体探测器,它是利用射线与液体物质的作用,如液体闪烁计数器、气泡室等。从作用原理上,它们可分为两种类型:一种属于累计型,它是测量因辐射的电离作用所产生的微弱电流(或电荷)或其他效应,而不分辨个别粒子的行为,所以具有"累计"的性质,如电流电离室、热释光探测器、胶片剂量计等;另一种是脉冲探测器,它可以测量由于每个粒子的电离作用所引起的脉冲式电压改变,即可分辨单个粒子的行为,如脉冲电离室、正比计数器、G-M计数器、闪烁计数器等。后一种类型用得很普遍,尤其是G-M计数器和闪烁计数器。所以我们就着重介绍它们。

2.4.2　气体探测器

2.4.2.1　气体探测器工作原理

气体探测器常用的结构为一个空心圆柱体(内镀金属膜或安装金属圆筒)作为阴极和一金属丝作为阳极(见图 2-15)。如果我们把气体封进管内,那么当射线进入管内后,在气体中便形成离子。阴极和阳极间的电场分别将离子引向两极,离子的移动速度随场强、气体压力和性质而变,正离子向阴极运动,而移动速度较快的电子(负离子)则飞向中心电极。因此在阳极上收集到电荷,从而引起电路上电压的变化(脉冲)。脉冲的大小依赖于所收集的电子的数目。

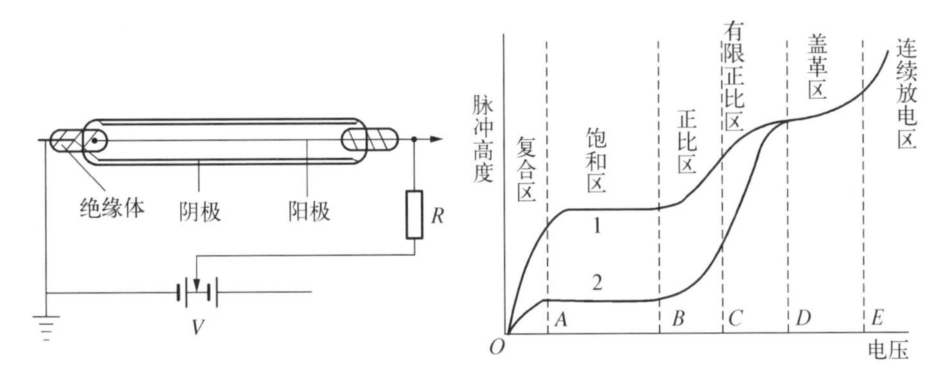

图 2-15　气体探测器的工作原理　　**图 2-16　脉冲高度与极间电压关系**

如果射线的能量一定,则形成脉冲的高度随所加电压而变,如图 2-16 所示。图中 1、2 系不同能量的带电粒子所作出的实验曲线,图中分出几个明显不同的区域。

OA 区(复合区):这时极间电压相当低,以致原始离子对在趋向两极的过程中有复合;但随电压升高,复合减少,到达两极的离子对数目也就愈来愈多,因而输出的脉冲高度愈来愈大。至 *A* 点,几乎所有的原始离子对都达到两极。

AB 区(饱和区):在该区域内,尽管电压升高也不会引起脉冲高度改变。这是因为复合已不存在,原始离子对全部到达两极;另一方面,在该区域离子向两极移动过程中由电场所获得的能量尚不能足以产生新的电离。于是在该区域脉冲高度便达到一饱和值。这一饱和值与入射粒子的能量有关。不同能量的射线所形成的脉冲高度是不同的,曲线 1 所代表的射线应较曲线 2 所代

表的能量大。若以最后收集的离子对数比原始离子对数叫放大系数，显然在该区域放大系数则为1。

BC 区(正比区)：当电压升高到 *B* 时，电场增大到这样的程度，它使得原始离子对中的电子在趋向阳极途中获得足够大的能量与气体分子碰撞而产生新的电离(正离子由于速度小，故发生碰撞产生新的电离可能性小)，使真正达到阳极的电子数比原始的为多；由碰撞产生的电子还可获得大的能量又产生新的电离。这个过程是增殖的，谓之"雪崩"。该区放大系数为 $10 \sim 10^4$ 倍；随电压增高而增大，此时脉冲高度正比于原始电离对数，故称正比区；利用该区域的特性制成的探测器称为正比计数器。

CD 区(有限正比区)：当电压由 *C* 再增高时，脉冲高度也继续增大，这时比例关系被破坏了，原始离子数多的放大得少，原始离子数少的放大得多，但原始电离大的总电量仍大；到达 *D* 点时，它们已变得一样。

DE 区(盖革区)：当电压再升高时，输出脉冲高度极大，形成自激放电；且在同一电压下，所有脉冲高度变得完全相等，输出脉冲与初始电离对数无关，亦即与入射粒子的能量无关；原始电离只对放电只起"点火作用"。G-M计数器就是工作在该区域的。

在 *E* 以上，因电场强度极高而使所充气体击穿，于是产生连续放电，这个区域不能用作探测器。

由上述讨论可见，电离室和正比计数管能够测量粒子的能量，或者说能区分不同能量的粒子，而G-M计数器则不能，它只能用于计数。但它们的基本结构和组成是相似的，只是工作条件不同，使性能有所差异，从而适用不同的需要。

2.4.2.2 气体探测器中的电离放电过程

现在，简单介绍一下气体电离和放电过程。当射线进入气体时将使气体产生电离(初级电离)，但这只是总电离中的一小部分，更多的是由此而产生的次级电离。次级电离的产生不外乎下述原因：① 高速的次级电子流(又称δ射线)产生新的电离；② 电离过程中形成许多激发的原子、分子，它们可放出光子，而光子又可被别的分子、原子吸收从而引起新的电离，甚至光子也能从器壁上打出电子；③ 亚稳态原子与别的原子、分子或器壁碰撞时放出能量而形成电离；④ 正离子撞击阴极时，再从阴极打出电子；还有，在电离过程中产生的电子受到加速，在积累了足够能量之后有可能电离其他中性分子。

由于次级电离的存在，在加有强电场的气体放电管中便产生"雪崩"。产生雪崩的条件，大体上说，电子在一个平均自由程的距离上受电场加速获得的能量与气体的电离能有相同的数量级或更大。

其次，由于光子的作用，雪崩电离还可以向四周扩展，因为放出的光子可以在各处打出电子，形成新的电离。在雪崩剧烈、光子作用大的情况，放电可以持续进行；应指出，若没光子的作用，雪崩便不会扩展，因为还有与上相反的过程——电子的附着和复合。

所谓电子附着系指低能电子与分子碰撞时可能形成一个负离子的过程。形成负离子的概率与气体分子的性质有关。对负电性气体，如氧及卤素容易附着，而对惰性气体则不易形成负离子；负离子的存在是不利的，所以一般常用极纯的惰性气体充进探测器；但应注意，这种负电性分子的不利作用有时又得到应用，如以后讲到的自猝灭计数管就有用卤素作猝灭气体的。

电子与正离子碰撞而复合形成中性分子。复合的概率与温度、压力及气体种类有关，强的电场可减少复合的发生。

2.4.2.3　G－M计数管

G－M计数管是盖革-米勒(Geiger－Müller)计数管的简称。它的构造是在金属圆筒(或玻璃管内壁涂上一层导电物质)阴极中央张着一根细金属丝作为阳极(见图2－15)，管内充有几个厘米高水银柱至20 cm高水银柱(约相当于$1\times10^{3}\sim2.66\times10^{4}$ Pa)气压的气体。它的特点是输出脉冲的大小与入射粒子的能量无关。因此，它不能用于粒子的能量分析，而只能作计数测量。

要能分辨单一粒子，每一次所引起的放电应有一个停熄，即所谓的“猝灭”。G－M管按猝灭机制可以分为靠外电子线路猝灭的非自猝灭计数管和靠管内气体猝灭的自猝灭计数管。前者在一次放电后若没有外界因素使电压降低，则放电会不停地持续下去，充有纯净气体的管子就属于这一类；后者在放电到一定程度后会自动停止，恢复原状，通常充以情性气体和某些猝灭气体(如乙醇、二乙醚、溴、氯等)混合物的计数管就是自猝灭管。

一般来说，非自猝灭管用得较少。因为要使用它，必须利用猝灭电路使电极电压在放电后迅速降低，以停止放电；通常是在计数管的输出回路上附设电子学线路；若采用自猝灭管就不必如此。故广泛应用的是自猝灭G－M计数管。

1) G－M计数管的特性

实验得出G－M管的计数率与极间电压的关系如图2－17所示。所谓计

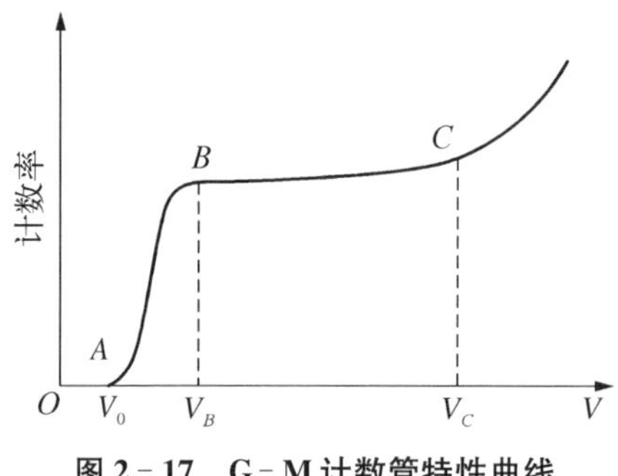

图 2-17　G-M 计数管特性曲线

数率是指单位时间内测得的脉冲数。图 2-17 是在测量固定活度的辐射源，改变极间电压得到的。它反映了 G-M 管的工作特性。由图可见，当所加的电压低于 V_0 时，尚不能引起雪崩放电，故无计数。V_0 称为"阈电压"或"临界电压"。AB 表示电压增加时计数率随着增加，这是由于还没达盖革区，脉冲有大有小，被记录的只是大脉冲；在 BC 段计数率几乎为常数，这一段称为"坪"，G-M 计数管就是工作在坪区的；一般工作电压选择在坪中间偏左一些，这样，在电压变动时不致影响计数率，当电压高于 C 时，计数率猛烈增加，出现连续放电。

G-M 管的特性一般以阈电压、坪长、坪斜、死时间(或呆钝时间)、寿命及探测效率表征。

所谓阈电压是指 G-M 计数管开始计数时的电压，它与管的几何形状、管内气体的性质；猝灭气体的比例、阳极粗细、管内气体的压力及温度等有关。如果管内气压高、猝灭气体含量多、阳极粗、阴极圆筒直径大、温度高，则阈电压高；但影响最大的是猝灭气体的种类。若以卤素作猝灭剂的卤素管阈电压 300 V 左右，而以有机气体作猝灭剂的有机管的阈电压则要 1 200 V 左右。

图 2-17 上 BC 段称为 G-M 计数管的坪，对应的电压 $V_C - V_B$ 为坪长。希望计数管有较长的坪，坪的长度与猝灭气体的种类、用量、管内温度、管的使用时间长短等有关。卤素管坪长约 100 V，有机管约 200～300 V，猝灭气体用得适量，则坪就较长，过多或过少皆有不利的影响。此外，新管的坪比旧管的长，高温时要比低温时的长。

其实，图 2-17 上的 BC 段并非真正水平，而有点上"倾"，这主要是随电压升高假性计数增加及计数管灵敏体积增大。假性计数是负离子引起的，我们知道，负离子的速度远较电子的速度小，与正离子差不多，所以可能在真正计数之后再到达阳极而引起新的雪崩，从而形成假性计数。坪斜是用来描述坪的"倾斜"程度的。它定义为在坪的范围内，电压每升高 100 V 计数率增加的百分数，单位为%/100 V。坪斜与管的使用时间长短、充气性质有关，旧管比新管大，减少负电性气体可使坪斜减小。正常 G-M 管的坪斜一般在 1%/100 V～10%/100 V 范围内。

为了说明死时间的概念，不妨研究一下管内脉冲形成的过程。

前已指出，在管内正离子移动得较慢，故当电子已被阳极收集时，正离子尚未到达阴极，从而在阳极丝附近形成一由正离子组成的所谓正离子鞘，它的存在严重地削弱了管内电场强度，致使新的粒子进入计数管时不能引起雪崩放大，因而造成漏计数，当正离子鞘趋向阴极时，阳极附近的电场逐渐恢复；当正离子鞘到达离阳极某一距离 r_0 时，阳极附近的电场刚恢复到可以产生雪崩。正离子鞘到达 r_0 的这段时间称为死时间，以 τ_d 表示。但是，此时虽开始新的计数，但脉冲较小，随着正离子鞘趋向阴极，阳极附近的电场提高，脉冲幅度增大，当正离子鞘完全到达阴极时，脉冲高度恢复到原来的高度，如图 2-18、图 2-19 所示。正离子鞘从 r_0 到达阴极的时间称为恢复时间，以 τ_r 表示，显然，τ_r 的大小决定于正离子鞘的移动速度。在实际应用中，τ_r 对计数影响不大，因为借助于放大器可以使很多较小的脉冲照样被记录下来。G-M 管的 τ_d 和 τ_r 通常为 10^{-4} s 数量级。

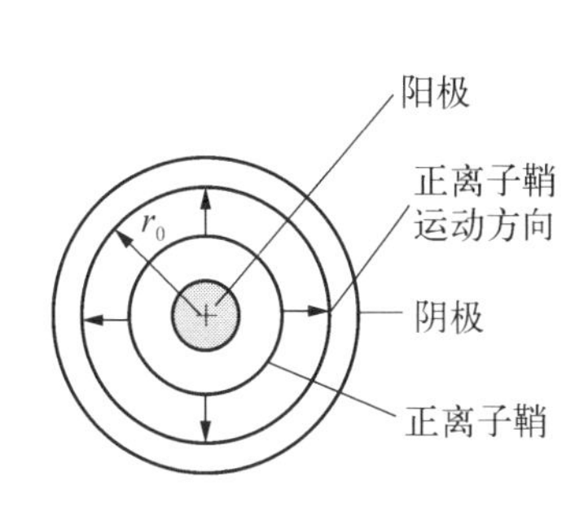

图 2-18　正离子鞘之移动

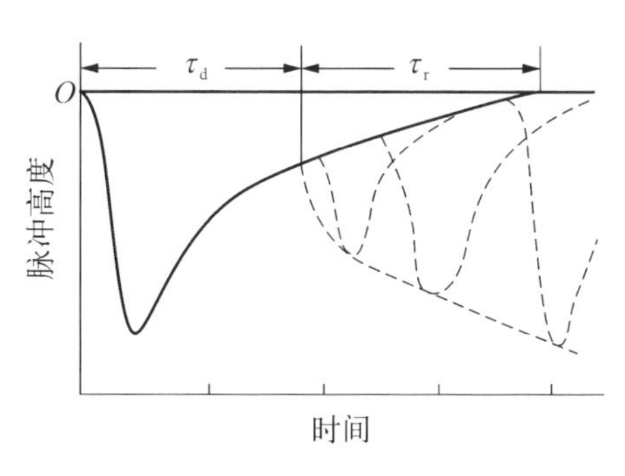

图 2-19　G-M 计数管的死时间

另外，也有可能两个粒子“同时”进入计数管而只做一次记录，这也可能产生漏计，故引出分辨时间（严格地说，应是整个装置的分辨时间，但起主要作用的是计数管的分辨时间）的概念。所谓分辨时间是指能把两个相邻脉冲分别计下的最短时间，或从第一个脉冲开始到第二个脉冲恢复到超过记录系统甄别阈而能被记录的时间，常用 τ 表示。用灵敏度足够高的放大器可使死时间和分辨时间差不多：$\tau = \tau_d$ 。

而通常正是以分辨时间代替死时间；分辨时间（或死时间）的存在，使得计数管的实测计数比真正进入管内的粒子数少而造成漏计，故必须作漏计校正。

设 m 为计数管的实际计数率，n 为真正计数率，则单位时间的漏计数为 $n-m$，应有

$$n-m=\frac{m\tau}{1/n}=nm\tau$$

式中，$m\tau$ 为记录 m 个粒子的总死时间（或分辨时间）；$1/n$ 为平均记录一个粒子所需的时间，亦即连续两个粒子的平均时间间隔。

由上式可得 $m=\frac{n}{1+n\tau}$，　$n=\frac{m}{1-m\tau}$。

实际计数率与真正计数率之比 $f_\tau=\frac{m}{n}=1-m\tau$，称为分辨时间因数。

由 $n=\frac{m}{1-m\tau}$ 可见，在知道了 τ 后，即可求得真正进入计数管内的粒子数；由 $n-m=nm\tau$ 可见，随着计数率的增大，不能被记录的粒子数也增多。因此，对于强放射源的测定，死时间引起漏计数的校正便更显重要。

G-M计数管的寿命系指计数管从开始使用到不能使用时的总计数。因为G-M计数管通常是密封的，故当管内气体成分发生改变时，计数管的工作性能也改变，以致不能正常工作而报废。其迹象如阈电压增高，坪斜过大，坪长太短，连续放电等。我们当然希望计数管能有较长的寿命，并希望其性能不随时间和其他条件改变，但是对自猝灭管来说，每次放电总有大量的猝灭气体分子（约 10^{10} 个）被分解掉（大部分是正离子到达阴极时分解的）。因此，寿命总是有限的，一般G-M管的寿命约 10^8 次计数，选用较重的有机气体作猝灭剂，其分子在一次分解后可以再分解，而仍有猝灭作用，这样寿命可稍长，但延长不大。只有卤素猝灭气体分子在分解后经过一定时间又能结合成双原子气体，因此从理论上讲，它的寿命是无限的。

使用G-M计数管，首先要正确接线，阳极丝总是接正极；其次，工作电压不要选得太高，若出现连续放电应立即切断高压；第三，应严防振动、污染，要避光保存和使用。

计数管的探测效率是指一个粒子进入计数管后引起计数的概率。一般而言，G-M管对于带电粒子，只要它能进入管内就能引起计数，亦即它的效率为100%；但实际上，因管内电场并不均匀，故在弱电场区域的带电粒子有可能不被记录，特别是低能粒子尤为如此；G-M管对于进入其内的β、α粒子的效率都近于100%。

但是，G-M管对γ射线的探测效率是很低的；这是因为γ射线本身不能直接产生电离，而是依靠它和管壁作用产生光电子、康普顿电子和电子对（能量大于 1.022 MeV 的 γ 射线)，它们再引起电离放电。因此，G－M 管对 γ 射线的探测效率就与阴极材料密切相关，用低原子序数的金属(如铝)作阴极时，探测效率与 γ 射线能量成正比，用高原子序数的金属(如铋)时，其效率较低原子序数的为高。G－M 管对 γ 射线的探测效率一般不到 1%。

实际使用中，测 β、α 粒子的 G－M 计数管与测 γ 射线的 G－M 计数管在结构上是有所不同的。γ 管的阴极通常以钢或不锈钢的金属圆筒做成；也可用金属粉末涂在玻璃壳内壁上制成；α 和 β 粒子(尤其是低能 β 粒子)穿透力较 γ 射线为弱，故必须用薄窗计数管(对高能 β 可用薄壁的计数管)。薄窗常在一端用薄云母($1\sim2\ mg/cm^2$，相当于 5×10^{-3} cm)做成，该类型的计数管叫钟罩形计数管；薄壁可用玻璃做成，内壁上的薄导电膜可用铝或不锈钢，薄壁型又叫圆柱形计数管；当然，对 α 或低能 β 射线，可用流气式 2π 或 4π G－M 管测量[6]。

2) G－M 计数器进行放射性活度测量的方法

通常进行放射性测量，主要是测定下列内容：射线的种类和能量、辐射源的活度、放射性核素的半衰期以及辐射源周围空间的电离情况等。但是，在放射性核素的应用中，人们最感兴趣的是活度的测量，G－M 计数器目前仍是进行活度测量的重要探测器之一。

放射性活度测量的目的是确定样品在单位时间内的衰变数。通过测量直接给出或经过校正以后给出样品的放射性活度谓之绝对测量或直接测量；而借助于某种中间手段(例如使用放射性标准源或标准测量装置)而给出样品的活度谓之相对测量或比较测量、间接测量。

校正系数法是较精确的一种绝对测量方法，但这是件十分烦琐累赘的工作。为了将测得的脉冲数转变为衰变数需做许多校正，诸如本底校正、死时间校正、空气和管壁(或窗)吸收校正、反散射校正、自吸收校正、几何条件校正、衰变校正等，而且有些校正的本身又是件很麻烦的事。当然，也可用一些特殊的装置，如 4π(或 2π)G－M 计数器进行绝对测量，此法是将待测样品放入其内(或通过窗口)，因而上述好多校正系数自然取消了；然而，装置本身却是复杂的，操作起来也不方便。所以一般只在对结果的误差要求很小的情况下才采用校正系数法，在对测量结果要求不很高的情况下都采用比较测量(或相对测量)。

比较测量的基本原理是：把已知活度的标准源与要测量的样品分别在相同条件下进行测量，从标准源的活度求出待测样品的活度。比较的办法是先测出在某条件下计数器对标准源的计数率,算出计数效率,然后把在同样条件下测得的待测样品的计数率除以计数效率,即为样品的活度,或者由待测样品的计数率与标准源的计数率之比应等于它们的衰变率之比而求出待测样品的活度。

例如,某次测量由^{14}C-六六六标记的作物样品,得计数率为 1 500 cpm,若在完全相同的条件下,用完全相同形状的活度为 4×10^{-3} μCi 的^{14}C 标准源测得计数率为 1 200 cpm,求所测样品的活度为多少微居(假定全部测量中本底可以略去)。

解: 设待测样品和标准源的活度分别为 A, A_0;相应的计数率为 n, n_0,显然,测量的效率 $\eta=\frac{n_0}{A_0}$,则

$$A=\frac{n}{\eta}=n\Big/\frac{n_0}{A_0}=\frac{nA_0}{n_0}=\frac{1\,500\times4\times10^{-3}}{1\,200}=5\times10^{-3}\ \mu\text{Ci}$$

或

$$\frac{n}{n_0}=\frac{A}{A_0},\quad 即\ A=\frac{nA_0}{n_0}=5\times10^{-3}\ \mu\text{Ci}$$

在相对测量中,标准源的选择对结果影响很大。标准源和待测样品应是同一核素,而且两者活度最好差别不大;如果不能得到相同核素的标准源,也可选用放射同一种射线而能量相近的标准源进行比较,若标准源与待测样品衰变方式不同,则应进行衰变方式的校正。事实上,由于待测样品的核素种类是很多的,而可能获得的标准源的核素种类是有限的,因此,有时连能量相近的标准源也找不到,这时可利用几种能量不同的标准源做出计数效率-能量关系曲线,通过内插法求出所要求的能量在相同条件下的计数效率。另外,在比较测量中,所用标准源必须具备足够的精度,这是获得较好结果的必要条件。

其次,应该注意所谓“在相同条件下”测量是指: 第一,标准源与样品用同一测量仪器;第二,该仪器的工作状态(如工作电压、增益或衰减、甄别阈等)相同;第三,测量的几何条件相同而且重复性好。这些条件是比较测量的关键。相同的几何条件表示探测器与源之间及探测器与样品之间的相对位置完全一样,不但源和样品到探测器的几何距离相同,而且样品的形状、大小及放射性的分布应与标准源一致。此外,样品盘的材料、厚薄最好与标准源相同,放射源的支架尽量用低原子序数的材料做成,所有这些都是为了避免因立体角的不同和自吸收、自散射、反散射等效应的不同而带来的误差。

还应注意，在所测得的计数率中都应扣除本底计数率之后再进行运算，特别是在低活度测量中这一点更不可忽视。

2.4.3　半导体探测器

半导体探测器是 1960 年代以来发展极其迅速的一种新型探测器。它具有能量分辨率高、分辨时间短、阻止本领大、结构简单、偏压低、使用方便等优点。

2.4.3.1　半导体探测器的基本原理

实际使用的半导体有两种：一是 N 型；二是 P 型。两种半导体都是在纯半导体材料中掺入不同的杂质而制成。掺有第三族元素（如硼，称受主）的硅或锗叫做 P 型，其中有许多空穴；掺有第五族元素（如磷，称施主）的硅或锗叫做 N 型，其中有许多自由电子。半导体探测器元件就是由 P 型半导体和 N 型半导体直接接触（接触距离小于 10^{-9} m）而构成的 P－N 结。由该元件构成的半导体探测器叫做 P－N 结型半导体探测器（见图 2－20）。

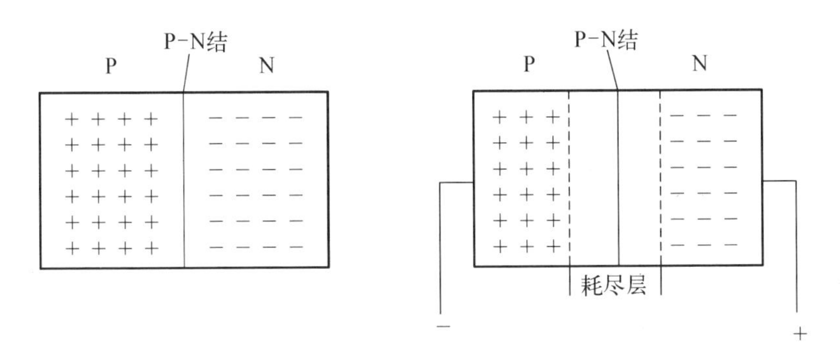

图 2－20　P－N 结探测器耗尽层

由于 N 型半导体中电子密度大，P 型半导体中空穴密度大，这样 N 型半导体中的电子便向 P 型半导体中扩散，而 P 型半导体中的空穴则向 N 型半导体中扩散，这种扩散是在交界面处进行的，于是在交界面处电子和空穴的密度特别小，即相当于电阻特别大。在探测器工作时加上反向偏压（即 P 型处加负压，N 型处加正压），电子和空穴背向运动，造成了无自由载流子的耗尽层（空间电荷区），这就是半导体探测器的灵敏区。当射线进入此耗尽层时，便产生了电子-空穴对，在外电场作用下，分别向两极移动，并被电极收集，从而在外电路中产生脉冲信号，经放大便获得可测的脉冲。由于半导体探测器的工作原理类似于电离室，故又称为固体电离室，半导体探测器的结构如图 2－21 所示；半导体探测器测量系统如图 2－22 所示。

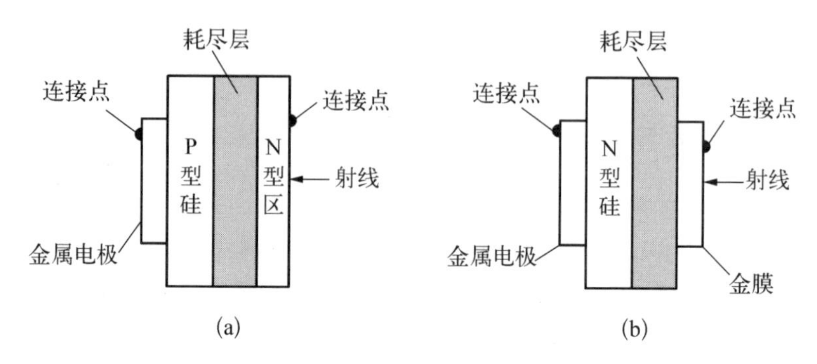

图 2-21　半导体探测器结构

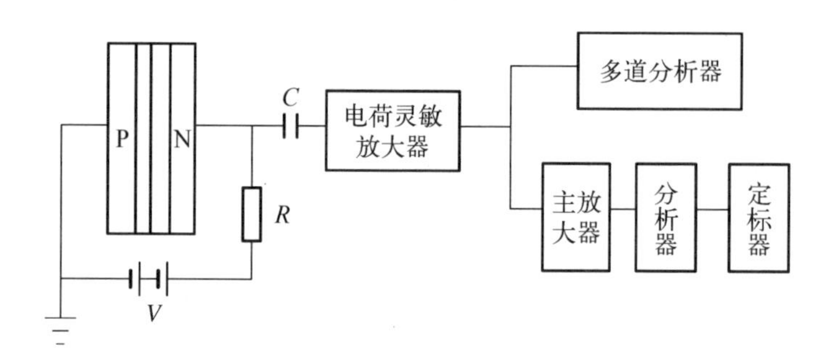

图 2-22　半导体探测器测量系统

2.4.3.2　半导体探测器的种类

半导体探测器的种类很多，分类方法也各异。按材料分类有硅、锗和化合物等半导体探测器；按应用分类有带电粒子、重离子、中子、X 射线和 γ 射线半导体探测器；按得到灵敏体积所采用的不同工艺分，有均匀导电型、结型、面垒型和锂漂移型，以及特殊类型半导体探测器等；而按制作方法分为三种：扩散结型、面垒型和锂漂移型。下面仅简单介绍它们。

1) 扩散结型

在 P 型硅的一侧表面上扩散入一薄层Ⅴ价的磷使之成为 N 型硅，从而构成 P-N 结形成耗尽层。这种 P-N 结半导体中，N 型硅一般只约 0.1～1 μm 厚度[见图 2-21(a)]。

2) 面垒型

在一片 N 型硅表面上喷涂一层金膜(约几百个原子层)，这一金-半导体界面便有整流特性，也形成耗尽层，工作时以 N 型硅作阳极，金属作阴极[见图 2-21(b)]。

3）锂漂移型

先将锂(施主)在P型晶体上扩散一层，形成P-N结，然后在适当温度下加上反向偏压，此时锂原子可在电场作用下在晶格中漂移，形成耗尽层。这种探测器用于γ测量十分优异，但必须在液氮温度(77 K)下工作与保存；否则，锂便漂移出晶体而毁坏器件。

2.4.4　闪烁计数器

2.4.4.1　闪烁计数器的基本原理和结构

闪烁计数器是利用射线作用于某些荧光体或闪烁体时会产生闪烁光的原理制成的探测器，这种闪烁光又通过光敏感物质形成电子(光电子、康普顿电子、电子对)，然后通过倍增放大得到可测的脉冲。一些早期的原子核研究，如卢瑟福的α粒子被原子核的散射实验以及人工核转变的发现，就是利用这种方法记录的。

闪烁光是在带电粒子有作用于物质而引起一连串的激发或电离后的恢复过程中产生的；该闪烁光一般称为荧光，而把发出荧光的物体叫做荧光体或闪烁体。然后通过特殊装置将荧光转为电脉冲而达到探测的目的。γ射线和中子虽不是带电粒子，但γ光子能产生各种电子，中子能在引起核反应中形成带电粒子，它们能使闪烁体内的分子或原子激发而产生闪光。一个完整的闪烁计数器是由闪烁体(荧光体)、光电倍增管及相应的电子仪器等组成的(见图2-23)。

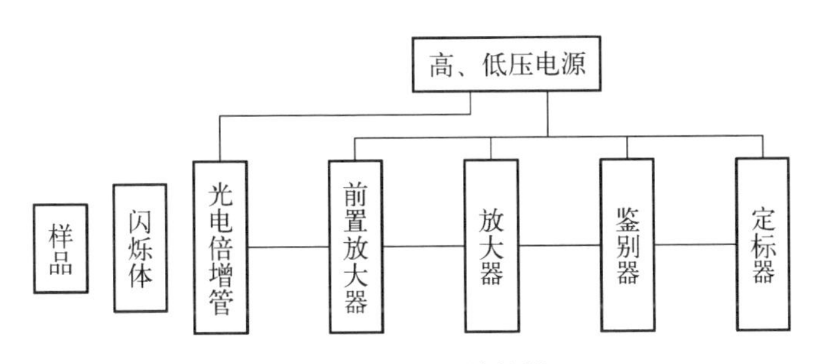

图2-23　闪烁计数器

常用的闪烁体分无机和有机两大类。无机闪烁体由无机晶体掺入少量激活剂制成，激活剂的作用是提高发光效率，无机闪烁体的特点是阻止本领大、发光效率高和能量响应好(即光电子产额高)，常用的无机闪烁体有单晶体NaI(Tl)，CsI(Tl)及多晶粉末ZnS(Ag)。NaI(Tl)主要用于γ射线和X射线的测量，发光效率略低于ZnS(Ag)，NaI(Tl)易于潮解，故必须密封包装；CsI(Tl)对γ射线的探测效率比NaI(Tl)还要高，且不易潮解，但能量分辨率低于NaI(Tl)，且价格贵；ZnS(Ag)具有大的阻止本领和发光效率，对重的带电粒子有高的探测效率(如对α射线其效率近于100%),但对γ射线和β射线不敏感,故也可以在较强的γ射线、β射线本底下测量带电粒子,其缺点是不易制成体积较大的单晶,而通常都是把 ZnS(Ag)敷在有机玻璃片上或直接敷在光电倍增管光阴极上。有机闪烁体大多属于芳香族的碳氢化合物,有固体、液体和气体三种状态,其优点是发光时间短、透明度好,并含有大量氢原子,故可探测中子。但发光效率、能量分辨率和对γ射线的探测效率等均比无机闪烁体差。

固体有机闪烁体的典型代表是蒽晶体和塑料闪烁体。蒽晶体一般用于β射线的测量,塑料闪烁体是一种有机固溶体,常用的是由苯乙烯加 TP(对联三苯)和 POPOP(1,4-〔双-(5-苯基噁唑基-2)〕苯)组成。它发光时间短、透明度好、性能稳定、耐辐射性强、制作简单、价格便宜,可用于各种射线的测量,但能量分辨率差,且不能在高温下工作。

液体有机闪烁体(常称闪烁液)由溶剂和溶质组成。溶剂约占99%。其主要作用是接受射线的能量,溶质约占1%,其作用是在接受溶剂能量后在退激发时发出荧光。常用的溶剂有甲苯、二甲苯、二氧六环等。通常,闪烁液中有两种溶质,称为第一闪烁剂和第二闪烁剂。常用的第一闪烁剂有 TP,PBD(5-(4-联苯基)-2-苯基-1,3,4-恶唑)和 PPO(2,5-二苯基恶唑)等;第二闪烁剂的作用是转变第一闪烁剂发射光波波长,使其与光增管光阴极光谱相匹配,故常称为移波剂,常用的有 POPOP 等。闪烁液的配方下面再作介绍。

光电倍增管是目前核探测中很有用的一种器件,它是最灵敏的光电转换元件,能把极微弱的光按比例地转变成较大的电脉冲,并且时间响应极快。

光电倍增管的结构包括光阴极、联极(打拿极)和阳极(收集极)。直线式光电倍增管的结构如图2-24所示。

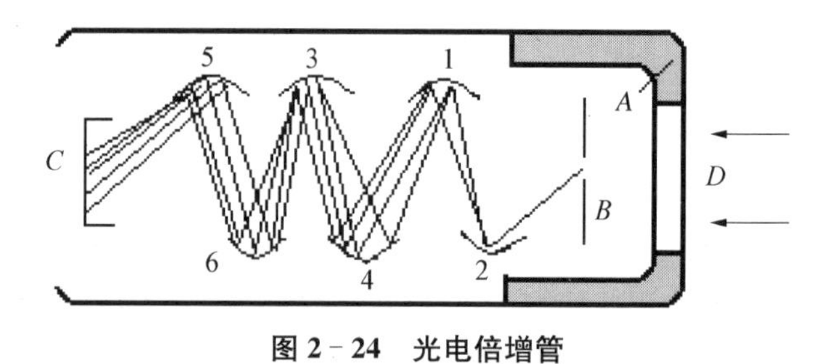

图2-24 光电倍增管

A—内空导电层;*B*—聚焦电极;*C*—阳极;*D*—半透明光阴极;1~6—联极

光阴极材料常用锑-铯化合物和 K-Cs-Sb 双碱阴极等,它们的"逸出功"小,受闪光照射时易放出光电子。联极使由光阴极发出的光电子产生"倍增",其材料一般也是镀以锑-铯合金,联极是光电倍增管的关键部位,各联极所加的电压约相差100 V，通常，联极有十级，故光增管加有1 000 V以上的高压，由于每经过一联极电子数就会增加，到最后一般倍增 $10^5 \sim 10^8$ 倍，末级联极的光电子最后被阳极接收，再输至下一级的电子仪器。

2.4.4.2　液体闪烁计数器

液体闪烁法是20世纪50年代开始采用的。近年来已发展到可以连续测试几百只样品并自动换样和数据处理的商品仪器。它具有灵敏度高、效率高、操作简便并能对不同形式的样品进行测量等优点。

前已述及，液体闪烁计数器中的闪烁体为有机溶液，它包含溶剂和闪烁剂(溶质)。在这种技术中，样品加在闪烁液中，这就消除了窗的吸收，且具有4π立体角的几何条件，同时一般是均匀分散在闪烁液中，故也无自吸收，这就特别适用于低能β的测量，因此在医学、生物学、有机化学、核物理学等方面获得越来越广泛的应用。

在闪烁液中，绝大部分(99%)是溶剂，于是放射性物质被溶剂分子包围。当被包围的放射性物质发出射线时，便引起溶剂分子的电离和激发，其激发能传递给闪烁剂分子使之处于激发态，于是便以发射荧光而重返基态。若将样品瓶光学耦合到光电倍增管上，再经过一整套的电子学线路，便可测出放射性物质的活度。表2-5为几种常用的闪烁液配方及其适用性[7]。

表2-5　几种常用的闪烁液

第一闪烁剂/g	第二闪烁剂/g	萘/g	乙二乙醇醚/mL	溶剂加至1 000 mL	适用性
PPO 3	Dmpopop 0.3			二甲苯或甲苯	脂溶性样品
PPO 7	popop 0.6	75	300	甲苯	小体积水样
PPO 10	popop 0.5	50	167	二氧六环	大体积水样
PPO 6～7	bis-McB 1.2～1.5	20		二氧六环	大体积水样

2.4.4.3　样品的猝灭及猝灭校正方法

在液闪技术中，被测样品成为闪烁液的一部分，于是，样品的数量及其化学性质和颜色便直接影响着探测效率。这种由于引入样品而使得闪烁液的光子输出减少的现象，谓之猝灭。造成猝灭的原因大致有以下几点：

(1) 样品的引入使发光物质的激发能不以发光形式放出，而以其他形式(如碰撞发热)放出，结果光输出减小，这种猝灭称为化学猝灭。

(2) 有颜色的样品引入后使系统颜色改变，光子的平均自由程减小，即闪烁液对荧光的吸收系数增加了。这种猝灭称为颜色猝灭。

(3) 样品在闪烁液中呈非均相时，如以粉末形式悬浮于闪烁液中，β 粒子要克服自吸收才能与闪烁液接触，致使光子产额及输出减少，这种原因引起的猝灭称为微粒猝灭。

由于猝灭的存在，使到达光电倍增管光阴极上的光子数减少，从而使信号幅度变小，于是整个能谱便向低能移动，在一定的甄别阈下，效率就要下降。因此，在制样中，应尽量减少上述猝灭因素，如将样品提纯、消化、脱色、燃烧等。然而，要完全消除猝灭是不可能的。为此，必须对猝灭进行校正。常用的校正方法有：内标准法、道比法和外标准法等。

1) 内标准法

在闪烁系统中，先对样品进行测定，得计数率为 n，本底计数率为 n_b；然后再加入已知放射性活度 A_0 为的标准样品，得计数率为 n_0，于是探测效率 $\eta = \frac{n_0 - n}{A_0}$ 待测样品的放射性活度则为 $A = \frac{n - n_b}{\eta} = \frac{(n - n_b)A_0}{n_0 - n}$。

使用内标准法时应注意：① 标准样的加入不应引起新的猝灭；② 标准样品的加入使闪烁液的体积增加，由此引起的误差可以忽略；③ 标准样品和待测样品应是同一种核素或至少有相近的能谱；④ 测量样品和测量(样品＋标准样)的条件应保持不变。

内标准法简单易行，能校准猝灭严重的样品，且准确度高，但缺点是样品中加入标准样后便不能重复使用。

2) 道比法

该法依据的基本原理是，猝灭使得 β 谱向低能方向移动，因此，在两个测量道内的计数率之比(称为道比)便发生改变，这种变化反映了样品的猝灭程度；这样便可将一组猝灭程度不同的样品和相应道比值作出曲线，即得猝灭校正曲线。对以后的同类样品，只要测出道比值便可由曲线查得效率[见图 2 - 25(b)]。图 2 - 25(a)示出了有猝灭和无猝灭时的能谱，可见有猝灭时能谱向低能端移动，两个道内的计数率发生了变化，如 $L_2 \sim L_3$ 道内计数率随猝灭增加越来越多地移向 $L_1 \sim L_2$ 道。

猝灭曲线的绘制方法是，取若干个(比如 10 只)活度相同的样品，第一只样品不加猝灭剂，测出两道内的计数，求出计数效率及道比值；然后每只样品各加入不同量的猝灭剂(常用 CCl_4 作猝灭剂)，便得各样品的效率及相应的道比值，以各相应的效率和道比值作曲线如图 2 - 25(b)所示。

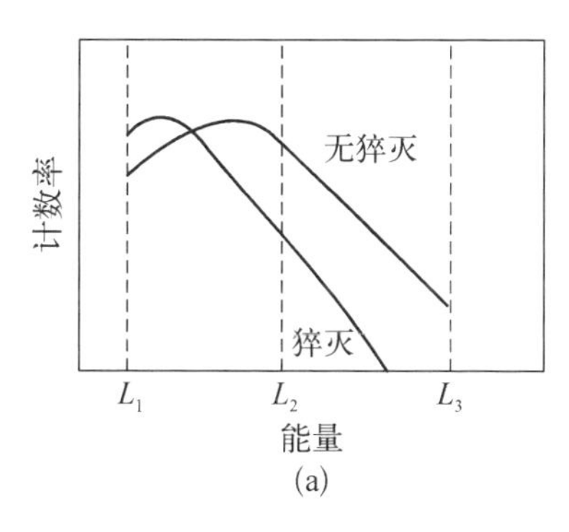

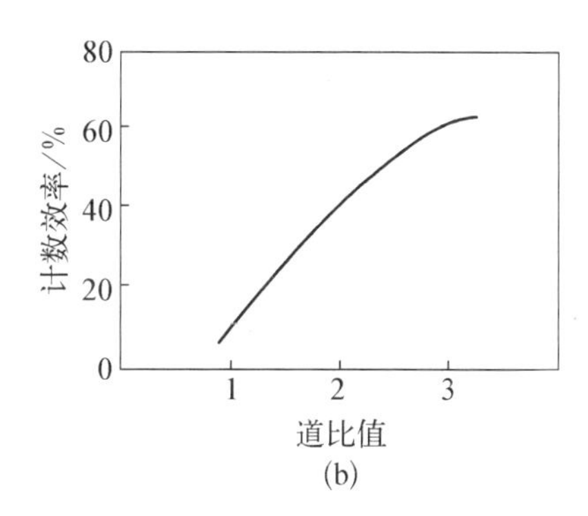

图2-25　道比法原理

(a) 道比法示意图;(b) 道比法校正曲线

道比法的优点是一次测量即可得出结果,样品可重复使用;缺点是一次测量所需时间较长,弱放射性样品要考虑本底,误差较大,严重猝灭时便不适用。特别要注意测样品的条件与绘制校准曲线时的条件必须完全一致。

3) 外标准道比法

此法把内标准法与道比法的优点结合起来,采用一个γ源来代替内标准法中的标准样品。γ射线在闪烁液内产生的康普顿电子和β粒子一样也是连续谱,在猝灭样品中,β射线谱向低能端移动,康普顿电子谱也向低能端移动,因此,事先可以采用不同猝灭程度的闪烁液做好相对效率与外道比关系校准曲线,再用内标准法求出某一猝灭程度时的绝对效率。这样,整个效率曲线就得到了刻度。采用外标准道比法也应注意测量系统的条件应与绘制校准曲线时的条件一致,另外,也要注意β谱形状与康普顿电子谱形状相近,因此,对不同能量的β射线要选用不同的γ源来绘制标准曲线[8]。

2.4.5　契仑科夫计数器

用液体闪烁计数器还可探测契仑科夫效应。所谓契仑科夫效应是指带电粒子(通常是电子)以超过光在该介质中的传播速度运动时,便会发出可见光和接近可见光的光波的现象。它类似于船的航行速度超过水面波的传播速度时,在船首附近形成的Λ形波,这一现象是1934年苏联物理学家契仑科夫(Cherenkov)作出解释的。根据契仑科夫效应制成的"契仑科夫计数器"可用来探测高能带电粒子,常用于原子核及宇宙射线的研究。契仑科夫效应的产生的机理是:当高速带电粒子在介质中运动时将引起介质分子的极化,极化了的分子在恢复原状的过程中便产生电磁辐射，这些辐射在一定条件下叠加的结果就是实验上所观察到的契仑科夫辐射。进一步研究指出，产生契仑科夫辐射的必要条件是带电粒子运动的速度大于光在该介质中的传播速度，由此推出，带电粒子在水中产生契仑科夫辐射的能量阈值为0.263 MeV。

用液体闪烁计数器来测定能量大于契仑科夫效应阈值的带电粒子比较方便，闪烁液就是普通的水，而且不溶性的悬浮体亦可测量，并且在测量之后样品可以回收。这些都是有机液体闪烁测量所不及的。

2.5 计数统计学及测量数据处理

在对一个(长寿命)放射性样品作重复测量时，即使是在相同的条件下，操作方法也是十分谨慎的。但每次测量所得的结果却多不相同，有时甚至有较大的差异。这与我们平常测量一个物体的质量或长度是有很大差别的，然而，每次测得的结果都围绕着某一平均值上下涨落，这种现象称为放射性计数的统计涨落，这种涨落不是因为测量条件上有什么变化引起的，而是微观粒子运动过程中的一种规律性现象，是由放射性原子核衰变的随机性引起的。它的规律性，即它的统计分布服从统计学上的二项式分布，实际使用起来，由于二项式分布不便于计算，对核衰变来说，二项式分布可简化为泊松分布或高斯分布。这里，我们不打算对这些分布规律进行理论分析与介绍，而只应用它们的重要原理和结论。

应该看到，放射性测量的统计误差和一般非放射性物理量的测量中的偶然误差所产生的原因是不一样的，后者是由于测量时受到各种偶然因素的影响所致，但被测的物理量本身在客观上还是个确定的数值，而放射性测量的统计误差，不是由于测量条件发生了什么变化，也不是受到外界什么因素的影响，正如前述，是由于微观世界内原子核衰变的随机性使被测的计数值本身有涨落造成的。

2.5.1 标准误差

放射性测量结果一般以标准误差(或均方根误差)表示。按误差的统计理论，$\sigma^2=(N-\overline{N})^2=\overline{N}$ (式中，σ 为标准误差，$\overline{N}$ 为测得的平均值，N 为某次观测值)，所以 $\sigma=\sqrt{N}$。其物理意义是：当再做同样的测量时，所得观测值在

$\overline{N}-\sqrt{\overline{N}} \rightarrow \overline{N}+\sqrt{\overline{N}}$ 范围内的概率为 68.3%，在其外的概率为 31.7%。通常在做计数测量时，只测量一次，令其为 N，则标准误差为 $\sqrt{N}$，该次测量结果就表示成 $N \pm \sqrt{N}$。它表示当再做一次测量时，所得结果为 $N-\sqrt{N} \rightarrow N+\sqrt{N}$ 的概率为 68.3%。

例如，某次测长寿命放射源 20 分钟得计数 20 000 次，则该次测量的标准误差 $\sigma=\sqrt{20\,000}=141$ 次，其结果便表示成(20 000±141)次计数/20 分钟。这就是说，若不计时间的误差，作重复测量时，每次测量 20 分钟，则将有 68.3%的计数值在(20 000－141)和(20 000＋141)之间，而 31.7%的计数值在其外。

由于计数率 $n=\dfrac{N}{t}$，所以计数率的标准误差 $\sigma=\dfrac{\sqrt{N}}{t}=\sqrt{\dfrac{N}{t^2}}=\sqrt{\dfrac{n}{t}}$。比如前例中的计数率及其标准误差为 $n=\dfrac{20\,000}{20}=1\,000$ cpm，$\sigma=\sqrt{\dfrac{n}{t}}=$ 7 cpm。

那么测量结果便表示为(1 000±7)cpm。意即，当再测 20 分钟，若不计时间的误差，得到的计数率为 993～1 007 cpm 的概率为 68.3%。

2.5.2　放射性样品的标准误差表示法

在实际工作中，常常碰到两个或多个独立观测值相加减或相乘除等情况，放射性测量也是如此。我们的目的是要测定样品的活度，但是实际上不可避免地存在本底对直接测量结果的影响，而必须在直接测得包括本底在内的结果中，减去本底才能得到样品的真正活度。也就是说，在放射性测量中样品的活度是个间接测量的物理量。因而误差便产生传递。样品放射性的净计数率的标准误差应按下式计算：

$$\sigma=\sqrt{\sigma_1^2+\sigma_2^2}=\sqrt{\frac{n_c}{t_c}+\frac{n_b}{t_b}}$$

式中，σ_1，σ_2 分别为样品(包括本底)计数率的标准误差及本底计数率的标准误差；n_c，n_b 分别为样品(包括本底)的计数率、本底计数率；t_c，t_b 分别为测量样品(包括本底)的时间及本底的测量时间。

例如某次测量 10 分钟得本底计数为 150 次，20 分钟得源的计数(包括本

底)为 600 次,那么该次测量源的净计数率为 $n_a = n_c - n_b = 15$ cpm。其标准误差为

$$\sigma = \sqrt{\sigma_1^2 + \sigma_2^2} = \sqrt{\frac{n_c}{t_c} + \frac{n_b}{t_b}} = \sqrt{\frac{60}{20} + \frac{15}{10}} = 2.1 \text{ cpm}$$

然而,能够确切反映测量结果准确度的是相对标准误差,一般以 E' 表示:$E' = \frac{\sigma}{n_a} = \frac{\sqrt{\frac{n_c}{t_c} + \frac{n_b}{t_b}}}{n_a}$ 或表示成百分数。如前例中源净计数率的相对标准误差为 $E'(\%) = \frac{2.1}{15} \times 100\% = 14\%$。

2.5.3 最佳测量时间的确定

2.5.3.1 最佳测量时间的计算方法

从 E' 的表达式我们设想,若在时间 t 内完成测量,那么 t_b, t_c 如何分配,才能使结果最佳(亦即 E' 最小)? 诚然,这是可以求得的,只要令 E' 的表达式的一阶导数为零,并注意到 $t_b = t - t_c$,便得

$$\frac{t_c}{t_b} = \sqrt{\frac{n_c}{n_b}}$$

这就是说,当测量样品(包括本底)的时间与测量本底的时间之比等于相应计数率之比开方时,结果最佳。若将上关系式代入 E' 的表达式,便得所要求的相对误差下的样品(包括本底)测量时间:

$$t_c = \frac{n_c + \sqrt{n_c n_b}}{n_a^2 E'^2}$$

这是一个很有用的公式,当 $n_b \ll n_c$ (一般要求 $\frac{n_b}{n_c} < E'$) 时,便得

$$t_c = \frac{n_c + \sqrt{n_c n_b}}{n_a^2 E'^2} \approx \frac{n_a}{n_a^2 E'^2} = \frac{1}{n_a E'^2}$$

如果要求在规定时间 t 内完成测量,则最佳时间分配不难求得 $t_c = \frac{\sqrt{n_c}}{\sqrt{n_c} + \sqrt{n_b}} t$, $t_b = t - t_c$。

以上讨论的是一次测量结果的处理问题。当做重复测量时，假定共测 m 次，每次的时间均为 t，所得计数分别为 N_1，N_2，N_3，…，N_m。那么在时间 t 内的平均计数应为 $\overline{N}=\sum_{i=1}^{m}N_i/m$，故其标准偏差为 $\sqrt{\overline{N}}$，而结果表示为 $\overline{N}\pm\sqrt{\overline{N}}$。

该式的意思是，在 m 次的测量中，计数值在 $\overline{N}-\sqrt{\overline{N}}\rightarrow\overline{N}+\sqrt{\overline{N}}$ 之间的概率为 68.3%，在其外为 31.7%。

当 m 为有限值时，其测量结果可以认为服从高斯分布，应用高斯分布中的一个重要结论：$\overline{N}=\overline{(\overline{N}-\overline{N}_i)^2}=\frac{1}{m}\sum_{i=1}^{m}(\overline{N}-N_i)^2$，那么便可得重复测量中计数的标准偏差为

$$\sigma_N=\sqrt{\frac{\sum_{i=1}^{m}(\overline{N}-N_i)^2}{m-1}}$$

通常就是用此式来计算重复测量的统计偏差的。

同时，不难推得计数率的标准偏差与计数的标准偏差具有相同的表达形式：$\sigma=\sqrt{\frac{\sum_{i=1}^{m}(\bar{n}-n_i)^2}{m-1}}$。

仿前，也可推得重复测量中计数率标准偏差的另一种形式：$\sigma=\sqrt{\frac{\bar{n}}{t}}$。

另一方面，由于总计数为 $m\overline{N}$，那么平均计数的标准误差应为 $\frac{\pm\sqrt{m\overline{N}}}{m}=\pm\sqrt{\frac{\overline{N}}{m}}$，结果便表示成为 $\overline{N}\pm\sqrt{\frac{\overline{N}}{m}}$。

该式表明，如果在同样的条件下再测 m 次，则所得平均计数为 $\overline{N}-\sqrt{\frac{\overline{N}}{m}}\rightarrow\overline{N}+\sqrt{\frac{\overline{N}}{m}}$ 的概率为 68.3%。可见，测量的次数愈多，误差便愈小，这与只做一次测量的结果 $N\pm\sqrt{N}$ 是不相同的。

与推导计数的标准偏差表达式相类似，在有限次重复测量中，平均计数的标准误差为

$$\sigma_{N_0}=\sqrt{\frac{\sum_{i=1}^{m}(\overline{N}-N_i)^2}{m(m-1)}}$$

而平均计数率的标准误差为

$$\sigma_0=\sqrt{\frac{\sum_{i=1}^{m}(\bar{n}-n_i)^2}{m(m-1)}}$$

也可以另一形式表示：

$$\sigma_0=\sqrt{\frac{\bar{n}}{mt}}$$

该式表明，测量 m 次，每次时间为 t，所得平均计数率的标准误差与测量时间为 mt 的一次测量计数率的标准误差是一样的；因此，放射性测量中可用一次长时间测量来代替短时间的重复测量。

需要强调的是，标准偏差是表示如果在同样条件下再重复测量一次，所得测量值有 68.3%的概率落在 $\overline{N}\pm\sigma_N$ 之间；而标准误差是指，若在相同条件下再测量 m 次，得到一个新的平均值，这个新的平均值落 $N\pm\sigma_N$ 之间的概率为 68.3%。因此，可以这样说，标准偏差表示计数值偏离平均计数值的范围，它用以衡量计数的再现性；而标准误差则是用于衡量平均值的准确度，或者说，用以描述平均值与真值的偏离程度。其次，如果非放射性测量结果和放射性测量结果在一起做加减乘除运算时，非放射性测量结果的误差可不考虑[1]。

2.5.3.2 例题

［例 1］ 某次做放射性测量，目的是要测定放射源的计数率达到相对标准误差不大于 1%。已知 $n_c=160\ \text{c/min}$，$n_b=40\ \text{c/min}$，试求 t_c、t_b。若将计数管加上很好的屏蔽，如放在铅室内，则本底计数率降至 25 c/min，而放射源（加本底）的计数率亦降至 145 c/min（因本底降低），其他条件不变，求所需的测量时间。

解： 按已知条件，由式 $t_c=\dfrac{n_c+\sqrt{n_c n_b}}{n_a^2 E'^2}$ 求出 $t_c=166.7\ \text{min}$，从而求得

$t_b = 83.3$ min。因此，问题的前面部分是，若将本底测 1.5 h，放射源测 3 h，便满足 $E' < 1\%$ 的要求。

同理，求得问题的后一部分的解为：$t_c = 142.4$ min，$t_b = 59.3$ min。因此，只要用 1 小时测本底，2.5 小时测放射源，就可达到 $E' < 1\%$ 的要求。

从该例可见，使用良好的屏蔽，使计数管的本底计数率降低，可以达到缩短测量时间的目的。其意义是十分明显的。

［例 2］　某样品要求在一个单位时间(4 h)内完成测量，若知样品的净计数率约等于本底计数率，本底计数率为 10 cpm。求 t_c，t_b 如何分配最合理？按此测量所得结果的标准误差及相对标准误差各为多少？

解： 已知 $t = t_c + t_b = 4\ \text{h} = 240\ \text{min}$，从而得到

$$t_c = \frac{\sqrt{n_c}}{\sqrt{n_c} + \sqrt{n_b}} t = 140.6\ \text{min},\ 取\ 141\ \text{min} \quad 故\ t_b = t - t_c = 99\ \text{min}$$

$$而\ \sigma = \sqrt{\frac{n_c}{t_t} + \frac{n_b}{t_b}} = 0.5\ \text{cpm}, \quad E'(\%) = \frac{\sigma}{n_a} = 5\%$$

［例 3］　某次做重复测量，每次 5 分钟，得到如下计数点 5 200，5 221，5 302，5 106，5 195。试求该测量的平均计数率、计数率的标准偏差和相对标准偏差以及平均计数率的标准误差。

解： 平均计数率为

$$\bar{n} = \frac{\sum n_i}{m} = 1\,041\ \text{cpm}$$

计数率的标准偏差为

$$\sigma = \sqrt{\frac{\sum (\bar{n} - n_i)^2}{m-1}} = 14\ \text{cpm}$$

计数率的相对标准偏差为

$$E'(\%) = \frac{\sigma}{\bar{n}} = 1.3\%$$

结果(1 041±14)cpm 该次测量平均计数率的标准误差为

$$\sigma_0 = \sqrt{\frac{\sum_{i=1}^{m} (\bar{n} - n_i)^2}{m(m-1)}} = 6.3\ \text{cpm}$$

需要再一次说明，计数率的标准偏差表示偏离平均计数率的范围，而平均计数率的标准误差则是表示当在相同条件下作同样次数(如本题中的 5 次)的重复测量所得新的平均计数率出现的概率。它们的意义显然是不同的。

［**例 4**］　为了说明放射性计数统计涨落特性，特地做了一个对于^{14}C 放射源的实际测量，共测 1 000 次，结果如表 2－6 所示，试根据统计理论作些必要的解释和演算。

表 2－6　^{14}C 放射源实际测量结果

N_i/(计数/2 秒)	N_i出现的次数 P_i	N_i/(计数/2 秒)	N_i出现的次数 P_i	N_i/(计数/2 秒)	N_i出现的次数 P_i	N_i/(计数/2 秒)	N_i出现的次数 P_i	N_i/(计数/2 秒)	N_i出现的次数 P_i
27	2	36	11	45	58	54	48	63	8
28	0	37	11	46	53	55	40	64	7
29	0	38	21	47	63	56	34	65	1
30	2	39	23	48	59	57	17	66	3
31	3	40	23	49	56	58	19	67	2
32	5	41	36	50	54	59	15	68	1
33	5	42	36	51	51	60	16	69	0
34	10	43	37	52	52	61	6	70	1
35	9	44	54	53	33	62	15		

解：由表可见，2 s 的计数 N 波动是大的，从 27～70。其中某些计数多则出现 63 次，少则 1 次，甚至一次也没有，即连续数字中有空档。

2 s 内的平均计数为

$$\overline{N} = \frac{\sum N_i P_i}{\sum P_i} = 48.27\ \text{计数}/2\ \text{秒}$$

平均计数的标准误差为

$$\sigma_{N_0} = \sqrt{\frac{\overline{N}}{m}} = \sqrt{\frac{48.27}{1\,000}} = 0.22\ \text{计数}/2\ \text{秒}$$

故测量结果所得平均计数应写成

$$\overline{N} = (48.27 \pm 0.22)\ \text{计数}/2\ \text{秒}$$

由上可知：当再测 1 000 次，每次均 2 s，所得平均计数为 48.05～48.49 的概率为 68.3%。

其次，计数的标准偏差为 $\sigma = \sqrt{\overline{N}} = 7$ 计数 /2 秒

意即计数在 $\overline{N} - \sqrt{\overline{N}} \rightarrow \overline{N} + \sqrt{\overline{N}}$，即计数约在 42～55 出现的概率为 68.3%；或者，1 000 次测量中，计数为上述范围应约出现 683 次。

试看：$\sum_{42}^{55} P_i = 694$ 次，即实测计数值在 42～55 出现的概率为 69.4%，这和 68.3%符合得很好。

另一方面，按误差统计理论，当计数足够大时，$\overline{N} = \overline{(\overline{N} - \overline{N}_i)^2} = \dfrac{\sum (\overline{N} - N_i)^2 P_i}{\sum P_i}$，这里，将相应数据代入经演算后得：$\overline{N} = 48.26$ 计数 /2 秒。这与 48.27 值很接近，证明了高斯分布的正确性。

参考文献

[1]　谢学民，王寿祥，张勤争，等. 核技术农学应用[M]. 上海：上海科技出版社，1989.
[2]　陈子元. 核农学[M]. 北京：中国农业出版社，1997.
[3]　王福均. 农学中同位素示踪技术[M]. 北京：农业出版社，1989.
[4]　卢希庭. 原子核物理[M]. 北京：原子能出版社，1981.
[5]　梅镇岳. 原子核物理学[M]. 北京：科学出版社，1961.
[6]　王同生，张秀儒，刘中文. 核辐射防护基础[M]. 北京：原子能出版社，1983.
[7]　陈子元. 核技术及其在农业中的应用[M]. 北京：科学出版社，1983.
[8]　郑成法. 核辐射测量[M]. 北京：原子能出版社，1983.

第3章 基础放射化学

3.1 概述

3.1.1 放射化学的发展简史

放射化学是在20世纪初出现的一门学科。它是在人类生产和科学实验的基础上产生和发展起来的。

1895年,伦琴(W. K. Röntgen)在研究高真空放电管时发现了X射线。次年,贝可勒尔(A. H. Becquerel)发现了铀的化合物具有放射性。1896年,居里夫人(M. S. Curie)等又发现了钍的化合物具有放射性。同年,居里夫人和她的丈夫居里(P. Curie)首先采用放射化学分离及放射性测量的方法,相继发现了新的天然放射性元素钋和镭。经过4年的努力,于1902年成功地从数吨沥青铀矿渣中分离提取了100 mg氯化镭。居里夫妇运用放射化学方法所开创的这一研究工作为放射化学成为一门新学科奠定了基础。此后,人们致力于发现新的天然放射性元素和核素,并研究它们的性质和在周期表中的位置。在短短的十几年里就接连发现了钋、镭、锕、氡、镤5种新的天然放射性元素和40余种放射性核素。

1903年,卢瑟福(E. Rutherford)和索迪(F. Soddy)发现了放射性衰变规律。1910年索迪提出了同位素的概念。次年,索迪和法扬斯(K. Fajans)同时独立地发现了放射性位移规律。人们在这些理论和已发现的大量放射性核素的基础上,建立了三个天然放射系,这对放射化学的发展具有十分重要的意义。1912年,赫维西(G. Hevesy)等创立了示踪原子法,这是应用放射化学的开端。同时,人们还开展了对放射性核素在低浓度时的行为和状态的研究。1913年,法扬斯和潘聂特(F. Paneth)建立了放射性核素共沉淀的经验规律。此后,许多科学家对共沉淀规律、放射性胶体和同位素交换过程等开展了广泛的研究。

1919年，卢瑟福在用钋作α射线源轰击轻元素时，首次实现了人工核转变，其核反应为

$$^{14}_{7}N + ^{4}_{2}He \rightarrow ^{17}_{8}O + ^{1}_{1}H$$

1934年，约里奥·居里夫妇(I. Curie和F. J. Curie)用α粒子轰击铝等轻元素时，第一次获得了人工放射性核素，其核反应为

$$^{27}_{13}Al + ^{4}_{2}He \rightarrow ^{30}_{15}P + ^{1}_{0}n, \quad ^{30}_{13}P \rightarrow ^{30}_{14}Si + e$$

同年，齐拉(L. Szilard)和查尔默斯(T. Chalmers)发现原子核俘获中子时产生独特的化学效应，这导致了热原子化学的建立。

1939年，哈恩(O. Hahn)等在用中子照射铀的研究中发现了原子核裂变现象。这是放射化学发展史中的又一重要事件。1940年，西博格(G. T. Seaborg)等发现了超铀元素镎和钚。1942年，世界上第一座核反应堆在费米(E. Fermi)的领导下在美国建成。这是人类第一次实现了受控链式核裂变反应，它标志着人类进入了原子能时代。核燃料的生产、回收以及核裂变产物的分离等技术大大促进了放射化学分离方法的迅速发展和对放射性核素性质的深入研究。放射性核素在工农业、国防和医学等领域中的广泛应用，也促进了放射化学的发展。所有这些都极大地丰富了放射化学的内容，使它逐步成为一门具有独特研究内容和研究方法的新学科[1,2]。

3.1.2 放射化学基本内容

放射化学(Radiochemistry)这一名词最早是在1910年由卡麦隆(Cameron)提出的。放射化学主要是研究放射性物质和核转变过程的化学，其内容大致包括以下几个方面：

(1) 放射性物质的物理化学行为和状态。主要是研究放射性核素在低浓度时的共沉淀、吸附、电化学以及胶体等行为和状态。

(2) 放射性物质的制备、分离、纯化和鉴定。

(3) 放射性核素化学。

(4) 核转变过程所引起的化学变化及所生成的产物，即核化学。

(5) 放射性核素在生物学、工业、农业、国防、医学等各个领域中的应用，即应用放射化学。

3.1.3　放射化学与普通化学的关系

物质是由极微小的原子组成的。现代科学已阐明原子是由原子核和环绕在原子核周围做高速运动的电子所构成。原子的直径约为 10^{-10} m，而原子核的直径更小，仅为 10^{-14}～10^{-15} m 左右，但整个原子的质量却都集中于原子核。普通化学如有机化学和无机化学等，都提到物质的化学性质决定于组成原子的核外电子。金属元素的原子易失去电子而成为阳离子；非金属元素的原子易获得电子而成为阴离子，阳离子与阴离子结合成离子晶体。离子晶体可溶于水等极性溶剂，不溶于苯等非极性溶剂。另外还有物质的氧化还原、共价键及配位键的形成等普通化学现象，都与原子核的核外电子有关。因此有人称普通化学为研究电子行为的化学。

构成原子最重要的部分是原子核而不是核外电子。科学家已测得一个质子的质量为一个电子质量的 1 837 倍，一个中子的质量为一个电子质量的 1 838 倍之多。放射化学着眼于原子核及放射性现象的特性，研究放射性元素的化学性质、检测方法、定量、追踪放射性同位素的行为及应用等。放射化学研究的对象为放射性物质。

放射化学的发展历史只有 100 多年。过去化学家只留意原子的核外电子的行为而忽视原子核的反应，其原因可能如下：

(1) 化学反应。根据碰撞学说参加反应的原子必须发生碰撞，才有发生化学反应的可能。核反应也一样，原子核间必须相碰才能发生核反应。原子半径较大，发生碰撞的概率较大，较易引起化学反应。与原子相比，原子核太微小，原子核间发生碰撞的概率较小，因此核反应比化学反应的概率小得多，不易被观察。

(2) 原子是电中性的，因此易发生碰撞。而原子核带正电，当一原子核靠近另一原子核时，因两者间的库仑排斥力极强，使核反应不易发生。

这些问题一直到 20 世纪中叶，随着核反应堆及带电粒子加速器的开发及应用，打破了库仑壁垒的障碍，才使放射化学得到迅速发展。

3.2　放射化学的特点和实验室安全操作规则

放射化学与化学的其他分支学科在研究内容和方法上有许多相似的地方，但由于放射化学的研究对象是放射性物质，它具有不同于普通化学的特点。

3.2.1 放射性

放射化学的研究对象具有放射性，这是放射化学不同于普通化学的最重要、最根本的特点。它带来了普通化学研究所不具备的优点，但也带来一些弊病。

放射性带来的第一个优点是研究方法的灵敏度大大提高。这是因为对放射性物质的性质和化学过程的研究、观察，可以通过测量放射性来进行的缘故。通常，放射性测量方法的灵敏度是很高的，远远超过化学方法的灵敏度。例如，在普通的化学分析中，重量法和容量法的灵敏度仅为 10^{-5}～10^{-4} g，光谱法为 10^{-9}～10^{-8} g，即使荧光法灵敏度很高，也只能达到 10^{-10}～10^{-9} g，而在放射化学中，放射性测量方法的灵敏度约为 10^{-19}～10^{-10} g，可以鉴定出几千个或几百个原子。目前，借助最新的放射性测量技术，甚至能探测到几个原子。人工合成的极微量的 101～107 号元素就是应用放射性测量技术发现的。放射性带来的第二个优点是通过对射线进行“跟踪”，可以对整个化学反应过程中的每个阶段进行研究和观察，这在普通化学研究中是难以做到的。

但另一方面，放射性会对工作人员产生辐射损伤，因此在放射化学操作中，必须考虑防护问题。工作人员要根据射线的种类、能量和放射性活度等，在不同防护级别的放射化学实验室中进行操作。同时，还必须严格遵守有关的防护规定，确保人身安全，尽量减少因放射性物质的散失而造成对环境的污染。此外，放射性物质还会对所研究的体系产生一系列特殊的物理化学效应，如辐射分解、辐射自氧化-还原、辐射催化、发热效应等，这是在强放射性物质研究工作中必须考虑的问题。

3.2.2 化学组成的不恒定性

放射化学与普通化学最主要的区别之一在于，研究的对象是放射性核素及其化合物，即使在外界条件不变的情况下，它们总是不断地放出射线而转变成新的核素(衰变子体)。因而，其组成和总量是不恒定的。例如，医用放射性核素 ^{131}I，它总是在不断地衰变，成为稳定的核素 ^{131}Xe，经过一个半衰期(8.04 d)，其含量就减少一半。所以，在临床应用 ^{131}I 的标记化合物时，必须随时测量其实际含量。由于放射性核素不断衰变成新的核素，因此在研究过程中，有时还必须考虑衰变子体带来的影响。

研究对象的不稳定性，给放射化学研究工作带来了不少困难，使放射性核素的制备、分离、纯化与普通元素有不同的特点，必须根据由此而产生的复杂情况采取相应的处理方法。例如用核反应制备放射性核素时，为得到纯的制剂，设计分离程序时不仅要考虑副反应产生的干扰核素，还要考虑到干扰核素衰变产生的放射性和非放射性产物。尤其是在处理短寿命的放射性核素时，必须考虑时间因素。否则时机一过，放射性物质的量就会大大减少，甚至会因放射性活度太低而观测不到。例如，用半衰期为 99.5 min 的医用放射性核素^{113m}In对人体脏器扫描时，就必须先将一切准备工作做好，然后再从核素发生器中淋洗出^{113m}In，立即配成扫描剂给病人注射，并及时进行扫描，这样才能得到较清晰的扫描图像。在分析短寿命放射性核素时，要合理安排操作程序，尽量选择快速、简便的测定方法，以求迅速完成分析工作。当放射性核素的衰变子体也具有放射性，特别是与母体的射线种类相同时，则在分析过程中还必须对子体的放射性进行校正，这样才能获得准确的结果。

由于放射性物质的组成和总量不是恒定的，因此在放射化学中，物质的纯度不能用普通化学分析中常用的纯度标准，如化学纯、分析纯、光谱纯等，而必须用放射性纯度和放射化学纯度来衡量放射性物质的纯度。

放射性纯度是指所需核素的放射性活度占产品(或制剂)总放射性活度的百分数。显然，产品(或制剂)的放射性纯度只与其中放射性杂质的量有关，而与非放射性杂质的量无关。例如，^{89}Sr产品的放射性纯度大于 98%，就是指^{89}Sr的放射性活度占产品总放射性活度的 98%以上。当^{89}Sr产品中含有^{90}Sr或^{137}Cs等其他放射性核素时，则^{89}Sr产品的放射性纯度就降低；如果只含有稳定锶或其他稳定核素，则不会影响^{89}Sr的放射性纯度。对医用放射性核素的产品，要求放射性纯度很高。例如，医用^{131}I-碘化钠溶液，其放射性纯度要求大于 99.9%。

放射化学纯度是指处于特定化学形态的核素的放射性活度占产品(或制剂)总放射性活度的百分数。例如，医用^{32}P-磷酸二氢钠溶液的放射化学纯度大于 99%，即表示在该产品中，以磷酸二氢钠化学形态存在的^{32}P的放射性活度占总放射性活度的 99%以上，而以其他化学形态存在的^{32}P(如焦磷酸盐、偏磷酸盐等)的放射性活度小于 1%。

在放射化学操作或生物学研究中，常加入常量元素的非放射性物质，称为载体。载体有同位素载体和非同位素载体之别。载体在化学反应和生物学过程和中与被研究的放射性核素具有相同或相似的化学行为。

3.2.3 低浓度和微量

低浓度和微量是放射化学区别于普通化学的又一个特点。在放射化学的实际操作中，大多数放射性核素都是在低浓度和微量的范围内。特别是在环境和生物样品的放射性监测中，放射性核素的浓度更低、量更少。例如，环境水样中的^{226}Ra，一般只有10^{-13} g/L，尿样中的天然铀和^{239}Pu，一般也分别只有10^{-5}～10^{-14} g/L；又如，在测定放射性活度时，会遇到10^{-3}～10^{-1} Bq的样品源，其放射性物质的量极微。表3-1列举了一些放射性活度为3.7×10^4 Bq的核素相应的量。如表中所示，当^{11}C的放射性活度为3.7×10^4 Bq时，它的质量仅为1.2×10^{-15} g。因此，放射化学所研究的对象往往属于超微量化学的范畴。

表3-1 放射性活度为3.7×10^4 Bq时的几种核素的质量

核素(Nuclide)	半衰期$T_{1/2}$	质量/g	原子数
^{11}C	20.39 d	1.2×10^{-15}	6.5×10^7
^{24}Na	15.02 d	1.1×10^{-13}	2.9×10^9
^{32}P	14.3 d	3.5×10^{-12}	6.6×10^{10}
^{45}Ca	165 d	5.6×10^{-11}	7.6×10^{11}
^{60}Co	5.27 a	8.7×10^{-10}	8.9×10^{12}
^{14}C	5 730 a	2.2×10^{-7}	9.6×10^{15}

低浓度状态下的放射性核素，通常具有一些不同于常量物质的性质行为，在实验过程中往往受到一些偶然因素的显著影响。如容易形成放射性胶体(包括放射性气溶胶)，容易被吸附在器皿壁上，可与常量物质一起沉淀等。这些性质既有不利于放射化学操作和造成危害的一面，又有可用来进行放射性核素的分离和制备等有利的一面。这些性质无论在环境和生物样品的放射性监测方面，还是在对体内微量放射性核素的促排方面，都具有重要意义。由于普通化学研究的对象一般都不在这样低浓度和微量的范围内，因此，研究放射性核素在低浓度时的行为和状态就成为放射化学的重要内容之一。

3.2.4 放射化学实验室的安全和操作规则

放射化学实验室内的地板、墙壁、工作台面、使用的仪器和器皿都有可能被放射性物质所污染。放射性物质可直接对人体造成外照射，也可因操作不当随着灰尘被吸入，从皮肤、伤口进入人体内造成内照射，当照射剂量超过一定限度时会使人体受到损伤。为了减少和避免这种损伤，从事放射性操作的工作人员需要了解对放射化学实验室的基本要求、实验室安全操作规则、基本操作技能、放射废物的正确处理，以及放射性污染的去除等基础知识。

3.2.4.1　对放射化学实验室的基本要求

(1) 放射化学实验室应有专门的放射性物质储藏室。

(2) 放射化学实验室内，放射性操作区应与非放射性操作区分开。在放射性工作区内应按所操作的放射性物质活度的高低，由高到低依次排列。

(3) 放射化学实验室内的地面、工作台面应光洁，用易于去污的材料做成；墙壁、天花板也应光滑不易沉积尘埃。所用桌、椅、试剂橱等家具和设备均应油漆，不易被放射性污染或便于去污。

(4) 放射化学实验室装备通风柜、手套箱和防护用有机玻璃防护屏、铅玻璃防护屏、铅砖、有机玻璃和铅玻璃眼镜等。

(5) 放射化学实验室必须附设淋浴室、更衣室等辅助用房。

3.2.4.2　放射化学实验室的操作规则

(1) 进入实验室必须穿戴工作服，换上工作鞋，佩戴必要的个人防护用品。

(2) 妥善保管放射源，贴上标签以防止意外。

(3) 不准携带与实验无关的物品进入放射性工作区，严禁在放射化学实验室内进食、饮水、吸烟或存放物品。

(4) 接触放射性物品时必须戴上乳胶手套，必要时戴上防护眼镜。操作发射γ射线及能量较高的β粒子的放射性物质时须有防护屏，要进行剂量监测和控制。严禁戴着操作过放射性物质的手套任意操作公用仪器和接触非放射性器皿。

(5) 工作人员离开操作现场时必须认真洗手，并经放射性污染监测仪检测，如有污染应清洗干净后才能离开。

(6) 吸取放射性溶液时严禁用嘴吸，必须用移液器或洗耳球吸取。

(7) 放射性溶液加热、蒸发、浓缩和烘干等操作都应在通风柜内进行。在操作过程中严防器皿破裂和溶液飞溅。

(8) 操作粉末状的放射性固体样品时，必须在密封的手套箱内进行，工作人员还应戴口罩和帽子。

3.2.4.3　放射性污染的清除和废物处理

放射性污染大致可分为三类：化学结合、物理结合和机械结合。常用的去污剂有：表面活性剂、酸类溶剂、碱性去污剂、氧化剂、络合剂、有机溶剂和具有交换作用的同型稳定化合物。

1）去污方法

当皮肤被污染时，首先用柔性肥皂和水清洗，必要时用软毛刷刷洗。用载体溶液洗涤有助于洗净污染物。

对被高比活度放射性污染的玻璃器皿、金属面或油漆面的去污常用载体溶液反复洗涤。实验室常用物品放射性污染的去除方法如表 3-2 所示。

表 3-2　实验室常用物品放射性污染的去除

物　品	去　污　液
玻璃	10%硝酸、2%氟化氢铵或铬酸、溶于 10%盐酸中的载体
铝	10%硝酸、偏矽酸钠或偏磷酸钠、EDTA
钢	磷酸加洗涤剂、EDTA
铅	用 4 mol/L 的 HCl 直到开始反应，然后用稀碱溶液，再用水洗
塑料制品	用水、肥皂、洗衣粉
油漆面	洗涤剂和柠檬酸铵或氟化氢铵
木材和水泥	很难去污，唯一有效的办法是去掉被污染的部分
瓷砖	10%稀盐酸、EDTA、3%的稀柠檬酸

2）废物处理

放射性废物有三类：废气、废液和固体废物。废物处理的指导原则是：保持尽可能低的辐射剂量；保证无人受到高于 0.5 rem(雷姆，1 rem $=10^{-2}$ Sv)的年剂量当量，以及 30 岁以下的人员受到的总照射剂量不应超过 5 R(伦琴，1 R $=2.58\times10^{4}$ C/kg)。废物处理一般方法是自然衰变；分类收集，分别处理；净化、浓集、贮存；燃烧、埋藏；回收利用[3]。

3.3　放射性物质在超微量和低浓度时的物理化学行为和状态

3.3.1　放射性物质的吸附现象

放射性核素的吸附现象，通常是指放射性核素从液相或气相转移到固体物质表面的过程。把具有吸附作用的固体物质称为吸附剂，被吸附的物质称为吸附质。

在放射化学研究工作中，经常会遇到微量放射性核素在常量物质沉淀表面、离子交换剂及一些固体物质(如玻璃、活性炭、硅胶、滤纸、纤维、不锈钢、塑料等)表面上的吸附现象。例如,把含有微量$^{95}Zr-^{95}Nb$的溶液放入玻璃器皿内,就会发现溶液中的^{95}Zr和^{95}Nb,特别是^{95}Nb有明显的“丢失”,这是由于^{95}Zr、^{95}Nb被玻璃表面吸附而造成的。又如,当含有放射性核素^{85}Kr、^{133}Xe或^{222}Rn的废气通过活性炭过滤器时,这些废气就会得到很好的净化,这是由于氪、氙和氡等被活性炭吸附了。这里,玻璃、活性炭就是吸附剂,锆、铌、氪、氙、氡等就是吸附质。

吸附剂对吸附质的吸附,有物理作用,也有化学作用。一般称前者为物理吸附,后者为化学吸附。物理吸附是由于固体表面分子(原子、离子)存在着剩余吸引力而引起的。如活性炭吸附废水中的放射性物质就属于物理吸附。对物理吸附而言,当吸附剂表面被吸附的一层粒子尚未完全抵消固体表面的力场(即剩余引力)时,还可再吸附一层粒子,直至完全抵消固体表面的力场为止。一般说来,任何一对分子(原子、带相反电荷的粒子)都能互相吸引,因此物理吸附的选择性较差。与一切自发过程都是降低体系能量的过程一样,物理吸附是一个放热过程。化学吸附是吸附剂与吸附质的原子、离子或分子发生化学反应,靠化学键力而引起的。此时,吸附剂只能吸附一定结构的吸附质。因此,化学吸附的选择性高。化学吸附一般也是放热过程,其放热量相当于化学反应热,且远大于物理吸附的放热量。由于化学反应只发生在吸附剂的表面,因此是单层吸附。如果在吸附过程中,吸附剂每吸附一个吸附质的离子,同时放出一个等当量的离子,这就是离子交换吸附。

吸附过程是可逆过程。一方面,吸附质被吸附剂吸附;另一方面,由于热运动,吸附质脱离吸附剂的表面而解吸。当吸附与解吸的速度相等时,吸附质在固相吸附剂表面及液相(气相)中的浓度不再改变,达到了吸附平衡。此时,吸附质在两相中的浓度为平衡浓度。

吸附现象对放射化学的理论研究和实际操作都是十分重要的。一方面,人们利用吸附可以研究和分离、浓集某些放射性核素;另一方面,又要尽量避免和消除有害的吸附,以保证得到正确的实验结果。

3.3.2　放射性物质的共沉淀现象

在放射化学的实验中,人们发现,由于放射性核素在溶液中的浓度很低,常常达不到其难溶化合物的溶度积,因而不能独自形成沉淀。或者即使达到了溶度积,亦因浓度过低,生成的晶核不能长大聚集成大的沉淀。但是,当溶液中引入某种常量物质并使之形成沉淀时，微量放射性核素能随常量物质一起自溶液转入沉淀，这就是放射性核素的共沉淀现象。共沉淀现象按其机理的不同可分为共结晶共沉淀和吸附共沉淀两大类。

共结晶共沉淀是微量物质的离子、分子或小的晶格单位取代沉淀物晶格上的常量物质，并进入晶格内部而从液相转移到固相的一种现象。例如，在含微量镭的水溶液中加入常量的可溶液性钡盐和沉淀剂硫酸，就会生成 $BaSO_4$-$RaSO_4$共沉淀。其中镭分布在整个硫酸钡的晶格内部，并取代了 $BaSO_4$ 晶格中钡的位置，这就是 $BaSO_4$ 与 $RaSO_4$ 的共结晶共沉淀。

吸附共沉淀是微量物质吸附在常量物质沉淀表面而从液相转移到固相的一种现象。例如，在含有微量钍的水溶液中加入常量的可溶性铁盐和沉淀剂氢氧化铵，会生成红棕色的 $Fe(OH)_3$ 絮状沉淀。这时，溶液中的 Th^{4+} 就会吸附在 $Fe(OH)_3$ 絮状沉淀的表面，但在 $Fe(OH)_3$ 絮状沉淀内部并不存在钍。这就是吸附共沉淀现象。

按沉淀(吸附剂)性质的不同，吸附共沉淀可分为在离子晶体上的吸附共沉淀和在无定形沉淀上的吸附共沉淀，前人对在离子晶体上的吸附共沉淀现象研究得比较充分，不仅得到了吸附共沉淀过程一些定性和定量的规律，还确立了双电层理论，揭示了这种吸附过程的本质。但目前它的实际应用并不广泛。与此相反，在无定形沉淀上的吸附共沉淀虽然尚未形成完整的理论，但它在放射化学分离中，特别是在微量放射性核素的浓集、低水平放射性废水的处理以及放射化学分析中经常会遇到。

3.3.3 放射性胶体

在放射化学中所遇到的放射性核素，大都在低浓度和微量的范围内以不同的物理化学状态存在于介质之中。在溶液中它们可以以离子状态存在，也可以以分子状态或胶体状态存在；在气相中，它们可以以分子状态存在，也可以以气溶胶状态存在；在固相中，它们可以存在于晶格的不同位置上。放射性核素的物理化学状态与它们的氧化态以及物理、化学性质有密切关系。因此，研究在低浓度和微量条件下放射性核素的状态有重要的意义。

胶体是物质以细微粒子分散于介质中而形成的一种特定的分散体系，所谓分散体系，是指一种物质以粒子的形式分散在另一种物质之中所构成的体系，把被分散的物质称为分散相，容纳分散相的物质称为分散介质。

如果以水为分散介质，则根据分散相的粒子大小不同，可以分成三种不同类型的分散体系，如表 3－3 所示。

表 3－3 分散体系的三种类型

分散类型	溶 液	胶 体	悬浮体(或乳浊液)
分散相颗粒直径/μm	$<10^{-3}$	$10^{-3}\sim10^{-1}$	$>10^{-1}$
分散体系的特性	属均相分子、离子分散体系	属非均相(多相)胶体分散体系，比表面大，表面活性高	属非均相(多相)分散体系，比表面小，表面活性低

由放射性物质作分散相所形成的胶体，即为放射性胶体。

在放射医学特别是在环境和生物样品的放射性监测中，经常会遇到微量放射性核素在溶液中形成放射性胶体和在空气中形成放射性气溶胶的情况。处于这两种状态下的放射性核素的行为与处于离子和分子状态时的行为是极不相同的。放射性胶体的形成，会给研究工作带来不少困难。例如，它会使实验条件不易控制，实验器具严重沾污，实验得不到正确的结果；它会使进入人体的有害放射性核素更容易被网状内皮细胞吸收而牢固地积聚在体内，给促排带来困难等。特别是放射性气溶胶，它会造成作业环境空气的严重污染。但是，放射性胶体也有可利用的一面。例如，可以利用放射性胶体的一些特殊行为来分离某些放射性核素。在核医学中就常用形成放射性胶体的方法来制备医用扫描剂。因此，掌握放射性胶体和气溶胶形成和消除的规律，对选择有利的实验条件，正确解释实验结果以及创造良好的实验环境，都是很重要的[4,5]。

3.4 放射性标记化合物的制备及分离提纯和分析方法

核素示踪试验研究需要各种各样的示踪剂，它们是含有标记原子的无机或有机化合物。通常，我们将这些含有标记原子的化合物称为标记化合物。按照取代原子与被取代原子的关系，放射性标记化合物可分为同位素标记化合物和非同位素标记化合物。为了满足试验要求，许多标记化合物通过人工合成制取，并经过分离纯化和分析鉴定才能用于研究工作。

3.4.1 放射性核素的制备

目前已发现的放射性核素约有 2 500 种，其来源有两种途径：一是从天然放射性矿物中提取；二是通过核反应制备人工放射性核素。人工放射性核素主要通过三种途径获得：一是核反应堆生产；二是从核燃料裂变产物中提取；三是加速器制备。核爆炸也能生成一些富中子同位素，但尚不能实际采用此方法来生产可称量的放射性核素。

3.4.1.1　天然放射性核素

天然放射性核素是最早发现和利用的放射性核素。天然放射性核素是指那些最初是从自然界发现而不是用人工方法合成的放射性核素。19世纪末，居里夫妇建立了放射化学方法，从大量矿石中分离提取了少量镭，开辟了从自然界获取放射性核素的途径。在元素周期表中所有原子序数大于83的元素都属放射性元素，但是只有三个核素（^{232}Th，^{235}U，^{238}U）的半衰期长到足以保持在自然界中。它们是三个天然放射性系列的起始核素，即钍系（$4n$系，从^{232}Th开始）、铀系（$4n+1$系，从^{235}U开始）和锕系（$4n+3$系，从^{235}U开始）。它们系列衰变的最终产物是^{208}Pb，^{206}Pb和^{207}Pb。

3.4.1.2　人工放射性核素

天然放射性核素在自然界中存在的数量有限，对于应用来说，种类也较少，这促使人们探索用人工方法制备放射性核素。人工放射性核素是指最初是通过人工核反应合成而被鉴定的核素。1934年居里夫妇用α粒子轰击铝得到第一个人工放射性核素^{30}P。这一重大发现，实现了用人工方法制备放射性核素。

人工放射性核素一般是用中子、质子、氘核等粒子轰击天然稳定性核素产生核反应来制备的。核反应式一般可写为 $A+a=B+b$ 或 $A(a,b)B$，式中 A 为初始核（稳定性核），它与入射粒子反应形成产物核 B；同时发射粒子 b，释放出或吸收能量 Q。中子可从反应堆或中子发生器中获得，质子、氘核则由加速器产生。反应堆生产的重要核素有^{3}H，^{14}C，^{24}Na，^{32}P，^{35}S，^{60}Co和^{131}I等。加速器生产的重要核素有^{15}O，^{18}F，^{22}Na，^{57}Co，^{85}Sr，^{55}Fe和^{123}I等。

3.4.2　标记化合物的命名

国际纯粹和应用化学联合会（IUPAC）将化合物中所有元素的宏观同位素组成与它们的天然同位素组成相同的化合物称为同位素（组成）未变化合物（isotopically unmodified compound），其分子式和名称按照通常方式写，如CH_4，CH_3-CH_2-OH等。

所谓同位素（组成）改变的化合物（isotopically modified compound），是指该化合物的组成元素中至少有一种元素的同位素组成与该元素的天然同位素组成有可以测量的差别。同位素(组成)改变的化合物有两类。

(1) 同位素取代化合物(isotopically substituted compound)。同位素取代化合物是所有分子在分子中特定的位置上只有指定的核素，而分子的其他位置上的同位素组成与天然组成相同。同位素取代的化合物的分子式，除去特定的位置上需写出核素的质量数外，其余位置按照通常的方式写。如被取代的位置上的核素不止一种时，按递增顺序标出核素的质量数。例如：

$^{14}CH_4$	(^{14}C)methane
$^{14}CHCl_3$	(^{12}C)chloroform
CH_3-CH^2H-OH	(1 $-^2$H)ethanol

(2) 同位素标记化合物(isotopically labeled compound)。同位素标记化合物是同位素未变化合物与一种或多种同位素取代的相同化合物的混合物。当在一种同位素未变化合物之中加入了唯一一种同位素取代的相同化合物，则称为定位标记化合物(specifically labeled compound)，即

同位素取代化合物＋同位素未变化合物＝定位标记化合物

在这种情况下，标记位置(一个或多个)及标记核素的数目都是确定的。定位标记化合物的结构式除标记位置需用方括号标出核素符号外，其余部分按照通常的方式写。例如：

同位素取代化合物	同位素未变化合物	定位标记化合物
$^{14}CH_4$	CH_4	$[^{14}C]H_4$
$CH_2{}^2H_2$	CH_4	$CH_2[^2H_2]$
$CH_3-CH_2-{}^{18}OH$	CH_3-CH_2-OH	$CH_3-CH_2-[^{18}O]H$
$CH^2H_2-CH_2-O^2H$	CH_3-CH_2-OH	$CH[^2H_2]-CH_2-O[^2H]$

值得注意的是，定位标记化合物的分子式并不代表全体分子的同位素组成，只表示其中存在感兴趣的同位素取代化合物。实际上同位素未变的分子往往占多数。通常将加入的同位素取代化合物称为示踪剂(tracer)，而将同位素未变化合物称为被示踪物(tracer)。

广义的标记化合物是指原化合物分子中的一个或多个原子、化学基团，被易辨认的原子或基团取代后所得到的取代产物。根据示踪原子(或基团)的特点，可将标记化合物分成以下几类：

(1) 用放射性核素作为示踪剂的标记化合物称为放射性标记化合物。例如，$NH_2CHTCOOH$，$Na^{18}F$，$^{14}CH_3COOH$ 等。

(2) 用稳定核素作为示踪剂的标记化合物称为稳定核素标记化合物。例如，$^{15}NH_4$，$NH_2{}^{13}CH_2COOH$，$H_2{}^{18}O$ 等。

(3) 在特定条件下，还可用非同位素关系的示踪原子，取代化合物分子中的某些原子而构成非同位素标记化合物。例如，用^{75}Se 取代半胱氨酸分子中的硫原子，制成硒标记的半胱氨酸。

(4) 若在化合物分子中仅引入一种示踪核素的一个原子，则称单标记化合物(singly labeled compound)，如 $CH_3-H[^2H]-OH$。

(5) 若在化合物分子中引入一种示踪核素的两个或多个原子，称为多重标记化合物(mutiply labeled compound)。被取代的原子可以处于分子中的等价位置，也可以处于不同位置，如 $CH_3-C[^2H_2]-OH$ 和 $CH_2[^2H]-CH[^2H]-OH$。

(6) 若在化合物分子中引入两种或两种以上示踪核素的原子，称为混合标记化合物(mixed labeled compound)或多标记化合物，如$^{14}CH_3CH(NT_2)COOH$，$^{13}CH_3CH(NH_2){}^{14}COOH$ 等可称为双标记化合物。

(7) 许多放射性药物含^{99m}Tc 配位单元，如将$^{99m}TcO^{3+}$ 的 DTPA 配合物连接到奥曲肽上，所得的肿瘤显像剂^{99m}Tc - DTPA - Octreotide 也被认为是一种^{99m}Tc 标记的化合物，尽管 Octreotide 分子中不含 Tc。只要^{99m}Tc - DTPA 引入 Octreotide 分子基本不改变后者的生物化学行为，特别是它的生物分布行为，可以将^{99m}Tc - DTPA - Octreotide 视为 Octreotide 的示踪剂。在生物化学中，经常将荧光基团连接到所研究的分子上，称为荧光标记。这类标记化合物有时也称为“外来”标记化合物(“foreign” labeled compound)。

标记化合物的命名法，目前尚无统一规定。下面仅介绍一些通常使用的符号与术语。

定位标记以符号“S”表示。如上所述，在这类化合物中，标记原子是处在分子中的特定位置上，而且标记原子的数目也是一定的。定位标记化合物命名时，除了在化合物名称后(或前)，要注明示踪原子的名称外，还需注明标记的位置与数目。例如用^{14}C 标记丙氨酸时，若在甲基上得到标记，即$^{14}CH_3CH(NH_2)COOH$，命名为丙氨酸- 3 -^{14}C(S)；若在羧基上得到标记，即$CH_3CH(NH_2){}^{14}COOH$，命名为丙氨酸- 1 -^{14}C(S)；当甲基与羧基上都标记时，则命名为丙氨酸- 1,3 -^{14}C(S)。其他定位标记化合物的命名法，可依此类推。氚标记化合物的命名法与此类似。例如，腺嘌呤-8-T(S)表示氚标记的位置仅局限于腺嘌呤分子中与第八位碳原子相连的位置上。通常已注明示踪原子的具体标记位置后，符号(S)亦可省略。

在^{14}C标记分子中，用符号(U)来表示均匀标记(uniform labeling)。它是指^{14}C或^{13}C原子在被标记分子中呈均匀分布，对于分子中的所有碳原子来讲，具有统计学的均一性，例如用$^{14}CO_2$通过植物的光合作用制得带标记的葡萄糖分子，其中^{14}C被统计性地均匀分布在葡萄糖分子的六个碳原子上，这种标记分子可命名为葡萄糖-^{14}C(U)。

对氚标记化合物，还有用符号(n)或(N)及(G)来表示准定位标记与全标记(general labeling)。准定位标记是指根据标记化合物的制备方法，理应获得定位标记分子。但实际测定结果表明，氚原子在指定位置上的分布低于化合物中总氚含量的95%。对这类化合物在其名称后可用符号(n)或(N)标明。例如尿嘧啶-5-T(n)，表示氚原子主要标记在分子的第五位上，但仍有5%以上的氚分布在尿嘧啶分子的其他位置上。

全标记是指在分子中所有氢原子都有可能被氚取代，但由于氢原子在分子中的位置不同，而被氚取代的程度也可能不同。例如用气体曝射法制备的氚标记胆固醇分子，在分子的环上、角甲基及侧链上的氢或多或少地被氚所标记，但各位置上氚标记的程度并不相同。在命名这类标记化合物时，应在其名称后注上符号(G)，例如胆固醇-T-(G)。

3.4.3 标记化合物的特性

3.4.3.1 对标记化合物的选择

在进行标记时，采用哪种形式的化合物？示踪原子标记在分子的哪个位置上？用稳定示踪原子，还是用放射性碘的标记化合物诊断甲状腺、肝脏、肾上腺等病症？由于甲状腺有吸收体内碘离子，而不积聚有机碘化物的特性，因此进行甲状腺诊治时，只能选择在体内形成碘离子的标记化合物，如$Na^{131}I$。而碘标记的有机化合物如^{131}I-玫瑰红对甲状腺诊治的疗效较差，但它却能在肝脏中积聚，故可在肝脏扫描时使用。

将示踪原子标记到化合物分子上时，一般应注意下列问题：

(1) 示踪原子应标记在化合物分子的稳定位置上，不至于在示踪过程中发生脱落或因同位素交换等因素而失去标记。一般讲，极性基团(如—COOH，—OH，—NH_2及═NH等)中的氢原子、位于羰基位置的氢原子、苯环上与羟基处于邻位或对位的氢原子都不稳定。此外，连接在碳上的氧较为活泼，易与水中的氧相互交换而失去标记。

(2) 示踪原子应标记在化合物的合适位置上。例如研究氨基酸的脱羧反应，标记必须在羧基的位置上。否则，就不可能观察到氨基酸脱羧而生成 CO_2 的生化过程。

另一方面，即使是同一化合物，但因需标记的位置不同，而使制备标记化合物的难易程度有很大的差别。例如，乙酸 - 1 -^{14}C 的合成仅需一步格氏反应，就可完成。

$$^{14}CO_2 \longrightarrow CH_3{}^{14}COOH$$

而乙酸 - 2 -^{14}C 的合成，却要经历以下四步反应后才得到标记产品。

$$^{14}CO_2 \xrightarrow{LiAlH_4} {}^{14}CH_3{}^{14}OH \xrightarrow{HI} {}^{14}CH_3I \xrightarrow{KCN} {}^{14}CH_3CN \xrightarrow{\text{水解}} {}^{14}CH_3COOH$$

合成途径的长短、难易程度的不同，使标记化合物的产率和纯度会有很大的差别。因此，在选择标记位置时，既要注意到示踪研究中的需要和该位置上示踪原子的牢固性，又要注意到在这位置上标记时，合成方法的难易程度。

在实验中，为了揭示分子中不同基团所起的作用和特性，常选用多标记化合物进行示踪。例如，为了证实体内胆固醇是由简单的乙酸所合成的，并确定乙酸的每个碳原子在胆固醇生物合成中的作用，则需采用$^{14}CH_3{}^{13}COOH$ 或 $^{13}CH_3{}^{14}COOH$双标记化合物。结果表明，乙酸中的两个碳原子都参与胆固醇的生物合成，并进入分子结构中。还表明胆固醇分子的环结构中，由乙酸中甲基与羧基所提供碳原子的比值为 10∶9，而在侧链部分，两者比值为 5∶3，如左式所示(有 * 者为来自乙酸中的甲基^{14}C)。

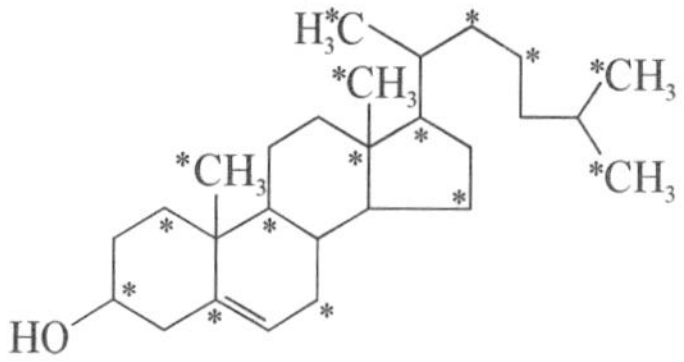

(3) 选择合适的示踪原子进行标记。用放射性示踪原子还是用稳定示踪原子标记，应根据实际情况来定。稳定标记化合物的优点在于无辐射损伤，制备和示踪时不受时间因素的限制，也不存在标记化合物的自辐解等弊病。但稳定同位素标记化合物的价格昂贵，观测所需的设备和它的灵敏度不如用放射性标记化合物那样迅速、简便和灵敏。特别是自然界中如 P，Na，I，Co，Au 等 15 种元素，只有一种稳定性核素，对它们就只能用放射性核素来示踪。另外，稳定同位素标记化合物虽不存在辐射操作，但亦不是绝对没有毒性而能被

生物体所接受。例如重水(D_2O)占体内含水量的15%～20%时,则会出现阻碍细胞呼吸及酵解作用,使生物体功能失调。

(4) 选择放射性标记化合物时,需考虑到放射性核素来源的难易、释放出射线的类型和能量、半衰期的长短以及它的毒性和可能引起的辐射损伤,还应注意到标记化合物自辐解的稳定性及示踪时同位素效应的影响。

碳和氢是构成有机化合物的基本成分,以^{14}C或^{3}H作为示踪原子具有许多突出的优点。因此,^{14}C或^{3}H的标记化合物仍是应用得最多的示踪剂。

用^{14}C或^{3}H标记的优点在于它们都是放射能量较低的粒子,外照射的影响小,但又不难探测。^{14}C或^{3}H在体内的生物半衰期短,都属于低毒性放射性核素。它们可由反应堆生产,无论在数量或比活度方面,都能满足标记化合物制备的需要。^{14}C或^{3}H均有较长的半衰期(^{14}C为5 730 a,^{3}H为12.32 a),使制备和使用时可不受时间因素的限制。

用^{14}C标记或用^{3}H标记化合物各有利弊。化合物分子中的C—H键比C—C键弱,故^{3}H标记脱落的可能性较大。制备^{3}H标记化合物时的放射性产率一般比^{14}C标记要低得多,且^{3}H在分子中的标记位置及其具体分布在制备时不易控制。^{3}H标记化合物的比活度一般比^{14}C标记化合物要高得多。在比活度相同时,^{3}H标记化合物的自辐解比^{14}C标记化合物要严重。^{3}H标记化合物在示踪时出现的同位素效应也比^{14}C标记化合物显著。在蛋白质、生物碱等复杂标记化合物的制备中,用^{14}C标记往往很困难,而用^{3}H标记就较方便。但当分子的稳定位置上不含有氢原子时(如8-氮杂-鸟嘌呤),则不能进行^{3}H标记。在标记分子中,引进一个^{3}H标记原子的产品,其理论比活度为29.2 Ci/mmol(1.08 TBq/mmol),而引进一个^{14}C标记原子仅为62.4 mCi/mmol(2.31 GBq/mmol)。再从放射性防护的角度来比较,^{14}C标记比^{3}H标记安全得多。

为满足各领域科学研究和应用上的需要,对非同位素标记化合物的使用也愈来愈多。如^{32}P,^{59}Fe,^{75}Se,^{77}Br,^{87}Sr,^{99m}Tc,^{111}In,^{113m}In,$^{123,125,131}I$,^{169}Yb,^{197}Hg及^{198}Au等放射性核素常用于制备非同位素标记化合物。

3.4.3.2 标记化合物的同位素效应与自辐解

标记化合物的同位素效应与自辐解对标记化合物的制备、使用和储存有显著的影响。

1) 同位素效应

所谓同位素效应(isotope effects),是由质量或自旋等核性质的不同而造成同一元素的同位素原子(分子)之间物理(如扩散、迁移、光谱学)和化学性质(如热力学、动力学、生物化学)有差异的现象。同位素效应是同位素分析和同位素分离的基础。

不能忽略因同位素效应引起标记化合物与原化合物之间产生性质上的差异。对 ^{3}H 或 ^{14}C 这类轻核标记的化合物,同位素效应更为明显。

在有共价键结构的有机化合物分子中,正常 C—C 键的键能为 345.6 kJ/mmol,而测得 ^{14}C—C 键的键能比正常的要高出 6%~10%。质量为氢原子 3 倍的 ^{3}H,与氧、氮、碳结合所形成的 T—X 键比正常的 H—X 键要稳定得多。这些效应使 ^{3}H 或 ^{14}C 标记化合物,在一些反应中所表现出来的反应速度较原化合物要慢。例如,用 HTO 水解 Grignard 试剂,发生如下反应:

$$2RMgX + 2HTO \rightarrow RH + MgXOH + RT + MgXOT$$

当 R 为 C_6H_5,$CH_3C_6H_4$ 时,制得 RT 标记化合物的比活度仅是理论值的 40%左右。由于 Grignard 试剂优先与链能较低的普通水分子反应,从而造成产品 RT 比活度低于理论值。又如,在生化反应中,甲基氧化酶在氧化 ^{14}C 标记的甲基($—^{14}CH_3$)和氚标记的甲基($—CH_2T$)时有明显的选择性,它优先氧化 $—^{14}CH_3$ 中的氢。另外,在色层分离中,也曾观察到 ^{3}H 或 ^{14}C 标记化合物的比移值 R_f 比原化合物的 R_f 偏低,这一差异可认为来自它们的同位素效应。

除 ^{3}H 或 ^{14}C 标记化合物外,其他较重核素($A>30$)的标记化合物,在化学与生物化学过程中的同位素效应并不显著。

2) 自辐解

标记化合物的自辐解(self-radiolysis,亦称辐射自分解)是另一个值得注意的问题。自辐解包括初级内分解、初级外分解和次级分解。

初级内分解。它是由标记化合物中放射性核素衰变所造成。核衰变结果产生含有子核的放射性或稳定的杂质。

初级外分解。它是由标记的放射性核素放出的射线与标记化合物分子作用,造成化学键的断裂,产生放射性或稳定的杂质。初级外分解的程度,取决于标记化合物在介质中的分散程度、它的比活度及发射出射线的类型和能量。

次级分解。标记化合物周围的介质分子,由于吸收射线的能量而被激发或电离,进而生成一系列自由基、激活的离子或分子。它们再与标记化合物作用,使分子断键而分解。次级分解常常是标记化合物自辐解的主要因素。由次级分解所产生的杂质亦是多种多样的。

标记化合物除辐射自分解外，还有化学分解。对生物标记化合物还有微生物所引起的生物分解。因此，在制备、使用和储存时，均应注意标记化合物的分解。目前常用以下方法来减少标记化合物的分解。

降低标记化合物的比活度。加入稳定载体或稀释剂是控制自辐解的有效方法。一般用氚标记化合物稀释剂来控制自辐解。通常将氚标记化合物稀释到 37 MBq/mL，而^{14}C标记化合物则为 3.7 MBq/mL。对固态标记化合物常用纤维素粉、玻璃粉、苯骈蒽作稀释剂。液体标记化合物的稀释剂，原则上应选择与标记化合物互溶性好、不易产生自由基的溶剂，如苯等。但有许多重要标记化合物如糖类化合物、氨基酸、核苷酸等都不溶于苯，只能用水或甲醇来做稀释剂。

加入自由基的清除剂。次级分解是标记化合物辐射自分解的重要因素。若在标记化合物的体系中，加入能与自由基发生快速反应的物质，阻止及清除自由基与标记化合物作用，则可有效地降低标记化合物的次级分解。实验证明，1%～3%的乙醇是常用的自由基清除剂。

选用清除剂时，应注意到它本身或它的辐解产物不能与标记化合物发生化学或生物化学反应。例如，醇与酸发生酯化反应，故乙醇不能用于有机酸类的标记化合物中。1%～3%的乙醇不影响酶的活性，但高浓度的乙醇会破坏酶的活性，使标记化合物的生物活性降低，故选用清除剂的浓度应恰当。乙醇辐射分解产生乙醛，它与二羟苯丙酸、5-羟色胺发生反应，故乙醇就不能做这类标记化合物的自由基清除剂。

调节储存温度。降低温度，使分解产生的自由基与标记化合物作用的速度减慢，亦能使标记化合物的分解减少。但对于标记化合物的溶液来说，当温度下降而发生缓慢冻结时，标记分子被聚集在一起，反而加速自辐解，对氚标记化合物更应注意到这一问题。只有在−140℃下快速冷却时，标记分子才能保持均匀分散在溶剂中，例如胸腺嘧啶核苷酸-甲基-^{3}H水溶液，在−20℃下储存5周，分解率为17%；而在2℃下储存同样时间，仅分解4%。因此一般标记化合物在0～4℃温度下储存较好。对一些极不稳定的标记化合物，最好在−140℃条件下储存(液氮冷冻)。

3.4.4 标记化合物的制备

制备标记化合物，首先需选择合适的标记核素；其次，需确定标记的位置和方法。标记化合物常用的制备方法有三种：化学合成法、生物合成法、同位素交换法。

3.4.4.1　标记核素的选择

核素示踪法在农业科学研究中应用范围很广，常用的核素有^{3}H，^{10}B，^{13}C，^{14}C，^{15}N，^{18}O，^{22}Na，^{28}Mg，^{32}P，^{33}P，^{35}S，^{36}Cl，^{42}K，^{45}Ca，^{54}Mn，^{55}Fe，^{59}Fe，^{60}Co，^{64}Cu，^{65}Zn，^{74}As，^{76}As，^{75}Se，^{82}Br，^{86}Rb，^{90}Sr，^{90}Y，^{99}Mo，^{111}Ag，^{109}Cd，^{125}I，^{129}I，^{131}I，^{137}Cs，^{141}Ce，^{144}Ce，^{203}Hg，^{210}Pb等。其中，^{3}H，^{14}C，^{15}N，^{32}P，^{35}S，^{36}Cl又是制备有机标记化合物时最常用的标记核素。制备示踪剂(标记化合物)时，应根据欲标记化合物的化学组成和化学形态选择适宜的核素。选择核素时需考虑的主要因素为测量方法(影响测量的因子有半衰期、核辐射的类型、射线的能量、质量)，以及把标记核素引入标记化合物难易的程度。

3.4.4.2　标记位置的确定

在有机化合物中，由于化合物的结构复杂，标记原子在化合物中的位置对研究结果会带来重要影响。因此，确定标记位置就显得很有必要。上述两个方面可用马拉硫磷加以说明。马拉硫磷是一种有机磷农药，其分子由C，H，O，S和P这5种元素组成，分子结构式如图3-1所示。

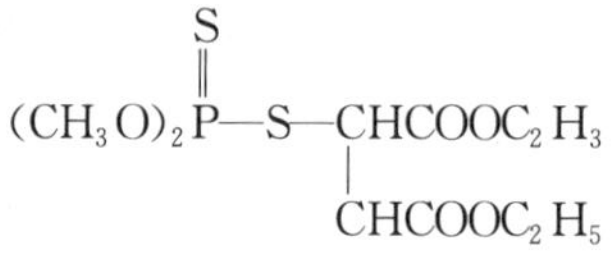

```
           S
           ‖
(CH3O)2P—S—CHCOOC2H5
              |
              CHCOOC2H5
```

图3-1　马拉硫磷分子结构式

它可用^{14}C，^{3}H，^{35}S或^{32}P等核素标记。但到底选用哪种核素，标记在哪个位置上呢？这样的问题应根据研究的目的来回答。如果试验仅仅为测定其残留量，则^{14}C，^{35}S或^{32}P均可作为标记核素。如果目的在于研究它在生物体内的代谢和在土壤中的降解途径及反应机理，就要严格选定标记核素和标记的位置。假定要研究去甲基作用，应该选用^{14}C并标记在CH_3O—基团上；若试验目的是研究酯键的水解作用，应该选用^{14}C或^{3}H，并标记在C_2H_5—基团上；若是研究其分子中的硫代磷酸酯键的反应，就必须用^{32}P或^{35}S标记。

3.4.4.3　制备方法

有机标记化合物的制备和普通有机化合物的合成制备在许多方面是相同的。但是，由于放射性标记化合物制备是微量或超微量，故其操作(合成、分离和分析方法)需采用微量和超微量技术。制备标记化合物的起始原料常常为^{14}C-碳酸钡、氚水(氚气)等简单无机化合物，因此在合成路线的选择上与普通的有机合成有很大区别。引入标记的位置与所采用的合成路线有关，因此，要选用使示踪核素标记在分子中较稳定的位置或特定位置上的合成路线。在设计合成路线时要求操作步骤少、时间短，而且尽量使放射性物质在最后引入。在合成放射性标记化合物的过程中，要采取必要的防护和安全措施。

1）化学合成法

这是通过一系列化学合成反应制备标记化合物的方法。为提高放化纯度和放化产率，化学合成需按下述步骤进行：

(1) 设计合成流程。在文献调研和生产工艺流程调研的基础上，根据选定的核素和标记的位置，设计合理的合成流程。

(2) 冷操作试验（又称为模拟试验）。根据设计的合成流程进行非放射性合成，目的是摸索最佳合成条件，熟练操作技术，提高产品的产量和质量。

(3) 低活度合成。按冷操作试验的条件，用少量的放射性核素进行合成操作，对产物进行活度测量、鉴定放化纯度、计算放化产率。

(4) 高活度合成。在低活度合成得到较理想结果的基础上，进行放射性高活度合成。高活度合成时应根据低活度合成时的放化产率以及所需放射性标记化合物的总活度和比活度等因素，准确计算包括放射性在内的各种原料的用量，严格按照低放合成时的步骤、反应条件进行。在进行放射性操作，特别是进行高放操作时要采取必要的防护措施。农业科学研究中所用的标记化合物大部分是通过化学合成法制备的。各种标记化合物的具体制备方法视其性质和标记核素的性质而定。化学合成法制备的标记化合物放射性比活度高，标记能定位，通过设计合理的合成流程，可得到较高的放化产率。但是用化学合成法制备结构复杂的标记化合物时，常会面临步骤多、流程长、放化产率低的困境，而且需要用的设备也往往很复杂。

2）生化合成法

生物化学合成法为我们提供了一种难以用化学合成法制备生物活性物质标记化合物的有效的方法。它利用生物体（植物、动物、微生物）的生理代谢过程或某些酶的催化作用，将引入的放射性核素转化成所需要的标记化合物，经过化学或生物化学的分离提纯，即可获得所需的多种标记化合物。生物化学合成法能制备结构复杂、具有生物活性的物质；它能在同种分子的多个位置上同时标记，也可在不同分子上同时标记。生化合成法可合成激素、抗生素、固醇类、蛋白质、核苷、核酸、磷脂以及糖类等碳水化合物。用生化合成法还可制取放射性比活度和纯度都高的 γ-^{32}P-ATP。以^{32}P-磷酸和非放射性的 ATP 为起始原料，混合后在 26～30℃下保温 1 h，在酶的催化作用下，使^{32}P-磷酸与 ATP 的 γ 位磷酸之间进行交换，制得 γ-^{32}P-ATP。

3）同位素交换法

制备标记化合物的另一种方法是同位素交换法。它是利用两种不同物质的分子间同一元素的同位素相互交换位置的反应，制备标记化合物的方法。为防止标记原子的丢失，制备用于生理生化研究的标记化合物的交换反应，不应是那些在正常生理条件下就能进行的反应，而选用只有在特殊条件才能进行的交换反应。例如，选择那些只有在高温、高压、特定的 pH 或催化剂存在时才能进行的反应。用同位素交换制备标记化合物常用的方法主要有气体曝射法和催化交换法两种。

3.4.4.4 制备标记化合物的反应流程实例

1）几种^{14}C标记中间体的合成反应

羧基标记酸的合成。以^{14}C-二氧化碳为原料，通过格氏反应合成羧基标记的脂肪酸和芳香族有机酸的反应式：

$$R-MgBr \xrightarrow[(2)\ H^+]{(1)\ ^{14}CO_2} R-^{14}COOH$$

$$Ar-MgBr \xrightarrow[(2)\ H^+]{(1)\ ^{14}CO_2} Ar-^{14}COOH$$

以标记羧酸为原料通过还原反应可制取相应的^{14}C-醛或醇：

$$Ar-^{14}COOH(R-^{14}COOH) \xrightarrow{^2H} Ar-^{14}CHO(R-^{14}CHO)$$

$$Ar-^{14}COOH(R-^{14}COOH) \xrightarrow{^4H} Ar-^{14}CH_2OH(R-^{14}CH_2OH)$$

^{14}C-氰化钾（钠）的制备。^{14}C-氰化物在^{14}C标记化合物的合成中，是一个重要的中间体。以 $Ba^{14}CO_3$ 为原料，合成^{14}C-氰化钾（钠）的反应式如下：

$$Ba^{14}CO_3 \xrightarrow[Zn,Fe]{K,NH_3} K^{14}CN$$

$$Ba^{14}CO_3 \xrightarrow[NH_4Cl]{K} K^{14}CN$$

$$Ba^{14}CO_3 \xrightarrow{Na,N_2} K^{14}CN$$

$$Ba^{14}CO_3 \xrightarrow{K,CN\ 交换} K^{14}CN$$

以^{14}C-碳化钡为原料合成^{14}C-苯：

$$Ba^{14}CO_3 \xrightarrow[\triangle]{Ba,Mn} Ba^{14}C_2$$

$$Ba^{14}C_2 \xrightarrow{H_2O} {}^{14}C \equiv {}^{14}C \xrightarrow{催化剂} {}^{14}C-U-C_6H_6$$

2) 1-^{14}C-丙氨酸的制备

$$K^{14}CN \xrightarrow[NH_3]{CH_3CHO} CH_3CH(NH_2)^{14}CN \xrightarrow{H_2O} CH_3CH(NH_2)^{14}COOH$$

3) ^{35}S-杀螟腈的合成

$$^{35}S + PCl_3 \xrightarrow{AlCl_3} P^{35}SCl_3$$

$$CH_3OH + Na \longrightarrow CH_3ONa$$

$$P^{35}SCl_3 + CH_3ONa \longrightarrow (CH_3O)_2P(={}^{35}S)-Cl$$

$$\xrightarrow[K_2CO_3]{HO-C_6H_4-CN} (CH_3O)_2-P(={}^{35}S)-O-C_6H_4-CN$$

4) ^{32}P-马拉硫磷的合成

$$^{32}P_2S_3 \xrightarrow{CH_3OH} (CH_3O)_2P(=S)-SH \xrightarrow{CH-COOC_2H_5 \parallel CH-COOC_2H_5} (CH_3O)_2{}^{32}P(=S)-S-CH(COOC_2H_3)-CHCOOC_2H_3$$

5) 用同位素交换法制备^{131}I(^{125}I)-标记化合物

以医用无载体$Na^{131}I$(^{125}I)为起始原料，将其中的$^{131}I^-$氧化成元素碘或$^{131}I^+$(^{131}ICl)，常用的氧化剂有过氧化氢、一氯化碘等。然后再制成碘标记化合物。

$$R-H + {}^{131}I_2 \rightleftharpoons R-{}^{131}I + H^{131}I$$

$$R-H + {}^{123}ICl \rightleftharpoons R-{}^{123}I + HCl$$

6) 用催化加氢法制备1,2,6,7-^3H-孕酮

$$\text{孕酮} \xrightarrow[异戊醇]{四氯代苯对醌} \Delta^{1,6}\text{-孕酮} + T_2 \xrightarrow[二氧六环]{5\%Pd—C} 1,2,6,7\text{-}T\text{-孕酮}$$

其反应流程和装置图(见图 3-2)如下所示:

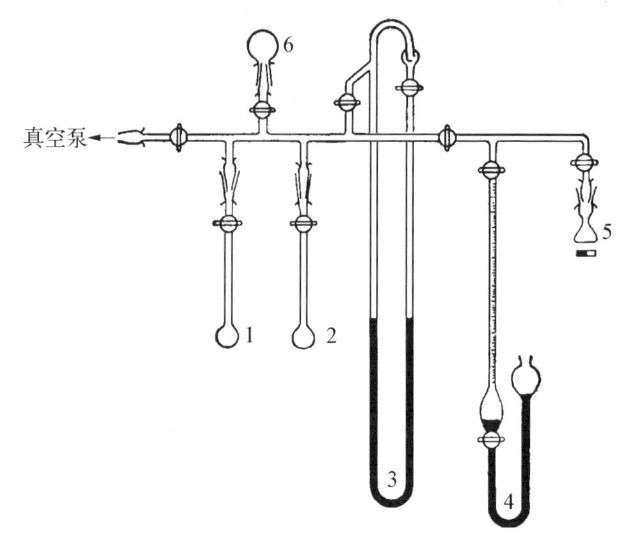

图 3-2 孕酮氰化装置[6]

1—氰铀粉瓶;2—回收反应后的氰铀粉瓶;3—负压水银压力计;
4—常压水银压力计;5—反应瓶;6—缓冲瓶

7) 稳定性同位素 ^{15}N-尿素的制备

$$2^{15}NH_3 + (C_6H_6O)_2CO \xrightarrow[\text{恒温水浴}]{90\sim100℃} (^{15}NH_2)_2CO + 2C_6H_6OH$$

3.4.5 标记化合物的质量鉴定

对标记化合物进行严格的质量鉴定和控制,是保证示踪实验得到正确结果的先决条件。标记化合物的质量鉴定可概括为物理鉴定和化学鉴定。对生物示踪剂,则需加生物鉴定的项目。下面列举了这三类鉴定包含的主要项目。

物理鉴定:外观和性状;放射性活度和比活度;放射性纯度。

化学鉴定:化学纯度;放射化学纯度;物理化学稳定性;载体或杂质的含量。

生物鉴定:无菌、无热源;生物毒性;生物活性、旋光性等生物学特定检验;生物稳定性。

3.4.5.1 物理鉴定

外观和性状的鉴定主要是观察标记化合物晶体的形状、粒度、色泽或标记化合物在溶剂中分散程度以及溶液的颜色是否正常。在储存过程中应注意它是否潮解、结团、变色、混浊或出现沉淀等现象。对生物标记化合物还应观察是否霉变等。外观鉴定虽极简单，但它对衡量标记化合物的质量往往是既直观又重要。

3.4.5.2　化学鉴定

物理化学稳定性的鉴定，指标记化合物在使用或储存过程中，因受光、热、空气或周围环境等因素是否会造成标记化合物性质的改变。例如胶态标记化合物的凝聚，含碘标记化合物在光照下加速氧化分解，使示踪原子脱落等。根据标记化合物物理化学稳定性鉴定的结果，可确定使用时的条件和使用期限，亦由此来确定储存的最佳方案。

化学纯度和放射化学纯度鉴定，常用色层法、电泳法、同位素稀释法，并结合放射性测量、红外光谱或核磁共振谱来确定化学杂质和放射化学杂质的种类和含量。

3.4.5.3　生物鉴定

用于生物示踪，特别是用于医学方面的标记化合物，不仅关系到疗效，还会影响人的安危。故在使用前必须进行生物鉴定。

生物稳定性的鉴定指在储存过程中，标记化合物是否因细菌等微生物、化学物质等因素的影响，使其减弱或消失某些生物特性。因此，在使用前需经生物稳定性的鉴定，判断该标记化合物是否还有示踪效能。

无菌无热源鉴定指标记化合物的灭菌是否完全，有无热源。热源是指某些微生物的尸体或微生物的代谢产物(其主要成分是多糖体)。若将它和标记化合物一起引入体内，则会出现发热(或发冷)、恶心、呕吐、关节痛等症状。热源检查方法是将一定剂量的标记化合物注入家兔的耳缘静脉，在规定时间内观察其体温变化情况，以判断有无热源存在。

根据示踪的目的和对象来确定需作哪些生物学项目的检查。这一检查的目的主要是确定标记化合物的一些生物特性(如旋光性、生物活性等)与原化合物有无差别。

一个新的标记化合物用于人体前，必须在动物体内作下列检查：

安全实验。了解并确定标记化合物的安全使用剂量，包括标记化合物引起的化学毒性和放射性损伤这两方面的因素。

体内分布实验。观察标记化合物进入体内后的输送途径，在体内的分布或积累的部位，代谢及排泄的情况，从而判断该标记化合物是否具备使用价值。

临床模拟实验。与临床应用完全相同的条件下,用大动物进行模拟实验,为临床使用提供依据。

3.4.6 标记化合物的分离纯化

放射性核素,无论是自然界中存在的还是人工合成的,都是不纯的;用各种方法制备得到的产物都是混合物,都含有杂质。这些杂质有可能来自非放射性的初始原料、合成的副产品、放射性中间体或初始原料的不完全转化、合成过程中的过度氧化或还原,以及合成后的后加工;经过长期储藏的标记化合物示踪剂都有可能存在或产生杂质。因此,分离纯化操作是必要的。

1) 放射性标记化合物的纯度

放射性标记化合物既有化学纯度问题,又有放射化学纯度的问题。在放射化学分离中,要求分离产物的化学纯度和放射化学纯度都高。在实际工作中,由于核衰变的存在要做到化学纯几乎是不可能的,因此,我们更关心放射化学纯度。

2) 放射性标记化合物的分解现象及影响因子

我们应该意识到核辐射导致的放射性标记化合物的自分解问题。由于这种作用的存在会形成一系列降解产物——放射化学杂质,而这些存在于示踪剂内的杂质在使用前必须去除掉。

(1) 放射性标记化合物的辐射自分解。辐射自分解有三种情况:① 由放射性核衰变引起标记化合物分子组成成分和结构的改变,而导致分子的分解;② 核辐射射线直接作用于相邻的标记化合物分子,使受作用的分子结构遭到破坏产生分解现象;③ 核辐射射线与介质作用会引起自由基的产生,这种自由基与标记化合物分子作用有可能引起所谓的次级降解造成放射性标记化合物分子的破坏。

(2) 化学和微生物分解。氧化作用、水解作用、光化作用和微生物的生物学作用也会导致标记化合物的分解。在低浓度状态下,放射性物质的化学降解更易发生,而且任何变化都会有重大影响。

(3) 影响分解的因子。放射性标记化合物的分解速率受贮藏温度、物理状态、放射性标记化合物的浓度、自由基的浓度等因素的影响。一般来说,放射性杂质随贮存时间而增加。

降低放射性比活度,降低贮藏温度,在低浓度下以溶液状态保存放射性标记化合物,排除自由基和有害试剂以及防止微生物污染等是降低分解速率的有效方法[7,8]。

3.4.7 放射性物质的分离纯化方法

自从 1896 年贝可勒尔发现放射性以后，居里夫妇、卢瑟福和索迪等曾用化学分离法发现了一系列天然放射性元素和核素，并且首先建立了将化学分离与射线性质鉴定相结合的放射化学分离法。其中共结晶共沉淀法曾起着重要的作用，还曾推动了镭提取工业的发展。至 20 世纪 30 年代末，哈恩和斯特拉斯曼(Strassmann)曾用精湛的共结晶共沉淀等分离技术，解开了争论多年的铀吸收中子后生成何种产物之谜，同时还惊人地发现了原子核的裂变和原子能的释放。此外，人们在探索各种天然放射系的过程中，为了测定半衰期很短的放射性核素，发展了放射性快速分离技术，采用此技术曾发现了半衰期仅 55.6 s 的 ^{220}Rn 以及 1.780 ms 的 ^{213}Po。这种放射化学快速分离技术为居里夫妇发现人工放射性核素提供了条件。他们将核反应、化学分离与放射性测量三者密切结合，令人信服地发现了人工放射性核 ^{13}N，^{30}P 和 ^{27}Si。这种三者相结合的方法，不久被西博格等用于发现超铀元素。而且采用了离子交换分离技术，曾为分离和鉴定不少超微量的超钚元素作出了重要贡献。在第二次世界大战期间，为了制造核武器，促使离子交换和溶剂萃取分离技术获得了很大发展。因此可以说天然放射性元素的逐个发现，人工放射性核素的不断获得，原子核裂变现象的最终确证，各种超铀元素的制备合成以及核武器和核能的发展和应用，几乎都离不开各种放射化学分离技术。

为用于示踪研究，需要对示踪剂进行分离纯化，将所需的化合物从杂质中分离出来，并进行纯度的分析鉴定。几乎所有分析化学中使用的分离纯化方法差不多都可用于放化分离和纯化。

3.4.7.1 放射化学分离中几种效率指标

常用的各种放射化学分离技术具有不同的特点，一般要按不同分离要求选用不同的方法，或者将几种方法结合起来形成一套分离流程。为了便于比较不同放化分离方法或流程的优劣，在介绍分离技术之前，有必要了解放化分离中的效率指标的情况。

1) 分离系数

表示两种不同物质经某一分离过程而达到彼此分离程度的一种指标。应该注意，目前对分离系数在不同的情况下存在着两种不同的定义：一是常用于按物质在两相中不同分配的分离方法，如在溶剂萃取和离子交换色层分离中,分离系数是指两种物质在相同分离条件下经过单级分离过程后在两相中的相对含量之比。例如,在单级萃取过程中物质 A 和 B 的分离系数为

$$\alpha = \frac{[A]_{(有)}/[A]_{(水)}}{[B]_{(有)}/[B]_{(水)}} = \frac{D_A}{D_B}$$

式中,$[A]_{(有)}$和$[B]_{(有)}$为物质 A 和 B 达到萃取平衡时在有机相中的浓度,$[A]_{(水)}$和$[B]_{(水)}$为物质 A 和 B 达到萃取平衡时在水相中的溶度。其中 D_A 和 D_B 分别表示 A 和 B 的萃取分配比。在此情况下,分离系数 α 是 A 和 B 的萃取分配比的比值,若 α 趋近于 1,表示在此条件下难以使两者分离;反之,若 α 远偏离 1,则两者容易分离。一般通过测定单级分离过程的分离系数 α,即可进一步算出多级分离过程可能获得的最佳分离结果。

除了上述的分离系数α 之外,另一种分离系数β 常用于衡量某一分离流程对两种不同物质的最终分离效果。其定义是:两种不同物质在经过同一分离流程之后,它们分别在原料和最终产品中的相对含量之比。例如,在核燃料后处理分离流程中铀和钚的分离程度常用铀中去除钚的分离系数 $\beta_{Pu/U}$表示,即

$$\beta_{Pu/U} = \frac{原料中的钚含量 / 原料中的铀含量}{产品中的钚含量 / 产品中的铀含量}$$

显然,分离系数 β 值越大,表示两者的分离效果越好。例如,经 Purex 萃取分离流程所得的最终产品铀中钚的含量为原料铀中钚含量的 10^{-6},表示其分离系数 $\beta_{Pu/U} = 10^6$,由此可见,上述两种不同的分离系数 α 和 β 具有不同的定义,必须加以注意。

2) 去污系数(或称净化系数)D_F

经过某种放射化学分离过程后,与欲分离放射性核素共存的一些放射性沾污核素在产品中的沾污程度,常用去污系数来表示,其定义是

$$D_F = \frac{分离前原始含有的一些沾污核素的比活度}{分离后沾污核素在产品中的比活度}$$

在放射化学分离中,去污系数常作为判断某一分离方法优劣的一个重要指标。为了测定去污系数需要进行沾污试验。例如,苯砷酸锆沉淀法分离混合裂变产物中的^{95}Zr,要用常见的长寿命裂变元素,如^{137}Cs,^{90}Sr,^{90}Y,^{144}Ce 和^{106}Ru 等作为放射性沾污核素,分别测定它们的去污系数。但是必须注意,在沾污试验中加入的放射性沾污核素应是无载体的,否则载体的存在可能严重

影响去污系数的测定结果。

3）放射性回收率

若原始含有某种欲分离核素放射性比活度为 A_0，经分离后回收得该核素的比活度为 A，则经过某一分离程序所得的放射性产额为

$$\text{放射性回收率}(\%) = A/A_0 \times 100\%$$

例如，在铀的后处理分离流程中要求钚的回收率大于99.5%。但是，在放射化学分析中，有时因放射性核素含量太少而使放射性产额不易直接准确测定，这样可以采用加入同位素载体，通过化学分析法测定分离后载体的回收率或化学产额。如果加入的载体与待测放射性核素处于完全相同的化学状态，而且它们之间的同位素交换能迅速达到平衡，那么载体的化学产额与放射性产额是相同的。这样通过测定分离后的化学产额和该放射性核素的比活度，可以算出待分析放射性核素的原始含量。这一方法对于某些难以定量分离的核素，只要通过加载体后求出其回收率，即可算出其原始含量[9]。

3.4.7.2　放射化学中的分离方法

在放射化学中，分离就是将样品中某一或若干所需的组分与其他不需要的组分分开来。从热力学第二定律可知，不同物质的混合过程是一个熵增加的自发过程，而其逆过程分离则是不能自发进行的。为了达到分离的目的，都必须对被分离的料液加入能量或物质，例如，蒸馏时必须加热使形成蒸气相，萃取时必须加入含萃取剂的有机相，离子交换分离必须加入离子交换剂。这种加入的能量或物质称为分离作用力。

通常，分离前所需组分与不需要组分组成的被分离对象处于均相体系中，在放射化学中大多为液相。为了达到分离的目的，必须加入第二相或在分离过程中形成第二相。例如萃取分离时加入有机相，离子交换分离时加入离子交换剂，沉淀法及蒸馏法分离时形成的固相和气相。所以，一个分离体系通常是由两相组成的，甚至是由三相组成的。人们当然希望两相中的一相仅含有所需组分，另一相中仅含有不需要组分。然而，实际上这是不可能的，也就是说任何方法都不可能达到百分之百的分离。再纯的物质中总会有杂质，只是杂质的多少而已。实际上分离能做到的，只是可以使两相中需要的组分与不需要组分的含量比有差别，这种差别愈大，表明分离愈成功。在上述加入或形成两相或三相之后，必须进行分离过程的第二步：也就是将在第一步中形成的两相，甚至三相分开，这一步是不改变聚集状态的相分离，相分离通常是依靠两

相的密度、黏度、蒸气压或溶解度上的差别进行的物理过程，如离心、过滤等。

分离过程可以按各种方法进行分类，例如，可按两相的状态分类，也可以按第二相的来源分类。从分离的原理来看，可分为平衡分离过程和速率控制分离过程两大类。前者是依靠达到平衡的两相中，所需组分及不需要组分含量比的差别；后者是依靠所需组分及不需要组分传递速率的不同，造成两相中所需组分及不需要组分含量比的差别。

在放射化学研究中，放射性核素的浓度往往很低，在分离过程中，可能因吸附在容器壁上而丢失。在用沉淀法分离时，会因为放射性核素的浓度太低，达不到难溶化合物的溶度积而不能单独形成沉淀。为此，常常在放射性溶液中加入常量的该放射性核素的稳定同位素，因为除极轻的核素以外，同一元素的稳定核素和放射性核素的化学性质相同，所以它们将发生同样的化学过程，从而所加入的稳定核素起了载带放射性核素的作用，我们称加入的常量的稳定核素为载体(carrier)。例如，在示踪量的$^{140}LaCl_3$溶液中加入过量草酸，不能使^{140}La沉淀，但加入 mg 量级的氯化镧以后，则在草酸镧沉淀过程中，可以把^{140}La也载带下来。对于一些没有稳定核素的放射性元素，只能使用化学性质非常相似的常量元素作为载体，如$^{241}AmCl_3$，可以用 $LaCl_3$作为载体。这样，载体就有同位素载体(isotopic carrier)和非同位素载体(non-isotopic carrier)之分。载体用量一般在几毫克和几十毫克之间。

以上讲的是利用载体将所需要的放射性核素从溶液中沉淀出来。反之，在加入载体使微量物质沉淀时，常常也可能使其他不需要的放射性杂质转入沉淀，从而造成放射性沾污。为了减少这种沾污，常常加入一定量可能沾污核素的稳定同位素作为反载体(hold-back carrier)。反载体的加入，由于同位素稀释的原因，减少了放射性杂质的沾污，提高了去污因数。例如在沉淀分离^{90}Sr时，容易受到^{144}Ce的沾污，去污因数仅为 13；但若加入一定量的稳定同位素 Ce(Ⅲ)作反载体后，同样的分离程序，去污因数提高到 9 000。反载体也有同位素反载体和非同位素反载体之分。例如，在分析^{239}Pu的裂变产物时，^{239}Np对分离出的裂变产物可能会造成严重的放射性沾污，若加入与 Np 价态相同的 Ce(Ⅳ)盐作为反载体，即可明显降低^{239}Np的沾污程度[10]。

在使用载体和反载体时，加入的稳定核素必须与放射性核素处于同一化学状态，否则就不能起到载体和反载体的作用。有时所需要的放射性核素可能处于几种不同的价态，则可以使载体及所需核素共同经历几次氧化还原反应，使它们最终转变为同一价态。

1）共沉淀法

沉淀分离法是在待分离的溶液中加入沉淀剂，使其中的某一组分以一定组成的固相析出，经过滤而与液相中其他不需要组分分开。在含有金属离子 M^{m+} 的溶液中，加入含沉淀剂 X^{n-} 的另一溶液，生成难溶性沉淀 M_nX_m，当体系达到平衡时，其平衡常数即溶度积为

$$K_{sp} = [M^{m+}]^n[X^{n-}]^m$$

在一定温度下，饱和溶液中的 $[M^{m+}]^n[X^{n-}]^m$ 必定为一常数。这样，根据某溶液中 $[M^{m+}]^n[X^{n-}]^m$ 的数值，对照常数 K_{sp} 就可判断是否会生成沉淀 M_nX_m。一般说来，K_{sp} 应小于 10^{-4}，才能达到有效的分离。如果几种离子均可与沉淀剂作用而生成沉淀，则它们的 K_{sp} 之间必须有足够的差别。

由溶度积公式可见，沉淀的溶解度会因有共同离子的过量存在而减少，这叫做同离子效应。因此，为了使沉淀完全，加入适当过量的沉淀剂是可以的，但如果超过必要量时，反而会使溶解度增加。

当在溶液中不是加入太过量的同离子，而是加入并非构成沉淀的其他离子时，也会使溶解度增加，这叫做盐效应。这是由于溶液中加入其他盐，会使溶液中的离子强度增大，造成活度系数减小。

对于强酸盐的沉淀，氢离子浓度 $[H^+]$ 对溶解度影响不大；反之，对于弱酸盐的沉淀，尤其是有机试剂生成的沉淀，$[H^+]$ 有很大的影响。这是因为加大 $[H^+]$，会使弱酸在溶液中主要以不解离的状态存在，而降低 $[H^+]$，会使弱酸在溶液中主要以解离状态存在。因此，通常应在尽可能小的 $[H^+]$ 下生成沉淀。

在溶液中，如加入能与被沉淀的离子生成可溶性络合物的络合剂，则会使沉淀的溶解度增大，甚至已经生成的沉淀还会完全溶解。

若在水溶液中加入乙醇、丙酮等有机溶剂，通常会降低无机盐的溶解度。这是由于金属离子对有机溶剂的溶剂化作用小以及有机溶剂的介电常数较低。

一般说来，溶解度随温度上升而上升，这是因为绝大部分沉淀的溶解是吸热反应。

最后，要指出的是，K_{sp} 值都是对于颗粒度相当大的沉淀而言。因为随着沉淀颗粒度的减小，沉淀的溶解度会增加。从而也就不难理解，为什么在沉淀的陈化过程中，小颗粒沉淀会消失，较大颗粒沉淀会长大。

沉淀分离法的优点是方法简单，费用少；缺点是对多数金属不是非常有效，需时较长。在放射化学中，更大的缺点是放射性物质本身由于其量很小，通常不能单独形成沉淀。为此放射化学中常常用共沉淀方法。

共沉淀法是利用微量物质能随带常量物质一起生成沉淀的现象来进行分离、浓集和纯化的一种方法。共沉淀法是放射化学中应用最早的一种分离方法，它在放射化学的发展过程中曾经起过重要的作用。早期，居里夫妇就用这种方法从沥青铀矿渣中分离、提取了钋和镭。后来，美国曾用磷酸铋和氟化镧共沉淀法以工业规模从反应堆辐照元件中分离、提取了核燃料^{239}Pu。

在普通化学中，对于常量组分而言，通常要避免共沉淀现象发生。但在放射化学中，对微量的放射性物质而言，共沉淀却是一种分离和富集放射性核素的有效手段。

共沉淀分离法是利用溶液中某一常量组分（载体）形成沉淀时，将共存于溶液中的某一或若干微量组分一起沉淀下来的方法。共沉淀的机制主要有形成混晶、表面吸附及生成化合物等。

形成混晶的最典型的例子是 $BaSO_4$-$RaSO_4$ 混晶，微量组分 Ra 取代一小部分晶格上 Ba 的位置。取决于实验条件，微量组分在常量组分沉淀中的分配可以服从均匀分配定律（homogeneous distribution law）：

$$x/y = D_0(a-x)/(b-y)$$

也可以服从对数分配定律（logarithmic distribution law）：

$$\ln[(a-x)/x] = \lambda'\ln[(b-y)/y]$$

式中，x 和 y 分别是微量和常量组分在析出晶体中的量；a 和 b 分别为微量和常量组分在原始溶液中的量；D_0 和 λ' 为常数，D_0 为分离因数，λ' 为对数分配系数。实现均匀分配的条件是很缓慢的沉淀，并且要经过长时间的搅拌，使固液两相达到热力学平衡，一般说来，这种条件很难达到。实现非均匀分配的实验条件是，沉淀速度能保证使新生成的每一层晶体与溶液达到平衡，但是从整个体系来说则没有达到平衡。$D_0>1$，表示微量组分在晶体中得到浓集；反之，$D_0<1$，表示微量组分在溶液中得到浓集。$\lambda'>1$ 时，微量组分主要在沉淀初期析出，而 $\lambda'<1$ 时正相反。在选择常量组分时，要从溶解度和离子半径两方面考虑[11]。

表面吸附共沉淀最常用的吸附剂是无定形氢氧化铁。通常用做吸附剂的

有 $Fe(OH)_3$，$Al(OH)_3$，$Zr(OH)_4$，$La(OH)_3$等氢氧化物，PbS，SnS_2，CdS 等硫化物，磷酸钛、磷酸钙、磷酸镧等磷酸盐。此外，还有硫酸盐、卤化物、草酸盐等。无定形沉淀吸附微量组分的选择性与许多因素有关，其中最主要的是：① 微量组分所形成的化合物的溶解度，溶解度愈小，愈容易被载带；② 无定形沉淀表面所带电荷符号及数量，当微量组分所带电荷符号与沉淀的相反时，载带量大，因此 pH 值及其他电解质的存在将有明显影响；③ 无定形沉淀表面积的大小，表面积愈大，载带量愈大。与形成混晶相比，表面吸附共沉淀的选择性要差得多。

生成化合物的共沉淀主要是指用有机沉淀剂时的情况，而生成的化合物主要是指生成螯合物及离子缔合物。如果金属离子的浓度很低，即使它生成的螯合物难溶于水，也不能沉淀出来。但可在某有机试剂沉淀析出时，将此金属螯合物载带下来。为使过量有机试剂沉淀出来，可以将热的有机试剂的水溶液慢慢冷却，也可以用加热，将随同有机试剂一起加入的挥发性有机溶剂除去。对于1-硝基-2-萘酚就是用后一种方法，即随着一起加入的丙酮的减少，使它慢慢沉淀出来。在不同的 pH 值下，1-硝基-2-萘酚可以载带^{60}Co，^{59}Fe，^{237}Pu，^{95}Zr，^{65}Zn，^{144}Ce 等。也可以用另加一种有机试剂的方法，这种另加的有机试剂尽管不与体系中任何物质发生反应，却可以诱导难溶螯合物被沉淀载带下来，这种化合物称为惰性或无关共沉淀剂。例如，1-萘酚或酚酞的乙醇溶液能将痕量铀(VI)的1-亚硝基-2-萘酚螯合物自水溶液中析出。

金属离子与中性络合剂或阴离子配体形成络合离子后，可以与相对分子质量较大的具有相反电荷的有机沉淀剂生成难溶的离子缔合物，从而使微量的金属离子被载带下来。常用的有机沉淀剂是染料，如甲基紫、次甲基蓝、罗丹明 B 等。如在氯化物溶液中，In^{3+} 以 $InCl^{4-}$ 配阴离子存在，次甲基蓝可使 In^{3+} 共沉淀下来。

与使用无机沉淀剂相比，使用有机沉淀剂的优点是选择性高和可灼烧除去。

影响共沉淀效果的因素很多，包括 pH、共存离子、隐蔽剂、温度、沉淀方法、搅拌方法、放置时间、试剂加入的顺序及速度等。

目前，在放射化工过程中，由于共沉淀法存在分离效果差、生产能力小、回收率低、废液量大、工艺过程难以实现连续化和自动控制等缺点，已逐渐被其他分离方法所取代。但是，由于共沉淀法具有方法简单，对微量物质的浓集系数高等优点，因此该法在放射化学分析、废水处理和放射化学研究中仍有着广泛的应用。

共沉淀法按沉淀类型的不同可分为无机共沉淀法和有机共沉淀两类。根据无机共沉淀机理的不同,无机共沉淀法又可分为共结晶共沉淀法和吸附共沉淀法。由于形成共结晶共沉淀要满足一定的条件,因此共结晶共沉淀法特点是选择性比较高,分离效果较好,但这种方法的应用也因此而受到了限制。形成吸附共沉淀的条件不需要那么严格,因此吸附共沉淀具有可同时浓集多种放射性物质的特点,能起清扫作用,且所用的试剂价格低廉,因而这种共沉淀法在放射性废水的处理、污染饮水的净化、简单体系中放射性物质的分离等方面得到了广泛的应用,但这种方法的选择性不高,因此不能用于复杂体系中多种放射性核素,特别是化学性质相似的元素之间的分离。

有机共沉淀法的机理不同于无机共沉淀法。因为有机化合物在离子半径、电荷密度及其分布等物理化学性质上与无机化合物很不相同。大多数有机化合物的离子半径大、表面电荷密度小,因此它们与别的离子形成共结晶共沉淀或吸附共沉淀的可能性也小[12]。有机共沉淀的形成过程通常是先把溶液中的无机离子转化为憎水性的离子或化合物,然后再选择适当的有机载体化合物将它们载带下来。有机共沉淀大致可分为如下三种类型:一类是某些离子(或这些离子同中性络合物、阴离子配位体所形成的络离子)与带有相反电荷的有机离子生成难溶的离子缔合物。这种离子缔合物可与结构相似的载体化合物生成共沉淀。另一类是金属离子与有机螯合剂形成难溶的金属螯合物,或者金属离子与螯合剂所形成的可溶性金属螯合物进一步与有机离子形成难溶的缔合物,而被载体化合物载带。第三类是利用有机胶体的凝胶作用而生成的共沉淀。由于有机共沉淀(指上述第一、第二类)往往具有溶解度小、形成条件比较严格、不易吸附无机杂质等特点,因此有机共沉淀法浓集系数较高、选择性较好、分离比较完全。

2) 溶剂萃取法

溶剂萃取法又称液-液萃取法,是分离微量物质简便而又有效的一种方法。直到第二次世界大战,随着核工业、有色冶金、电子工业等现代科学技术的发展,对原材料和产品纯度提出了更高的要求,溶剂萃取法才获得了广泛的应用。

溶剂萃取是将一种包含萃取剂(extractant)及稀释剂(diluent)的有机相,与含一种或几种溶质的水溶液相混合,当两相不混溶或混溶程度不大时,一种或若干种溶质进入有机相[13]。稀释剂用于改善有机相的某些物理性质,如降低比重，减少黏度，降低萃取剂在水相中的溶解度，有利于两相流动和分开。有时在有机相中另加入一种有机试剂，常称为添加剂，用于消除某些萃取过程中形成的第三相，抑制乳化现象。当所需要溶质从水相转入有机相以后，在改变实验条件下，也可以使它从有机相转到水相，这一过程常称为反萃取(back extraction stripping)。有时还在萃取后，将已与水相分开的有机相用一定的水溶液洗涤，以除去与所需要的溶质一起进入有机相的其他少量不需要的溶质，称为洗涤(scrubbing)。由此可见，完整的萃取分离通常包括萃取、洗涤及反萃取三步，以保证所需溶质不但得到纯化，而且存在于水相中。

萃取种类很多，大体上可以分为以下几大类：中性磷类萃取剂的典型代表是磷酸三丁酯(TBP)，这类萃取剂是指磷酸分子上三个羟基全部被烷基酯化或取代的化合物。三烷基氧化膦(R_3PO)如三辛基氧化膦(TOPO)也属于此类。螯合萃取剂通常是一种多官能团的弱酸，如具有酸性官能团(═COOH，═OH，═NOH，═SH等)及配位官能团(═CO，≡N，═N═，═RN═等)，其典型代表是噻吩甲酰三氟丙酮(TTA)。酸性磷类萃取剂是含有酸性基团的有机膦化物，这类萃取剂是指正磷酸分子中一个或两个羟基被烷基酯化或取代的化合物，其典型代表是二(2-乙基己基)膦酸(HDEHP，国内代号P_{204})、2-乙基己基膦酸-2-乙基己基酯(EHE-HP，国内代号P_{507})和二(2-乙基己基)膦酸(DEHPA，国内代号P_{229})。胺类萃取剂是指氨分子的三个氢原子部分或全部被烷基取代，从而形成伯胺、仲胺、叔胺和季胺，其典型代表是三正辛胺，工业上常用混合烷基的胺，如三烷基胺(如N_{235}，烷基为C_8-C_{12})和单烷基胺(如N_{1923}，烷基为C_9-C_{23})。二(2，4，4-三甲基戊基)二硫代膦酸(商品名Cyanex301)对于Am^{3+}/Eu^{3+}具有很高的分离系数。有时两个萃取剂混合使用时对某物质的分配比，比单独使用它们时的分配比的简单加和还要高，称为协同效应(synergic effect)，相应的萃取剂称为协同萃取剂(synergic extractants)。

在一定的温度下，在溶剂萃取体系的有机相及水相之间，当某元素M的同一化学状态A_1的分配达到平衡时，A_1在两相中浓度之比为

$$K=[A_1]_{(o)}/[A_1]_{(aq)}$$

式中，下标o表示有机相，aq表示水相。在活度系数近似等于1的情况下，近似为常数，称为分配系数。然而，在萃取体系中，元素M可以以各种化学状态A_1，A_2，…，A_n存在于两相中，而在实验中测到的是某元素在两相中的分析

浓度，即总浓度$[M]_{(o)}$和$[M]_{(aq)}$，所以实际工作中常用的分配比为

$$D'_M=\frac{[M]_{(o)}}{[M]_{(aq)}}=\frac{[A_1]_{(o)}+[A_2]_{(o)}+\cdots+[A_n]_{(o)}}{[A_1]_{(aq)}+[A_2]_{(aq)}+\cdots+[A_n]_{(aq)}}$$

分配比 D'_M 显然不是一个常数，受元素 M 的浓度、水相 pH、萃取剂浓度、稀释剂性质、掩蔽剂、盐析剂等因素影响。至于萃取百分数，则还取决于有机相与水相体积比。

中性磷类萃取剂是由官能团≡P═O，与金属生成中性络合物并进入有机相。例如，TBP 从硝酸溶液中萃取金属离子的反应为

$$M^{n+}_{(aq)}+nNO^-_{3(aq)}+qTBP_{(o)}\leftrightarrow M(NO_3)_n\cdot qTBP_{(o)}$$

该反应的平衡常数为

$$K_{ex}=\frac{[M(NO_3)_n\cdot qTBP_{(o)}]}{[M^{n+}]_{(aq)}[NO_3^-]^n_{(aq)}[TBP]^q_{(o)}}$$

式中，$[TBP]_{(o)}$是有机相中自由 TBP 的浓度。假如金属 M 在水相中只以 M^{n+} 离子状态存在，有机相中只以 $M(NO_3)_n\cdot qTBP$ 存在，则分配比为

$$D'_M=\frac{[M(NO_3)_n\cdot qTBP]_{(o)}}{[M^{n+}]_{(aq)}}$$

将平衡常数 K_{ex}和分配比 D'_M 结合起来，可得

$$D'_M=K_{ex}[NO_3^-]^n_{(aq)}[TBP]^q_{(o)}$$

由上式可见，D'_M 与 K_{ex}，$[NO_3^-]^n_{(aq)}$及$[TBP]^q_{(o)}$均成正比。硝酸浓度不大时，增加硝酸浓度使 D'_M 上升，但当硝酸浓度足够大时，再增加硝酸浓度，D'_M 反而下降。这是因为硝酸分子也被中性磷化物萃取，在有机相中形成 $HNO_3\cdot TBP$，从而减少自由 TBP 浓度。加入硝酸盐作为盐析剂，也可以提高 D'_M，但不同的硝酸盐的作用不同。虽然增加 TBP 浓度可提高 D'_M，但也可能因 TBP 浓度高而分层困难，有时甚至形成第三相。此外，TBP 浓度高，也可使杂质元素的萃取增加，从而不利于分离[14]。

螯合萃取剂作为一弱酸，通常用 HL 表示，它既可溶于有机相，又可微溶于水相，在两相中的分配系数为

$$K_{HL}=\frac{[HL]_{(o)}}{[HL]_{(aq)}}$$

HL 在水中的解离常数为

$$K_a = \frac{[H^+]_{(aq)}[L^-]_{(aq)}}{[HL]_{(aq)}}$$

金属离子 M^{n+} 与水相中螯合剂阴离子 L^- 的螯合物 ML_n 的累计稳定常数为

$$\beta_n = \frac{[ML_n]_{(aq)}}{[M^{n+}]_{(aq)}[L^-]^n_{(aq)}}$$

螯合物在两相中的分配系数为

$$K_{ML_n} = \frac{[ML_n]_{(o)}}{[ML_n]_{(aq)}}$$

当金属离子 M^{n+} 在水相和有机相中都只生成一种螯合物 ML_n 时，M 的分配比为

$$D'_M = \frac{[ML_n]_{(o)}}{[ML_n]_{(aq)} + [M^{n+}]_{(aq)}}$$

综合上面各公式可得

$$D'_M = \frac{K_{ML_n}}{1 + [H^+]^n_{(aq)} K^n_{HL}/\beta_n K^n_a [HL]^n_{(o)}}$$

由上式可见，pH 值对 D'_M 影响很大，pH 值增加，D'_M 上升。但如金属在水相中发生水解或聚合，甚至沉淀，则增加 pH 值不利于萃取。β_n，K_a，$[HL]_{(o)}$ 增大，即螯合物更稳定，HL 更易于解离及螯合剂在有机相中浓度更大，则 D'_M 值上升。K_{HL} 愈小则 D'_M 愈大。但是，在放射化学工作中，因为螯合剂浓度通常大大高于所研究放射性核素的浓度，所以通常不用增加螯合剂浓度来提高 D'_M 值。改变稀释剂就会改变 K_{ML_n}，K_{HL}，但 D'_M 与 K_{ML_n} 只是正比关系，而与 K_{HL} 的 n 次方呈负相关。

如果在水相中不仅生成 M^{n+}，而且还生成 ML_1，ML_2，…，ML_n；如果金属在水相中不仅与 OH^- 生成 M(OH)，$M(OH)_2$，…，$M(OH)_i$，而且还与其他配体 B 生成 MB，MB_2，…，MB_p；如果金属在有机相中不仅以 ML_n 存在，而且以三元配合物 $ML_n \cdot B$，$ML_n \cdot B_2$，…，$ML_n \cdot B_q$ 存在，则金属 M 的分配比为

$$D'_{M}=\frac{[ML_{n}]_{(o)}+\sum_{q}[ML_{n}\cdot B_{q}]_{(o)}}{[M^{n+}]_{(aq)}+\sum_{i}[ML_{i}]_{(aq)}+\sum_{j}[M(OH)_{j}]_{(aq)}+\sum_{p}[MB_{p}]_{(aq)}}$$

溶剂萃取与离子交换反应一样，也是一种异相化学反应，但与离子交换反应相比，一般萃取速度要快得多。金属 M 从水相萃取到有机相，通常也要经过以下五步：① 金属离子 M^{n+} 从水相内迁移到与之相邻的有机相的界面上；② 有机相中萃取剂从有机相内迁移到与之相邻的水相界面上；③ 萃取剂分子通过两相界面进入水相；④ 萃取剂分子与金属发生反应形成萃合物；⑤ 萃合物通过两相界面进入有机相。

当萃取速度是由五步中某一步或某几步控制时，就可分别称为扩散控制型、化学反应控制型等。影响萃取速度的因素很多，首先要考虑萃取剂及稀释剂的物理及化学性质，以及被萃取金属的化学性质；其次考虑实验条件，如两相体积比、搅拌速度、金属及萃取剂的浓度、水相的 pH 值等[15]。

溶剂萃取是利用不同物质在互不相溶的水相（水溶液）和有机相（有机溶剂）中分配的不同来达到彼此分离的一种方法。例如，在分析测定放射性废水中和微量铀时，可用磷酸三丁酯（简称 TBP）-苯溶解与调节到一定酸度的废水溶液混合振荡，铀（Ⅳ）就从废水溶液转入到 TBP-苯中，这个过程就是萃取。这里所用的有机相 TBP-苯是有机溶剂，其中的 TBP 是萃取剂；苯为稀释剂，它是为了改善萃取剂 TBP 性能而加入的惰性溶剂。萃取后的有机相可与一定浓度的硝酸溶液混合振荡，以洗去其中所萃取的少量其他放射性杂质，这就是洗涤，所用的硝酸溶液为洗涤剂。然后将有机相与一定浓度的碳酸盐溶液混合振荡，铀与碳酸盐生成相当稳定的亲水性的三碳酸铀酰盐，从而使铀从有机相返回水相，这就是反萃取，这里所用的碳酸盐溶液就是反萃取剂。

溶剂萃取法分离微量物质具有许多优点：方法简便，分离迅速，特别适用于短寿命放射性核素的分离；选择性和回收率高，分离效果好，可用于制备无载体放射性物质以及从大量杂质中有效地分离微量放射性核素；设备简单，操作方便，在工业生产中易于实现连续操作和自动控制；可供选用的萃取剂很多，而且还可根据需要，合成各种性能优良的萃取剂，这就为萃取的应用开辟了广阔的前景。但是，溶剂萃取法也存在一些缺点：对性质极为相似的元素（如镧系元素、锕系元素）以及亲水特别强的碱金属和碱土金属的分离效果较差；有机溶剂大多是易挥发、易燃、有毒的试剂，大规模使用时不够安全；通常萃取剂的价格较贵，回收比较困难等，使萃取法的应用受到了一定限制。

3）离子交换法

离子交换法是分离和提纯物质的一种重要方法。与溶液剂萃取法一样，最近几十年，由于核能、冶金、半导体等工业的发展，对原材料和产品的纯度提出了更高的要求，离子交换法已得到了迅速发展。

离子交换法是利用某些固体物质与溶液中的离子之间能发生交换反应来进行分离的一种方法，把这种具有交换能力的固体物质称为离子交换剂。离子交换反应通常是发生在固液两相之间的一种特殊吸附过程，即被吸附的离子从液相进入固相离子交换剂中，而同时离子交换剂中可交换的离子从固相进入液相。

离子交换剂是一种能与水溶液中的离子发生离子交换反应的不溶性固体物质，可分为有机合成离子交换树脂及无机离子交换剂两大类。任何离子交换剂，按化学结构而言，都是由两部分组成，一部分称为骨架或基体，另一部分是连接在骨架上的能发生离子交换反应的官能团。

最常用的合成离子交换树脂的骨架是单体苯乙烯和交联剂二乙烯苯，以及由单体甲基丙烯酸或丙烯酸和交联剂二乙烯苯聚合成的共聚物。交联剂起着在聚合链之间交联的作用，从而使树脂中高分子链成为一种三维网状结构。交联剂在单体总量中所占的质量百分数称为交联度，在普通商用离子交换树脂的牌号上都反映了交联度，交联度一般在 4～12 之间。如 Dowex 50×8 表示交联度为 8%的 Dowex 50 阳离子交换树脂。随着合成树脂时所用单体、交联剂及聚合条件的不同可以制得大孔型结构骨架和凝胶型结构骨架。凝胶型树脂在干态下由于聚合物链的收缩作用而没有孔存在，只有在湿态下，链之间的空隙成为分子和离子的通道，但这些空隙的孔径一般都很小。凝胶树脂的外观一般是透明的。大孔型树脂在干态下就有大大小小、形状各异及互相贯通的孔道，孔径比凝胶型树脂的大得多，孔道数比凝胶型树脂多得多。大孔型树脂因内部孔的存在而外观呈乳白色。

骨架上的官能团可以是通过磺化反应，在交联聚苯乙烯的苯环上引入的磺酸基（$—SO_3H$），或通过氯甲基化及胺化反应引入的季胺基团及其他胺基团。当丙烯酸或甲基丙烯酸作为单体时，原料上本身就带有官能团羧基（—COOH）。

根据树脂上官能团的类别可将离子交换树脂分为：强酸性阳离子交换树脂（含$—SO_3H$）、弱酸性阳离子交换树脂（含—COOH 或$—PO_3$）、强碱性阴离子交换树脂[含$—CH_2-N^+(CH_3)_3Cl^-$或$—CH_2-N^+(CH_3)_2(CH_2-CH_2OH)Cl^-$]、弱碱性阴离子交换树脂（含$—NH_2$，—NRH 或$—NR_2$）。树脂上的官能团离子称为固定离子(fixed ion),树脂中与固定离子电荷符号相反,可以被溶液中与之同符号的离子交换的离子称为反离子(counter-ion),并称之为离子交换树脂的型(form),如 H^+ 型、Na^+ 型等。

根据离子交换树脂的骨架可将树脂分为苯乙烯系、丙烯酸系、酚醛系、环氧系、乙烯吡啶系、脲醛系及氯乙烯系。

树脂上的官能团如果是具有螯合能力的胺羧基[$—N(CH_2COCH)_2$],这种树脂就称为螯合树脂(chelating resin)。如果树脂既有弱酸性又有弱碱性官能团,则称为两性树脂(amphoteric ion exchange resin)。

除了交联度以外,树脂的其他重要参数还有树脂的粒度、密度、比表面积、孔度和孔容、孔径、孔分布、含水量及离子交换容量。其中交换容量是最重要的。由于测定方法不同,交换容量有总交换容量、表观交换容量、解盐交换容量(neutral salt decomposing capacity)、工作交换容量及穿透交换容量等。总交换容量指单位质量的干树脂所含可交换离子(假定为一价离子)的数量,单位为 mmol/g。在实际工作中,还常用单位体积的湿树脂所含可交换离子的数量,单位为 mmol/mL。总交换容量是树脂的极限容量。

在实验应用中,应考虑到树脂的机械稳定性、热稳定性、辐射稳定性以及对有机溶剂、酸、碱、氧化剂、还原剂的化学稳定性[16,17]。

无机离子交换剂大体上可分为天然无机离子交换剂(如沸石、蛭石、黏土矿物)、水合氧化物(如氧化铁、氧化铝、氧化锆)、多价金属酸性盐(如磷酸盐、砷酸盐、钼酸盐、钨酸盐)、杂多酸盐(如磷钼酸铵、磷钨酸铵、硅钨酸铵)、亚铁氰化物(如亚铁氰化锆、亚铁氰化钴)等。在放射化学中应用广的有磷酸锆、磷钼酸铵及亚铁氰化物等。

磷酸锆可以制成 P 和 Zr 的摩尔比为 5/3 的无定形物,也可以制成 P 和 Zr 的摩尔比为 2/1 的层状晶体。根据含水量的不同,可制成 P 和 Zr 的摩尔比为 2/1 的一水合磷酸氢锆[$Zr(HPO_4)_2 \cdot H_2O$, α-ZrP]、无水磷酸氢锆[$Zr(HPO_4)_2$,β-ZrP]、二水合磷酸氢锆[$Zr(HPO_4)_2 \cdot 2H_2O$,γ-ZrP]及八水合磷酸氢锆[$Zr(HPO_4)_2 \cdot 8H_2O$,-ZrP],它们的层间距离分别为 75.5 pm,94 pm,122 pm 及 104 pm。在上下两层中间形成六边形的洞穴,由洞穴组成的通路允许离子通过。磷酸锆的骨架是由 $ZrO_2 \cdot nH_2O$ 构成的,官能团是 H_2PO_3—,但其中只有一个 H^+ 可以发生交换反应。磷酸锆的 P/Zr 比愈大,交换容量也愈大。

磷钼酸铵可写成$(NH_4)_3[P(Mo_{12}O_{40})]$,它是由 12 个 MoO_3 八面体组成一

个空心球，PO_4^{3-} 位于球中心，NH_4^+ 和水分子则处在大阴离子 $P(Mo_{12}O_{40})^{3-}$ 的空隙内。磷钼酸铵中的 NH_4^+ 可以与其他阳离子发生阳离子交换反应，它对碱金属，特别是对铯具有很高的选择性。

亚铁氰化物的分子式一般可写成 $M^{2+}[N^{2+}Fe(CN)_6]$，式中 M^{2+} 和 N^{2+} 分别为不同的金属，其中 M^{2+} 为可在晶格中自由移动的可交换离子。但亚铁氰化物的交换机制相当复杂，有的也呈现阴离子交换性质。水合氧化物上的官能团—OH，也是具有两性性质的。

与无机离子交换剂相比，有机离子交换树脂的优点是交换容量大，交换速度快，可制成球形，可大规模生产及抗化学腐蚀等。而与有机合成离子交换树脂相比，无机离子交换剂的优点是耐高温、耐辐照、价格低廉及选择性高等。

等价离子 A_A^Z 和 B_B^Z 之间的交换反应和不等价离子 A_A^Z 和 C_C^Z 之间的交换反应可分别写成

$$R_A^Z A + B_B^Z = R_B^Z B + A_A^Z$$

$$Z_C R_A^Z A + Z_A C_C^Z = Z_A R_C^Z C + Z_C A_A^Z$$

式中，R 代表与交换离子电荷符号相反的一价固定离子，Z_C 和 Z_A 分别为离子 A_A^Z 和 B_B^Z 的化合价。

按照质量作用定律，上述两个离子交换反应的（浓度）平衡常数（严格地讲是平衡浓度商）可分别写成

$$K_{A-B}^C = \frac{\overline{C_B} C_A}{\overline{C_A} C_B}$$

$$K_{A-C}^C = \frac{\overline{C_C^{Z_A}}}{\overline{C_A^{Z_C}}} \cdot \frac{C_A^{Z_C}}{C_C^{Z_A}}$$

式中，$\overline{C}$ 表示交换剂相中的浓度，C 表示溶液相中的浓度。这样，可以分别得到 B 和 C 在两相中的浓度分配系数（distribution coefficient）或分配比（partition ratio）为

$$k_{C,B} = \frac{\overline{C_B}}{C_B} = K_{A-B}^C \frac{\overline{C_A}}{C_A}$$

$$k_{C,C} = \frac{\overline{C_C}}{C_C} = \left[K_{A-C}^C \left(\frac{\overline{C_A}}{C_A} \right)^{Z_C} \right]^{\frac{1}{Z_A}}$$

但是，由于交换剂要发生溶胀及收缩以及实验上的困难，所以常常改用每单位质量交换剂中 B 或 C 的量来代替 $\overline{C}_B$ 或 $\overline{C}_C$，从而就得到质量分配系数为

$$k_{D,B}=\frac{\overline{M}_B}{C_B}, \qquad k_{D,C}=\frac{\overline{M}_C}{C_C}$$

式中，$\overline{M}$ 表示每单位质量交换剂中的量。k_C和 k_D之间通过交换剂相的密度是可以互相换算的。由上述分配系数公式可见，如果 B 和 C 是微量离子，A 是常量离子，B 或 C 的交换将不会改变$\overline{C}_A$ 及 C_A的值，则当 K_{A-B}^{C}或 K_{A-C}^{C}为常数的情况下，$k_{C,B}$，$k_{C,C}$，$k_{D,B}$，$k_{D,C}$将不会随 C_B或 C_C而变。

以上只讨论了当 B 和 C 以简单离子存在于交换剂相及溶液相的情况。如果研究元素生成络合离子，则情况要复杂得多。如四价镎在硝酸溶液及阴离子交换剂之间的分配，则应考虑到以下络合反应：

$$Np^{4+}+2NO_3^- \Leftrightarrow Np(NO_3)_2^{2+}$$
$$Np(NO_3)_2^{2+}+4NO_3^- \Leftrightarrow Np(NO_3)_6^{2-}$$

以及交换反应：

$$Np(NO_3)_6^{2-}+2RNO_3 \Leftrightarrow R_2[Np(NO_3)_6]+2NO_3^-$$

在这种情况下：

$$k_{D,Np}=\frac{\overline{M}_{R_2}[Np(NO_3)_6]}{C_{Np^{4+}}+C_{Np(NO_3)_2^{2+}}+C_{Np(NO_3)_6^{2-}}}$$

且 $k_{D,Np}$随浓度而发生显著变化，先是随着 HNO_3 浓度增加而很快增加，当达到最大值后，又随 HNO_3浓度增加而略有下降，$k_{D,Np}$不仅与交换反应的平衡常数有关，而且与络合物的稳定性有关。

某离子交换剂对 1,2 两种元素的分离能力，常用 1,2 两元素的质量分配系数之比来表示：

$$\alpha=k_{D,1}/k_{D,2}$$

α 称为分离系数（separation coefficient）或分离因子（separation factor），显然不是常数，而是随溶液的组成、pH 及是否存在络合剂等条件而变。

离子交换反应是一种异相化学反应，B 和 A 的交换要经过以下五步：① B 离子从本体溶液穿过黏附在交换剂表面的液膜到达交换剂表面；② B 离子从交换剂表面扩散到达交换剂内 A 离子的位置；③ A 和 B 在官能团上发生交换；④ 从官能团上被交换下来的 A 离子从交换剂内扩散到交换剂表面；⑤ A 离子从交换剂表面穿过黏附在表面上的液膜而到达本体溶液中。

根据电中性原则，上述①，⑤两步及②，④两步都是同时反向进行的。因此，当A和B两者的交换速度是由①，⑤所控制时，称为液膜扩散控制；是由②，④所控制时，称为粒内扩散控制；是由③控制时，则称为交换反应控制。在实际工作中，可能遇到的是所有各步都控制两者的交换速度，至于是哪一种控制为主，则随研究对象及实验条件而变。影响离子交换速度的因素很多，当然首先要考虑到的是离子交换剂的物理性质和化学性质，以及进行交换的两种离子的化学性质；其次应考虑实验条件，例如两相体积的比例，溶液的浓度、温度，反应体系的搅拌速度以及水相的pH等。

在离子交换色层法中，通常将离子交换剂装成柱，但并不是在离子交换（剂）柱上进行的分离都是色层分离，天然水中通常含有少量钙和镁，利用离子交换柱软化天然水，就不是色层分离。当硬水通过Na^+型离子交换剂树脂时，发生交换反应：

$$Ca^{2+} + 2RNa \Leftrightarrow R_2Ca + 2Na^+$$
$$Mg^{2+} + 2RNa \Leftrightarrow R_2Mg + 2Na^+$$

从而将Ca^{2+}，Mg^{2+}从水中除去。只要离子交换剂中Ca^{2+}，Mg^{2+}的浓度还没有达到$Ca^{2+}-Na^+$，$Mg^{2+}-Na^+$质量作用定律所规定的值，流入柱中的硬水就被软化。如果柱内全部离子交换剂中的Ca^{2+}和Mg^{2+}的浓度达到了质量作用定律所规定的值，则水中的Ca^{2+}和Mg^{2+}不再被除去。如果以流出水中的Ca^{2+}和Mg^{2+}的浓度对时间或流出液体积作图，就得到穿透曲线（breakthrough curve）。穿透曲线是一条流出液中Ca^{2+}或Mg^{2+}的浓度逐步上升的曲线，直到流出液与流入液浓度相等为止。穿透交换容量（breakthrough exchange capacity）就是根据穿透曲线得到的穿透前所利用的柱内离子交换剂的交换量，所以它总是小于总交换容量，而且随实验条件而变。这种方法虽然不是色层分离，但常常在放射化学中用于除去溶液中的杂质。

柱色层技术可以分为洗脱（elution）、排代（displacement）及前流分析（frontal analysis）三种。洗脱色层是在Z离子交换剂柱的顶端，引入极小量的A，B，C三种反离子的混合物，在顶部形成很窄的混合区段。该离子交换剂对这四种反离子的亲和性次序为Z＜A＜B＜C。然后用亲和性最弱的Z离子的电解质ZY的溶液流入柱顶，ZY称为洗脱剂（eluent）。这时ZY将越过A，B，C而流过柱，与此同时，A，B，C离子将沿柱以不同的速度下移。出于它们对交换剂的亲和性不同，造成下移速度不同，所以只要柱足够长，A，B，C可在柱中形成分隔开的区段或谱带，在柱的出口处分别出现三个不相连接或交叉不多的峰，亲和性愈大的离子，在出口处出现愈晚(见图 3-3)。

排代色层与洗脱色层正相反。首先是加到柱顶的 A，B，C 的量必须足够大，以使它们经分离后在柱上可形成各自的纯的区段；其次是足够量的 A，B，C 加到柱中后，不是用亲和性最小的 Z 的电解质 ZY 的溶液加到柱顶，而是用亲和性大于 C 的 D 离子的电解质 DY 的溶液加到柱顶，即亲和性次序为 D>A>B>C>Z，DY 称为排代剂。柱长足够，且有一定体积 DY 溶液流入柱后，A，B，C，Z 逐渐分开，有可能形成互相连接的有一些交叉的各自的纯区段，D 在最后，Z 在最前。排代色层通常不用于分析目的，而是用于制备目的。排代色层不适用于微量组分，而是适用于常量组分(见图 3-4)。

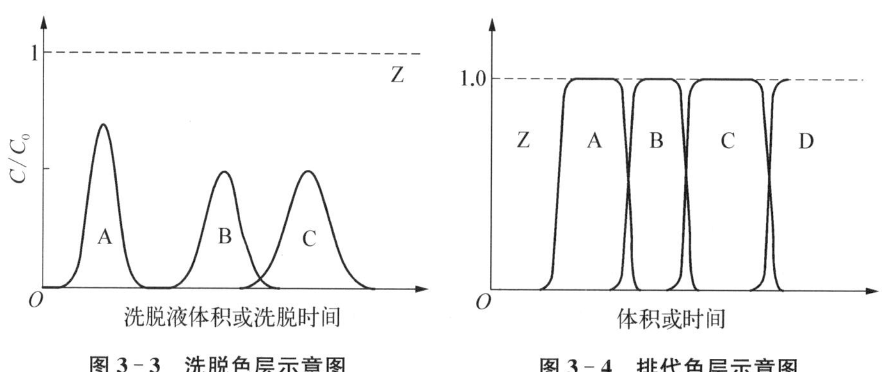

图 3-3　洗脱色层示意图　　**图 3-4　排代色层示意图**

前流分析很少用。实验时将待分离的物质的稀溶液连续流入交换柱，若待分离组分与树脂的亲和力有差别，它们从交换柱流出的速度将有所不同，亲和力最小的组分最先流出，在比它亲和力大的第二组分流出之前，流出液中只有第一组分，接着是组分 1+2，待第三组分也开始穿透后，流出液中将含有组分 1+2+3。由此可见，只有最先流出的那一部分溶液是纯品，它只含组分 1，其后的其他组分都不可能是纯的。图 3-5 前流分析色层示意图表示三种组分的前流分析结果。由图 3-5 可知，前流分析不是一种分离方法，因为只能得到纯 A，不能得到纯 B 和 C。

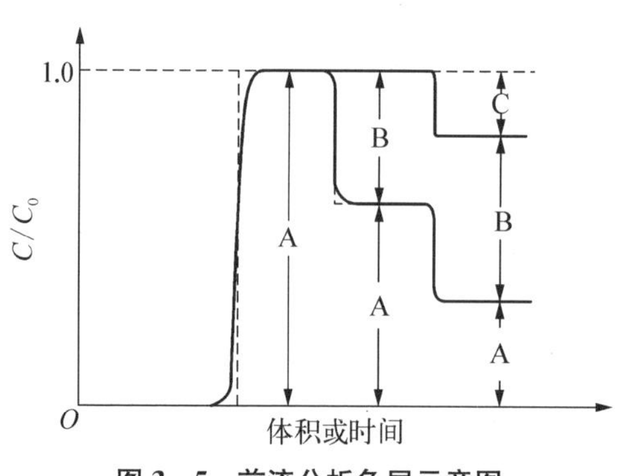

图 3-5　前流分析色层示意图

离子交换洗脱色层的柱上过

程和两种被分离离子的洗脱曲线如图3-6所示。由图3-6可见，在起始时，两种离子只在柱顶很窄的范围内，当流入一定体积洗脱液后，两种离子逐渐在柱上分离开。当流入足够体积洗脱液后，两种离子在柱上形成各自的区段。最后，在柱下端，形成两个分离开的峰。峰的中心位置在$t_{R,1}$及$t_{R,2}$时间上，在t_0时间上出现的是不与交换剂发生任何作用的不滞留物质的峰，$t_{R,1}$及$t_{R,2}$称为峰的保留时间(retention time)。色层柱总体积为V_t，V_t包括交换剂本身体积及交换剂颗粒之间空隙内流动相所占的体积，即(V_t-V_0)及V_0。V_0/V_t称为空体积分数(void volume fraction)，两相体积之比$(V_t-V_0)/V_0$用H表示。如果以F表示单位时间内流出柱的洗脱液的体积，则F/V_0表示单位时间内流过柱的空体积数。从而得知在柱长为L'时，流动相的线性流速$u=FL'/V_0$。

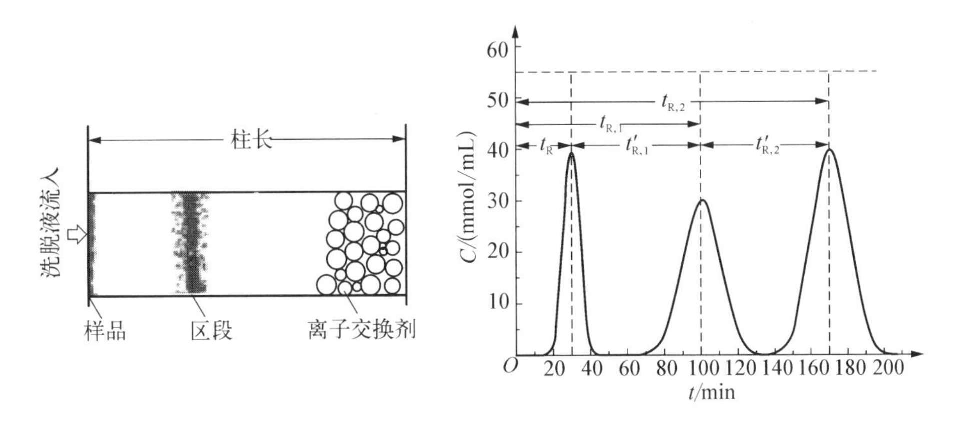

图3-6　洗脱色谱的柱上过程和洗脱曲线

如果柱的前后没有连接管道等空间，则t_0就是V_0体积洗脱液流过柱所需要时间。为此引入调整保留时间(adjusted retention time) $t'_{R,1}=t_{R,1}-t_0$及$t'_{R,2}=t_{R,2}-t_0$。如果说t_0是数目很大的溶质平均在柱中停留在流动相中的时间，那么t'_R就是数目很大的溶质平均在柱中停留在交换剂中的时间。从而可导出，洗脱色层中广泛应用的容量因子(volume factor)为

$$k'=\frac{\text{某溶质在固定相中的量}}{\text{某溶质在流动相中的量}}=\frac{t'_R}{t_0}=\frac{t_R-t_0}{t_0}$$

也就是

$$k'=\frac{(V_t-V_0)\overline{C}}{V_0C}=\frac{V_t-V_0}{V_0}k_C=Hk_C$$

由上面两式可见，可以由 t_R 及 t_0 的测定，求得 k_C 及 k'。在洗脱液流速恒定条件下，由 t_R 就可得到相应的保留体积 V_R。

相对于流动相在柱中的移动速度而言，溶质在柱中的移动的相对速度为

$$R_v = \frac{L'}{t_R} \Big/ \frac{L'}{t_0} = \frac{t_0}{t_R} = \frac{V_0 C}{(V_t - V_0)\overline{C}} = \frac{1}{1 + Hk_C} = \frac{1}{1 + k'}$$

由上式可见，k' 愈小，R_v 愈大；$k'=0$，$R_v=1$。只要两种被分离溶质之间 k' 的差足够大，就可以利用洗脱色层分离开。

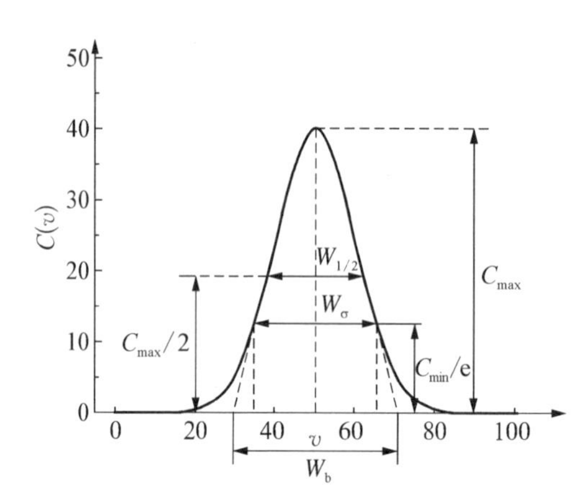

图 3-7　理想的离子交换柱色层淋洗峰

图 3-7 给出的是理想洗脱曲线，其可用正态分布函数来描述。

从峰顶到基线的距离称为峰高，峰高一半处的宽度称为半宽度 $W_{1/2}$，又称半高全宽度（full width at half maximum, FWHM）。峰高的 1/e 处峰的宽度以 W_e 表示，峰高 $1/\sqrt{e}$ 处的宽度用 W_σ 表示，从分布曲线两侧拐点（$v = v \pm s$ 对应的曲线上的两点）作切线，两切线与基线的两个交点之间的距离称为峰底宽度 W_b。不难证明：

$$W_{1/2} = FWHM = \sqrt{81n2}\sigma = 2.355\sigma$$

$$W_e = \sqrt{8}\sigma = 2.828\sigma$$

$$W_s = 2\sigma$$

$$W_b = 4\sigma$$

为了表示相邻两个峰之间分离的程度，定义分离度为

$$R_S = 2\left(\frac{t_{R,2} - t_{R,1}}{W_{b,1} + W_{b,2}}\right)$$

当 $R_S = 1.5$，两个峰完全分离开；当 $R_S < 1$，两个峰有重叠；$R_S < 0.8$，两个峰未能分离开。由于 W_b 是随着在柱中移动距离的增加而增加，所以绝非柱愈长愈好。

如果将色层柱看做分馏塔，则理论塔板数就是量度柱效的一个参数。用 N 表示塔板数，N 愈大，柱效愈高。在峰为正态分布的条件下，可用下式计算：

$$N = 16\left(\frac{t'_R}{W_b}\right)^2 = 5.54\left(\frac{t'_R}{W_{1/2}}\right)^2$$

相应的理论塔板当量高度(height of equivalent theoretical plate, HETP)为

$$HETP = L'/N$$

由于实验得到的洗脱峰不可能是正态分布，拖尾现象是不可避免的，所以塔板数和理论塔板当量高度只能算是一种近似估计的方法。

近年来，在离子交换色层的基础上又衍生出了离子色层(ion chromatography)和离子对色层(ion-pair chromatography)。前者主要是在离子交换柱后，串接一根高交换容量的抑制柱，以扣除流动相的背景电导，使电导检测器能灵敏和方便地检测出被分离的离子。该法广泛用于无机阳离子分析，后者主要是在流动相中加入与样品离子电荷相反的离子，即离子对试剂，改变样品离子在两相中的分配，从而使样品的保留和选择性显著变化。对酸性样品多用季铵盐作离子对试剂，对碱性样品多用烷基磺酸盐作离子对试剂。该法广泛用于药物、生化及染料等方面有机物的分析[18]。

离子交换法具有许多优点：① 选择性高，分离效果好，特别是对相似元素的分离，可取得满意的分离效果；② 回收率高，这对浓集和提取稀有元素具有特别重要的意义；③ 应用范围广，适应性强，可对不同浓度的放射性核素进行浓集和分离，也可从大体积溶液中浓集和纯化微量物质；④ 离子交换剂容易制得，种类很多，便于选用，而且还可通过再生，重复使用；⑤ 设备简单，操作方便，便于远距离操作和防护。但是，离子交换法也存在一些缺点：① 流速较慢，与萃取法相比，分离时间长；② 离子交换剂的交换容量较小，因此，它在分离大量物质中的应用受到一定的限制；③ 离子交换剂中应用最广的离子交换树脂的稳定性和辐照稳定性较差，不适于强放射性物质的分离。

4) 色层法

色层法又称色谱法、层析法，是分离复杂混合物的一种方有效方法，最早应用于植物叶中各种色素的分离，因此称色层法。之后，这种方法迅速得到推广，迄今已应用于无色物质的分离，但色层法这个名称仍沿用下来。

色层法是利用混合物中各组分在不同的两相中亲和作用的差异，使各组

分以不同的程度分配于两相之中来进行彼此分离的。两相中一相是固定的，称为固定相；另一相是流动的，称为流动相。当两相做相对运动时，各组分在两相中反复多次分配，其亲和作用的差异不断扩大，从而使只有微小差异的各组分达到分离[19]。

色层法可以按不同方法进行分类：

(1) 按流动相物态的不同，可分为气相色层法（流动相为气体）和液相色层法（流动相为液体）。按固定相物态的不同，又可分为气-固色层法、气-液色层法、液-固色层法和液-液色层法。

(2) 按分离过程机理的不同，可分为吸附色层法、萃取色层法、离子交换色层法、排阻色层法。

(3) 按固定相使用形式的不同，可分为柱色层法、纸色层法和薄层色层法。

(4) 按动力学过程的不同，可分为前沿法、淋洗法、顶替法。

由于色层法具有选择性高、分离效果好、操作简便等优点，在化学分析和微量物质分离等方面得到了广泛的应用。在放射化学中，色层法已成为重要的分离方法，尤其是在锕系元素、稀土元素等性质相似元素的分离，高纯度医用放射性核素的提取，放射性物质纯度的鉴定以及环境中放射性核素的监测等方面得到广泛应用。

5) 膜分离技术

膜分离方法的关键是膜。由于近代科学技术的发展，为膜材料的研究开发提供了良好的条件，从而促使膜分离技术不断取得进步。利用固态合成高分子膜建立了电渗析、扩散渗析、超过滤、微孔过滤和反渗透等分离技术。但由于高分子膜受其固体本性的限制，即缺乏流动性和机械强度等限制，不能完全满足分离物理性质和化学性质很相似的物质的要求。近来，液膜的研究及应用发展很快。最近甚至还出现了充斥于疏水性的多孔聚合物膜孔隙中的气体构成的气态膜。

膜分离过程以具有选择透过性的膜作为分离各组分的分离介质。渗析式膜分离是将被处理的溶液置于固体膜的一侧，置于膜另一侧的接受液是接纳渗析组分的溶剂或溶液。被处理溶液中某些溶质或离子在浓度差、电位差的推动下，透过膜进入接受液中，从而被分离出去。过滤式膜分离是将溶液或气体置于固体膜一侧，在压力差的作用下，部分物质透过膜而成为渗滤液或渗透气，留下部分则为滤余液或滤余气。由于各组分的分子的大小和性质有别，它们透过膜的速率有差异，因而透过部分与留下部分的组分不同，从而实现各组分的分离。液膜分离与上述两法不同，它涉及三种液相，待分离料液是第一液相，接受液是第二液相，处于两者之间的液膜是第三液相。液膜必须与料液及接受液互不混溶，利用各组分在液-液两相间传质速度不同而达到分离目的。溶质从料液进入液膜可看成萃取，从液膜进入接受液可看做反萃取。

由以上所述可见，膜分离与沉淀、离子交换及溶剂萃取分离不同。后三种分离是通过不相混溶的两相之间的平衡操作，使两相平衡时有不同的组分而达到分离的。而膜分离是通过在压力、组成、电势等梯度作用下，由于被分离各组分穿过膜的迁移速度不同而达到分离。膜分离的优点是：① 膜分离过程没有相变，不需要液体沸腾，也不需要气体液化，因而是一种低能耗、低成本的分离技术；② 膜分离一般可在常温下进行，因而对那些需避免高温的物质，如药品等具有独特优点；③ 适用范围广，对无机物、有机物及生物制品等均可适用；④ 装置简单，操作容易，制造方便。正是由于这些优点，膜分离方法发展很快，种类繁多，下面就放射化学中应用前景广阔的液膜分离作一些简单介绍，因为该法特别适用于低浓度物质。

液膜就是悬浮在液体中的很薄一层乳液，乳液通常是由溶剂(水或有机溶剂)、表面活性剂(作为乳化剂)和添加剂制成的。溶剂是构成膜的基体，表面活性剂含有亲水基和疏水基，可以定向排列以固定油/水界面而使膜稳定，将乳液分散在外相(连续相)中，就形成液膜。液膜还可以分为单滴型、支撑型及乳状液型。目前，乳状液型研究最多，使用最广。这种乳化型液膜的液滴直径范围为 0.5～0.2 mm，乳化的试剂滴的直径为 10^{-1}～10^{-3} mm，膜的有效厚度约 1～10 μm，其形状如图 3-8 所示。按液膜组成不同，又可分为油包水型(W/O)和水包油型(O/W)两种。前者内相和外相都是水相，而膜是油质的，这种体系靠加入表面活性剂分子将其亲水的一端插入水相构成。后者的内相和外相都是油相，而膜是水相。由于放射化学中待分离的一般是水溶液，故一般用前者。油膜是由表面活性剂、流动载体和有机膜溶剂(如烃溶剂)组成的。膜相溶液与水和水溶性试剂组成的内水溶液，在高速搅拌下形成油包水型的且与水不相溶的小珠粒，内部包裹着许多微细的含有水溶性反应试剂的小水滴，再把此珠粒分散在另一水相，即被分离料液(外相)中，就形成了油包水再水包油的薄层膜结构。料液中的渗透物质靠穿过两水相之间的这一薄层进行选择性迁移而分离。

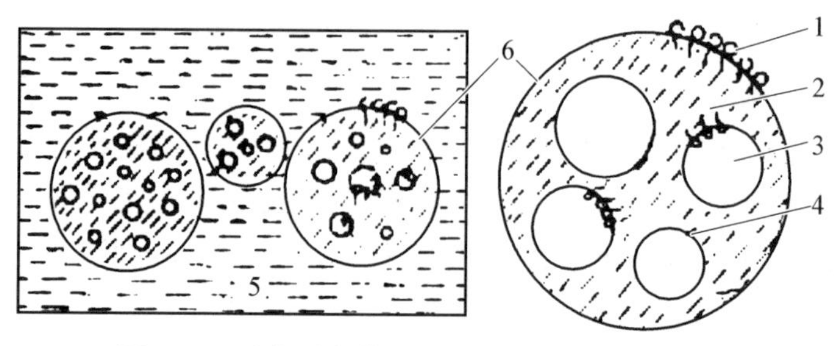

图 3-8 乳化型液膜示意图(油包水再水包油型)

1—表面活性剂;2—膜相(油相);3—内相(接受相);4—膜相与内相界面;5—外相(连续相,如废水);6—乳滴

某组分穿过液膜的流量可表示为

$$N = T' \frac{A'}{\delta} \Delta C$$

式中,A'为液膜的总表面积;δ 为液膜的厚度;ΔC 为液膜两侧某组分的浓度差;T'为传质系数。然而,在实际工作中,A', δ, T'都很难得到。

表面活性剂是液膜的主要成分之一,它可以控制液膜的稳定性,根据不同的要求,可以选择适当的表面活性剂制成油膜或水膜。膜溶剂是构成液膜的基体,选择膜溶剂时,主要考虑液膜的稳定性和对溶质的溶解度。为了使液膜保持适合的稳定性,就要溶剂具有一定的黏度。对无载体液膜来说,溶剂应能优先溶解要分离的组分,而对其余溶质的溶解度则应很小,才能得到很高的分离效果。而对有载体的液膜,溶剂应能溶解载体,而不溶解溶质,以提高膜的选择性。此外,溶剂应不溶于膜内相和膜外相,这可以减少溶剂的损失。油膜大多采用 S100N(中性油)和 Isopar M(异链烷烃)作溶剂。流动载体必须具备的条件是:① 载体及其与溶质形成的配合物必须溶于膜相,而不溶于膜的内相和外相,并且不产生沉淀,否则将造成载体损失;② 载体与欲分离溶质形成的配合物要有适当的稳定性,在膜外侧生成的配合物能在膜中扩散,而到膜的内侧要能解离;③ 载体不与膜相的表面活性剂反应,以免降低膜的稳定性。流动载体是实现分离的关键。流动载体有离子型和非离子型两大类,一般说非离子型(如冠醚)好一些。加入添加剂,又称稳定剂,以便液膜在分离操作中有适当稳定性[20]。

无载体液膜分离机制主要是选择性渗透及化学反应。由于被分离混合物中不同的组分在液膜中溶解度不同,渗透速度亦不相同。在膜中的溶解度愈大,愈易富集到内水相。如图 3-9 和图 3-10 所示,A 透过膜易,而 B 透过膜难,从而达到分离的目的。为了提高富集的效果,可使得富集组分在内水相发生化学反应而降低其浓度,这种方式叫做Ⅰ型促进迁移。料液中欲分离物A通过膜进入乳滴内,与内水相试剂R发生反应生成P,生成物不能透过液膜,被分离物A在膜内浓度几乎等于零,因而能使迁移过程保持很大的推动力,使连续相中A不断迁移到膜内。液膜法处理含酚废水就用了这种Ⅰ型促进迁移,内相试剂为氢氧化钠,酚与氢氧化钠反应生成的酚钠不溶于膜,不能返回废水中去。

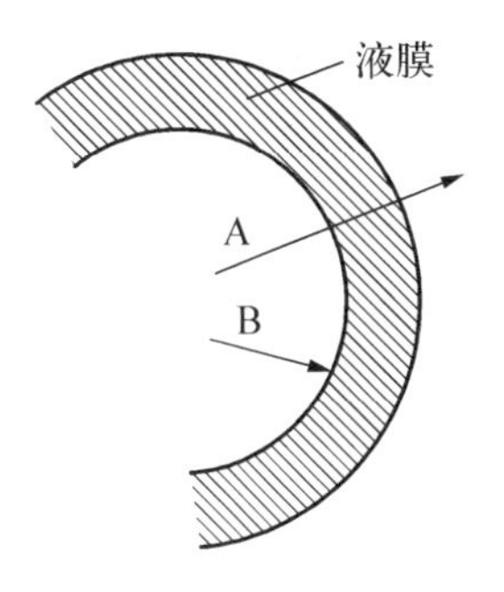

图3－9　单纯迁移液膜原理示意图

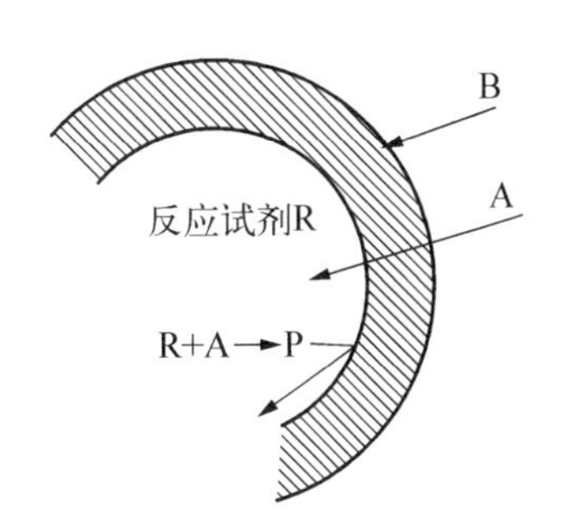

图3－10　滴内化学反应(Ⅰ型促进迁移)原理示意图

有载体液膜分离机制属于载体输送Ⅱ型促进迁移。如图3－11所示,载体分子R_1先在液膜的料液(外相)侧选择性地与某溶质A发生化学反应,生成中间产物R_1A,然后这种中间产物扩散到膜的另一侧,与液膜内相中试剂R_2作用,并把该溶质释放出来,这样溶质就从外相转入内相,而流动载体又扩散到外侧,如此重复。在整个过程当中,流动载体没有消耗,只起到搬迁溶质的作用,被消耗的只是内相中的试剂。这种载体输送Ⅱ型促进迁移,选择性表现在所选用的流动载体与被迁移物质进行化学反应的专一性,这种专一性使此种液膜能从复杂的混合物中分离出所需的组分。

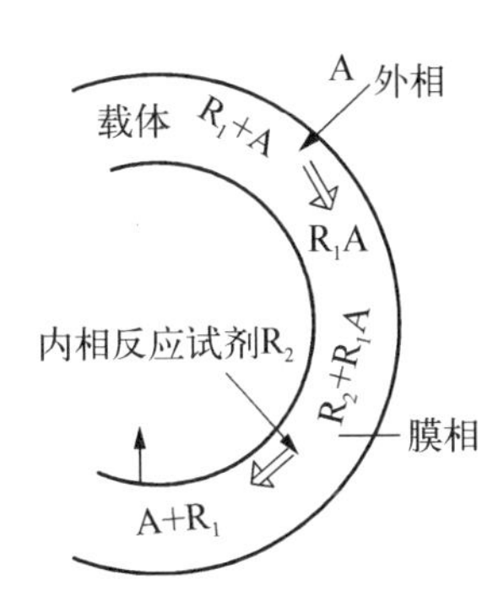

图3－11　膜相化学反应(载体输送Ⅱ型促进迁移)原理示意图

例如分离及富集铜时,液膜中流动载体可用Lix63或Lix64N(两者均为可选择性萃取铜的羟肟酸类萃取剂,以HA表示),以异链烷烃、环己烷、煤油等作膜溶剂,以山梨糖醇单油酸酯等做表面活性剂,外相是含Cu^{2+}的料液,乳状液滴内相包含较高浓度的酸。当外相中 Cu^{2+} 扩散到液膜表面时，与膜中载体 HA 发生反应，放出 H^+：

$$Cu^{2+} + 2HA = CuA_2 + 2H^+$$

这一步相当于萃取，生成的配合物 CuA_2 扩散到膜的内水相侧表面，并与内相中酸反应，放出 Cu^{2+}：

$$CuA_2 + 2H^+ = Cu^{2+} + 2HA$$

这一步相当于酸反萃 Cu^{2+}，生成的 HA 因本身浓度梯度再扩散到膜的外相侧面，再与外相中 Cu^{2+} 反应，如此反复，从而达到分离的目的。

在用液膜法分离铀时，可选用磷酸三丁酯作为流动载体，UO_2^{2+} 从 HNO_3 水溶液相，穿过 TBP 液膜，进入 Na_2CO_3 内水相。在 HNO_3/TBP 界面处，铀被 TBP 萃取：

$$UO_2(NO_3)_2 + 2TBP = UO_2(NO_3)_2 \cdot 2TBP$$

在 TBP/Na_2CO_3 界面处，铀被反萃取：

$$UO_2(NO_3)_2 \cdot 2TBP + 3Na_2CO_3 = Na_4UO_2(CO_3)_3 + 2NaNO_3 + 2TBP$$

但在铀分离中，由于乳状液型液膜存在相分离难、有溶剂损失、膜稳定性差等缺点，常采用支撑型液膜。

与溶剂萃取相比，液膜分离增加了制乳及破乳两步，这两步中，破乳的成功与否更直接影响到整个分离的经济价值。破乳可以是加入破乳剂的化学破乳，也可以是用离心、加热、加静电场及加入电解质聚结剂等物理方法。

液膜法作为一种新技术，不可避免地有其待克服的严重缺点，影响了在工业上大规模应用，主要缺点是液膜的不稳定性，液膜体系的专一性问题以及制乳、破乳设备的不完善等。

6）电化学分离法

电化学分离法具有快速、简便、选择性高、分离效果好等优点，因而在放射化学的分离和分析工作中早有应用。特别是用电化学分离方法，可以直接得到牢固、薄而均匀的无载体源，因而电化学法是放射化学中常用的一种制备方法。

微量放射性物质的电化学原理和常量物质的基本相同，但由于放射性物质的浓度往往极低，有时甚至不足以在电极表面铺满一个单原子层，致使电极材料的性质及其表面状态都会对电化学过程产生明显的影响。此外，放射性物质的辐射效应有时也会影响电化学过程。因此，电化学中的一些经典规律在微量放射性物质分离过程中就不完全适用。目前对这方面的理论研究还不够成熟，加之不同元素之间的分离必须要有足够大的电极电位差才能完成，因而使电化学分离法在放射化学中的应用受到一定的限制。

在放射化学中，常用的电化学分离法主要的电化学置换法和电解沉积法。

电化学置换是利用欲分离物质的离子自发地沉积在另一种金属电极上而实现分离的方法。每种金属都有各自确定的电极电位，如采用还原电极电位，则电极电位低的金属可从溶液中置换出电极电位高的另一种金属，使之与溶液中其他金属离子达到分离。此法对分离和测定无载体放射性核素 Po 和 Ru 等是一种有效分离手段。例如，从天然放射性元素 U，Th，Rh，Ra，Pb 和 Bi 中分离^{210}Po 时就是在此酸性溶液中加入银片，^{210}Po 可以在银片上自然析出。

电解沉积是指电解液中的离子，在外界电压作用下沉积在电极上的过程。当有几种离子同时存在时，只要控制一定的外加电压使之达到各个离子相应的临界沉积电位，就能使它们在电极上逐个沉积出来，从而达到分离目的。此法往往由于被沉积的金属离子浓度很低，电解沉积常出现大的超电压，造成一些金属离子同时沉积出来，导致沾污，因此很少用于金属间的彼此分离。目前电解沉积法主要用于 α 放射性核素的标准源制备。例如，在不锈钢衬底上的^{239}Pu 电镀源，就是从水溶液液中电沉积制得的，它自吸收小，均匀牢固。近年发展的分子电镀技术，可在非水介质中进行电沉积，它克服了水溶液电沉积中对某地电极材料腐蚀的缺点。

7）挥发法

挥发法是根据某些元素或化合物的挥发性、沸点和升华点的不同来进行分离的一种方法。此法具有操作简便、快速、选择性高以及产品纯度高等优点。特别适用于短寿命放射性核素从溶液中以气体化合物形式分离出来，这就是常用的蒸馏法。蒸馏通常在有载体存在下进行的，若要制备无载体放射性核素，可使用惰性气体载带出来。此法常用于 I，Br，Ru，Os，As，Ge，Tc，Re，Sb 和 At 等元素的分离。例如，蒸馏法已成功地用于从铀的裂变产物中分离和测定 Ru 和 Sb。前者是将 Ru 转变成 RuO_4 而蒸馏出来，后者利用了 Sb 能和新生态氢生成气态 SbH_3 性质而获得分离。此外，还用于^{83m}Se（$T_{1/2}$＝70.4 s），^{83}Se（$T_{1/2}$＝40 s），^{137}Te（$T_{1/2}$＝3.5 s），^{135}Sb（$T_{1/2}$＝1.71 s）等短半衰期裂变产物的分离和测定。

此外，近年来液相色谱(LC)和气相色谱(GC)技术的发展，更为放射性物质的分离和分析提供了十分有效的手段。为适应放射性工作的需要，工程技术人员还研制了放射性液相色谱仪和放射性气相色谱仪，用于有机放射性物质的分析。

8) 快化学

在讨论放射化学分离的特殊性时，已经提到了快速分离或快化学。快化学的研究对象是短寿命的放射性核素，这些核素主要出现在下列三个研究领域：① 核化学研究。内容包括各种各样的短寿命的核反应产物的鉴定和研究。人工合成和鉴定新核素、新元素则是其中很重要的课题。② 核衰变研究。测定核衰变过程的衰变粒子、能量、强度、角关联等时，都要求样品具有很高的放射性纯度，若所研究的核素是短寿命的时，就要先作高纯度的快速化学分离。③ 活化分析。一般情况下，都选择寿命较长的核素作为被分析元素的放射性指示剂，但有时不得不应用寿命较短的核素，尤其是当得不到可作比较的标准样品时，就必须将活化了的样品作放射性的绝对测量。而要取得准确的绝对测量数据，前提是先进行彻底的化学净化，排除一切杂质放射性的干扰，制得高放射性纯的源，这时快化学分离是必不可少的。

决定化学分离过程快慢的因素是复杂的。假如被分离物质是气体，可以用快速的蒸馏法或挥发法进行分离；如被分离物质处于难溶的化合物状态，则难以用快化学处理。分离所需时间还决定于分离对象的复杂程度，简单的一个或两个核素的分离，一般总是较快的。如要从几十种元素中分离出一种纯的元素，所费的时间就不可能太短。分离时间的长短，最关键的还是决定于分离方法，而分离方法的选择并不是任意的，它取决于被分离体系的性质、核素的寿命、产物纯度的要求等因素。合理地选择方法，安排程序，能够提高速度；反之，方法和程序不当，就达不到快速要求。在半衰期很短的情况下，宁可采用快速的方法，以观察到短寿命的核素，而不能只顾追求化学产率和纯度，选定耗费时间的分离方法，这样做的结果将是一无所得。

从分离的方式和特性看，可以将快速分离方法归纳为两大类，即非连续的和连续的分离程序。非连续的分离程序(discontinuous separation procedure, batch operation)主要指从溶液中用常规的方法，如沉淀法、萃取法等进行的快速分离，操作的方式是一批一批的、不连续的。

连续分离程序(continuous separation procedure)是从核反应产物的传输、

化学分离到样品测量，这一整个过程都是连续不断地进行的。靶子持续地接受粒子束的照射，反应产物也是连续不断地通过传送和分离，而到达探测仪器。它的突出优点是，可以不断地测量，有效测量时间长，实验的统计误差小。

（1）氦气-气溶胶喷射（helium-aerosol jet）。起初用氦气流喷射从加速器靶子上反冲出来的反应产物，通过压差载带穿过一个小孔，迅速带到一个转轮上，由紧靠着轮子的一个粒子探测器进行放射性测量，用这样的装置可以测出半衰期小至50 ms的核素。这种方法实际上只是一种没有化学过程的快速的载带过程。

近30年来，在这一方面又有了不少的改进，各国著名的实验室都纷纷建立了符合自己要求的喷射探测装置。图3-12是美国国立Lawrence Berkeley实验室的称为“旋转木马”（merry-go-round，MG）的氦喷射装置。

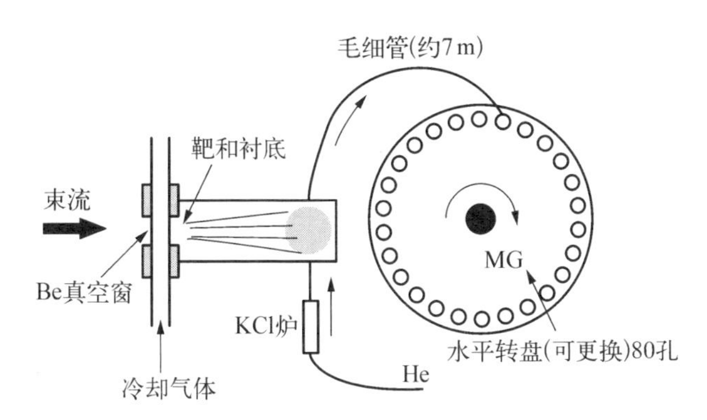

图3-12　美国 Lawrence Berkeley 国家实验室的氦喷射装置 merry-go-round[21]

（2）在线同位素分离器（on-line isotope separator，OLIS）。从加速器靶室或反应堆靶子引出管道的一端，连接着立即进行分离和测量的质谱计，这种装置称为同位素分离器，质谱计能将不同的质荷比的离子分离。对于同一元素的各个同位素，其荷电状态是相同的，则质量上的差异，可以使各个同位素彼此分离。

早期，用人工方法将靶子中的核素转化为质谱计用的离子，这至少要花费几分钟到十几分钟的时间。目前已改为连续化，使照射靶子中的核素反冲或用气流传输到离子源，并快速被电离成离子，被质谱计的电磁场偏转分离，或者靶子直接放置于离子源灯丝内，轰击时生成核不断地被电离。分离后处于不同位置的各个核素，由不同探测器作测量记录，这种先进的在线同位素分离器，能够连续不断地分离和测定半衰期很短的核素。

(3) 热色层法(thermochroma-tography)。利用各种元素卤化物的挥发性不同，可以在高温下快速分离某些放射性核素的混合物。先将被分离物质在高温下迅速卤化成挥发性的卤化物(如溴化物或氯化物)。然后通入一个具有温度梯度的色层柱，柱子是一根直径为几个毫米的细管，由于不同卤化物的凝固温度不同，因而各种物质在柱中的沉积区域不同；与色层分离相似，呈现了一个不同元素的分段分布现象。柱子的低温出口一端，接上活性炭阱和氮冷阱，活性炭阱能吸收卤素和一些挥发性最强的卤化物(如 Sn，Tc，Se 等的溴化物)，冷阱可以吸收惰性气体元素，分离过程只需几秒钟。

这一方法的缺点是分辨率不太高，且加温系统比较复杂。

(4) 高速连续萃取分离机。1974 年以来，瑞典、联邦德国等国相继设计制造了一种命名为 SISAK 的高速萃取分离装置，专门用来研究短寿命的核素，它是一种可连续操作的离心式萃取机械装置。在分离系统的排列方面，前一台离心机用于萃取过程，后接的一台用于反萃取过程。

例如瑞典哥德堡技术大学核化学系制作的机器。操作的萃取溶液体积较小，约 12 mL，流速较大，约 23 mL/s，各相在机内滞留时间约 0.25 s，使用这种高速连续萃取分离机，可以分离和测定半衰期为 1 s 左右的短寿命核素。

(5) 用于超重核合成的超快速分离装置。目前超重核合成通常使用重离子熔合反应，截面很小(10^{-12}～10^{-15} b，1 b=10^{-28} m^2)，所使用的重离子束流很难做得很大(通常 10^{-18} A 量级)，因此超重核的生成速度很低，半衰期很短(10^2～10^{-6} s)，其分离与化学研究是在“每次一个原子”(one-atom-at-a-time)的水平上进行。为此，必须设计专门的实验装置进行产物的分离与鉴别。核反应产物核因受到反冲而脱离靶子，用于分离反冲核的设备称为反冲核分离器。反冲核(包括蒸发余核)分离器一般包括三部分：① 反应靶系统；② 基于电磁及相关技术的反冲核飞行中的分离系统；③ 反冲核的测量鉴别系统。

目前已成功地用于超重核研究的反冲核分离器根据其采用的技术不同，分为两类：电磁反冲分离器和充气反冲分离器。前者利用静电偏转和磁偏转，将动能/电荷比或质荷比不同的反应产物分离。德国重离子研究所(GSI)的 SHIP、俄罗斯杜布纳(Dubna)的 VASSILISSA、法国国家重离子加速器研究所(GANIL)的 LISE Ⅲ属于这一类。后者主要由一个大型两极磁铁构成，工作时其中充满稀薄的工作气体，利用反冲核与气体相互作用使其电荷处于围绕某一平均电荷态的动态平衡状态，以提高传输效率。俄罗斯 Dubna 的

DGFRS、日本理化学研究所(RIKEN)的 GARIS、美国 Lawrence Berkeley 国家实验室(LBNL)的 BGS,以及芬兰 Jyvaskyla 大学的 RITU 等装置均属于这一类。

3.5　放射性元素化学

放射性元素是指其已知同位素都是放射性的元素,分为天然放射性元素和人工放射性元素两类。天然放射性元素即在自然界中存在的放射性元素,它们是一些原子序数 $Z>83$ 的重元素,包括 Po,At,Rn,Fr,Ra,Ac,Th,Pa 和 U。其中除具有长寿命的放射性同位素 U 和 Th 在自然界中仍然存在外,其余 7 个都是以 ^{238}U,^{235}U,^{232}Th 为母体的三个天然放射系的成员存在。人工放射性元素在自然界中并不存在,是通过核反应人工合成的元素,包括 Tc,Pm 和原子序数 $Z>93$ 的元素。在元素周期表中铀以后的元素统称为超铀元素或铀后元素(transuranium elemets),Z 为 89～103 的 15 种元素涉及 5f 轨道的填充,称为锕系元素(actinides)。

3.5.1　天然放射性元素

迄今为止,在已知的 118 种元素中,有 81 种元素具有稳定同位素,其余 37 种只有放射性同位素,它们的放射性衰变半衰期长短不等。原子序数大于 83 的元素属于放射性元素(包括天然放射性元素和人工放射性元素),其中有三个核素 ^{232}Th,^{238}U 和 ^{235}U,由于它们具有足够长的半衰期,因此在自然界中仍然存在,并形成三个天然放射性衰变系,即钍系、铀系和锕铀系。它们衰变后的最终产物分别是稳定核素 ^{208}Pb,^{206}Pb 和 ^{207}Pb。其他天然放射性元素中,有一些是 U 和 Th 的衰变子体,它们的半衰期相对地球的年龄而言比较短,在未经扰动的体系中与 U 和 Th 达成母子体平衡而共存。

在自然界中,还有一些半衰期很长又有稳定同位素的放射性核素,它们在地球形成时(约 4.5×10^9 a)就已存在,由于寿命很长,至今在地球上仍有一部分残存下来。其中有些是 β 放射性核素,如 ^{40}K,^{87}Rb,^{96}Zr,因为所涉及的 β 跃迁属于高级禁阻跃迁,或者衰变能很小,所以半衰期特别长。有一些是双 β 放射性核素,如 ^{50}Cr(2EC),^{100}Mo(2β),因涉及核中两个中子同时转变为质子(或相反),概率特别小。有些是 α 放射性核素,如 ^{147}Sm($Q_a=2.31$ MeV, $T_{1/2}=1.06\times10^{11}$ a),α 衰变能很小,α 粒子穿透势垒的概率很小,所以半衰期特别长。

还有一类放射性核素，如^{3}H，^{7}Be，^{10}Be，^{14}C，^{22}Na，^{26}Al，^{36}Cl等，是由于宇宙线与大气作用在自然界中不断进行核反应形成的，称为宇生放射性核素(cosmogenic radio nuclides)。例如，中子轰击在^{2}H，^{3}He，^{14}N核上，可以发生$^{2}H(n, \gamma)^{3}H$，$^{3}He(n, p)^{3}H$，$^{14}N(n, p)^{14}C$等核反应。中子既可直接来自宇宙线，也可由宇宙线中的高能粒子与大气中O或N核的核反应产生。轻核的(α, n)反应也能产生一些放射性核素，如$^{19}F(\alpha, n)^{22}Na$。宇宙线中的高能粒子与大气中的N和O核碰撞还可能发生散裂反应，生成放射性核素。由于^{3}H，^{14}C不断产生又不断衰变，在大气—水—生物圈中达到平衡，通常认为^{3}H和^{14}C的含量是不变的。20世纪的大气核武器试验使得大气圈、水圈和生物圈碳中^{14}C的丰度有所提高。

3.5.1.1 钋

钋是居里夫人发现的第一种天然放射性元素，已发现的Po的同位素共30个($A=190\sim219$)，半衰期最长的是^{209}Po($T_{1/2}=102$ d)，^{208}Po($T_{1/2}=2.898$ a)，^{210}Po($T_{1/2}=138.376$ d)。在三个天然放射系中共有7个Po的同位素，它们的质量数分别为210，211，212，214，215，216，218，其余的Po同位素均需在加速器上通过核反应得到。在Po的同位素中，^{210}Po最重要，可以用反应堆中子照射Bi靶得到，热中子俘获截面0.024b，反应为

$$^{209}Bi(n, \nu)^{210}Bi \xrightarrow{\beta^-, 5.013\ d} {}^{210}Po$$

金属钋呈银白色，质软，其邻近空气或容器因受辐照而发蓝光。金属Po至少有两种同素异形体，即简单立方晶格的α相和简单斜方晶格的β相，相变温度为36℃，在18～54℃范围内两相可共存。因为^{210}Po的α放射性，金属钋发热达114.6 J/Ci·h，新制备的金属Po处于β相。熔点252℃，密度9.3 g/cm(α相：9.196 g/cm;β相：9.398 g/cm)，沸点962℃。Po是一种挥发性的金属，55℃时在空气中挥发掉50%。

Po能与空气中的O_2反应，因此必须保存在惰性气体或溶剂中。Po易溶于稀酸，微溶于碱。

Po的电子组态为$4f^{14}5d^{10}6s^{2}6p^{4}$，基态$^{3}P_{2}$，属于元素周期表的ⅥA族，化学性质与同族元素Te相似，金属性增强。Po的氧化态可以为−2，0，+2，+3，+4，+6。由于相对论效应，6s和6p轨道收缩，能量下降，导致低氧化态的稳定化和高氧化态的去稳定化，Po的最稳定的氧化态是+4，Po^{3+}的存在表

明 Po 与 Bi 有一定程度的相似性。

在放射性核素中，Po 的显著特点有三个：一是在溶液中极易被玻璃容器表面吸附，因此需要对玻璃容器表面预先进行硅烷化处理或敷涂石蜡；二是很容易水解和形成胶体，因此 Po 的操作和保存的溶液酸度应不小于 1.0 mol/L；三是在空气中极易反冲，形成放射性气溶胶，造成工作场所的严重污染。

最容易得到的钋同位素是 ^{210}Po，主要用于制造钋-铍中子源。^{210}Po 的比活度高（166 TBq/g=4 492 Ci/g），发射 α 粒子（E_{α}=5.30 MeV），用它制备的核电池体积小，重量轻，但寿命较短。以前曾用它来消除织物的静电及照相胶片上的灰尘，因为 ^{210}Po 的毒性太大，现在已被其他较安全的放射性核素代替。

3.5.1.2　氡

氡是一种常温下为气态的放射性元素，已经发现的氡的同位素共 33 个（A=196～228），^{219}Rn，^{220}Rn 和 ^{222}Rn 分别是锕铀系、钍系和铀系的成员，并分别称为锕射气（acton，An）、钍射气（toron，Tn）和镭射气（radon，Rn）。在氡的所有同位素中，以 ^{222}Rn 的半衰期最长（3.824 d），应用得较多。早期医学上将氡密封于细玻璃管中（氡管），用于肿瘤的放射治疗。废氡管是 ^{210}Pb 和 ^{210}Bi 的主要来源。虽然 ^{210}Po 也可以从废氡管中提取，但主要还是依靠反应堆中子照射 Bi 生产。

氡的电子组态为 $4f^{14}5d^{10}6s^{2}6p^{6}$，属于元素周期表中的 0 族元素，即惰性气体。沸点 202.2 K，熔点 211 K，密度 0.009 73 g/cm^3。它是已知惰性气体中最重的一种元素。它的第一电离能（10.75 eV）比 Kr（14.00 eV）和 Xe(12.13 eV) 的都低。由于镧系收缩，Rn 的原子半径(134 pm)与 Xe(131.3 pm)的相差无几。Rn 难溶于水，易溶于脂肪烃、芳香烃、二硫化碳等有机溶剂中。Rn 亦易被活性炭吸附，且在升温下解吸，这个特性常用来除氡或测定微量镭和氡。

氡的化学性质同其他惰性气体元素类似。因其第一电离能比 Xe 低，应比后者更易形成化合物。Rn 与 F_2 及其他氟化剂（如 BrF_3，BrF_5，$[NiF_6]^{3-}$ 等）反应可生成氟化物 RnF_2。氡的水合物 $Rn\cdot 6H_2O$ 和溶剂合物 Rn·2S（S 为 C_2H_5OH，$C_6H_5CH_3$ 等）的存在均通过同晶共沉淀方法得到证实。因为氡的半衰期太短，氡的化学性质难以研究和应用。

氡及其子体是天然本底照射的主要来源，因此，氡的监测是环境放射性监测的重点。自从发现氡出现在家居和办公场所等室内以来，氡的环境监测也受到公众的广泛关注。此外地下水中氡含量的突变是地震的一种预兆，因此氡的监测可用于地震预报。

氡的测量方法很多，除传统的静电计法、电离室法以外，α 闪烁计数器、液体闪烁计数器、热释光仪、固体径迹探测器都可用于测量氡及其子体。气体的取样可采用活性炭作吸附剂，液体的采样可利用甲苯萃取法。

3.5.1.3　镭

镭是居里夫妇于 1898 年发现的第二种天然放射性元素。已知镭的同位素共有 33 个（$A=202\sim234$），全部都是放射性的，^{226}Ra 是其中寿命最长的（$T_{1/2}=1\ 600$ a）。^{223}Ra（AcX）、^{224}Ra（ThX）、^{226}Ra、^{228}Ra（MsTh1）分别是锕铀系、钍系、铀系和钍系成员。

镭的电子组态 $7s^2$，属于元素周期表中的ⅡA 族元素，化学性质活泼。金属镭呈银白色，熔点 700℃，沸点 1 737℃，密度 5.0 g/cm^3。镭在空气中不稳定，表面生成一层黑色的 Ra_3N_2 和 RaO 薄膜。镭与水剧烈反应，生成氢氧化镭。

大多数镭盐和钡盐同晶。除氢氧化物外，镭盐的溶解度一般比钡盐小。因此，当以钡盐作载体进行共结晶共沉淀时，不论是均匀分配，还是非均匀分配，镭总是在固相中富集。

镭能与柠檬酸、乳酸、EDTA 等形成配位化合物，但它们的稳定性比其他碱土金属差。这种配位化学上的差别被成功地应用于离子交换色谱法从其他碱土金属元素中分离和纯化镭。传统的萃取剂一般不能从水相将镭萃取到有机相，但为镭特别设计的冠醚可选择性地萃取镭。

镭的测定一般在分离和富集后进行，常用 α 或 γ 能谱法直接测量镭本身，或者用测氡仪测量其子体氡。

3.5.2　人工放射性元素

直到 1925 年，当时的元素周期表中还有四个空位没有元素填充，即 43，61，85 和 87 号。1934 年，人工放射性的出现，为寻找这几种元素开辟了新的途径。有的是首先由人工制备的，有的是从裂变产物或衰变链中分离出来的，但它们的半衰期都很短，所以通常称这四种空位元素为人工元素。

3.5.2.1　锝

1）锝的制备和同位素

1937 年，意大利科学家 C. Perrier 和 E. Segre 用 152.4 cm 回旋加速器产生的 8 MeV 的氘核轰击钼靶，发生 Mo(d,n)反应，首次获得了约 10^{-10} g 43 号

元素，并把它命名为technetium(锝，Tc)，意为“人工的”。美籍华裔科学家吴健雄等在铀的裂变产物中发现了锝。

迄今已发现37个Tc同位素，质量数为87～113。其中半衰期最长的是^{97}Tc($T_{1/2}=26\times10^6$ a)、^{98}Tc($T_{1/2}=4.2\times10^6$ a)和^{99}Tc($T_{1/2}=2.11\times10^5$ a)。^{235}U和^{239}Pu裂变生成Tc的产额很高。例如，^{235}U热中子裂变生成^{99}Tc的产额高达6.16%。据计算，燃耗深度为25 000 MWd/tHM的动力堆元件，每吨重金属含锝约628 g。目前锝的产量已达吨量级。

^{99m}Tc是重要的医用放射性核素，可以从^{99}Mo-^{99}Tc发生器方便地得到。制备^{99}Mo主要有两个方法：① 以天然Mo或富集^{98}Mo的Mo作靶子，用高通量反应堆的热中子照射，生产出的^{99}Mo比活度分别约为1.0 Ci/g和10 Ci/g；② 从裂变产物中分离^{99}Mo，^{99}Mo的比活度高达10 000 Ci/g。

^{94m}Tc($T_{1/2}=52.0$ min)发射β^+粒子，近年来被建议用于制备正电子发射断层成像的药物(PET药物)。这个核素可以用多个核反应制备，如$^{94}Mo(p, n)$，$^{93}Nb(\alpha, 3n)$，$^{93}Nb(^3He, 2n)$等，前一个反应要求的质子能量约为10 MeV，故可以用医用回旋加速器生产，但需用^{94}Mo富集靶[23]。

2) 锝的物理化学性质

金属锝呈银灰色，密度11.500 g/cm^3。金属中Tc原子取六方密堆积方式。

金属锝在潮湿的空气中慢慢失去光泽，而在干燥空气中则不变。它能溶于氧化性酸，如硝酸、热浓硫酸中，但不溶于盐酸。在氯气中锝的反应缓慢且不完全。

锝在氧气中燃烧，生成挥发性的淡黄色Tc_2O_7晶体，熔点119.5℃，沸点310.6℃。在空气中Tc_2O_7晶体极易吸水潮解而变成红色糊状物，溶于水则生成无色的$HTcO_4$溶液。

常温下TcO_2在空气中较稳定，但易被氧化成Tc_2O_7，当$TcO_2\cdot H_2O$溶于浓的KOH或NaOH溶液中时，则生成$Tc(OH)_6^{2-}$离子。

锝的电子组态为$4d^65s^1$，基态谱项为$^6S_{5/2}$，在周期表中属ⅦB族，与锰、铼同族，性质上更接近于铼，表现在：① 它的配合物都是低自旋的；② 高氧化态比低氧化态稳定；③ 生成金属—金属键的倾向比锰大；④ M(Ⅳ)和M(Ⅰ)配合物的配体取代反应比相应的锰配合物惰性要大。但在程度上，锝和铼还是有差别的，与铼相比，锝和锰的相似性大于铼和锰的相似性。

锝的价态可从+7到-1，能生成多种类型的配合物。锝的+7价最稳定，

+4 价较稳定。低于+4 价的化合物，都易被氧化成为+4 或+7 价。如果选择适当的配体，锝可以稳定在任何价态，特别是+5 价。

(1) Tc(Ⅶ)。最常见的 Tc(Ⅶ)化合物为高锝酸 $HTcO_4$ 及其盐。高锝酸是强酸，TcO_4^- 水化程度很低，容易被阴离子交换树脂吸附和被胺类萃取剂萃取。许多中性萃取剂[如磷酸三丁酯、三辛基氧化膦(醇、酮、醚)等]能萃取 $HTcO_4$。在生物体内，TcO_4^- 的行为与 I^- 离子类似，被甲状腺选择性吸收。许多还原剂可以将 TcO_4^- 还原，还原 Tc 的价态除了取决于还原剂的氧化还原电位以外，还与溶液酸度及存在的配体种类和浓度有关。$HTcO_4$ 的 OH 基可以被等电子的甲基取代，生成 CH_3TcO_3。

(2) Tc(Ⅴ)。已合成出大量的 Tc(Ⅴ)配合物，这些配合物按照"配位核心"的不同，大致可以分为 Tc(Ⅴ)，$[Tc{=}O]^{3+}$，$[O{=}Tc{=}O]^+$，$[Tc{\equiv}N]^{2+}$，$[Tc{=}NAr]^{3+}$，$[Tc{=}S]^{3+}$ 等类型。

多数 TcO^{3+} 核配合物具有四方锥构型，由于 O^{2-} 的强给电子作用，Tc 原子位于四方锥底面之上。Tc 的配位多面体具有 C_{4v} 对称性。Tc(Ⅴ)的两个 4d 电子占据能量最低的非键轨道 d_{xy}，因此配合物的基态为 $^1A_1$，反磁性，且对配体取代反应表现一定的惰性。

N^{3-} 是一个比 O^{2-} 更强的 π 给予体，与 Tc(Ⅴ)形成$[Tc{\equiv}N]^{2+}$ 核。这个核也生成四方锥结构的配合物，它比相应的 TcO^{3+} 配合物更不易被水解和还原。

(3) Tc(Ⅳ)。Tc(Ⅳ)为 d^3 离子，它的配合物的一个显著特点是对于配体取代反应动力学的惰性。$TcCl_6^{2-}$ 是制备 Tc(Ⅳ)配合物的常用原料，可用浓盐酸还原高锝酸得到。

(4) Tc(Ⅲ)。电子组态为 d^4 的 Tc(Ⅲ)能与各种类型的配体形成配合物，包含单核和多核配合物、簇合物及金属有机化合物，这些化合物都是低自旋的，Tc(Ⅲ)的配位数可由"18 电子规则"推测出来。

(5) Tc(Ⅱ)。电子组态为 d^5 的 Mn(Ⅱ)的绝大多数配合物都是高自旋的，而 Tc(Ⅱ) 配合物则是低自旋的。Tc(Ⅱ) 容易被氧化，需要用叔磷等配体使之稳定。

(6) Tc(Ⅰ)。Tc(Ⅰ)是 d^6 离子，它的配合物的一个显著特点是对配体取代反应的高度惰性。它与 6 个二电子给体(如 CO，RNC，H_2O，胺等)形成低自旋八面体配合物。其中较重要的有$[Tc(CO)_3(H_2O)_3]^+$ 和$[Tc(CNR)_6]^+$。

3）锝的应用

^{99m}Tc标记的放射性药物常用于核医学影像学诊断中。因为^{99m}Tc的半衰期短（$T_{1/2}=6.02$ h），γ射线能量适中（$E_{\gamma}=140$ keV），其丰富的配位化学非常有利于药物的设计和合成，因此被世界核医学界公认为是核医学的首选核素。

含锝的钢具有良好的抗腐蚀作用。金属锝及其合金在低温下是超导体，有可能用于超导磁铁制造。

3.5.2.2 钷

1947年J. A. Marinsky等人用离子交换法，从裂变产物和慢中子照射钕靶的核反应产物中，分离出了一种新的镧系元素，从淋洗曲线中清楚地看到它的淋洗峰位于60和62号元素之间，这就肯定了它就是61号元素，命名为钷(promethium，Pm)。

钷的电子组态为$4f^5 6s^2$，基态谱项$^6H_{5/2}$，是镧系元素的一个成员。已知Pm的同位素36个（$A=128\sim163$），其中^{146}Pm（$T_{1/2}=5.53$ a）和^{147}Pm（$T_{1/2}=2.6234$ a）寿命最长。^{235}U的热中子裂变生成^{147}Pm的产额2.26%，可从裂变产物中大量提取。

金属钷与其他镧系元素金属相似。金属钷有两个同素异形体，常温下处于立方晶格的α相。Pm与水作用缓慢，在热水中作用较快，可置换氢。它易溶于稀酸中，在空气中慢慢氧化，在150～180℃时灼烧可形成氧化物Pm_2O_3。三价离子在水溶液中呈浅红黄色，加入氨水或氢氧化钠到碱性，则生成微棕色凝胶状的氢氧化钷。硝酸钷晶体呈浅玫瑰色，在空气中易吸水而潮解。Pm^{3+}离子可形成难溶的氟化物、草酸盐、磷酸盐和氢氧化物。用钙可以将PmF_3还原，从而获得熔点为1 158℃的金属。在高温下烧制的氧化钷能很好地溶解在强酸中，形成相应的盐。

^{147}Pm是纯β发射体，β粒子的能量为0.233 MeV，可用于密度计、测厚仪等；还可以制造荧光粉，用于航标灯、夜光仪表和钟表，也可用于制造体积小、重量轻的核电池。

3.5.2.3 钫

现在已知钫的同位素共有34个，$A=199\sim232$。1939年M. Perey第一次从铀矿中锕的衰变产物中分离得到^{233}Fr。为了纪念在法国得到，新元素被命名为钫(francium, Fr)。

在自然界^{233}Fr在铀矿中含量极微，7.7×10^{14}个^{235}U原子，或3×10^{18}个天

然铀原子中含一个^{223}Fr原子，因此难以找到。钫的其他同位素都是人工合成的。

钫的电子组态为$7s^1$，属于元素周期表ⅠA族元素，具有典型的碱金属性质。只有特征的+1价氧化态，它的大多数化合物如氢氧化物、盐类等都是水溶性的。仅有少数化合物如高氯酸铯、氯铂酸铯、硅钨酸铯、氯钽酸铯等可以与钫同晶共沉淀载带下来，把沉淀溶解，用离子交换法把钫与铯分开，可以获得无载体的放射性核素钫。

3.5.2.4 砹

1940年，E. Segre等用152.4 cm的回旋加速器产生的28 MeV α粒子轰击铋靶，引起核反应$^{209}Bi(\alpha, 2n)^{211}At$，得到85号元素，命名为砹(astatine, At)。后来在三个天然放射系里也找到了砹的短半衰期同位素。已知砹的同位素共有31个，$A=193\sim223$，其中^{210}At($T_{1/2}=8.1$ h)和^{211}At($T_{1/2}=7.214$ h)的半衰期最长。自然界存在同位素有^{215}At，^{218}At和^{219}At，其他都是人工合成的同位素。

砹的电子组态为$6s^26p^5$，基态$^2P_{3/2}$，属于元素周期表ⅦA族元素，化学性质与碘相似，与邻近的元素钋也有某些相似。砹同时具有金属性和非金属性。

砹易挥发，在室温下受热升华，但比碘挥发得慢，利用At的这一性质可将它与Bi，Po等分离。

At在Au，Ag和Pt的表面却不易挥发，室温时能沉积在Au的表面上，但不能沉积在Cu，Ni和Al表面上。元素At易溶于非(或低)极性溶剂中，以碘为载体，很容易被CCl_4或$CHCl_3$萃取。

已知At有−1，0，+1，+5和+7五种价态。元素At在水溶液中易被SO_2或Zn还原成At^-。在溴水或HNO_3作用下，At^-被氧化成AtO^-。在过硫酸盐、高价铈等强氧化剂作用下，At^-将转变成AtO_3^-。电解时，砹既可在阴极上析出，也可在阳极上析出，说明砹的行为又与钋相似。

^{211}At是一个α发射体(42% α，5.87 MeV；58% EC)，半衰期适中，可用于制备体内放疗药物。

3.5.3 锕系元素化学

3.5.3.1 锕系元素概论

在周期表内，和镧系元素类似，存在一组锕系元素，即89～103号元素。

在锕系中,5f 轨道和 6d 轨道的能量接近。在镤($Z=91$)之前,6d 轨道能量低于 5f,因此电子优先填充 6d 轨道;镤以后则相反,电子优先填充 5f 轨道,在锕之后开始形成 5f 电子层,直到铹($Z=103$)5f 电子层完全充满。

与镧系元素相比,锕系原子的相对论效应更加显著。按照量子力学,s 和 $p_{1/2}$轨道上的电子有一定的概率出现在原子核处及其邻近,因此 7s 轨道产生一定程度的收缩,能量下降。与此对应,7s 电子对于 5f 电子屏蔽核电荷的效应增强,使得 5f 轨道变得较为扩展和弥散,能量上升。6d 轨道也有一定程度的扩展和能量上升,但不如 5f 轨道显著。另一方面,与 5s 和 5p 轨道屏蔽配位场对于 4f 轨道的影响相比,6s 和 6p 轨道对于 5f 轨道屏蔽配位场的作用较弱。换言之,5f 轨道的配位场效应比 4f 轨道显著,但不如 nd 轨道的配位场效应大。

相对论效应的另一个结果是锕系离子(原子)的自旋-轨道耦合很强,自旋-轨道耦合系数比相应的镧系离子高约一倍,使得 Russell-Saunders 耦合(L-S 耦合)不适用。必须采用 J-J 耦合方案或者居间耦合(intermediate coupling)方案,这直接影响锕系元素原子和离子的能级结构与光谱及磁学性质[24]。

对于锕系元素的前几种元素的气态中性原子,将一个电子从 5f 轨道激发到 6d 轨道所需的能量比相应的镧系元素的 4f→5d 激发能小,所以锕系元素能出现高于+3 的价态。5f-6d 轨道的杂化导致 UO_2^{2+} 为直线构型,而与之等电子的 ThO_2 中 Th 用 6d 轨道参与成键,O—Th—O 键角为 122°。锕系元素的后半部分,从 5f 轨道激发到 6d 轨道所需的能量比相应的镧系元素的 4f→5d 激发需要更多的能量。这就说明为什么重锕系元素低价态稳定并存在+2 价的原因。四价锫表现出 5f 电子半充满的稳定性,二价锘表现出 $5f^{14}$ 电子全充满的稳定性。

锕系元素金属一般可在 1 100～1 400℃下用 Li,Mg,Ca 或 Ba 蒸气还原它们的三氟化物或者四氟化物来制备。由锕到锕都已获得金属形式。金属钍、铀和钚是重要的核燃料,已大量生产。而锕、镤和一些轻超铀元素仅分离出 g 级或 mg 级产品。超锕金属还未得到。

新制备的锕系金属呈银白色或银灰色,在空气中很快变暗。它们有很高的密度,例如 α-U 的密度为 19.050 g/cm³,α-Np 的密度高达 20.2 g/cm³。从 Ac 到 Pu 固态金属的同素异形相的数目逐渐增加,固体钚至少有 6 个相,钚以后物相的数目逐渐减少。此外,从 Ac 到 Pu,室温下稳定相的对称性逐渐降低,熔点也随着降低。

锕系金属的特殊性质起因于锕系原子中 f 电子的填充。原子轨道的宇称 $\pi=(-1)^l$，f 轨道($l=3$)具有奇对称性，这与金属晶格通常具有的高对称性不匹配。在 Pu 之前，f 轨道成键作用随 Z 增加而增大，到 Pu 时增至最大，常温下金属的稳定相的对称性逐渐下降。Pu 的 α 相属于对称性最低的单斜晶系，每个单胞含有 16 个原子，有 8 个不同的 Pu—Pu 键长(257～371 pm)。高温下 f 轨道的成键作用被消除，回复到一般金属的高对称性物相(δ 相，面心立方晶格)。大约在 Am 以后，5f 轨道基本不参与成键，与 4f 轨道类似。

锕系元素金属能互相形成许多种合金体系。但是，由于其复杂的晶体结构，使其与其他金属形成合金的能力小一些。

金属态锕系元素的电正性很大，与沸水或稀酸反应放出氢气，可与大多数非金属直接化合。

与镧系元素类似，在锕系元素中也存在离子半径随着原子序数的增加而减小，即锕系收缩现象，+3～+6 四种锕系氧化态都表现出锕系收缩。对于 An^{3+} 和 An^{4+} 离子，半径 r 并非原子序数 Z 的线性函数，前几个成员的 $r(An^{3+})$ 及 $r(An^{4+})$ 随 Z 增加收缩得快，Np 或 Pu 以后变化平缓。这意味着，锕系元素的化学行为的差别随着原子序数的增加而逐渐变小，这就使得超钚元素分离越来越困难。

与过渡元素自由离子中的 d－d 跃迁一样，锕系自由离子的 f－f 跃迁也是 Laporte 禁阻的。但锕系元素化合物中，由于配位场效应，使得禁阻的 f－f 跃迁被部分地解除。在锕系元素化合物的紫外-可见吸收光谱中出现 f－f 跃迁吸收峰。就配位场效应而论，5f 轨道的行为介于 d 轨道与 4f 轨道之间。例如，对于与给定配体生成的正八面体配合物，若金属离子半径相同，配位场分裂能 $\Delta(n\mathrm{d})\approx(0.5\sim1.5)\times10^4\ \mathrm{cm^{-1}}$，$\Delta(5\mathrm{f})>10^3\ \mathrm{cm^{-1}}$，$\Delta(4\mathrm{f})\approx10^2\ \mathrm{cm^{-1}}$。这就是说，锕系离子的紫外-可见吸收光谱受配位环境的影响比镧系离子的大。光谱跃迁概率和峰的半宽度也有类似倾向，d－d 跃迁的摩尔吸光度 $\varepsilon_o\approx10^0\sim10^2$ L/mol・cm，峰的半宽度 $\delta\approx3\,000\sim5\,000\ \mathrm{cm^{-1}}$；5f－5f 跃迁 $\varepsilon_o\approx10^0\sim10^2$ L/mol・cm，$\delta\approx10^2\sim10^3\ \mathrm{cm^{-1}}$；4f－4f 跃迁 $\varepsilon_o<10$ L/mol・cm，$\delta\approx100\sim300\ \mathrm{cm^{-1}}$。

除 f－f 跃迁光谱外，锕系元素前半部分的 5f－6d 跃迁很常见，因为是 Laporte 容许跃迁，摩尔吸光度很大($>10^3$ L/mol・cm)。

锕系元素前半部分是变价元素，其化合物中的金属至配体的电荷跃迁

(MLCT)和配体至金属的跃迁(LMCT)光谱都很常见,摩尔吸光度很大(10^3～10^4 L/mol·cm)。

金属离子的水解,实质上是与OH^-的配位作用,因为OH^-也是一种强的配体。在研究锕系元素水溶液过程时,必须要考虑它们的水解问题。随着溶液pH提高,原先与锕系离子配位的配体逐渐被OH^-取代。同时,羟合锕系离子通过OH^-桥开始聚合为多核羟合物,提高温度或(和)pH加剧聚合过程,并导致OH^-桥向O^{2-}桥过渡,最终形成聚合物,在形成沉淀之前,这一聚合过程相当缓慢。氢氧化物沉淀结构复杂,最终产物为无定形的水合氧化物(如无定形水合二氧化钚PuO_2(am)),并可转化为水合氧化物微晶,这一过程常常是不可逆的。

镧系元素的特征氧化态是+3,由于f轨道全空(f^0)、半充满(f^7)和全充满(f^{14})特别稳定,某些镧系元素有比较稳定的+2或+4价。锕系元素的情况比较复杂。锕和钍在水溶液分别处于+3和+4价态。镤、铀、镎、钚和镅出现变价,锔及其以后的锕系元素处于锕系元素应有的特征价态+3价。不同价态的铀、镎、钚、镅在溶剂萃取和离子交换行为方面很不相同,通过控制溶液的氧化还原电位,可以调整它们的价态,达到分离的目的。

锕系元素可处于多个氧化态,它们的5f,6d,7s和7P轨道都可以参与成键,使得锕系元素有丰富的配位化学。与镧系元素和过渡元素相比,锕系元素的一个显著特点是可以达到很高的配位数,这是因为锕系元素离子半径大,可以参与成键的原子轨道多的缘故。以An^{4+}为例,其配位数可以为6(如$[UCl_6]^{2-}$,八面体),7(如Na_3UF_7,五方双锥),8[如$U(acac)_4$,四方反棱柱],9(如$[Et_4N][U(NCS)_5\cdot 2bpy]$),10(如$[PPh_4]Th(NO_3)_5(Me_3PO)_2$中的阴离子,1∶5∶5∶1构型),11(如$Th_2(NO_3)_6(\mu-OH)_2(H_2O)_6$),12(如$[U(NO_3)_6]^{2-}$,二十面体),14($U(BH_4)_4\cdot 2THF$,其中$BH_4^-$为二齿配体)。在水溶液中,水合离子$An(H_2O)_x^{4+}$中$x$可能等于8或9。

锕系离子的配位数在很大程度上受堆积因素支配。如果将锕系离子与配体之间的相互作用视为刚性球间的静电相互作用,配体之间存在范德瓦耳斯力,则配位原子在金属离子表面堆积就既不能太拥挤,也不能太稀疏。

在锕系配合物中,静电相互作用在形成金属与配体间的化学键M—L中起主要作用,即主要决定于离子势Z/r,但共价成键的贡献也不可忽略。与镧系元素的4f轨道相比,5f轨道在更大的程度上参与成键作用。了解锕系离子的上述特点,就不难理解下述从实验结果总结出来的规律。

(1) 对同一锕系元素,配合物的稳定性按下列顺序递降:

$$M^{4+} > MO_2^{2+} > M^{3+} > MO_2^{+}$$

(2) 对给定的配体,锕系离子的配合物比相应的同价镧系离子的配合物稳定性稍大一些。

(3) "锕系酰基"离子 AnO_2^{2+} 和 AnO_2^{+} 分别比通常的二价和一价主族金属离子的配位能力强。

(4) 对给定的配体,同价锕系离子配合物的稳定性随原子序数增加而增加,但对于 AnO_2^{2+} 和 AnO_2^{+} 有例外。

按照"软硬酸碱"规则,锕系离子(特别是高价锕系离子)属于"硬酸",与卤素离子形成配合物的稳定性顺序为

$$F^- > Cl^- > Br^- > I^-$$

对于以ⅤA 和ⅥA 族元素为配位原子的配体的稳定性顺序为

$$N \gg P > As > Sb$$

$$O > S > Se > Te$$

$$O > N$$

综合起来,锕系离子与 F^- 及以 O 配位的配体形成最稳定的配合物。

锕系元素配位化合物形成的趋势按下列顺序递降。

(1) −1 价配体:

OH≈F>氨基酚类(如 8-羟基喹啉)>1,3-二酮类>α-羟基羧酸类>乙酸>硫代羧酸类>H_2PO^{4-}>SCN^->NO_3^->Cl^->Br^->I^-。

(2) −2 价配体:

亚氨二羧酸类>CO_3^{2-}>$C_2O_4^{2-}$>HPO_4^{2-}>α-羟基二羧酸类>二羧酸类>SO_4^{2-}。

有时并不严格符合这些顺序,8-羟基喹啉与四价锕系元素形成 1∶4 螯合物具有最高的稳定常数。四(5,7-二氯-8-羟基喹啉)合镎(Ⅳ)的 β_4 约为 10^{46}。

螯合物的稳定性遵从配位化学的一般规律,五元螯合环比六元螯合环稳定。在 $R_1COCH_2COCF_3$类型的 1,3-二酮中,螯合物的稳定性随取代基 R_1 的下列顺序递降:萘基>苯基>噻吩基>呋喃基。

锕系元素与环戊二烯形成 Cp_3M,Cp_4M 及 Cp_3MCl 类型的金属有机化合

物，其中环戊二烯基与锕系离子间的化学键介于共价键(如 Cp_2Fe 中的 Cp —Fe)和离子键(如 NaCp)之间，具有显著的共价性。四价铀与环辛四烯基(COT)形成类似于二茂铁 Cp_2Fe 的夹心化合物 $U(C_8H_8)_2$。该化合物具有 D_{8h} 对称性，其中的环辛四烯基 $C_8H_8^{2-}$ 为平面构型，U 的 5f 轨道对 $C_8H_8^{2-}$ 与U(Ⅳ)间的化学键的形成有贡献。

金属铀具有很高的原子化能 533 kJ/mol 和离解能 218 kJ/mol。1974 年 L. N. Gorokhov 等人基于质谱测定结果报道存在 U_2 分子。1999 年 J. V. D. Walle 等人用质谱法研究(20% ^{235}U)-(80% ^{238}U)液态 Au - U 合金离子源，观察到混合同位素的 U_2^+。2005 年，L. Gagliardi 和 B. O. Roos 用相对论量子力学方法计算了 U_2 间的化学键，结果发现，U_2 分子的键长只有243 pm，自旋角动量 $S=3$，轨道角动量 $\Lambda=11$。该化学键是一个五重键，其中一个正常 σ 键、两个正常 π 键、四个单电子键($1\sigma+2\delta+1\pi$)和两个非键电子($1\phi_g+1\phi_u$)，分子轨道式可简写为

$$(7s\sigma_g)^2\ (6d\pi_u)^4\ (6d\sigma_g)^1\ (6d\delta_g)^1\ (5f\delta_g)^1\ (5f\pi_u)^1\ (5f\phi_u)^1\ (5f\phi_g)^1$$

式中，σ_g，π_u，δ_g 和 ϕ_u 为成键轨道；σ_u，π_g，δ_u 和 ϕ_g 为反键轨道。2005，P. Pyykko 等人用类似的方法计算了 U_2^{2+} 离子，结果表明，U_2^{2+} 的键长比 U_2 更短，只有 230 pm，由许多低能态组成，$S=0\sim2$，$\Lambda=0\sim10$，键级为 3，即一个正常 σ 键、两个正常 π 键，分子轨道可简写为

$$(6d\sigma_g)^2\ (6d\pi_u)^4\ (5f\delta_g)^1\ (5f\delta_u)^1\ (5f\phi_u)^1\ (5f\phi_g)^1$$

因为锕系元素的 5f 轨道比镧系元素的 4f 轨道更积极地参与形成化学键，可以预料，锕系元素比镧系元素更容易形成金属—金属键和簇合物。

3.5.3.2　锕系元素分离

锕系元素的前几种元素(Th～Pu)因为可处于＋3 价以外的其他价态，不难将它们与镧系元素分离。Am 及其以后的锕系元素通常处于＋3 价态，离子半径与相应的镧系离子相差不大，这两组元素的分离是一个困难问题。传统的方法是用离子交换色层法。因为离子交换树脂辐照稳定性差，不适于处理高水平放射性废液。因此人们将眼光转向溶剂萃取。

20 世纪末，我国学者陈靖等人研究了烷基磷(膦)酸、烷基硫代磷(膦)酸和羟肟等对镅和镧系元素的萃取分离，首次将商品 Cyanex 301 萃取剂用于从镧系元素中分离镅，分离系数达到 500，首次证明了二烷基二硫代膦酸分离镅和

镧系元素的巨大能力。Cyanex 301 是一种工业萃取剂，其有效成分为二(2,4,4-三甲基戊基)二硫代膦酸(HBTMPDTP)，含量约为 80%。他们研究了 Cyanex 301 的纯化方法，用纯化过的 HBTMPDTP 为萃取剂，镅和镧系元素的分离系数可大于 2 000，用少数几级逆流萃取即可实现上述元素的良好分离，并且完成了热验证实验。他们的研究表明，Cyanex 301 的纯化产品具有足够高的辐照稳定性能，发现二烷基二硫代磷酸与中性磷萃取剂组成的协萃体系可降低萃取 pH 值到 2.5，辐照稳定性进一步提高。在此基础上，他们研究了不同取代烷基的二硫代膦酸对分离镅和镧系元素的影响，结果说明二(2-乙基己基)二硫代膦酸的分离效果最佳[25]。1999 年全球先进核燃料循环国际会议上，该成果被 30 名科学家组成的专家组评价为“本领域中多年来最重要的发展”。

除上述 HBTMPDTP 外，德国卡尔斯鲁厄研究中心的 Z. Kolarik 等人合成了只含 C,H,O,N 的萃取剂 2,6-二(5,6-二丙基-1,2,4-三嗪-3-基)吡啶(*n*-Pr-BTP)，发现该萃取剂能从 1～2 mol/L 的硝酸溶液中选择性地萃取 An(Ⅲ)，对 An(Ⅲ)/Ln(Ⅲ)的分离系数为 135。*n*-Pr-BTP 的结构式如左所示。

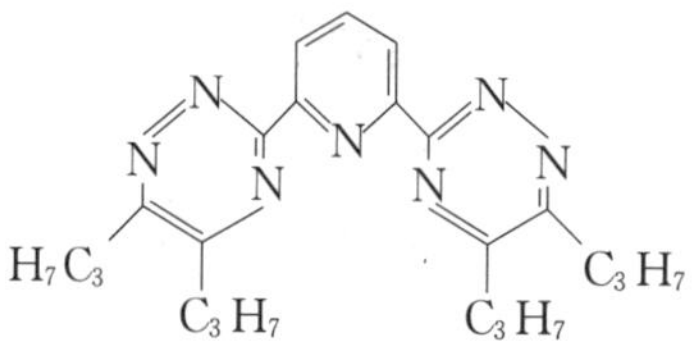

三价锕系离子的相互分离一般采用离子交换法，但萃取色层法近年来特别受到关注。阳离子交换法分离 An(Ⅲ)的关键是淋洗剂的选择，最广泛采用的淋洗剂为 a-羟基异丁酸(α-HIBA)，其他有柠檬酸、乳酸、EDTA、HEDTA 等。为了达到快速分离的目的，常采用粒度小的树脂和高压色层技术，同时提高柱温使之能达到离子交换平衡。阴离子交换法对于三价锕系离子的相互分离效果不是很理想。萃取色层综合了萃取法和离子交换法的优点，是一种很有潜力的方法。

3.5.3.3 锕系元素的应用

1) 锕和镤

在已知的 25 个锕的同位素中，^{227}Ac 的半衰期最长($T_{1/2}$=21.77 a)。已发现的 Pa 同位素共 24 个，^{231}Pa 的半衰期相当长($T_{1/2}=3.28\times10^{4}$ a)。这两种元素除了用于科学研究之外，还没有发现它们在技术上的用途。^{233}Pa 是以 ^{232}Th 为原料生产 ^{233}U 的中间核素，半衰期为 26.967 d，将辐照过的钍从反应堆卸出后，需等待 ^{233}Pa 衰变为 ^{233}U 后方可进行 ^{233}U 的提取。

2) 钍

钍最重要的用途是在慢中子增殖反应堆中用于生产能源和易裂变核素

^{233}U[26]。与以^{235}U为核燃料相比，以^{233}U为核燃料的优点是：ρ/ϕ较小，一次裂变发射的平均中子数较高，生成的超铀核素少，钍的地壳丰度约为铀的4倍。但是，以钍为核燃料还存在许多技术问题。除了要设法实现核燃料的增殖外，还有辐照过的钍的强γ放射性问题需要解决。原来，刚从矿石中提取得到的^{232}Th中总是含有其子体^{228}Th，后者只需约一个月就与它的全部子体建立起放射性平衡，为防护^{228}Th及其子体的γ辐射，必然增加钍燃料元件的加工费用。

^{232}U的子体就是前面提到的^{228}Th，这使得经中子照射后的钍具有很强的γ放射性，这种核燃料的后处理需要使用遥控设备。为了防止核扩散，人们建议在钍增殖层中混入一定量的^{238}U。此外，钍还有其他应用。二氧化钍在金属氧化物中熔点最高(3 050℃)，可用于高温坩埚和陶瓷的制造；高温下二氧化钍发白光，可用于光源的生产；耐高温、耐辐照及导热性好，适合于核燃料元件的制造。

3) 铀

已知铀有25个同位素($A=218\sim242$)，其中^{234}U(天然丰度0.005 5%)，^{235}U(0.720%)和^{238}U(99.275%)存在于天然铀中，其他同位素都是通过核反应人工制得的。^{235}U是唯一的天然存在的易裂变核素，是人类利用裂变能的基石。^{238}U是可转换核素，它俘获一个中子后经二次β^-衰变得到另一个易裂变核素^{239}Pu。^{233}U也是易裂变核素，如上面所述，它是由^{232}Th俘获一个中子后经二次β^-衰变转换而来的。虽然天然铀可以直接用做某些反应堆的核燃料，但核电站使用的核燃料的^{235}U丰度一般为3%～5%[27]。研究用反应堆则使用^{235}U丰度12%～19.75%的浓缩铀。通常将^{235}U丰度<20%的浓缩铀称为低浓缩铀(low-enriched uranium, LEU)，将^{235}U丰度>20%的浓缩铀称为高浓缩铀(highly-enriched uranium, HEU)，将^{235}U丰度>90%的浓缩铀称为武器级铀(weapon-grade uranium)。将^{235}U浓缩的过程称为铀的同位素分离，此过程产生的^{235}U丰度<0.720%(一般为0.2%～0.3%)的铀称为贫化铀。贫化铀可以在增殖反应堆中转化为易分裂核素^{239}Pu，也可以用来制造防弹装甲车及穿甲弹。铀与氢气在250℃时迅速反应，生成黑色UH_3粉末，400℃时UH_3开始分解，435℃时UH_3上的氢气压强达到0.1 MPa。因此，金属铀是一种很好的储氢材料。

4) 钚

钚有20个同位素($A=288\sim247$)，$A\geqslant239$的同位素在反应堆中生成。^{239}Pu经由下述反应途径生成：

$$^{238}\mathrm{U} \xrightarrow[(\sigma=2.7)]{(\mathrm{n},\ \gamma)} {}^{239}\mathrm{U} \xrightarrow[T_{1/2}=23.45\ \mathrm{min}]{\beta^-} {}^{239}\mathrm{Np} \xrightarrow[T_{1/2}=2.357\ \mathrm{d}]{\beta^-} {}^{239}\mathrm{Pu}$$

^{239}Pu还可俘获中子生成^{240}Pu、^{241}Pu及^{242}Pu等。^{239}Pu和^{241}Pu是易裂变核素，但^{240}Pu不能被慢中子裂变，且辐射俘获截面比较大（$r=290$ b，1 b$=10^{-28}$ m^2），自发裂变概率相对较高。^{241}Pu的半衰期较短（$T_{1/2}=14.35$ a），经长时间存放将转变为^{241}Am，导致钚的γ辐射大大增加。因此，在专门用来生产军用Pu的反应堆（生产堆）中，为了减少^{240}Pu的生成，需要控制燃耗为一较低的数值，使得^{240}Pu的丰度$<7\%$。在动力堆中，^{240}Pu会积累到较高的含量（约20%）。^{240}Pu丰度$\geq 19\%$的钚称为反应堆钚[28,29]。

^{238}Pu（$T_{1/2}=87.74$ a，$E_a=5.50$ MeV和5.46 MeV）适合于同位素热电池制造，用于心脏起搏器、航天器及人造卫星，还可以用来制造^{238}Pu-Be中子源。^{238}Pu可经由以下途径生成：

$$^{237}\mathrm{Np} \xrightarrow[\sigma_\gamma=176\ \mathrm{b}]{(\mathrm{n},\ \gamma)} {}^{238}\mathrm{Np} \xrightarrow[T_{1/2}=2.117\ \mathrm{d}]{\beta^-} {}^{238}\mathrm{Pu}$$

^{244}Pu是寿命最长的钚同位素（$T_{1/2}=8.1\times10^7$ a），因富含中子，可用做合成超重核的靶子。

5）镎

在17个已发现的镎同位素（$A=227\sim243$）中，^{237}Np半衰期最长（2.14×10^6 a），最有应用价值。在反应堆中，^{237}Np可由三个途径生成：

$$^{238}\mathrm{U} \xrightarrow[\sigma_\gamma=98\ \mathrm{b}]{(\mathrm{n},\ \gamma)} {}^{236}\mathrm{U} \xrightarrow[\sigma_\gamma=5\ \mathrm{b}]{(\mathrm{n},\ \gamma)} {}^{237}\mathrm{U} \xrightarrow[T_{1/2}=6.75\ \mathrm{d}]{\beta^-} {}^{239}\mathrm{Pu}$$

$$^{238}\mathrm{U}(\mathrm{n},\ 2\mathrm{n})^{237}\mathrm{U} \xrightarrow[T_{1/2}=6.75\ \mathrm{d}]{\beta^-} {}^{237}\mathrm{Np}$$

$$^{241}\mathrm{Am} \xrightarrow[T_{1/2}=432.7\ \mathrm{a}]{\alpha} {}^{237}\mathrm{Np}$$

因而可以从乏燃料中提取。1998年美国能源部宣布，^{237}Np和Am可以用来制造核爆炸装置。^{237}Np的裸金属球的临界质量为57 kg，与^{235}U相近。因此，近年来国际上将监控^{237}Np作为防止核扩散和反恐的重要内容。此外，^{237}Np是制备^{238}Pu的原料。

6）镅和锔

在已知的16个镅同位素（$A=232\sim247$）中，^{241}Am（$T_{1/2}=432.7$ a）可以从乏燃

料后处理流程产生的高放废液中较大量地提取。其主要用途是制造^{241}Am-Be中子源和用于X射线荧光分析的γ放射源($E_{\gamma}=59.54$ keV)。锎的同位素^{252}Cf($T_{1/2}=2.645$ a)自发裂变的分支比为3%,中子产量约$1.8\times10^{12}\ s^{-1}\cdot g^{-1}$,用做中子源具有中子产率高、体积小、可移动、无超临界问题等优点[29]。

3.5.3.4 超铀元素的制备

1) 在核反应堆中连续俘获中子法

在核反应堆中,以铀作为核燃料,在运行过程中生成镎、钚、镅、锔。^{239}Pu是合成超钚元素的重要原料。从^{239}Pu开始产生超钚元素分以下三阶段进行:

(1) 中子照射^{239}Pu,使之转变为^{242}Pu,^{243}Am和^{244}Cm。

(2) 中子照射^{242}Pu,^{243}Am和^{244}Cm,生成锎的同位素。

(3) 中子照射锎合成锿和镄同位素。

经过长时间照射,裂变截面相对于俘获截面来说太大,所以最初生成的^{239}Pu,^{243}Am和^{244}Cm在合成反应过程中大部分消耗了。将^{239}Pu完全耗尽,转变成^{252}Cf的产额只有0.3%。到目前为止,用这种方法制得的最重要核素是^{257}Fm。

2) 热核爆炸生成超铀元素

热核爆炸时,在一个极短的时间内会生成极高的中子注量率。在核爆炸时核素的形成分为两步进行,首先在中子反应阶段形成靶核的重同位素,紧接着就是放射性衰变阶段。此时,所形成的重同位素转变为原子序数更高的同量异位素。

99号(锿)和100号(镄)是在第一次核爆炸中非常意外地发现的。开始时,对爆炸后收集的放射性尘埃进行细心观察,发现了^{244}Pu和^{246}Pu。后来,经过极仔细的分离和鉴定,发现了^{253}Es和^{255}Fm,到目前为止,生成的核素质量还不能大于257。

3) 带电粒子反应生成超铀元素

利用加速器,将带电粒子加速到高能量,轰击丰中子的靶核,可以合成新的超铀元素,所合成新元素的原子序数最多等于靶核和入射粒子原子序数之和。

(1) 轻离子核反应。用轻离子进行核反应合成新的超铀元素需要用较高质量数的靶核。如果用α粒子轰击靶核生成^{245}Cf,就需要用^{242}Cm作靶。因为在当前还不可能生产可称量的$Z>100$的元素,所以用轻离子核反应合成$Z>102$的元素还是不可能的。

(2) 重离子核反应。用重离子核反应合成重超铀元素,必须有能将重离子加速到足够高的能量的重离子加速器,使其足以克服库仑势垒,形成复合核。复合核大都以裂变方式衰变。在最有利的情况下,蒸发中子与裂变概率之比约为 1∶10^3,核反应的最大截面可达 10～100 μb。但实际上,在大多数实验室观察到的截面更小,例如:

$$^{243}Am(^{18}O,\ 5n)^{256}Lr$$

$$E(^{18}O)=96\ MeV=0.03\ \mu b$$

在$^{232}Th+^{22}Ne$,$^{238}U+^{16}O$和$^{241}Pu+^{13}C$核反应中,都能生成中间核^{254}Fm,它接着放出 4 个中子生成^{250}Fm。原子序数高的靶核与原子序数低的入射粒子反应生成的产额高,这是因为入射粒子越重,需要克服的库仑势垒越高,入射粒子需要更高的能量。这就使复合核处于更高的激发态,裂变概率变得更大。

参考文献

[1] 祝霖.放射化学[M].北京:原子能出版社,1985.
[2] 温贤芳.中国核农学[M].郑州:河南科技出版社,1999:23-67.
[3] 谢学民,王寿祥,张勤争,等.核技术农业应用[M].上海科技出版社,1989:54-64.
[4] 魏明通.核化学[M].台湾:五南图书出版公司,2000.
[5] 卢玉楷,马崇智,姚历农,等.放射性核素概论[M].北京:科学出版社,1987:65-244.
[6] 陈子元,温贤芳,胡国辉.核技术及其在农业科学中的应用[M].北京:科学出版社,1983.
[7] 陈子元.核农学[M].北京:中国农业出版社,1997:34-59.
[8] 秦启宗,毛家骏,全忠,等.化学分离法[M].北京:原子能出版社,1984.
[9] 郑成法,毛家骏,秦启宗.核化学与核技术应用[M].北京:原子能出版社,1990.
[10] 刘元方,江林根.放射化学[M].北京:科学出版社,1988.
[11] 王应玮,梁树权.分析化学中的分离方法[M].北京:科学出版社,1988.
[12] 穆林 A H.放射化学和核过程化学[M].陶祖贻,赵爱民,译.北京:人们教育出版社,1981.
[13] 陶祖贻,赵爱民.离子交换平衡及动力学[M].北京:原子能出版社,1989.
[14] 克勒尔 C.放射化学基础[M].焦荣洲等,译.北京:原子能出版社,1993.
[15] 徐光宪,王文清,吴瑾光,等.萃取化学原理[M].上海:上海科技出版社,1984.
[16] 徐光宪,袁承业.稀土的溶剂萃取[M].北京:科学出版社,1987.
[17] 孙素元,李葆安.萃取色层法及其应用[M].北京:原子能出版社,1982.
[18] 陆九芳,李总成,包铁竹.分离过程化学[M].北京:清华大学出版社,1993.
[19] 王祥云,刘元方.核化学与放射化学[M].北京:北京大学出版社,2007.
[20] Philip A W. Properties of group five and group seven transactinium element [D]. Berkeley: Univ. of California, 1965.
[21] Asai M. Identification of the new isotope 241 Bk [J]. Eur. Phys. J., 2003.
[22] 徐瑚珊,周小红,肖国青,等.超重核研究实验方法的历史和现状简介[J].原子核物理评论,2003,20(2):76-90.

[23] Choppin G, Liljenzin J O, Rydberg J. Radiochemistry and nuclear chemistry [M]. Oxford: Elsevier Books, 2002.
[24] King C J. Separation processes [M]. New York: McGraw-Hill Book Company, 1980.
[25] Helfferich F. Ion exchange [M]. New York: McGraw-Hill Book Company, 1962.
[26] 王世真. 分子核医学[M]. 北京：中国协和医科大学出版社，2001.
[27] 王浩丹，周申. 生物医学标记示踪技术[M]. 北京：人民卫生出版社，1995.
[28] 朱寿彭，张澜生. 医用同位素示踪技术[M]. 北京：原子能出版社，1989.
[29] 范国平，赵夏令，郭子丽. 标记化合物[M]. 北京：原子能出版社，1979.

第 4 章
辐射剂量与防护基础

1895 年 W. C. Röntgen 公布了 X 射线的发现，第二年 X 射线就用来尝试诊治某些疾病。与用药相类似，随即提出了应用 X 射线的“剂量”问题。剂量的单位和名称长期以来曾经过多次改革。1972 年后，国际辐射单位与测量委员会(ICRU)陆续地提出了较严格的定义和单位；1975 年，国际计量委员会在其所召开的第 15 届国际计量大会(CGPM)上，决定辐射量采用国际单位制(SI)单位。本书所采用的有关剂量的单位及其定义是根据 ICRU 制订的国际单位制，同时也介绍目前仍广为并用的非国际单位制和名称。

辐射与放射性物质的应用，在当前已远超出早期的医学范围，但“剂量”这一名称却仍然沿用到今天。辐射剂量学是辐射与物质作用度量的科学。目前，它已经成为现代科学中的一个专门领域，其任务在于研究辐射与物质间的能量传递、转换及其途径、方式等，并希望用剂量来表征辐射效应。

本章从辐射防护的角度，简述常用的辐射剂量及其单位，并借助某些剂量学的基础知识，对于辐射可能给予人们带来的危害做出粗略的估计，从而对职业性辐射工作人员(以下简称辐射工作人员)本身以及对周围环境得以采取相应的防护措施。

4.1 辐射剂量及其单位

4.1.1 照射量及其单位

4.1.1.1 照射量

照射量 X 定义为 dQ 除以 dm 所得的商，即

$$X = \frac{\mathrm{d}Q}{\mathrm{d}m}$$

式中，$\mathrm{d}Q$ 是当光子在质量为 $\mathrm{d}m$ 的某一体积元内的空气中，所释放出来的全部电子(负电子和正电子)被完全阻止于空气中时，在空气中形成的单一符号离子总电荷的绝对值。但 $\mathrm{d}Q$ 内不包含质量为 $\mathrm{d}m$ 的体积元内次级电子轫致辐射所产生的电离。

在质量为 $\mathrm{d}m$ 的空气中，由于光子作用所释放出来的电子，在其损失能量的过程中，会再释放出许多次级电子，这些次级电子，当然有可能逸出质量为 $\mathrm{d}m$ 的体积元之外，而 $\mathrm{d}Q$ 是包括这些逸出电子在内的带电量的总和。因此，为了测量电子的总电荷 $\mathrm{d}Q$，次级电子就必须在质量为 $\mathrm{d}m$ 的体积内产生而又阻止于质量为 $\mathrm{d}m$ 的体积元内。实际上这是不可能的，因此就必须使逸出质量为 $\mathrm{d}m$ 的体积元的电子数与进入该体积元内的电子数完全相等，这就在质量为 $\mathrm{d}m$ 的空气体积元内达到了电子平衡。在满足电子平衡条件下，电子授予质量为 $\mathrm{d}m$ 的空气体积元的能量，恰好等于在该体积元内释放的全部电子在被阻止的总路程上授予空气介质的能量。因而在电子平衡的条件下，测量给定体积元空气内全部离子的带电量(正或负)便是照射量的量度。

照射量的 SI 单位是库仑/千克，并记为 C/kg。照射量单位没有国际单位制专名。暂时与国际单位制并用的照射量专用单位是伦琴，简记作 R：

$$1\ \mathrm{R} = 2.58 \times 10^{-4}\ \mathrm{C/kg}(\text{精确值})$$

历史上伦琴单位的定义是：1 伦琴(R)X 射线的照射量是在标准状态下(温度 0℃、气压 760 mmHg)，在 1 cm^3 干燥空气(0.001 293 g)中，生成正负电荷各为 1 esu 离子电量。

$$1\ \mathrm{R} = 1\ \mathrm{esu}/1\ \mathrm{cm}^3(\text{空气})$$

而 $1\ \mathrm{C}=3\times10^{9}\ \mathrm{esu}$；1 cm^3 干燥空气在标准状态下，其重量为 1.29×10^{-6} kg。代入前式则得到同一数值：

$$1\ \mathrm{R} = 2.58 \times 10^{-4}\ \mathrm{C/kg}$$

伦琴通过换算还可以用其他物理单位表示。例如，电子的荷电量为 1.60×10^{-19} C，所以 1 R 相当于

$$1\ \mathrm{R}=(2.58\times10^{-4}/1.60\times10^{-19})\mathrm{e/kg}(空气)=1.61\times10^{15}\ \mathrm{e/kg}(空气)$$
$$=2.08\times10^{9}\ \mathrm{e/cm^3}(空气)$$

在气体中，由于辐射作用，每产生一对离子所消耗的平均能量 W 常称为气体 W 值。若气体为空气时，其 W 值大体上不随辐射能量的变化而改变，通常取 $W=33.85$ eV/离子对，所以伦琴也可以用下式表示：

$$1\ \mathrm{R}=1.61\times10^{15}\times33.85\ \mathrm{eV/kg}=5.45\times10^{10}\ \mathrm{MeV/kg}$$
$$=8.73\times10^{-3}\ \mathrm{J/kg}$$

4.1.1.2 照射量率

照射量率$\dot{X}$定义为 $\mathrm{d}X$ 除以 $\mathrm{d}t$ 所得的商，即

$$\dot{X}=\frac{\mathrm{d}X}{\mathrm{d}t}$$

式中，$\mathrm{d}X$ 是时间间隔 $\mathrm{d}t$ 内照射量的增量。照射量率的 SI 单位是库仑/千克·秒，记作 C/kg·s，它没有国际单位制专名。暂时与国际单位制并用的专用单位为伦琴/秒(R/s)、伦琴/分(R/min)或毫伦琴/小时(mR/h)等。

虽然照射量和照射量率是以空气为介质定义的，但为了方便，也可以说非空气介质中某一点处的照射量或照射量率。这时，它的值是指假设在所研究的那一点上，放置少量空气，在满足电子平衡条件下而测定出来的数值。

照射量只限于用来度量 X 或 γ 辐射在单位质量的某一体积元内的空气中产生电离电荷多少的一个辐射量。照射量并不能度量暴露在该辐射场中的物质所吸收的能量。为了表示在辐射场中某一体积元中的物质所吸收的辐射能量，ICRU 提出了吸收剂量的概念和它的单位拉德(rad, 1 rad$=100$ erg/g$=10^{-2}$ Gy)[1]。

4.1.2 吸收剂量及其单位

4.1.2.1 吸收剂量

吸收剂量 D 定义为 $\mathrm{d}\bar{\varepsilon}$ 除以 $\mathrm{d}m$ 而得的商，即

$$D=\frac{\mathrm{d}\bar{\varepsilon}}{\mathrm{d}m}$$

式中，$\mathrm{d}\bar{\varepsilon}$ 为电离辐射授予某一体积元中的物质的平均能量；$\mathrm{d}m$ 为该体积元内物质的质量。

吸收剂量的 SI 单位是焦耳/千克，简记作 J/kg，并给其专名为戈瑞(gray)，简记为 Gy。即 1 Gy=1 J/kg，暂时与国际制单位并用的吸收剂量专用单位是拉德(rad)，1 拉德是 1 kg 物质吸收 10^{-2}J 的能量，即 1 rad=10^{-2} J/kg，由此，1 Gy=100 rad。

显然，吸收剂量是用来度量电离辐射与物质相互作用时，单位质量物质吸收能量多少的一种物理量。

吸收剂量是电离辐射授予某体积元中物质的平均能量。因为辐射与物质作用具有随机性，因而物质吸收能量必然具有不连续性，所以在吸收剂量的定义中，采用平均能量的概念。该能量应包括由辐射授出而变为热能和改变物质结构的化学能。

4.1.2.2 吸收剂量率

吸收剂量率 $\dot{D}$ 定义为 dD 除以 dt 所得的商，即

$$\dot{D} = \frac{\mathrm{d}D}{\mathrm{d}t}$$

式中，dD 是在时间间隔 dt 内吸收剂量的增量。吸收剂量率的单位是焦耳/千克・秒，记为 J/kg・s，专名为戈瑞/秒(Gray/s)，符号为 Gy/s。暂时与国际单位制并用的吸收剂量率专用单位有：拉德/秒(rad/s)或毫拉德/小时(mrad/h)等。吸收剂量和吸收剂量率适用于任何类型的电离辐射和任何物质，这一点与照射量和照射量率不同。

如前述，1 R=8.73×10^{-3} J/kg。从吸收剂量的定义理解，它即相当于对空气的吸收剂量。即 1 R=0.873 rad。

辐射防护工作中，虽然吸收剂量相同，由于辐射类型和照射条件等不同，可能产生完全不同的生物效应。因此，国际辐射单位与测量委员会(ICRU)与国际辐射防护委员会(ICRP)共同商定并提出了剂量当量这一概念。

4.1.3 剂量当量及其单位

4.1.3.1 剂量当量

剂量当量 H 定义为在组织内被研究的某一点上的 D，Q 和 N 三个量的乘积，即

$$H = DQN$$

式中，D 是吸收剂量；Q 是品质因数；N 是其他修正因子的乘积。

剂量当量 H 的 SI 单位是焦耳/千克(J/kg)，并给其专名为希沃特(Sievert)，简记为 Sv，即 1 Sv＝1 J/kg，暂时与 SI 制并用的剂量当量专用单位是雷姆(rem)。当 D 以拉德为单位表示时，H 就以雷姆为单位表示，即 1 rem ＝ 100 erg/g ＝10^{-2} J/kg，1 rem ＝ 10^{-2} Sv。

剂量当量和吸收剂量两者的单位在量纲上相同，但其含意却有着本质的不同。吸收剂量是表征单位质量的介质吸收辐射能量的多少，而剂量当量是表征吸收上述能量对人体可能带来危害的大小。单位质量人体组织吸收了相同的辐射能量，由于辐射类型(例如 α，β 等)的不同，剂量当量数值可能会有很大差异。这种差异通过 Q 和 N 反映出来，而后两者都是没有量纲的数，所以导致剂量当量和吸收剂量的单位在量纲上的一致。

剂量当量只限于在辐射防护领域中应用。通常只适用于剂量当量限值附近或以下的范围，不适用于高水平的事故照射。

4.1.3.2　品质因数

按 ICRU 的原意，品质因数“是为了计及辐射的品质对生物效应的影响”。“辐射品质这一术语是用以表示所吸收的辐射能量的微观分布”。这里，所谓辐射能量的微观分布，主要是指辐射在其被物质吸收的过程中，带电电离辐射或不带电电离辐射在物质中所产生的电子，在单位长度距离上的能量损耗。通常以传能线密度(LET)(有限线碰撞阻止本领)来表示。当人体吸收辐射的能量相同时，由于辐射类型及其能量的不同，辐射在被吸收点处传能线密度不同，因而引起的生物效应也不同。一般说来，传能线密度越大，生物效应也越大。为了用数值表征品质因数，ICRP 规定根据辐射在水中的碰撞阻止本领 L_∞(keV/μm)给定 Q 值，Q 与 L_∞ 的关系如表 4－1 所示。

表 4－1　L_∞与 Q 的关系

水中的 L_∞/(keV/μm)	Q
3.5 以下	1
7	2
23	5
53	10
及 175 以上	20

其内插值可由图 4－1 查得。这样，若在人体组织中某一点处的吸收剂量按 L_∞ 分布已知时，则可根据其对应的 L_∞ 值求得 Q 值，再把相应的 D，Q 值相

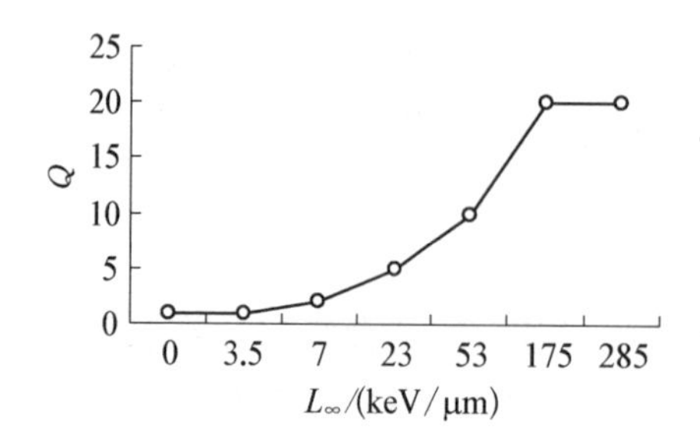

图 4-1 品质因数与水中碰撞阻止本领的关系

乘(并考虑到其他修正因子 N),即可求出人体组织中该点的剂量当量值。

如果在所关心的体积内,无法知道其中各点吸收剂量按 L_{∞} 的分布,则 Q 值无从求得。这时,可按初级辐射的类型,使用品质因数的平均近似值 $\bar{Q}$。根据 ICRP 的建议,内外照射都可以使用下列 $\bar{Q}$ 值(见表 4-2)。

表 4-2 按初级辐射的类型选用的 $\bar{Q}$ 值

初级辐射类型	$\bar{Q}$ 值
X 射线、γ 射线和电子	1
能量未知的中子、质子和静止质量大于 1 原子质量单位的单电荷粒子	10
能量未知的 α 粒子和多电荷粒子(以及电荷未知的粒子)	20
热中子	2.3

N 是除品质因数外,所有其他修正因子的乘积。这些修正因子究竟由哪些因素构成,目前还不很明确。例如,可以考虑到吸收剂量率的影响和剂量的不均匀空间分布等。ICRP 在第 26 号出版物中指定 $N=1$。

4.1.4 照射量与吸收剂量的换算

由于吸收剂量的测定依赖于被测定介质的性质,而介质的吸收剂量是和同一点处空气的吸收剂量(在一定条件下)有着固定的关系,所以可以通过测定某点的照射量,亦即空气的吸收剂量,经过换算求得该点的剂量当量。特别是对于人体软组织,在一个比较大的能量范围内,由照射量换算到吸收剂量是完全能满足防护方面要求的。

由介质内某一点的照射量换算到吸收剂量,必须满足电子平衡条件。

若光子通过物质中某一点的通量密度为 ψ(N/cm^2 · s),光子能量为 E,质量能量吸收系数为 $(\mu_{en}/\rho)_M$ 时间为 t 时,则根据吸收剂量的定义式可得

$$D_M = \left(\frac{d\bar{\varepsilon}}{dm}\right)_M = \psi E(\mu_{en}/\rho)_M t$$

当物质中光子的通量密度不变时,通过该点空气的吸收剂量为

$$D_A = \left(\frac{d\bar{\varepsilon}}{dm}\right)_A = \psi E(\mu_{en}/\rho)_A t$$

由此可得

$$\frac{D_M}{D_A} = \frac{(\mu_{en}/\rho)_M}{(\mu_{en}/\rho)_A}$$

因为 $1\ \text{R} = 0.873\ \text{rad}$(空气)，所以有

$$D_M = 0.873\frac{(\mu_{en}/\rho)_M}{(\mu_{en}/\rho)_A}X \quad 或 \quad D_M = fX$$

式中，X 的单位是 R；$f = 0.873[(\mu_{en}/\rho)_M/(\mu_{en}/\rho)_A]$，通常称为伦琴-拉德换算系数。这样，若物质和空气的质量能量吸收系数已知，则可由照射量求出吸收剂量，进而求得剂量当量。表 4－3 为不同 γ 射线能量下，一些常见物质的质量能量吸收系数以及水、骨、肌肉等的 f 值。

人体的主要成分是肌肉、骨和水。从表 4－3 可以看出，在通常能量范围内(例如 0.1～10 MeV)，人体作为整体，f 值接近于 1。从这一事实出发，在 γ 和 X 射线的外照射条件下(品质因数 $Q = 1$)，在 5%的误差范围内，剂量当量的数值可以用照射量的数值来表示[2]。

4.2　辐射剂量的测量

辐射在介质中产生的效应直接依赖于所吸收的辐射能量，因此准确地测量吸收剂量(或照射量)是一项重要的任务。人们的感官不能直接觉察电离辐射，必须采用专门的仪器与方法。

原则上在受照射的物质中所引起的效应与吸收的辐射能量具有确定的关系，就可用来测定辐射剂量，如电离、发热、发光(激发)等各种物理变化，氧化还原、裂解、聚合、交联、变色、黏度变化等许多化学变化或由此引起体系的物理性质的变化。

4.2.1　量热法

量热法是一种直接测定吸收剂量的绝对方法。它的基本原理是：如果物质吸收的辐射能量不转变为化学能、光能等其他形式的能量，只是使物质温度升高，那么就可以通过在一定条件下测量被照射物质温度的变化来确定所吸收的能量。

表 4-3　各种能量光子在几种常见物质中的质量能量吸收系数(μ_{en}/ρ)及 f 值

γ射线能量/MeV	质量能量吸收系数(μ_{en}/ρ)/(cm^2/g)									$f=0.873(\mu_{en}/\rho)_M/(\mu_{en}/\rho)_A$		
	水	空气	骨	肌肉	炭	氮	氧	铝	聚乙烯	水/空气	骨/空气	肌肉/空气
0.010	4.89	4.66	19.0	4.96	1.94	3.42	26.5	26.5	1.66	0.912	3.54	0.925
0.015	1.32	1.29	5.89	1.36	0.517	0.916	7.65	7.65	0.444	0.889	3.97	0.916
0.020	0.523	0.516	2.51	0.544	0.203	0.360	3.16	3.16	0.176	0.881	4.23	0.916
0.030	0.147	0.147	0.743	0.154	0.592	0.102	0.880	0.880	0.053 4	0.869	4.39	0.910
0.040	0.064 7	0.064 0	0.305	0.067 7	0.030 6	0.046 5	0.351	0.351	0.029 5	0.878	4.14	0.919
0.050	0.039 4	0.038 4	0.158	0.040 9	0.022 6	0.029 9	0.176	0.176	0.023 22	0.892	4.58	0.926
0.060	0.030 4	0.029 2	0.097 9	0.031 2	0.020 3	0.024 4	0.604	0.604	0.021 8	0.905	2.91	0.929
0.080	0.025 3	0.023 6	0.052 0	0.025 5	0.020 1	0.021 8	0.053 6	0.053 6	0.022 4	0.932	1.91	0.939
0.10	0.025 2	0.023 1	0.038 6	0.025 2	0.021 3	0.022 2	0.037 2	0.037 2	0.024 1	0.948	1.45	0.948
0.15	0.027 8	0.025 1	0.030 4	0.027 6	0.024 6	0.024 9	0.028 2	0.028 2	0.028 0	0.962	1.05	0.956
0.20	0.030 0	0.026 8	0.030 2	0.029 7	0.026 7	0.026 7	0.027 5	0.027 5	0.030 5	0.973	0.979	0.963
0.30	0.032 0	0.028 8	0.031 1	0.031 7	0.028 8	0.028 9	0.028 3	0.028 3	0.032 9	0.966	0.938	0.957
0.40	0.032 9	0.029 6	0.031 6	0.032 5	0.029 5	0.029 6	0.028 7	0.028 7	0.033 7	0.966	0.928	0.954
0.50	0.033 0	0.029 7	0.031 6	0.032 7	0.029 7	0.029 7	0.028 7	0.028 7	0.033 9	0.966	0.925	0.957
0.60	0.032 9	0.029 6	0.031 5	0.032 6	0.029 6	0.029 6	0.028 6	0.028 6	0.033 8	0.966	0.925	0.957
0.80	0.032 1	0.028 9	0.030 6	0.031 8	0.028 8	0.028 9	0.028 7	0.028 7	0.032 9	0.965	0.920	0.956
1.0	0.031 1	0.028 0	0.029 7	0.030 8	0.027 9	0.028 0	0.026 9	0.026 9	0.031 9	0.965	0.922	0.956
1.5	0.028 3	0.025 5	0.027 0	0.028 1	0.025 5	0.025 5	0.024 6	0.024 6	0.029 1	0.964	0.920	0.958
2.0	0.026 0	0.023 4	0.024 8	0.025 7	0.023 4	0.023 4	0.022 7	0.022 7	0.026 7	0.966	0.921	0.954
3.0	0.022 7	0.020 5	0.021 9	0.022 5	0.020 4	0.020 5	0.020 1	0.020 1	0.023 2	0.962	0.928	0.954
4.0	0.020 5	0.018 6	0.019 9	0.020 3	0.018 4	0.018 6	0.018 8	0.018 8	0.020 8	0.958	0.930	0.948
5.0	0.019 0	0.017 3	0.018 6	0.018 8	0.017 0	0.017 2	0.018 0	0.018 0	0.019 1	0.954	0.934	0.944
6.0	0.018 0	0.016 3	0.017 8	0.017 8	0.016 0	0.016 2	0.017 4	0.017 4	0.017 8	0.960	0.949	0.949
8.0	0.016 5	0.015 0	0.016 5	0.016 3	0.014 5	0.014 8	0.016 9	0.016 9	0.016 0	0.956	0.956	0.944
10.0	0.015 5	0.014 4	0.015 9	0.015 4	0.013 78	0.014 2	0.016 7	0.016 7	0.014 9	0.955	0.960	0.929

从图 4 - 2 可以看出这种测量的一些基本特点。在待测位置放一个与环境热绝缘的小体积吸收体，用灵敏的热电偶或热敏电阻测量吸收体升高的温度。在绝热条件下如果吸收体（包括热电偶）的质量为 M(kg)，热容量为 C(cal/℃)，初始温度为 T_0℃，照射后温度升高到 T℃，那么吸收体获得的吸收剂量 D 为

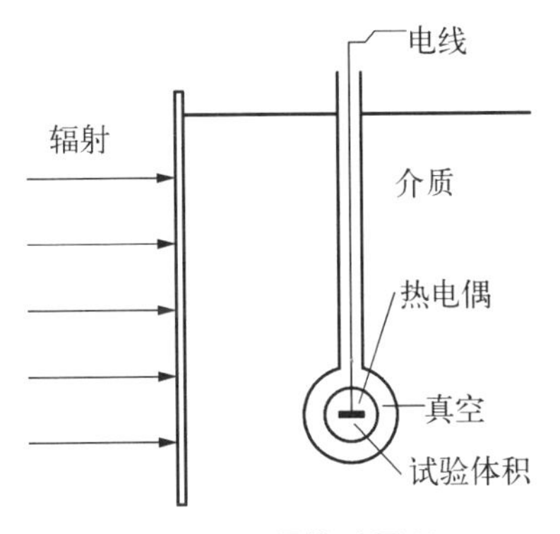

图 4 - 2　量热法原理

$$D = \frac{4.2 \times C(T - T_0)}{M} \quad (\text{Gy})$$

量热法原理简单，但技术要求较高，吸收体必须用相当厚度的同种物质包围起来使其与环境达到电子平衡；吸收体必须足够小，防止辐射强度显著降低；吸收体导热性好；吸收体本身不发生吸热或放热化学反应，故常用化学性质稳定的物质，如金属、石墨、水等；热绝缘良好，剂量率相对于热能损失的速率要高得多；吸收体内测量温度的元件或其他物质（如搅拌器）只是吸收物质的一小部分。

目前采用的量热法已不限于绝热量热法一种，为了加快测量速度，降低技术要求，还出现了准绝热量热法、等温量热法等。

4.2.2　电离室法

一般电离室是以气体作介质的，在辐射作用下气体分子电离，产生自由电子与正离子。如果不加电场，它们从密度大的地方向密度小的地方扩散。在扩散过程中相互碰撞，复合成中性分子。有时电子被中性分子俘获，形成负离子。这些负离子也会与正离子复合成中性分子。这时的运动是杂乱、无方向性的。如果在它们的外部加一电场，电子与正离子就会在电场作用下作定向运动，电子向阳极方向运动，正离子则趋向阴极。结果在外测电路上形成电离电流。

当辐射强度一定时，电离电流的大小取决于电离室两极间的电压，它们的关系如图 4 - 3 所示。从图可以看出：

OA 段：极间电压 V 较小，离子漂移速度不大，由于存在复合与扩散，收集离子数 N 小于辐射在电离空间产生的总离子数 N_0。但随着 V 增大，复合与

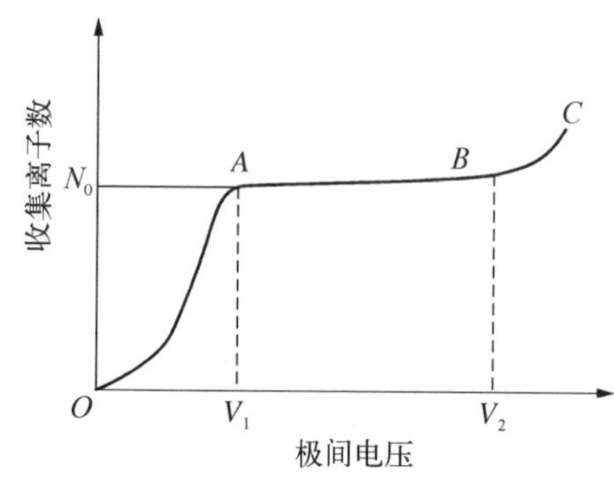

图 4-3 电离电流曲线

扩散的影响逐渐减小，故收集离子数不断增多。

AB 段：这时极间电压足够高，复合基本上不存在，辐射在电离空间产生的所有离子(N_0)全部被收集，达到了饱和，即使再增加电压至 V_2，被收集的离子数也不再增加，这就是电离室的工作区。

BC 段：继续增高电压，离子被电场加速，获得能量，当此能量足够大时，离子可能与别的分子碰撞发生电离，所以收集到的离子数迅速增加。

通常测量照射量用的电离室测量的是对时间的平均电离效应，即稳定的电离电流。电离电流一般很小，所以电离室必须与灵敏度较高的静电计等测量仪器配合使用。

4.2.2.1　自由空气电离室

图 4-4、图 4-5 描绘了这种电离室的略图，它是按照伦琴定义设计的绝对测量照射量的装置。X 射线从重金属做成的光阑中射入，光阑的孔面积为 *A*。上、下两极板与射束平行，下极板由三部分组成，中间为收集电极，两边为保护电极。保护电极与收集电极彼此隔离，但具有相同的电位，以使电场均匀。上、下极板间的电势差所产生的电场使得 *ABCD*(收集体积)中的全部正离子被收集电极收集，在与此极相连的静电计上读数。

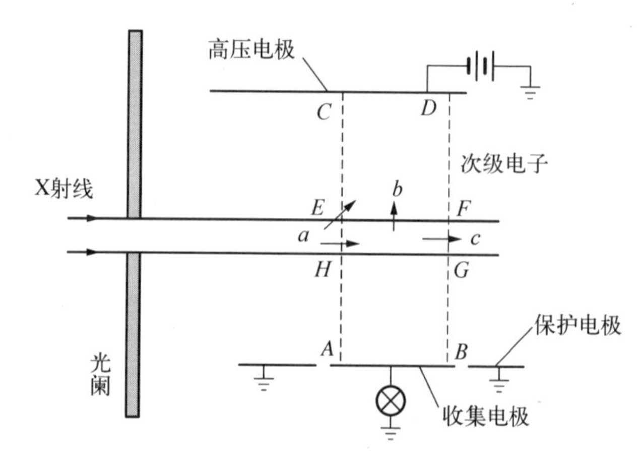

图 4-4 自由空气电离室

根据伦琴定义，测量的电荷应是 $EFGH$（测量体积）中产生的次级电子被空气阻停时所得到的全部离子电荷，但是这些次级电子，有的从击出点向前运动，离开测量体积（见图 4-4 的 c），有的则可能射在测量体积外的收集体积内（见图 4-4 的 b）。为了保证次级电子在能量耗尽前不到达极板，满足定义中“完全被阻停”的要求，必须使射束边缘到极板间的距离大于次级电子的最大射程，此外射出收集体积的次级电子（见图 4-4 的 c）必须由 $EFGH$ 前面产生的次级电子（如 a）来补偿，只有在两者的能量总和相等，即当收集体积与环境达到“电子平衡”时，才能认为收集的离子全部为 $EFGH$ 内的次级电子所产生。这就要求光阑到测量体积的距离也大于次级电子的最大射程。这时照射量 X 为

$$X = \frac{Q}{A''L} \times \frac{0.001\,293}{\rho}(\mathrm{R})$$

式中，Q 为收集的电荷量（esu），A'' 为阑孔的面积（cm^2），L 为收集电极的长度（cm），ρ 为电离室内空气的密度（$\mathrm{g/cm^3}$）。

自由空气电离室通常被用作测量 10～300 keV 的 X 射线的照射量的标准仪器，准确测量需要进行一系列修正。在更高的能量下，由于次级电子射程长，需要很大的电离室，这种电离室难以建立完全收集离子所需要的足够强的均匀电场。

4.2.2.2　空腔电离室

假设在固体介质中有一个小的气体空腔，腔内气体被穿过的电子电离。如果空腔的大小比次级电子在介质中的射程小得多；X 或 γ 射线的光子和次级电子的强度（单位时间、单位面积通过的粒子数）与能量分布在腔内与腔外是相同的，而且空腔周围介质的厚度大于次级电子的最大射程，根据 Bragg-Gray 空腔电离理论，介质吸收的能量为

$$E_{\mathrm{M}} = J_{\mathrm{G}} W_{\mathrm{G}} S_{\mathrm{G}}^{\mathrm{M}}(\mathrm{erg/g})$$

式中，J_{G} 为充气空腔中产生的电离（离子对/克）；W_{G} 为次级电子通过空腔时在气体中产生一个离子对所消耗的平均能量（尔格/离子对）；$S_{\mathrm{G}}^{\mathrm{M}}$ 是介质与气体对这些次级电子的质量碰撞阻止本领的比率，即

$$S_{\mathrm{G}}^{\mathrm{M}} = \frac{(S/\rho)_{\mathrm{M}}}{(S/\rho)_{\mathrm{G}}}$$

按此原理精确设计的电离室称为绝对空腔电离室,可以通过测量固体介质中气体小空腔内的电离,经过一系列修正,确定介质所吸收的能量(吸收剂量)。

由于小空腔内的电离与壁材料的原子组成有关,但与壁材料的密度无关,因而在自由空气电离室中所需要的较厚的空气层(次级电子的最大射程)就可由很薄的空气等效(有效原子序数与空气接近)固体物质,如有机玻璃、尼龙、石墨、酚醛塑料等来代替,即使对能量较高的 γ 射线,也能用不厚的室壁达到电子平衡,只要对室壁的减弱进行必要的修正,就可测量较高能量 X,γ 射线的照射量或空气中的吸收剂量。

空腔的材料、大小及形状的选择随电离室的用途(例如,是测量照射量还是测量吸收剂量),所要测量的辐射类型、强度及它在空间上和时间上的变化率而定。

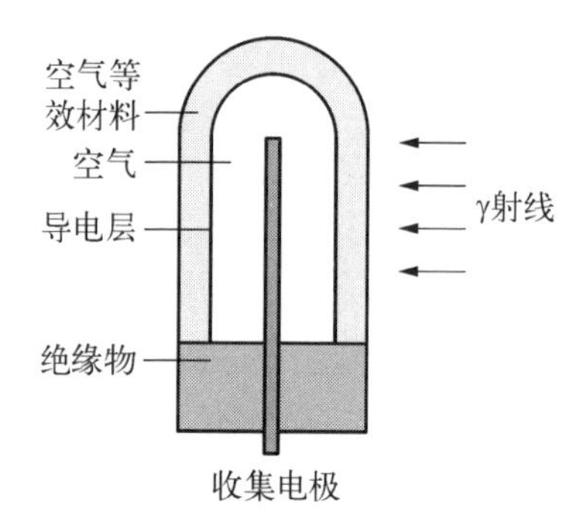

图 4-5　指形电离室

通常我们测量照射量用的是指形电离室,装置如图 4-5 所示,它是一种相对测量装置,可以不必严格满足空腔理论的条件,电离室产生的是与辐射强度成正比的电离电流。只要通过与基准装置比较进行刻度,就可由测得的电流经过适当的修正确定对应的伦琴数。

这种电离室有多种形式,微弱的电离电流也可用不同的方法测量。它比标准仪器轻便、结实,提供了测量 X 与 γ 射线照射量的一种方便与灵敏的方法。但当剂量率较高时离子密度大,复合较多,必须进行适当的修正。光子能量太高时电子平衡要求相当厚的壁,减弱严重,故电离室不宜测量过高能量的光子,一般测量 3 MeV 以下的光子。

校准过的指形电离室可以在被照射介质中某一点测得照射量,经过适当的修正,可计算出介质中该点的吸收剂量。

为了测定水中一点处的吸收剂量,可以把电离室放在待测点的中心,然后辐照。下式即表示水中该点处的吸收剂量:

$$D_W = R_W N_c k_1 k_2 C_\lambda$$

式中,R_W 是照射量仪表的读数;N_c是照射量校准系数;k_1是温度、气压修正系数;k_2是校准时和使用时辐射质的差别引入的修正系数;C_λ是光子照射下从照射量仪表测得的照射量换算成吸收剂量的转换系数。ICRU 第 14 号报告推荐的 C_λ 值为 0.95[3]。

4.2.3 液体化学剂量计法

液体化学剂量计是利用辐射在液态化学体系中引起的化学变化(如氧化、还原、分解等)与体系吸收的辐射能量之间的定量关系来测定吸收剂量的。液体化学剂量计都是次级剂量计,使用前必须与标准剂量计比对,确定测量的变化(即所谓响应)与吸收剂量间的定量关系。一个理想的液体化学剂量计应当满足下列要求:

(1) 化学变化的量(响应)与吸收剂量成正比,即使两者不呈线性也应有一种确定的关系。

(2) 响应与 LET 及剂量率无关。

(3) 响应对环境(杂质、温度、光、pH 值等)不灵敏。

(4) 剂量计与待测介质的组成(有效原子序数)尽量接近,具有同样的吸收特性。

(5) 剂量液采用试剂级化学药品配制,不必专门纯化,体系稳定,照射前后能较长期保存。

(6) 照射引起的变化测定简单、快速、准确。

4.2.3.1 硫酸亚铁剂量计

硫酸亚铁剂量计是 Fricke 等早在 1927 年发现的,故也被称为 Fricke 剂量计。该剂量计依据的反应是在含有一定浓度的硫酸亚铁的硫酸溶液中,亚铁离子在辐射作用下被定量地氧化为铁离子:

$$Fe^{2+} \rightarrow Fe^{3+}$$

Fricke 剂量计溶液的标准组成为 1×10^{-3} mol/L $FeSO_4$ 或 $Fe(NH_4)_2(SO_4)_2$,1×10^{-3} mol/L NaCl 与 0.4 mol/L H_2SO_4(空气饱和)的水溶液,化学药品均用 AR 级;体系对水质要求较高,通常用三次重蒸水配制,即把普通蒸馏水依次在酸性重铬酸钾溶液、碱性高锰酸钾溶液,最后在石英器皿中重蒸,以清除有机杂质。剂量计溶液本身会发生缓慢的氧化,氧化速率不仅与贮存时间和溶液中所含杂质有关,而且受环境条件(光照、温度)影响。对封装在安瓿中的剂量计,本底光吸收的分散性常常会构成测量结果误差的重要来源。为了减少本底光吸收的分散性,提高测量结果的准确度与重现性,可以采用将配制好的剂量计溶液放置一段时间，并进行小剂量的预辐照处理的方法。当然封装剂量计溶液的技术与容器的净化处理也很重要[4]。

加入少量 NaCl 后可以通过氯离子引起的自由基反应抑制有机杂质的影响，使 G 值(每吸收 100 eV 辐射能量所生成产物的分子数)保持不变。

液体化学剂量计的 G 值往往随着辐射的 LET、剂量计体系的介质、浓度、酸度及环境的变化而改变。随着辐射 LET 增大，$G(Fe^{3+})$明显降低，如表 4－4 所示。

表 4－4　硫酸亚铁剂量计的 G 值

辐　射	能　量	G 值/(1/100 eV)
电子	1～30 MeV	15.7±0.6
	2 MeV	15.45±0.3
	10 MeV	15.7±0.3
	25 MeV	15.9±0.4
X 射线	10 keV	13.2±0.2
	100 keV	14.7±0.2
	2 MeV	15.4±0.3
	10 MeV	15.6±0.4
$^{137}Cs-\gamma$ 射线	0.66 MeV	15.3±0.2
$^{60}Co-\gamma$ 射线	1.25 MeV	15.5±0.2
氘核	5.0 MeV	7.22
	10 MeV	10.0
质子	0.63 MeV	6.89
	1.99 MeV	8.0
	8.4 MeV	11.28
α 粒子	5.3 MeV(^{210}Po α)	5.10±0.10
	15 MeV	6.5
$^{6}Li(n, \alpha)^{3}H$	反冲核	5.69±0.12
$^{10}B(n, \alpha)^{7}Li$	反冲核	4.38±0.08
裂片		3.0±0.9
中子	^{252}Cf 中子	9.5±1.1
	14 MeV	8.9±9.7

Fricke 剂量计的 Fe^{3+} 的 G 值经过多种物理方法反复测定过。对 0.6～50 MeV 的 γ、X 射线，ICRU 推荐的 G 值为 15.5±0.2。对 1～30 MeV 的电子，ICRU 推荐的 G 值为 15.7±0.6。

测定铁离子的方法很多。目前多采用紫外分光光度法直接在 303 nm 波长下测定铁离子的浓度，这时 Fe^{2+} 的贡献可以忽略不计，公认的温度系数为 0.7%/℃。ICRU 第 17 号、21 号报告推荐摩尔消光系数值为 2 205±3 (L/mol·cm^2，25℃)。这是分析了已发表的 83 个 ε_m值而得出的统计平均值。

由于制备 Fe^{3+} 标准溶液的方法及仪器性能上的差异，文献中给出的 Fe^{3+} 的 ε_m值偏差很大。1978 年 Eggermont 等人采用高性能仪器和严谨的实验程序，测得 303 nm 波长下 Fe^{3+} 的 ε_m值为 2 164±1(L/mol·cm^2，25℃)。

校准硫酸亚铁剂设计的实质在于测定三价铁的摩尔消光系数与其辐射化学产额的乘积，即测定 $\varepsilon_m G$。摩尔消光系数不准确会直接影响到 G 值，过去测定的 G 值很多是建立在偏离的摩尔消光系数上的。1979 年 Svensson 与 Brahme 分析了 13 篇文献中量热法校准硫酸亚铁剂量计得到的 G 值和所采用的 ε_m，经过扰动修正与重新计算后得到在能量从(2～33)MeV 的电子照射下硫酸亚铁剂量计的 $\varepsilon_m G$ 最佳值为(3 515±7) L/cm·kg·Gy。此值与新近发表的电离室校准结果相符。必须指出，不同分光光度计由于光学性能上的差异测得的三价铁离子的 ε_m并不相同，只有对分光光度计的波长与光吸收进行核对与校准才能获得一致的 ε_m与 $\varepsilon_m G$ 值。

亚铁剂量计测得的吸收剂量可用下式计算：

$$D = \frac{N_A \Delta A}{\varepsilon_m \times 10^3 G(Fe^{3+}) \rho f l} \text{(Gy)}$$

式中，ΔA 为照射过的样品与对照样品光吸收之差；N_A 为阿伏伽德罗常数(6.02×10^{23} 分子/摩尔)；ε_m 为摩尔消光系数(2 197 L/mol·cm^2，25℃，303 nm)；ρ 为剂量液的密度(对 0.4 mol/L H_2SO_4，25℃下，$\rho=1.024$ g/cm^3)；$G(Fe^{3+})$ 为给定条件下 Fe^{3+} 离子的产额，对$^{60}Co-\gamma$ 射线为 15.5 离子数/100 电子伏特；l 为吸收池的光径长度(cm)；f 为单位换算系数(6.24×10^{13})。采用国际单位制上式简化为

$$D = \frac{\Delta A}{\varepsilon_m G(Fe^{3+}) \rho l} \text{(Gy)}$$

式中，$^{60}Co-\gamma$ 射线的 $G(Fe^{3+})$为 1.06 μmol/J。

由于氧参加反应，故氧的存在与否使 $G(Fe^{3+})$相差很大，如对$^{60}Co-\gamma$ 射线，有氧时 $G(Fe^{3+})=15.5$，无氧时 $G(Fe^{3+})=8.1$。

标准硫酸亚铁剂量计的测量上限取决于体系中氧的含量，在空气饱和的情况下，通常采用的量程上限为 4×10^2 Gy。测量的下限取决于 Fe^{3+} 分析方法的灵敏度，用紫外分光光度法(303 nm 波长，光程长为 1 cm 的比色池)测量下限为 40 Gy。研究表明，在 50～150 Gy 范围内响应线性好，可进行高准确度测量。

4.2.3.2 硫酸铈剂量计

硫酸铈剂量计由硫酸铈或硫酸铈铵的 0.4 mol/L 硫酸溶液(空气饱和)组成。在射线作用下四价铈离子被还原为三价亚铈离子($Ce^{4+}\rightarrow Ce^{3+}$)，采用适当的铈离子浓度可测 4×10^2 至 10^6 Gy 的剂量，在 10^3～10^5 Gy 范围内的响应基本上是一直线。测定不同剂量适宜的初始 Ce^{4+} 浓度如表 4-5 所示。

表 4-5 适用于不同剂量范围的硫酸铈初始浓度

吸收剂量/Gy	初始 $Ce(SO_4)_2$ 浓度/(mmol/L)
1×10^2～6×10^2	0.2
6×10^2～5×10^3	1.5
5×10^3～4×10^4	10
4×10^4～2×10^5	50

硫酸铈剂量计对不同辐射的 G 位列于表 4-6，^{60}Co-γ 射线照射下，不同的实验者测得的 G 值差别很大。初始铈离子浓度改变较大时，G 值会随之改变，亚铈离子在照射溶液中的积累也会影响产额。在 15～30℃下照射，G 值可以不做温度修正。

表 4-6 硫酸铈剂量计的 G 值

辐　射	$G(Ce^{3+})$
8～14(MeV)电子	2.5±0.18
^{60}Co-γ 射线(1.25 MeV)	2.5±0.026
	2.33±0.03
	2.45±0.08
	2.44±0.03
	2.32±0.02
200 kV(峰电压)α 粒子	3.15±0.10
10 MeV 氘核	2.80±0.04

（续表）

辐　射	$G(Ce^{3+})$
11 MeV－α粒子	2.90±0.06
$^{210}Po\alpha$(5.3 MeV) 粒子	3.20±0.06
$^{10}B(n,\alpha)^{7}Li$ 反冲核	2.94±0.12

氧的存在对于铈的还原产额影响很小，因而溶解氧的耗尽并不影响剂量计的上限。上限只取决于铈盐的浓度。此剂量体系对杂质十分灵敏，所用的器皿应保证干净，配制剂量液必须用多次重蒸水，药品纯度也要求较高。通常，特别在低浓度（<0.001 mol/L）时，必须在特定的实验条件下，用标准亚铁剂量计小心地校准。剂量液对可见光与紫外光灵敏，应当避光放置。铈离子浓度较高的溶液（0.1 mol/L），可长时间稳定保存。

测大剂量时，照射过的溶液可以用标准的滴定方法分析，如以邻菲啰啉做指示剂的硫酸亚铁滴定法，或用更快速的电位滴定法。

目前广泛采用紫外分光光度法测定，在320 nm 波长下直接通过光密度的变化确定铈离子的浓度，铈离子的摩尔消光系数为5 610（$L/mol\cdot cm^2$，25℃），这时亚铈离子的摩尔消光系数只有2.7（$L/mol\cdot cm^2$，25℃），它的影响可以忽略，而且温度系数非常小。为了提高准确度，摩尔消光系数最好在特定的实验条件下专门测定。由于 Ce^{4+} 的浓度小于0.2 mmol/L 时光吸收变化服从 Beer 定律，测量时应将照射样品进行稀释。

为了避免稀释的麻烦，辐射加工现场可采用电位法直接测量照射前后四价铈与三价铈浓度变化所产生的电位差，通过预先标定的公式计算吸收剂量。

此剂量计含有高原子序数的溶质，在深部照射时，γ射线软化后的低能光子在溶质中吸收强烈，特别在溶质浓度较高的情况下，剂量计与水或生物组织在能量吸收特性上差别大。

通过直接加入过氧化氢还原或预辐照的方法，预先在剂量溶液中存在一定量的三价铈离子可以抑制杂质、光、温度对响应的影响，使 $G(Ce^{3+})$ 值保持稳定，增宽剂量响应的线性范围。当 $[Ce^{4+}]=10^{-2}$ mol/L，$[Ce^{3+}]=4\times10^{-3}$ mol/L 时，$G(Ce^{3+})$ 约为2.25，测量范围从5～40 kGy。

4.2.3.3　其他液体化学剂量计

已经研究了多种液体化学剂量计，它们各有特色，在一定条件下可用来测量吸收剂量。

近年来，人们努力寻找适用于大剂量测量的类似 Fricke 剂量计那样准确可靠的剂量体系。含有银离子的重铬酸钾-高氯酸体系被认为是一个很有希望的剂量体系。该体系的工作原理是在酸性介质吸收辐射能量后，六价铬离子被定量地还原成三价铬离子。测量照射前后重铬酸根离子浓度的变化，即可根据预先校准得到的 $G(Cr_2O_7^{2-})$ 和测量波长下的摩尔消光系数计算得吸收剂量计。采用不同的重铬酸根离子浓度及测量光吸收的波长；可以测量 300 Gy～40 kGy 范围的吸收剂量。研究表明该体系具有性能稳定，剂量响应线性好，辐射能量吸收特性与水等效，剂量计制备与测量简便，测量结果准确可靠等优点，可以作参考剂量计或常规剂量计使用。

乙醇-氯苯剂量体系依据氯苯辐射离解生成氢和盐酸的量来确定剂量，目前多用在大剂量的辐射加工中。

$$C_6H_5Cl \rightarrow Cl^-$$

$$Cl^- \xrightarrow{\text{酒精、水}} (HCl)_{\text{溶剂化}}$$

剂量计溶液是含有 4%～60%氯苯，4%水的乙醇溶液。采用不同浓度的溶液组成可使剂量计与待测物的电子密度相互匹配。该剂量计还具有良好的热稳定性和耐氧化性能。乙醇作为链反应的抑制剂，同时又是生成的 HCl 的溶剂；水可以增强 HCl 的溶剂化作用，并提高其辐射稳定性。该剂量计的可测剂量范围为 $1\times10^3\sim1\times10^5$ Gy。$G(HCl)$在 4～6，具体值取决于氯苯的浓度、氧的含量、吸收剂量及剂量率的大小。该剂量计必须在特定的实验条件下用 Fricke 剂量计校准。盐酸的量可用二苯基卡巴腙作为指示剂的汞量滴定法来测定，$Hg(NO_3)_2$溶液应在使用当天标定。也可使用 1～6 MHz 高频示波器直接测量辐照后体系的电导变化，操作简便。

草酸剂量计不仅能测 γ 射线的剂量，而且适于在反应堆的中子- γ 混合辐射场中使用。剂量液可用蒸馏水或去离子水来制备。草酸的辐解反应具体过程很复杂，迄今未能提出满意的反应机制。吸收剂量可由照射后草酸分解的量来确定，测定范围为 $1.5\times10^4\sim1\times10^6$ Gy。体系具有良好的组织等效能量吸收特性，对有机杂质不敏感，照射前后能稳定保存数月之久，但分析方法不十分令人满意。

辐射显色染料氰化物剂量计是目前正在发展的一类液体化学剂量计，它们基于不同的辐射显色染料氰化物在射线作用下引起键极化，生成有色的染料产物。测定范围为5～5 000 Gy。表4-7列举了一些液体化学剂量计的特性供参考。

表4-7 某些液体化学剂量计测量体系

剂量计	体系组成	密度/(g/cm^3)	化学变化与G值	测量方法	剂量范围/Gy
硫酸亚铁	0.001 mol/L $FeSO_4$ 0.4 mol/L H_2SO_4 0.001 mol/L NaCl 空气饱和	1.024	$Fe^{2+} \rightarrow Fe^{3+}$ $G(Fe^{3+})=15.6$	分光光度(305 nm)	40～4×10^2
高水平硫酸亚铁	0.01 mol/L $FeSO_4$ 0.4 mol/L H_2SO_4 O_2饱和	1.025	$Fe^{2+} \rightarrow Fe^{3+}$ $G(Fe^{3+})=16.0$	分光光度(305 nm)	40～4×10^2
亚铁-铜	0.001 mol/L $FeSO_4$ 0.01 mol/L $CuSO_4$ 0.005 mol/L H_2SO_4 O_2饱和	1.002	$Fe^{2+} \rightarrow Fe^{3+}$ $G(Fe^{3+})=0.72$	分光光度(305 nm)	5×10^2～10^4
硫酸铈	2×10^{-4}～4×10^{-1} mol/L $Ce(SO_4)_2$ 0.4 mol/L H_2SO_4	1.028～1.262	$Ce^{4+} \rightarrow Ce^{3+}$ $G(Ce^{3+})=$2.34～204	分光光度(320 nm)	1×10^2～2×10^5
草酸	5×10^{-2} mol/L～0.6 mol/L $H_2C_2O_4$	0.001～1.03	草酸分解 $G(H_2C_2O_4)=4.9$	分光光度或滴定	1.4×10^4～1×10^6
水	10^{-4} mol/L I^- 空气饱和 pH=7	1.000	1.000	测产生气体的体积	$<1\times10^8$
苯-水	0.02 mol/L C_6H_6 空气饱和	0.998	0.998	分光光度	50～7×10^2
乙醇-氯苯	25% C_6H_5Cl 4% H_2O 0.04%丙酮于乙醇中	0.883	0.883	滴定	4×10^2～4×10^5
辐射显色染料氰化物	10^{-3}～5×10^{-2} mol/L 于不同有机溶剂中	—	—	分光光度	10～10^4
甲酸钠	5×10^{-2} mol/L～0.3 mol/L HCOONa 除空气的水	—	甲酸盐分解	$KMnO_4$滴定	10^4～8×10^5

(续表)

剂量计	体系组成	密度/(g/cm^3)	化学变化与 G 值	测量方法	剂量范围/Gy
环己烷	—	—	生成 H_2 $G(H_2)=5.25$	测产生气体的体积	$10^2 \sim 10^4$
氧化亚氮	100～1 000 Pa 290～300 K	气体	$N_2O \rightarrow N_2$, NO, NO_2 $G(N_2)=10.0$	俘获凝聚产物后测气体压力	$5\times10^2 \sim 2\times10^4$

4.2.4 固态剂量计法

近年来对这类剂量计的研究比较活跃。作为固体物质可以是无色的塑料、玻璃、无机或有机晶体、半导体、照相胶片等。测量的辐射效应主要为光学性质的变化，如吸收光谱、发光光谱的变化；或是电性质的变化，如光电流的变化、发射电子等。它们都是次级剂量计，使用前必须用标准剂量计校准。

辐射会引起许多有色或无色透明塑料光吸收谱的变化，选择合适的波长测量光吸收便可确定吸收剂量；这类剂量计有许多优点：使用简便、结实、量程大、价格便宜；多数体系的有效原子序数接近生物组织，具有良好的组织等效特性；体积小，测量剂量分布时对辐射场不会引起严重的干扰。目前塑料膜片剂量计发展很快，在辐射加工的剂量及剂量分布测定中得到广泛应用。这类剂量计的响应往往受照射条件，如温度、湿度、剂量率等及存放环境的影响，辐射引起的光吸收变化常常不太稳定，不同批量的产品常因组成成分的差异而使剂量计对辐射的响应难以复现。为了获得准确、重现的结果，每批样品必须仔细校准，尽可能使校准与使用条件一致，并且严格控制剂量计的厚度与贮存条件。

无色 PMMA(Perspex HX)与红色 PMMA(Perspex red 400 与 red 4034)已被广泛采用，国外已有专用于剂量测定并经过校准的商品出售。在照射过的无色透明的 PMMA 中测量的是由辐射产生的不饱和活性基团在 305 nm 或 314 nm 波长下的光吸收。厚度为 1～3 mm 的 Perspex HX，可测 $1\times10^3 \sim 5\times10^4$ Gy的吸收剂量。红色 PMMA 照射后在可见光区(606 nm 或 640 nm)测量光吸收变化，测定范围为 $1\times10^3 \sim 4\times10^4$ Gy。

辐射显色染料薄膜剂量计是一种很有特色的固态剂量计。如含有无色或接近无色的染料母体(三苯甲烷染料的衍生物)的塑料薄膜照射后会显色，显色的程度与吸收剂量有一定的关系，只要测量一定波长下的光吸收变化，即可从校准曲线中得到吸收剂量。一种辐射显色染料为六羟基乙基付品红氰化物的尼龙薄膜，照射后的最大光吸收波长约为 600 nm，厚度为 50 μm 的膜在 600 nm下可测至 3×10^4 Gy，采用较短的波长如 540 nm 或 510 nm 可测剂量增大到 300 kGy。增大厚度可测较低的剂量，如采用 1 mm 厚的样品，可测低至 10 Gy 的剂量。用孔雀绿三苯甲烷甲醇盐作辐射显色染料的聚氯化苯乙烯薄膜，照射后形成两个光吸收带，用 630 nm 波长可测 1～30 kGy，用 430 nm 波长可测 10～200 kGy。这类剂量计稳定性好，照射前后可长期保存，响应与剂量呈线性关系，在很宽的剂量率范围内（$1\sim10^{12}$ Gy/s）响应对剂量率没有依赖关系，体系对杂质与氧不敏感，但对紫外光灵敏，在相对湿度较高的环境下响应重现性较差。

三醋酸纤维素薄膜也是一种常用的薄膜剂量计，其方法是在 290 nm 波长下测量由辐射引起的光吸收变化。这种变化与吸收剂量在很宽的范围内呈线性关系。该剂量计适用于较高的剂量水平（50～800 kGy）。在通常使用的电子束与 γ 射线照射下剂量率对响应影响较小。在 10^6 Gy/h 以上，照射温度不影响测量结果，故此剂量计对测量电子剂量特别有用。

丙氨酸剂量计在辐照过程中能产生稳定的 $CH_3—\dot{C}H—COOH$ 自由基，产额可以用 ESR 谱仪测定，将测得的结果与标准剂量响应曲线进行比较，即可确定吸收剂量。研究表明：丙氨酸剂量计具有许多优点，如量程宽（$1\sim10^5$ Gy），体系性能稳定、能量吸收特性组织等效、剂量响应线性好、测定剂量的准确度与精密度高。近年来，经过国际比对证明该剂量计可以作为中、高水平吸收剂量的标准与常规测量方法。此法误差的主要来源是 ESR 谱测定的精确度与照射条件。环境湿度对照射过的丙氨酸中自旋信号的衰减有显著影响。

某些无机物（如碱金属的卤化物）与有机物（多种氨基酸和糖类）受到射线辐照后，在溶于水或有机溶剂时会产生荧光，这种晶溶发光现象已被用于吸收剂量测量中。甘露糖与谷酰胺是目前研究较深入的晶溶发光剂量计。

甘露糖可用来测量 10～400 Gy 的吸收剂量，在 $0.03\sim6.8\times10^3$ Gy/min 的剂量率范围内剂量计响应与剂量率无关。为了准确测定吸收剂量必须严格控制实验条件，如光收集、颗粒大小、溶液温度、水中的含氧量及 pH 值、照射与测量时的温度等。不同批量生产的甘露糖对辐射的响应有差别。

谷酰胺是目前应用较广的一种晶溶发光剂量计，它比甘露糖稍难溶于水，溶解 20 s 约可记录发射光的 90%。在中性介质中其光谱主要在 420～

500 nm，峰在 475 nm 与 572 nm 处。在大量氨基酸中谷酰胺对辐射较灵敏，可测 0.1～40 kGy 的剂量。在氮气饱和水中，响应的线性范围在 1～20 kGy 之间。晶溶发光信号与溶剂中的含氧量有关，照射后贮存期间的温度与湿度对响应也有影响。照射后经过加热处理，如在 114℃下放置 5 小时，可改善其响应的线性，提高稳定性。谷酰胺具有丙氨酸类似的优点，如量程宽、稳定性好、能量吸收组织等效等。原理上也很相近，它是间接地通过辐射产生的自由基在溶解过程中发生反应而发光，光的强度反映了自由基的浓度。一般来说晶溶发光的灵敏度高于相应的 ESR 读数，但 ESR 技术的重现性比晶溶发光好些。

某些固体无机物受辐照后一经加热即产生荧光，可以通过荧光强度的测量确定吸收剂量，这类剂量计被称为热释光剂量计。作为剂量元件的有 LiF，CaF_2(天然)，CaF_2(Mn)，$CaSO_4$(Mn)，LiB_4O_7(Mn)等，其中以 LiF 应用最广泛，因为此材料测量量程宽，响应与剂量率无关，可用来测量 γ 射线与电子束。此外元件体积小适于测量吸收剂量分布。照射过的 LiF 加热释放的荧光光谱范围在 350～600 nm 之间，峰值在 400 nm。加热到 195℃热释光强度最大，可测 10^{-5}～10^{3} Gy 的吸收剂量。选择高温下的光谱峰，可测更高水平的吸收剂量[5]。

4.2.5 剂量计的选择与使用

各种剂量计都有其特定的工作条件和适用范围。为了准确地确定被照射物质中的吸收剂量，必须正确选择与使用剂量计。

选择剂量计必须考虑多方面的因素，主要如辐射的种类、能量与强度，被照射体系的原子组成，环境条件，总吸收剂量范围及要求的不确定度等。表 4-8 列举了不同辐射加工项目所需要的剂量范围。

表 4-8 某些辐射加工所需的剂量范围

辐射加工项目		吸收剂量范围/kGy
农副产品辐射加工	抑制土豆与洋葱发芽	0.03～0.12
	杀灭种子、面粉、鲜果、干果中的害虫	0.2～0.8
	杀灭肉与其他食品中的寄生虫	0.1～3.0
	易腐食物(水果、蔬菜、肉、家禽、鱼)的防腐杀菌	0.5～10
	冻肉、家禽、蛋及其他食品、饲料的消毒	3.0～10
	干佐料(香料、调味品、淀粉)杀菌	3.0～30
	肉、家禽、鱼制品的灭菌	25～60

（续表）

辐射加工项目		吸收剂量范围/kGy
辐射化工	有机物的辐射聚合	0.5～200
	聚烯烃的辐射交联	40～500
	塑料与纤维的辐射接枝	0.5～50
	涂料的辐射固化	1～80
其他	医疗用品及药材的抑菌消毒	3～15
	医疗用品的灭菌	20～50
	辐射处理三废	0.5～10

照射厚物质时，γ射线因多次散射引起能谱递降，随着照射深度增加，低能光子的比率增大，光电效应逐渐显著起来。因光电效应的截面与被照射物质原子序数的四次方成正比，所以导致不同被照射物质内深部吸收剂量的明显差别。为避免由此引起的测量误差，剂量计的有效原子序数应尽可能与被照射物质相接近。

^{60}Co辐射场的剂量测量，必须考虑剂量计与其环境建立电子平衡。从^{60}Co-γ射线的深部减弱曲线可见，开始积累部分上升很快，而且随着周围散射条件的不同差异较大，为测得稳定的吸收剂量值，剂量计应放置在超过极大值以后的下降区，为此可以用适当厚度（大于5 mm）原子序数相近的材料包裹剂量计。

电子的吸收剂量原则上可以采用γ射线剂量测定方法。但电子穿透力弱、剂量率高、剂量分布的均匀性差，准确测定比较困难，通常采用薄层液体、薄膜（薄片）剂量计或特制的量热计进行测量。目前1 MeV以上能量的电子剂量测定，无论是用于计算剂量的数据，还是测定方法，都比较成熟；但对0.3～1 MeV能量范围的电子，有关参数及适用的日常测定方法还很不成熟。

我们希望剂量计的辐射响应在宽范围内与总剂量呈线性关系，或者有确定的关系；响应与辐射的LET和剂量率无关；对环境条件如杂质、温度、湿度、光等不十分敏感。按用途可以把剂量计分为标准剂量计、传递剂量计和常规剂量计三种类型。标准剂量计如量热计、电离室与Fricke剂量计，这些剂量计的性能经过仔细研究，对影响结果的各种因素进行了认真的分析并给以必要的修正，在特定的条件下可以给出准确、可靠、重现的吸收剂量值。这类剂量计常用于校准其他剂量计或标定辐射场。

传递剂量计不仅具有较高的精确度，而且在结构上体积小、结实、便于传送，可以进行邮寄比对，在传递过程中量值保持不变。

常规剂量计是一类容易掌握，制备、操作、测定简便快速的剂量计，而且来源充分、价格低廉。使用前剂量计必须经过标准剂量计刻度。常规剂量计的测定准确度首先取决于标准剂量计的准确度、校准条件与计算时采用的参数；校准时的条件应尽可能与使用时相同，这样可以排除许多影响因素，减少误差。

影响剂量计测量准确度的因素很多，例如：

(1) 剂量计本身的性质：材料、大小、形状、稳定性、制备的批号、质量控制及读数方法。

(2) 环境因素：照射及贮存的温度、湿度、光照、杂质。

(3) 辐射参数：能谱、剂量率、剂量给予方式、方向性、剂量范围。

为了得到准确、重现的结果，必须对上述因素严加控制。在较精确的测量中，应对所用的读数仪器如常用的分光光度计的波长，光吸收标尺的线性、绝对值及标准样品的摩尔消光系数等进行认真的核对，否则会引入可观的误差。

严格地说，只有当剂量计与照射物质具有同样的原子组成、密度、形状体积及容器，并在均匀辐射场的同一位置上照射时两者才能吸收相同的辐射能量。但这通常是做不到的，必须通过换算进行修正，才能得到照射物质中的真实吸收剂量。这种换算只有在与环境达到电子平衡，射线不被显著减弱，辐射能谱未明显递降的情况下才是正确的。如果采用相近的原子组成和条件，即使不能满足上述要求，也可以使误差抵消，获得比较准确的结果。

4.2.6 剂量测量的标准化

剂量测量的标准化可以使测得的吸收剂量量值准确一致，因此它是辐射科学技术的研究与应用中的一项重要的技术基础，有利于科研与生产中科技信息交流和成果推广。为了实现剂量测量的标准化，需要研制准确、重现的标准剂量测量体系；设置复现性良好的标准化辐射场；研制供辐照现场使用的稳定可靠的传递剂量计与测量方便的常规剂量计；发展剂量体系的比对与校准技术；制定有关的规程与标准，统一计量单位、术语、公式及参考数据；建立有效的剂量量值传递系统，使辐射研究单位或加工部门测得的吸收剂量量值直接或间接地溯源到国家标准剂量体系的测量值。

定期用国家标准剂量计校准辐照现场使用的参考剂量计或常规剂量计才能建立量值溯源性，达到国内吸收剂量量值的准确一致。校准可以有两种方法，一种是把剂量计送到国家标准实验室，在已用标准剂量计标定过的辐射场中照射一定剂量，然后发回用户测读，以校准用户的剂量体系；另一是由国家标准实验室发放传递标准剂量计，在用户的辐射场中辐照，再发回标准实验室读数，确定该照射位置的吸收剂量率，用户即可在此照射位置上校准自己的常规剂量计。

与国家计量部门的标准剂量计或著名实验室的高性能剂量计进行比对是提高剂量计准确度、统一吸收剂量量值的重要途径。

多年来国外频繁地进行着不同规模的硫酸亚铁剂量计之间以及硫酸亚铁剂量计与电离室、热释光剂量计之间的比对。1980 年国际计量局(BIPM)组织了一次 Fricke 剂量计的比对。做法是首先用标准重铬酸钾的高氯酸溶液检验所用的分光光度计，然后将各参加单位的 Fricke 剂量计照射 30 Gy，50 Gy 及 70 Gy，再以亚铁剂量计测得的剂量值与 BIPM 用标准量热计及电离室加权平均得到的水中吸收剂量值进行比较。结果表明 Fricke 剂量计测得的剂量与 BIPM 给出的值无显著差别，两者的比值在 1.001～1.026，如果采用复合因子 $G \cdot \varepsilon_m = 3.515 \times 10^3$ (L/kg·cm·Gy) 重新计算，比值范围降至 0.999～1.007。

1977—1981 年国际原子能机构组织了 ^{60}CO－γ 射线高剂量标准化与比对工作，企图物色一种或几种能进行邮寄比对服务与辐射加工剂量保证服务的稳定、重现的剂量计。结果表明丙氨酸剂量计最合适，它具有量程宽、准确度高、稳定性好等许多优点。IAEA 已选用该剂量计对许多国家工业或研究用辐照装置进行国际剂量保证服务(IDAS)。

4.3　辐射的防护

4.3.1　外照射的防护

当辐射源处于机体外部时，其所受之照射称为外照射。外照射主要来自中子、γ 射线、X 射线，其次是 β 射线。

外照射防护的目的在于控制辐射对人体的照射量。一般可采用下述三种方法中的一种或几种：第一种，缩短受照时间；第二种，增加与辐射源的距离；第三种，屏蔽。

对 α 辐射源的外照射当然不必屏蔽，因为容器壁或几厘米的空气便可把它吸收掉。同样的考虑可以推广到如 ^{3}H，^{14}C，^{35}S 或 ^{45}Ca 这样的低能 β 辐射体；就是高能 β 辐射体也只需要 1～2 厘米厚的低 Z 材料(如有机玻璃)体屏蔽就可以了，不过对强 β 源还应充分考虑对其所产生的轫致辐射的防护。在外照射的情况下，对 γ 射线的防护是主要的。用高 Z 物质(如铅)屏蔽能有效防护 γ 射线。表 4-9 列出铅作为 γ 射线屏蔽材料时的半值厚度的近似值。所谓半值厚度就是将射线减弱一半所对应的厚度。欲得到水的半值厚度，可将铅的半值厚度乘 10(水的密度为铅的 1/10)；其他材料可根据类似方法处理。

表 4-9 不同 E_γ (>0.2 MeV)时铅的半值厚度近似值(居间几何形状)

E_γ/MeV	半值厚度近似值/cm
0.25	0.25
0.5	0.5
1.0	1.0
1.5	1.5
2～4	2

对工作人员始终必须有足够的屏蔽才能操作放射源，并且必须用剂量率计核对由计算得到的屏蔽后的剂量率，最好是采用电离室型的剂量率计；同时不用的放射源应该加以屏蔽后贮藏起来，并严格禁止靠近放射源；还应采取下列警戒标志。

放射性物质：

外部剂量率不大于 2.5 mR/h，小心！放射性物质！

外部剂量率 2.5～100 mR/h，小心！辐射体！

外部剂量率超过 100 mR/h，小心！强辐射体！

在从事 γ 辐射体的任何操作之前，很重要的是工作人员应该清楚来自源的辐射剂量有多大。对于 γ 点源，其强度与距离平方成反比。于是任一距离的照射量一旦知道，其他距离的照射量便可算出。

平方反比定律表明，距离是控制照射量的一个很重要因素。比如某一 γ 点源在 10 cm 处的照射量率是 1 mR/h，若使用一个长柄钳或长镊子操作这个源，那么手上或全身产生的照射量就可忽略不计。然而，如果用手直接操作辐射源，仅戴橡皮手套作为防护，那么在 1 mm 处对指尖皮肤的照射量将达 10 000 mR/h。

照射时间的长短在减小照射量方面同样是很重要的，操作辐射源时应迅速而谨慎。

可以用个人剂量计监视外照射剂量。个人剂量计可以佩戴在身上，如果必要可以套在手上或手腕上，以记录全部工作时间内的累计剂量。个人剂量计有袖珍剂量计(静电计)、胶片佩章剂量计、固体热释光剂量计等。

下面简单介绍一下外照射剂量的计算。这是辐射防护及屏蔽设计的基础。

4.3.1.1　γ点源剂量的计算

在实际工作中，点源使用得最多，且任何其他形状的源都可视为若干点源的叠加，因此是其他形状γ源剂量计算的基础。在介绍计算方法之前，首先引入一称为γ照射量率常数Γ的物理量。

由于不同γ辐射源所放出的γ光子数可能不同，γ光子的能量也可能不同，于是尽管活度相同的γ点源，其所致辐射剂量也不同，因而引入γ照射量率常数Γ，其定义是，由给定放射性核素的γ点源在距离l'处所产生的照射量率$\dot{X}$乘以l'^2，再比上该源的放射性活度A：

$$\Gamma = \dot{X}l'^2/A$$

式中，Γ的国际单位为$C \cdot m^2/kg$，专用单位为$R \cdot m^2/h \cdot Ci$；若以$R \cdot cm^2/h \cdot mCi$为单位，则其值应乘以10。

Γ的物理意义是距离1 Ci的γ点源1 m处，1 h内所产生的照射量率，表4－10给出了某些放射性核素的Γ值。

表4－10　某些γ放射性核素的Γ值/$(R \cdot m^2/h \cdot Ci)$

核　素	半衰期	Γ	核　素	半衰期	Γ
^{24}Na	15.02 h	1.895	$^{137}Cs+^{137m}Ba$	30.17 a	0.328
$^{51}Cr+^{51m}V$	27.7 d	0.018	^{140}Ba	12.8 d	0.122
^{59}Fe	44.6 d	0.66	^{144}Ce	284.4 d	0.008 2
^{60}Co	5.27 a	1.32	^{154}Eu	16 a	0.694
^{64}Cu	12.7 h	0.117	$^{155}Eu+^{155m}Gd$	4.53 a	0.024
^{65}Zn	243.8 d	0.318	^{170}Lu	2.02 d	0.003 3
$^{95}Zr+^{95m}Nb$	63.98 d	0.427	^{181}Hf	42.5 d	0.278
^{106}Ru	369 d	0.116	^{192}Ir	74.4 d	0.472
$^{113}Sn+^{113m}In$	115 d	0.22	^{198}Au	2.69 d	0.236
^{124}Sb	60.2 d	0.992	^{210}Po	138.4 d	<0.001
^{125}Sb	2.71 a	0.245	^{226}Ra	1 602 a	0.953
$^{131}I+^{131m}Xe$	8.02 d	0.218	^{228}Th	1.913 a	0.004 3
^{133}Xe	5.29 d	0.014	^{234}Th	24.10 d	0.005 0
^{134}Cs	2.062 a	0.902	^{241}Am	426.3 a	0.014

这样，点状 γ 源于 r(m)处的照射量为

$$X = \frac{A\Gamma t}{r^2}$$

照射量率为

$$\dot{X} = \frac{A\Gamma}{r^2}$$

例 1 求放射性活度 900 mCi 的 ^{192}Ir 点源于 3 h 内在距离 0.5 m 处所致的照射量。

解：已知 $A = 900\ \text{mCi} = 0.9\ \text{Ci}$，$t = 3\ \text{h}$，$r = 0.5\ \text{m}$，查表 4-10 得 ^{192}Ir 的 $\Gamma = 0.472\ \text{R} \cdot \text{m}^2/\text{h} \cdot \text{Ci}$。
所以得

$$X = \frac{A\Gamma t}{r^2} = 0.472 \times 0.9 \times 3/0.5^2 = 5.1R$$

例 2 试求相距 2×10^4 Ci 的 ^{60}Co 点源 30 cm 处的水稻种子于 5 分钟内所受之照射量。

解：查表 4-10 得 ^{60}Co 的 $\Gamma = 1.32\ \text{R} \cdot \text{m}^2/\text{h} \cdot \text{Ci}$，连同题给条件代入公式便得

$$X = \frac{A\Gamma t}{r^2} = 1.32 \times \frac{2\times10^4\times5}{0.3^2\times60} = 2.44\times10^4 R$$

4.3.1.2 β射线剂量的计算

β源剂量的计算要比 γ 源复杂得多，因为 β 射线是连续谱，且其散射作用明显。故迄今尚无满意的理论公式用于 β 源的剂量计算，而通常采用经验公式。例如 β 点源的剂量率计算可采用洛文格(Lovinger)经验公式：

$$\dot{D} = \frac{KA}{(\upsilon r)^2}\left\{C_\beta\left[1 - \frac{\upsilon r}{C_\beta}\mathrm{e}^{1-\left(\frac{\upsilon r}{C_\beta}\right)}\right] + \upsilon r\mathrm{e}^{1-\upsilon r}\right\}$$

式中，$\dot{D}$ 为在吸收介质中距离点源 r(g/cm^2)处的 β 源剂量率(mGy/h)；A 为 β 点源的活度(Bq)；C_β 为与 β 源最大能量有关的无量纲参数；υ 为 β 射线的表观吸收系数(cm^2/g)；$K = \frac{4.59\times10^{-5}\rho^2\upsilon^3\bar{E}_\beta}{3C_\beta^2 - \mathrm{e}(C_\beta^2 - 1)}$(mGy/h · Bq)，是归一化系数；$\rho$ 为吸收介质的密度；e 为自然对数的底；$\bar{E}_\beta$ 是 β 粒子的平均能量(MeV)；参数 C_β 和 υ 按下式计算。

当介质为空气时：

$$C_\beta = 3.11\mathrm{e}^{-0.55E_0}$$

$$\upsilon = \frac{16.0}{(E_0 - 0.036)^{1.40}}\left(2 - \frac{\bar{E}_\beta}{\bar{E}_\beta^*}\right)$$

当介质为软组织时：

$$C_\beta = 2.0,\quad 0.17 < E_0 < 0.5\ \mathrm{MeV}$$

$$C_\beta = 1.5,\quad 0.5 < E_0 < 1.5\ \mathrm{MeV}$$

$$C_\beta = 1.0,\quad 1.5 < E_0 < 3\ \mathrm{MeV}$$

$$\upsilon = \frac{18.6}{(E_0 - 0.036)^{1.37}}\left(2 - \frac{\bar{E}_\beta}{\bar{E}_\beta^*}\right)$$

式中，E_0为β粒子的最大能量(MeV)；$\bar{E}_\beta^*$ 为假定转变为容许跃迁时，理论计算的β谱平均能量(MeV)；对于^{90}Sr，^{210}Bi，$\bar{E}_\beta/\bar{E}_\beta^*$ 分别为1.17、0.77，其他常用核素为1。

洛文格经验公式在计算E_0为0.167～2.24 MeV时的剂量值与实验值非常符合。

例1 求离一活度为3.7×10^{10} Bq的^{32}P(纯β)点源30.5 cm处的空气吸收剂量率。

解：对^{32}P，$E_0 = 1.709$ MeV，$\bar{E}_\beta = 0.694$ MeV，空气密度$\rho = 1.293\times10^{-3}$ g/cm^3，$r = 30.5\times1.293\times10^{-3} = 3.94\times10^{-2}$ g/cm^2，$\bar{E}_\beta/\bar{E}_\beta^* = 1$，由此便可求得

$$C = 3.11\mathrm{e}^{-0.55}\ E_0 = 1.21$$

$$\upsilon = \frac{16.0}{(E_0 - 0.036)^{1.40}}\left(2 - \frac{\bar{E}_\beta}{\bar{E}_\beta^*}\right) = 7.78\ \mathrm{cm^2/g}$$

$$K = \frac{4.59\times10^{-5}\rho^2\upsilon^3\bar{E}_\beta}{3C^2 - \mathrm{e}(C^2 - 1)} = 8.02\times10^{-9}\ \mathrm{mGy/h\cdot Bq}$$

将上述数据代入Lovinger公式，得

$$D = 3.72\times10^3\ \mathrm{mGy/h}$$

例2 设一^{90}Sr点源，放射性活度为1 μCi，求在组织中离源10 cm处的吸收剂量率。

解：此处$E_0 = 0.546$ MeV，$\bar{E}_\beta = 0.200$ MeV，对组织$\rho\approx1$ g/cm^3；由此，

$r = 10 \times 1 = 10\ \mathrm{g/cm^2}$ 而 $\bar{E}_\beta / \bar{E}_\beta^* = 1.17$，$C_\beta = 1.5$，于是得

$$\upsilon = \frac{18.6}{(0.546 - 0.036)^{1.37}}(2 - 1.17) = 38.84\ \mathrm{cm^2/g}$$

$$K = \frac{4.59 \times 10^{-5} \times 1^2 \times 38.84^3 \times 0.2}{31.5^2 - \mathrm{e}(1.5^2 - 1)} = 0.16\ \mathrm{mGy/h \cdot Bq}$$

由此得

$$\dot{D} = 5.91 \times 10^{-2}\ \mathrm{mGy/h}$$

4.3.2 内照射防护

内照射是指放射性物质进入体内后使机体受到的照射。造成内照射的原因,不外乎是吸入被放射性物质污染的空气,食入被放射性物质污染的食物,饮用放射性污染的水,甚至放射性物质从伤口或皮肤渗入体内。

内照射不同于外照射的显著特点是,已经进入体内的放射性核素将或长或短地积存于体内,不断地对组织或器官产生照射。β 辐射体和 α 辐射体,尤其是 α 辐射体进入体内将为极度危险。这里特别是那些有效半衰期长、毒性大的核素,内照射损伤更加严重。

决定任何放射性核素在人体内的最大容许积存量的因素是:射线的能量、放射性半衰期、传能线密度;从胃肠道或肺组织吸收到体液中,在机体器官内的分布;生物半衰期(放射性物质因生理排泄而减少一半所需的时间)。

上面所提到的有效半衰期是指由放射性衰变和生物排除体内放射性核素减少一半所经历的时间。由于生物排除和物理衰变是独立进行的,并可认为都遵守指数衰减规律,那么若令其衰变常数分别为 $\lambda_{生物}$,$\lambda_{物理}$,则其综合衰变常数,亦即有效衰变常数可按下式求得:$\lambda_{有效} = \lambda_{生物} + \lambda_{物理}$,考虑到 $T_i = \ln 2/\lambda_i$,使得有效半衰期的表达式为 $T_{有效} = T_{生物} T_{物理} / (T_{生物} + T_{物理})$。

内照射防护的基本原则是制订各种规章制度,采取各种有效措施,尽可能地隔断放射性物质进入体内的各种途径,使摄入量减少到容许标准以下尽可能低的水平。这里就不具体赘述[6]。

4.3.3 辐射防护标准

辐射防护标准是进行辐射防护的依据。各国根据 ICRP 的建议,结合本国实际情况制定了辐射防护标准。但随着有关科学技术的发展和资料的积累,

辐射防护标准仍在不断修订。

4.3.3.1　我国现行的辐射防护标准

1950年，ICRP提出最大容许剂量的概念，规定全身照射的最大容许剂量为0.3伦琴/周。局部照射(手，前臂，脚)为全身的5倍；1956年对最大容许剂量标准作了修订，规定全身均匀照射的最大容许剂量为5 rem。

最大容许剂量的含义是：从现在积累的资料看，经受该剂量照射在人的一生中不会引起显著的躯体损伤和遗传效应。它是内外照射剂量的总和。

1974年，我国制定了辐射防护标准，其中规定了最大容许剂量当量和限制当量。以及放射性物质的最大容许浓度和限制浓度，如表4-11、表4-12所示。

表4-11　我国辐射剂量标准

受照射部位		职业性放射工作人员年最大容许剂量当量/(rem/a)	放射性工作场所相邻及附近地区工作人员和居民的年限制剂量当量/(rem/a)
器官分类	名　称		
第一类	全身，性腺，红骨髓，眼晶体	5	0.5
第二类	皮肤，骨，甲状腺	30	3
第三类	手，前臂，足，踝	75	7.5
第四类	其他器官	15	1.5

需要注意的是，对与放射性工作场所非相邻地区的广大居民，第一类器官的限制剂量当量为职业放射性工作人员最大容许剂量当量的1/100，其他类别器官为1/30；对于妇女和青年还有进一步的剂量限制。在生育年龄的妇女，最大容许剂量当量为1.3雷姆/季或5 rem/a，在怀孕期间为1 rem，16岁到18岁工作人员性腺剂量不得超过1.5 rem/a，未满18岁的在校学生，剂量限值为居民推荐值的1/10，对于16岁以下的儿童还有进一步的限制：甲状腺剂量不得超过1.5 rem/a。

应该指出，“最大容许剂量”的含义并不确切，且易引起误解，故ICRP现在已不再使用此名称，而改用“剂量当量限值”；同样，“最大容许浓度”已为“推定空气浓度”取代。

4.3.3.2　ICRP关于辐射防护标准的建议

1977年ICRP发表了第26号出版物，将辐射防护标准分为四种：基本限值、推定限值、管理限值和参考水平。其后又发表了28号、30号出版物，作了补充和修正。表4-13给出了ICRP关于辐射防护标准的建议。

表 4-12　部分放射性核素的限制浓度和最大容许浓度

核素	露天水源的限制浓度		放射性工作场所空气中最大容许浓度		核素	露天水源的限制浓度		放射性工作场所空气中最大容许浓度	
符号	Ci/L	Bq/L	Ci/L	Bq/L	符号	Ci/L	Bq/L	Ci/L	Bq/L
^{3}H	3×10^{-7}	1.1×10^{4}	5×10^{-9}	1.9×10^{2}	^{144}Ce	3×10^{-9}	1.1×10^{2}	6×10^{-12}	0.22
^{14}C	1×10^{-7}	3.7×10^{3}	4×10^{-9}	1.5×10^{2}	^{147}Pm	6×10^{-8}	2.2×10^{3}	6×10^{-11}	2.2
^{24}Na	8×10^{-9}	3.0×10^{2}	1×10^{-10}	3.7	^{198}Au	1×10^{-8}	3.7×10^{2}	2×10^{-10}	7.4
^{32}P	5×10^{-9}	1.9×10^{2}	7×10^{-11}	2.6	^{204}Tl	2×10^{-8}	7.4×10^{2}	3×10^{-11}	1.1
^{35}S	7×10^{-9}	2.6×10^{2}	3×10^{-10}	1.1×10^{1}	^{210}Pb	1×10^{-11}	0.37	1×10^{-13}	3.7×10^{-3}
^{45}Ca	3×10^{-9}	1.1×10^{2}	3×10^{-11}	1.1	^{210}Po	2×10^{-10}	7.4	2×10^{-13}	7.4×10^{-3}
^{54}Mn	3×10^{-8}	1.1×10^{3}	4×10^{-11}	1.5	^{220}Rn	—	—	3×10^{-10}	1.1×10^{1}
^{55}Fe	2×10^{-7}	7.4×10^{4}	9×10^{-10}	3.3×10^{1}	^{222}Rn	—	—	3×10^{-11}	1.1
^{60}Co	1×10^{-8}	3.7×10^{2}	9×10^{-12}	0.33	^{226}Ra	3×10^{-11}	1.1	3×10^{-14}	1.1×10^{-3}
^{65}Zn	1×10^{-8}	3.7×10^{2}	6×10^{-11}	2.2	^{232}Th	1×10^{-11}	0.37	2×10^{-15}	7.4×10^{-5}
^{85}Kr	—	—	1×10^{-8}	3.7×10^{2}	Th(天然)	1×10^{-11}	0.37	2×10^{-15}	7.4×10^{-5}
^{90}Sr	7×10^{-11}	2.6	1×10^{-12}	0.037	—	0.1 mg/L	—	0.02 mg/m³	—
^{90}Y	6×10^{-9}	2.2×10^{2}	1×10^{-10}	3.7	^{235}U	1×10^{-9}	3.7×10^{1}	1×10^{-13}	3.7×10^{-3}
^{95}Zr	2×10^{-8}	7.4×10^{2}	3×10^{-11}	1.1	^{238}U	0.05 mg/L	—	0.02 mg/m³	—
^{95}Nb	3×10^{-8}	1.1×10^{3}	1×10^{-11}	3.7	U(天然)	0.1 mg/L	—	0.02 mg/m³	—
^{103}Ru	2×10^{-8}	7.4×10^{2}	8×10^{-11}	3	^{237}Np	9×10^{-10}	3.3×10^{1}	4×10^{-15}	1.5×10^{-4}
^{106}Ru	3×10^{-8}	1.1×10^{3}	5×10^{-10}	1.9×10^{1}	^{239}Pu	1×10^{-9}	3.7×10^{1}	2×10^{-15}	7.4×10^{-5}
^{105}Rh	3×10^{-8}	1.1×10^{3}	5×10^{-10}	1.9×10^{1}	^{241}Am	1×10^{-9}	3.7×10^{1}	6×10^{-15}	2.2×10^{-4}
^{131}I	6×10^{-10}	2.2×10^{1}	9×10^{-12}	0.33	^{244}Cm	2×10^{-9}	7.4×10^{1}	9×10^{-15}	3.3×10^{-4}
^{133}Xe	—	—	1×10^{-8}	3.7×10^{2}	^{252}Cf	2×10^{-9}	7.4×10^{1}	6×10^{-15}	3.7×10^{-4}
^{137}Cs	1×10^{-9}	3.7×10^{1}	1×10^{-11}	0.37	—	—	—	—	—

表 4－13　各类防护标准

<table>
<tr><th colspan="4">标准分类</th><th>职业性个人/(mSv/a)</th><th>广大居民中的个人/(mSv/a)</th><th>群体</th></tr>
<tr><td rowspan="7">基本限值</td><td rowspan="5">随机性效应</td><td rowspan="2">剂量当量限值</td><td>全身均匀照射</td><td>50</td><td>5</td><td rowspan="7">不作规定</td></tr>
<tr><td>不均匀照射</td><td>$\sum W_T H_T \leqslant 50$</td><td>$\sum W_T H_T \leqslant 5$</td></tr>
<tr><td rowspan="3">次级限值</td><td>外照射</td><td>$H_{I,d} \leqslant 50$</td><td></td></tr>
<tr><td>内照射</td><td>$I_j \leqslant I_{j,1}$</td><td></td></tr>
<tr><td>内、外混合照射</td><td>$H_{I,d}/50 + \sum I_j/I_{j,1} \leqslant 1$</td><td></td></tr>
<tr><td colspan="2" rowspan="2">非随机性效应</td><td>眼晶体</td><td>150</td><td rowspan="2">50</td></tr>
<tr><td>其他组织</td><td>50</td></tr>
<tr><td colspan="4">推定限值</td><td colspan="3">包括：工作场所剂量当量指数率、空气污染、表面污染、环境污染等</td></tr>
<tr><td colspan="4">管理限值</td><td colspan="3">由政府主管部门或单位主管部门制定，用于特定场合，例如放射性废物的排放等，比推定限值严</td></tr>
<tr><td colspan="3" rowspan="3">参考水平</td><td>记录水平</td><td colspan="3">1/10 年限值</td></tr>
<tr><td>调查水平</td><td colspan="3">1/30 年限值</td></tr>
<tr><td>干预水平</td><td colspan="3">不作规定</td></tr>
</table>

表中 H_T 为组织 T 在一年中接受的剂量当量(mSv/a)；W_T 为相对危险度权重因子，等于组织 T 的随机性危险度与全身受到均匀照射时的总危险度之比(W_T 值见表 4－14)；$H_{I,d}$ 为年深部剂量当量指数(mSv/a)；I_j 为第 j 种放射性核素的年摄入量；$I_{j,1}$ 为第 j 种放射性核素的年摄入限值。

表 4－14　辐射效应危险度与相对危险度权重因子 W_T

组　织	危险度/Sv	W_T
性腺	4×10^{-3}	0.25
乳腺	2.5×10^{-3}	0.15
红骨髓	2×10^{-3}	0.12
肺	2×10^{-3}	0.12
甲状腺	5×10^{-4}	0.03
骨表面	5×10^{-4}	0.03
其余组织	5×10^{-3}	0.30

4.4 放射性污染的清除和污染物的处理

4.4.1 放射性表面污染的去除

放射性污染一般认为是由机械吸附、物理吸附和化学作用引起的。用各种手段把放射性物质从被污染的表面上清除的过程,谓之去污。

放射性物质对表面的污染是一个很复杂的物理化学过程。但一般来说,污染的时间愈久,吸附愈牢,去污就愈困难;在分析具体的污染对象时,要从放射性物质和物体表面的特性综合起来考虑。通常以去污系数或去污百分率表示去污的程度。

去污系数 D_F定义为去污前、后表面放射性活度 A_1, A_2的比值:

$$D_F = A_1/A_2$$

而去污率 D_P则为去除的活度占原活度的百分数:

$$D_P(\%) = (1 - A_2/A_1) \times 100\%$$

式中,A_1, A_2含义同上。

下面对具体去污方法作一概略介绍。

皮肤的去污,首先用柔性肥皂和水清洗,必要时再用软刷子刷洗,刷洗时应小心,以免因过分用力而伤害皮肤;常用载体溶液洗涤,通过和放射性同位素的交换,有助于洗净,当然载体溶液必须对皮肤无毒性。

一般说来,对高比放物质污染的玻璃器皿、金属面或油漆面的去污是用载体溶液反复地洗涤,因此,贮存载体溶液的容器应该放在有可能发生污染的地方。洗涤剂对去污也可能很有效。另外各种物品还可用下列方法去污(见表 4-15)。

表 4-15 某些物品的去污

物 品	去 污 液
玻璃	10%硝酸,2%氟化氢铵或铬酸,溶于 10%盐酸中的载体
铝	10%硝酸,偏矽酸钠或偏磷酸钠
钢	磷酸加洗涤剂
铅	用 4 mol/L HCl 直到开始反应,然后再用稀碱溶液,随后用水洗
漆布	用二甲苯或三乙氯将表面的蜡溶解掉

(续表)

物品	去污液
油漆面	洗涤剂和柠檬酸铵或氟化氢铵
木材和水泥	很难去污,通常唯一有效的办法是局部地或整个地去掉被污染的部分
瓷砖	用3%的柠檬酸铵清洗;或10%稀盐酸清洗;或用10%EDTA、磷酸钠水溶液擦洗;或用煤油等有机溶剂稀释柠檬酸铵处理

4.4.2 放射性废物的处理

放射性废物处理的一般问题是如何达到处理目的而又不危及公众的健康,可惜目前对放射性废物的治理尚缺乏行之有效的方法。一般处理方法包括自然衰变;分类收集、分别处理;净化、浓集、贮存;燃烧、埋藏;回收利用。在作废物处理时有三条指导原则:必须保证无人受到高于0.5 rem的年剂量当量,要保持尽可能低的辐射剂量,以及30岁以下人员接受的总照射量不应超过5 R。下面仅就中等水平废物的处理作一简单介绍。

4.4.2.1 液态废物

目前处理方法主要是稀释分散、浓缩贮存和回收利用。倾倒液态废物的下水道内,放射性水平由倒入的放射性活度除以水流量得出。例如设下水道排水量每天1 t,则每天倒入1 mCi ^{3}H将给出10^{-3} $\mu Ci/cm^{3}$的浓度,按表4-12,这只需要再以10倍水量稀释就得到^{3}H在露天水源中限制浓度了。因为无人去喝未经处理的污水,而且还有如衰变、淤渣吸附、滤器滤除等因素将进一步降低可能出现于饮水中的最大浓度。所以更为精确的计算就没有必要了。

如果液体流出物的放射性水平容许将它排入阴沟,仍应注意不要使排水系统造成高放射性水平。只应该使用一条下水道,而且应与阴沟直线简单地连通,并应该经常检测。

放射性水平高于容许排放水平的液体废物应该贮存起来,以等它们衰变,或者可以采取某种特殊方法处理。

4.4.2.2 固态废物

要找出一个处理固态废物的普遍解决途径是很困难的,因为不可能使之真正稀释。不过,对于中放射性废物的处理,应能作出满意的安排,并不麻烦。有些情况将废物在受控条件下埋入地里或许也是可行的,但是必须对地下水的流动情况有所了解。因为大量的离子交换在不断进行,土壤将移取溶液中的放射性。

固态废物也可贮存起来等待处理或让其衰变,贮存固态废物用铁皮废物桶就很方便,但一定要加标记。桶盖应涂红色,侧面要写上“放射性废物”等醒目字样。

固态废物常常还可通过焚烧所有可燃性物质,安全地使其体积减小,若规定烟气只许从高于屋顶的地方排出且不许粒子物质进入大气,焚烧就没有什么危险。烧成的灰烬一定要作为放射性固态废物处理,但由于可能有来自放射性尘埃的危害性,故应用水完全打湿后再行处理。

4.4.2.3 气态废物

对气态废物,通常排入空气稀释;但对可溶性气体可使之通过化学试剂吸收,而对放射性粉尘或气溶胶则采用过滤器捕集。

参考文献

[1] 谢学民,王寿祥,张勤争,等. 核技术农学应用[M]. 上海:上海科技出版社,1989.
[2] 陈子元. 核农学[M]. 北京:中国农业出版社,1997.
[3] 王福均. 农学中同位素示踪技术[M]. 北京:农业出版社,1989.
[4] 王同生,张秀儒,刘中文. 核辐射防护基础[M]. 北京:原子能出版社,1983.
[5] 陈子元. 核技术及其在农业中的应用[M]. 北京:科学出版社,1983.
[6] 郑成法. 核辐射测量[M]. 北京:原子能出版社,1983.

第5章
放射生物学基础

放射生物学是研究核辐射对生物特性的影响、作用规律和机制的一门科学，主要内容包括放射线生物学的基本概念，射线对生物体作用的原初反应，及其继发产生的一系列物理、化学和生物学方面的改变。放射生物学的研究为辐射防护、辐射诱变、昆虫辐射不育以及农产品的辐照贮藏保鲜等提供了理论基础。本章内容参考了近年来出版的有关放射生物学的一些著作和期刊文献等资料，并融合了著者在辐射诱导DNA损伤和修复研究领域的一些研究进展。通过本章的知识介绍，使读者熟悉放射生物学的基本概念，了解各种放射线的基本特性和原理，了解各种射线与生物体作用的原初过程以及在细胞和分子水平上发生的变化，为从事放射生物学基础研究、应用研究和辐射防护打下基础。

5.1 生物体与非生物体的根本区别

放射生物学的研究对象是生物体。生物与非生物的根本区别在于前者能进行新陈代谢，是不断进行自我更新的生命系统。从简单的病毒到复杂得多细胞生物，所有生物体是一个物质系统、能量系统，也是一个复杂的信息系统，是物质、能量和信息的统一。生物体的基本组成物质是无机物质和有机化合物，其中无机物质包括水和金属离子等，有机化合物包括糖类、酯类、蛋白质和核酸等。同时，生命是物质运动的一种特定的运动形式。生物体又是一个复杂的信息系统，由不同脱氧核糖核苷酸序列组成的DNA是生物遗传信息的贮存库，构成了一个极其复杂的信息系统（基因组）。由DNA转录形成的RNA和表达获得的蛋白质调控着生物体复杂的生殖（遗传、变异）和生长的各种新陈代谢过程。生物具有多样性与统一性、结构的多层次性、代谢的有序性、生命的连续性和对环境的适应性等特征[1]。

从病毒、单细胞原核微生物、真菌、动植物到人类，各类生物都具有明显的多样性特征。在微观的分子、细胞水平上，有的生物体不具备细胞形态，例如由核酸和蛋白外壳构成的病毒；有的是具备细胞形态的单细胞或多细胞动物，如酵母和小鼠；而多细胞生物又会由于细胞的分化而形成更多的生物类型，如植物依靠光合作用提供自身的物质和能量需求，而异养型的细菌和动物则需要从外界摄取营养物质。这些差异构成了缤纷多彩的生物界。

生物在不同的结构层次上表现出各不相同的生命活动性质和规律。生物体的基本结构单位细胞是由蛋白质、核酸、脂质和多糖等构成的动态体系。由小分子的氨基酸、核苷酸合成复杂的大分子蛋白质和核酸。生物大分子蛋白质和核酸有结构上的层次之分。例如，蛋白质具有一级结构、二级结构、超二级结构(supersecondary structure 或 motif)、结构域(domain)、三级结构和四级结构的多层次特征，这是构成蛋白质功能多样性的基础。

生物体的代谢过程是连续且有序的。生物体通过 DNA 半保留复制产生新的遗传物质，在细胞水平上通过分裂产生具有双亲 DNA 拷贝的后代细胞，从个体水平上通过有性或无性的方式来实现增殖和传代。

生物体经常会经历各种外界环境的胁迫。生物体为了应对各种复杂和极端的生存环境，在进化过程中逐步形成了自我调节和适应能力，具有完善的基因调控机制和网络，比如应对外界损伤的感应调控机制、抗氧化防护体系和高效的 DNA 修复机制。

生物学的发展可谓一日千里，日新月异。一方面，分子生物学在微观层次特别是基因层面研究上取得重大突破之后，正深入到分子水平上对细胞的活动、发育、进化以及脑的功能主线进行探索。随着分子生物学和信息科学的飞速发展，人类正在不断破解组成自身遗传信息的密码。另一方面，复杂系统理论正在促使生物学思想和方法向系统生物学等多层面研究转变。20 世纪末大规模开展的人类基因组计划，破译了人类的基因全序列，这个计划是与阿波罗登月计划相提并论的重要科学计划。多学科的交叉、渗透是当代自然科学发展的必然趋势。

5.2 放射生物学效应及射线作用原理

关于核辐射和其与物质相互作用的有关知识在其他章节中已作了介绍，

在此不再赘述，本节仅就辐射对生物体作用的相关内容作简要介绍。

5.2.1　电离辐射生物学作用的发展过程[1-3]

到目前为止，人们对从生物体吸收辐射能量到产生生物学效应的过程及其机理已有所了解。电离辐射作用于生物体，产生辐射能量的吸收和传递、分子的激发和电离、自由基的产生、化学键的断裂等。电离辐射生物学作用的 4 个时相阶段[1]可归纳于图 5－1。目前，不同学者关于各个阶段的时间尺度和划分有着不尽相同的看法。

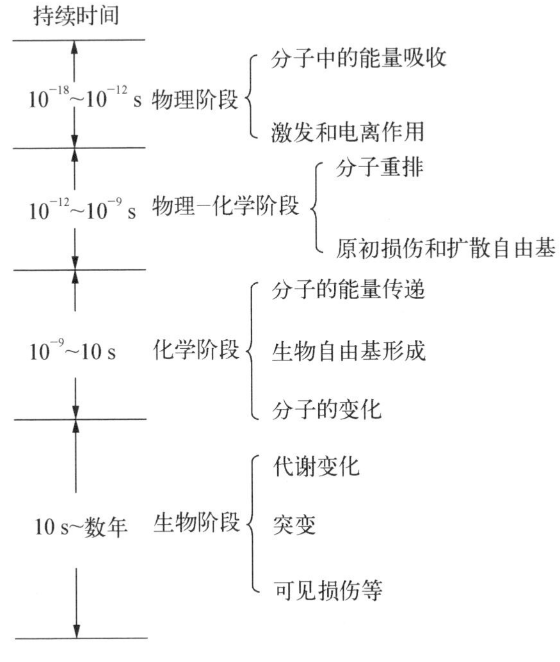

图 5－1　辐射生物学作用的时相阶段

5.2.1.1　物理阶段

这一过程发生的时间尺度一般小于 10^{-12} s。首先，辐射粒子将能量传递给生物体，并沿轨迹作不均匀的空间分布，引起生物体内分子的电离和激发。紧接着，由于受到电离和激发的生物分子极不稳定，能够迅速与相邻的分子作用，从而进入下一阶段。

5.2.1.2　物理-化学阶段

这一过程发生的时间尺度大致在 10^{-12}～10^{-9} s。此阶段的特征是空间分布不均匀的辐射通过直接和间接作用进行分子重排，产生原初的损伤分子和扩散的自由基。

5.2.1.3　化学阶段

反应活跃的自由基发生相互反应，如歧化反应、Fenton 反应等使自由基之间发生转换，还可以与其邻近的生物分子发生反应，形成脂质过氧化自由基等生物自由基。这些产物进一步使 DNA、蛋白质等重要的大分子发生损伤，如 DNA 断裂、蛋白质羰基化和脂质损伤等。

5.2.1.4　生物学阶段

前面阶段受损伤的 DNA、蛋白质等重要的生物分子通过生物体的代谢作用使损伤放大，最终表现出可见的生物损伤。还可能通过基因突变传递给下一代，形成损伤的遗传效应。

四个发展时相阶段的时间范围从 10^{-18} s 延伸至数年或更长，可能受到生物体自身因素和辐照环境条件等因素的影响。

5.2.2　电离辐射的原发作用[2,4]

5.2.2.1　直接作用和间接作用

电离辐射的原发作用是指生物体在 γ 射线等电离辐射作用下最初发生的变化，主要是生物体内分子水平的改变，尤其是生物大分子的损伤。电离辐射对生物大分子损伤有直接作用和间接作用之分，其中间接作用是辐射作用于细胞内其他分子（主要是水分子）后生成的辐解产物等引起的。

1）直接作用

直接作用（direct effect）是指吸收能量和出现损伤发生于同一分子上。各种射线直接作用于生物体内各种分子，尤其是具有生物活性的大分子，如核酸、蛋白质（包括酶类）、脂类等，发生分子结构上能量的吸收和沉积，引起分子和原子的电离、激发或化学键的断裂而造成分子结构和性质的改变，从而引起生物大分子功能的破坏和生物体代谢的障碍。细胞内的生物大分子在正常生活状况下，实际上存在于含有大量水分子的环境中，而直接作用的实验研究多是在干燥状态或含水量很少的大分子或细胞里进行的。因此，单纯用直接作用效应不能涵盖活细胞内发生的全部效应[4]。

2）间接作用

简单地说，间接作用（indirect effect）是指吸收能量的是某一分子，而受损伤的却是另一分子。放射线作用于生物体内的水分子，使水分子发生电离和激发，形成大量的化学性质非常活泼的产物如水合电子（$e^-_{水合}$）、羟基自由基

(·OH)和氢自由基(H·)等自由基，这些自由基作用于生物大分子引起各种损伤。

自由基的一般定义是指具有一个或几个未配对电子的化学性质活泼的原子、分子、离子或原子团。广义上还包括与自由基性质相似的化学性质活泼的其他物质，如活性氧(ROS)、活性氮(RNS)等。活性氧自由基主要有超氧阴离子自由基(O_2^-)、羟自由基(·OH)、单线态氧($^1O_2$)、过氧化氢(H_2O_2)和脂质过氧化自由基(ROO·)等形式；活性氮自由基主要有一氧化氮(NO)、过氧亚硝基阴离子($ONOO^-$)等种类。一般来说，自由基呈电中性；但也有带电的，称离子自由基。自由基的物理性质是由于不成对电子的自旋性质产生的顺磁性。对于一般分子而言，每个分子轨道上不能存在两个自旋态相同的电子，各个轨道上已成对的电子自旋运动产生的磁矩是相互抵消的；存在未成对电子的物质具有永久磁矩，它在外磁场中呈现顺磁性。利用自由基的顺磁性可以检测自由基，如电子顺磁共振波谱分析技术。自由基最显著的化学性质特点是不稳定和高反应活性，自由基容易与另一个自由基或分子发生反应，主要反应方式是获得其所需的电子，使轨道电子成对，从而达到稳定状态。由于生物体细胞含水量一般可达70%以上，因此，水分子的电离和激发所产生的间接作用在辐射生物学效应中占有十分重要的地位，水分子的电离和激发过程[2]如图5-2所示。

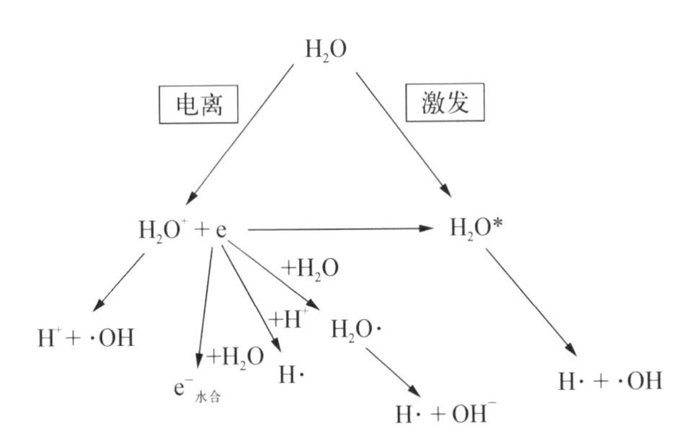

图5-2　水分子辐射分解后产生的自由基

H_2O^*—激发的水分子，H·—氢自由基，·OH—羟基自由基，$e^-_{水合}$—水合电子

水分子辐解过程中水合电子的形成是由于电子在碰撞过程中丧失其大部分能量，当能量水平降至100 eV以下而未被捕获时，它可以吸收若干水分子

而形成一个结合状态的水合电子，此过程被称为水合[4]。

在含水量很高的生物体环境中，水合电子可以形成各种自由基，引起多种辐射化学反应。生物大分子的放射损伤大部分是由水的辐射分解产物——自由基的作用引起的。自由基种类繁多，从辐射损伤的角度来看，羟基自由基和水合电子是两种最重要的水辐解自由基，羟基自由基是强氧化性物质，羟基自由基能够攻击 DNA 导致 DNA 断裂，水合电子则是强还原性物质。

辐射对生物体的直接作用和间接作用是同时存在的，这两种作用的贡献大小取决于辐射性质、靶的状态与大小、含水量、温度、氧、辐射防护剂和增敏剂的存在与否等[2]。在核酸、蛋白质和脂类等生物大分子受损的基础上，细胞基本结构和功能遭到破坏（如脂类的过氧化必然导致细胞膜结构和功能的损伤效应），使细胞代谢发生变化，从而导致组织器官损伤和机体一系列的代谢紊乱和障碍。

5.2.2.2 生物体内的自由基种类及其作用

对于生物体而言，自由基对维持机体正常生理功能是必需的，但过量的自由基又会对机体产生伤害。近年来生物体内自由基的研究形成了一门独立的学科——自由基生物学（Free Radical Biology）。

1968 年，Fridovich 和 McCord 发现了超氧化物歧化酶（SOD）及其功能，SOD 是生物体内最重要的抗氧化酶，能催化超氧阴离子自由基生成 O_2 和 H_2O_2[5]。1987 年 Palmer 等人证实活性氮 NO 具有松弛血管内皮、神经传导的第二信使功能[6]，推动了活性氮自由基的研究。此外，一种新的解释辐射作用的观点是基于非靶向作用的观察，特别是在低剂量电离辐射下，同一个种群里没有受到辐射的细胞也被辐射细胞所释放的细胞间信号所影响，许多参与其中的信号通路是以已经确定的参与自由基的一些过程为基础的，如活性氧、一氧化氮和细胞因子[7]。

生物体内自由基一般具活泼的化学活性。自由基的活性除与自身结构相关外，还与反应物和反应条件密切相关。自由基与其他反应物分子间相互作用所发生的反应主要有以下几种：

（1）加成反应。与不饱和体系进行加成，生成一个新的饱和自由基。例如，类胡萝卜素的共轭双键体系对自由基的加成反应。

（2）抽氢反应。如酚羟基基团供氢，并与自由基反应生成稳定的产物。

（3）链反应。脂质过氧化作用的链式反应分为引发、扩展和终止三个阶段。反应起始，新生成的自由基形成许多链的开端；扩展阶段是链反应的主体,多条链反应进行;终止阶段,自由基越来越少,反应最终停止[2]。

自由基对蛋白质结构和功能的破坏,主要是通过抽取多肽链上饱和碳原子中的氢,或通过氧化蛋白质的巯基造成肽链间交联,从而引起蛋白质的结构改变,导致其功能丧失。尤其是RNA合成酶遭到自由基破坏后,可导致mRNA合成障碍,致使蛋白质的合成受阻或合成错误的蛋白质。

5.2.2.3 生物体内活性氧自由基的来源

生物体内自由基的来源多种多样,可分为内源形成和外源诱导形成两大类。内源形成的自由基主要在生物体有氧代谢过程中产生;外源的自由基主要是由外界物理因素、化学因素诱导产生的。各种自由基形式之间可以互相转化。

(1) 羟基自由基主要产生于Fenton反应、Haber-Weiss反应以及酶催化体系、病理和药物代谢等过程。羟基自由基是生物体内损伤能力最强的一种自由基,其化学活性主要表现为:① 加成反应,例如羟自由基可加成到DNA分子嘧啶和嘌呤碱基的双键上,形成嘧啶自由基和嘌呤自由基[8],产生DNA碱基损伤的反应;② 抽氢反应,作用于生物分子酚羟基,也能抽取DNA核糖部分的氢,形成戊糖自由基。碱基自由基和戊糖自由基均可以发生次级反应造成DNA碱基降解或缺失、氢键破坏或主链断裂,从而改变遗传信息并引起突变。

(2) 超氧阴离子自由基主要在细胞线粒体中形成,通过黄嘌呤氧化酶把分子氧还原成超氧阴离子自由基。机体内产生超氧阴离子自由基的酶系统还有脂肪氧化酶、环加氧酶、NADPH氧化酶,微粒体电子传递链、细胞色素P450、过氧物酶体氧化酶等。另外,血红蛋白和还原型核黄素等一些重要生物分子在有氧条件下可生成超氧阴离子自由基。

(3) H_2O_2的来源。体外来源,H_2O_2可以通过细胞膜进入细胞;H_2O_2还可以通过生物体内酶催化反应生成,如SOD催化的歧化反应体系。

(4) 单线态氧$^1O_2$的产生。① 通过体内过氧化物酶催化产生$^1O_2$;② 光敏反应产生$^1O_2$,如视黄醛的光敏反应;③ 脂质过氧化过程也可以产生$^1O_2$。

(5) 脂质过氧化自由基的形成。主要是由自由基引发的脂质过氧化反应,产生脂质过氧化自由基,从而形成链式反应,产生RO·,RO_2·和ROOH等。

5.2.2.4 自由基参与了机体内多种生理过程

自由基还参与了机体内多种生理过程,如机体防卫、信号传导等。因此,自由基对机体存在有益的方面[2]。

(1) 信号传导作用。NO是一种新型的细胞信使分子,它是内皮细胞松弛因子,能够防止血小板凝集,在调节心血管系统和免疫功能方面起着重要的作用;同时NO也是神经传导的信使,对学习和记忆过程具有重要作用。NO信使分子的特点是不需要任何中介而快速地扩散通过生物膜,实现细胞间的通信联系。

(2) 免疫吞噬作用和解毒作用。病菌侵入吞噬细胞时,吞噬细胞形成细胞膜凹陷,把病菌包围并形成吞噬体后转运到细胞质内。吞噬体内表面膜上的NADPH氧化酶产生氧自由基,起到杀灭细菌作用。一种特殊的现象"呼吸爆发"就是指当吞噬细胞进行吞噬时引起的氧代谢突然增长现象。呼吸爆发增加的氧代谢产物是大量的H_2O_2和O_2^-,以及·OH和单线态氧。

(3) 在生物合成中的作用。O_2^-是形成羧化剂(活化碳)必不可少的因素之一。

5.2.2.5 机体的自由基防御体系

生物体内过量自由基的存在会引起生物大分子的损伤,如DNA断裂、脂质过氧化和蛋白质氧化等,而这些生物大分子的损伤与生物体的衰老、心脑血管等疾病的发生有密切关系。在生物的长期进化过程中,生物体不断适应环境变化并形成了比较完善的自由基防御体系和损伤修复机制,能够阻断自由基反应,清除活性氧自由基,或将有害的自由基转变为新的比较稳定的自由基。如DNA修复酶可以将损伤的碱基或核苷酸切除,并可以在多种修复酶的作用下修复DNA单链断裂和双链断裂。

生物体的抗氧化物质可分为酶类和非酶类两种:

(1) 酶类抗氧化物有超氧化物歧化酶(SOD)、谷胱甘肽过氧化物酶(GPX)和过氧化氢酶(CAT)等。SOD的作用是能将超氧阴离子自由基通过歧化反应生成过氧化氢,而CAT可以将过氧化氢转变成水和氧,GPX催化还原型的谷胱甘肽GSH还原机体内过氧化脂质和过氧化氢,维持机体的还原状态。用γ射线(^{60}Co源)辐照诱导耐辐射奇球菌抗氧化酶合成的研究表明,辐照能够诱导提高菌体的SOD酶和CAT酶活性,这可能是菌体对外界辐照以及由此产生的自由基氧化胁迫的一种反馈刺激机制。

(2) 非酶类的抗氧化物质如谷胱甘肽(GSH)、维生素C、维生素E、类胡萝卜素等,能够有效地清除氧自由基,从而保护细胞和组织不受伤害。一般天然抗氧化剂是指能够阻止或延缓氧自由基对机体氧化伤害的天然成分。类胡萝卜素是单线态氧有效的清除剂(淬灭剂)。相当多的天然抗氧化剂是具有多个酚羟基或不饱和双键的化合物,其中 β-胡萝卜素有 11 个共轭不饱和双键,因而具有很低的三重态能级,可从单线态氧接受激发,然后以能量释放形式返回基态,从而达到清除(淬灭)自由基的作用。

机体内的抗氧化保护机制主要有三种:抗氧化酶的直接清除活性氧自由基作用;对自由基链反应的延迟和阻断作用;非酶类抗氧化物质通过螯合金属离子阻止自由基的形成,并能够清除(淬灭)自由基。超氧阴离子自由基和过氧化氢能够通过 Haber-Weiss 反应、Fenton 反应等转化为对生物大分子损伤活性更强的羟基自由基。超氧阴离子自由基和过氧化氢在 SOD 和过氧化氢酶等酶的作用下降解,而羟基自由基被非酶类的抗氧化物质所清除[9]。

在饮食中适当地补充抗氧化成分被认为能够提高实验动物的寿命,如减少患心血管疾病的机会。由于人工合成的一些抗氧化剂存在的毒副作用及价格昂贵等多方面的缺陷,近来人们将注意力转向动植物、微生物中蕴藏的丰富的抗氧化剂,例如植物提取物中的儿茶素、槲皮素等黄酮化类合物;超氧化物歧化酶 SOD、小牛血清白蛋白 BSA 等。其中,超氧化物歧化酶能够催化歧化反应,清除并阻止超氧阴离子引起的自由基连锁反应,从而保护机体不受损害。目前,SOD 等抗氧化酶已被广泛应用于医药、保健品、化妆品等产业。

5.2.2.6　自由基的检测分析仪器和方法

目前用于检测自由基的方法有电子顺磁共振波谱分析技术(EPR)、化学发光分析法、荧光分析法、吸光光度法、酶学分析法、脉冲辐解技术等。还可以利用组织细胞实验模型研究自由基损伤,如以生物体的组织、细胞、大分子(如红细胞膜)等为研究目标,检测脂质过氧化产物(丙二醛)等指标,间接反映机体内的氧化损伤。

5.2.2.7　剂量效应曲线、靶学说与击中理论

1) 剂量效应曲线

剂量效应曲线是辐射生物效应的重要表达方式,曲线的形状反映了该射线作用于生物体时的特征。常见的有指数形、S 形和双相形等类型。

(1) S 形曲线。这种存活曲线的一般特征是存在一个"肩"形区域,即以存活率为辐射生物学效应的指标时,细胞的存活率在辐射剂量较低的范围内下降的速度较慢,而当辐射剂量增大到一定程度时,存活曲线迅速下降,即曲线的斜率变大,反映了细胞的存活率急剧下降,之后曲线下降趋于平缓。如果纵

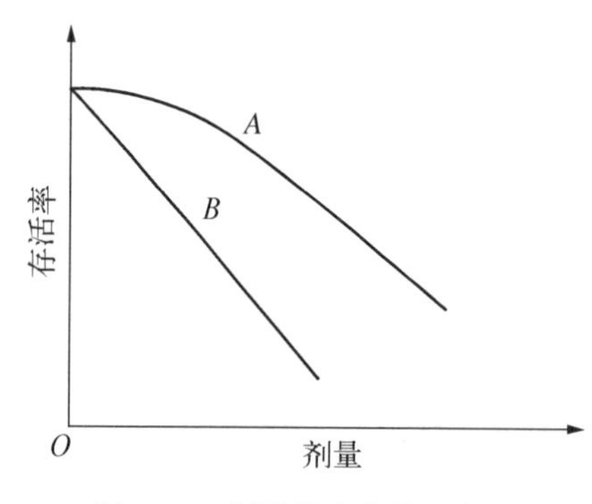

图 5-3　剂量效应曲线示意图

坐标用对数表示，曲线如图 5-3 的 A 所示。

(2) 指数形曲线。存活曲线呈指数形，即以存活率为指标时，经辐照后细胞的存活数随辐照剂量的增加而快速下降，不存在"肩"形区域。如果纵坐标用对数表示时，存活曲线为一直线，如图5-3 的 B 所示。

(3) 双相曲线。这种曲线表示受照样品(群体)中含有两种辐射敏感性不同的亚群。其中曲线斜率较大的代表快速分裂的较敏感的亚群，斜率较小的则代表静止的较不敏感的亚群。例如，细菌群体中不同辐射敏感性亚群的剂量效应曲线可以用双相形曲线表示。

2) 靶学说与击中理论

生物体内存在对生命具有重要意义、同时对辐射又特别敏感的单元或区域，被称为"靶"。靶学说与击中理论的主要观点如下[1, 2]：

(1) 靶学说认为靶的体积小，仅为细胞的若干分之一，只有当辐射击中敏感的靶区时才引起损伤效应。对于增殖的细胞，引起细胞死亡和抑制细胞分裂的靶区存在于细胞核内，而作为靶的物质基础的所谓"靶分子"则被认为是核酸和核蛋白等分子。而当这些"靶"受到一定次数的击中后，就会产生某种生物学效应，如大分子受损，酶失活或 DNA 分子链断裂。

(2) 生物机体内的靶吸收辐射能量是一个量子化的过程。通过一次又一次的击中，辐射以不连续的形式把能量转移给靶。

(3) 这种击中是一种随机过程，各次击中之间是彼此无关、独立的事件，其击中概率服从 Poisson 分布。

(4) 不同生物分子或细胞的靶具有不同的损伤击中数(一次击中或多次击中)。

击中理论使放射生物学进入定量研究阶段，为使用数学方法描述剂量效应曲线提供了可能，有关数学原理可参考相关专著。尽管靶学说与击中理论对生物大分子、细胞的辐射效应解释令人满意，但其基本假设与复杂生物的真实情况差异很大，例如该理论只对直接作用有效，不包含生物损伤修复等情况。实际上，辐射效应和敏感性还受环境因子、生物体的生理状态等诸多因素影响。

5.2.2.8 原发作用的机理

关于原发作用的机理，至今学术界仍无公论，各国学者也提出了许多不同学说，以下是几种学说简介[4]。

1）膜学说

该学说认为辐射对膜系的损伤是细胞死亡的主要原因。膜系统包括细胞膜、核膜、线粒体膜等，它们的辐射损伤结果表现为膜的通透性改变、细胞膜破裂、细胞内外的代谢平衡被破坏等。目前对膜损伤作用的研究越来越受重视。

2）硫氢基学说

硫氢基(—SH)是生物体内某些蛋白质或酶的关键活性基团，由硫氢基基团形成的二硫键(—S—S—)基是许多蛋白质构型所必需的，而正确的蛋白质构型在维持机体正常功能方面起重要作用。该学说认为，电离辐射首先损伤对辐射最敏感的—SH，从而干扰了—SH 基的正常功能，甚至导致细胞死亡。目前对此学说已有不同的看法。

3）结构代谢学说

该学说认为细胞内的结构具有高度的有序性，辐射引起大分子无序，从而导致严重的氧化损伤等。该学说不承认某些靶分子的特殊重要作用。

4）链锁反应学说

该学说建立在辐射的间接作用基础上，主要观点是着重突出了水和自由基的作用，认为当自由基作用于脂类时，形成了许多不饱和脂肪酸的氧化产物。能够引起链锁反应。学说由苏联学者 Tapycob 于 1954 年首先提出。

5.2.3 电离辐射的继发作用

如何区分辐射的原发和继发作用至今尚无确切的判别。有的将辐射能被吸收后到机体出现明显症状之前所经历的一系列变化视之为原发作用，尔后的变化则归为继发作用。继发作用的机理比较复杂，细胞、组织和器官受到辐射损伤后，往往通过神经体液等效应作用而引起继发损伤。同时，生物体自身具有较完善的修复、再生能力，如存在 DNA 修复等机制。损伤修复的最后结果决定着机体的预后。当生物体无法顺利修复各种损伤时，会产生 DNA 改变、染色体畸变、基因突变等遗传效应，还可能会导致远期效应(如致癌效应)。

5.3 放射生物学作用的特点和分类

5.3.1 电离辐射生物学作用的特点

5.3.1.1 电离辐射引起复杂多样的生物学效应[2]

生物体在受到电离辐射的照射后会产生极其复杂多样的生物学效应，包括辐射引起的生物大分子损伤、细胞结构改变、细胞致死等。

(1) 辐射造成生物分子包括核酸、蛋白质、脂类等的损伤，生物膜结构破坏，细胞分裂抑制，甚至导致细胞致死效应。

(2) 辐射能引起基因突变等遗传效应，也能诱导生物体对 DNA 等损伤的修复。

(3) 辐射的旁效应(bystander effect)：受照射细胞周围邻近的未受照射细胞也产生同样的辐射效应，即指未直接受照射细胞表现出与受照射细胞类似的生物学反应，如基因突变、基因不稳定性、细胞凋亡等。

(4) 辐射能刺激核酸、蛋白质的合成，促进生物体的生长代谢，还能诱导某些酶的活性。

5.3.1.2 电离辐射生物学效应的特点[1]

1) 导致最终生物学效应的关键因素——生物分子的损伤

早先的观点认为 DNA，RNA 等核酸分子的损伤处于中心地位，但近年来的研究表明，蛋白质的损伤是某些生物体损伤的决定因素之一，例如在耐辐射细菌的研究中发现参与 DNA 修复等重要生理过程的蛋白质或酶的损伤是影响菌体抗性的最重要因素。因此，在生物分子的损伤中，DNA、RNA、蛋白质(酶)和脂类物质等生物大分子的损伤是产生生物学效应的重要因素。

2) 代谢对辐射损伤的放大作用

生物体代谢是个复杂而有序的过程，辐射作用只要使其中一个环节受到损伤，就会使代谢过程产生紊乱或中断，而不断积累的代谢损伤表现出各种生物学效应。因此，代谢是由分子损伤发展到最终生物学效应的必经之路。

3) 辐射损伤与修复共同产生的效果——生物学效应

生物体能够对辐射引起的损伤进行修复，但由于外界或内源性因素的影响，某些修复过程会产生差错或不完整，由此形成基因突变等遗传效应，这些效应也是生物进化的途径之一。

近些年以来，随着细胞生物学、结构生物学、分子生物学技术的进一步发展，已经能够对辐射生物学效应和过程进行直接观察和分析，例如利用高分辨率的激光共聚焦显微技术和原子力显微镜对蛋白质进行定位和研究，利用核磁共振技术对蛋白质和 DNA 等大分子复合物在体内生理条件下进行观察和表达水平分析等，极大地促进了辐射生物学的研究水平。

5.3.2　电离辐射生物学效应的分类

电离辐射的生物学效应按照效应出现的对象、时间和发生规律等有不同的划分体系[4, 10]。

5.3.2.1　按效应出现的对象分类

(1) 躯体效应(somatic effect)：受照射者本身出现的效应，包括全身效应和局部效应。

(2) 遗传效应(genetic effect)：受照射者后代出现的效应。

5.3.2.2　按效应发生规律分类

(1) 非随机效应(non-stochastic effect)：效应严重程度与剂量呈正相关，并可能存在着剂量域值，如急性放射性皮肤损伤和辐射致不孕症等。

(2) 随机效应(stochastic effect)：效应发生的发生概率与受照射剂量成正比，而严重程度与剂量无关的辐射效应。在一定的照射条件下，效应可能出现，也可能不出现，而发生的概率则与剂量大小有关。一般认为它不存在剂量的域值。

5.3.2.3　按效应出现的时间分类

(1) 近期效应(short-term effect)：根据效应发生的缓、急又分为慢性效应和急性效应。慢性效应(chronic effect)包括慢性放射病和慢性放射性皮肤损伤。急性效应(acute effect)是指急性放射病等近期效应。

(2) 远期效应(long-term effect)：是指发生在受照射后数年以上的生物效应，如辐射遗传效应等。

5.3.3　辐射对生物膜、生物体代谢以及各种生物大分子产生的生物学效应

5.3.3.1　生物膜的辐射效应

生物体的细胞中存在着各种各样由生物大分子构成的高级结构。许多复杂的、有序的、具有方向性和协调性的生命活动在这些高级结构中有条不紊地顺利进行着。细胞的膜系统就是其中的高级结构之一，它包括质膜、核膜和线

粒体、高尔基体、溶酶体等各种细胞器膜以及内质网膜等膜系统，统称为生物膜，在保持细胞结构和调节细胞功能等方面起着至关重要的作用。

在生物膜系统中，质膜是最重要的结构之一，它确定了细胞边界，产生并维持着细胞内外截然不同的电化学环境。细胞必须保持细胞膜以及所有被膜细胞器的完整才能生存。Singer 和 Niconlson 提出的流动镶嵌模型可视为膜结构的基本模型，该模型认为所有的细胞膜都由磷脂双分子层组成，蛋白质和酶有的结合在膜表面，有的嵌入到脂质双分子层之中，有的甚至横穿磷脂双分子层，脂质分子的亲水端都朝向膜的内外表面，而脂质分子的疏水端则朝向双分子层内部，膜的成分处于不断运动的状态[3]。细胞膜的流动镶嵌模型为细胞对来自内部或外部的生理或非生理的刺激提供了立即作出反应的物质基础，已用来解释膜的许多重要功能，如增殖、物质运输、能量转换、信号传导等。

生物膜是射线作用的靶之一，射线能量的吸收和传递可导致生物分子，如膜脂质分子的激发和电离，使膜结构遭到破坏。细胞膜系统结构上的损伤将会导致细胞生理生化过程的改变。

5.3.3.2 生物氧化和能量代谢的辐射效应[1]

生物氧化指的是生物体内一系列通过酶的催化作用释放出能量的化学反应过程，反应底物是糖、脂肪、蛋白质等物质。三羧酸循环和氧化磷酸化酶系等氧化还原酶大多存在于生物膜上，这些氧化还原酶能催化 ATP 的生成，其中最重要的生化反应是氧化磷酸化作用，氧化磷酸化作用产生的 ATP 能提供生物体(细胞)内各种化学反应与功能所需的能量。辐射对敏感细胞或组织的早期效应之一就是导致 ATP 的合成障碍。辐射引起的能量代谢障碍，又会引起生物体内 DNA、RNA、蛋白质(包括酶)等大分子合成的抑制。

5.3.3.3 辐射对蛋白质代谢的影响

蛋白质和酶等生物大分子对辐射作用均有自己的特殊效应，例如，天然状态的蛋白质分子和变性后的蛋白质分子有着不同的辐射敏感性。辐射效应可能与蛋白质活性功能相关，也可能只是与一般蛋白质结构相关，或者只是其中某个氨基酸残基受到影响。对于同一类型氨基酸残基，存在于蛋白质分子表面或隐藏在内部，可能会产生不同的辐射敏感性。射线既可以破坏蛋白质的分子结构，又可造成蛋白质合成代谢的抑制和分解代谢的增强。

1) 辐射对蛋白质和酶的结构和功能的影响

蛋白质(包括酶)分子是一条由 20 多种氨基酸按一定顺序连接而成的共价多肽链，氨基酸的排列顺序决定着蛋白质或多肽的一级结构。电离辐射可能引起蛋白质一级结构的变化，包括肽链电离、肽键断裂、巯基氧化、二硫键还原、旁侧羟基被氧化等。

蛋白质(包括酶)一级结构决定着高级结构，一级结构的变化会引起高级结构的改变。氨基酸序列变化必然会引起维持高级结构的肽链氢键、侧链氢键、离子键和疏水基等作用力的相应变化。照射后的牛血清蛋白的分子构象发生变化，发生变性或部分变性，引起蛋白分子伸展、在水中的溶解度降低等。这些变化可用紫外吸收光谱、荧光光谱、酶活性、圆二色图谱分析等多种物理化学分析方法检测。

2) 辐射对蛋白质和酶的生物合成的影响

蛋白质的翻译是指以 mRNA 为模板合成特定蛋白质的过程。蛋白质合成是在核糖体上进行的。在这个过程中，氨基酸按照 mRNA 密码依次掺入到多肽链中，氨基酸附着在特异的 tRNA 上被转运到核糖体上装配成多肽链，然后释放出来。辐射对 DNA 造成影响必然会影响 hnRNA，mRNA，tRNA，rRNA 等的结构和功能，进一步影响转录和翻译过程。

射线对蛋白质合成的影响是十分复杂的。辐射对蛋白质的合成同时具有抑制和激活作用，而抑制作用呈主要趋势，如抑制某些诱导酶的生成。同时，受射线破坏后的 DNA 损伤修复、细胞各项功能恢复、一些代偿性和反馈性的调节等，都需要合成新的酶(蛋白质)来执行，因此蛋白质合成被激活。实践中常用放射性标记的氨基酸掺入法研究射线对蛋白质合成的影响。

5.3.3.4　辐射对脂类代谢的影响

不同种类的脂类具有不同的功能，如磷脂、胆固醇等极性脂类是生物膜的重要结构成分，而糖脂、脂蛋白等作为细胞表面物质，参与细胞的表面识别和免疫等过程，还有一些脂类具有激素、维生素等功能，越来越多的研究表明脂类物质及其代谢产物还与细胞内的基因调控密切相关，脂类组和代谢组学等研究手段将增进对脂类生理功能的深入了解。

脂类代谢受到射线照射后会发生明显变化。辐照常常会引起生物体内甘油三酸酯等脂类发生脂类过氧化反应。辐射对亚细胞微粒的膜效应也与脂类过氧化物的形成有关。

5.3.4　电离辐射的遗传效应

5.3.4.1　基因突变

基因是生物体的遗传物质，是由特定的核苷酸序列组成的开放阅读框，编码各种蛋白质。真核生物中的基因数量较大，排列于染色体上，结构比较复杂，一个基因结构内包含了多个内含子和外显子。原核生物的基因数量较小，结构简单，不存在内含子和外显子之分。基因编码区主要是负责通过转录和翻译形成由相应氨基酸所构成的蛋白质，根据其编码的蛋白质功能，基因分为结构基因和调节基因，前者编码细胞结构蛋白等，而后者编码各种激活或抑制基因表达的转录调控因子等。基因的转录还需要启动子区和转录结合位点等参与。在DNA顺序上，基因还具有不连续性、重叠性和重复序列等特征。

随着现代分子生物学和基因组学等技术的发展，人们对基因的认识也不断深入，除了基因以外，在染色体的非编码区还发现了有功能的因子，这些非编码区产生的RNA(包括小RNA)能够执行类似于蛋白质的功能，参与了基因调控等重要的生理过程。目前，新的测序技术不断发展，如最近的RNA-seq等深度测序技术极大地促进了基因和基因组学的研究。

基因突变可以是自发的，也可由外界物理或化学因素诱发形成的，外界因素包括放射线、碱基类似物、羟胺、烷化剂、氧化剂等DNA损伤剂。一方面，DNA的损伤会使生物体产生严重的遗传后果，基因突变会产生有害的遗传效应，如影响动物发育、生殖的效应，影响植物植株高度和果实产量的效应等；另一方面，基因突变也是生物进化的重要因素之一。

常见的基因突变有碱基置换突变、插入突变和移码突变等多种形式。碱基置换突变可分为嘌呤取代嘌呤、嘧啶取代嘧啶、嘧啶取代嘌呤或嘌呤取代嘧啶；移码突变可因插入或减去一个或数个碱基所造成。插入突变和移码突变的结果是使核酸的核苷酸序列和与之对应的氨基酸序列发生改变。突变导致基因功能的失活，也可能形成新的功能因子。基因突变株的获得以及突变株库的构建为遗传学研究和育种提供了丰富的素材，具有重要的科学研究和应用价值。

DNA受到损伤后，生物体内的修复系统会启动一系列的修复过程。在已知的修复类型中，有些修复是准确无误的，有的则容易产生误差，而误差导致突变。利用修复抑制剂来抑制修复过程，有可能提高诱发突变的频率。在研究实践中，人们发现了许多修复抑制剂，例如乙二胺四乙酸(EDTA)，咖啡因，二硝基苯和氯霉素等。

5.3.4.2 细胞的辐射效应

细胞是执行和表现生命过程中的新陈代谢、生长发育、繁殖、遗传、变异、对环境的适应及应急反应等的结构和功能基本单位。细胞一般由细胞外被和胞内结构组成，细胞外被主要是细胞壁、细胞膜等构成，细胞内部结构包括细胞核(核区)和各种细胞器等。细胞还可分化形成不同种类的成熟细胞，如血细胞、纤维细胞、骨细胞等。不同细胞具有不同的放射敏感性。

细胞受辐照后会产生致死、分裂延迟、形成巨细胞等效应。细胞周期分为4个时相，即G1(细胞间期)，S(DNA合成期)，G2(细胞间期)和M(细胞分裂期)。同一细胞不同时相对放射的敏感性不同。M相细胞对辐射很敏感，较小剂量即可引起死亡或畸变。细胞受电离辐射后，第一个有丝分裂周期的进程受到影响，最终表现为有丝分裂的延迟，其特点为具有剂量依赖性与可逆性。电离辐射通过诱导细胞周期G1阻滞、G2阻滞、S期延迟及S/M解偶联从而影响细胞周期进程[11]。

G1阻滞(G1 arrest)：细胞受照射后暂时停留在G1期，称为辐射诱导的G1阻滞。阻滞程度取决于细胞所受照射的剂量。

G2阻滞(G2 arrest)：电离辐射后，细胞周期暂时停留在G2期，不能进入M期，称为G2阻滞。

S相延迟(S phase delay)：电离辐射使细胞S相的进程减慢，DNA合成速率下降。DNA合成在电离辐射条件下，其合成的抑制呈现双相型的剂量-效应曲线关系。即在较低剂量范围内，剂量-效应曲线斜率较大，DNA合成表现为辐射敏感；而在较高剂量范围内，剂量-效应曲线斜率变小，即DNA合成表现为辐射抗性。

S/M解偶联：电离辐射照射后，处于G2期的细胞既不能进入有丝分裂M期，也不发生G2阻滞，而返回到S期，继续进行DNA复制，形成具有几套染色体而不分裂的巨细胞(giant cell)。

另外，细胞的放射损伤可分为致死性损伤、潜在致死性损伤和亚致死性损伤。三者的定义和损伤类型不同，致死性损伤是不可修复的损伤，即不可逆地导致细胞死亡的损伤；潜在致死性损伤是指细胞受照射后所受的损伤是致死性的，但在一定环境条件影响下能得到修复的损伤；而亚致死性损伤则是指经过一段时间后能完全修复的损伤。

细胞的致死效应又分为间期死亡和分裂(增殖)死亡两种。其中，间期死亡指的是细胞经辐照后未经分裂即死亡，间期死亡通常发生在那些非分裂细胞和分裂能力有限的细胞上，当细胞受到剂量不太高的辐照后即死亡。辐照导致细胞间期死亡的主要原因有三种：一是细胞中的能量代谢产生障碍；二是细胞结构的破坏；三是细胞膜通透性损伤导致的代谢紊乱，细胞膜结构损伤使离子运输失衡或者蛋白质与核酸前体外溢。细胞的分裂死亡又被称为增殖死亡、代谢死亡等,细胞分裂死亡常发生在下列情况:一是细胞受照后第一次有丝分裂以前的间期;二是受辐照后第一、第二次有丝分裂过程中;三是受照后经历第一、第二有丝分裂后的间期;四是形成巨细胞后[1]。与正常细胞相比,巨细胞具有大得多的体积,有时可达到正常细胞的200倍,核酸和蛋白质含量与正常细胞无很大差异,其代谢率一般低于未受照射的细胞,具有正常细胞的某些功能,并且巨细胞内载细胞可以存活一定时间。细胞分裂致死的可能原因是染色体畸变和突变、DNA损伤及错误修复等。

5.3.4.3　电离辐射的刺激效应

电离辐射的刺激效应是指低剂量电离辐射使受照生物体当代在萌发、发育、形态、代谢、生理和寿命等方面表现出的有益变化。刺激效应研究所采用的辐射种类包括X射线、γ射线、中子和电子,研究对象有动物、植物和微生物,刺激效应包括加速昆虫繁殖、促进植物成熟和发芽、延长动物寿命、增加产量和改进品质、抗旱等。但低剂量或超低剂量的量值还没有确定的标准,有的研究认为低剂量范围是接近本底辐射的剂量或低于最小致死剂量两个或两个数量级以上的剂量;但有的研究认为低剂量范围是从10^{-4} Gy到0.01 LD_{50}(半致死剂量),而把超低剂量范围定在$n = 0$($n = D/D_0$,D为试验的剂量,D_0为自然本底剂量)到$n = 10^3$(约10^{-4} Gy)[1]。但应意识到低剂量的上限对不同的生物是不同的,低水平电离辐射暴露的风险尚不确定[12],该领域需要进一步研究。

5.3.5　重离子生物学作用特点和应用

重离子(heavy ions)射线具有特殊的辐射效应和特点,因而也赋予它在生物学和医学等领域的重要应用价值。高剂量的Bragg峰的特征被应用于放射治疗和辐射生物学研究。与X射线、γ射线等辐射相比,重离子射线具有以下特点[2]:

(1) 重离子射程末端存在一个尖锐的能量损失峰(Bragg峰),它能够使辐射剂量集中于生物样品的特定深度。

(2) 重离子与介质原子核的碰撞具有很大的截面。

(3) 重离子具有较高的传能线密度,能在生物介质中产生高密度的电离和激发,产生的相对生物效应较大,生物大分子损伤的可修复性较小。

(4) 重离子的氧增比(oxygen enhancement ratio)低,生物介质中含氧量对辐射效应的影响较小。

5.4 DNA 的辐射损伤

DNA 是射线作用于生物体的重要靶分子之一，研究 DNA 的辐射损伤和修复机制具有重要意义。DNA 受到一系列辐射相关压力的作用，内源性损伤通常是在无差错的方式下快速和容易修复的，辐射损伤与 DNA 双链断裂是相关联的，这是非常具有细胞毒性的作用，经常会被错误修复，它们要么导致细胞死亡或使基因不稳定。随着生物科技的迅速发展，DNA 损伤机理和细胞对 DNA 损伤的感应机制已越来越清楚[12]。

5.4.1 DNA 损伤产生的原因

机体暴露在电离辐射下会引起大量的 DNA 损伤，这些 DNA 损伤会导致基因组的不稳定，从而引起肿瘤发生、细胞凋亡和遗传突变。辐射对 DNA 的影响可大致概括为三个方面：即 DNA 分子损伤、DNA 合成抑制和 DNA 降解。研究表明，1 Gy 的电离辐射可以引起每个双倍体哺乳细胞中约 1 000 单链断裂和约 30 个双链断裂[13]。DNA 分子损伤的原因，主要包括以下几个方面。

(1) DNA 分子的自发性损伤：包括 DNA 复制中的错误和 DNA 自发性化学变化。

(2) 物理因素引起的 DNA 损伤：如电离辐射引起的 DNA 损伤。

(3) 化学因素引起的 DNA 损伤：如氧化剂、烷化剂、碱基类似物和修饰剂对 DNA 的损伤。

5.4.2 辐射引起 DNA 分子损伤类型

辐射引起 DNA 分子损伤主要有以下类型：碱基损伤、单链断裂、双链断裂、DNA 合成抑制和 DNA 降解[1]。

5.4.2.1 DNA 碱基损伤

辐射引起的 DNA 碱基损伤包括碱基脱落、碱基氧化、碱基破坏和二聚体形成等。不同类型的碱基对辐射损伤的敏感性不同，嘧啶碱基比嘌呤碱基敏感，游离碱基比核苷和核苷酸中的碱基敏感。自由基是辐射间接作用中的重要因子，由其造成的损伤也占据了 DNA 损伤的主要比例。自由基攻击 DNA

分子是有一定规律的，例如，脱氧鸟嘌呤的环容易被羟基自由基攻击形成 8－羟基脱氧鸟嘌呤和 8－oxo－脱氧鸟嘌呤，后者容易导致碱基错配；两个相邻胸腺嘧啶碱基受损伤容易形成二聚体。

5.4.2.2　DNA 单链断裂

碱基受损伤后可引起 DNA 链断裂，如碱基脱落、碱基破坏等都会导致单链断裂损伤的后果。细胞内 DNA 周围环境会影响单链断裂的效率，例如在有氧条件下引起的单链断裂效应高于缺氧条件下单链断裂。在空气中辐照时，每相对分子质量 DNA 产生 1.2×10^{-10} 断裂/戈端，而在氮气中每相对分子质量 DNA 则产生 0.4×10^{-10} 断裂/戈端，只是空气中的 1/3[1]，这种氧的增强效应是辐射生物学效应的影响因素之一，后面还要阐述，尤其是羟基自由基在单链断裂产生中具有重要作用。

5.4.2.3　DNA 双链断裂

DNA 双链断裂一般是在两条链的互补位置或邻近位置上同时发生断裂，即在互补链间邻近碱基的两条链都发生断裂。DNA 周围环境差别，如干燥和水溶液环境会影响 DNA 双链断裂的辐照剂量效应关系。

5.4.2.4　DNA 合成的抑制

辐射引起 DNA 合成抑制的机制相当复杂，可能是辐射条件下的核苷酸合成障碍、DNA 模板损伤、DNA 聚合酶的抑制等影响，DNA 合成速率通常由放射性核素标记的前体，如 ^{3}H－TdR 等的掺入率来测定。DNA 合成抑制的详细机制还有待进一步研究。Hartwell 通过研究酵母菌细胞对放射线的感受性，提出了细胞周期检验点(checkpoint)的概念，意指当 DNA 受到损伤时，细胞周期会停下来[14]。2001 年 10 月 8 日美国学者 Leland Hartwell 和英国学者 Paul Nurse，Timothy Hunt 因对细胞周期调控机理的研究而荣获诺贝尔生理医学奖。

5.4.2.5　DNA 的降解

DNA 的损伤还表现在当 DNA 合成受到辐射抑制的同时，脱氧核糖核酸酶(DNase)活性升高，导致 DNA 的分解。辐照剂量与脱氧核糖核酸酶活性的升高有一定的正比关系。DNA 降解与细胞死亡之间也可能存在一定的联系。另一方面，DNA 分子存在于生物所生存的大部分环境中，这些 DNA 分子可以降解作为营养物质为生物生长所利用，也可以作为片段进入细胞内，通过改变基因组信息推动物种进化。胞外核酸酶对胞外 DNA 分子的含量起重要的调节作用，耐辐射奇球菌在电离辐射后会释放出体内受损伤的 DNA 片段（～1 kb①），这些片段会被胞外核酸酶迅速降解，以避免被重新吸收利用后影响基因组的稳定性和胞外 DNA 片段对自身细胞生长的抑制。我们研究了被降解形成的产物 dNMPs 对生长和抗性的影响，发现胞外 dGMP 可以提高耐辐射奇球菌抗氧化的能力，可能是一种菌体适应外界氧化胁迫的策略[15]。一般来说，DNA 降解可随机发生在整条 DNA 链上，复制中的 DNA 比正常的 DNA 更容易降解。

5.4.3　细胞 DNA 损伤感应和信号网络[11]

DNA 分子损伤将激活细胞内一系列生化反应网络，其中的一个关键科学问题是：DNA 分子损伤信号在细胞中是如何被识别并引发下游的生化级联反应的。研究发现，DNA 损伤感应的物质基础是损伤感应分子和早期信号转导子，信号分子通过促使下游功能蛋白的磷酸化、乙酰化、泛素化等化学修饰而激活信号转导反应。

损伤感应分子（感受器）是直接接触和识别 DNA 损伤信号、启动细胞信号转导反应的物质，例如 Mrell 复合物。而信号转导子是损伤感应分子的功能伴侣，多具有激酶活性，将 DNA 损伤化学信号转变为生物化学修饰反应，进一步激活下游的效应分子，从而形成一个完整的信号网络。

5.5　DNA 修复机制和研究方法

5.5.1　DNA 损伤的修复[3]

生物体内除了具有比较完善的抗自由基氧化的防御体系之外，还在长期的进化过程中形成了生物大分子如 DNA 损伤的修复机制，可将损伤的碱基或核苷酸切除，并可以在多种修复酶的作用下修复 DNA 的单链断裂和双链断裂。细胞对 DNA 损伤的有效修复可以帮助维持基因组稳定。

目前，有关 DNA 修复机制的研究已成为生物化学和分子生物学的热点领域。DNA 的损伤修复是由多种与 DNA 修复相关的蛋白质和酶类参与的复杂生化过程。DNA 的修复途径包括切割修复、错位配对修复和重组修复、同源末端连接、单链退火途径等。研究发现，耐辐射奇球菌（*Deinococcus radiodurans*）比大

① kb：kilo-base pair，是 DNA 分子片段大小单位。1 kb=10^3 bp，1 Mbp=10^6 bp。kb 又可写成 kbp 与 kb 同义。

肠杆菌(*Escherichia coli*)的抗辐射能力和修复能力高出许多倍。利用分子生物学手段已发现了该微生物中许多与修复有关的基因和蛋白质。

5.5.1.1　DNA 单链断裂的修复

DNA 修复酶以未受损 DNA 互补链作为模板，修复受损链上被切除的碱基，以此恢复断裂单链上原有的 DNA 序列，从而保证了 DNA 双链结构的完整性和遗传学稳定性。

5.5.1.2　DNA 双链断裂的修复

DNA 双链断裂的生物学后果是严重的，几乎所有的辐射生物学效应都与 DNA 分子的双链断裂相联系，如细胞增殖死亡、染色体畸变和突变等。DNA 双链断裂是可以修复的。研究表明耐辐射奇球菌具有强大的双链断裂修复能力。这种细菌受到 2.2 kGy 的电离辐射后有明显的双链断裂，但后孵育 1.5 小时后，基因组恢复到了原来的水平。近年来的研究表明，在适宜的条件下和一定时间内，哺乳类动物细胞大多数能进行修复。目前已知的细胞内 DSB 修复方式主要有三类：① RecA 催化的同源重组修复(homologous recombination, HR)；② 单链末端退火(single-strand annealing, SSA)；③ 非同源末端连接(nonhomologous end joining, NHEJ)。

同源重组修复广泛存在于各种生物体内，通常是在 DNA 双链断裂末端降解产生一条自由的 3′单链 DNA，进而入侵完好的同源 DNA 双链(起模板作用)，形成重组的杂交双链，通过 DNA 合成跨过 DNA 损伤末端，进而完成 DNA 修复。修复过程有时也会产生错误，导致遗传学上的错误修复，引起基因突变。

单链末端退火主要发现于真核单细胞生物和一些原核细胞内，如噬菌体。首先是互补单链之间退火复性，然后聚合酶启动聚合反应修复损伤。这是一种容易导致缺失的修复方式。

非同源末端链接是真核细胞在不依赖 DNA 同源模板的情况下，为了避免 DNA 断裂，而强行将两个 DNA 断裂末端连接起来。这是一种保护 DNA 免受降解、增强细胞抵抗力的特殊修复机制。

5.5.1.3　碱基损伤修复

碱基切除修复被认为是最简单的 DNA 修复途径，仅需 4～5 个步骤即可完成。碱基切除修复作为生物体面临 DNA 碱基损伤时最主要的修复路径之一，可以利用不同的修复酶切除错误碱基、填补正确碱基而后使基因组恢复正常。细胞中有识别受损核酸位点的糖苷水解酶，能够特异性切除受损核苷酸上的糖苷键，形成去嘌呤或去嘧啶的位点——AP位点。通过AP核酸内切酶把受损核苷酸的糖苷—磷酸键切开，移去包括AP位点在内的小片段DNA，在DNA聚合酶催化作用下合成新的片段，然后由DNA连接酶连接缺口，最终完成DNA修复。

核苷酸切除修复主要修复的是影响染色体区域结构的DNA损伤，比如UV诱导损伤的产物嘧啶二聚体、DNA交联。这些DNA损伤的出现，会阻滞DNA复制、转录，进而导致细胞内正常生理生化过程无法继续，因而需要及时清除这些DNA上的附加物，保证细胞的正常生长。

5.5.1.4　DNA的修复合成

高等植物细胞在受紫外线，电离辐射或某些化学物质作用后，经一段时间保温，可以观察到DNA合成，它不同于细胞增殖过程中的DNA复制，而是一种非按期DNA合成，它需要辐射诱导进行，合成量较少[3]，而且与辐照剂量有一定依赖关系，在接近半致死剂量LD_{50}时表现出最大修复合成作用。

DNA修复相关蛋白的研究不仅有助于阐明DNA修复机制，而且也为发现和探索利用这些修复酶提供了广阔前景。

5.5.2　DNA修复机制的研究方法

除了早先建立的研究方法如单细胞凝胶电泳（彗星检测）等，近些年涌现了一些新的DNA损伤修复研究手段。

5.5.2.1　基因组技术

2000年6月参与人类基因组计划的中国、日本、法国、德国、英国、美国等六国科学家向全世界宣布人类基因组工作草图绘制成功，意味着从遗传密码角度解读人类疾病相关的基因功能和网络进入了一个崭新的阶段。同时，随着更多生物体基因组测序的完成，为科学家了解DNA损伤和修复的机制提供了坚实的基础。目前，基因组水平上研究DNA修复机制主要是通过利用基因克隆、突变和基因表达分析（基因芯片技术）等技术来实现的。

1）基因敲除

基因敲除是自20世纪80年代末以来发展起来的分子生物学技术，是通过一定的方法使机体内特定基因失活或缺失的技术。通常意义上的基因敲除主要是应用DNA同源重组原理，用设计的同源片段替代靶基因片段，从而达到基因敲除的目的。随着基因敲除技术的发展，除了同源重组外，新的原理和技术也逐渐被应用，比较成功的有RNAi技术等，同样可以达到基因敲除的目的。现在已发展了 ZFNs，TALENS，CRISPR/Cas9 等多种基因高效靶向修饰和调控技术。

2）基因芯片

生物芯片包括基因芯片、组织芯片、蛋白芯片、微流体芯片和芯片实验室等。生物芯片的基本原理是采用原位制备或制备后交联等方法，将 cDNA、寡核苷酸、多肽、蛋白质以及细胞或组织切片等数目不等的探针分子，按设计序列固定于硝酸纤维素膜、尼龙膜、聚丙烯酰胺膜或玻璃片等固相载体，然后与同位素或荧光素等活性物质标记的生物靶分子进行杂交，最后的检测是用激光共聚焦扫描仪或 CCD 扫描仪等，并辅以计算机软件分析。

基因芯片(gene chip)又称 DNA 芯片或 DNA 微阵列，是通过微电子技术和微加工技术将大量特定序列的 DNA 片段或寡核苷酸片段按矩阵高密度固定于载体上制作而成。常用的基因芯片是一块带有 DNA 微阵列(microarray)的特殊玻璃片或硅芯片，在数平方厘米之面积上布放数千或数万个核酸探针；样品中的 DNA，cDNA，RNA 等与探针结合后，借由荧光或电流等方式检测。传统的 Northern 杂交 1 次只能提供一个基因的表达信息，基因芯片技术使同时测定众多基因的表达情况成为可能，经由一次检测，即可提供大量基因序列相关信息，已成为基因组学和遗传学研究的重要工具。研究人员应用基因芯片就可以在同一时间定量分析大量(成千上万个)的基因表达，具有快速、精确、低成本的生物分析检验能力。基因芯片分为基于 DNA 的芯片(DNA based microarray)和基于寡聚核苷酸的芯片(oligo based microarray)，前者是将大量不同的 DNA 片段点样于固体支持物上形成的高密度阵列，后者是在硅化基质上原位合成的特异性寡核苷酸组成的高密度阵列。

辐射能引起机体分子水平的复杂调控，不同组织的细胞、同一组织来源不同性状的细胞，其基因对不同剂量的辐射反应各异，不同剂量辐射后可引起细胞或组织多种差异基因表达上调或下调。基因芯片技术可以完整地研究整个细胞或器官全部基因变化，通过全基因组分析，可发现电离辐射诱导的基因差异表达，筛选与辐射相关的基因。因此，基因芯片技术在辐射生物学领域具有重要作用，推动了一种新的分子放射生物学方法的建立[16]。

5.5.2.2 RNA 测序技术

把高通量测序技术应用到由 mRNA 逆转录生成的 cDNA 上，从而获得来自不同基因的 mRNA 片段在特定样本中的含量，这就是 mRNA 测序或

mRNA-Seq。同样原理,各种类型的转录本都可以用深度测序技术进行高通量检测,统称作 RNA-Seq。该技术首先将细胞中的所有转录产物反转录为 cDNA 文库,然后将 cDNA 文库中的 DNA 随机剪切为小片段,或先将 RNA 片段化后再反转录,在 cDNA 两端加上接头,利用新一代高通量测序仪测序,直到获得足够的序列,所得序列通过比对(有参考基因组)或从头组装(de novo as-sembling)形成全基因组范围的转录谱[17]。

5.5.2.3 蛋白质组技术[18]

蛋白质组是用来描述一个细胞、组织或有机体所表达的所有蛋白质。蛋白质组学则是研究生物系统内特定时间或特定条件下蛋白质表达规律的科学。

蛋白质组学水平上的研究主要包括两方面的工作,一是组成蛋白质组研究,即在正常生理条件下的蛋白质双向电泳凝胶图谱,相关数据将作为待检测生物样品内功能蛋白的二维参考图谱和数据库;二是功能蛋白质组研究,目的是了解各种条件下蛋白质组的变化,如蛋白质表达量的变化、翻译后修饰的变化及亚细胞水平的蛋白质定位变化等规律。

1) 双向电泳

双向电泳(two-dimensional electrophoresis, 2DE)是一种等电聚焦电泳与 SDS-PAGE 相结合,分辨率更高的蛋白质电泳检测技术。双向电泳后的凝胶经染色使蛋白呈现二维分布图,水平方向反映出蛋白在等电点上的差异,而垂直方向反映出它们在分子量上的差别,所以双向电泳可以将分子量相同而等电点不同的蛋白质以及等电点相同而分子量不同的蛋白质分开。双向电泳是快速成长的蛋白质组学技术中最流行最通用的蛋白质分离方法。目前 2D-PAGE 能够在同一块凝胶上同步检测和定量数千个蛋白质。

2) 蛋白免疫印迹法

蛋白免疫印迹(Western blot)采用聚丙烯酰胺凝胶电泳,被检测物是蛋白质,“探针”是抗体,用二抗上的标记进行“显色”。经过 PAGE 分离的蛋白质样品,转移到固相载体(例如硝酸纤维素薄膜)上,固相载体以非共价键形式吸附蛋白质,且能保持电泳分离的多肽类型及其生物学活性不变。以固相载体上的蛋白质或多肽作为抗原,与对应的抗体起免疫反应,再与酶或同位素标记的第二抗体起反应,经过底物显色或放射自显影以检测电泳分离的特异性目的基因表达的蛋白成分。该技术广泛应用于检测蛋白水平的表达。

3) 质谱技术(mass spectrum)

传统的质谱仅用于小分子挥发物质的分析,但随着新的离子化技术的出现,如基质辅助激光解析电离飞行时间质谱(MALDI－TOF－MS)和电喷雾电离质谱(ESI－MS)等,质谱技术为蛋白质鉴定和分析提供了一种新的准确快速的途径。通常的质谱仪组成包括进样器、离子源、质量分析器、离子检测器、控制电脑及数据分析系统等。质谱法分析蛋白的基本原理是通过电离源将蛋白质分子转化为离子,然后利用质谱分析仪的电场、磁场将具有特定质量与电荷比值 m/z 的蛋白质离子分离开来,经过离子检测器收集分离的离子,确定离子的 m/z 值,结合相应的数据处理及生物信息学等分析技术,能够比较准确、快速地鉴定蛋白质。目前质谱主要用于测定蛋白质的一级结构,包括分子量、肽链氨基酸排序及多肽或二硫键数目和位置,在蛋白质组分析研究中占据重要的地位。例如蛋白质组双向电泳分离后采用 MALDI－TOF－MS 鉴定、鸟枪(Shotgun)法后直接利用质谱分析蛋白质组等。目前,利用酶解、液相色谱分离、串联质谱及计算机算法的联合应用已成为鉴定蛋白质的发展趋势。

4) 蛋白质芯片技术

蛋白质芯片是将大量蛋白质有规则地固定到某种介质载体上,利用蛋白质与蛋白质、酶与底物、蛋白质与其他小分子之间的相互作用,来检测分析蛋白质的一项技术。一方面,由于蛋白质难以在载体表面合成,蛋白质芯片制备存在比 DNA 芯片更多的复杂性;另外,固定于载体表面的蛋白质容易失活,所以蛋白质芯片制备的关键是保持蛋白质的活性状态。

蛋白质需要在芯片上高密度排列,实现蛋白质芯片的高通量分析。聚苯乙烯、PVDF 膜和尼龙膜等用来连接蛋白质的软基质不适合蛋白质芯片,目前,大多数蛋白质芯片是以玻片或其他衍生的材料作为载体,并且有较低的荧光背景。例如,一般用具有两个功能基团的硅烷作为连接分子,连接分子的一个功能团能与玻璃表面的羟基反应,另外一个功能团(如醛基或还氧基)能直接与蛋白质的氨基反应,或者能进一步进行化学修饰来达到最大程度的特异化。

蛋白质芯片的检测方法之一是蛋白质标记法,即将样品中的蛋白质预先用荧光物质或同位素等标记,后用 CCD(charge-coupled device)照相技术及激光扫描系统等检测结合到芯片上的蛋白质发出的特定荧光或同位素信号,后续的数据分析采用与基因芯片类似的方法。另一种蛋白质芯片的检测方法是用质谱技术的直接检测法,例如,用表面增强激光解吸离子化-飞行时间质谱技术(SELDI－TOF－MS)等。

蛋白质芯片技术在 DNA 修复机制的研究方面具有重要价值。蛋白质芯片技术目前主要应用于高通量筛选抗原-抗体相互作用、蛋白质-蛋白质相互作用分析、酶-底物作用分析、蛋白质-核酸作用分析、疾病诊断以及药物筛选、测试和新药开发等方面。

5）蛋白质的结构解析[19]

到目前为止，蛋白质结构解析的方法主要有两种，X射线衍射法和核磁共振(NMR)分析法。蛋白质晶体学是利用X射线晶体衍射技术进行生物大分子结构研究的通称，是结构生物学的一个重要组成部分。X射线技术发展得早，也更成熟；NMR方法则是在1990年代才成熟并发展起来的。这两种方法各有优点和不足。

X射线晶体衍射法的优点是速度快，不受肽链大小限制，无论是多大分子量的蛋白质或者RNA，DNA，甚至是结合多种小分子的复合体，只要能够结晶就能够得到其原子结构。X射线晶体衍射法的前提是要得到蛋白质的晶体。通常是将表达目的蛋白的基因经PCR扩增后克隆、转入大肠杆菌等宿主中诱导表达，然后是目的蛋白提纯之后的结晶条件摸索，获得晶体之后，将晶体进行X射线衍射，收集衍射图谱，通过一系列计算，得到蛋白质的结构。但该方法得到的是蛋白质分子在晶体状态下的空间结构，这种结构与蛋白质分子在生物细胞内的本来结构有较大的差别。而且，有些蛋白质只能稳定地存在于溶液中，无法获得结晶的蛋白质。

用NMR可以研究在溶液状态下的蛋白质结构，得到的是蛋白质分子在溶液中的结构，这更接近于蛋白质在生物细胞中的自然状态。此外，通过改变溶液的性质，还可以模拟出生物细胞内的各种生理条件，即蛋白质分子所处的各种环境，以观察周围环境的变化对蛋白质分子空间结构的影响。NMR方法还为蛋白质与蛋白质、蛋白质与底物或小分子的相互作用提供了一个有效的观察手段。缺点是该方法受蛋白质大小的限制。用来解析蛋白质结构的核磁共振方法原理是对水溶液中的蛋白质样品测定一系列不同的二维核磁共振图谱，然后根据蛋白质分子的一级结构，通过对二维核磁共振图谱的比较和解析，在图谱上找到每个氨基酸上的各种氢原子所对应的峰。蛋白质分子在序列上相差较远的两个氨基酸在空间距离上可能是很近的，它们所含的氢原子所对应的NMR峰之间就会有相关信号出现。根据这些峰在核磁共振谱图上所呈现的相互之间的关系得到它们所对应的氢原子之间的距离。按照信号的强弱把它们转换成对应的氢原子之间的距离，再用计算模拟出该蛋白质分子的空间结构。

5.5.3 极端微生物——耐辐射奇球菌DNA损伤修复的研究进展

近年来,DNA损伤修复机制的研究已成为国内外科学界的研究热点之一。科学家们以大肠杆菌、酵母、鼠等为研究模型,系统地探究DNA损伤的修复途径和关键基因,取得了显著的研究成果。我们多年来以特殊的极端微生物——耐辐射奇球菌(*Deinococcus radiodurans*)为对象,开展了辐射诱导的细胞内DNA损伤后修复机制和基因调控网络研究。耐辐射奇球菌是Anderson等人于1956年在用X射线给腐败的罐装食品灭菌时发现的,为非致病性红色球菌,是迄今为止人们发现的地球上最抗辐射的生物之一。该细菌能够在15 kGy的辐射条件下生存,比大肠杆菌(*Escherichia coli*)的抗辐射能力高出200多倍。而人的辐射半致死剂量约为4 Gy,照射6.5 Gy即100%死亡。耐辐射奇球菌R1菌株全基因组测序在1999年由美国基因组研究所TIGR完成,基因组包括两个染色体和两个质粒,其大小分别为2.65 Mbp、412 kbp、177 kbp和46 kbp,GC含量①高达66.6%,预计编码3 195个基因,而其中超过1 000个基因是功能未知的基因[20]。基因组测序和生物信息学分析显示,耐辐射奇球菌所预测编码的基因中近三分之一是未知基因,可能贡献于该细菌的极端电离辐射抗性。

耐辐射奇球菌具有很强的抗辐射特性,可能得益于其所具有的超强DNA损伤修复能力。近些年来,耐辐射奇球菌已成为研究DNA损伤修复的一种理想模式生物,其潜在的环境污染治理、科学研究等方面的应用也受到越来越多科学家的重视。DNA损伤主要包括碱基损伤、DNA双链断裂和单链断裂。耐辐射奇球菌高效的DNA损伤修复机制主要包括碱基切除修复、核苷酸切除修复、直接修复和重组修复,以及尚有争议的SOS修复等。目前研究较多的基因有Nudix基因家族、*uvr*基因和RNA连接酶等。在耐辐射奇球菌内可能存在四种修复途径来应对DNA双链断裂损伤,包括同源重组修复(homelogous recombination, HR)、延伸合成依赖链退火(extended synthesis-dependent strand annealing, ESDSA)、单链退火(single strand annealing, SSA)和非同源末端连接(non homologous end joining,NHEJ)等。近年来,在抗辐射模式生物、耐辐射奇球菌的DNA修复机制和相关功能基因方面取得了较大的进展[21-27]。

在筛选耐辐射奇球菌自然变异株时发现了一株对电离辐射较为敏感的突

① GC含量:所研究对象的全基因组中,鸟嘌呤和胞嘧啶所占的比例。

变株，研究表明，该突变株的辐射敏感性是由基因组内编号为 DR0167 的基因(命名为 *pprI*)内部插入了一个转座子而发生了突变。构建了基于耐辐射奇球菌野生型 R1 菌株的 *pprI* 基因缺失突变株 YR1，发现新构建的 *pprI* 突变株 YR1 对包括 γ 射线、紫外线和丝裂霉素 C 等 DNA 损伤因子都极其敏感。进一步研究发现，耐辐射奇球菌 PprI 蛋白是一个 DNA 修复多效调节开关，能够促进同源重组修复关键蛋白 RecA，单链结合蛋白 SSB 和参与 DNA 修复重要蛋白 PprA 等 DNA 修复因子的表达，并协调能量转换与代谢，以促进辐射后 DNA 的高效修复[21]。通过克隆该基因，构建了表达重组质粒 PET29PprI，并在大肠杆菌中高效表达了该活性蛋白；同时通过改建的穿梭质粒将该基因导入到大肠杆菌 TG1 菌株中，发现该基因的导入增强了大肠杆菌清除活性氧自由基的能力和抗氧化能力。研究了 DNA 损伤胁迫下 PprI 介导的应急响应调控网络。通过蛋白质组学研究野生型菌株 R1 和 PprI 功能缺陷株 YR1 在电离辐照前后的表达谱差异，发现 PprI 至少调控了来自六个不同功能组的 35 个蛋白的应急表达，包括胁迫应激、能量代谢、转录调控、信号传导、蛋白折叠和分子伴侣以及功能未知蛋白[22](见图 5-4)。此外，我们还发现 PprI 调控了至少 2 个蛋白的翻译后磷酸化。通过构建下游基因的突变株和电离辐射抗性

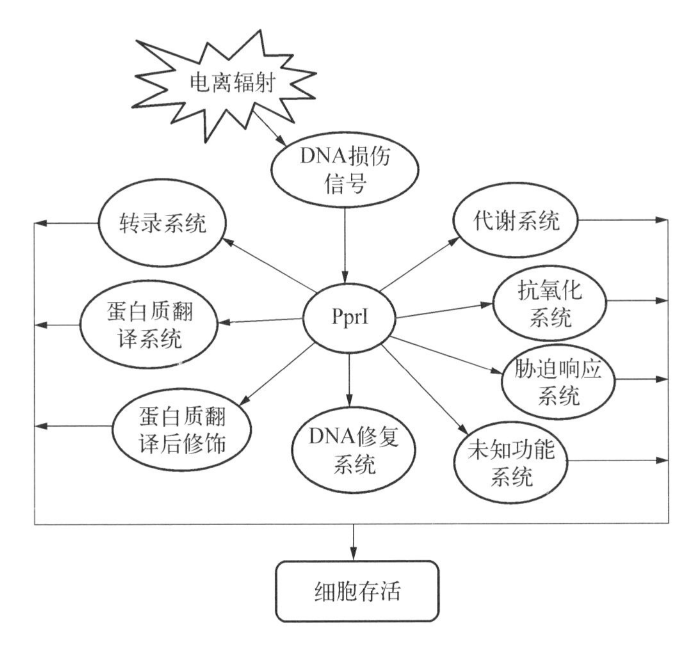

图 5-4　电离辐射胁迫下耐辐射球菌 PprI 调控的细胞生存和 DNA 修复功能的网络假设

检测，证明来自不同功能组的四个代表性基因都贡献于该菌的极端电离辐射抗性。通过凝胶阻滞实验发现表达纯化的 PprI 可以结合 *recA* 和 *pprA* 基因的启动子，但不能结合一般序列的双链 DNA。另外，PprI 还可以结合结构特异的 DNA 底物，包括单链 DNA、分叉结构 DNA、气泡结构 DNA 和 Holliday 结构 DNA。由此推测 PprI 可能是上游调控因子，在极端环境下，PprI 可能感受 DNA 损伤信号，进而启动了该菌细胞生存和 DNA 修复网络[22]。PprI 及其同源物只存在于 *Deinococcaceae* 细菌，该基因的获得在改造生物对极端环境的抗逆适应性方面极有价值。

最近，研究证明了 PprI 蛋白具有蛋白酶活性，能在体外和体内特异性识别并切割未知蛋白 DdrO。DdrO 蛋白预测含 HTH 结构域，是个转录因子。发现 DdrO 蛋白可以特异性结合包括 *recA*，*pprA*，*ssb* 和 *ddro* 自身在内的二十多个 DNA 损伤响应和修复相关基因启动子，表明 PprI 通过 DdrO 蛋白来调控 *recA* 和 *pprA* 等 DNA 损伤响应和修复基因的表达，并对自身的活性进行反馈调节。受电离辐射等 DNA 损伤介质胁迫后，PprI 被活化并执行蛋白酶功能，通过特异性切割 DdrO 来解除对众多 DNA 损伤响应和修复相关基因的阻遏作用，以此来调控 DNA 损伤反应和修复网络。研究结果表明，在耐辐射球菌中存在一条不同于经典 SOS 系统的由 PprI－DdrO 介导的“SOS－Like”DNA 损伤响应途径(见图 5－5)[23]。

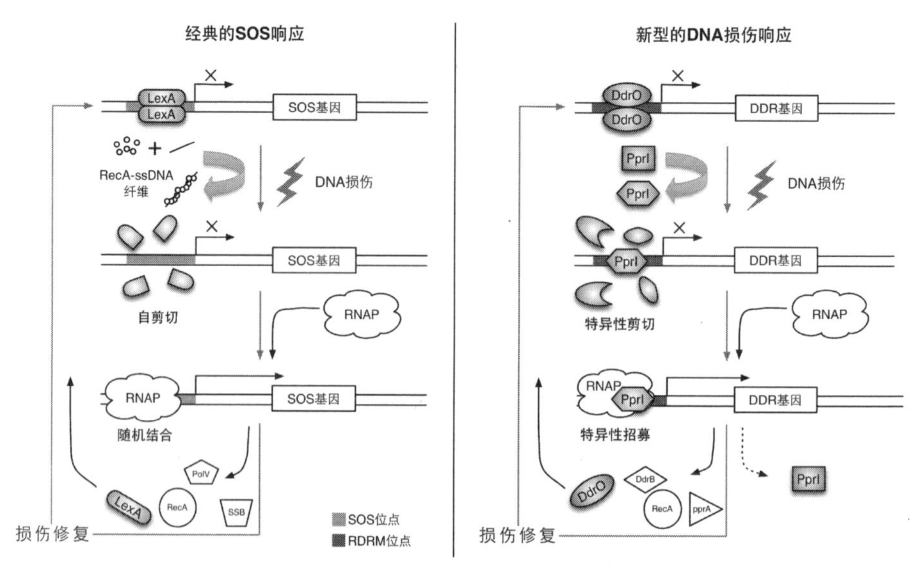

图 5－5　经典 SOS 应激系统与新型 DNA 损伤系统之间的比较

研究发现耐辐射奇球菌的 LexA(dra0074)是一个调节蛋白，但是不参与 RecA 的诱导表达；而 RecX 蛋白作为耐辐射奇球菌辐射抗性的一个多功能抑制子，参与了 RecA 活性的调节，RecX 不仅可以在蛋白质水平抑制 RecA 蛋白的重组活性、ATP 酶活性和链重组活性，还可以在基因表达水平直接抑制 RecA 的表达，表现出了双重抑制活性，揭示 RecX 参与了 RecA 表达的负调节机制。同时发现 RecX 可以抑制包括 RecA，SSB，PprA，SOD 等 DNA 损伤诱导蛋白在内的多种蛋白的表达，在基因组稳定性和辐射诱导的重组修复中起着双重负调节作用[24]。

在研究耐辐射奇球菌的两个 *recQ* 基因同源物过程中，发现其中一个 RecQ(DR1289)蛋白行使着多项重要的功能。该蛋白具有 3 个参与解旋酶活性调控的 HRDC(helicase and RNaseD C-terminal)结构域，不同于其他物种中只含 1 个 HRDC 结构域的 RecQ 蛋白。体内活性、体外活性、转录谱表达和蛋白谱表达实验均表明该蛋白有助于维持耐辐射奇球菌基因组的稳定性，保持细胞体内稳态性且和多个重要基因存在互作，是贡献于耐辐射奇球菌超强修复能力的关键基因。进一步在体内外研究了 RecQ 分子中解旋酶(Helicase)和 3 个串联的 HRDC 结构域的生物学功能，证明 Helicase 与 DNA 的解螺旋以及 ATPase 活性相关，HRDC 与 DNA 结合相关。耐辐射奇球菌 *recQ* 突变株的表型与大肠杆菌 *recQ* 的突变株的表型有所不同，而与真核型 *recQ* 突变株相像，对一些 DNA 损伤剂非常敏感，而且 Helicase 结构域和串联的 C-末端结构域对于补偿这些敏感表型都是必需的[25]。

耐辐射奇球菌细胞内延伸合成依赖链退火(ESDSA)途径的起始过程尚未完全解析，通过对核酸酶 RecJ 的功能研究，深入了解了 ESDSA 途径机制。发现 *recJ* 基因的缺失导致生长速度变慢，而且呈现出高温敏感特性。然而，*recJ* 突变菌株的耐辐射能力只是出现了一定程度的下降，下降幅度远小于 *recF*，*recA* 突变株。研究显示，*recJ* 在耐辐射奇球菌中是非必需的，在一定程度上参与了耐辐射奇球菌辐射后的 DNA 损伤。耐辐射奇球菌 RecJ 蛋白表现出锰离子依赖的核酸酶活性，最适锰离子浓度是 0.1 mmol/L。当在不同浓度锰离子存在的反应中加入 10 mmol/L 镁离子的时候，RecJ 蛋白表现出稍高并相似的核酸酶活性，这说明锰离子可能是 RecJ 蛋白的一个调节因子。当单链 DNA 5′末端长度小于 6 nt(nt 即 nucleotide，核苷酸)时，大肠杆菌 RecJ 蛋白不再有活性；而耐辐射奇球菌 RecJ 蛋白能非常有效地切除 4 nt 长度的 5′单链 DNA 末端，这说明耐辐射奇球菌 RecJ 蛋白的底物范围更加广泛。另外，耐辐射奇球菌单链结合蛋白 SSB 促进了 RecJ 的核酸酶活性，而 DdrB 抑制了 RecJ 的核酸酶活性，起到了保护单链 DNA 的作用。因此，耐辐射奇球菌 RecJ 蛋白的活性受到了锰离子浓度、SSB 和 DdrB 的共同调控[26]。

大多数原核生物能利用双组分系统来感受环境变化，其中的反应调节蛋白可作为一个通用成分来调节细胞内一系列生命活动。DrRRA(DR2418)是耐辐射奇球菌中一个带 DNA 结合活性的反应调节蛋白，主要通过调控与细菌抗氧化和 DNA 修复相关的途径起作用，对其极端抗性很重要。DrRRA 突变株对 γ 射线、过氧化氢等 DNA 损伤试剂的处理都很敏感。突变株的抗氧化能力下降；其胞内重要抗氧化酶 KAT 和 SOD 的活性都比野生株低。同时发现两个对 DNA 修复重要的酶 RecA 和 PprA 的表达水平在突变株中都呈下调趋势。通过蛋白点突变实验，发现 Asp^{54} 是保守的磷酸化位点。在非磷酸化状态下，DrRRA 蛋白能与 DR0997 的启动子特异性结合。DrRRA 和 PprI 具有叠加效应，双突变株对 γ 射线比 DrRRA 和 PprI 单突变株都更敏感[27]。

耐辐射奇球菌的 DNA 损伤修复与其氧化损伤防御机制也是密切相关的。由于 DNA 分子存在于生物所生存的大部分环境中，这些 DNA 分子可以降解为营养物质并为生物生长所利用，也可以作为片段进入细胞内通过改变基因组信息推动物种进化。因此，胞外核酸酶对于调节胞外 DNA 分子起到重要的作用。耐辐射奇球菌在电离辐射后会释放出体内受损伤的 DNA 片段(约 1 kb)，这些片段会被胞外核酸酶 DRB0067 蛋白迅速降解，以避免被重新吸收利用后影响基因组的稳定性，围绕胞外 DNA 分子和其被降解的产物 dNMPs 对耐辐射奇球菌生长和抗性影响方面已经开展了研究[15]，发现高浓度的胞外 DNA 片段可以抑制耐辐射球菌的生长，对大肠杆菌等生长的影响则比较小；等质量浓度的 dNMPs 对耐辐射奇球菌和大肠杆菌的生长基本上也没有影响，相反，胞外 dGMP 可以提高耐辐射奇球菌抗氧化的能力，进一步的研究发现胞外 dGMP 可以提高耐辐射奇球菌中过氧化氢酶基因 *katA*(*dr*1998)的转录水平和活性，此外还可以调控其他一些重要基因的转录水平。通过构建 *drb*0067 基因突变株，发现突变株相比较于野生型，对胞外 DNA 分子更加敏感，其质粒转化率也有所提高；此外，*drb*0067 突变株对过氧化氢和电离辐射变得比较敏感。胞外 dGMP 对 *drb*0067 基因突变株的氧化抗性实验表明，耐辐射奇球菌可以利用胞外核酸酶降解产物中的 dGMP 来提高抗氧化能力，从而阐释了胞外核酸酶 DRB0067 的生物学意义。

耐辐射奇球菌细胞内积累的高锰铁离子比例 $w(\mathrm{Mn})/w(\mathrm{Fe})$ 被认为是其

最重要的抗氧化机制之一，二价锰离子及其复合物具有清除活性氧和防止蛋白质氧化的作用[28]，因此，锰铁离子动态平衡的调控对菌体响应氧化胁迫十分重要，但其胞内调控机制并不清楚。通过对耐辐射奇球菌的 RNA 测序排除了原基因组由于一个碱基缺失导致的移码，发现了一个基因组中未注释的 Fur (ferric uptake regulator)家族同源物 DrPerR，并获得该基因的正确序列。Fur 家族蛋白成员可能调控不同金属离子(包括 Mn，Fe 等)的吸收，而铁锰离子参与了菌体中活性氧的代谢过程。在 DrPerR 功能的研究中发现，该基因的缺失导致了耐辐射奇球菌对过氧化氢更强的抗性，过氧化氢酶活性显著提升。进一步发现 DrPerR 在通常状态下能够抑制过氧化氢酶的过量表达，实现对抗氧化系统的调节。而对铁结合蛋白(Dps)的抑制显示出其参与了胞内金属离子的调控，因此，DrPerR 行使了负调控子的功能。PerR 还存在于 *D. gobiensis*，*D. geothermalis* 和 *D. proteolyticus* 等耐辐射细菌中，表明其基因调控功能具有普遍意义[29]。研究进一步发现了耐辐射奇球菌 Mn 离子通道蛋白和调控蛋白，鉴定了一个锰离子外排蛋白(MntE，DR1236)，MntE 的功能是维持胞内锰离子的平衡，而且锰离子的确参与了细胞的氧化抗性机制[30]。发现了调控蛋白 DtxR 通过对锰离子通道蛋白 MntABCD 和铁离子通道蛋白的调控来控制胞内高锰铁离子比例 $w(\mathrm{Mn})/w(\mathrm{Fe})$ 的水平，DtxR 也是过氧化氢酶的调控因子之一，从而参与了氧化胁迫响应机制[31]。另一个 Fur 家族同源物 DR0865(Mur)则控制了 Mn 通道 MntE 和 MntABCD 的表达，主要功能是正调控 Mn 离子外排通道 MntE，并能负调控 MntABCD[32]。

近年的研究不断揭示了与耐辐射奇球菌的极端电离辐射抗性相关的基因，这些基因的缺失或多或少地降低了该细菌的极端抗性能力。它们或是参加了高效 DNA 修复系统，或是参与了抗氧化机制等。而单独的某个方面都没有办法确切来解释这种极端抗性。因此，耐辐射奇球菌的极端抗性应该是该细菌全面应用自身的资源，包括保护、响应以及修复等各个方面。研究该细菌中近三分之一功能未知的基因可能可以得到一些新的 DNA 损伤响应机制和修复机制，或者一些对细胞具有保护作用的因子。未来对耐辐射奇球菌极端抗性机制的研究仍然任重而道远。无论如何，现阶段对耐辐射奇球菌的 DNA 修复机制和特殊 DNA 修复能力起源的进一步研究均具有重要的科学意义，研究结果将为肿瘤、遗传病等中的 DNA 修复研究提供参考，并且这些基因作为一种资源可能在环境、农业等领域具有重要的应用前景。

5.6 辐射生物学效应的影响因素

5.6.1 辐射敏感性的概念

辐射敏感性表示以细胞、组织和器官作为一个整体，在一定剂量照射下，在形态和机能上相应变化的大小[1]。在放射生物学研究中，通常以半致死剂量($LD_{50/30}$)作为机体放射敏感的指标，即机体在受照后30天内引起50%死亡的辐射剂量；如把观察时间定为60天，则以$LD_{50/60}$表示之。

5.6.2 影响辐射生物学效应的因素

对辐射效应有影响的因素有很多种，既包括与辐射有关的因素、与机体有关的因素，也包括与环境有关的因素[4, 10, 33, 34]。

5.6.2.1 与辐射有关的因素

1) 辐射的种类

辐射可分非电离辐射和电离辐射。非电离辐射是指能量比较低，不能使物质原子或分子产生电离的辐射，如紫外线、红外线、激光、微波。电离辐射是指能量比较高，能引起物质电离的辐射，包括α射线、β射线、γ射线、X射线、中子射线等。不同放射线由于电离能力不同，对生物体损伤的程度有所不同，例如，中子、α和β粒子电离能力强，在机体中电离密度大，产生的生物效应较相同能量的X射线或γ光子大。同一种类的射线，其生物学效应取决射线能量的大小。

2) 辐射剂量和剂量率的影响

辐射剂量与生物学效应之间的关系，一般的规律是辐射剂量越大，生物学效应越显著，但并不是呈简单的比例关系。根据前述，以体机或细胞死亡率(或存活率)为效应指标，可分为指数形、S形、双相形等多种辐射剂量效应曲线。双相形的曲线表示受照样品(群体)中含有两种辐射敏感性不同的亚群。其中曲线斜率较大的代表快速分裂的较敏感的亚群，斜率较小的则代表静止的较不敏感的亚群。剂量率是指单位时间内接受的照射剂量，一般来说，辐射剂量率越大，生物学效应越显著。

3) 受照面积、部位及均匀度的影响

一般的规律是，机体受辐射照射的面积越大，表现的生物学效应就越明显。例如，引起人体全身性效应需要受照射面积超过人体总面积的1/3以上，未超过则只能引起人体的局部反应。

受照部位也会影响辐射效应，在其他照射条件相同情况下，生物体各部位的辐射生物学效应不同。

另外，均匀辐射照射产生的生物学效应高于不均匀辐射照射产生的生物学效应。

4）外照射与内照射对辐射效应的影响

外照射的影响因素有辐射源差异、辐射源与受照样品的距离、照射时间、屏障物厚度等；内照射影响辐射效应的因素更为复杂，包括放射性核素进入机体的途径、核素物理化学特性和有效半减期、核素在体内的分布等。

5）其他照射条件的影响

在辐射剂量等条件相同情况下，一次性辐射照射产生的效应比分次照射的效应大；照射分次越多，形成的效应越小。

5.6.2.2　与生物机体有关的因素

机体的辐射敏感性差异表现在不同机体、种系或器官、组织等在各种辐射因素相同的条件下对辐射作用的反应不同。

1）不同细胞、器官组织的辐射敏感性差异

不同细胞对辐射作用的反应有很大差别。成年动物机体各种细胞的放射敏感性与其功能状态有密切关系。有些分裂活动旺盛的细胞以及在形态上和功能上未分化的细胞对辐射更加敏感，即放射敏感性与细胞分裂活动的强弱成正比，与其分化程度成反比。

2）不同生物种系的敏感性差异

不同生物种类对辐射的反应表现出不同的情况。一般的规律是，多细胞生物比单细胞生物敏感，哺乳类动物比鸟类、鱼类敏感，也就是说，进化程度越高的种系，其敏感性越高。

3）个体敏感性的不同

同一种系的不同个体放射敏感性也不尽相同，个体敏感性与年龄、性别、生理状态、发育阶段、遗传特性、营养状态等有关。

5.6.2.3　与环境有关的因素

1）温度对辐射生物学效应的影响

当生物体受到辐射照射时，生物体内外环境温度的变化会直接影响辐射的生物学效应，这种现象称为温度效应（temperature effects）。生物体的辐射敏感性一般会随辐照时温度的降低而下降。温度对辐射效应产生影响被认为有几种可能原因：温度变化造成的动物体内氧状况的改变；温度改变引起新陈代谢水平的改变；温度还能够影响自由基的产生、扩散。

2）氧效应

受照系统的辐射生物学效应随周围介质中氧浓度的增加而增强，这种现象称为氧效应（oxygen effects）。例如，在人工缺氧或予以吸入低氧空气时对实验动物进行照射，其辐射导致的死亡率显著降低。利用辐射“氧效应”这一特性在提高放射治疗效果等方面具有较高的价值，可以达到提高肿瘤组织辐射敏感性的目的。

3）化学物质对辐射生物学效应的影响

在溶液体系中，由于其他物质的存在而使辐射对溶质的损伤程度降低的效应称为防护效应（protection effect）。很多化学物质具有这种防护效应，例如某些激素和化学制剂对生物体起辐射保护作用，能够显著降低机体的辐射敏感性。辐射防护剂的研究对提高机体对辐射耐受性的“抗放药物”有着重要的应用价值。与辐射防护剂相反，有一些化学物质与射线一起使用能增加细胞的致死效应，称为放射增敏剂。在目前的肿瘤细胞辐照处理中，可以采用增敏剂来提高低氧水平细胞的辐照敏感性，例如，硝酰自由基呈现出类似与缺氧细胞辐照敏化剂的特性，常将硝基咪唑类药剂作为类辐射敏化剂。硝基芳香化合物在缺氧细胞中的辐射敏化作用中的机制还不明确[7]。当前，新型放射防护剂和放射增敏剂领域的研究都很活跃，但在临床应用上还有许多问题需要解决。如果能够充分发掘利用我国丰富多样辐射生境资源，开展基于生物体各层次结构的辐射损伤防护与修复研究基础上的辐射防护、修复与治疗相关产品和药物创制等应用开发，形成原创性的成果与关键技术，将有效地解决核技术安全性风险问题，推动我国辐射防护与治疗领域的快速发展和提高人民的健康水平。

综合本章内容所述，放射生物学领域经历了一系列清晰而成果显著的阶段，当前正跨入一个新的发展历程。分子生物物理学等新学科和相关新技术的出现，为其前进发展创造了可能性，因此在接下来几十年，该领域将会取得更大的进展。

参考文献

[1] 温贤芳. 中国核农学[M]. 郑州：河南科学技术出版社，1999.
[2] 丘冠英，彭银祥. 生物物理学[M]. 武汉：武汉大学出版社，2000.

[3] 夏寿萱. 放射生物学[M]. 北京：军事医学科学出版社，1998.
[4] 张文仲. 电离辐射粒子在人体组织中能量沉积的微剂量学研究[D]. 北京：军事医学科学院，2003.
[5] Mccord J M, Fridovich I. The reduction of cytochrome c by milk xanthine oxidase[J]. The Journal of Biological Chemistry, 1968, 243: 5753 - 5760.
[6] Palmer R M J, Ferrige A G, Moncad A S. Nitric oxide release accounts for the biological activity of endothelium-derived relaxing factor[J]. Nature, 1987, 327: 524 - 526.
[7] O'neill P, Wardman P. Radiation chemistry comes before radiation biology[J]. International Journal of Radiation Biology, 2009, 85(1): 9 - 25.
[8] 方允中，郑荣梁. 自由基生物学的理论与应用[M]. 北京：科学出版社，2002.
[9] Mouatassim S Ei, Guérin P, Ménézo Y. Mammalian oviduct and protection against free oxygen radicals: expression of genes encoding antioxidant enzymes in human and mouse [J]. European Journal of Obstetrics & Gynecology and Reproductive Biology, 2000, 89: 1 - 6.
[10] 李士骏. 电离辐射剂量学[M]. 北京：原子能出版社，1986.
[11] 周平坤. 放射生物学若干科学问题与学科前沿[J]. 中华放射医学与防护杂志，2010，30(6)：629 - 633.
[12] West C M L, Martin C J, Sutton D G, et al. 21st L H Gray Conference: the radiobiology/radiation protection interface[J]. The British Journal of Radiology, 2009, 82: 353 - 362.
[13] Olive P L. Impact of the comet assay in radiobiology[J]. Mutation Research, 2009, 681: 13 - 23.
[14] Hartwell L H, Weinert T A. Checkpoints: controls that ensure the order of cell cycle events [J]. Science, 1989, 246(4930): 629 - 634.
[15] 李铭峰. 耐辐射球菌中胞外核酸酶的研究[D]. 杭州：浙江大学农业与生物技术学院，2013.
[16] 李坤，刘伟，李洁清. 基因芯片技术在放射生物学领域的应用进展[J]. 中国辐射卫生，2011，20(3)：381 - 383.
[17] 祁云霞，刘永斌，荣威恒. 转录组研究新技术：RNA - Seq 及其应用[J]. 遗传，2011，33(11)：1191 - 1202.
[18] 王洁，童建. 蛋白质组学在放射生物学研究中的应用[J]. 中华放射医学与防护杂志，2005，25(2)：205 -207.
[19] 李兰芬，南洁，苏晓东. 蛋白质晶体学技术的发展与展望[J]. 生物物理学报，2007，23(4)：246 - 255.
[20] White O, Eisen J A, Heidelberg J F, et al. Genome sequence of the radioresistant bacterium *Deinococcus radiodurans* R1[J]. Science, 1999, 286: 1571 - 1577.
[21] 乐东海，高冠军，华跃进. 耐辐射奇球菌 pprI 在大肠杆菌中表达增强细胞抗氧化能力的研究[J]. 微生物学报，2004，44(3)：324 - 327.
[22] 陆辉明. 耐辐射奇球菌 DNA 损伤响应调控蛋白 PprI 的研究[D]. 杭州：浙江大学农业与生物技术学院，2009.
[23] 王云光. 耐辐射奇球菌中 PprI 蛋白酶介导的 DNA 损伤应激响应机制的研究[D]. 杭州：浙江大学农业与生物技术学院，2014.
[24] 盛多红. 耐辐射奇球菌中 RecA 的调控蛋白研究[D]. 杭州：浙江大学农业与生物技术学院，2005.
[25] 黄丽芬. 维持耐辐射奇球菌基因组稳定性的关键基因 *recQ* 的功能及调控网络研究[D]. 杭州：浙江大学农业与生物技术学院，2006.
[26] 焦建东. 耐辐射奇球菌 RecJ 和 DdrB 的功能研究[D]. 杭州：浙江大学农业与生物技术学院，2013.

[27] 王梁燕. 耐辐射奇球菌中反应调节蛋白的研究[D]. 杭州：浙江大学农业与生物技术学院，2008.
[28] Daly M J. Death by protein damage in irradiated cells [J]. DNA repair (Amst), 2012, 11(1): 12 - 21.
[29] Liu C, Wang L, Li T, et al. A PerR-like protein involved in response to oxidative stress in the extreme bacterium *Deinococcus radiodurans* [J]. Biochemical and Biophysical Research Communications, 2014, 450(1): 575 - 580.
[30] Sun H, Xu G, Zhan H, et al. Identification and evaluation the role of manganese efflux protein in *Deinococcus radiodurans* [J]. BMC Microbiology, 2010, 10: 319 - 327.
[31] Chen H, Wu R, Xu G, et al. DR2539 is a novel DtxR - like regulator of Mn/Fe ion homeostasis and antioxidant enzyme in *Deinococcus radiodurans* [J]. Biochemical and Biophysical Research Communications, 2010, 396: 413 - 418.
[32] Shah A M, Zhao Y, Wang Y, et al. A mur regulator protein in the extremophilic bacterium *Deinococcus radiodurans* [J]. PLoS One, 2014, 9(9): e106341.
[33] 佐洛图欣. 人体中子组织剂量[M]. 蒋洪第译. 北京：原子能出版社，1979.
[34] 毛秉智，陈家佩. 急性放射病基础与临床[M]. 北京：军事医学科学出版社，2002.

第 6 章
核素示踪法及其应用

核素示踪法是利用放射性核素或稳定性核素及其标记化合物为示踪剂(tracer),针对靶标物质在特定物质或系统中的迁移、转化、吸收和分配及生物功能和作用机理等行为与规律的研究方法。

核素示踪法已发展成为一门系统而完整的方法学,在农业科学中的植物营养、植物保护、土壤学与土壤环境、分子生物学等领域广泛、深入地应用。农业科学研究中常用为示踪剂的稳定性核素有^{13}C,^{15}N,^{18}O和^{31}P等,当利用这类核素进行示踪研究时就称稳定性核素示踪法;常用到的放射性核素有^{14}C,^{32}P和^{45}Ca等,当利用这类核素进行示踪研究时就称放射性核素示踪法。

6.1 核素示踪法的特点和依据

6.1.1 核素示踪法的基本原理

核素示踪法的基本原理是利用示踪剂(核素及它们的化合物),与自然界存在相应元素及其化合物的化学性质和生物学性质的相同性及核物理性质的差异性,表征靶标物质在特定物质或系统中的行为与作用机理。因此,可以利用核素作为一种标记,制备成含有某种核素的标记化合物(如标记肥料、农药和代谢物质等)代替相应的非标记化合物。利用放射性核素不断地放出特征射线的核物理性质,可以用核探测仪器随时追踪它在特定物质或系统中的位置、数量及其转化等;稳定性核素虽然不释放射线,但可以利用它与相应核素的质量之差,通过质谱仪、气相层析仪和核磁共振等质量分析仪器来测定。

6.1.2 核素示踪法的主要特点

6.1.2.1 灵敏度高

放射性核素示踪法可测到 $10^{-14}\sim10^{-18}$ g水平的示踪剂量，而迄今最精确的化学分析法很难测定到 10^{-12} g水平。例如，活度为1 Bq的^{32}P，其质量为 9.48×10^{-17} g，而目前的核辐射检测分析仪可准确地测定1 Bq或活度更低的放射性。

由于核素示踪法灵敏度高，在放射性核素示踪试验研究中，所引用的放射性标记化合物的化学量是极微量的，它对研究系统内原有的相应物质的重量改变是微不足道的，所涉及生物体体内生理过程仍保持正常的平衡状态，获得的分析结果符合生理条件，更能反映客观存在的事物本质。

6.1.2.2 方法简便

放射性测定不受其他非放射性物质的干扰，可以省略许多复杂的物质分离和纯化步骤。可以利用某些放射性核素释放出的特征射线，进行实时在线测量而获得结果，这就大大简化了实验过程，做到非破坏性分析。

6.1.2.3 准确定位和精确定量

放射性核素示踪法能准确定位并精确定量地测定示踪剂的运移，代谢物质的迁移和转化，与某些形态学技术(如病理组织切片技术、电子显微镜技术等)或断层扫描技术相结合，可以确定放射性示踪剂在组织器官中的定量化和可视化分布，并且对组织器官的定位准确度可达细胞水平、亚细胞水平乃至分子水平。

6.1.3 核素示踪法的主要缺点

6.1.3.1 专业技术要求高

从事放射性核素示踪研究的工作人员要受一定的专业训练，要了解放射性核素的基本性质和辐射安全防护常识。在做示踪实验时，还必须注意到示踪剂的同位素效应和辐射效应问题。所谓同位素效应是指放射性同位素(或是稳定性同位素)与相应的普通元素之间存在着物理性质上的微小差别，在反应过程中同位素之间的扩散速度及参加化学反应的速度的差异所引起的差别，对于轻元素而言，同位素效应比较严重。因为同位素之间的质量判别是倍增的，如^{3}H质量是^{1}H的三倍，^{2}H是^{1}H的两倍，当用氚水($^{3}H_2O$)作示踪剂时，它在普通H_2O中的含量不能过大，否则会使水的物理常数、对细胞膜的渗透及细胞质黏性等都会发生改变。但在一般的示踪实验中，由同位素效应引起的误差常在实验误差范围内，可忽略不计。放射性核素释放的射线利于追踪测量，但射线对生物体的作用达到一定剂量时，会改变机体的生理状态，这就是放射性核素的辐射效应，因此放射性核素（示踪剂）的用量应小于安全剂量，严格控制在生物机体所能允许的范围之内，以免实验对象受辐射损伤而得出错误的结果。

6.1.3.2 需要特定的工作场所

从事放射性核素示踪研究要具备相应的安全防护措施和条件，必须严格执行中华人民共和国关于电离辐射防护与辐射源安全基本标准，即使满足该标准规定的豁免水平，也要依据标准进行申请备案。一般来讲，农业科学研究中放射性核素示踪剂用量很少，基本符合豁免条件。

6.2 核素示踪法的工作程序

6.2.1 核素示踪法的原则

利用核素示踪法设计一个试验方案需遵循试验目的明确、目标可达和过程安全综合协调的原则。首先，必须有一个明确的试验目的，如果是研究示踪剂本身在特定体系中的迁移行为、转化和分配规律，那么试验选择的示踪剂可能是具体的一个核素（放射性或稳定性核素）或者是一个稳定的标记化合物；若是研究示踪剂或标记化合物的降解和代谢规律，那么试验选择的示踪剂就要考虑核素标记的位置和核素标记的种类，必要时可能是两种或多种核素标记的一个化合物。然后，必须从试验条件和仪器设备等考虑，以保证试验过程顺利实施。最后要考虑的是引入示踪剂的量既能满足测量要求，同时不会对试验体系产生化学或生物学影响；对放射性核素示踪试验还必须考虑必要的安全防护条件。

6.2.2 核素示踪法的工作程序

核素示踪法的工作程序一般须经过试验准备阶段、正式试验阶段和放射性废物处理三个步骤。试验准备阶段尤为重要，是实现研究目标的关键，所以要从示踪剂的选择和测量方法的选择等方面进一步细化研究方案，如果是放射性核素示踪试验，试验结束后还要考虑放射性废物处理。

6.2.2.1 示踪剂的选择

选择放射性核素示踪剂的原则是要根据研究目的、试验周期和核素衰变类型来确定，如果是研究某一化合物的行为或转化规律，那么就须考虑要选择一个标记化合物为示踪剂。同时要根据放射性核素的半衰期，来确定示踪剂的用量(活度)。

选择稳定性核素示踪剂的原则一般是根据研究目的、试验过程对示踪剂的稀释程度和探测仪器的最低检测限，从而确定示踪剂类型、形态和丰度。

6.2.2.2 测量方法的选择

放射性核素的测量方法的选择取决于核素的射线种类，对于 α 射线通常可用硫化锌晶体、电离室、核乳胶等方法探测；对能量高的 β 射线可用云母窗计数管、塑料闪烁晶体及核乳胶测定，对于能量低的 β 射线可用液体闪烁计数器测量；对于 γ 射线则用 G－M 计数管，碘化钠(铊)闪烁晶体探测，有条件的实验室可以选择高纯锗 γ 能谱分析仪进行测量分析。

稳定性核素的测量方法选择一般用稳定性同位素比率质谱仪，基本能保证农业科学研究中常用的$^{15}N/^{14}N$，$^{13}C/^{12}C$，$^{18}O/^{16}O$，$^{2}H/^{1}H$ 和$^{34}S/^{32}S$ 等分析，该方法具有样品制备简单、分析精度高等优点。

6.2.2.3 放射性废物处理

放射性核素示踪实验，无论是每次实验或阶段性实验结束后，都可能产生一些放射性废物，因此，在实验结束后，一定要按照国家有关规定作放射性废物处理。必要时在实验过程进行中，就要及时作除污染和清理放射性废物的工作。

6.3 核素示踪法的应用

6.3.1 核素示踪法在植物科学中的应用

核素因其与普通元素相似的理化与生物学性质，可用于追踪某种元素或化合物在植物体中的代谢行为和过程，这是核素示踪法的基本理论依据。核素示踪剂分为稳定性和放射性两种，核素示踪法是研究植物生长发育及其生理生化代谢过程研究的必不可少的技术手段。

6.3.1.1 核素示踪法在植物生理生化中的应用

植物的生长发育及干物质的形成，主要取决于光合、同化物的运输分配与积累及对土壤养分的吸收和利用，这些代谢过程与外界环境因子密切相关。核素示踪法在研究这些代谢过程及其与环境因子的关系中起着不可替代的作用。

1）在植物光合作用研究中的应用

光合作用是植物生命活动最基本的物质和能量来源，是地球上最重要的化学反应。光合作用中碳的固定和同化、光合磷酸化以及光合作用产物运输及分配等均可采用核素示踪法。在光合作用的研究中，^{14}C 和 ^{32}P 具有放射性，可采用核探测仪器检测来追踪其在体内或体外的位置、数量及其转化；^{13}C 和 ^{18}O 是稳定性核素，因其与普通核素的质量差，利用核磁共振、质谱仪等分析仪器测定其丰度变化，从而追踪其转运及转化规律[1]。

在碳同化途径的研究中，Ruben 等利用 ^{18}O 和 $^{14}CO_2$ 标记试验，证明了光合作用中释放的 O_2 来自 H_2O[1]。Calvin 等采用放射性核素示踪和纸层析技术，用 $NaH^{14}CO_3$ 饲喂绿藻悬浮液，证明了在藻类中光合作用固定 CO_2 的第一个初产物是 3-磷酸甘油酸(PGA)，此后在一些高等植物的叶绿体通过示踪法也得到了证实，从而提出了著名的光合碳循环理论——Calvin 循环[2]。而 Johnson 也基于同化 $^{14}CO_2$ 的早期产物的研究提出了 C4 途径，又称 C4 二羧酸途径[3]。在这些重要发现中，^{14}C 示踪法起了关键性作用。另外，^{14}C 示踪实验证明了植物光合产物转运形式主要是糖类，并以蔗糖为主，还有氨基酸和酰胺类及有机酸。利用碳核素示踪法首先证明了光合产物是沿韧皮部运输。通过示踪法研究光合产物转运与分配规律已有很多相关报道，如同化物的“同侧分布”与“就近分布”等现象。不同植物同化物的运输速度各异，如大豆为 84～100 cm/h，南瓜为 40～60 cm/h。

2）在植物矿质营养研究中的应用

在高等植物体内，光合碳、氮代谢是植物体内最主要的两大代谢过程，二者有着完整的营养系统：固定—代谢—运转—利用[4]。植物根系从土壤中吸收水分和营养物质，并合成多种有机物质。同时，水分在植物体含量最多，植物体内各种生理生化反应、物质运输均与水分密不可分。通过核素示踪法，可以了解水分在植物体内吸收、运输和分配的机制。

氢核素(氘 D、氚 T)示踪法可用于研究根系水分吸收、运输和分配机理。研究根系对水分的吸收，通过灌入氚水，根系迅速吸水，并向地上部运输，通过茎到达枝条、叶片和果实中；根系以自由水氚的形式吸收，在吸收和运输自由水氚的同时向结合态氚的形式转化。通过测定氚水的比活度可以确定氚水到达植物各器官的时间以及含量，从而明确水分在植物体内的运输与分配规律[5]。

关于核素示踪法在氮、磷代谢中的应用，主要体现在对植物与土壤间 N，P

吸收、转运及转化规律的研究。利用稳定性^{15}N和放射性^{32}P,^{33}P示踪剂,在植物与土壤之间养分运转方面的研究显示了较大的优越性。^{15}N核素示踪法在小麦、水稻、玉米等粮食及一些蔬菜类作物的氮素利用研究中已有广泛的应用。Andrew等提出了^{15}N自然丰度法[6],用大气中^{15}N丰度作为^{15}N的标准自然丰度,对固氮和非固氮植物利用有效氮源的不同而形成的植物^{15}N丰度的差异来测定生物固氮量,此法已逐渐成为一种使用范围较广的定量研究生物固氮手段。对氮素的吸收和利用研究,^{15}N标记的差值法是常用的方法,可以探讨作物在不同环境条件、不同生育期或品种间植物氮素的吸收与利用的差异,从而更准确地了解作物氮素的营养学特点。利用^{15}N标记证明,从根部吸收的氮在72 h之内结合到叶内蛋白质中,氮素的吸收和同化主要来自根部,叶片对氮素的吸收量相对较少。Thomas等[7]研究表明,当对烟叶喷施^{15}N尿素时,所施的15 mg氮中只有5 mg能被叶片吸收。核素示踪法研究显示,标记的氮总是从施用部位首先移动到生长器官,随后便均匀地分布于整个植株,并有相当可观的标记氮仍转移到老叶片中。Li等在对太湖芦苇微囊藻腐殖质吸收的核素标记试验中发现,用$^{15}NH_4^+$标记的蓝藻腐殖质氮能在短期内被芦苇吸收[8]。Zhang等利用δ^{15}N分析了人工防护林土壤动物的营养级与营养关系,研究发现同类土壤动物在不同样地中营养级位置存在一定的差异[9]。张文等利用^{15}N示踪法研究了滴灌条件下不同灌溉水盐度、灌水量和施氮量对棉田土壤中氮肥运转的影响,适宜的灌水量、施氮量及灌溉水盐度可减少氮素的淋溶损失,提高氮肥利用率[10]。

汪智军等利用^{32}P示踪法标记嫁接后的西伯利亚红松树,研究磷营养的分配、吸收与运输,结果表明,嫁接树的营养吸收远大于非嫁接树,并发现油松-西伯利亚红松嫁接树是适应性较强的组合[11]。Mclaughlin等利用^{32}P标记无机磷肥,研究了土壤中无机磷和有机磷转化为微生物生物量磷的过程[12]。在^{33}P标记的苜蓿植株体内磷很快转化为微生物生物量磷,并且转化率大于无机磷肥。Oehl等利用^{33}P示踪法,研究了土壤微生物量磷的周转率,发现不施肥处理的土壤微生物生物量磷的周转最快,长期使用无机肥处理的周转最慢[13]。

微量矿质营养元素虽然在植物体内占很低的比重,但是植物生长发育所必需的。利用微量元素相应的放射性核素,具有灵敏度高,测量方法简便等优点,可以方便地研究植物对微量元素的吸收和分布等。Anson等用^{99}Mo核素示踪法研究烟草,表明烟株中钼主要存在于幼嫩叶片的叶绿体中,以植株顶部含钼量最高，根系和下部叶片钼含量最低[14]。

植物对微量矿质元素吸收具有选择性和移动性差等特点，利用核素示踪法的高灵敏度可以解决这些研究方法上受限的问题。唐年鑫应用同位素^{65}Zn，^{54}Mn，^{59}Fe和^{45}Ca示踪研究烟草对微量元素锌、锰、铁和中量元素钙的吸收与分布，发现烟草对Zn，Mn，Fe，Ca的平均吸收率分别为3.3%、18.6%、1.4%、2.4%[15]。龚育西等在水稻水培液中加入$^{65}ZnSO_4$，1 h后就在叶片中测出^{65}Zn放射性，从根部吸收的锌大部分转运至叶鞘贮存，然后再向叶部转移[16]。

Ford等在苹果坐果42 d前施^{45}Ca标记的肥料，结果发现在整个果实中均可探测到^{45}Ca；相反，在8月份膨大期施肥的果实中则检测不到^{45}Ca，表明钙的移动性较差[17]。Stout和Hogland在植株根部施以^{42}K，最终证明根部吸收的^{42}K是通过木质部向上运转的，同时也存在着木质部向韧皮部的横向运输[18]。Wieneke用2%$^{45}Ca-CaCl_2$溶液进行了浸果试验，贮藏3个月后发现^{45}Ca在整个果实中均有分布，而维管束和韧皮部含量最高[19]。

6.3.1.2　*在植物保护中的应用*

随着工农业生产的快速发展，引起环境污染的同时，也对植物的生长和发育造成一定影响。目前，核素示踪法在植物保护领域研究中的运用，显示了该技术的独特作用，使其成为植物保护研究中不可缺少的重要手段之一。

1）*在植物病虫害研究中的应用*

利用放射性培养基标记病原菌和放射性寄主标记病原菌，可研究病虫害在植物中的传播途径和规律，探讨作物的抗病性和抗病机制。采用饲喂法、浸渍法、浇涂法等标记农业昆虫，研究昆虫迁飞的规律、越冬场所以及农业害虫的防治措施。广东省昆虫研究所用^{131}I和^{198}Au研究白蚁活动规律及巢穴分布，对防治白蚁和筛选灭蚁药物具有重要意义[20]。

2）*在新农药开发及残留中的应用*

利用核素示踪法的正常活体研究和放射自显影技术，可以直观地确定药剂在动植物体内分布、农药在植物体中的内吸、传导等，为田间施药提供理论依据。近年来寡糖作为激活剂预防控制作物病害机制和效果的相关研究不断深入，冯建军等在标记合成^{14}C-寡糖的基础上，借助放射性自显影及其强度测定技术手段，证实寡糖具有良好的内吸和双向传导特性，通过在西瓜幼苗叶部或根部施药处理后，能够被西瓜幼苗植株吸收，并从叶部向植株基部和从植株根部向顶部传导，表现为向基部传导和分布量小，而向顶部传导并在地上部分积累多，这一结论为寡糖在受体植物中的富集部位、代谢、残留、作用方式等药理学探索和寡糖地上部喷雾、土壤和种植处理等多种用药方式的研究提供了直观和定量的基础依据[21]。

每年农药、化肥的广泛使用，使土壤环境受到严重污染，使农作物的产量和质量受到较大影响。利用核素示踪法一方面可以研究有害化学物质在作物及土壤中的残留、转移和降解。另一方面可用于研究农药在生物间的运转关系和生物富集，制订农药安全使用技术。通过采用农用标记化合物，为研究农药的安全使用提供了必要手段，如使用^{35}S-杀螟松、^{35}S-甲胺磷等在农作物上进行了吸收、分布和残留的试验，为制定农用化学药品的安全使用标准，提供了可靠的科学依据[22]。

6.3.1.3　核素示踪法在植物科学其他方面的应用

核素示踪法作为重要的研究手段，其发展与分子生物学和生物技术的发展密切相关，并对植物生物技术的发展起着巨大的推动作用。DNA 的半保留复制方式就是用核素示踪法验证的。通过示踪法可以阐明遗传发育机制，如在植物利用含^{3}H 标记物的培养基处理蚕豆根尖细胞，用于证明遗传物质复制形式。作为一种基本的研究方法，核素示踪法也可应用于遗传学、细胞学、植物生理学和生物化学诸方面，阐明植物的生长发育等各方面机制。如用于植物育种，提供有效的筛选技术，提高育种效率。用于植物组织培养中，同位素标记植物激素、氮素和碳素在器官分化过程中的吸收、运输及代谢等。同位素标记示踪技术也是研究天然高分子活性物质的生物合成路径、结构以及酶催化反应机理的重要手段，张梦等利用同位素技术对木糖前驱物、纤维素前驱物进行^{13}C 同位素标记，分析了木质素-碳水化合物（LCC）中木素的侧链碳原子和多糖之间的连接方式[23]。综上所述，核素示踪法作为一种有效的技术手段在植物科学研究的各方面都发挥着重要的作用，随着该技术的日益成熟和相应检测技术不断发展，稳定核素示踪法的应用领域也将不断拓展。

6.3.2　核素示踪法在土壤和肥料科学研究中的应用

核素示踪法在土壤和肥料科学研究中占有十分重要的地位，它可以揭示许多土壤、肥料的内在变化规律，提出有效的技术措施或做出科学评价，能解决一些常规方法不能解决的难题，因而在土壤和肥料科学中广泛应用。

6.3.2.1　土壤发育断代

^{14}C 测年法又称放射性核素（碳素）断代法，一般写作^{14}C 断代法。刘良梧等[24]应用放射性^{14}C 断代法研究了半干旱农牧交错带玄武岩和沙质沉积物上

发育的典型草原土壤-栗钙土的年龄、历史演变情况，^{14}C 断代表明，栗钙土形成于距今6 000～8 000年以前(见表6-1)。随着时间的进程，它经历了有机质积累与分解，碳酸盐淀积与淋溶，元素氧化物迁移与富集(见表6-2)，以及风沙堆积等作用(见表6-3)。近两百余年来，栗钙土在人为强度活动，开垦种植和过度放牧经营管理下，土壤理化性质渐趋恶化，从而反映出演变过程中的土壤退化现象(见表6-4)。

表6-1　栗钙土与发生层的年龄及其形成速率

母岩与地形	植被	腐殖质层(0～20 cm)			钙积层			土壤剖面
玄武岩		年龄/aBP	有机质/(g/kg)	形成速率/(mm/a)	年龄/aBP	碳酸钙/(g/kg)	形成速率/(mm/a)	形成速率/(mm/a)
三级台地	草地	390±60	39.0	0.51	3 220±65	32.0	0.18	0.18
					5 820±80	116.0	0.15	
一级台地	草地	680±70	42.1	0.29	5 280±80	16.4	0.10	0.18
平均值		535±65	40.6	0.40	4 770±75	54.8	0.14	0.18
母质	植被	风沙覆盖层(0～42 cm)			腐殖质层(0～20 cm)			土壤剖面
沙质沉积物		年龄/aBP	有机质/(g/kg)	形成速率/(mm/a)	年龄/aBP	有机质/(g/kg)	形成速率/(mm/a)	形成速率/(mm/a)
	草地	—	—	—	480±80	33.5	0.42	0.27
	疏林草地	—	—	—	495±80	34.7	0.40	0.21
	劣质草地	240±100	2.0	1.75	645±100	11.2	0.31	0.24
平均值		—	—	—	540±85	26.5	0.38	0.24

表6-2　不同母质中栗钙土土体的元素富集量[占烘干土重/(g/kg)]

土体与母岩(母质)	剖面数—土层数	SiO_2	Fe_2O_3	Al_2O_3	CaO	MgO	TiO_2	MnO	K_2O	Na_2O	P_2O_5
土体	4～17	682.2	45.3	120.7	27.4	18.7	7.5	0.61	28.4	21.9	1.83
玄武岩	4～4	515.4	111.7	142.5	70.8	91.5	21.2	1.30	28.2	34.5	4.53
富集系数		1.32	0.41	0.85	0.39	0.20	0.35	0.470	1.01	0.63	0.404
元素富集序列	Si>K>Al>Na>Mn>Fe>P>Ca>Ti>Mg										

（续表）

土体与母岩（母质）	剖面数—土层数	SiO_2	Fe_2O_3	Al_2O_3	CaO	MgO /(g/kg)	TiO_2	MnO	K_2O	Na_2O	P_2O_5
土体	3～17	810.7	12.1	84.3	14.7	3.0	2.7	0.27	24.6	17.8	0.58
沙质沉积物	3～3	850.4	6.9	75.2	11.8	2.5	2.0	0.18	24.4	17.6	0.39
富集系数		0.95	1.76	1.12	1.25	1.21	1.35	1.50	1.01	1.01	1.48
元素富集序列	Fe>Mn>P>Ti>Ca>Mg>Al>K≥Na>Si										

表 6－3　风沙覆盖层与下伏土层的某些性质

层　次	采集深度 /cm	砂粒 /%	砂粒/粘粒	SiO_2/Al_2O_3	ba 值	磁化率 *M. S.* ($\times10^{-5}$ SI)
风沙层	0～16	94.5	37.80	6.54	1.27	8.6
	16～42	95.5	45.48	7.67	1.19	7.0
土壤层	42～52	87.2	17.80	6.25	1.13	23.7
	52～80	86.9	20.69	6.09	0.93	23.6

表 6－4　人为活动影响下土壤化学性质的变化

土地利用方式	深度 /cm	硅铝率 SiO_2/Al_2O_3	有机质 O. M./(g/kg)	全氮 N/(g/kg)	全磷 P_2O_5/(g/kg)	全钾 K_2O/(g/kg)	碱解氮 N/(mg/kg)	速效钾 K_2O/(mg/kg)	速效磷 P_2O_5/(mg/kg)
轻度放牧草地	0～8	4.61	47.5	2.21	0.87	26.5	181.5	238.7	11.6
	8～21	4.69	24.1	1.29	0.69	26.5	105.6	105.9	7.4
	21～43	4.75	16.6	0.83	0.63	28.0	74.8	72.9	4.6
	43～60	5.03	10.9	0.56	0.46	26.9	50.2	47.3	4.5
	60～75	5.81	2.76	0.16	0.24	28.3	20.5	33.8	5.5
耕地（20年）	0～11	4.77	27.7	1.38	0.80	23.9	113.9	169.4	9.0
	11～40	5.78	18.2	0.90	0.65	26.3	84.4	82.8	6.2
	40～62	5.99	9.36	0.44	0.51	25.8	40.7	76.8	5.6
	62～80	7.37	1.98	0.12	0.48	26.6	16.5	62.0	5.8
过度放牧草地	0～12	5.12	23.7	1.14	0.64	26.0	98.9	190.6	7.6
	12～30	4.97	18.6	0.87	0.65	25.0	77.7	140.5	6.6
	30～76	5.09	16.7	0.84	0.62	24.0	75.6	80.9	5.8

刘畅根据长白山三种植被带土壤剖面的有机质^{14}C放射性水平，从土壤剖面发育的时间序列上揭示了长白山森林土壤有机质累积和分解过程[25]。在对有机质分解和累积过程的研究中，发现$\Delta^{14}C$不同的变化斜率、有机质形成和分解速率的快慢都说明土壤有机质是两个不同组分构成的：其一快速分解组分，一般位于表层，分解速度较快，大约398～575 a间发生；其二是缓慢分解组分，分解速率较慢，年龄处于610～2 350 a之间(见表6-5)。用^{14}C测年方法分析了在土壤有机质累积发育过程中不同海拔高度土壤年龄的大小，如高山苔原土剖面深度为75 cm，土壤年龄为1 315 a，棕色红叶林土剖面深度为40 cm，土壤仅仅发育了870 a，白浆化暗棕壤剖面深度为120 cm，土壤年龄为5 145 a，说明低海拔地带土壤发育程度比高海拔地带土壤发育程度要好，这是由于高海拔带土壤受火山喷发、气候、温度等自然因素的影响较大，从而致使土壤有机质的发育过程缓慢(见图6-1)。

表6-5　长白山三个土壤剖面^{14}C测定结果

土壤类型	剖面深度 /cm	$\Delta^{14}C$ /‰	^{14}C表观年龄 /aBP	m /a^{-1}	CO_2产量 /($gC/cm^2 \cdot a^1$)
白浆化暗棕壤	5～12	−18.08	145±90	0.006 57	0.446 9
	12～20	−65.53	575±74	0.001 72	0.065 3
	20～30	−110.95	890±145	0.000 97	0.028 1
	30～40	−158.84	1 320±185	0.000 64	0.013 2
	40～60	−251.81	2 350±195	0.000 36	0.004 3
	60～70	−288.77	2 893±152	0.000 30	0.000 9
	70～80	−330.01	3 485±150	0.000 25	0.001 9
	80～90	−364.08	3 987±283	0.000 21	0.001 5
	90～100	−389.26	4 470±335	0.000 19	0.001 2
	100～110	−409.25	4 848±263	0.000 17	0.000 6
	110～120	−425.85	5 145±295	0.000 16	0.002 1
棕色针叶林土	4～10	3.43	85	0.011 3	0.452 3
	10～22	−45.41	398±112	0.002 5	0.107 9
	22～32	−72.29	610±70	0.001 6	0.030 4
	32～42	−108.13	870±153	0.001 0	0.009 5
高山苔原土	2～12	−13.09	125±85	0.009 1	0.229 5

（续表）

土壤类型	剖面深度/cm	$\Delta^{14}C$/‰	^{14}C表观年龄/aBP	m/a^{-1}	CO_2产量/($gC/cm^2 \cdot a^1$)
	12～32	−46.07	408±112	0.002 5	0.134 7
	32～37	−78.32	630±95	0.001 4	0.025 9
	37～42	−114.38	935±115	0.000 9	0.051 0
	42～57	−113.27	1 113±175	0.000 8	0.024 4
	57～75	−158.23	1 315±105	0.000 6	0.023 7

注：m为土壤有机质分解速率，单位是a^{-1}；CO_2产量含义是土层有机质分解所产生的CO_2量，单位为$gC/cm^2 \cdot a^1$。

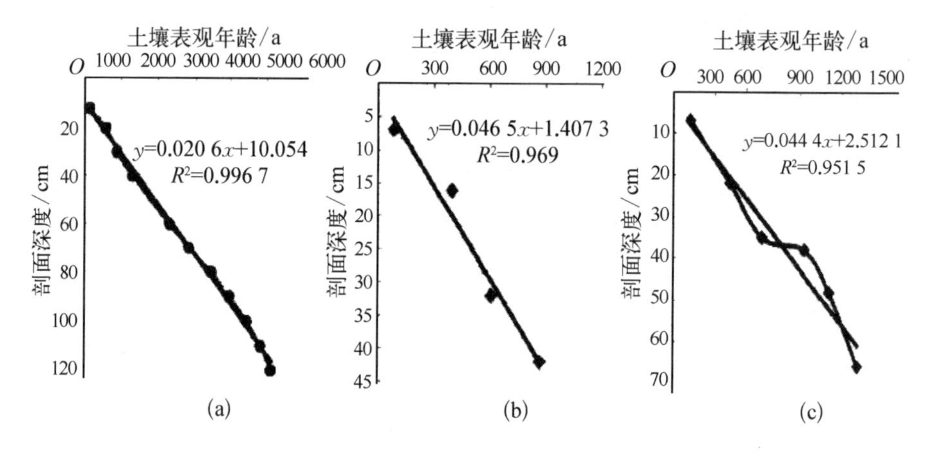

图 6-1　不同剖面有机质的表观年龄

6.3.2.2　土壤中外源氮素的转化

从世界范围看，在所有必需的营养元素中，氮是限制植物生长和形成产量的首要因素。植物累积的氮素有50％来自土壤，在某些条件下甚至达到70％，而外源肥料氮（有机肥料氮、无机肥料氮）是土壤氮素的主要来源，所以明确外源肥料氮在土壤氮库中的转化对实现氮素有效调控和无效阻控具有重要的意义。但由于外源氮施入土壤后与原有的土壤氮库发生着复杂的生物化学过程，常规方法很难区分变化量来源于外源氮还是土壤原有氮素，不能明确地指出施入土壤的肥料氮素对各个形态有机氮的贡献量，而采用^{15}N示踪法成为解决这一技术瓶颈的首选。李树山利用^{15}N分别标记有机肥氮和化肥氮，研究外源氮素在典型潮土中向土壤有机氮和无机氮各形态的转化与分配[26]。结果表明，有机无机氮配施处理（OM* +CF）来自外源肥料氮的酸解有机氮含量分别是单施化肥氮（CF*）和单施有机肥氮（OM*）处理的1.4倍和1.5倍；CF*处理各形态酸解有机氮中来自外源无机氮的比例以酸解性铵态氮最高，为7.8%；OM*处理各形态酸解有机氮中来自外源有机氮的比例以酸解未知氮最高，为4.5%；OM* +CF处理各形态酸解有机氮中来自外源有机氮的比例以酸解未知氮最高，为18.0%（见表6-6）。CF*处理下土壤无机氮中来自外源无机氮的比例为27%，OM*处理下土壤无机氮中来自外源有机氮的比例为8.0%，OM* +CF处理下土壤无机氮中来自外源有机氮的比例为5.0%，说明外源有机无机配施提高了外源有机氮在土壤酸解有机氮库中的残留且主要以酸解未知氮形态存在，单施化肥处理提高了外源无机氮在土壤无机氮库中的残留（见表6-7）。CF*处理下来自外源无机氮的酸解性铵态氮对土壤残留氮库的贡献最大；OM*处理下来自外源有机氮的非酸解有机氮对土壤残留氮库的贡献最大；OM* +CF处理来自外源有机氮的酸解未知氮对土壤残留氮库的贡献最大；CF*处理下来自外源无机氮的硝态氮对土壤残留氮的贡献最大，显著高于其他处理（$P<0.05$）（见表6-8）。

表6-6 残留标记肥料氮的形态

处理	酸解有机氮 /(mg/kg)/%		氨基酸态氮 /(mg/kg)/%		酸解铵态氮 /(mg/kg)/%		氨基糖态氮 /(mg/kg)/%		酸解未知氮 /(mg/kg)/%		非酸解有机氮 /(mg/kg)/%	
CF*	36.1	4.3	12.4	3.2	19.4	7.8	1.1	1.5	3.2	2.2	16.9	5.2
OM*	32.0	3.2	13.1	3.0	10.2	3.4	0.1	0.2	8.5	4.5	19.1	5.0
OM* +CF	49.2	5.3	1.9	0.5	12.5	4.4	0.9	1.5	34.0	18.0	6.5	3.8

表6-7 不同施肥处理无机氮组分的含量及其残留标记肥料氮的形态

处理	NH_4-N			NO_3-N		
	含量	NH_4-Ndff		含量	NO_3-Ndff	
	/(mg/kg)	/(mg/kg)	/%	/(mg/kg)	/(mg/kg)	/%
CK	5.3b			1.3c		
CF*	4.5b	1.2	26.4	62.1bc	17.0	27.4
OM*	8.5a	0.7	8.1	159.2a	12.4	7.8
OM* +CF	5.4b	0.3	5.8	112.8ab	4.9	4.4

注：CK为不施氮肥；CF*为^{15}N标记尿素；OM*为^{15}N标记有机肥。数值后字母a，b，c表示差异达5%显著水平。

表 6-8 不同氮组分的 Ndff 比值

处 理	B/A	C/A	D/A	E/A	F/A	G/A	H/A	I/A
CF*	0.94	0.71	1.72	0.34	0.48	1.14	5.82	6.05
OM*	0.85	0.79	0.89	0.06	1.20	1.32	2.14	2.07
OM* +CF	1.10	0.10	0.90	0.31	3.72	0.78	1.20	0.90

注：Ndff，利用同位素示踪技术测定的作物的肥料利用率 A：全氮；B：酸解性有机氮；C：氨基酸态氮；D：酸解性铵态氮；E：氨基糖态氮；F：酸解未知氮；G：非酸解性氮；H：铵态氮；I：硝态氮

姜慧敏等利用^{15}N 示踪法，以江西红壤性水稻土为研究对象，研究农民习惯施肥水平下，水稻不同生育期外源化肥氮在土壤有机氮库中的转化及关系[27]。结果表明，土壤中氨基酸态氮和氨基糖态氮中来自外源的化肥氮含量从分蘖期到拔节期显著升高，从拔节期到灌浆期显著降低，全生育期两个组分的最高值均出现在分蘖期和拔节期之间。酸解性铵态氮中来自外源的化肥氮含量从分蘖期到成熟期逐渐降低；酸解未知氮中来自外源的化肥氮含量随生育期的延长逐渐达到动态平衡；非酸解性有机氮中来自外源的化肥氮含量在全生育期的变化符合对称方程(见图 6-2 和图 6-3)。水稻营养生长阶段的分蘖期和拔节期，外源化肥氮分别以酸解性铵态氮和氨基酸态氮为主要方式结合在土壤有机氮库中，其含量分别占施入化肥氮的 21.5%和 14.8%；水稻营养生长和生殖生长并进阶段的灌浆期和生殖生长阶段的成熟期，外源化肥氮主要结合到非酸解性有机氮库中，分别占施入化肥氮的 8.7%和 12.7%(见表 6-9)。土壤各有机氮库中来自外源的化肥氮之间存在相互转化的关系，酸解性铵态氮库起到了“暂时库”的作用，生育前期在土壤中固持氮，当可利用性氮受限时，又可以作为有效氮库释放氮供作物吸收；在整个生长期中氨基酸态氮库对外源化肥氮的转化积累起到了“过渡库”的作用，固持在氨基酸中的化肥氮可以转化成酸解性铵态氮和氨基糖态氮，外源氮在这几个主要的氮库中动态转换以保持土壤-作物体系中氮素的循环(见表 6-10)。

Jiang 等[28]还利用^{15}N 示踪法，研究了典型集约化设施菜地不同施氮处理对外源化肥氮素转化的影响，结果表明，减施氮肥 50%结合调节土壤 C/N 比和水肥一体化的优化模式(OPT)较农民习惯施肥模式(FP)在秋冬茬(AW season)和冬春茬(WS season)显著提高了外源化肥氮素的利用效率($P<0.05$)(见表 6-11)；冬春茬优化模式下更多的来自外源化肥氮的无机态氮以有机氮形式结合到土壤中(见图 6-4)，两季减少了外源化肥氮素的损失共达 25.8%(表 6-11)。

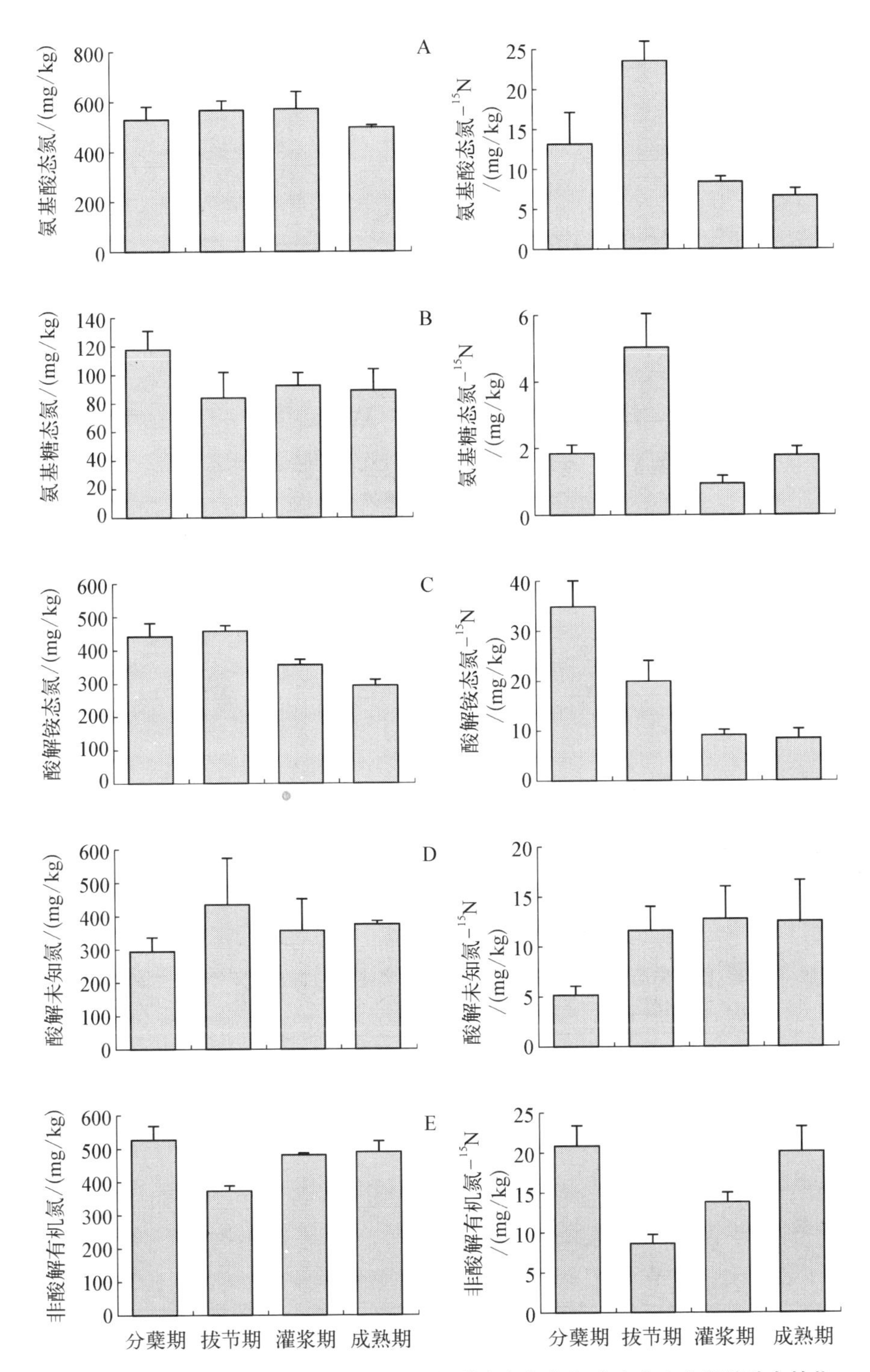

图6-2　土壤有机氮各组分和来自化肥氮的有机氮各组分在全生育期的动态转化

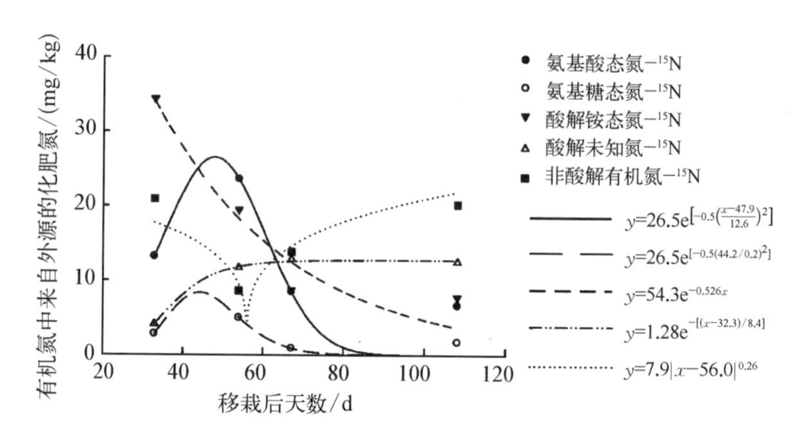

图 6-3 各有机氮组分中来自外源化肥氮的含量在全生育期内的动态转化曲线

表 6-9 转化的外源化肥氮占施用外源化肥氮的比例(%)

取样时期	作物吸收	土壤残留	损失	氨基酸态氮-15N	氨基糖态氮-15N	酸解性铵态氮-15N	酸解未知氮-15N	非酸解性有机氮-15N
分蘖期	7.1	47.2	45.7	8.3	1.8	21.5	2.6	13.1
拔节期	9.1	42.8	48.1	14.8	3.1	12.2	7.3	5.4
灌浆期	16.3	28.1	55.6	5.3	0.6	5.4	8.1	8.7
成熟期	19.4	30.7	50.0	4.2	1.1	4.9	7.9	12.7

表 6-10 氨基酸态氮-15N、氨基糖态氮-15N 和酸解性铵态氮-15N 对土壤残留的外源化肥氮的直接和间接影响

有机氮组分	直接通径系数	间接通径系数			
		X1	X2	X3	合计
X1①	−0.21		0.56	0.34	0.90
X2②	0.59 **	−0.20		0.36	0.16
X3③	0.76 **	−0.10	0.28		0.18

注：① X1 代表氨基酸态氮-15N；② X2 代表氨基糖态氮-15N；③ X3 代表酸解性铵态氮-15N，** 表示达到极显著水平。

表 6-11　收获期^{15}N标记的尿素在土壤-番茄体系的转化和损失

季　节	处理模式	^{15}N利用率/%	0～100 cm土层^{15}N残留量/(kg/hm^2)	^{15}N在土壤中的残留率/%
秋冬季	FP	9.6 b	580.2 a	58.0 b
	OPT	17.2 a	372.8 b	74.6 a
冬春季	FP	1.7 b	95.6 b	9.6 b
	OPT	3.5 a	169.2 a	33.8 a

季　节	^{15}N在土壤和番茄中总转化量/(kg/ha)	^{15}N在土壤和番茄中总转化率/%	氮素损失量/(kg/hm^2)	氮素损失率/%
秋冬季	676.2 a	67.6 b	323.8 a	32.4 a
	459.0 b	91.8 a	41.0 b	8.2 b
冬春季	112.3 b	11.2 b	467.9 a	46.8 a
	186.8 a	37.4 a	186.0 b	37.2 b

注：数值后字母 a，b 表示差异达 5%显著水平。

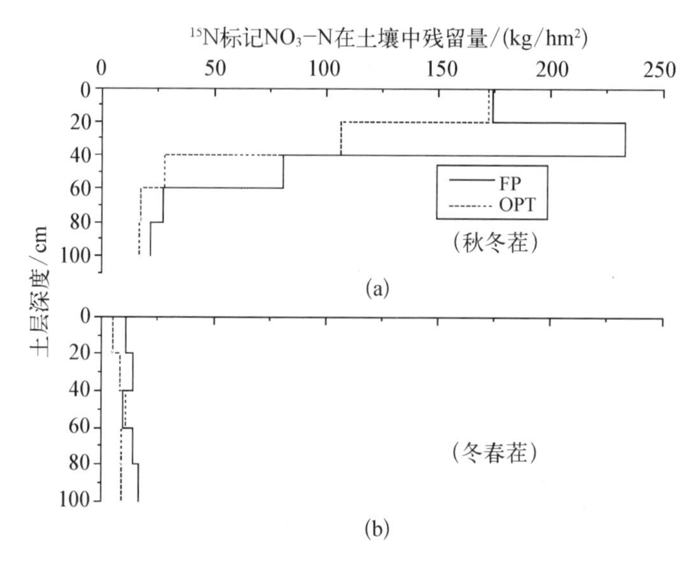

图 6-4　不同处理下15N 标记的尿素在 0～100 cm 土层中的分配

6.3.2.3　稳定核素在土壤有机碳周转中的应用

从土壤理化特性来看，土壤有机质的源物质大部分来自生长于地表的植物，因此可根据植物的 δ^{13}C 判断土壤有机质的来源，从而研究植物动态演替过程。与其他研究方法相比，该方法更能从年到百年尺度研究碳循环过程，有效阐明土壤碳动态和土壤碳储量的迁移与转换，直接计算出土壤或其组分中不同植物来源有机质的比例和数量，定量化评价新老土壤有机碳对碳储量的相对贡献。杨兰芳等[29]采用同位素质谱法测定玉米植株和土壤有机碳的δ^{13}C值，以研究玉米植株生长和施氮水平对土壤有机碳更新的影响，发现玉米生长促进了土壤有机碳的贡献为 4%～25%，随着玉米生长时间的延长，玉米根际碳沉积对土壤有机碳的贡献增大(见表 6-12)。

表 6-12　各处理下玉米不同生长期的土壤有机碳更新率

处　理	土壤有机碳更新率		
	喇叭期	开花期	成熟期
高　氮	(8.67±1.13)%	(15.08±1.06)%	(22.20±0.80)%
低　氮	(4.35±0.78)%	(17.68±1.52)%	(24.73±0.96)%

刘启明等[30]利用稳定碳核素示踪法对贵州茂兰格斯特原始森林保护区内农林生态系统土壤有机质含量进行分析，对比森林点与农田点的 δ^{13}C 值(森

林点：−23.86‰～−27.12‰）；农田点：（−19.66‰～−23.26‰），计算表明，毁林造田同时也降低了土壤有机质中活性大的组分的比例，使土壤肥力下降（见图6-5）。

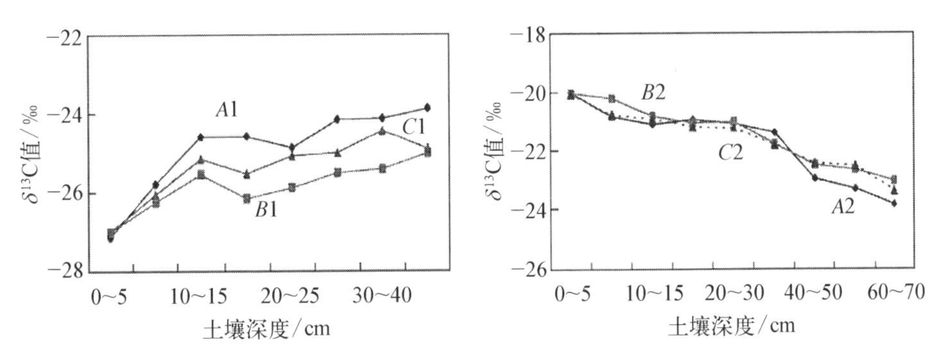

图6-5　森林与农田点不同深度处土壤有机碳的δ^{13}C值

6.3.2.4　外源磷在土壤中的形态转化

磷是植物进行生长发育的必需元素之一，而缺磷仍然是我国及世界农业生产中限制作物产量的一个重要因子。据统计，全世界42%的耕地面积缺磷，我国约有70%耕地资源磷短缺。通过施用磷肥是解决缺磷问题的有效途径，但作物对磷的利用效率不会高过25%，而至少有70%～90%的磷进入土壤而成为难以被作物吸收利用的无效态磷。Yang等[31]利用^{32}P核素示踪法研究了低磷土壤中不同形态无机磷的转化，结果表明，施用磷肥后不同形态无机磷含量由高到低依次为Ca_{10}-P>O-P>Ca_8-P>Ca_2-P(Al-P，Fe-P)，植物不能吸收利用的难溶态磷所占比例很高，为79.1%，此结果验证了以上的结论（见图6-6）。^{32}P示踪试验结果还表明，29.0%的^{32}P标记磷肥很快转化为速效

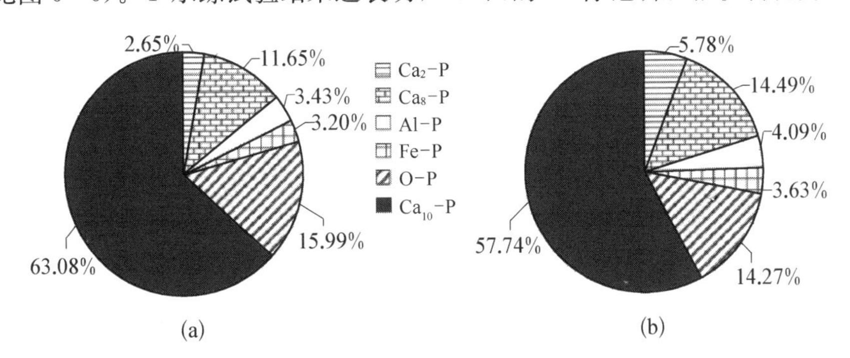

图6-6　不同施肥处理下无机磷的分配比例

(a) 不施外源磷肥；(b) 施外源磷肥

态 Ca_2-P，66.1%的^{32}P 标记磷肥转化为缓效态 Al－P，Fe－P 和 Ca_8-P，只有 5.0%的^{32}P 标记磷肥转化植物不可利用的 O－P 和 $Ca_{10}-P$；与不同磷肥相比较，施用磷肥后增加了^{32}P 标记磷肥转化为 Ca_2-P 的量，降低了^{32}P 标记磷肥转化为 Ca_8-P，Fe－P，Al－P 和 O－P 的量(见图 6－7)。

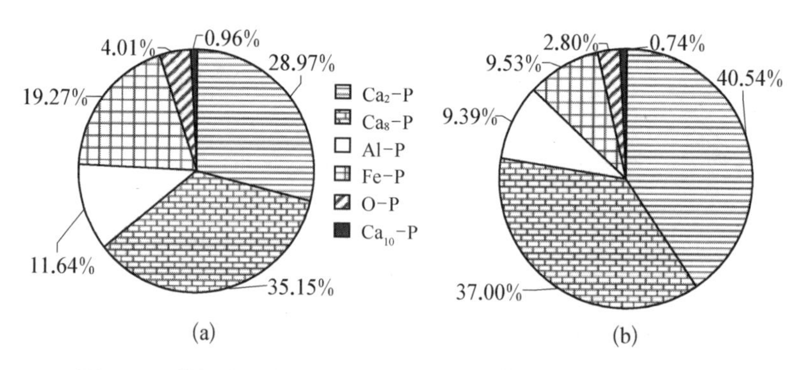

图 6－7　施肥和不施肥处理无机氮组分中^{32}P 比活度的分配比例

目前，根据不同类型植物利用土壤磷素不同进行筛选与定向培育磷高效作物基因型的育种技术有可能成为替代(或补充)传统施肥改良低磷土壤的重要手段之一。Yang 等利用^{32}P 同位素稀释法研究了不同基因型玉米土壤磷的吸收和利用，L_P 值表示植物体内^{32}P 的活度变化对磷肥的有效供磷值，L_P 值结果表明，不同基因型玉米有不同的土壤磷利用效率和耐低磷机制，DSY－48 品种 L_P 值最低，表明其吸收土壤磷的能力最小，而对可溶性和速效磷的依赖性高，是典型的低磷敏感型品种，而 DSY－2 和 DSY－32 的 L_P 值在施磷肥与不施磷肥条件下均较高，表明这两个玉米基因型品种对可溶性和速效磷的依赖性也较少，是典型的耐磷敏感型品种[31]。DSY－32 在低磷胁迫下有最大的 L_P 值，表明该基因型品种在低磷条件下能最大限度地激活和利用土壤中的各形态磷，且能最大限度地减少对可溶性和速效磷的依赖性。但当施用磷肥后，该基因型品种的 L_P 值大幅下降，说明在施磷肥条件下，该基因型品种能较多地利用肥料磷，因此认为基因型品种也为典型的耐低磷品种。DSY－79 虽然在不施磷肥条件下有较高的 L_P 值，也能较多吸收和利用土壤中的各形态磷，但由于不施磷肥条件下该基因型品种有最高的植株含 P 量，表明该基因型品种要求有很高体内磷含量以维持其正常的生长和发育，以致在不施磷条件下该品种的生长受到影响，因此，认为该基因型品种也为低磷敏感型品种(见表 6－13 和表 6－14)。

表6-13　不施磷肥处理下不同玉米基因型的 L_P 值

种　　类	P在植株中的比活度/(Bq/μg)	P在土壤中的比活度/(Bq/g)	L_P 值/(μg/g)
DSY-30	22±2.5	4 200±140	190±28
DSY-2	19.96±0.08	4 500±150	225±6.8
DSY-32	7.8±0.95	4 000±140	510±45
DSY-79	11.4±0.78	3 600±120	310±32
DSY-48	65±2.9	3 600±120	55.8±0.55

表6-14　施磷肥处理下不同玉米基因型的 L_P 值

种　　类	P在植株中的比活度/(Bq/μg)	P在土壤中的比活度/(Bq/g)	L_P 值/(μg/g)
DSY-30	16.8±0.85	4 000±340	240±32
DSY-2	14.0±0.96	3 500±120	250±26
DSY-32	20±1.7	3 800±130	251±5.1
DSY-79	8.3±0.37	3 800±130	460±17
DSY-48	29±2.7	5 100±310	130±36

盐碱土壤由于其碱性环境，大量的磷被固定转化为无效磷。梅勇通过 ^{32}P 示踪法，研究了盐分对盐碱地改良植物饲料芸薹、刺田菁对磷素吸收、转运的影响[32]。结果表明，在碱性条件下，与对照相比，盐分胁迫明显降低饲料芸薹和刺田菁根和茎叶的磷含量。盐分抑制耐盐植物根部对磷元素的吸收，但随着盐分浓度的增加，根部对磷元素的吸收明显加强(见图6-8)。低盐分水平抑制料芸薹和刺田菁磷元素从根部向茎叶的运输，但较高盐分水平在一定程

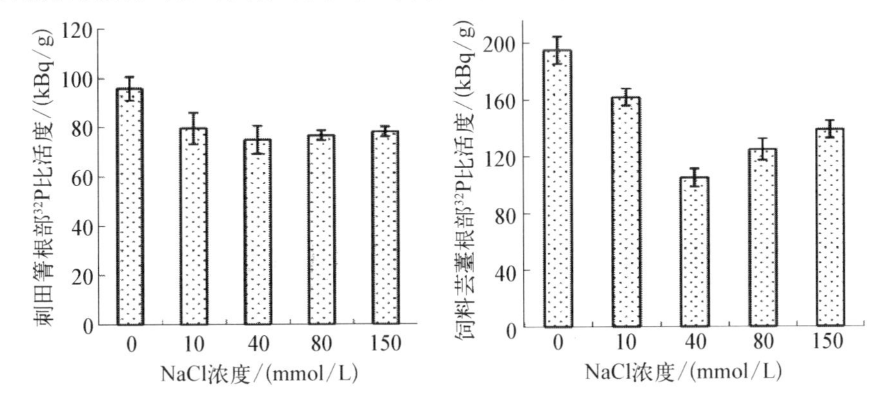

图6-8　不同水平盐处理对植物根部磷比活度的影响

度上促进了根部的磷向茎叶转运，其原因可能是植物因为茎叶生理活动旺盛的器官磷亏缺，而促使磷元素从库(根)向源(茎叶)的转运，而且磷在植物体内移动性强，磷易从较老组织运输到幼嫩组织中再利用，所以茎叶和根部磷含量比有所增加(见表 6-15)。

表 6-15　不同浓度 NaCl 处理对植株根与茎叶^{32}P 比活度比的影响

NaCL /(mmol/L)	刺田箐/(%)	饲料芸薹/(%)
	根和茎叶^{32}P 比活度比	根和茎叶^{32}P 比活度比
0	19.9	16.6
10	10.6	12.9
40	13.0	21.2
80	26.8	18.8
150	17.5	18.0

6.3.3　核素示踪法在环境科学中的应用

随着原子核科学技术的发展，核技术为环境科学研究提供了非常有效的手段。从环境本底调查到环境中污染物的复杂变化，例如污染物的扩散、挥发、吸附、降解及代谢等，常规技术研究难以阐明，但用放射性示踪剂进行标记，就能探明其各自内在规律而达到调控目的。

6.3.3.1　*农药残留*

化学农药防治病、虫、草害，每年可挽回 15%～30%的农作物产量，可见农用化学物质在农业生产中的作用十分重要。但由于长期、大量及不合理使用化学农药，对农业生态环境造成人为的污染，并通过食物链潜在地影响着人类的健康。中国自 20 世纪 60 年代初开始就利用核素示踪法研究化学农药在生态环境中的残留、降解、代谢规律及对环境的影响评价，并研制合成^{14}C，^{35}S，^{3}H 等核素标记的杀虫剂、杀菌剂、除草剂及植物生长调节剂等 80 多种农用标记化合物，为国内外同行专家提供了示踪剂。大量研究结果为农业生产中合理使用农用化学物质，防止或减轻对生态环境的污染，为农业的可持续发展作出了重大贡献。如利用^{14}C-二氯苯醚菊酯研究它在水稻和小麦中的残留[33-34]，结果表明，它在水稻上的残留消失较快，残留量与时间的回归方程为 $Y=16.8866e^{-0.1578X}$ ($r=0.9887$)，残留半衰期为 4.39 d，15 d 以后消失 95%以上；在小麦上的残留半衰期为 8.5 d，用以防治小麦黏虫或蚜虫，用药浓度不超过 50 mg/kg，用药次数不超过 4 次，每次间隔 8～10 d，最后一次用药离收获期不少于20 d,它在小麦籽粒中残留量低于最大允许残留量,为制订该农药的安全使用标准提供了依据。应用^{14}C-绿黄隆研究它在麦茬、土壤及其后茬水稻中的残留[35],结果表明,施于麦茬中的^{14}C-绿黄隆由于降解缓慢而土壤中残留量较高,导致后茬水稻中具有一定残留;在植株体内呈不均匀分布,根系具有高度的富集性是其对根系危害的重要原因;由稻茬在土壤的残留量表明,在麦茬施于土壤的绿黄隆,即使经过麦、稻两季作物(326 d),土壤中还有相当数量的残留(为原始量的12.4%～16.0%),充分表明绿黄隆及其降解产物在土壤中的长持留期是其高残效的主要原因(见表6-16和表6-17)。

表6-16　^{14}C-绿黄隆在麦茬土壤中残留①

处理②	土层/cm	每层土壤活度/Bq	活度分配比/%	土壤残留总活度/Bq	残留总活度与原始活度之比/%	土壤残留水平/(μg/kg)
1	0～10	623	54.63	1 140	24.57	2.46
	10～20	245	21.49			
	20以下	272	23.88			
2	0～10	702	31.42	2 232	24.05	4.81
	10～20	410	18.40			
	20以下	1 120	50.18			
3	0～10	648	47.81	1 357	29.63	2.96
	10～20	330	24.26			
	20以下	378	27.93			
4	0～10	997	39.64	2 515	27.10	5.42
	10～20	990	39.41			
	20以下	527	20.95			

注:① 残留量系由放射比活度转算,它含^{14}C-绿黄隆及其^{14}C降解物。
② 处理1—秋施低剂量;2—秋施高剂量;3—春施低剂量;4—春施高剂量。

表6-17　^{14}C-绿黄隆在水稻及土壤中残留①

处理	麦茬土壤残留(μg/kg) A	稻茬土壤残留		水稻残留					
		残留量/(μg/kg) B	残留率/(%) B/A	稻谷/(μg/kg) C	茎叶/(μg/kg) D	根系/(μg/kg) E	转移系数		
							稻谷 C/B	茎叶 D/B	根系 E/B
1	2.46	1.24	50.47	7.4	24.4	41.4	5.97	19.68	33.39
2	4.81	2.80	50.21	9.6	29.0	143	3.43	10.36	51.07
3	2.96	1.43	48.26	7.3	23.4	120	5.11	16.36	63.92
4	5.42	3.20	59.04	11.1	41.2	185	3.47	12.86	57.81

注:① 试样中残留系含^{14}C-绿黄隆及其^{14}C降解物。

6.3.3.2 污染土壤修复研究

核试验或核事故释放的裂变产物^{137}Cs作为环境最主要的潜在的核污染物受到广泛关注，在代价利益优化分析的前提下，^{137}Cs污染土壤的生物修复技术成为近年来的研究热点。杨俊诚等[36]选用南瓜、油菜、虎尾草、红梗叶甜菜、东升叶甜菜和红甜菜等几种植物，通过盆栽模拟研究不同活度^{137}Cs污染的广东大亚湾水稻土、浙江秦山水稻土和北京褐土的生物修复作用，结果表明，供试植物在3种土壤中均对^{137}Cs有较强的吸收能力，并随^{137}Cs施入量的增加而增加；在污染水平相同的情况下，虎尾草、油菜和南瓜所吸收的^{137}Cs的比活度随土壤pH值降低而增加(见表6-18)。6种植物对^{137}Cs土壤修复能力的顺序是：虎尾草>油菜>红梗叶甜菜>南瓜>红甜菜>东升叶甜菜(见图6-9)。

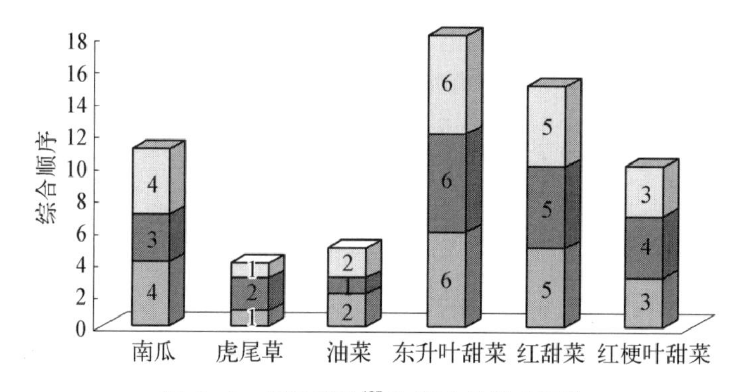

图6-9 植物吸收^{137}Cs能力的综合评价

□为转移系数排列；■为相同面积上植物吸收^{137}Cs的总活度的排序；▩为植物^{137}Cs的活度排序；柱中数字分别代表各指标排序的序号

6.3.3.3 土壤侵蚀研究

土壤侵蚀是全世界面临的一个重要的生态环境问题，土壤侵蚀会造成土地退化、土壤肥力下降，甚至会影响周围的生态环境。核素示踪法是研究土壤侵蚀的重要方法。国外用^{137}Cs示踪法研究土壤侵蚀始于20世纪60年代初，而我国土壤侵蚀的^{137}Cs法研究始于20世纪80年代后期。王轶虹等[37]统计了1985—2009年利用^{137}Cs示踪法研究土壤侵蚀的国内现有电子资料，发现^{137}Cs示踪法应用于土壤侵蚀的研究主要集中在三个方面：① 土壤侵蚀模型，^{137}Cs示踪法研究土壤侵蚀的关键之一就是定量转换模型的建立。国内现有文献在这方面的研究主要是引进、介绍国外的模型，在分析其优、缺点的基础上，结合实际情况建立自己的模型，国内文献中涉及的耕地土壤模型和非耕地土壤模型如表6-19和表6-20所示。② 区域背景值，^{137}Cs区域本底值的

表 6-18　6种植物在不同土壤条件下对 ^{137}Cs 的吸收

土　壤	^{137}Cs 施入量/(kBq/kg)	南　瓜	虎尾草	油　菜	东升叶甜菜	红甜菜	红梗叶甜菜
北京褐土	3	1.24±0.05	4.24±0.23	3.27±0.24	2.89±0.08	3.02±0.39	3.77±0.22
	30	11.66±0.69	82.53±0.06	35.93±0.71	9.03±0.18	24.42±0.42	21.32±0.19
	300	22.82±0.59	349.95±0.43	247.25±0.08	121.09±0.69	47.57±0.15	308.55±0.16
大亚湾稻田土	3	2.31±0.81	5.10±0.38	6.49±0.23	1.55±0.17	1.48±0.41	3.56±0.20
	30	32.82±0.17	88.56±0.01	43.17±0.51	15.15±0.12	13.82±0.31	33.15±0.21
	300	351.72±0.18	530.19±0.07	422.25±0.10	242.19±0.42	198.37±0.23	864.24±0.10
秦山稻田土	3	3.22±0.16	4.49±0.08	3.94±0.01	2.76±0.45	2.88±0.03	1.99±0.20
	30	30.78±0.51	85.09±2.39	86.27±0.26	40.97±0.67	48.58±0.50	72.30±0.21
	300	550.42±0.03	1 411.90±0.17	657.07±0.14	132.50±0.10	135.18±0.46	774.34±0.41

确定是应用^{137}Cs法研究土壤侵蚀的首要问题。目前我国的^{137}Cs本底值研究主要集中在黄土高原地区、云贵高原、四川盆地、华东华南地山丘陵区、台湾省、东北黑土区、青藏高原地区和新疆[38]。③ 土壤侵蚀的空间变异规律及影响因子,土壤侵蚀的空间变异规律包括土壤侵蚀、沉积速率、坡面侵蚀过程等。国内学者在这方面做了大量研究,张信保等[39-42]在黄土高原地区测定了不同类型土地的侵蚀速率,卓有成效地解决了农耕地土壤侵蚀和黄河泥沙输移等疑难问题。李勇等[43]利用环境放射性核素^{137}Cs技术定量评价了陕北黄土高原陡坡耕地土壤侵蚀变异的空间格局,结果表明,黄土高原山坡中、上部是土壤侵蚀最为严重的地带,山顶和坡脚侵蚀速率较小,而坡下部土壤侵蚀速率居中。坡度变化是影响该区土壤侵蚀速率空间变异的主导因子(见表 6-21)。

表 6-19　耕地土壤模型

模型类别	模型名称	建立者	基本形式
经验统计模型	幂函数模型	Ritchie 等	$y=\alpha X^{\beta}$
	质量平衡模型	Eilliott 等	$S_t=(S_{t-1}+F_t-E_t\times CT)K$
物理成因模型	比例模型	Brown	$y=10\dfrac{BdX}{100T}$
	重量模型	Lowrance	$1-E(XB-DB)=CA-XA$ $y=10\dfrac{A_{nf}-A}{CsT}$
	幂函数模型	Kachanoski 等	$Y=MR^{-1}[1-(A_n/A_0)]^{1/n}$
	质量平衡模型	Kachanoski	$S_t=(S_{t-1}+F_t-E_t)k(t=1,2,3,\cdots,N)$
	质量平衡模型	Walling 等	$\dfrac{dA(t)}{dt}=(1-\Gamma)I(t)-\left(\lambda+P\dfrac{R}{d}\right)A$
	质量平衡模型	张信宝	$A=A_0\varphi_1\left(1-\varphi_2\dfrac{h}{D}\right)^{n-1\,963}$
	质量平衡模型	杨浩等	$C_{st}=\begin{cases}A_t e^{-xz} & \text{指数型}\\ A_t(1-ZH_s) & \text{线性型}\\ A_t & \text{均一型}\end{cases}$
	质量平衡模型	周维芝	$E_R=h\times D\times 10\,000$ $Xn=\dfrac{A_{ref}}{15}(1-a\%)^{n-70}\dfrac{(1-a\%)-(1-a\%)^{16}}{1-(1-a\%)}$ $R=H\cdot\rho\cdot a\%$
	质量平衡模型	唐翔宇	$y=h\times D\times 10\,000$

表 6-20 非耕地土壤模型

模型类别	模型名称	建立者	基本形式
经验统计模型	幂函数模型	Eilliot	$y=\alpha X^{\beta}$
	幂函数模型	张信宝	$X=X_0 e^{-\lambda h}$
物理成因模型	剖面分布模型	张信宝	$y=\dfrac{100}{\lambda P}\ln\dfrac{(1-x)}{100}$
	扩散迁移模型	Pegoyev	$C_u(t)\approx\dfrac{I(t)}{H}+\int_0^{t-1}\dfrac{I(t')e^{-RH}}{\sqrt{D\pi(t-t')}}e^{-v^2(t-t')/(4D)-\lambda(t-t')}dt'$ $\int_0^t PRC_u(t')e^{-\lambda(t-t')}dt'=A_{6s}(t)$
	质量平衡模型	周维芝	$Xn=\dfrac{A_{ref}}{15}(1-a\%)^{n-70}\dfrac{(1-a\%)-(1-a\%)^{16}}{1-(1-a\%)}$ $R=H\rho a\%$
	质量平衡模型	唐翔宇	$y=-10\,000D\ln(1-\lambda)$

表 6-21 各样点的^{137}Cs强度差异及相应的土壤侵蚀速率计算值

顺坡距离/m	R值/(t/hm^2·a)	顺坡距离/m	R值/(t/hm^2·a)	顺坡距离/m	R值/(t/hm^2·a)	顺坡距离/m	R值/(t/hm^2·a)
10	−61.21	70	−31.21	130	−53.29	190	−68.02
20	−44.07	80	−59.73	140	−35.12	200	−48.33
30	53.88	90	−77.99	150	−40.24	210	−51.68
40	−127.64	100	−81.02	160	−45.90	220	−45.81
50	−59.13	110	−80.90	170	−52.65	230	−18.91
60	−63.36	120	−75.83	180	−27.08	240	53.28

6.3.3.4 土壤温室气体排放研究

中国是化学氮肥的生产大国，又是使用大国，但施用农田的化学氮肥利用效率极低，大量氮素以不同途径损失掉，对土壤、地下水、大气等造成严重的污染，危害人类的生活环境，成为现代农业和环境研究亟待解决的一个重要问题。气态损失是农田氮素损失的主要途径，王秀斌[44]利用^{15}N示踪微区实验，研究了华北平原冬小麦-夏玉米轮作体系下，氮肥运筹对氮素气态损失的影响，结果表明，冬小麦和夏玉米季，来自外源化肥氮的土壤氨挥发损失主要发生在施肥后14 d内，玉米季来自化肥氮的氨挥发损失量高于小麦季，冬小麦/夏玉米轮作体系累积氨挥发量随施氮量的减少而降低(见图6-10和图6-11)。

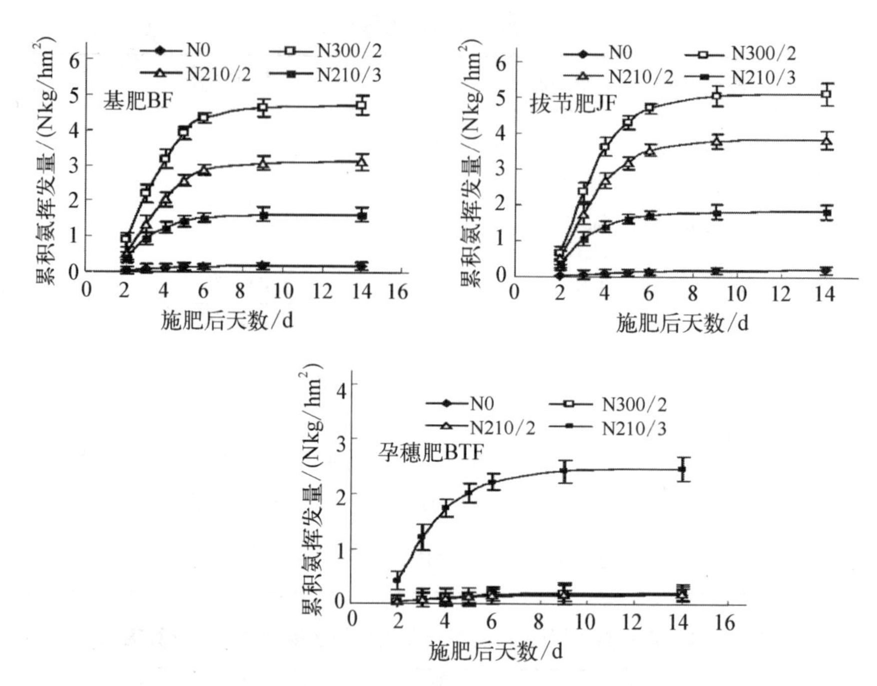

图 6-10 冬小麦季肥料^{15}N 的氨挥发量

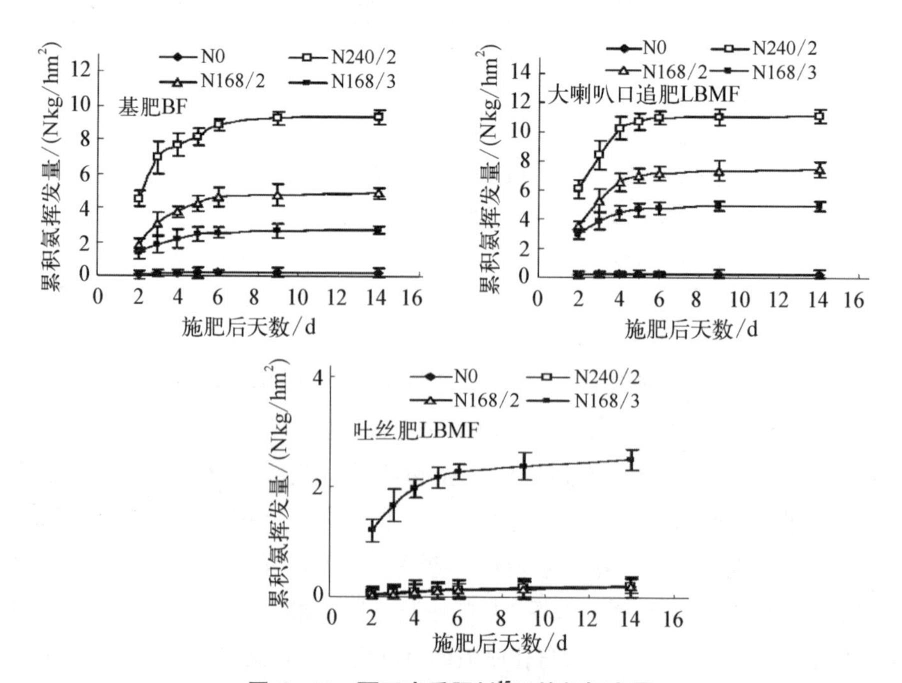

图 6-11 夏玉米季肥料^{15}N 的氨挥发量

玉米季来自外源化肥氮的土壤 N_2O 排放量均高于小麦季，且 N_2O 排放量均随施肥量减少而降低。优化施氮均显著降低土壤氨挥发和 N_2O 的排放量（见图 6－12 和图 6－13）。

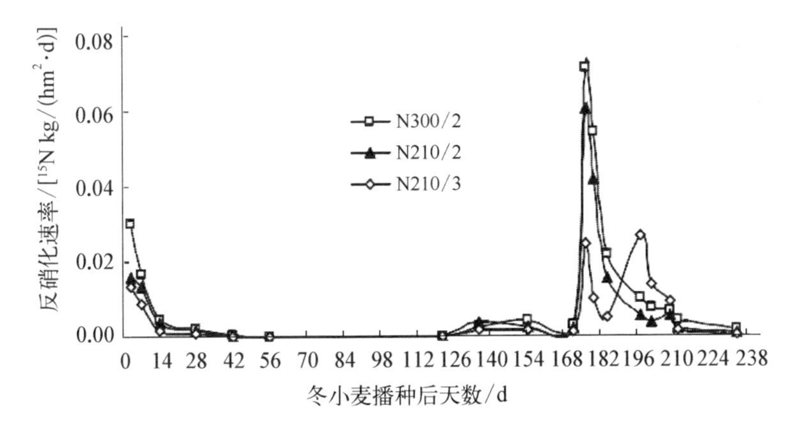

图 6－12　冬小麦肥料^{15}N 的反硝化速率

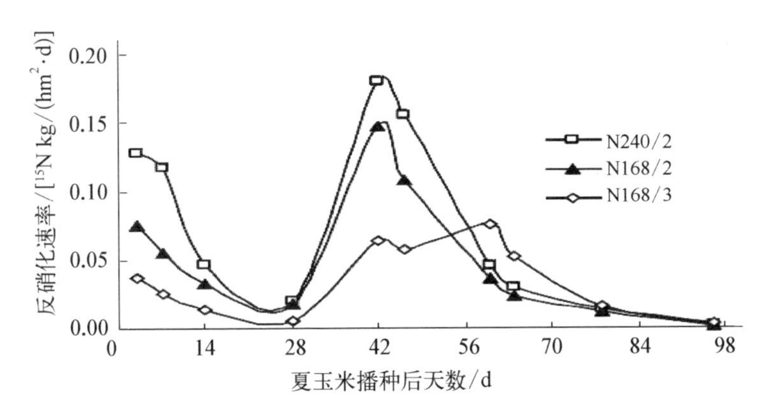

图 6－13　夏玉米肥料^{15}N 的反硝化速率

姜慧敏等[45]利用^{15}N 示踪法，定量化地比较了设施菜地不同施氮模式下来自外源化肥氮的氨挥发量，结果表明，氨挥发不是设施菜地气体损失的主要形式，但与农民习惯施肥模式（FP）相比较，减施化肥结合调节土壤 C/N 比和水肥一体化的优化模式（OPT）显著降低了基肥和追肥后的氨挥发量，降低幅度为 80.5%（见图 6－14）。

6.3.3.5　土壤重金属污染溯源研究

近年来，国内外学者愈来愈重视沉积物重金属污染的研究，尤其是对沉积

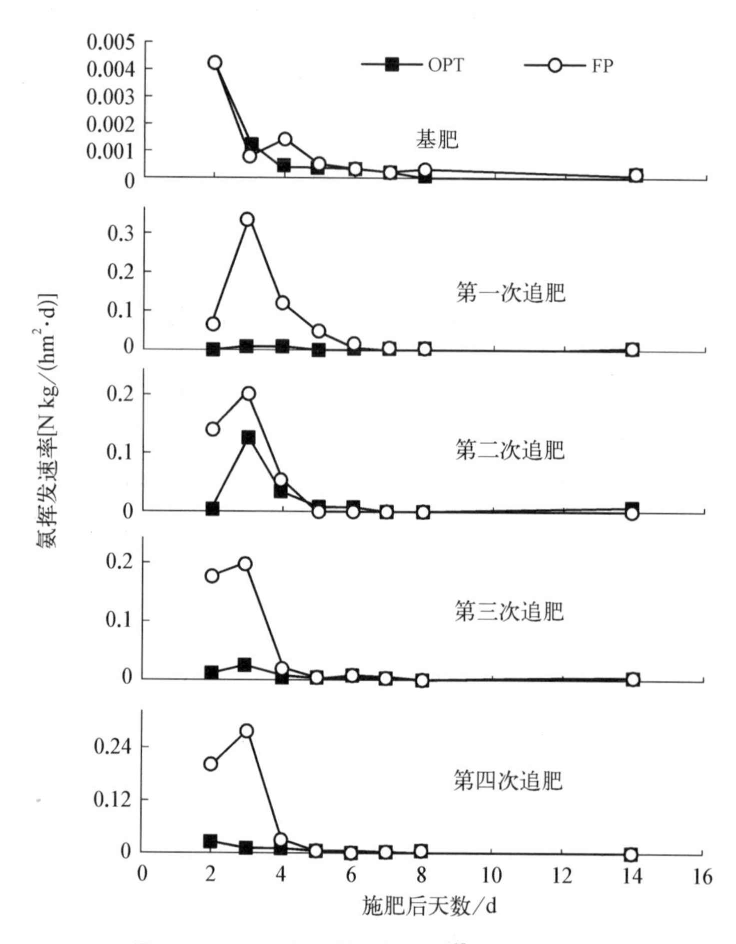

图 6-14　不同氮肥管理模式下^{15}N 氨挥发速率

物中重金属污染来源的剖析越来越重视。污染来源的鉴别是对环境污染程度进行正确评价和对污染进行有效治理的前提。Lu 等利用环境核素示踪分析技术，研究葫芦岛周边农田典型土壤剖面重金属 Pb 的沉积发生年代、沉积速率及沉积成因[46]。结果表明，$^{210}Pb_{ex}$在 HLD-Ⅱ-1 和 HLD-Ⅱ-4 的 0～2 cm 表层土壤中的比活度分别为 119.12 Bq/kg 和 128.71 Bq/kg。在两个土层中的垂直分布都有一个明显的峰值，说明受到了外源污染的干扰。HLD-Ⅱ-1 沉积最大值发生在 0～8 cm，HLD-Ⅱ-4 沉积最大值发生在 0～12 cm，存在不同说明土壤剖面受到内源和外源的不同干扰(见图 6-15 和图 6-16)。Pb 的污染发生始于 20 世纪 40 年代初，主要分为 1942 年至 1989 年和 1989 年至 2005 年两个强度不同的沉积污染期(见图 6-17)。

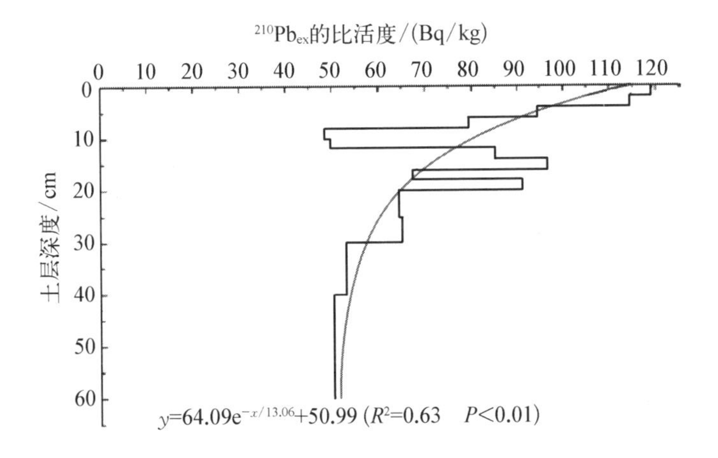

图 6-15　^{210}Pb 在 HLD-Ⅱ-1 剖面中的分布

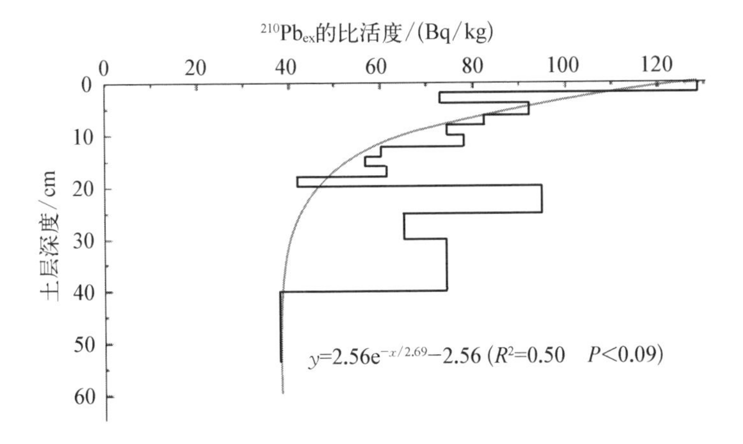

图 6-16　^{210}Pb 在 HLD-Ⅱ-4 剖面中的分布

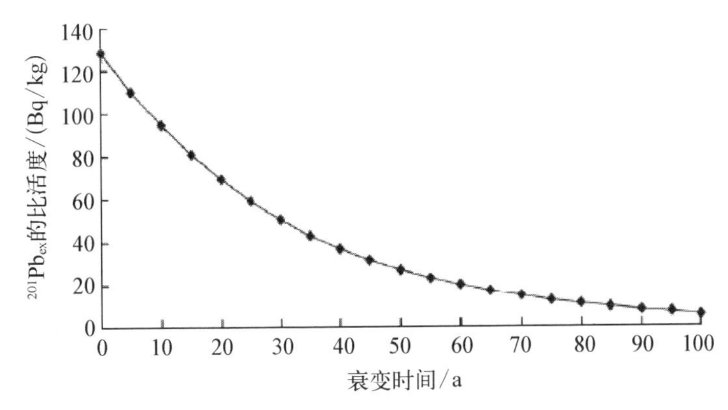

图 6-17　^{210}Pb 随时间的衰变曲线

6.3.4 核素示踪法在分子生物学中的应用

6.3.4.1 核素示踪法在基因组学研究中的应用

1) 核素标记核酸探针及应用

化学及生物学意义上的探针(probe),是指能与特定靶分子发生特异性相互作用,并可被特殊方法探知的分子。抗体-抗原、生物素-抗生物素蛋白、生长因子-受体、特定核苷酸序列- DNA(或基因)的相互作用都可以看作是探针与靶分子的相互作用。

(1) 核酸探针技术原理。

核酸探针技术的原理是碱基配对。互补的两条核酸单链通过退火形成双链,这一过程称为核酸杂交。核酸探针是指带有标记物的已知序列的核酸片段,它能和与其互补的核酸序列杂交,形成双链,使双链核酸也带有标记物,进而能被检测(见图 6－18)。

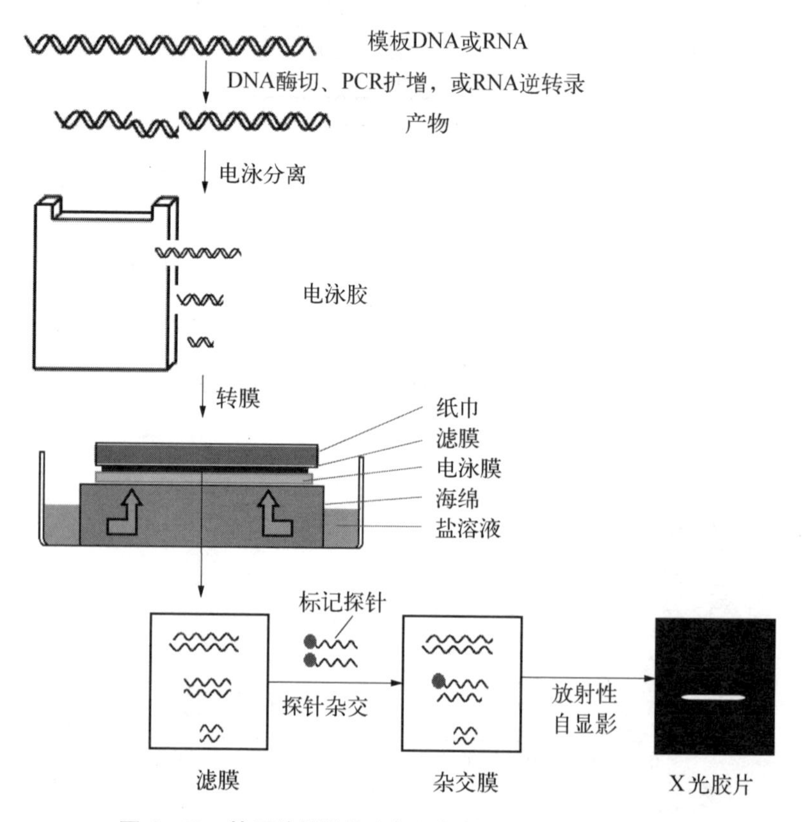

图 6－18 基于放射性核素标记探针的核酸杂交示意图

核酸探针可用于检测待测核酸样品中是否含有特定基因序列;检测特定基因是否转录及其转录水平;由于各种病原体都具有独特的核酸片段,通过分离和标记这些片段就可制备出探针,用于疾病的诊断等。

(2) 核酸探针的种类。

按核酸探针所作用的靶标及来源划分,可将核酸探针分为基因组 DNA 探针、cDNA 探针、RNA 探针和人工合成的寡核苷酸探针四类。

其中,DNA 探针应用最为广泛,它的制备可通过酶切或聚合酶链反应(PCR)从基因组中获得特异的 DNA 后,将其克隆到质粒或噬菌体载体中,随着质粒的复制或噬菌体的增殖而获得大量高纯度的 DNA 探针。

将 RNA 进行反转录,所获得的产物即为 cDNA。cDNA 探针适用于基因转录及 RNA 病毒的检测。cDNA 探针序列也可克隆到质粒或噬菌体中,以便大量制备。

信使 RNA(mRNA)标记也可作为核酸分子杂交的探针。但由于来源不太方便,且 RNA 极易被环境中大量存在的核酸酶所降解,操作不便,因此应用较少。

应用人工合成的寡聚核苷酸片段作为核酸杂交探针也十分广泛,可根据需要合成仅有几十个 bp 的探针序列,对于检测点突变和小段碱基的缺失或插入尤为适用。

按标记物的类型划分可将核酸探针分为放射性标记探针和非放射性标记探针两大类。

放射性标记探针用放射性核素作为标记物。放射性核素是最早使用,也是目前应用最广泛的探针标记物。常用的核素有^{32}P,^{3}H,^{35}S。其中,以^{32}P应用最普遍。放射性标记的优点是灵敏度高,可以检测到 pg 级;缺点是易造成放射性污染,核素半衰期短、不稳定、成本高等。因此,放射性标记的探针难以实现商品化。目前,许多实验室都致力于发展非放射性标记的探针。

目前应用较多的非放射性标记物是生物素(biotin)和地高辛(digoxigenin)。两者都是半抗原。生物素是一种小分子水溶性维生素,对亲和素有独特的亲和力,两者能形成稳定的复合物,通过连接在亲和素或抗生物素蛋白上的显色物质(如酶、荧光素等)进行检测。地高辛是一种类固醇半抗原分子,可利用其抗体进行免疫检测,原理类似于生物素的检测。地高辛标记核酸探针的检测灵敏度可与放射性核素标记的相当,而特异性优于生物素标记,其应用日趋广泛。

（3）核酸探针放射性核素标记。

常用放射性核素标记的脱氧核糖核苷酸（$\alpha-^{32}P$-dNTP，^{3}H-dNTP或^{35}S-dNTP）进行核酸探针标记，标记方法主要采用缺口平移法、末端标记法、随机引物延伸法和反转录标记法。在以mRNA为模板制备cDNA时，同时掺入核素标记的脱氧核苷酸，可制出cDNA标记探针。

① 缺口平移法。在适当浓度的DNaseⅠ作用下，在双链DNA上先制造一些缺口，再利用大肠杆菌DNA聚合酶Ⅰ的5′-3′外切酶活性依次切除缺口下游的核酸序列，同时加入4种脱氧三磷酸核苷（dNTP，其中1种为放射性核素标记核苷）利用该酶5′-3′聚合活性补入缺口，使缺口逐个平移，并在平移过程中形成标记的新生核酸链。此法也适用于探针的非放射性标记。如用缺口平移法制备^{32}P标记DNA探针：反应体积为25 μL，内含0.3 μg DNA片段，4 μL 0.2 μmol/L dNTP，1.1×10^{6} Bq [$\alpha-^{32}P$]dATP，1 μL 2万倍稀释的DNA酶和2 μL DNA聚合酶Ⅰ，6 μL缓冲液[为50 mmol/L Tris-HCl（pH值为7.2），10 mmol/L $MgSO_4$，1 mmol/L二硫苏糖醇（DTT）和50 μg/mL BSA]，反应在14℃进行3 h。标记DNA经Sephadex（G-50）柱层析回收。

② 末端标记法。在大肠杆菌T_4噬菌体多聚核苷酸激酶（T_4PNK）的催化下，将[$\gamma-^{32}P$]-ATP上的磷酸连接到寡核苷酸的5′末端上。要求标记的寡核苷酸5′端必须带羟基。此法适用于标记合成的寡核苷酸探针。如将底物改为Biotin-dUTP，也可以在3′端标记上一个生物素。如MUC5AC探针的标记和纯化：在MUC5AC探针42 pmol（3 μL）中，加入T4多聚核苷酸激酶2 μL、去离子水25 μL、缓冲液5 μL和15 μL的10 mCi/mL[$\gamma-^{32}P$]ATP，37℃水浴中反应4 h，0.5 mol/L EDTA终止反应，自制SG-50柱层析分离，可获得^{32}P标记MUC5AC探针。

③ 异单引物标记法。应用探针DNA上的一个片段作为引物，以环化探针DNA的重组质粒DNA为模板，在DNA聚合酶的作用下，通过变性，退火和延伸过程，使探针DNA得到标记。反应总体积为25 μL，内含50 mmol/L Tris-HCl pH值为7.5，10 mmol/L $MgCl_2$、BSA 5 mmol/L、80 ng引物DNA和0.1 μg连接的DNA或0.1 μg质粒。反应管在95℃变性5 min，取出，离心，立即放入37℃水浴保温2 min使DNA退火，加入1 U *E. coli* DNA聚合酶Ⅰ，在37℃进行延伸反应。对环化基因，延伸18 min，对质粒DNA延伸35 min重复上述变性、退火和延伸过程1次。

④ 双引物标记法。反应体积为50 μL，内含50 mmol/L Tris（pH值为

7.5)、10 mmol/L $MgCl_2$、10 mmol/L β-巯基乙醇和 500 μg BSA/mL，引物片段 1 和 2 各 90 ng，模板 DNA 0.1 μg，[α-^{32}P]dCTP 1.5×10^6 Bq，dATp，dGTP 和 dTTP 各 200 μmol/L。其反应步骤如下所述。变性：反应管在 95℃水浴 5 min，然后离心；退火：37℃水浴 2 min；延伸：加入 DNA 聚合酶Ⅰ 1 μL，37℃水浴 18 min。重复上述变性、退火、延伸过程 1～2 次，分别进行其标记率测定：取 0.5 μl 反应液分别点于两张滤纸片上，烤干。其中一张经 0.6 mol/L 三氯醋酸(TCA)、0.3 mol/L TCA 依次洗涤，每次 10 min，然后再用无水乙醇、醇醚混合液和乙醚洗涤各 5 min。两张滤纸分别放入闪烁瓶内，测定 cpm 值。

⑤ PCR 标记高活性 DNA 探针。其基本操作如下：在 0.5 ml 离心管内进行，反应总体积 50 μL，内含模板 DNA 350 ng，DNA 引物各 50 pmol/L，dGTP，dCTP 和 dTTP 各 200 μmol/L，[α-^{32}P]dATP 1.1×10^6 Bq，反应缓冲液为 67 mmol/L Tris-HCl(pH 值为 8.8)含 2.5 mmol/L $MgCl_2$、6.7 mmol/L $(NH_4)_2SO_4$、10 mmol/L β-巯基乙醇、170 mg/L BSA、6.7 μmol/L EDTA 和 40 μL/mL 二甲亚砜。将反应管置于 95℃水浴变性 5 min 取出，加入 Taq DNA 聚合酶 0.5～2 μg，在旋涡混合器上混匀后离心，加入 35 μL 石蜡油。放入 65℃水浴 2 min，取出，立即进入 PCR 循环：91℃变性 30 s，51℃退火 1 min，68℃延伸 2 min。重复上述过程 15 次。最后将反应管置 65℃水浴 5 min。反应完成，加入酵母 tRNA 10 μg。分别测定掺入和游离放射性计数，计算^{32}P 掺入率。标记 DNA 探针经醋酸钠酒精沉淀回收。将沉淀溶于 10 mmol/L Tris-HCl，EDTA(pH 值为 8.0)100 μL。用 PCR 方法标记的 DNA 探针特异性高，敏感性好，可测出的最低靶 DNA 量为 10 fg。

(4) 放射性核素标记核酸探针的应用。

① 核酸杂交。

基本方法：如图 6-18 所示，所谓核酸杂交就是将放射性核素标记核酸探针与固定在特定支持物上的待检核酸样品进行杂交，然后通过放射性自显影来探查靶核酸存在与否的一种特异性检测方法。

相关应用：罗文永等将正电荷的尼龙膜层析成功用于放射性核素标记核酸探针的分离和纯化[47]。采用 PCR 方法直接标记制备了^{32}P 核酸探针，并应用于小鼠生精细胞凋亡相关基因片段的 Northern blot 杂交，取得了满意的结果。洪燕敏等应用切口平移法制备了^{32}P 标记的大鼠脑组织中胆囊收缩素(*CCK*)基因的 cDNA 探针，并用此探针和不同日龄大鼠脑组织中所提取总 RNA 进行 Northern 杂交，成功检测了 *CCK* 基因在不同日龄大鼠脑中转录水平上的变化[48]。胡桂学等采用 RT－PCR 方法扩增犬冠状病毒（CCV）YS1，C11 和 NL－18 株 5′端部分 *S* 基因序列，以随机插入 DNA 法对 CCV YS1 株纯化的 PCR 产物进行 ^{32}P 核素标记，制备得到 ^{32}P 标记核酸探针，用标记探针与 3 株 CCV 逆转录产物杂交，结果表明，制备的核酸探针可用于犬 CCV 感染的分子流行病学研究[49]。

在动物传染病检测中，核酸探针杂交技术已应用于猪传染性胃肠炎病毒（TGEV）的检测。TGEV 为单股正链 RNA 病毒，先将病毒 RNA 逆转录成 cDNA，再用放射性核素标记，得到标记 cDNA 探针，探针与病毒的 mRNA 可产生特异性结合，可进行 TGEV 检测。Shockley 和 Kapke 首先克隆制备了长为 2 000 bp 的 cDNA 探针用于 TGEV 的诊断。而后 Jackwood 等应用放射性核素 ^{32}P 制备了 5 种不同的 cDNA 探针并建立了用核酸探针检测细胞培养物和样品中 TGEV 的斑点杂交法[50]。1996 年 Sirinarumitr 等使用了含有 TGEV *S* 基因部分序列的两种质粒，分别为 pPSP. FP1 和 pPSP. FP2，将其制备成放射性 ^{35}SRNA 探针分别检测了接种于细胞培养物上和自然感染病变肺脏组织中的 TGEV 和猪呼吸道冠状病毒（PRCV）[51]。通过测定表明，核酸杂交在 TGEV 和 PRCV 的研究和诊断中具有潜在的应用价值。

② 核酸-蛋白质杂交。

基本方法：在制备得到放射性核素标记核酸探针的基础上，将待测蛋白经 SDS－聚丙烯酰胺凝胶电泳分离，并转移到硝酸纤维素膜或尼龙膜。对已转移到膜上的蛋白进行复性、封闭等处理后，置于加由放射性核素标记核酸探针的杂交缓冲液中进行 DNA 和蛋白质的杂交，经多次洗膜后的放射性自显影，显示蛋白质与核酸探针的特异性结合。核酸-蛋白质杂交是快速鉴定蛋白质与 DNA 结合并测算结合蛋白分子量的有效方法。

相关应用：Jia 等建立了一种用碱性磷酸酶去除经 Southwestern 杂交后 5′-^{32}P－DNA 探针，以使转膜后蛋白可用不同探针重复杂交的新方法，使核酸-蛋白质特异性结合研究具有更高的效率[52]。Jiang 等应用 ^{32}P 标记的 AP1 或 CEBP 寡核苷酸探针，建立了用于转录因子的蛋白质组学研究的三维凝胶电泳 Southwestern 杂交方法，并和高效液相色谱-电喷雾质谱相结合，以研究转录因子和蛋白质的特异性结合[53]。

③ 原位杂交。

基本方法：应用放射性核素标记核酸探针与组织切片或细胞内待测核酸（DNA 或 RNA）等进行杂交，用放射性自显影进行显示，通过光学显微镜或电子显微镜观察，以鉴定DNA或RNA的存在与定位。原位杂交已成为细胞生物学、分子生物学重要的研究手段。

相关应用：在原位杂交中，一般认为放射性杂交信号较非放射性杂交信号更为敏感，因此，对于低丰度mRNA的原位杂交，大多应用^{35}S标记探针进行检测。Micales和Lyons建立了以^{35}S标记RNA为探针石蜡切片组织原位杂交方法[54]。Bruce等详细报道了基于^{35}S标记探针的石蜡切片组织中目标mRNA原位杂交技术[54]。Broide等应用放射性寡核苷酸探针建立了可用于检测mRNA的转录相对水平的可定量组织原位杂交技术，并将原位杂交定量结果和实时PCR检测结果进行了比较[55]。Son等对在原位杂交中单独使用^{35}S标记cDNA探针和共同使用非标记探针对mRNA结合的信号强度进行了比较研究，结果表明，在原位杂交中放射性和非放射性标记探针共同使用干扰^{35}S标记杂交的放射性信号强度[56]。Whitney和Becker应用^{33}P标记的cDNA探针，建立了神经组织cDNA玻片微阵列杂交技术。Claas等应用^{32}P标记cDNA探针报道了人类基因染色体定位的杂交方法[57,58]。

④ 其他应用。

赵新明等[59]应用$^{99}Tc^m$标记制备了反义、无义肽核酸(PNA)探针，并将其导入到结肠癌荷瘤裸鼠体内，并用德国西门子SPECT仪进行全身显像，$^{99}Tc^m$标记c-myc mRNA反义PNA主要分布在荷瘤鼠肾、脾、肿瘤、肠道、肝组织中，$^{99}Tc^m$标记c-myc mRNA无义PNA在荷瘤鼠血液、脾、肾、肝及肺组织中分布较多。这表明，$^{99}Tc^m$标记反义、无义肽核酸(PNA)探针有望成为一种新型肿瘤显像剂。

贾仲君探讨了应用稳定性核素标记DNA(DNA-SIP)探针技术示踪复杂环境中微生物基因组DNA的技术原理、主要技术瓶颈及对策。DNA-SIP技术实现了单一微生物生理过程研究向微生物群落生理生态研究的转变，能在更高更复杂的整体水平上定向发掘重要微生物资源，推动微生物生理生态学和生物技术开发应用[60]。

2) RNA差异显示技术

1992年建立的mRNA差异显示方法，已在生物学等诸多领域得到了广泛的应用。mRNA差异显示(DD)不仅可以大规模地了解已知基因在不同处理条件下的差异表达，进而筛选差异表达基因，还可以发现新的基因片段，这是DD的最大优越之处。此外，DD还具有简单易行、灵敏度高的优点。

近年来，一些新的试剂盒(如mRNA差别显示系统，美国GenHunter公司)和一些新仪器(如 GenomyxlrDNA 测序差别显示系统,美国 Beckman 公司)的推出,使 mRNA 差异显示能够更简便、快速、准确地发现新的基因。

(1) mRNA 差异显示基本技术路线。

mRNA 差异显示的基本操作步骤如下:分别从处理和对照组织或细胞中提取总 RNA,以人工合成的 12 种 oligo $dT_{12}MN$(M,N 表示四种碱基中的一种,其中 M 不能为 T)为引物逆转录合成第一链 cDNA。在反应体系中加入放射性核素 ^{32}P 或 ^{35}S 标记的 dATP(或 dCTP),以 cDNA 为模板用 5′随机引物进行 PCR 扩增,得到带有放射性标记的 PCR 产物,经变性测序胶电泳,放射性自显影显带,比较和分析差异条带。切取并回收差异条带,再次 PCR 扩增制成探针或克隆,经 Northern 或克隆发掘差异表达基因或新基因(见图 6-19)。

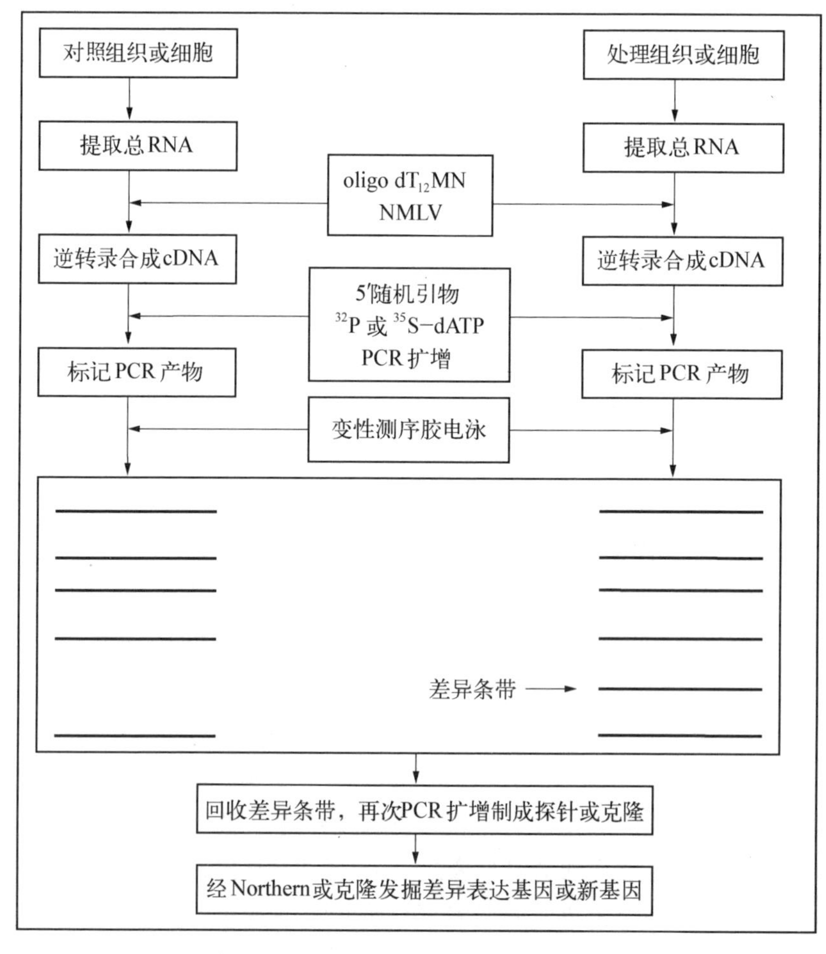

图 6-19 mRNA 差异显示基本技术路线

(2) mRNA 差异显示技术的应用。

由于放射性核素标记结合放射性自显影显示差异条带的敏感性高，因此目前大多数科研工作者都采用放射自显影法进行 mRNA 差异显示的研究和分析，并取得了一些重要的研究进展。

王新等[61]通过同时应用银染和放射自显影的 mRNA 差异显示方法筛选胃癌 SGC7901 细胞和耐药细胞亚系 SGC7901/VCR 之间 mRNA 表达的差异，以比较银染和放射自显影 mRNA 差异展示方法在分离、克隆胃癌细胞耐药相关基因过程中的优缺点。结果表明，尽管银染法省时，花费少，操作方便；在获得差异条带方面放射自显影法明显优于银染法，且应用放射自显影法能得到较多低丰度的差异表达基因。为探讨中医不同疗法在调节大鼠肝癌相关基因转录水平方面的差异，管冬元等[62]应用放射自显影的 mRNA 差异显示方法检测和比较了正常肝组织与肝癌组织之间的差异基因片段。并以此差异基因片段为探针，分别与各组肝组织总 RNA 进行 Northern blot 印迹杂交，进而将筛选出的阳性 cDNA 片段进行克隆与序列分析。结果表明，从正常肝组织与肝癌组织中分离出 32 个差异基因片段，其中 9 个基因片段在各组之间转录水平上存在明显差异，并发现了来源于肝癌组织中的 3 个新基因。董加喜等[63]应用放射自显影的 mRNA 差异显示方法检测了 *Bax* 基因诱导鼻咽癌细胞中相关基因的表达，表明，*Bax* 不仅能诱导 CNE2 细胞中有某些相关基因表达，同时有抑制相应细胞某些相关基因表达。Liu 等[64]用[α-^{35}S]-dATP 对 PCR 产物进行标记，用放射自显影法分离出了 2 个在猬迭宫绦虫幼虫特异表达基因。史桂芝等用[α-^{32}P]-dATP 标记的放射自显影法寻找人绒毛膜上皮癌与孕早期绒毛组织间的差异表达基因，发现其中 1 个片段长度约为 1.2 kb 的基因在绒毛膜上皮癌中的表达水平远高于正常绒毛组织[65]。

Lim 等[66]应用[α-^{32}P]-dCTP 标记结合放射自显影的 mRNA 差异显示技术研究了大鼠胰腺部分切除后胰腺再生过程中的差异表达基因，通过研究显示出 49 个与胰腺再生相关的差异转录子，其中 34 个为差异转录基因，其中，信号通路蛋白-1(WISP-1)、Ras 相关蛋白 1B(rap1B)、血管细胞黏附因子-1(VCAM-1)和 huntingtin 相互作用蛋白(HIP)基因为大鼠胰腺再生过程中的过表达基因。Vilá Ortiz 等用[α-^{32}P]-dCTP 标记结合放射自显影的 mRNA 差异显示技术鉴定了小鼠小脑发育过程中的丝氨酸-苏氨酸磷酸酶表达的调节，结果表明，在小鼠小脑突触发生期，蛋白质磷酸化-去磷酸化经历非常复杂的调控[67]。Carginale 等用[α-^{33}P]-dATP 标记结合放射自显影的

mRNA 差异显示技术鉴定了南极鱼 *Chionodraco hamatus* 中的镉敏感基因,研究发现热休克蛋白 HSP70、同源于 *Sparus aurata* 的卵膜蛋白 *gp*49 基因在镉胁迫下上调表达,而同源于小鼠的 T2K、有防止细胞凋亡功能的 1 个激酶基因下调表达[68]。Lang 等 α -[^{35}S] dATP 标记结合放射自显影的 mRNA 差异显示技术研究了蜜柑叶片中的冷驯化基因,结果显示,在冷胁迫下蜜柑叶片中的 14 - 3 - 3 蛋白、40S 核糖体蛋白 S23、推定的 60S 核糖体蛋白 L15、核苷二磷酸激酶Ⅲ蛋白、染色体浓缩蛋白调节子、氨基酸通透酶 6 等基因上调表达[69]。Carginale 等用[α -^{33}P]- dATP 标记结合放射自显影的 mRNA 差异显示技术鉴定了杏树叶片在植原体浸染下的差异表达基因,发现在 European stone fruit yellows(ESFY)植原体浸染下热休克蛋白 HSP70、金属硫蛋白(MT)、同源于 P. armeniaca 的 EST 673 cDNA 基因表达上调,而与拟南芥同源的氨基酸转运蛋白表达下调[70]。

3) 基因损伤检测中的核素示踪法

(1) 非程序 DNA 合成(unscheduled DNA synthesis, UDS)示踪分析。

① DNA 损伤和修复:DNA 是遗传物质的主要成分,也被认为是致癌和诱变物质的主要靶目标,故任何 DNA 方面的变化也就预示着遗传物质可能发生了突变。因此,围绕 DNA 变化测定方法也就应运而生。测定 DNA 变化的方法主要有两大类,即围绕对 DNA 损伤和修复的检测。各种 DNA 损伤和修复都有其相应的特异的测定方法。有关 DNA 损伤、修复和测定方法简要如表 6 - 22 所示。

表 6 - 22 DNA 损伤、修复和测定方法简要

损伤			修复方式	对应测定方法
	损伤类型	致损伤代表物		
碱基损伤(无链断裂)	环丁嘧啶二聚体 烷化作用 共价结合 脱嘌呤作用	紫外线 烷化物 苯并(a)蒽、黄曲霉毒素等 烷化物、自发水解	光反应性修复 经可见光照射后在酶的作用下进行修复	酶的测定 测定修复过程中有关酶的消长情况 测定供试物与DNA相结合的情况。
链断裂	单链断裂 双链断裂	电离辐射	剪切修复 由几种酶来完成。此种修复在生物体内广泛存在,且不仅限于 DNA 合成期	测定链断裂 蔗糖梯度法或洗脱法测定链断裂,实际是复制后修复
交联	DNA 链间交联 DNA - 蛋白质交联	硫芥、丝裂霉素、紫外线、环己亚硝基脲等		剪切修复测定 UDS 检测所反映的是此种修复
嵌入		溴化乙啶	复制后修复	其他

非程序DNA合成的测定主要用于污染物遗传毒理研究，即用于对三致(致癌、致畸、致突变)污染物的筛选。

② 非程序DNA合成测定原理：非程序DNA合成又称非S期DNA合成，它是发生于细胞周期中S期以外的G1或G2期的DNA修复合成。将放射性核素标记的胸苷(^3H-TdR)，加入到受试的细胞培养悬浮液中，并采取措施(如加入羟基脲，一种抑制细胞从G1期向S期进行的抑制剂)使受试细胞不进入S期，最后检测^3H-TdR掺入到新合成DNA中的数量；也可将^3H-TdR引入到受试生物体内，采集细胞不再进行分裂的组织，检测^3H-TdR掺入到细胞非增殖组织DNA中的数量。^3H-TdR掺入数量多少代表UDS水平的高低。^3H-TdR掺入到DNA中的放射性活度测定技术有即液体闪烁计数法(简称LSC法)和放射自显影法(简称A法)两种。LSC法操作简便，测定快速，可同时作大量筛选，但需要液闪仪这种较大设备。A法较为简易，不需特殊技术、设备，直接镜下观察结果，但此法所需试验周期长。

③ 非程序DNA合成测定的应用：国内外的研究均证实，电离辐射和紫外线能促进DNA非程序合成。刘晓等[71]用羟基脲抑制与流式细胞仪检测证明，在大麦种子的吸涨初期，种胚DNA合成主要是DNA非程序合成，一定剂量下$^{60}Co-\gamma$辐射能刺激增强种胚的DNA非程序合成，辐射刺激效应随修复时间延长呈下降趋势；50～400 Gy的电子束辐射对大麦种胚的DNA非程序合成也有刺激作用，在半致死剂量附近有一峰值，在致死剂量附近出现最小值。另有研究表明，质子处理也能促进小麦种胚DNA的非程序合成。紫外线(UV-B)辐射能抑制小麦种子萌发及RNA合成，并诱导DNA的非程序合成[72]。上述结果证实，电离辐射和紫外线能导致生物DNA损伤，进而促进对损伤DNA的修复。

多种重金属具有遗传毒性，原福胜等的研究表明，重铬酸钾、氯化镍、醋酸铅、硫酸锰和硫酸镉可诱发羊膜FL细胞非程序性DNA合成的增高，表明这些金属化合物在一定剂量时对人体遗传物质具有致突变作用[73]。周新文、葛才林等分别以淡水鱼和水稻为材料，通过对DNA非程序合成的测定证实，重金属Cd，Hg等分别能增强动物和作物DNA非程序合成[74,75]。一些有机污染物和毒素也有遗传毒性，如环氧丙烷、黄曲霉毒素B1能诱导对人体、大鼠DNA非程序合成，表明这些污染物对哺乳动物具有致突变作用。

(2) DNA加合物检测中的^{32}P后标记法(^{32}P-postlabeling)。DNA加合物是DNA分子与化学诱变剂间反应形成的一种共价结合的产物。这种结合激活了DNA的修复过程，若DNA加合物不能被修复，导致关键基因的改变，进而启动癌症等疾病的发展过程。

DNA 加合物在分子流行病学、分子毒理学及环境科学的研究中具有十分重要的意义，主要表现在以下两个方面：一方面，通过对致癌物- DNA 加合物的生物监测，可以更确切地评估人类接触环境中化学毒物的剂量。DNA 加合物提供的是个体“内接触”量或“有效接触”量，而且 DNA 加合物的形成与暴露量及暴露时间之间有明显的剂量-效应关系和时间-效应关系。另一方面，形成 DNA 加合物导致 DNA 分子的损伤，这种 DNA 损伤一旦不能被修复或被错误修复，就可能导致基因突变，进而导致肿瘤的发生。检测 DNA 加合物能够提供化学毒物的代谢活化信息，研究 DNA 受损机理及个体对 DNA 损伤的修复能力。

① DNA 加合物检测的基本方法。

DNA 加合物检测方法包括：^{32}P 后标记法、免疫分析法、荧光测定法、色-质联用法。其中，^{32}P 后标记法是 1981—1982 年由 Randerath 和 Gupta 等首先建立的一种 DNA 加合物检测分析方法，由于其具有极高灵敏度，^{32}P 后标记法是近年来测定 DNA 加合物的最主要方法之一。

用^{32}P 后标记法检测 DNA 加合物的基本步骤如下：

a. 将完整的 DNA 降解为 3′-磷酸单核苷酸。

b. 在 T4 多核苷酸激酶的作用下，将[γ -^{32}P]ATP 上的^{32}P 标记到单核苷酸的 5′端，形成带有^{32}P 标记的正常单核苷酸和含有加合物的单核苷酸。

c. 多相薄层层析分离带有^{32}P 标记的含有加合物的单核苷酸。

d. 测定^{32}P 放射性活度，以检测加合物的量。

② ^{32}P 后标记法在 DNA 加合物检测中的相关应用。

在国内，应用^{32}P 后标记法检测化学毒物或污染物与不同组织或细胞 DNA 所形成的加合物类型和水平广泛开展。常平等应用^{32}P 后标记法检测了苯及其代谢产物在小鼠骨髓细胞中所形成 DNA 加合物，结果表明，苯及其主要代谢产物均能在小鼠骨髓细胞中形成至少 1 种 DNA 加合物，苯及代谢产物形成的 DNA 加合物与髓性毒性有关[76]。刘淑芬等应用^{32}P 后标记法检测了小牛胸腺 DNA 和黄曲霉素 B1(AFB1)体外反应产物中的 DNA 加合物，发现了 4 种不同的 DNA - AFB1 加合物，其中 3 种 DNA - AFB1 的加合物是来自鸟嘌呤碱基被修饰所形成的，占 DNA 加合物总量的 90%[77]。谭明家等应用^{32}P 后标记法在整体动物水平检测了大鼠不同器官中甲基丙烯酸环氧丙酯(GMA)- DNA 加合物的形成，结果表明，不同组织器官中所形成的 GMA - DNA 加合物类型不同、数量不等，且 GMA - DNA 加合物的形成量随 GMA

剂量的增加呈上升趋势[78]。邵华等应用^{32}P后标记法检测了苯乙烯-7,8-氧化物(SO)和小牛胸腺DNA之间DNA加合物的形成,结果表明,SO分别在DNA脱氧鸟苷碱基上的O^6位、N^2位形成6种加合物,如果在细胞复制前所形成的DNA加合物没有被修复或者被错误修复,就有可能导致基因突变,产生化学损伤[79]。胡训军等用^{32}P后标记法检测三氯乙烯致(TCE)对雄性大鼠测肝脏组织和外周血白细胞DNA损伤,对照组比较,三氯乙烯处理能导致2~3个自显影斑点,且TCE-DNA加合物含量均随TCE染毒剂量的增加而增加,呈一定的线性趋势和剂量效应关系[80]。此外,应用^{32}P后标记法可以检测水中非挥发性有机物和DNA之间加合物的形成;可以检测大气颗粒有机提取物所致小鼠DNA加合物的水平;张志等检测了肺癌患者肺组织中的DNA加合物[81];梁首鹏等检测了某油田人群白细胞中的DNA加合物水平[82];邢德印等检测了正常食管上皮和食管鳞状细胞癌组织中丙二醛-DNA加合物含量[83];赵福林等检测了职业接触环氧丙烷工人血样中DNA和2-羟丙基(HP)之间所形成加合物的水平[84]。

在国外,应用^{32}P后标记法或与其他方法相结合对DNA加合物的研究也广泛开展。Klaene综述了从^{32}P后标记法到质谱法DNA加合物检测方法的发展动态[85]。Otteneder等建立了用于定量检测和分析苯乙烯7,8氧化物和DNA之间所形成加合物的^{32}P后标记法[86];Ravoori等将^{32}P-后标记和高效液相色谱法结合,改进了用于检测丙二醛衍生物(1, N^2-propano-deoxyguanosine)和DNA之间所形成加合物的方法[87];Kanno等用^{32}P后标记法检测了硝基苯并蒽酮处理人肝癌细胞后DNA加合物的形成[88];Emami等将^{32}P后标记法和高效液相色谱相结合,定量分析了丙烯醛衍生物导致环状DNA加合物的形成,及谷胱甘肽对DNA加合物的形成的抑制[89]。此外,应用^{32}P后标记法,Marzena等检测了二苯并[a, l]芘(DB[a, l]P)和小牛胸腺DNA之间所形成加合物的水平和结构[90];Stiborová等检测并比较了四苯并[C]菲啶类生物碱、血根碱、白屈菜红碱和花椒宁碱与DNA形成加合物的能力[91];Swaminathan等检测了人膀胱上皮细胞暴露于4-氨基联苯代谢物所形成的DNA加合物[92];Steinberg等应用^{32}P后标记薄层色谱法,活体检测了5-溴-2′-脱氧尿苷向肿瘤组织的掺入,以评价肿瘤DNA碱基组成并模拟5-溴-2′-脱氧尿苷向肿瘤DNA的掺入情况[93]。

6.3.4.2 基于稳定性核素标记的定量蛋白质组学

近年来,基因组学研究取得了重要进展,人类及水稻、拟南芥等模式植物的基因组测序相继完成。然而,基因组仅是遗传信息的载体,在生命活动的不同过程中恒定不变,不能反映有机体在生命活动过程中基因表达的时空关系和调控网络。蛋白质是生理功能的执行者,是生命现象的直接体现者,对蛋白质时空表达的研究可直接阐明生命在生理或逆境条件下的变化机制。随着后基因组时代的到来,研究重心转移到基因功能的解析,即在基因转录和蛋白质组水平上系统地分析基因的功能。因此,蛋白质组学研究已成为当今生命科学的热点。

蛋白质组学(Proteomics)是从整体角度分析细胞内动态变化的蛋白质组成成分、表达水平和修饰状态,了解蛋白质之间的相互作用,以揭示蛋白质功能与细胞生命活动规律的一门新的学科。其中,人们把通过比较在不同生长状态下或病理情况下的同一细胞或组织蛋白质的变化以揭示蛋白质功能为主的蛋白质组学称为功能蛋白质组学(Functional Proteomics)。定量蛋白质组学(Quantitative Proteomics)是功能蛋白质组学的重要内容,是通过某种方法或技术,对某些过程生物样品蛋白质组中目标蛋白质含量进行比较分析,进而在蛋白质组水平上对基因表达进行准确的定量分析,是当前研究重大疾病致病机制以及各种逆境对生物伤害机制的必要手段和研究前沿。

1) 定量蛋白质组学的研究方法

近年来,蛋白质组学发展很快,定量蛋白质组学已经成为后基因时代的重要研究方向之一。蛋白芯片和定量蛋白质组学分析技术相继建立。目前该领域的研究主要采用无标记定量法和稳定核素标记定量法。其中,基于稳定核素标记的蛋白质组定量方法发展非常迅速,已为生命科学研究提供了重要的技术支撑。

- 无标记定量(label-free quantitation):依赖 2DE 的质谱定量技术
- 标记定量(quantitation via labeling)
  - 化学标记
  - 稳定核素标记
    - 同位素亲和标签技术(ICAT)
    - 细胞培养中稳定核素标记氨基酸掺入技术(SILAC)

在上述方法中,依赖 2 - DE 的染色方法是通过染色强度直观地反映蛋白质表达的差异,但是染料的存在容易给后续的质谱检测带来干扰。另外,2 - DE 分离的效果不是很好,许多蛋白质点包含了一个以上的蛋白,并且不能对相对分子质量极高或极低、等电点极酸或极碱和低丰度蛋白质以及膜蛋白质等进行有效分离和呈现,因此已不能适应目前定量蛋白质组研究深入发展的需要。

另一种定量策略是稳定核素标记结合质谱技术。此策略的基本原理是，在完整蛋白或消化后的多肽中引进稳定性核素（如^{2}H，^{13}C，^{14}N，^{18}O）标记的小分子，用来识别不同样品来源的肽段，“轻”和“重”核素标记的多肽互相作为内标，这些肽段化学性质基本一致，这样就能确保同一次质谱扫描中两者的离子化效果是相同的，此时肽质量谱峰信号成对出现，质谱峰的信号强度就可以作为定量的依据，根据其相对强度就能精确反映对应样品中多肽的比例（也就是蛋白的比例）。

稳定核素化学标记结合质谱技术在定量蛋白质组学中的应用，可以分为体内标记和体外标记等两种方式。体内标记是指细胞在含有稳定核素的介质中培养，使得稳定核素被标记在蛋白质中，主要方法有代谢标记法和细胞培养中的稳定核素标记氨基酸掺入法（stable isotope labeling by amino acidsin cell culture，SILAC）。体外标记主要核素亲和标签技术（ICAT），它是通过肽段或蛋白质一些功能基团与含有稳定核素标记的试剂发生化学反应来标记，这是近年来定量蛋白质组学发展的主要方向。

2）细胞培养稳定核素标记氨基酸掺入法

（1）SILAC 技术的原理。

分别在细胞培养基中加入含轻型稳定核素（天然稳定核素）和重型稳定核素标记的必需氨基酸，对处于两种不同状态的细胞（如一种为正常细胞，另一种为病理状态或经某种处理的细胞）分别进行培养、标记，待细胞被完全标记后，将经过轻、重稳定核素标记的 2 种细胞等数量混合，提取蛋白，或将分别提取的蛋白等比例混合后经 2D 电泳分离，酶解提取肽，进行质谱检测，通过质谱图上一对轻、重稳定核素峰的比率可以反映不同处理细胞内对应蛋白在不同状态下的表达水平。常用的标记氨基酸包括亮氨酸、精氨酸、赖氨酸、酪氨酸、缬氨酸及甲硫氨酸等。

（2）SILAC 技术的应用。

SILAC 技术除在全面、精确定量差异蛋白质组研究方面发挥作用外，其在研究生化代谢、分子信号通路、蛋白质翻译后修饰（如磷酸化、糖基化、甲基化、乙酰化等）[94]、时空动态变化的蛋白质和蛋白质相互作用[95]等方面亦具有明显优势。目前 SILAC 结合质谱技术应用范围已从细胞系扩展到亚细胞器、组织与动物整体水平，甚至已成功用于原代细胞培养。

SILAC 技术已应用于人脑疾病发生机制的揭示，阿尔茨海默病（AD）是由于脑内神经结构发生病变而引起的老年性痴呆症，现已证明小胶质细胞可能在其发病机制中发挥重要作用。Liu 等利用 SILAC 技术探讨 AD 发病机制，通过内毒素预处理 1 h 的小胶质细胞与空白组进行比较，确定了 77 种分泌蛋白，其中 28 种与细胞溶酶体相关，13 种溶酶体蛋白表达存在差异显著性，证明了小胶质细胞释放的一些溶酶体酶可能参与神经元损伤过程[96]。帕金森病(PD)是一种严重影响患者活动能力的中枢神经系统慢性疾病，目前公认其病因是神经细胞的退行性变化，大脑黑质神经元数量减少，多巴胺合成不足，但其深入的病机尚不清楚。Jin 等利用 SILAC 技术比较鱼藤酮对线粒体蛋白质(多巴胺)的影响，确定了 1 722 个蛋白，在 950 个线粒体蛋白中，经鱼藤酮处理后有 110 个有相对丰度发生明显变化，表明这些蛋白质的差异可能与 PD 发病机制相关[97]。

3）核素亲和标签技术(ICAT)

(1) ICAT 技术的原理。

1999 年，Gygi 等建立了核素亲和标签(isotope-coded affinity tag, ICAT)技术，为发展定量蛋白质组学提供了重要手段。

ICAT 试剂由 3 部分组成，即能与肽段中半胱氨酸残基特异结合的巯基、可引入稳定核素的连接子和生物素(biotin)亲和标签(见图 6－20)。标记试剂分为两种形式，分别称为“重”质(连接子含有 8 个氘原子，D_8)和“轻”质(连接子含有 8 个氢原子，D_0)试剂；由 8 个氘原子与 8 个氢原子分别标记的 ICAT 质量正好相差 8 Da(1 Da＝1 u＝$1.660\ 54\times10^{-27}$ kg)。

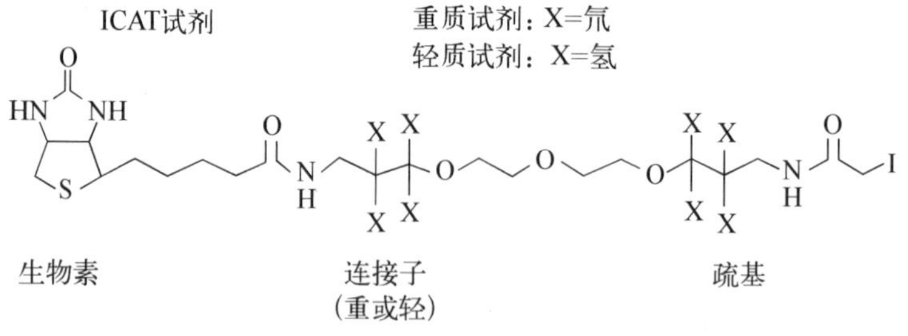

图 6－20　ICAT 试剂的化学结构

ICAT 技术的基本操作流程如下：分别用 D_0 和 D_8 试剂与同种细胞的不同形态(如正常细胞和病变细胞)中的蛋白质反应(如 D_0 与正常细胞、D_8 与病变细胞反应)，试剂选择性地与半胱氨酸反应；然后把两种反应产物混合在一起进行酶切，用亲和色谱分离被标记的肽段，标记的肽段洗脱后经 LC－MS/MS 分析，所得到的谱图中如果一对峰相差的质量数 8 或 4 Da(双电荷肽段离子)，则为同一种蛋白质水解的肽段，由 D_0 和 D_8 峰的相对强度进行相对定量(见图 6－21)。

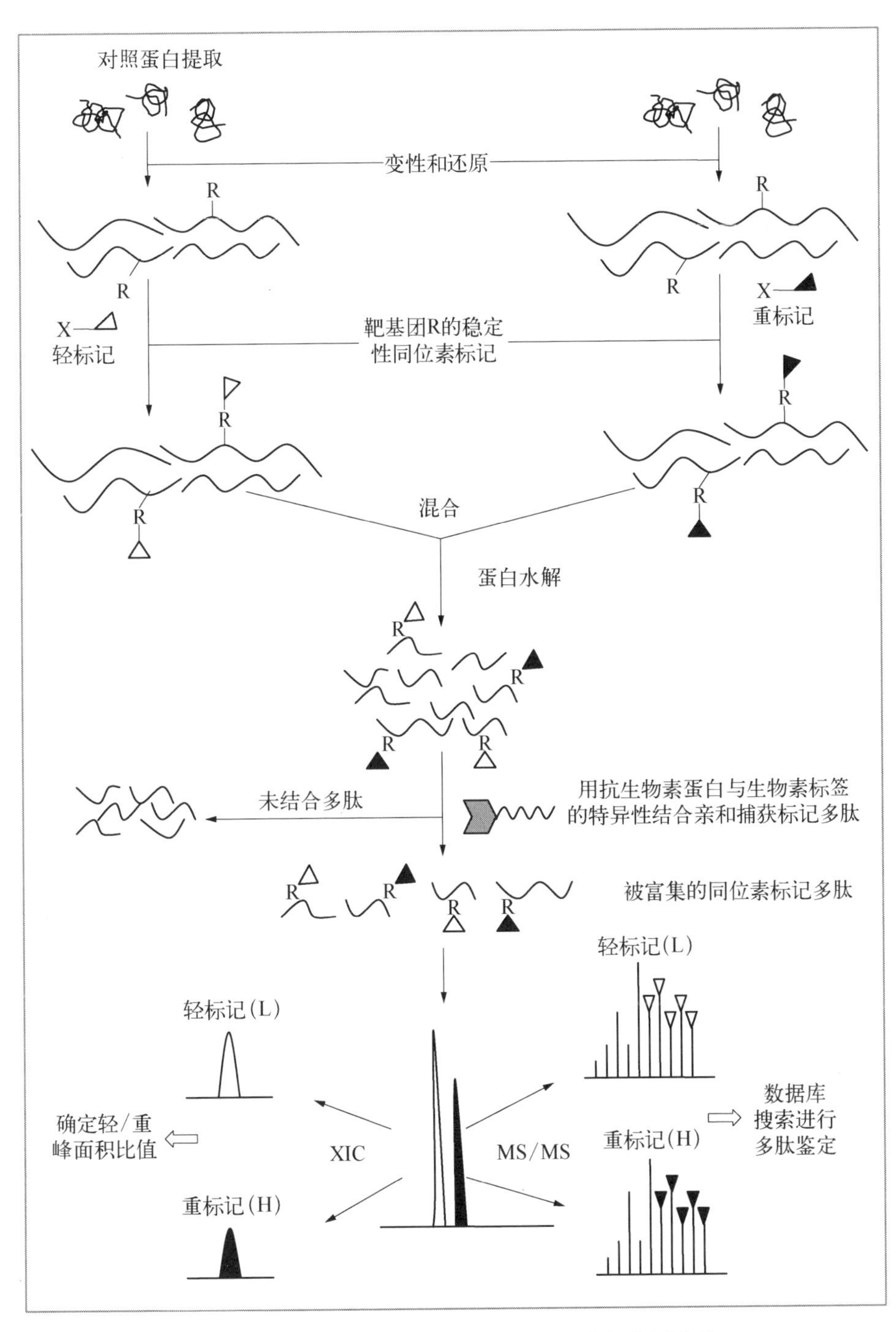

图6-21　素亲和标签(ICAT)蛋白质组定量分析原理

(2) ICAT技术的发展和应用。

目前,已有研究者利用ICAT技术单独选择某一种感兴趣的蛋白质,检测其表达含量的变化,这种方法也被称为质谱免疫印迹法(mass Western)。

尽管ICAT技术有许多优点,但是也存在一些缺点,如ICAT无法分析不含半胱氨酸的蛋白质,只含1个的半胱氨酸2个多肽质量数相差8、含有2个半胱氨酸的多肽则相差16,对定量和鉴定都带来难度。因此,对ICAT试剂的研究和改进一直在进行,并取得了不少进展。

Zhang等指出,ICAT试剂在分别标记有D_0和D_8肽段的液相分离中的色谱行为有差别,会影响到定量的精确性[98]。基于此,他们用^{12}C和^{13}C核素分别代替D_0和D_8解决了ICAT试剂色谱保留行为不一致的问题。2001年,Zhou等对ICAT试剂进行了改进与修饰,提出了“固相核素标签技术(solid-phase isotope tagging reagent)”[99]。固相核素标签技术的原理是将ICAT试剂与玻璃珠结合,使之固相化,通过固相捕捉和释放等化学反应过程后,用LC-Ms/MS分析蛋白质的肽段。Applied Biosystems公司推出了新一代的“可裂解核素亲和标签(cleavable ICAT,cICAT)”。与ICAT试剂相比较,cICAT一方面用^{12}C和^{13}C分别取代了ICAT试剂中的^1H和^2H;另一方面,在它的结构中包含一个作用原理与固相ICAT的连接子相同的、能在酸性环境下断裂的连接子,缩短了进入质谱检测肽段的长度;另外,不同标记肽段质量数相差是9或9的倍数。

可视核素亲和标签(visible isotope coded affinity tags, VICATs)是在ICAT技术基础上可以实现绝对定量的改进方法。VICATs试剂由3种不同的核素标签组成,即用来标记样品的“巯基标记标签(VICAT标签)”、标记内标多肽标签(^{14}C-VICAT+6)和IEF标志标签(^{14}C-VICAT-28)。后2个标签含有放射性核素^{14}C,标记在肽段上后可通过闪烁计数仪来定位肽段。除此之外,在3个核素标签中均含有1个生物素标签、1个半胱氨酸活性反应基团巯基和1个与固相ICAT相同的光敏连接子。在LC-MS/MS分析鉴定中,不同的标签由保留在多肽上的连接子区别开来,因为掺入了^{13}C和^{15}N内标的标签比巯基标记标签大6 Da,而去掉了2个亚甲基基团IEF标志标签则小28 Da。VICATs技术的操作流程是:待测蛋白质经变性还原后,用巯基标记标签VICAT标记,酶切消化。另外平行操作的是一段合成肽段,分别用内标标签和IEF标志标记。将这3部分混合在一起,等电聚焦后切下胶上的肽段,用闪烁计数仪检测标记的肽段,然后进行亲和层析,紫外光照射裂解,以

LC - MS/MS 分析检测。在发生光裂解反应后，VICAT - 28 部分将不进入 MS 检测。通过比较普通 VICAT 标记的肽段和 VICAT+6 标记作为内标的标准肽段的峰面积，就可以得到蛋白质的绝对量。

Michael 等在 ICAT 试剂的基础上发明了磷酸化蛋白核素亲和标签试剂(phosphoprotein isotope-coded affinity tags, PhIAT)，为研究和鉴定磷酸化蛋白的磷酸化位点提供了一条新途径，同时该方法对低丰度蛋白质的鉴定和定量也是有效的，因此拓展了 ICAT 技术的应用[100,101]。目前，利用此方法。已成功地鉴定了酪蛋白和酵母蛋白提取物的磷酸化位点。

Qiu 等报道了一种称为 acid-labile isotope-coded extractants(AMCE)的新型巯基反应相对定量方法[102]。ALICE 试剂含有 3 个功能区域，即与巯基高反应的顺丁烯酰亚胺基团、酸敏感连接子[可以用重或轻的核素合成，轻重之间的差异是 10 Da(D_0 和 D_{10})]和非生物的多聚物。ALICE 的最大特点是酸敏感性，在 pH 值为 7.0～7.5 时，ALICE 可与肽段的巯基完全反应；而在微酸的条件下，酸敏感连接子与有机多聚物分离。酸洗脱的肽段可直接进入 LC - MS/MS。Qiu 等用该方法成功地对 2 组 8 种不同浓度的标准蛋白混合物进行了分离和相对定量。结果表明，该方法的系统误差很低，同时该方法在质谱中的背景噪声低。

Applied Biosystems 公司于 2004 年推出了标记肽段或蛋白质氨基的 iTRAQ 试剂。iTRAQ 试剂由 3 部分组成，即一端的“Reporter”基团、中间的质量平衡基团和肽活性反应基团(NHS 树脂)。“Reporter”基团的质量分别为(114，115，116，117)m/z，质量平衡基团的质量分别为(31，30，29，28)Da，整个核素标签质量最终组合为 145 Da。iTRAQ 技术的操作流程是：iTRAQ 试剂选择性地与肽段的氨基(N 端氨基与赖氨酸侧链的 ε -氨基)发生反应，然后将带有不同核素标记试剂的肽段混合在一起，经过 LC 分离，用 MALDI - TOF/TOF 检测，在数据库中进行搜索，通过 MS/MS 图谱中“Reporter”基团的峰的相对高度来进行定量。Ross 等首次用 iTRAQ 试剂对野生型酵母菌株和同源突变株中的多种蛋白质进行了定量分析，与 ICAT 试剂鉴定的结果相比，肽段覆盖率明显提高[103]。DeSouza 等将 iTRAQ 试剂和 cICAT 试剂结合起来用在子宫内膜癌组织匀浆中，发现了 9 种潜在的生物标志物。并且发现 cICAT 试剂在鉴别低丰度的信号蛋白时的相对比例较高，而 iTRAQ 试剂在鉴定较高丰度的核糖体蛋白和转录蛋白时更有优势[104]。

参考文献

[1] Samuel R, Merle R, Martin K, et al. Heavy oxygen (O^{18}) as a tracer in the study of photosynthesis[J]. Journal of the American Chemical Society, 1941,63(3): 877-879.

[2] Benson A, Calvin M. The path of carbon in photosynthesis[J]. Journal of Experimental Botany, 1950, 1(1): 63-68.

[3] Johnson H S, Hatch M D. The C_4-dicarboxylic acid pathway of photosynthesis. Identification of intermediates and products and quantitative evidence for the route of carbon flow[J]. Biochem, 1969, 114(1): 127-134.

[4] 隋方功,王运华.植物碳素营养研究中碳同位素示踪技术的应用及进展[J].莱阳农学院学报, 2001,2: 107-111.

[5] 张建文,杜国强,魏钦平.氢同位素在植物水分运输和分配机理研究中的应用[J].农业科技通讯,2008,9: 65-67.

[6] Andrew J R, David T, Canvin J H, et al. Assimilation of ^{15}N nitrate and ^{15}N nitrite in leaves of five plant species under light and dark conditions[J]. Plant Physiology, 1983, 71: 291-294.

[7] Thomas W, Rufty Jr., Charles T, et al. Phosphorus stress effects on assimilation of nitrate[J]. Plant Physiology, 1990, 94: 328-333.

[8] Li K, Liu Z, Gu B. The fate of cyanobacterial blooms in vegetated and unvegetated sediments of a shallow eutrophic lake: A stable sotope tracer study[J]. Water Research, 2010, 44(5): 1591-1597.

[9] Zhang S H, Zhang X P. Study on the trophic levels of soil macrofauna in artificial protection forests by means of stable nitrogen isotopes[J]. Acta. Ecologica. Sinica., 2014, 34(11): 2892-2899.

[10] 张文,周广威,闵伟,等.应用^{15}N示踪法研究咸水滴灌棉田氮肥去向[J].石河子大学学报:自然科学版,2011,29(6): 661-669.

[11] 汪智军,靳开颜.利用同位素^{32}P示踪技术测定西伯利亚红松接穗与砧木适应性和亲和性的研究[J].北方园艺,2015(1): 76-78.

[12] Mclaughlin M J, Alston A M, Martin J K. Phosphorus cycling in wheat-pasture rotations. 1. the source of phosphorus taken up by wheat[J]. Australian Journal of Soil Research, 1988, 26(2): 323-331.

[13] Oehl F, Oberson A, Sinaj S, et al. Organic phosphorus mineralization studies using isotopic dilution techniques[J]. Soil Science Society of America Journal, 2001, 65(3): 780-787.

[14] Anson M L, Stanley W M. Some effects of iodine and other reagents on the structure and activity of tobacco mosaic virus[J]. The Journal of general physiology, 1941, 24(6): 679.

[15] 唐年鑫.应用同位素示踪研究烟草对锌、锰、铁和钙元素的吸收利用与分布[J].中国烟草学报, 1997(1): 23-27.

[16] 龚育西,王秦生,谢振翅,等.应用同位素示踪技术进行水稻锌素利用的研究[J].核农学报, 1980,(4): 33-37.

[17] Ford E M. Effect of post-blossom environmental conditions on fruit composition and quality of apple[J]. Communications in Soil Science and Plant Analysis, 1979, 10(1): 337.

[18] Stout P R, Hoagland D R. Upward and lateral movement of salt in certain plants as indicated by radioactive isotopes of potassium, sodium, and phosphorus absorbed by roots[J]. American Journal of Botany, 1939, 26(5): 320-324.

[19] Wieneke. Application of root zone feeding for evaluation of ion uptake and efflux in soybean genotypes[J]. Plant and Soil, 1983, 72(2-3): 239-243.

[20] 李京淑.同位素示踪技术在农业科学中的应用[J].物理,1987,6: 357-360.

[21]　冯建军. ^{14}C-寡糖在西瓜幼苗植株体内吸收传导和分布[J]. 高等学校化学学报,2004,12:2273-2277.

[22]　赵志鸿,张志明,陈子元,等. 应用同位素示踪法研究^{35}S杀螟松在水稻上的残留、输导和分布[J]. 昆虫知识,1966,(3):159-161.

[23]　张梦,谢益民,杨海涛,等. 肌醇在植物体内的代谢概述:肌醇作为细胞壁木聚糖和果胶前驱物的代谢途径[J]. 林产化学与工业,2003,(5):106-114.

[24]　刘良梧,周建民,刘多森. 半干旱农牧交错带栗钙土的发生与演变[J]. 土壤学报,2000,37(2):174-181.

[25]　刘畅. 长白山北坡森林土壤有机质的累积过程及其影响因子[D]. 哈尔滨:东北林业大学,2004.

[26]　李树山,杨俊诚,姜慧敏,等. 有机无机肥料氮素对冬小麦季潮土氮库的影响及残留形态分布[J]. 农业环境科学学报,2013,32(6):1185-1193.

[27]　姜慧敏,李树山,张建峰,等. 外源化肥氮素在土壤有机氮库中的转化及关系[J]. 植物营养与肥料学报,2014,20(6):1421-1430.

[28]　Jiang H M, Zhang J F, Yang J C. Optimal nitrogen management enhanced external chemical nitrogen fertilizer recovery and minimized losses in soil-tomato system [J]. Journal of Agricultural Science, 2015, 7(3): 179-191.

[29]　杨兰芳,蔡祖聪. 玉米生长和施氮水平对土壤有机碳更新的影响[J]. 环境科学学报,2006,26(2):280-286.

[30]　刘启明,王世杰,朴河春,等. 稳定碳同位素示踪技术农林生态转换系统中土壤有机质的含量变化[J]. 环境科学,2002,23(3):75-78.

[31]　Yang J C, Wang Z G, Zhou J, et al. Inorganic phosphorus fractionations and its translocation dynamics in a low-P soil[J]. Journal of Environmental Radioactivity, 2012, 112: 64-69.

[32]　梅勇. 耐盐饲料芸薹修复盐碱地荒地的作用与其盐胁迫下的营养生理[D]. 北京:中国农业科学院研究生院,2005.

[33]　龚荐. ^{14}C-二氯苯醚在小麦中的残留研究[J]. 扬州大学学报:农业生命科学版,1980,1(2):33-37.

[34]　龚荐,冯顺义,王松山,等. ^{14}C-二氯苯醚在小麦中的残留与代谢研究[J]. 扬州大学学报:农业生命科学版,1980,3(4):42-46.

[35]　陈祖义,程薇. 绿黄隆在麦茬土壤中的残留及其对后茬水稻的影响[J]. 农村生态环境,1996,12(1):54-57.

[36]　杨俊诚,朱永懿,陈景坚,等. 植物对^{137}Cs污染土壤的修复[J]. 核农学报,2005,19(4):286-290.

[37]　王轶虹,杨浩,王小雷,等. 利用^{137}Cs示踪技术对土壤侵蚀的研究[J]. 安徽农业科学,2010,38(3):1366-1370.

[38]　聂国辉,许建新,叶永棋,等. ^{137}Cs在浙江省水土流失背景值监测中的应用[J]. 浙江水利科技,2008,3:22-23.

[39]　张信宝,李少龙,王成华,等. 黄土高原小流域泥沙来源的^{137}Cs法研究[J]. 科学通报,1989(3):210-213.

[40]　张信宝,汪阳春,李少龙. ^{137}Cs法调查黄土高原小流域的土壤侵蚀和泥沙来源[J]. 地球科学进展,1991,6(6):88.

[41]　张信宝,汪阳春,李少龙,等. 蒋家沟流域土壤侵蚀及泥石流细粒物质来源的^{137}Cs法初步研究[J]. 中国水土保持,1992,2:28-31.

[42]　张信宝,冯明义,文安邦. 黄土高原土壤侵蚀速率和泥沙来源的^{137}Cs示踪法研究[J]. 中国水土保持,2002,7:100-112.

[43]　李勇,张建辉,杨俊诚,等. 陕北黄土高原陡坡耕地土壤侵蚀变异的空间格局[J]. 水土保持学报,

2000,14(4):17-21.

[44] 王秀斌.优化施氮下冬小麦/夏玉米轮作农田氮素循环与平衡研究[D].中国农业科学院研究生院,2009.

[45] 姜慧敏,张建峰,李玲玲,等.优化施氮模式下设施菜地氮素的利用及去向[J].植物营养与肥料学报,2013,19(5):1146-1154.

[46] Lu C A, Zhang J F, Jiang H M, et al. Assessment of soil contamination with Cd, Pb and Zn and source identification in the area around the Huludao Zinc Plant[J]. Journal of Hazardous Materials, 2010, 182: 743-748.

[47] 罗文永,胡骏,刘文华,等.核酸探针中放射性同位素的快速检测[J].细胞生物学杂志,2004,3:324-326.

[48] 洪燕敏,杨欣艳,王学瑞,等.大鼠脑组织中胆囊收缩素基因表达与发育的关系[J].遗传,2001,23(1):14-16.

[49] 胡桂学,夏成柱,鲍志宏,等.犬冠状病毒核酸探针的制备及其基因序列的测定与比较[J].中国兽医学报,2003,23(3):228-230.

[50] Jack Wood B I, Benfield D J. Differentiation of transmissible gastroenteritis virus from porcine respiratory coronavirus and other antigenically related coronaviruses by using cDNA probes specific for the 5′ region of the S glycoprotein gene[J]. J. Clin. Microbiol., 1991, 29(1): 215-218.

[51] Sirinarumitr T, Paul P S, Kluge J P. In situ hybridization technique for the detection of swine enteric and respiratory coronaviruses, transmissible gastroenteritis virus (TGEV) and porcine respiratory coronavirus(PRCV) in formalin-fixed paraffin-embedded tissues[J]. Journal of Virol Methods, 1996, 56(2): 149-160.

[52] Jia Y S, Jiang D F, Jarrett H W. Repeated probing of Southwestern blots using alkaline phosphatase stripping[J]. Journal of Chromatography A, 2010, 1217: 7177-7181.

[53] Jiang D F, Jia Y S, Jarrett H W. Transcription factor proteomics: Identification by a novel gel mobility shift-three-dimensional electrophoresis method coupled with southwestern blot and high-performance liquid chromatography-electrospray-mass spectrometry analysis[J]. Journal of Chromatography A, 2011, 1218: 7003-7015.

[54] Micales B K, Gary E L. In situ hybridization: use of ^{35}S-labeled probes on paraffin tissue sections[J]. METHODS, 2001, 23: 313-323.

[55] Broide R S, Trembleaub A, Ellisonc J A, et al. Morrisona, Floyd E. Bloom. standardized quantitative in situ hybridization using radioactive oligonucleotide probes for detecting relative levels of mRNA transcripts verified by real-time PCR[J]. Brain Research, 2001, 1000: 211-222.

[56] Son J H, Winzer-Serhan U H. Signal intensities of radiolabeled cRNA probes used alone or in combination with non-isotopic in situ hybridization histochemistry[J]. Journal of Neuroscience Methods, 2009, 179: 159-165.

[57] Whitney L W, Becker K G. Radioactive ^{33}P probes in hybridization to glass cDNA microarrays using neural tissues[J]. Journal of Neuroscience Methods, 2001, 106: 9-13.

[58] Andreas C, Larissa S, Andrea P, et al. Chromosomal mapping of human genes by radioactive hybridization of cDNAs to centre d'etude du polymorphisme humain high density gridded filter sets[J]. Cancer Letters, 2000, 156: 19-25.

[59] 赵新明,张召奇,王建方,等.$^{99}Tc^{m}$标记反义肽核酸探针的制备及其荷瘤裸鼠体内分布[J].中华核医学杂志,2008,5:304-307.

[60] 贾仲君.稳定性同位素核酸探针技术 DNA-SIP 原理与应用[J].微生物学报,2011,12:

1585 - 1594.
[61] 王新,兰梅,吴汉平,等.不同 mRNA 差异显示法筛选胃癌细胞耐药相关基因的研究[J].肿瘤防治研究,2002,29(3): 177 - 180.
[62] 管冬元,方肇勤,梁尚华,等.不同治法对大鼠肝癌相关基因转录作用的研究[J].上海中医药大学学报,2001,15(3): 41 - 44.
[63] 董加喜,李运南,陈郧东,等. *Bax* 基因诱导鼻咽癌细胞中相关基因的 mRNA 差异显示分析[J].中国生物工程杂志,2006,26(2): 69 - 73.
[64] Liu D W, Liu J B, Zhang L M, et al. Stage-specific expression genes of the Spirometra erinaceieuropaei plerocercoid screened by mRNA differential display technique[J]. Chinese Medical. Journal, 2004, 117(3): 366 - 370.
[65] 史桂芝,高英茂,顾晓松,等.用 mRNA 差异显示法寻找人绒毛膜上皮癌与孕早期绒毛组织间的差异基因[J].解剖学报,2000,31(4): 364 - 367.
[66] Lim H W, Lee J E, Shin S J, et al. Identification of differentially expressed mRNA during pancreas regeneration of rat by mRNA differential display[J]. Biochemical and Biophysical Research Communications, 2002, 299: 806 - 812.
[67] Vilá-Ortiz G J, Radrizzzani M, Carminatti et al. Single strand mRNA differential display (SSDD) applied to the identification of serine: threonine phosphatases regulated during cerebellar development[J]. Journal of Neuroscience Methods, 2001, 105: 87 - 94.
[68] Carginale V, Capasso C, Scudiero R, et al. Identification of cadmium-sensitive genes in the Antarctic fish Chionodraco hamatus by messenger RNA differential display[J]. Gene, 2002, 299: 117 - 124.
[69] Lang P, Zhang C K, Ebel R C, et al. Identification of cold acclimated genes in leaves of citrus unshiu by mRNA differential display[J]. Gene, 2005, 359: 111 - 118.
[70] Carginale V, Maria G, Capasso C, et al. Dentification of genes expressed in response to phytoplasma infection in leaves of Prunus armeniaca by messenger RNA differential display[J]. Gene, 2004, 332: 29 - 34.
[71] 刘晓,赵玉芳,凌备备.电子束与 γ 辐射对大麦种胚 DNA 非预定合成的影响[J].核农学报,2000,14(2): 65 - 71.
[72] 韩榕,王勋陵,岳明. He - Ne 激光对增强 UV - B 辐射损伤小麦 DNA 非按期合成的影响[J].作物学报,29(4): 633 - 636.
[73] 原福胜,邢权.金属化合物诱发人羊膜 FL 细胞非程序性 DNA 合成的研究[J].卫生毒理学杂志,1994,8(1): 17 - 19.
[74] 周新文,朱国念,孙锦荷,等. Cu、Zn、Pb、Cd 对鲫鱼(Carassius auratus)组织 DNA 毒性的研究[J].核农学报,2001,15(3): 167 - 173.
[75] 葛才林,杨小勇,孙锦荷,等.重金属胁迫引起的水稻和小麦幼苗 DNA 损伤[J].植物生理与分子生物学学报,2002,28(6): 419 - 424.
[76] 常平,李桂兰,郭卫红,等.苯 DNA 加合物的形成特征、条件和方法探讨[J].中华劳动卫生职业病杂志,1997,15(3): 142 - 145.
[77] 刘淑芬,蒋湘宁,徐晓白.黄曲霉素 B1 - DNA 加合物的实验研究[J].环境科学学报,1998,18(5): 484 - 488.
[78] 谭明家,许建宁,李忠生,等.体内 GMA - DNA 加合物的研究[J].中国医学科学院学报,1999,21(6): 444 - 449.
[79] 邵华,李杰,师以康.苯乙烯- DNA 加合特性的研究[J].中华劳动卫生职业病杂志,2002,20(5): 347 - 349.
[80] 胡训军,卢伟,王文静,等.用 ^{32}P 后标法检测三氯乙烯所致 DNA 损伤的研究[J].中华劳动卫生

职业病杂志，2006，24(7)：427－429.

[81] 张志，张雪梅，杨文敏，等. 肺癌患者肺组织 DNA 加合物的检测及其影响因素[J]. 中国肺癌杂志，2003，6(3)：185－187.

[82] 梁首鹏，洪志勇，徐顺清. 某油田人群白细胞 DNA 加合物水平及其影响因素研究[J]. 环境与健康杂志，1999，16(2)：80－82.

[83] 邢德印，宋南，谭文，等. 正常食管上皮和食管鳞状细胞癌组织中丙二醛- DNA 加合物含量[J]. 中华肿瘤杂志，2001，23(6)：473－476.

[84] 赵福林，金汉杰，李梦燕，等. 职业接触环氧丙烷工人 DNA 和 Hb 加合物分析[J]. 工业卫生与职业病，2002，28(4)：201－203.

[85] Klaene J J, Sharma V K, et al. The analysis of DNA adducts: The transition from ^{32}P－postlabeling to mass spectrometry[J]. Cancer Letters, 2013, 334: 10－19.

[86] Otteneder M, Lutz U, Lutz W K. DNA adducts of styrene－7, 8－oxide in target and non-target organs for tumor induction in rat and mouse after repeated inhalation exposure to styrene[J]. Mutation Research, 2002, 500: 111－116.

[87] Ravoori S, Feng Y, Neale J R, et al. Dose-dependent reduction of 3, 2－dimethyl－4－aminobiphenyl-derived DNA adducts in colon and liver of rats administered celecoxib[J]. Mutation Research, 2008, 638: 103－109.

[88] Kanno T, Kawanishi M, Takeji Takamura-Enya, et al. DNA adduct formation in human hepatoma cells treated with 3－nitrobenzanthrone: analysis by the ^{32}P－postlabeling method[J]. Mutation Research, 2007, 634: 184－191.

[89] Emami A, Dyba M, Cheema A K, et al. Detection of the acrolein-derived cyclic DNA adduct by a quantitative ^{32}P－postlabeling/solid-phase extraction/HPLC method: Blocking its artifact formation with glutathione[J]. Analytical Biochemistry, 2008, 374: 163－172.

[90] Banasiewicz M, Nelson G, Swank A, et al. Identification and quantitation of benzo[a]pyrene-derived DNA adducts formed at low adduction level in mice lung tissue[J]. Analytical Biochemistry, 2004, 334: 390－400.

[91] Stiborová Marie, Šimánek Vilím, Frei Eva, et al. DNA adduct formation from quaternary benzo[c] phenanthridine alkaloids sanguinarine and chelerythrine as revealed by the ^{32}P－postlabeling technique[J]. Chemico-Biological Interactions, 2002, 140: 231－242.

[92] Swaminathan S, Hatcher J F. Identification of new DNA adducts in human bladder epithelia exposed to the proximate metabolite of 4－aminobiphenyl using ^{32}P－postlabeling method[J]. Chemico-Biological Interactions, 2002, 139: 199－213.

[93] Steinberg J J, Gary W O Jr., Nazih F, et al. In vivo determination of 5－bromo－2′－deoxyuridine incorporation into DNA tumor tissue by a new ^{32}P－postlabelling thin-layer chromatographic method[J]. Journal of Chromatography B: Biomedical Sciences and Applications, 1997, 694: 333－341.

[94] Cunningham D L, Sweet S M M, Cooper H J, et al. Differential phosphoproteomics of fibroblast growth factor signaling: identification of Src family kinase-mediated phosphorylation events[J]. J. Proteome Res., 2010, 9: 2317－2328.

[95] Ong S, Mittler G, Mann M. Identifying and quantifying in vivo methylation sites by heavy methyl SILAC[J]. Nat. Methods 1, 2004: 119－126.

[96] Liu Jun, Hong Zhen, Ding Jianqing, et al. Predominant release of lysosomal enzymes by newborn rat microglia after LPS treatment revealed by proteomic studies[J]. J. Proteome Res., 2008, 7(5): 2033－2049.

[97] Jin J H, Davis J, Zhu D, et al. Identification of novel proteins affected by rotenone in

mitochondria of dopaminergic cells[J]. BMC Neuroscience, 2007, 8: 67.

[98] Zhang R J, Sioma C S, Wang S H, et al. Fractionation of isotopically labeled peptides in quantitative proteomics[J]. Anal. Chem. ,2001, 73: 5142-5149.

[99] Zhou Huilin, Boyle Rosemary, Aebersold Ruedi. Quantitative protein analysis by solid phase isotope tagging and mass spectrometry[J]. Nature biotechnology, 2002, 20(5): 512.

[100] Goshe M B, Conrads T P, Panisko E A. Phosphoprotein isotope-coded affinity tag approach for isolating and quantitating phosphopeptides in proteome-wide analyses[J]. Anal. Chem. , 2001, 73 (11): 2578-2586.

[101] Goshe M B, Veenstra T D, Panisko E A. Phosphoprotein isotope-coded affinity tags: application to the enrichment and identification of low-abundance phosphoproteins[J]. Anal. Chem. , 2002, 74 (3): 607-616.

[102] Qiu Y C, Sousa E A, Hewick R M, et al. Acid-labile isotopecoded extractants: a class of reagents for quantitative mass spectrometric analysis of complex protein mixtures[J]. Anal. Chem. , 2002, 74: 4969.

[103] Ross P L, Huang Y N, Marchese J N, et al. Multiplexed protein quantitation in Saccharomyces cerevisiae using amine-reactive isobaric tagging reagents[J]. Mol. Cell. Proteomics, 2004, 3: 1154-1169.

[104] De Souza L, Diehl G, Rodrigues M J, et al. Search for cancer markers from endometrial tissues using differentially labeled tags itraq and cicat with multidimensional liquid chromatography and tandem mass spectrometry[J]. Journal of proteome research, 2005, 4: 377.

第 7 章

核分析技术

核分析技术是一门以粒子与物质相互作用、核效应、核谱学及核装置(反应堆、加速器等)为基础,由多种方法组成的综合技术。该技术主要用于分析化学和化学反应机理等研究中,主要包括同位素稀释法、放射自显影、放射免疫分析、活化分析、同位素质谱技术和扰动角关联技术等。因其具有高灵敏度、高分辨率、非破坏性、特异性等非核技术无可替代的优点,使核分析技术解决了其他分析方法不能或难以解决的问题。在核农学研究中,在对微量待测组分进行定量时,常需借助上述的核分析技术,从而得到可靠的结果。随着核分析技术的不断发展和提高,其在核农学研究中的应用范围也将不断扩大。

7.1 同位素稀释法

同位素稀释法最早报道于 1932 年,它是测定混合物中的某一组分含量或放射性活度的有效方法。该方法是用放射性核素作“指示剂”,在分析化学中应用最广泛的分析方法之一。它无需将待测组分全部定量地分离出来,而只需分离出一部分纯净待测物,并测定其放射性活度,即可计算出待测物的含量。这对于像生物、环境样品等一些复杂体系中待测物的分析,特别有实用价值。在农业科学中,土壤中有效磷(氮)的 A 值测定法和 E 值测定法就是基于同位素稀释法进行的。

7.1.1 基本原理

当将待测物的放射性标记物(也称放射性指示剂)与待测物混合均匀时,根据同位素的化学性质相同,混合前后(即稀释前后)放射性总活度不变,及分离前后放射性浓度(或比活度)不变,从而计算出待测物的含量。例如,为测定其他方法难以解决的某活体动物的含水量(V_x),可将体积为V_o的^3H_2O(放射性浓度为S_o)注射到该动物体内,经一定时间,^3H_2O被分布动物全身的水所稀释。然后,分离出一部分含^3H_2O的水,并测定其放射性浓度S_m,即可计算出V_x。

	体积	放射性浓度
待测水	V_x	0
加入的氚水	V_o	S_o
混合物	V_x+V_o	S_m

根据同位素稀释法的原理:

$$S_oV_o=S_m(V_x+V_o),\quad V_x=V_o(S_o/S_m-1)$$

7.1.2 基本类型

针对不同的分析对象和分析进行方式的不同,同位素稀释法又可分为4种类型:直接稀释法、逆稀释法、亚化学计量稀释法和衍生物稀释法。

7.1.2.1 直接稀释法

直接稀释法也称正稀释法。它是同位素稀释法中最基本的方法。利用该法可测定混合物中某种已知化学成分的物质之量W_x。为此,向混合物中,加入一定量和已知放射性比活度S_o的待测物的放射性标记物W_o,并使其充分混合。这时,W_o被W_x稀释。然后,分离出一部分纯净稀释物,并测定其放射性比活度S_m。

	重量	放射性比活度
待测物	W_x	0
加入标记物	W_o	S_o
混合(稀释)物	W_x+W_o	S_m

根据上述原理得

$$S_oW_o=S_m(W_x+W_o)$$

则同位素稀释法的基本公式为

$$W_x=W_o(S_o/S_m-1) \tag{7-1}$$

式中,W_o和S_o是已知的;S_m是通过实验测得的。所以,可方便地计算出W_x。

现举例说明同位素直接稀释法测定物质含量的程序。为测定蛋白质水解液中的天冬氨酸,精确称取W_o为5.0 mg、比活度S_o为1.702×10^4 cpm/mg的天冬氨酸并加入蛋白质水解液中，混合均匀后，取一部分进行分离纯化，得到比活度 S_m 为 3.7×10^2 cpm/mg 的 0.21 mg 纯天冬氨酸，试求水解液中天冬氨酸的量。

因 W_o，S_o 和 S_m 为已知，根据式(7-1)可知，蛋白质水解液中天冬氨酸的含量为 225 mg。

若加入的标记物量 W_o 很小，即 W_o 可忽略，则式(7-1)可写为 $S_oW_o\approx S_mW_x$，简化为

$$W_x=W_oS_o/S_m \tag{7-2}$$

如果待测物 W_x 也具放射性，并已知其放射性比活度为 S_1 时，也可用该法测定其含量；若加入的待测物的标记物为 W_o，比活度为 S_o，则

	重量	放射性比活度
待测物	W_x	S_1
加入标记物	W_o	S_o
混合物	W_x+W_o	S_m

根据上述原理可得到：$S_1W_x+S_oW_o=S_m(W_x+W_o)$，移项简化，即得

$$W_x=W_o(S_o-S_m)/(S_m-S_1) \tag{7-3}$$

在本方法中，必须要知道稀释后的比活度 S_m，也就须准确测出分离出的这部分纯净物的重量，因此，使该法的应用受到了一定的限制。例如，不适宜微量放射性物质的分析。

7.1.2.2 逆稀释法

逆稀释法是直接稀释法的发展，与直接稀释法相反，它是将一定量的非标记物(待测物的载体)加入混合物系统，去测定其中的某放射性物质的含量。应用此法，则不必定量分离待测物，且特别适宜测定少量放射性物质。例如，已知在混合物中某放射性物质的放射性比活度 S_o，因其量太少，不能定量。这时，可加入其非标记物 W_o，使它们充分混合，然后，分离出少量纯净物，并测定其比活度 S_m。根据前述的同位素稀释法原理，同样可计算出该放射性物质的含量 W_o，则

	重量	放射性比活度
待测物	W_x	S_o
加入载体	W_o	0
混合物	W_x+W_o	S_m

同理，$S_oW_x=S_m(W_x+W_o)$，移项后为

$$W_x = W_o S_m / (S_o - S_m) \tag{7-4}$$

若 $W_o \gg W_x$，则式(7-4)可简化为

$$W_x = W_o S_m / S_o \tag{7-5}$$

例如，在研究植物体内磷酸的交换时，先通过培养液引入 ^{32}P，经过一定时间后，从叶子中测出各种含 ^{32}P 物质的放射性活度，其中 ADP(二磷酸腺苷)为 4 880 cpm/mg(S_o)，然后，再在 3 g 样品中加入 2 mg(W_o)稳定性的 ADP 稀释，于是其比活度降低为 4 020 cpm/mg(S_m)，求叶组织中的 ADP 的含量。因 S_o，S_m 和 W_o 已知，根据式(7-5)可解得 W_x 为 9.35 mg，所以，ADP 在叶组织中的含量为：0.009 4/3=0.31%。

该法的缺点与直接稀释法相同，即也是为了得到稀释后的比活度 S_o，必须正确测量分离出的纯净物之重量，因而使其应用不方便而受到了一定的限制。

7.1.2.3 亚化学计量稀释法

此法是在同位素稀释法的基础上建立的。亚化学计量稀释法是利用亚化学计量分离方法，从经过同位素稀释的混合物和原始标记物溶液中，分离出等量的纯净物，根据两者的放射性活度(A_o 和 A_m)，计算待测物含量 W_x 的一种分析方法。

在直接稀释法中，$W_x = W_o(S_o/S_m - 1)$，式中 W_o 表示加入放射性标记物的量；S_o 和 S_m 分别表示稀释前、后的放射性比活度。不难理解，S_o/S_m 的比值可用分别测定分离出的两份等量(不必知道确切质量)纯净物的放射性活度 A_o/A_m 比值来代替，于是得到

$$W_x = W_o(A_o/A_m - 1) \tag{7-6}$$

在此分析过程中，不需知道加入的放射性标记物的放射性比活度，只需通过两次放射性活度 A_o 和 A_m 的测定，即可计算待测物的含量。所以，亚化学计量稀释法克服了上述两种同位素稀释法的缺点，即不必准确测定分离出的纯净化合物的重量，使分析方法简化。同时，灵敏度大大提高，对已应用测定的大多数元素讲，灵敏度可达 10^{-6} g，有的高达 10^{-11} g。例如，利用亚化学计量稀释法，可测定岩石中钯(Pd)的含量，低至 0.02 μg。

亚化学计量稀释法的关键是分离出等量纯净物。通常，可采用难溶化合物的溶解度一定，电解时，析出的物质量正比于电量，不足萃取剂具有饱和萃取的特性及一定量吸附剂的吸附饱和性等。例如，利用 $^{35}SO_4^{2-}$ 作指示剂和难溶化合

物的溶解度一定的亚化学计量稀释法，可测定土壤提取液中的微量 SO_4^{2-} 。

亚化学计量稀释法虽优于正、逆稀释法，但所加入的放射性标记物的量(W_o)仍需准确测定，故限制了此法的应用。因此，又进一步发展了两种改进的亚化学计量稀释法。

1) 定量示踪技术

在分析时，只需将两份等量的标记物（重量均为 W_o，放射性活度均为 A_o，但都不必知道）分别加到样品溶液（含待测物 W_x）和一个标准溶液（含已知待测物 W_s）中，当混合后，在样品液和标准液中，待测物的比活度分别为

$$S_x = A_o/(W_o + W_x), \quad S_s = A_o/(W_o + W_s)$$

若 $W_o \ll W_x$，$W_o \ll W_s$，则

$$S_x \approx A_o/W_x, \quad S_s \approx A_o/W_s$$

于是得到

$$W_x = W_s S_s / S_x \tag{7-7}$$

如果用亚化学计量法，从上述两溶液中分离出等量纯净物，并测定它们的放射性活度 A_s 和 A_x，则不难理解，A_s/A_x 之比可代替 S_s/S_x 之比，则式(7-7)即为

$$W_x = W_s A_s / A_x \tag{7-8}$$

在此方法中，不必知道加入标记物的准确量 W_o，同时，通常 W_o 很小，因而避免了测量它时不准确带来的误差。

2) 平行稀释法

该方法与上述方法相类似，只是在分析时，在两份等量 W_x 待测样品中，先分别加入不同量 W_1 和 W_2 的待测物的标准品。然后，再各加入等量的待测物的放射性标记物（其量和活度都分别为 W_o 和 A_o，均不必知道）。显然，在混合后，有

$$S_1(W_x + W_1 + W_o) = S_2(W_x + W_2 + W_o)$$

通常，W_o 很小，可忽略，则有

$$S_1(W_x + W_1) \approx S_2(W_x + W_2)$$
$$S_1/S_2 = (W_x + W_2)/(W_x + W_1)$$

式中，S_1/S_2的比值也可由分离出的两份等量纯净物的放射性活度A_1/A_2之比代替，经移项整理得到

$$W_x=(A_1W_1-A_2W_2)/(A_1-A_2) \quad (7-9)$$

由上可见，这种方法也像定量示踪法，只需测定两次放射性活度，即可计算出待测物的含量。例如，为测定混合物中微量铯(Cs)，在两份等量(等体积)的待测物中，分别加入放射性活度相等的无载体^{137}Cs及5 mol/L的HNO_3，再分别加5 μg(W_1)和15 μg(W_2)的标准Cs^+。然后，分别用相同量的磷钼酸沉淀，利用难溶化合物饱和溶解度一定的特性，分离出等量的Cs。经测定A_1和A_2分别为200 cpm和100 cpm。试求混合物中Cs的含量W_x。

已知W_1，W_2，A_1和A_2，按式(7-9)计算可得W_x为5 μg。

7.1.2.4　衍生物同位素稀释法

该法是将放射性衍生物法和同位素逆稀释法结合起来的分析方法。它避免了衍生物法需定量分离的困难，也避免了同位素稀释法需具备待分析物的标记物之条件，尤其适宜对复杂的化合物难制得其放射性标记物的测定。因此，使同位素稀释法的应用范围得到了扩大。

衍生物稀释法在于向待测试样中加入适宜的放射性试剂，使其与待测物反应，形成放射性衍生物，然后，利用上述逆稀释法进行定量。例如，在含有性质相似的A，B，C等的混合物中，欲测定A的含量时，可在试样中加入放射性试剂R，放射性比活度为S_o。R与A，B，C等反应后，分别形成性质差异较大的AR，BR，CR等衍生物，再加入一定量W_o的非放射性衍生物AR，混匀，分离出一部分(AR+AR)，纯化，并测定其放射性比活度S_o。若上述各种物质的量都以mol为单位，放射性比活度单位为cpm(或dpm)/mol，则AR的比活度就等于R的比活度S_o。

	重量	放射性比活度
待测物的放射性衍生物(AR)	W_x	S_o
待测物的非放射性衍生物(AR)	W_o	0
混合物	W_x+W_o	S_m

根据逆稀释法原理，$S_oW_x=S_m(W_x+W_o)$，则

$$W_x=W_oS_m/(S_o-S_m)$$

由于所有物质的量都以mol为单位，所以，测定分离出的部分(AR+AR)的比活度S_m，由计算得到的待测物的放射性衍生物的量(W_x)，即为待测物的

量。例如,利用这种衍出物同位素稀释法,测定了在大量 L-丙氨酸存在下的 D-丙氨酸的量。

7.1.3 影响因素和特点

7.1.3.1 影响因素

影响因素主要有以下几个:

(1) 所加入化合物(待测物的放射性标记物或其载体)的纯度。如在直接稀释法中,假如放射性标记物(指示剂)的放化纯度不高,则显然会降低结果的准确性。如含 1%的非放射性杂质,在测定时可引起 1%的最终误差。

(2) 所用放射性标记物的放射性比活度。测定误差随稀释倍数的增大而减小。但从 S_o/S_m大于 10 时(即稀释 10 倍以上时),误差减小得有限。所以,为了提高测定的准确度,所用标记物的比活度要高,但也不必太高。

(3) 分离出来的化合物纯度。显然,如果这部分化合物的纯度不高,会使测得的稀释后的比活度不准,而使最后结果的准确性降低。因此,必须使分离出的这部分化合物纯度要高。

7.1.3.2 同位素稀释法的优缺点

(1) 不必将待测物全部定量的分离,而只需分离出一部分纯净物,测定放射性比活度后,即可计算出待测物的含量。后来,又发展到只需分离等量纯净物(不必知道准确的质量),并测定它们的放射性比活度,即可计算待测物的含量。

(2) 操作简便,快速。

(3) 能解决其他分析方法难以解决的问题,尤其对复杂系统中组分的测定。

(4) 该方法要求放射性指示剂的比活度和纯度都要高,但并非所有待测物具有其合适的放射性指示剂,在亚化学计量稀释法中,要求分离等量纯净物,但并非所有待测物具有这种分离方法。所以,这些因素,使应用受到了限制。

(5) 须知道待测物的大致含量,便于确定所加放射性指示剂的量,以使测定误差减小[1-3]。

7.1.4 同位素稀释质谱法

1997 年,国际物质量咨询委员会在巴黎召开的第六次会议,将同位素稀释质谱法、精密库仑电位滴定、凝固点下降法和重量法定位于具有绝对测量性质的方法，其中同位素稀释质谱法是唯一一种微量痕量和超痕量元素权威测量的方法。

7.1.4.1 同位素稀释质谱法的原理与特点

1) 同位素稀释质谱法的原理

同位素稀释质谱法(isotopic dilution mass spectrometry，IDMS)是采用与待测物具有相同分子结构的稳定性同位素(例如^{13}C,^{15}N,^{2}H等)标记的目标物作为内标(即稀释剂)，通过分别对同位素丰度的精确质谱测量和加入稀释剂的准确称量，求得样品中待测物的绝对量。该方法有效地把元素的化学分析转变为同位素测量，因此具有同位素质谱测量的高精度和化学计量的高准确度。一旦稀释剂加入并与待测物达到平衡，同位素比值即已恒定，只要测量操作正确不致污染就不会改变，即使在元素分离与取样过程中有所丢失，对分析结果也无影响，不需严格定量分离。

其分析步骤通常为：在基质中添加稳定同位素标记的目标物做稀释剂，待稀释剂和待测物达到平衡后，从中分离纯化或半分离纯化目标物(稀释剂和待测物)；然后采用质谱法测定稀释剂和待测物的同位素比值，即可确定待测物在样品物中的浓度。

在实验过程中测量的仅仅是样品中内标和待测物的摩尔数之比，而不是浓度，测量结果可直接溯源到摩尔。由于该法有效消除了信号所受到的基质抑制效应，并使用高灵敏度的质谱仪进行微量、痕量和超痕量的分析，因此在微量组分准确定量分析方面有很大优势。

2) 同位素稀释质谱法的特点

(1) 具有绝对测量性质。IDMS是通过三种样品，即稀释剂(浓缩同位素)、被测样品和混合样品同位素丰度测定和所加稀释剂的准确称量，借助公式计算，最终给出被测量样品里某元素或某同位素标记化合物的浓度或绝对值。

(2) 化学制样无须严格定量分离。在实验过程中，一旦稀释剂和被测物混合达到化学平衡，在避免外来同位素污染的情况下，同位素的丰度比例可保持恒定。混合后的样品在进行元素分离、浓缩、转移和样品装载的操作过程中，即使发生丢失，也不会改变同位素组成，避免了由此带来的测量误差。该优势使样品前处理操作程序相对简捷易行，是其他仪器分析方法所无法比拟的。

(3) 灵敏度高。IDMS灵敏度取决于待测元素的化学、物理特性，待测元素的基体种类，所用质谱仪灵敏度和制样、测量过程中空白值的大小。一般测量灵敏度通常在0.01 μg～0.1 ng量级，MC-ICP-IDMS可达ng～pg量级。

(4) 动态范围宽。可使用多种类型质谱仪测量气态、液态和固态三种样品形式，能够获取元素周期表中将近80%无机元素，部分有机态金属元素和有机标记化合物的信息，测量的动态范围可达6个数量级，具有单元素和多元素分析能力。

(5) 测量值的溯源性。IDMS在测量过程中，从样品制备、样品引入、离子化、质量分离、离子检测、模数转换、数据采集和处理，其过程始终是在严密的溯源链中进行，直到给出包括不确定度在内的最终测量结果[4]。

7.1.4.2　同位素稀释质谱法测量基本要求

1) 同位素标记物的选择

同位素稀释质谱法的首要条件是向样品中加入目标分析物的同位素标记物。由于测量的量是质谱峰的强度比，为减小可能的相互干扰，标记物与目标分析物的分子量最好相差3个单位。通常我们选择的标记元素为^{13}C，^{18}O，^{2}H。但^{2}H的标记物有同位素效应，对测量结果有影响。

2) 样品最佳处理过程

要测量样品的化学成分量，必须先对样品进行处理，排除全部或绝大部分的干扰因素，因为样品处理过程的优劣直接影响测量结果准确度。

3) 质谱测量离子对的选择

在同位素稀释质谱法中，质谱测量的是分析物离子与标记物离子的峰强度比；因此，选择的离子对首先应当有较高的丰度，以保证较高的灵敏度；其次是没有或只有极少的强度的相互贡献，以消除非线性因素；最后是基体对这两个离子没有贡献，以排除基体的影响，减小测量不确定度。

4) 测量校正方法

通常使用的测量校正方法有曲线法、单点校正法，但在同位素稀释质谱法中较少采用，因为这两种方法有较大误差。故更多采用的是括号法，即用比样品中分析物与标记物的量在比值略高一点和略低一点的两个标准，紧紧将样品卡在中间，把由于时间、非线性等因素造成的变动减至最小[5]。

7.1.4.3　同位素稀释质谱法的应用

同位素稀释质谱法最早应用于核物理和地质上，20世纪70年代，其应用扩展到血浆中有机物的分析，从此有机同位素稀释质谱法在生物学、环境和食品安全等领域的应用得到迅速发展。

1）同位素稀释质谱法在生命科学中的应用

噬菌体 λDNA 是一种广泛应用的核酸含量标准品，常用于 DNA 紫外或荧光定量方法的校准。张玲等人建立了测量噬菌体 λ 基因组 DNA 含量的方法[6]。样品添加同位素标记碱基内标之后，用体积分数为 88%的甲酸溶液在 170℃水解 30 min，解离出的核酸碱基通过反向柱分离，电喷雾四级杆质谱法测定，用多反应监测模式分别检测碱基及其同位素标记物的母离子和碎片子离子，从而建立了基因组 DNA 水解-同位素稀释质谱法测量长片段核酸含量的方法，并将 DNA 浓度溯源至碱基浓度。方法的线性范围为 1～1 000 μg/g，检出限可低至 100 ng/g。测定的 λDNA 含量标准物质为(2.51±0.06)微克/支($k=2$)，可用于长片段核酸含量标准物质定值[6]。

随着绝对定量蛋白质组学研究的深入，迫切需要发展具有高精度和高准确度的绝对定量方法使测定值与目标蛋白质的实际浓度尽可能一致。同位素稀释法作为一种权威计量方法，目前在蛋白质组学上的应用主要是与质谱多反应监测(mulitiple reaction monitoring, MRM)技术结合用于蛋白质绝对定量。

结合同位素稀释法的蛋白质绝对定量主要经过以下 3 个步骤：① 通过实验或预测的方法得到目标蛋白质的水解肽段，这些水解肽段具有目标蛋白质的序列特异性和质谱可检测性的特点；② 在分析样本中加入一定量的同位素标记物为内标，以减小实验过程中由于基质效应、离子化效率和仪器响应信号不稳定等引起的定量差异；③ 通过标记/非标记肽段的比值及标记肽段的绝对量计算样本目标蛋白质的量。目前，常用于获得同位素标记物的方法有绝对定量法(absolute quantification, AQUA)、定量串联体法(quantification concatamers, QconCAT)、蛋白质标准物绝对定量法(protein standard absolute quantification, PSAQ)、细胞培养条件下稳定同位素标记绝对定量技术法(absolute stable isotope labeling with amino acids in cell culture, absolute SILAC)、蛋白抗原表位标签-细胞培养条件下稳定同位素标记技术法(protein epitope signature tags-stable isotope labeling with amino acids in cell culture, PrESTs - SILAC)。

对于蛋白质组科研工作者来说，蛋白质翻译后修饰的鉴定一直是一项极大的挑战。蛋白质的磷酸化和去磷酸化是目前所知道的最主要的信号传导调节方式，也是分子生物学家和药理学家的研究热点，因此，对磷酸化蛋白质进行定量对于理解蛋白质的相互作用网络是必需的。据陆亚丽报道，有学者利用QconCAT方法分别获得目标蛋白质的非磷酸化/磷酸化肽段，用非磷酸化肽段得到目标蛋白的绝对量，用磷酸化肽段得到磷酸化修饰的蛋白量，进而得到目标蛋白质被磷酸化修饰的比例，为定量已知位点的磷酸化蛋白提供了一种新方法[7]。

高度同源性蛋白同工酶指的是氨基酸序列比较接近，一般用特异性的抗体也无法区别鉴定的酶。例如，CYP3A4和CYP3A5都属于相同的亚族，氨基酸序列中有84%相同，CYP4F2和CYP4F3也属于相同的亚族，氨基酸序列中有93%相同，像这样高度同源性的蛋白用特异性抗体是无法分别鉴定的。但是，用同位素稀释法结合MRM技术可以很好地区分并分别进行绝对定量。在CYP2C9与CYP2C19的氨基酸序列中只有一个氨基酸不同，仅仅根据这个不同氨基酸位点所在的特异性肽段，Hirotaka等利用AQUA方法成功定量人肝微粒体中CYP2C9和CYP2C19的蛋白表达水平，也同时定量了其他9种细胞色素P450[7]。

2）同位素稀释质谱法在药物残留检测中的应用

Chan等以有机同位素稀释气相色谱-质谱法分析检测了人参中六氯苯和六氯环己烷（α-，β-，γ-，δ-异构体）五种有机氯农药的残留量。该方法测定同一批人参根中有机氯含量的日内和日间的变异系数≤1.4%；当扩充系数为2时，相对扩展不确定度为4.0%～6.5%，远远优于使用常规GC-MS法（内标法或外标法）进行检测的结果[8]。Crnogorac等建立了蔬菜和水果中三种二硫代氨基甲酸酯除菌剂（DTC）的同位素稀释高效液相色谱/电喷雾质谱（LC-ESI-IDMS）测定方法，采用选择离子监测模式（SIM），确定限和检测容量分别为0.03 mg/kg和0.05 mg/kg，加标回收率为90%～100%。该方法可快速灵敏地对蔬菜和水果中残留的三种DTC进行同时分析[9]。

氯霉素（CAP）是一种高效广谱抗生素，其在动物性食品中的残留可对人骨髓造血功能造成严重损害，各国均禁止其在供人类食用的动物源产品中使用。欧盟（EEC）96/23指令中把CAP列入禁用药，并规定氯霉素MRPL（minimum required performance limits）值为0.3 μg/kg。我国每年动物性食品出口贸易中因氯霉素超标带来的经济损失相当巨大，建立一种准确快速的检测方法具有重大意义。潘玉香等以D5-CAP为内标，SIM扫描模式，建立了一种用于各种动物源性食品中CAP残留量的同位素稀释气相色谱-负化学离子源质谱检测方法。CAP的回收率为87.8%～107.0%，相对标准偏差

(RSD)≤8.5%，基质复杂样品中 CAP 残留的检出限达到 0.1 μg/kg，基质简单样品的检测限可达 0.05 μg/kg。该方法适合各种动物源性食品中氯霉素残留量的确证分析[10]。

张建清等以同位素稀释高分辨气相色谱-双聚焦磁式质谱联用仪定量检测了市售猪肉中 17 个 4～8 个氯原子取代的二噁英和呋喃(PCDD/Fs)。该方法的检出限为 0.01 pg/g。同位素标准物的加标回收率分布于 68.6%～92.4%之间[11]。李敬光等使用气相色谱-高分辨质谱联用仪，结合同位素稀释技术，对鱼样中的二噁英和共平面多氯联苯进行定性和定量。样品中 PCDDs 和 PFs 同位素内标的平均回收率为 62.4%～84.3%，共平面 PCBs 同位素内标的平均回收率为 53.1%～89.2%[12]。Zhang 等用同位素稀释高分辨气相色谱-质谱法测定了多种零售食品中多氯代二噁英/多氯代二苯并呋喃(PCDD/Fs)和 18 种多氯联苯(PCBs)的含量[13]。Focant 等以二维气相色谱-飞行时间质谱法测定了食品中二噁英和多氯联苯的含量，检测了多种基质如鱼、猪肉和牛奶样品，该方法定量可精确到 pg/g 水平。有机同位素稀释质谱法对二噁英类化合物确证、定量准确，为目前国际上权威认可的定量检测方法[14]。

在国际上，同位素稀释色谱质谱技术已在食品安全、生命科学、环境监测等领域获得长足发展，但在我国相关领域的应用仍显滞后。制约其发展的主要因素是同位素标记试剂种类稀缺而且价格昂贵，国内主要依赖进口，造成我国检测单位对其应用较少的现状。目前，我国在^{15}N，^{13}C，^{18}O 和^{2}H 等稳定同位素的分离技术上已具备较好基础，针对科研用同位素标记试剂的研发工作也在国内多个研究院所开展。随着质谱仪器的发展完善和各种新型同位素内标试剂的不断开发，同位素稀释色谱-质谱技术的应用领域将不断扩展。

7.2 放射自显影技术

放射性样品中发出的射线与可见光一样能使溴化银感光。如果将样品在黑暗条件下与照相乳胶紧密接触一定时间后，再经显影、定影等处理，能在照相乳胶上产生与样品中放射性物质所在部位和活度相对应的、由银粒子组成的图像，我们把这一放射性测定的方法称为放射自显影(autoradiography，ARG)。所以，放射自显影技术是利用射线与照相乳胶的相互作用对样品中的放射性物质进行检测、定位和相对定量的一种同位素示踪技术。

7.2.1　放射自显影的基本概念

7.2.1.1　放射自显影的定义

利用放射性物质发出的射线能使照相乳胶感光的特性，来检测样品中放射性的技术，称为放射自显影技术。将放射性样品在黑暗中与照相乳胶接触，即使照相乳胶暴露于射线中，射线使乳胶中的溴化银感光产生潜影，经定影后可在乳胶上形成与样品中放射性物质所在的部位和活度相对应的由银粒组成的图像(audoradiography)。所以更确切地说，放射自显影是利用放射性样品能在照相乳胶上产生图像的特性来检测样品中放射性及其分布的一种同位素示踪技术。

7.2.1.2　制作放射自显影的基本过程

生物材料的标记→自显影样品的制备→自显影的制作→曝光→显影→定影→观察与分析(定位及放射性测量)。

7.2.1.3　放射自显影的基本类型

依样品和观察部位的大小，分宏观和微观自显影；后者又可分为光学自显影(IMARG)和电镜自显影(EMARG)。

(1) 宏观自显影。将宏观的标记样品与固体照相乳胶接触曝光，经显影、定影后形成黑白图像，用肉眼观察或光密度计测量黑度来分析放射性物质在器官、组织中的分布情况。

(2) 光学显微自显影。在常规组织学切片或涂片上涂上一层液体乳胶膜，经曝光、显影、定影后，在光学显微镜下观察银颗粒的分布，达到了解放射性标记物在细胞间或细胞显微结构中的分布情况的目的。其观察的范围很小，对分辨力要求高，在材料标记，切片制作，乳胶膜的制作及观察分析上要求较高的技术水平。

(3) 电镜自显影。在超薄切片上涂上单层银颗粒的核子乳胶膜，经曝光、显影、定影后，在电子显微镜下观察银颗粒的分布，达到了解放射性物质在细胞超微结构中的分布情况的目的。甚至可观察到生物大分子的标记部位。观察的结构部位很小，对分辨力要求高，在材料标记，切片制作，乳胶膜的制作及观察分析上要求更高的技术。

7.2.1.4　放射自显影的特点

ARG 既是一种辐射探测方法，又是一项同位素示踪技术。它与用于制备的放射性样品、通过电离或闪烁探测器检测放射性的示踪技术相比，主要优点如下：

（1）能够准确定位。依据自显影的类型不同能检测放射性物质在器官、组织、亚细胞结构甚至在生物大分子中的分布。至于用自显影获得的细胞、亚细胞和分子水平上放射性物质的分布是用一般的生物化学分离法难以获得或不能获得的。

（2）具有很高的灵敏性。因为照相乳胶对射线的反应具有累积作用，所以通过延长曝光时间可以检测到样品中微弱的放射性。

（3）资料形象，易于保存。获得的自显影图像能清晰反映放射性物质在器官、组织和各结构部位的分布情况，形象客观并能长期保存。

虽然放射自显影技术有着其他方法无法比拟的优点，但同样存在一些不足之处：

（1）自显影的制备时间过长。手续较复杂，尤其是显微自显影要求制作较薄的切片，曝光时间长，需较长时间才能完成。

（2）不能直接定量。一般情况下只能相对定量。因此，除了用于细胞学、分子生物学和遗传学研究中的特殊目的外，在一般的示踪实验中，放射自显影作为放射性检测的一种手段，补充提供放射性物质的吸收、运转和分布的资料。

7.2.2 宏观放射自显影的制作

以宏观材料制作的自显影，肉眼或光密度计观察组织、器官中放射性物质的分布。

7.2.2.1 样品的制备

（1）植物材料。整株或器官（枝条、叶片、花蕾等），压制成标本要求干而不脆，平整。若植株过大可折转或剪断。若观察放射性物质在茎秆中的分布，可制成茎秆的纵横切片。

（2）动物材料。整体切片：纵剖面或横剖面；组织切片。

（3）层析谱。纸层或薄层板展开后，充分干燥，可喷射聚氯乙烯或硝化纤维（polyvinyl chloride or nituocellalose），以防止自显影时薄层板上吸附剂粉的移动。

（4）凝胶电泳块。为防止水分对乳胶的影响可采取：① 干燥；② 包蔽；③ 冰冻：在低温条件下曝光。

（5）其他。如土壤剖面，可将土壤切成平整的剖面，用薄的聚氯乙烯膜包蔽。

7.2.2.2　自显影的制作

(1) 感光材料。通常为乳胶片，其基本组成为溴化银晶体颗粒、支持物(底板)、明胶(溴化银晶体颗粒的支持物)。由于银盐的浓度、结晶颗粒的大小和乳胶层的厚度不同，所以各种感光材料具有不同的敏感度和分辨能力，以用于不同目的的自显影。溴化银晶体颗粒越大、数量越多，其敏感度越高，即越容易形成潜影。而分辨力与颗粒的大小和乳胶层的厚度相关。照相乳胶的类型有X光片、幻灯片或电影正片、核乳胶、乳胶干板、加强膜(荧光片增强感光)、照相底片。

(2) 自显影的制作。一般采用接触曝光，将样本平整的一面与X光片或其他固体照相材料紧密接触，样本的另一面填上泡沫塑料等松软材料。X光片上覆盖一层薄纸，压紧，使其和样本紧密接触。市售的X光曝光盒底层有泡沫塑料，放一张保护纸后，放样本，X光片在样本上面，再覆盖保护纸将盖子扣紧，就能曝光。为防止薄层板上分离的纯化学物质或土壤中的化学物质对感光材料的作用，可再薄层板或剖面上加保护膜，这对^{32}P样品没有影响，对^{14}C,^{35}S等软β核素，可能将一部分射线屏蔽掉，而^{3}H的β粒子则可完全吸收，从而不能形成潜影。

7.2.2.3　照相过程

1) 曝光

(1) 潜影的形成过程。射线粒子进入晶体，能从溴离子中打出电子，形成电子与银离子的离子对，只要能量足够，这个电子能离开轨道，进入导电带，在晶体内移动，并移向缺陷处，形成阴电层，银离子向阴电层移动，获得电子，形成银原子，银原子聚集形成潜影，如图7-1所示。同时，失去电子的溴离子成为溴原子，并从晶体表面释放出，跑到明胶中。

(2) 曝光条件。样本和感光片之间紧密接触，并加以固定；安全曝光，无外源放射，安全放置，做上“请勿移动”的标记；湿度不能太高，低温下能增加敏感度。

(3) 曝光时间。曝光时间不足，有可能得不到满意的影像。在一般显影条件下，要使银粒显影，需要有一定的银粒数及每粒含有一定数量的银原子数。曝光时间过长，本底增加，降低了分辨力，特别是高能β射线，由于散射使形象模糊。在曝光时间过长情况下，有时感光度反而降低，因为银原子与溴原子重新结合，称为潜影衰退(image fadding)。过量的水分，大气中的O_2,H_2O_2

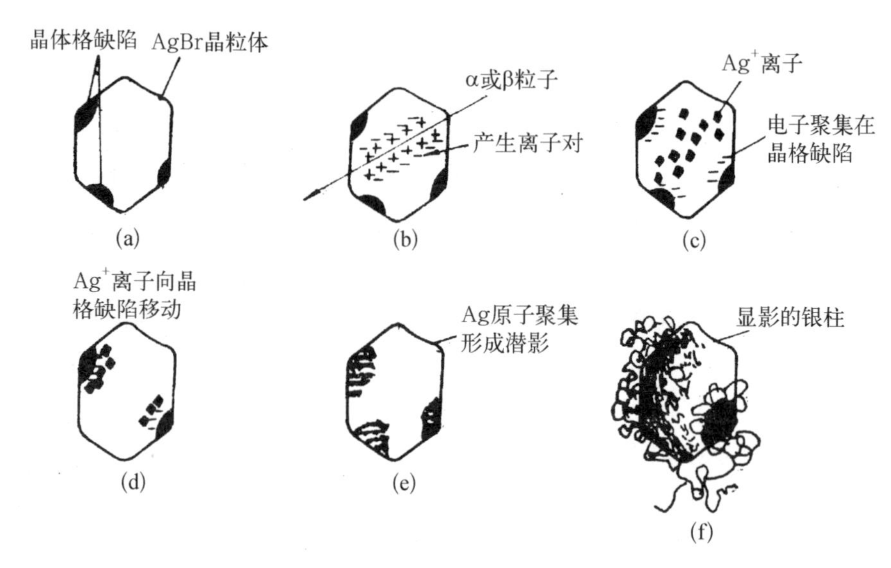

图 7－1　自显影潜影的形成过程

(a) 照相乳胶中含有晶格缺陷的溴化银晶体；(b) 一个辐射粒子通过晶体在晶体点阵中产生离子对；(c) 自由电子聚集在晶格缺陷；(d) 带正电的银离子向带负电的区域迁移；(e) 银离子被中和产生金属银形成潜影；(f) 潜影在显影过程中形成可见的黑色银粒

含量高或不均匀的压力以及过高的温度都能增加潜影衰退。因此在曝光之前必须使乳胶完全干燥，如需长时间曝光，可除去空气，在 N_2 或氩气中曝光，并且在低温下进行。

曝光时间的长短与射线的种类(能量、半衰期)、活度和感光材料的类型及自显影的种类有关，同时也要考虑到放射性分布的不均匀性。对 X 光片，10^5～10^6粒/厘米^2 能产生可显影的潜影，10^7～10^{10}粒子/厘米^2 能产生好的潜影。因此，可以用此数除单位面积样品的放射性活度(dpm/cm^2)来粗略的估计曝光时间[t＝(dpm/cm^2)/(10^7～10^{10}粒子/厘米^2)]，再结合实验曝光确定适宜的曝光时间，即在正式制片的同时，压制相同样品的预备片，在不同时间取出显影，直至出现清晰的图像。

2) 显影

在显影剂的作用下，使已感光的银颗粒还原，把潜影显现出来，这一过程称为显影，这是一个自催化过程。显影液一般用 D_{19-6} 或市售的显影粉配置。温度为(19±1)℃，时间一般为 2～3 min。在含有潜影银的晶粒中还原作用首先开始，溴化银转化成银原子，聚积在潜影形成的位置上，溴离子从晶粒中扩散出去。在没有潜影的银粒中也能显影，但其作用过程要慢得多。显影的时间要掌握在正好使感光晶粒还原，而未感光的晶粒还未还原，以达到最佳效果。

3）定影

定影剂的主要成分是 $Na_2S_2O_3$（硫代硫酸钠），目的是去掉未显影的晶体颗粒，使图像得以长久保存。其反应式如下：

$$Na_2S_2O_3 + AgBr \rightarrow NaAgS_2O_3 + NaBr$$
$$NaAgS_2O_3 + Na_2S_2O_3 \rightarrow Na_3Ag(S_2O_3)_2$$

定影的时间一般为 15 min 或更长，温度控制也没有显影过程那么严格。定影完成后，充分水洗，除去定影剂和硫化物，然后晾干。

7.2.2.4 宏观自显影的观察

（1）肉眼观察：观察发黑的部位和程度，如果放射性只分布在个别部位或放射性比较弱，发黑不明显，必须有实物照片比较观察。用看片灯可以观察得比较清楚。

（2）光密度测量：肉眼观察只能获得不同器官或组织放射性多少的相对印象，不能给出具体的数据。光密度测量是用光密度计测量透过部位的光的强弱，对底片黑化程度能给出定量数据。因此能较客观评价各部位、器官、组织的放射性的相对分布。这种自显影定量的关键在于制备和应用放射性阶标。即用逐级降低的已知放射性活度的阶梯性标准（简称为放射性阶标），与待测样本一起曝光和加工，通过与阶标的黑度相比，来确定标本的放射性。

由于标本各处的组织结构的差异，自吸收及对乳胶接触的几何条件不同，因而必须对用阶标法测出的标本的放射性活度进行修正后，才是标本的实际放射性活度。即在自显影后，将标本的代表性部位取下，称量，并使用液体闪烁计数仪测量放射性，与自显影片的值相比较，求出 R_0 值（R_0=标本液闪测得放射性活度/自显影测得的放射性活度），再进行校正。

7.2.3 光学显微自显影的制作

光学显微自显影（IMARG）是在光学显微镜的水平上观察放射性物质的分布，所用的样品通常是粘在载玻片上的切片。根据所研究物的性质和观察的结构部位的大小，制作不同厚度的包埋切片或细胞涂片。然后在切片上覆盖乳胶膜。经曝光、显影、定影后，连同切片一起观察乳胶中的银粒分布。

7.2.3.1 固定和包埋材料及切片的制备

1) 石蜡包埋切片

取新鲜的组织块(经放射性标记,0.5 cm×0.5 cm×0.5 cm)→固定(保持新鲜状态的结构,一般采用卡诺氏Ⅰ[V(96%乙醇)∶V(冰醋酸)=3∶1]或卡诺氏Ⅱ[V(96%乙醇)∶V(氯仿)∶V(冰醋酸)=6∶3∶1]固定液固定 24 h,若要保存核蛋白,可采用V(甲醛)∶V(70%乙醇)∶V(冰醋酸)=5∶90∶5 的固定液)→脱水(用逐级酒精脱水)→浸透[1/2V(二甲苯)+1/2V(酒精)→二甲苯]→透明[1/2V(二甲苯)+1/2V(石蜡)]→包埋(将融化石蜡中的组织块,量于用纸折成或特殊的包埋盒内的适宜位置,灌入融化石蜡,投入冰水中冷却)→修块(将样本周围所涂石蜡切掉,修成适宜切片的一定形状的蜡块)→切片→展片→脱蜡→复水→干燥。

若要在高倍显微镜下观察,需要制作 0.5~1 μm 的半超薄切片,则采用树脂包埋。其处理过程与上述基本相同,但要求更精细的操作,要用性能良好的切片机和玻璃刀。

经过上述处理,可将水溶性和脂溶性物质除去,留下蛋白质、核酸、黏多糖等结构成分中的放射性,因而达到分离的目的。这种材料用来研究标记前生物核苷酸、氨基酸的掺入情况以及核酸和蛋白质等的合成。

2) 冰冻切片

冰冻切片用以研究可溶性的小分子放射性成分的分布,必须将新鲜组织块置于液氮冷却的异戊烷或丙烷中或干冰丙酮中快速冷冻,固定活体结构,防止冰晶形成,然后以不同方法进一步处理。

(1) 组织块处理。首先深冻组织块,低温真空干燥,通过升华使组织脱水;然后真空渗蜡:冻干组织块置于试管固体石蜡上,抽真空后,在 60℃水浴渗蜡。

冷冻取代。用有机溶剂取代水分子而使组织脱水。在广口热水瓶中放入干冰,在有胶塞的试管中充入经无水硫酸钠反复脱水和蒸馏后的纯丙酮,插入干冰中预冷。速冻的组织块于低温干燥条件下迅速转入试管中,密封。并置于冰箱中,每天加干冰,一周后,拉试管胶塞于冰面中,自然升温至室温,取代完毕。

(2) 恒冷切片箱中切片。冰块装于恒冷箱切片机上,在低温下切片,切片浮于盖玻片上,再将盖玻片于黑暗中粘于乳胶干板上,在低温下曝光,即为融表法。

7.2.3.2　自显影的制作

1）固体乳胶法

在低温显微镜下观察比较厚的组织切片的自显影，可用电影正片、幻灯片、乳胶干板或涂有液体乳胶膜的玻片，可用下列方法制备自显影。

(1) 接触法。切片涂一层明胶或大棉胶保护膜后，与感光片接触，用玻片固定。优点是可以防止化学感光，制作方便，但样品与自显影分开观察，不便于比较。

(2) 湿贴法。将石蜡切片浮于水中，用乳胶片捞起，使切片贴于其上。因无保护膜，可能产生化学感光，但接触好，分辨力较高，标本与自显影一起观察，便于比较。

(3) 湿贴-接触法。先制成湿贴法样本后，在切片上涂保护膜，再将另一片乳胶盖于其上，用玻片固定，得到两张自显影，便于比较。

2）液体乳胶法

将核乳胶于40～50℃水浴中融化并稀释，轻轻搅拌均匀，用涂布法、滴加法或浸蘸法制备乳胶膜覆盖于切片上，待乳胶冷却、凝固、干燥后，置于暗盒中，加入干燥剂，用黑纸包裹。为防止张力显影，干燥过程不要太快。

核乳胶是对射线敏感而对普通光线相对不敏感的感光材料，是专为自显影而制造的照相乳胶。核乳胶呈淡黄色，在常温呈牛乳状，平时必须保存于4～8℃冰箱中。

3）揭膜法

揭膜乳胶如AR-10是在10 nm的明胶层上加一层5 μm的乳胶层，使用时将其从玻片上连同明胶一起揭下来，漂浮于25℃蒸馏水中，将玻片插入水中，切片朝上，对准乳胶膜，将其置于标本上。揭膜法的优点是厚度一致，重复性好。但由于明胶层的覆盖，增加染色的难度。

7.2.3.3　自显影的制作过程

(1) 曝光：曝光时间一般为两周左右，正确的曝光时间凭经验或实验曝光确定。即制备一些同样的实验切片，间隔一定时间抽出2～3片显影、定影，直至清晰的自显影图像出现，再把全部材料显影。曝光条件：除宏观自显影的条件外，要求乳胶充分干燥，低温下曝光(4℃左右)。要注意是否有潜影衰退，防止化学显影及张力显影。

(2) 显影：显影时间根据乳胶种类、显影剂和观察方法等确定。一般用D_{+19b}，在(19±1)℃条件先显影，显影时间由样品放射性产生的粒子和本底粒子数最佳比例决定，核乳胶一般为 3～5 min。测试者必须制备好一些片子，摸索适宜的显影时间。如果显影时间太短，难以控制，可将显影液稀释，延长显影时间，减少操作误差。反之，可增加显影剂浓度，缩短显影时间。同时，在显影时，要注意显影剂的搅动。

(3) 定影：显影后经蒸馏水或 1%醋酸液处理，停止显影，然后再放入F-5定影液中，15 min 后取出用自来水冲洗，再用蒸馏水冲洗两次，染色后封片。

7.2.3.4 光学显微自显影的观察与分析

(1) 粒子计数：首先要识别银粒，区别于染料及尘埃等沾染物。显影银粒在光学显微镜水平上，在透射光明视野下观察呈黑色圆形，在落射光暗视野下反射为亮点。在一定银粒密度限度内，银粒数和乳胶所感受的放射性呈正比。所以在显微镜测数视野中，对一定面积或一定细胞器的显影银粒进行计数，按银粒的多少，确定或比较各部位所感受的放射性。在比较不同结构部位的放射性时，如属于同一种结构类型，或标记后不同时间蛋白质或核酸合成情况，只要严格控制切片和乳胶的厚度、源大小、形状、密度与乳胶的几何形状是相同的，这样，粒子数与源的放射性呈很好的正比关系。但如果银粒密度超过一定范围，非但不易计数，而且存在着颗粒感光后被重复击中的可能，使得正比关系变差。对于不同类型的源，形状、大小、密度和几何位置不同，比较就很困难，对邻近不同源的粒子进行成对计数，然后进行 t 检验，就能减少这种误差。

(2) 径迹计数：电离粒子通过乳胶时，在它的途径上会产生多个银粒子，它们以特定的方式排列形成径迹。因一个径迹代表一个离子粒子，故根据径变数可以测量来自样品的粒子数。

(3) 反射光光度测定：根据银粒在暗视野中反射光的特性，用显微镜光度计测定所反射的光，可迅速而准确的测定乳胶的辐射效应。需要一个显微光度计，一个垂直落射的照相器及一个稳定的电源。

(4) 乳胶光密度测量：核乳胶由于样品源的放射性作用产生银粒，而降低了透光性，其光密度和辐射性成正比。所以可用显微光密度计测量乳胶层的光密度，来测量乳胶衰变的放射性剂量。

7.2.4 电镜显微自显影的制作

电镜显微自显影(EMARG)是以超薄切片为样本材料，涂上单层乳胶膜，在电镜下观察放射性物质在超微结构中的分布或生物大分子的标记部位，所以是亚显微或分子水平上的放射自显影。在切片的制作、单层乳胶膜的制作及观察与分析方面，要求有更高的技术水平。

7.2.4.1 超薄切片的制作

不同显微切片的厚度：光学显微自显影用厚切片为 3～20 μm；石蜡切片为 3～5 μm；冰冻切片为 10 μm；高倍显微镜用树脂切片为 0.5～1 μm；电镜观察的超薄切片在 0.1 μm 以下，一般为 0.06 μm。

超薄切片的制作程序与石蜡切片的制作程序基本相同，不同的是制作超薄切片时用戊二醇和锇酸进行双固定，以环氧树脂或甲基丙烯酸酯为包埋剂，用超薄切片机或玻璃刀切成超薄切片。其过程如下：

采样(1 mm^3)→固定→脱水→环氧丙烷处理两次→渗透(1/2 环氧丙烷+1/2 包埋剂)→包埋→超薄切片→用玻璃刀切片(约 0.06 μm)→切片漂于水滴上→沾于涂有化棉胶膜的铜网上→无尘空气中干燥→喷碳膜(50～60Å)(喷碳膜之前用重金属盐进行电子染色)。

7.2.4.2 自显影的制作

电镜自显影的特点是切片很薄，样品量少，对分辨力高要求。因此，对感光膜有特殊要求：乳胶层必须是单分子层，也就是 AgBr 颗粒不重叠，其厚度即为 AgBr 颗粒的直径(0.15 μm 以下)；AgBr 颗粒要细而均匀，密度要大，基本上铺满单分子层；膜坚固，能耐受电子轰击。

单层乳胶膜(monolayer of silver bromide crystals)的制作方法如下：

(1) 金属环套法(wire loop method)。乳胶 45℃融化→无离子水稀释→45℃保温 15 min→冰浴 3 min→室温静止 10～15 min，使成半凝胶状态→将 100 p 往乳胶中一浸取出，在红灯下检查乳胶的凝胶状态，并确定为单分子层→覆盖于铜网切片上。单分子层：环中的乳胶膜若较快达到稳定状态，即膜厚薄均匀，很少流动，则表明乳胶已达理想状态，就可使用。

(2) 浸液法。将乳胶融化，用水稀释、调匀；在蒸馏水表面制作火棉胶膜或福尔马林膜，载有切片的铜网板上，用玻片往上一捞，晾干，在贴有铜网的玻片往乳胶液一浸，提起后沥去多余乳胶，晾干。

(3) 其他方法。平板法或涂布法等。

7.2.4.3 照相过程

(1) 曝光：将铜网置于塑料暗盒，充分干燥后，放入干燥剂，黑纸包封，在4℃冰箱中曝光。时间一般为同样 IMARG 的 10 倍左右。为了准确掌握曝光时间，每隔 1～2 周，取 1～2 个铜网检查。

(2) 显影：显影液 D_{19-6}；18～20℃；显影 2～4 min；1%醋酸停显。

(3) 定影：用25%～30%硫代硫酸钠定影→无离子水漂洗→无尘空气中晾干。

(4) 后处理：明胶的存在减少了EMARG的反差，需要除去明胶，再用醋酸钠和柠檬酸铅进行染色，染色时间可比通常的要短。采取后染色是防止照相过程对染色剂的影响，及染色剂对乳胶的影响。

7.2.5 与放射自显影质量有关的几个因素

7.2.5.1 各种核射线在乳胶中的径迹

各种射线——α粒子，β粒子，γ粒子，质子，中子；在厚层乳胶中所留下的径迹是不同的(见表7-1)。

表7-1 放射性自显影中常用的几种放射性核素

核素	半衰期	β能量/MeV		γ能量	乳胶中射程/μm	
		平均	最大		平均	最大
^{3}H	12.3(a)	0.005	0.018		1	6
^{14}C	5 568(a)	0.05	0.155		15	120
^{35}S	87.1(d)	0.055	0.167		20	140
^{32}P	14.3(d)	0.695	1.701		1 400	4 000
^{45}Ca	164(d)	0.100	0.255		50	220
^{131}I	8.05(d)	0.205	0.608		160	1 000
^{58}Fe	47.0(d)	0.120	0.46	1.10	60	500
^{86}Rb	18.7(d)		1.77	1.08		
^{22}Na	2.62(d)		0.54	1.28		
^{42}K	12.4(d)		3.54			
			0.98	1.52		

α粒子具有较大的质量而运动速度小，所以对乳胶表现出很强的电离作用。它的径迹直，密度均匀，所得自显影像最为清晰，但有生物学意义的元素都不是α粒子的辐射体。

β粒子的径迹复杂，因为它能量低，电离密度比α粒子低。在路径上易受原子作用引起折射，所以在乳胶中容易弯曲的径迹。β粒子在乳胶中射程因能量不同[如 $E(^{32}P)>E(^{35}S)>E(^{14}C)>E(^{3}H)$]其径迹长度也不相同。生物学研究中应用的放射性核素，大多数是β粒子发射体。

γ射线质量小，能量高，穿透力强，而对乳胶作用极小，在乳胶中不留径迹。所以,纯 γ 射线的核素不能用于放射性自显影,但是值得注意的是在以电子俘获或内转换电子衰变方式的核素中能放出俄歇电子,这些俄歇电子能量较低,能够得到清晰的径迹。

7.2.5.2 放射自显影的本底

1) 定义

在黑暗条件下,当没有放射性样本或样本以外的乳胶部位经显影后也产生银粒,从而使乳胶发黑,这种与样本的放射性无关的底片发黑和显影颗粒称为放射自显影的本底。

2) 本底产生原因

(1) 显影。在显影过程中,过度显影,即显影时间过长,会使未感光的晶粒还原,而且超过适宜的时间本底增加很快。另外超过适宜的温度也增加本底。

(2) 光。暗室红灯过亮,暴露时间过长或曝光期间,黑暗条件不严密或漏光,使乳胶感光产生本底。

(3) 外源放射形。自然界的宇宙射线和本底放射性产生的本底是不可避免的。但要除去任何人为的外源放射性避免增加本底。

(4) 乳胶本身。乳胶存放时间太长,超过有效期,或存放不当使乳胶感光或污染均会使乳胶的本底增加。

(5) 机械压力或张力。核乳胶对机械压力很敏感,应使底片受压力均匀。操作时必须避免划痕、指印或挤压。微观自显影因为样品中不同结构处乳胶层厚薄不均匀,干燥过程中产生张力也能产生显影银颗粒,这种显影颗粒往往呈结构形式分布而被误认为是由放射性而产生的,称为张力假象(pressure artifacts)。为防止张力显影,切片的质量要好,乳胶膜厚薄尽量均匀,干燥不要过快。

(6) 化学物质。乳胶对样品中存在的化学物质很敏感,特别是还原剂,因为它们往往呈结构形式分布,所以也能产生假象,称为化学假象。还原剂产生的是正的化学显影,如存在氧化剂,能引起潜影衰退,称为负的化学显影。

3) 本底的检查和防止

除了宇宙射线、本底放射性、乳胶和样本本身的本底外,均可以通过小心操作,把本底控制在最低程度。至于化学显影可以设置对照样本检查并采取防止措施。

7.2.5.3 放射自显影的分辨力

自显影的分辨力不同于光学上的分辨力，不是指两个结构点能被区分的最小距离，而是表示自显影像与样品的标记结构符合的程度。在宏观自显影中是以两个特定大小的源能区分的最小距离来衡量。在微观自显影中以源周围银粒的分布来衡量。即概念上不是指自显影所能分辨的两个放射源间的最小距离或最小放射源的大小，而是从自显影像上银粒的分布来分析放射源所在的位置，即是自显影与标本中标记结构相互关系的一种度量。

对于一个点状放射源来说，银粒在源周围呈辐射状分布，源上银粒密度最大，随着离源距离的增加，银粒密度迅速减少。对于一个线状放射源，银粒在源两边呈对称分布。

若通过源画一条线，以这条线为横坐标，以离源的距离对银粒密度或银粒数作图，得到的图 7－2 和图 7－3 即为银粒密度曲线和银粒分布曲线。由于很难测定由放射性产生的银粒分布的端点，故必须采用其他参数来定义分辨力。

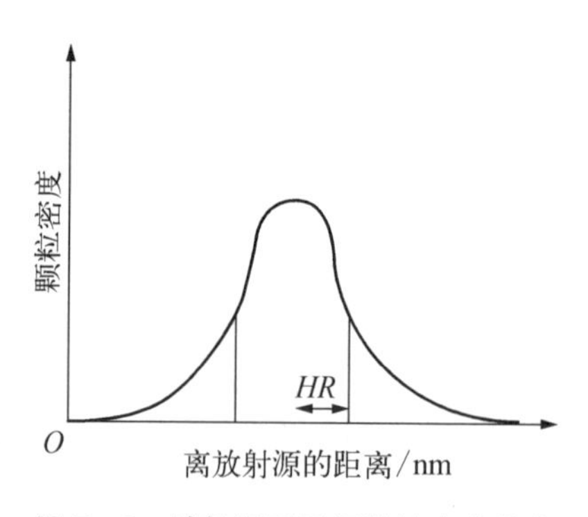

图 7－2 放射源周围银粒的密度分布

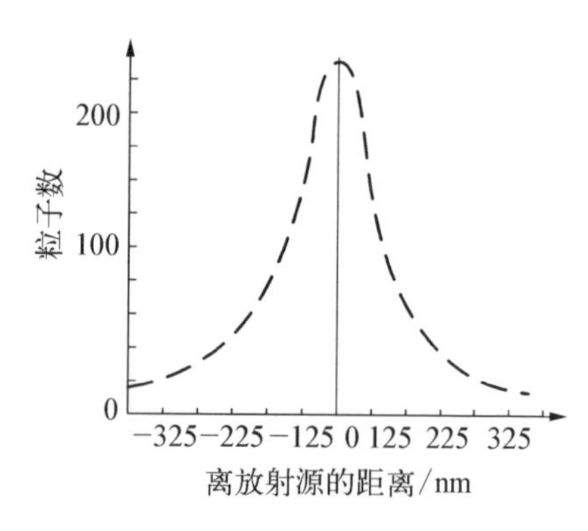

图 7－3 线状^{3}H 源的银粒分布曲线

包含源产生的总银粒数的一半的以点源为中心的源的半径（半半径，*HR*）定义为分辨力。对于线源，则将包含源产生的银颗粒的一半时任何一边离源的距离，称为半距离 *HD*。*HD* 随样品厚度、乳胶层的厚度、晶体颗粒的大小等变化，但若以 *HD* 为单位，对源周围的银粒分布作曲线，则在所有情况下都具有相同形状的曲线，因而产生了万能曲线。它可反映在所有条件下银粒的分布，也适用于任何核素。利用万能曲线可以通过计算机来预测各种形状的源周围的粒子分布（见图 7－4）。

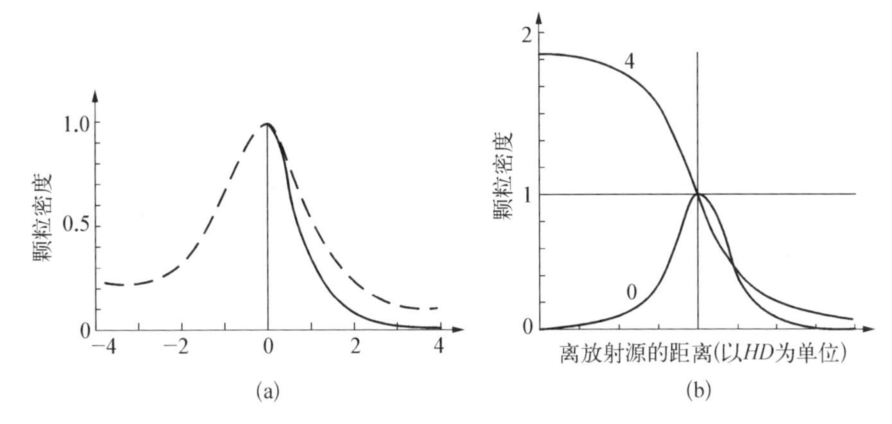

图7-4　不同形状源银粒密度分布的万能曲线

正值表示源边界外的区域　负值表示源边界内的区域
(a) 实线为点源，虚线是直径为4*HD*的空心圆；
(b) 0线为点源，4线是直径为4*HD*的实心圆盘状圆

就单像点来说，分辨力所给的定义是以银粒密度最大的点与银粒密度减少一半的点之间距离(称为半距离*HD*)来表示。*HD*数值越小表示分辨力越高，所得到影响越清晰。反之分辨力就低，影响模糊，难以区分(见表7-2)。

表7-2　乳胶厚度、样品厚度、样品—乳胶距离与分辨力

乳胶厚度	样品厚度	样品—乳胶距离	分辨力
2	2	0	2.1
2	2	0.5	3.4
5	5	0	5.1
5	5	0.5	6.4
20	5	0	9.3
20	5	0.5	20.6

影响分辨力的因素主要有以下几个方面：

(1) 乳胶中溴化银颗粒的大小。不同类型乳胶中溴化银颗粒大小不同，一般来说颗粒大则敏感度高而分辨力低，颗粒小则敏感度低而分辨力高。专用的核乳胶，颗粒小、敏感度高，故多用于微观自显影，电镜自显影则要求更细的银粒。在实际应用中应尽可能采用细颗粒乳胶。

(2) 乳胶厚度。乳胶层薄则分辨力高，反之则分辨力低。在电镜自显影时一般要求用单层银粒乳胶膜。但要注意在采用乳胶薄膜时，被射线作用的银粒会减少，故需延长曝光时间，或提高试验样品中示踪剂的数量。

(3) 样本厚度。样本厚者,组织层次重叠,不同层次放出射线与乳胶中银粒作用后,使作用银粒子重叠,而降低分辨力。

(4) 样本与乳胶层的距离。样本与乳胶层距离越大,分辨力越差,影像越不清楚。最为理想的是样本与乳胶紧贴在一起。

(5) 示踪核素的能量。能量高的核素放射出的核射线的射程较长,会使放射源位置以外的银粒子也受作用,以致使分辨力降低。在条件完全相同情况下,^{3}H,^{14}C,^{32}P 的分辨力依次降低,因此在试验目的允许范围内尽量采用能量较低的核素。

(6) 曝光时间。曝光时间过度延长,分辨力则会下降。因为在正常曝光时间内,主要是示踪核素中低能量射线作用于乳胶,而在曝光时间延长时,乳胶受到高能核射线作用时间随之增加,因而使分辨力下降。所以要根据实验目的,估计样本中示踪剂分布差异的状况,选择适宜的曝光时间。

(7) 显影。显影时间过长,本底增加,甚至出现雾翳。如显影液中含碱性试剂较多,会使颗粒膨胀、集结。这些都会使分辨力降低。所以要注意显影剂选择和确定适当的显影时间。

(8) 翳雾和本底。翳雾和本底会使影像与背景模糊不清,降低分辨力。

7.2.5.4 自显影的效率

自显影效率是反映曝光期间离开源的β粒子数与乳胶上产生的银粒数之间的关系,即曝光时间乳胶对应于样品的放射性衰变数的反应。定义为样品中每 100 次衰变产生的银粒数。它受下列因素的影响。

(1) 不同核素自显影的效率不同(见表 7-3)。

表 7-3　不同核素的自显影效率(AR-10 胶片)

核素	自显影效率	P^{Ci}/100 个/天①
^{3}H	0.85	0.126
^{14}C	1.8	0.034
^{32}P	0.78±0.1	0.030
^{58}Fe	1.6±0.3	0.039
^{131}I	0.8±0.2	0.034

注:① P^{Ci}/100 个/天:表示曝光 1 天生成 100 个银颗粒所需的放射性活度。

(2) 样品的厚度。由于自吸收的影响,显影颗粒的数目并不随着放射源的加厚呈线性增长。这说明自吸收降低了自显影的效率。在生物样品中自吸收的大小主要取决于射线的能量,如^{32}P发出的β粒子能量高,5 μm厚的切片就无限薄了;而^{3}H发射的β粒子能量低,5 μm的切片厚度就无限厚了;^{14}C发射的β粒子在1 μm,5 μm,10 μm切片中透过率分别为94.5%、82.5%和70.3%。

(3) 乳胶厚度。当乳胶厚度小于射程时,显影的银粒随着乳胶层的增厚而增多。如^{32}P随着乳胶的增厚(在1～20 μm范围内)显影银粒的数目呈直线上升。^{3}H在乳胶中射程仅3 μm,要获得最大的效率,乳胶厚度不应小于3 μm。

(4) 溴化银结晶的大小。溴化银颗粒小而且排列致密者,效率高。

(5) 乳胶的灵敏度。灵敏的乳胶中溴化银形成潜影所需的能量较小,因而当射线穿过时潜影的银粒较多。

(6) 乳胶层与放射源的距离。距离越大效率越低,反之则效率越高。

(7) 曝光。曝光时间充分,溴化银结晶被射线作用的机会增加,提高效率。但曝光时间延续过长,由于水、氧的作用,可使已成潜影的银粒发生潜影消退,结果等于减少了潜影银粒,达不到提高效率的目的。

7.2.6 放射自显影实验方案的制订

7.2.6.1 不同放射自显影类型的应用范围

获得放射性自显影有多种技术和方法,根据放射性自显片所能显示的精密程度的不同,如前所述,可分为宏观自显影、光学显微自显影和电镜自显影。在实际工作中,可根据实验研究的目的、实验材料以及实验设备条件等,选用适宜的自显影方法。三种类型的自显影应用范围如下:

(1) 宏观自显影。宏观自显影的特点是观察范围较大,方法简便,易于操作,设备简单,但分辨力低。只能用肉眼和放大镜观察,并根据黑度判断示踪剂的部位和多少。制备这类自显影可采用乳胶厚的感光材料,如X线片、幻灯片和稍厚的核子乳胶干板。这种方法适用于小型动物的整体标本、大型动物的器官或整体,植物的整体或器官等自显影。

(2) 光学显微自显影。光学显微自显影的特点是需要用光学显微镜来完成组织学或细胞学的观察;具有较高的分辨力;根据银粒判断示踪元素在组织或细胞的部位和含量。要求制备很薄的组织切片和乳胶层,所以用液体核乳胶(有时甚至需要稀释)、较薄的乳胶干板或脱底乳胶。

(3) 电镜自显影。放射性自显影术与电子显微镜技术相结合,称为电镜自显影。可用于研究示踪剂在细胞内亚显微结构(如线粒体、高尔基体和内质网等),甚至可用于提纯的DNA大分子的精细定位。能在不破坏完整的细胞结构情况下,研究某些大分子(如核酸、蛋白质、脂肪和酶等)生物合成过程中的精细定位。

7.2.6.2　示踪核素的选择

在应用放射性自显影研究中,除必须遵循一般示踪试验条件外,选用放射性核素要考虑该核素所发射的射线是否适宜自显影。在自显影中可以用发射 β^-,β^+ 的放射性核素,也可以用 EC(电子俘获)、IT(内转换电子)等衰变的核素,在 EC,IT 衰变方式中产生的俄歇电子能量较低,可以获得较高的分辨力,单纯发射 γ 射线的核素在放射性自显影中的应用很罕见。

此外,进行生物体合成、分解和代谢的研究时,要选择适当的标记前体。要求这种前体尽可能接近所研究的终产物的中间体,它容易掺入细胞而不轻易地代谢转化成其他化合物。例如,DNA 方面的研究多采用 ^3H-胸腺嘧啶核苷(最好标记在环上),或 ^3H 或 ^{14}C-胞嘧啶核苷;蛋白质方面研究,采用 ^3H 或 ^{14}C-精氨酸或赖氨酸标记碱性蛋白质(如组蛋白),采用 ^{35}S-蛋氨酸标记酸性蛋白质;多糖方面的研究,采用 ^3H-D-葡萄糖等;脂类的研究用标记的脂肪酸、甘油等。

7.2.6.3　示踪剂流失或扩散的检测

在标本制备过程中,示踪剂进入机体内或与机体某些成分结合后,存在流失或扩散的可能(由于示踪剂本身的溶解、扩散,或示踪剂所结合的组织成分在制备标本过程中溶解、流失、扩散),所以,要通过预实验加以检测。

(1) 仪器监测。如将制成石蜡切片的标本分成数块,监测其各自的放射性,然后再分别置入所选的固定液、脱水剂、透明剂中浸泡一定时间,再测其放射性,反复测量后明显减少或完全丢失者,便存在扩散或流失的可能,这时应换用其他品种的固定液、脱水剂、透明剂,直到找出放射性损失最小的试剂。

(2) 石蜡切片与冰冻实验的对比。将同一标本分为两块,一块采用上述方法找出的放射性损失最小的各种试剂制备石蜡切片,一块直接制成冰冻切片,分别进行自显影,再将自显影的结果加以对比。若结果一致,则说明标本制备过程中没有发生流失或扩散。若结果不一致则有两种可能:其一,说明在制备石蜡切片过程中确实发生流失或扩散;其二,说明在制备石蜡切片过程中,洗去的仅是在组织内游离的本底。

根据上述检测结果和实验要求,决定采用石蜡切片或冰冻切片制备标本。

在电镜自显影中确定流失与扩散方法与上述方法相同,对于流失或扩散者,只能采用冰冻超薄切片法制备标本。

目前,已基本查明一般作为前体而与机体某组分相结合的示踪实验,如胸腺嘧啶核苷之掺入DNA,氨基酸之掺入蛋白质以及碘掺入甲状腺,钙掺入骨骼、牙齿等,只要固定剂选用得当,不致发生流失或扩散。

7.2.6.4 制备组织切片方法的选定

一般制备组织切片有以下几种方法,各有特色,应根据实验要求和示踪剂流失和扩散情况用适当的方法。

(1) 冰冻包埋法:制备速度快,制备过程中不经过其他溶液,所以示踪剂不易流失,但不易得到较薄的切片而影响分辨力。

(2) 石蜡包埋法:能得到较薄切片,较费时。制备过程中标本需经过数种溶剂,示踪剂有流失的可能。操作不甚复杂。

(3) 火棉胶包埋法:包埋需要较长时间,切片较厚,制备过程标本需经过集中溶剂,一般不采用。

7.2.6.5 感光材料的选择

感光材料种类很多,要根据所选定自显影类型、研究目的和对自显影精度的要求加以选择,有关几种感光材料性能如表7-4所示。

表7-4 几种感光材料乳胶特性比较

乳胶名称	卤化银结晶直径/μm	卤化银/%	结晶粒子数 1000 μm^3	灵敏度	分辨力	制片特点	对自显影适应性
幻灯片 电影正片	1	10～15	6	差	中	乳胶层厚约15 μm,涂在片基(醋酸纤维素脂)的一面	宏观或低倍显微自显影
X光胶片	0.2～3	10～20	6	高	差	乳胶层厚约30 μm,涂在片基(醋酸纤维素脂)的两面	宏观自显影
核乳胶	0.02～0.5	45	1000	高	高	液体,干板	光学显微及电镜自显影

7.2.6.6 人工假象的防止

常见的人工假象有本底过高、张力显影、化学显影等现象。这些都严重地影响自显影的质量,不加注意甚至会导致错误的结论。进行实验之前,应进行一次复查。

(1) 核乳胶本底的检查。用空白没有标记的洁净载片,按所选择的方法涂敷乳胶,过夜干燥,第二天按常规进行显影、定影、水洗、干燥后,进行显微镜检查，这时即可知本底是否过高，确定的各种条件和乳胶本身是否正常，并针对不正常的原因加以排除。

(2) 张力显影、化学显影的检查。用不给示踪剂的动物，用正式试验拟取的各脏器或组织，按正式实验要求制成切片，涂敷乳胶，过夜干燥后按常规方法进行显影、定影、水洗、染色后，进行显微镜检查。检查时注意组织边缘和组织中的空隙，应该没有显影银颗粒，否则即为张力显影，若发生张力显影，应针对其发生原因，加以排除。如在切片的组织中发现银颗粒，则为化学显影。化学显影可使用在标本上涂以保护层的方法防止，但应注意保护层的涂敷可能造成示踪剂的扩散或流失，过厚的保护层会影响氚的效率和降低分辨力。

7.2.7 其他放射自显影制备方法和应用

前面介绍了一般的宏观和微观放射性自显影方法应用，这一节就几种具有一定特殊性的方法和应用作一下简单介绍。

7.2.7.1 双标记自显影

双标记自显影是利用两种示踪剂核素(或其标记化合物)在同一动物、植物体内(或其他实验系统)进行示踪研究时，可以利用核素间理化性质的差异(如半衰期、能量等)制备双标记自显影，从而判断其两种示踪剂在试验系统分布、积累等特点和差异。这种方法的优点是两种示踪剂可以在完全相同条件下进行试验，消除个体之间差异，提高试验结果的精确性，节约人力和物力。其不足之处表现在只有在两种核素物理性质差异足以使自显影方法能够加之区别时，才能达到双标自显影的目的。

(1) 利用两者能量不同进行两次曝光法。如^{3}H(0.018 MeV)和^{14}C(0.156 MeV)能量有差异，先进行第一次曝光得到有^{3}H和^{14}C的自显影片；然后，在片上加上一层薄的火棉胶膜，膜上涂上第二层乳胶，再次曝光。由于^{3}H能量低，受第一层乳胶的吸收和火棉胶的阻挡，所以到不了第二层乳胶；而^{14}C可进入第二层乳胶，所以第二层乳胶显示出来的仅是^{14}C的自显影。以适当的方法处理其中一层银粒(如用漂白剂将显影银粒漂白，再用偶联燃料染成蓝色)，使其色调上有差异，从而把^{3}H和^{14}C加以区分。如果第一层用大颗粒乳胶，第二层采用小颗粒乳胶，就能借助粒子的大小的区别分辨^{3}H和^{14}C的自显影。

(2) 利用半衰期不同两次曝光法。在利用一个长半衰期和一个(相对)短半衰期核素，进行双标记示踪时，第一层乳胶记录短半衰期的，待半衰期核素衰变厚，涂上第二层乳胶，记录长半衰期核素。有人利用^{3}H和^{131}I的半衰期不同，取得^{3}H，^{131}I双标记自显影。其方法是在空白载片上贴上剥脱乳胶膜（乳胶面朝下，支衬乳胶明胶面朝上）然后在暗室中将标记^{3}H，^{131}I的细胞在载片上作涂片，经曝光、显影和定影。由于明胶阻挡了^{3}H的射线，所以在明胶上只记录^{131}I发射的粒子，待^{131}I衰变后再将乳胶膜（乳胶面朝上）直接与涂片接触，经曝光、显影和定影后，在第二层乳胶上记录^{3}H的粒子。

7.2.7.2　彩色放射自显影

彩色自显影也是利用核素的能量不同，并采用彩色胶片曝光，而获得具有不同颜色的自显影，借助颜色的不同去区分示踪核素的自显影。

1）彩色核乳胶干板的结构

宏观彩色自显影用的核乳胶干板为内层乳胶、中间层（不感光）和外层核乳胶所构成的。在内外两层乳胶中分别加入不同耦合剂（一般选用蓝-红、蓝-黄两种颜色系统），内外层乳胶被不同射线作用后，经显影、定影，就会显示出不同的颜色。

2）彩色自显影原理

彩色乳胶和普通乳胶一样，也是由卤化银和明胶构成的，不同的是在卤化银颗粒上偶联有不同的成色剂。彩色显影剂为二乙基对苯二胺，它不但能将感光的卤化银还原成银粒，而且被氧化后的二乙基对苯二胺还能与不同的成色剂作用而生成不同的颜色，而且颜色的生成量与感光银粒数目成正比。

当含有两种不同示踪核素（如^{3}H和^{14}C）与彩色乳胶干板接触时，^{3}H的能量低，只能射入外层乳胶，^{14}C能量高能透过外层和中间层而进入内层乳胶。如选用的耦合剂为蓝-红系统，则外层乳胶感光后呈现蓝色，内层乳胶呈现红色，因而可借助两层乳胶颜色的不同，判断除^{3}H和^{14}C在样品的位置和数量。

3）国产彩色核乳胶干板的显影液配方（见表7-5）

表7-5　国产彩色核乳胶干板的显影液配方

显影液配方	定影液配方
EDTA　1 g	硫代硫酸钠　80 g
亚硫酸钠　2 g	焦亚硫酸钾　10 g
CD-2　1.5 g	加水量　10 g
碳酸钠　8.5 g	—
溴化钾　0.5 g	—
加水量　500 ml	—

4）化学加工步骤

（1）彩色显影　12 min；

（2）定影　12 min；

（3）水洗(蒸馏水)　10 min；

（4）漂白　12 min；

（5）水洗(蒸馏水)　15 min。

7.2.7.3　径迹射线自显影

利用电离粒子在乳胶中产生径迹记录样品中放射性的方法称为径迹放射自显影。一个电离粒子在厚乳胶中通过时，在它的途径上产生多个银粒子，以特定的方式排列形成径迹。α 粒子因为能量容易被吸收，其径迹直而短，β 粒子的径迹则呈弯曲的线状(见图 7－5)。

图 7－5　β 粒子的径迹

生物学上应用的都是发射 β 粒子的核素。因为一个径迹代表一个 β 粒子通过，所以根据径迹数可以测量来自样品的 β 粒子数。

至少要 4 个银粒才能形成可辨认的径迹，所以在某一能量以下的低能粒子才能形成可分辨的径迹，这种粒子对^{32}P 为 1%，^{14}C 为 14%。^{45}Ca 为 10%，所以由观察到的径迹计算实际放射性时，必须以此因素进行校正。^{35}S 的射程为 15～20 μm，^{32}P 的射程为 60 μm，如果源悬浮于乳胶中，源上下的乳胶层不能低于此值。制作径迹自显影必须采用厚乳胶，乳胶层的厚度由试验材料和同位素的能量决定。对^{14}C 有足够灵敏度的乳胶，以便使 β 粒子容易被吸收，径迹银颗粒的排列比较紧密。

20 μm 的乳胶层可由浸液法得到，或加一滴热的稀释乳胶于载玻片上干燥即成。如悬浮样品，先用一层乳胶于载玻片上，让其干燥，然后滴几滴悬浮标记液的液体乳胶于载玻片的中央，干燥后再吸第二层乳胶于上面。必须充分干燥，否则易产生严重潜影衰退，干燥必须缓慢以免深层乳胶由于压力产生过高本底。

曝光时间与比活度有关，一般不超过 48 h，对^{14}C 和^{32}S 来说，8～10 径迹/500 微米^2 是适宜的，若径迹密度过大，会增加计数误差。如果按常规显影，往往表面已完成，深层显影液还没有渗透进去，形成梯度显影，将显影剂稀释可部分克服这一问题。还应选用易渗透的显影剂，显影以后需要较长时间用水洗才能将显影剂洗脱。定影时间随乳胶厚度平方增加，为防止长时间定影，把显影颗粒溶解出来，采用单一的硫代硫酸钠溶液。

径迹自显影的最大特点是本底低，因为热、光、压力和化学试剂等因素，在乳胶中只能产生单个银粒，而不能形成径迹。一般很少发生本底β径迹来源于玻璃壁的^{40}K，乳胶中的^{14}C和由宇宙射线引起的次级电子。而且，本底有不同于β径迹的特征，^{14}C径迹从乳胶中产生，没有明显的结构来源，次级电子径迹往往从其他带电粒子的径迹开始。径迹自显影的分辨力定义为包围点源由其产生总径迹的50%的圆半径，对^{32}P约为2 μm。曝光期间产生可辨认的径迹，点源产生衰变数的百分率为径迹自显影的效率。在乳胶完成包围源的情况下，没有自吸收，所以对高能粒子，理论上应为100%，但低能的不可能达到，原因如下：

(1) 自吸收。对5 μm(或5 μm以下)的切片，细胞悬浮液的浆，对^{32}P的自吸收可以忽略不计，而对^{14}C就相当大，自吸收随切片厚度而增加。

(2) 产生4个粒子的β粒子必须具有一定的能量，^{14}C大约有14%的粒子低于此能。

(3) 源在载玻片上和悬浮于乳胶中效率不一样，前者约为后者的50%。

7.2.7.4　快速放射性自显影

所谓快速放射性自显影(也叫闪烁自显影)就是在普通微自显影的乳胶上加上一层荧光剂(如PPO，POPOP等)，这样乳胶层一方面直接接受来自样品中核射线的作用，另一方面又接受穿过乳胶层的核射线激发荧光剂而产生可见光的作用，由于乳胶层接受双重作用，从而效率大为提高，缩短曝光时间。例如，^{3}H-胸腺嘧啶核苷的试验样品，按常规方法曝光时间长达十几天，而用快速自显影方法则可缩短到3～4 h，大大缩短了试验周期。

具体方法：将载有标本的玻片在42℃的NTB乳胶中浸10 s中，在室温(22℃)下干燥1 h，然后在22℃的闪烁液中(PPO 35 g；POPOP 100 mg溶于500 mL二氧六环)浸10 s，在－85℃下曝光，曝光后通过显影、定影和水洗即可得到自显影像。

7.2.7.5　水溶性标记化合物的放射自显影术

样品中的水溶性标记化合物经过固定、制片等过程中的各种液体和脱水、显影、定影过程中的酸、碱等化学物处理，标记物被除掉，因而用一般自显影法不可取，可用以下几种方法加以解决。

(1) 沉淀标记物定位方法。先将组织冰冻，然后以醋酸铅冷酒精处理，可使^{32}P定位沉淀。同样，以硝酸酒精沉淀溴(^{82}Br)化物，草酸沉淀^{45}Ca，可得到满意的结果，但仍有移位和扩散现象。

(2) 干盖贴法。用干乳胶片直接盖贴在冰冻干燥的切片上，可减少水溶性物质损失，效果较好，但因接触不紧密会产生移位，分辨力不理想。

(3) 薄膜干乳胶法。将已干燥的薄乳胶膜直接盖贴在冰冻干燥切片上。先把乳胶在 40℃下熔化，冷至 30℃，用直径为 3.5～4 cm 的白金丝环蘸乳胶使其成一薄膜，平放 15～30 min 待其全干，然后微吹气把薄膜吹盖在切片上。因口吹气为温湿气，可使乳胶软化且粘紧。此法所得的乳胶较薄，不起皱，分辨力高。

7.2.7.6 染色体的放射自显影术

研究染色体、子染色单体标记物的定位分布及非同步的染色体 DNA 复制过程等均采用这种方法。具体步骤：将培养细胞(或用酶分离的组织细胞)用秋水仙碱处理数小时后(使染色体停留于中期)，倒去处理液，用磷酸缓冲液冲洗一次，放入低渗溶液(10%～15%磷酸缓冲液的亨氏液)于室温处理 3～4 min使细胞膨胀。轻轻旋转培养液并使细胞集中于瓶底中央，用微吸管吸取少量细胞(0.5 μL)。再吸入等量的冰醋酸(以排除染色体中大部分蛋白质及 RNA，当染色体铺开时不沾染细胞质)，经 5～10 s 后吹至滴有固定液的载玻片上[V(酒精)∶V(冰醋酸)＝3∶1]，可见液面自动散开，细胞胀破，染色体即随之铺开，待染色体即将干燥时，再滴固定液进一步固定。全干后，按常规方法封盖保护明胶膜和液体乳胶。曝光、显影、定影后制作放射自显影片观察。

要观察染色体早中期阶段的蛋白质或 RNA 合成时，可用中性福尔马林做固定液。它可保存蛋白质和 RNA，以显示标记的氨基酸或尿嘧啶核苷的掺入情况。

7.2.8 激光磷屏成像系统在生命科学研究中的应用

激光磷屏分析系统或磷屏扫描系统(phosphor imaging system)为近年发展起来的最新的同位素示踪成像技术，主要用于各种核素标记信号的高灵敏度成像、定量检测和各种相关分析。因其曝光时间短，灵敏度高，清晰度高，操作简便而迅速成为一种新型的同位素成像技术，现已广泛应用。

激光磷屏成像系统采用磷屏(phosphor imaging plate)、激光和光电倍增管等关键技术，配合功能强大的扫描操作软件和图像分析软件。该系统主要由分子成像和成像分析两部分组成。分子成像部分由激光扫描器和磷屏组成。磷屏是由含有微量 Eu^{2+} 的溴氟化钡晶体涂布在聚酯膜上组成的图像激发层，厚度为150～300 μm,上面涂有一层厚约10 μm的保护层(见图7-6)。

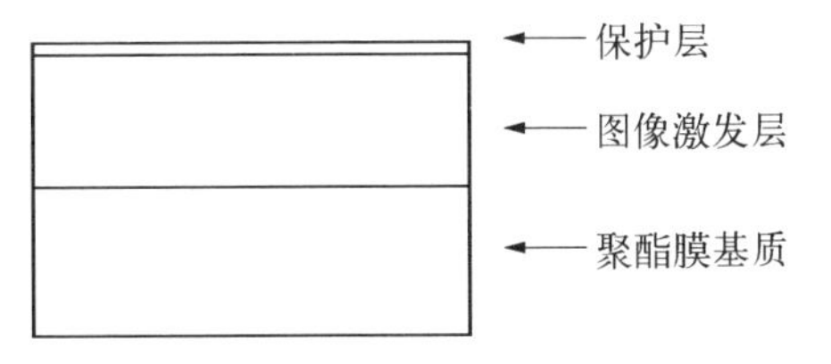

图7-6　磷屏结构

不同的磷屏适用于不同的检测目的。比如,有高清晰度的磷屏和专门针对检测低能量同位素——氚的磷屏。磷屏与核素样品接触曝光后,放入成像扫描仪的传送带上。磷屏在被精确传送的同时,由He-Ne激光器进行扫描成像。磷屏可以反复使用,其上的图像可清除后再成像,因此节约了使用成本。

根据实验目的的不同,激光磷屏分析系统扫描密度可以调节,从25～100像素/毫米^{2}不等。灵敏度也可以进行选择。影像灰阶表现呈直线特性且线性可达10^5量级,而传统X光底片仅为10^2量级,可进行精确的定量分析。磷屏成像系统一般根据其仪器的产品型号和规格可选用不同的标记核素,不同的核素检测的阀值也不相同。通常可被测定的核素有^{32}P,^{14}C,^{35}S,^{3}H,^{33}P,^{125}I,^{18}F等,部分仪器还适合于检测中子标记。检测的阀值范围一般为0～1 dpm/mm^2,而^{3}H因为其能量低的特殊性,检测阀值较其他核素高,常为100 dpm/mm^2。另外,不同的仪器型号对样本的干、湿性也具有不同的要求。

磷屏成像系统操作过程简便。曝光时,只需将样品放置于暗盒内,再将磷屏置于样品上,合上暗盒盖,根据标记的同位素活度的强弱静置几分钟或几小时。曝光结束后取出磷屏,于系统扫描仪内进行扫描成像,并用仪器所带的特定软件对图像进行定量分析。

成像分析系统主要可以用来分析和定量放射性同位素标记的各种聚丙烯酰胺、琼脂糖和序列胶电泳条带、各种杂交膜、TCL板、酶标板、培养皿的克隆斑等,可用于分子生物学、农业环境科学、医学等领域的研究。

图7-7是用激光磷屏成像系统扫描成像的小鼠体内各器官同位素分布情况。用可以成像的同位素标记药物,注射或喂养小鼠,一定时间以后将冰冻切片的小鼠样品曝光成像。利用这一技术可以清晰地分辨小鼠体内各器官对药物不同的吸收和分布情况。图7-8是利用激光磷屏成像系统研究用^{14}C标记的除草剂虎威在不同土壤板中迁移的结果。图中表明

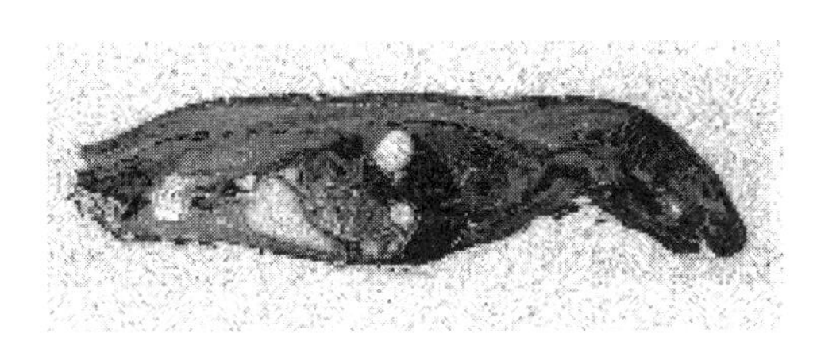

图7-7　小鼠体内各器官同位素含量的分布

除草剂虎威在不同土壤中均不易发生移动。图 7－9 是点杂交检测植物叶组织中黄瓜花叶病毒(Cucumber mosaic virus，CMV)RNA3 的杂交膜成像图。

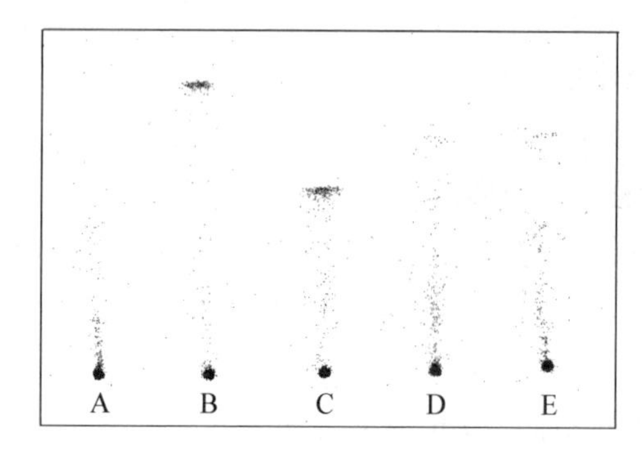

图 7－8　^{14}C 标记的除草剂虎威在不同土壤板中迁移的结果

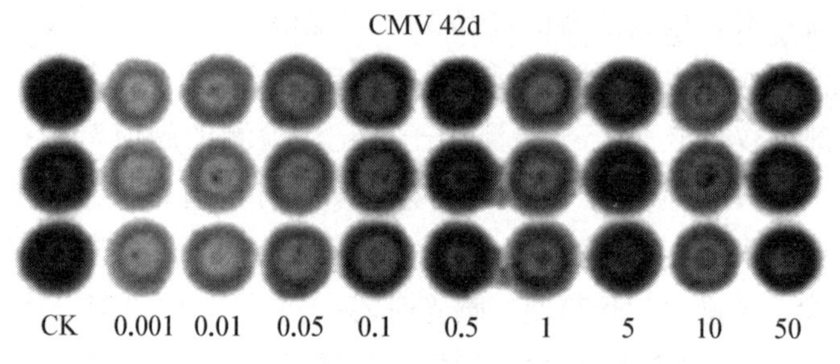

图 7－9　不同浓度 PDJ 处理 42 d 时假酸浆叶片中 CMV RNA3 的点杂交结果

植物假酸浆经一种不同浓度的植物生长调节剂二氢茉莉酸丙酯(PDJ)处理后第 42 天，用 ^{32}P 标记 CMV RNA3 cDNA，杂交测定 0.2 g 叶组织中 CMV RNA3 的含量。二氢茉莉酸丙酯的处理浓度从 0.001 mg/kg 到 50 mg/kg，可以从图中看出不同的处理浓度的杂交斑点的曝光强弱不同，说明其中所含的放射性核素的活度不同，也即 CMV RNA3 的浓度不同。通过计算机软件将图中斑点的曝光强度转换为数字信号 PSL(photo stimulated luminescence)值，从而可以对各斑点所带的放射性活度(这里对应于病毒含量)进行相对定量。

与用 X 光胶片成像的放射自显影技术相比，磷屏成像系统具有以下优点：① 操作简便，无需暗室，并免除了繁复的底片冲洗过程；② 曝光时间短，其曝光时间通常只是 X 光胶片放射自显影技术的 1/10 到 1/20；③ 成像灵敏度高，清晰度高，可以精确定量。因此，这一技术正得到日益广泛的应用，有逐步取代放射自显影技术的趋势[2,3]。

7.3　放射免疫分析

放射免疫分析法(radioimmunoassay, RIA)是基于同位素稀释分析与免疫化学相结合建立起来的一种竞争性配基测定方法,其基础是标记抗原和非标记抗原对特异抗体(蛋白)的竞争性抑制反应。该方法是由 Berson 和 Yalow 等人在 1959 年测定糖尿病人血浆中胰岛素的浓度时,利用胰岛素抗体和放射性标记胰岛素作为关键试剂,进行血浆中微量胰岛素的测定;由此建立了放射免疫分析方法,并于 1977 年获诺贝尔生物学医学奖。放射免疫分析是一种生物体外的超微量分析法,有助于从分子水平上揭示生命现象的本质。

RIA 把核素示踪技术的高灵敏度和免疫反应的高度特异性结合在一起,具有很高的特异性和灵敏度($10^{-9}\sim10^{-12}$ g),而且其精确度好,样品用量少。所以,它一出现即引起有关学科领域人员的关注,并很快得到广泛的应用,为研究许多含量甚微而又很重要的生物活性物质在动物体内的代谢、分布和作用机制提供了新的方法,大大促进了医学和生物学的进展。在此基础上又衍生出多种分析方法,例如,免疫放射分析法、放射酶学分析法等。目前,它已经渗透到生物化学、毒理学、酶学和微生物学等许多领域,并成为生物学科和临床医学在实验研究和诊断疾病方面不可缺少的工具[2,3]。

7.3.1　放射免疫分析中的术语和基本概念

7.3.1.1　示踪剂

示踪剂是指用放射性核素标记并进行放射性测量的化合物。

7.3.1.2　抗原

抗原(antigen, Ag),又称为免疫原。凡能刺激机体产生抗体和致敏淋巴细胞,并能与之结合引起特异性免疫反应的物质称为抗原。刺激机体产生抗体和致敏淋巴细胞的特性称为免疫原性(immunogenicity);与相应抗体结合发生反应的特性称为反应原性(reactinogenicity)或免疫反应性(immunoreactivity),两者统称为抗原性。构成抗原所具有的免疫原性的基本条件:异源性(foreignness),足够大小的分子量(大于 10 000),化学组成、分子结构和立体构象的复杂性。

7.3.1.3　抗体

在抗原刺激下机体(B 淋巴细胞系)产生的,并能与之特异性结合的免疫球蛋白(immunoglobulin，Ig)称为抗体(antibody，Ab)。抗体的产生能加速抗原在机体内的清除。免疫球蛋白按其化学结构和抗原性可分为：IgG，IgM，IgA，IgE 和 IgD，其中动物体内只有前四种而没有 IgD。免疫球蛋白不全是抗体，如骨髓瘤蛋白(myeloma protein)和本周氏蛋白(Bence-Jones protein)都不是抗原刺激的产物；因此，免疫球蛋白的概念比抗体更为广泛。

7.3.1.4 半抗原

半抗原(hapten)指的是只有反应原性而没有免疫原性的，分子量一般在 1 000 以下的小分子物质，又称为不完全抗原(incomplete antigen)，它不是免疫原，不能诱导机体产生免疫应答。但它们与大分子物质连接后，就能诱导机体产生免疫应答，并能与相应的抗体结合。因此，无免疫原性的配基，如类固醇及药物等，作为半抗原与蛋白质结合时，便能刺激动物体产生对半抗原本身具有专一性的抗体。

7.3.1.5 配基

配基(ligand)，也称配体，是与大分子物质结合的原子、离子或分子。如在抗原与抗体的结合，激素与受体的结合以及底物与酶的结合中，抗原、激素及底物为特异的配体。在 RIA 中，通常是指被结合的标记示踪剂和未标记的底物。

7.3.1.6 配基测定法

配基测定法是一种结合测定法，它具有下列通式：

$$\text{配基}+\text{结合物}=\text{配基-结合物复合物}$$

7.3.1.7 竞争性蛋白结合测定法

在配基测定法中，当结合物为蛋白质时，标记和未标记的配基对结合性蛋白的特定结合部位产生竞争性结合，称之为竞争性蛋白结合测定法。

7.3.1.8 放射免疫分析法

在竞争性蛋白结合测定法中，当所采用的结合蛋白为抗体、标记物为放射性核素标记的示踪剂时，竞争性蛋白结合测定法又可称为放射免疫分析法。

7.3.1.9 滴度

用于表示抗血清(抗体)或结合蛋白与一定量的放射性分析物结合时所选用的最适稀释度。稀释度的测定是在一定条件下进行的，这些条件包括温度、酸碱度、分离物的类型和数量、小分子浓度、保温时间和最终测定体积等。

7.3.1.10 抗原决定簇

抗原与抗体或致敏淋巴细胞结合具有高度特异性，这种特异性决定于抗原分子表面具有特殊立体构型的、有免疫活性的化学基团，即抗原决定簇(antigenic determinants)。每个抗原分子上抗原决定簇的数目称为该抗原的抗原价。大部分抗原分子上含有多个决定簇，即多价抗原(multivalent antigen)，简单半抗原只有一个决定簇，称为单价抗原(monovalent antigen)。

7.3.1.11 抗原抗体结合力和离解力

抗原和抗体的结合为弱能量的非共价键结合(氢键、离子结合力及 van der Waals 引力)，其结合力决定于抗原决定簇和抗体的抗原结合点之间所形成的非共价键的数量、性质和距离。非共价键数量多、较高能的结合键(如氢键、离子键)比例高、分子间距离近，则结合力强，结合后不易离解，称为高亲和力。反之，则离解力大于结合力，称为低亲和力，介于两者之间称为中亲和力。

抗原抗体反应的亲和力可用半抗原(Hp)和抗体(Ab)试验来验证和计算，因为半抗原反应是单一结合簇与单一结合点之间的反应。抗原和抗体的结合是分子表面的结合，这一过程受物理化学、热力学法则所制约，结合的温度应在0～40℃范围内，pH 值在 4～9 范围内。如温度超过 60℃或 pH 值降到 3 以下时，则抗原抗体复合物可重新离解。利用抗原抗体既能特异性地结合，又能在一定条件下重新分离这一特性，可进行免疫亲和层析，以提取免疫纯的抗原或抗体。

7.3.2 RIA 的原理与特点

7.3.2.1 RIA 的原理

在放射免疫分析中，未标记分子(待测物或抗原标准，通常过量)和标记分子(标记抗体)对特异结合蛋白质上特定部位产生竞争作用。而当这种竞争反应达到平衡时，被结合的标记化合物的总量与加入反应混合物中的待测物(抗原或半抗原，统称为配基)的浓度成反比。用*Ag 表示标记抗原(总量为 T)，Ag 表示非标记抗原(待测物或抗原标准)，Ab 表示一定量的特异抗体。当*Ag+Ag(抗原)与 Ab 在一个反应体系中反应，而且 Ab<*Ag+Ag 时，将形成抗原与抗体的结合物(Ag－Ab 或*Ag－Ab)。这一反应是可逆的，而且服从质量作用定律。其反应如图 7－10 所示。

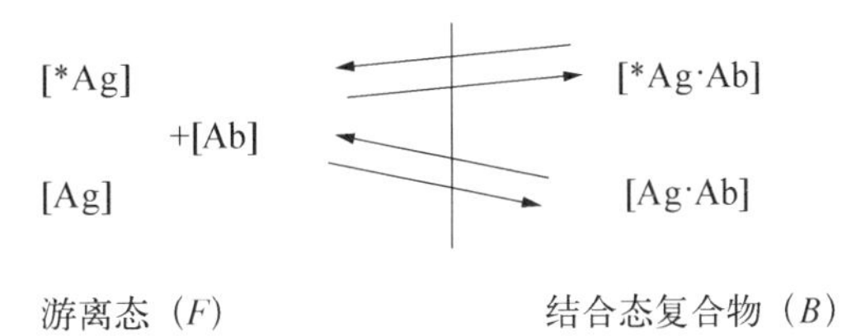

图 7－10 放免分析反应

其反应式为

$$Ag + Ab \underset{K_2}{\overset{K_1}{\rightleftharpoons}} Ag \cdot Ab, \ K = K_1/K_2 = [Ag \cdot Ab]/[Ag][Ab] = K_a \quad (7-10)$$

式中，K_1，K_2和 K_a为平衡常数或亲和常数。

当系统中只有*Ag 和 Ab 存在时，两者将发生特异结合反应，产生复合物*Ag·Ab，这时结合态标记抗原的放射性活度最高，用 B_{max}来表示，其结合率=B/T×100%（结合态标记抗原/系统内标记抗原总量×100%）最大，其值为 B_{max}/T；当加入 Ag 时，由于*Ag 和 Ag 对 Ab 的结合能力相同，标记的和非标记的抗原都要与 Ab 结合，产生两种复合物，即*Ag·Ab 和 Ag·Ab，从而引起相互竞争。当竞争结合反应达到平衡时，选用适当的分离方法，分离结合态(B)复合物和游离态(F)反应物，测定它们的放射性，即可求结合率 B/T 或游离率 F/T。由于 Ab 的量一定，而且 Ab<*Ag+Ag。所以，当 Ag 增多时，Ag·Ab 也将增加，由于竞争，*Ag·Ab 的量会减少。反之亦然，如图 7-11 所示。

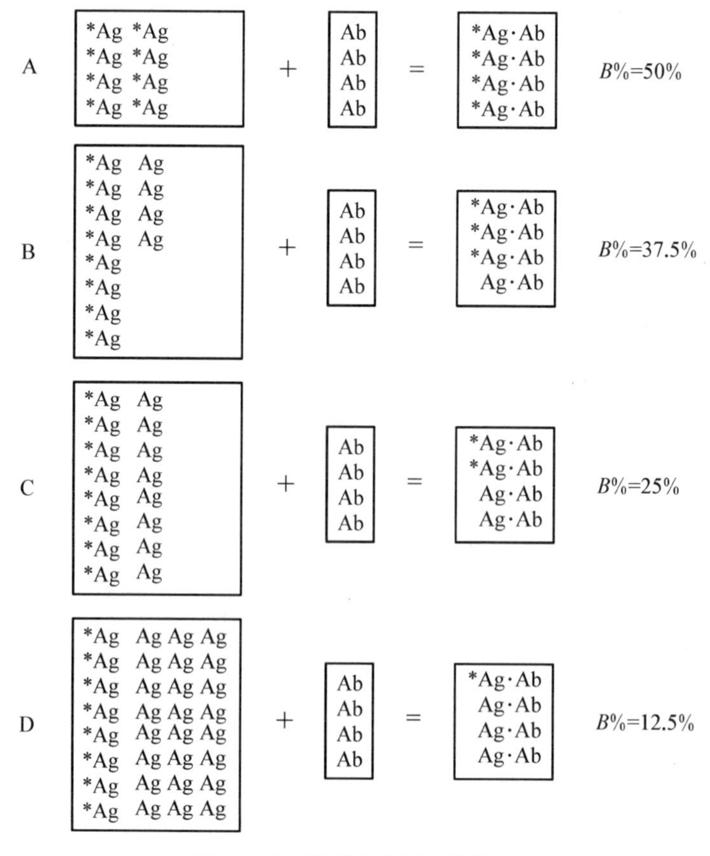

图 7-11　放射免疫测定法原理

图 7-11 中,A,B,C,D 各代表一个测定管,每个测定管中的放射性标记化合物分子数(放射性抗原* Ag)为 8 个,含有效结合点(抗体 Ab)4 个。当不加未标记的抗原时(A 管),结合的放射性最多,可用 B_{max}(最大结合率)表示,此时,$B\%=50\%$;当加入的未标记的抗原分子数为 4(B 管)时,结合的放射性标记抗原的量减少,此时,$B\%=37.5\%$;相应地,当分别加入未标记的抗原分子数为 8(C 管)和 24(D 管)时,$B\%$ 分别为 25% 和 12.5%。如果以未标记抗原浓度的对数值为横坐标,结合率 $B\%$ 为纵坐标,它们的相互关系如图 7-12 所示。

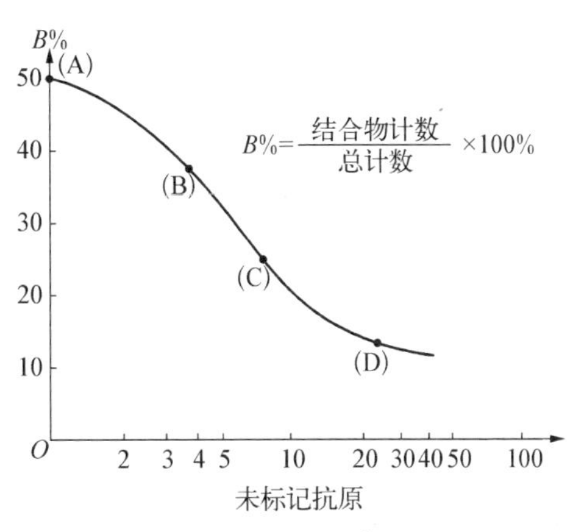

图 7-12 结合率(B%)与未标记抗原(Ag)剂量的关系

放射免疫分析中,常用的剂量反应曲线如图 7-13 所示。

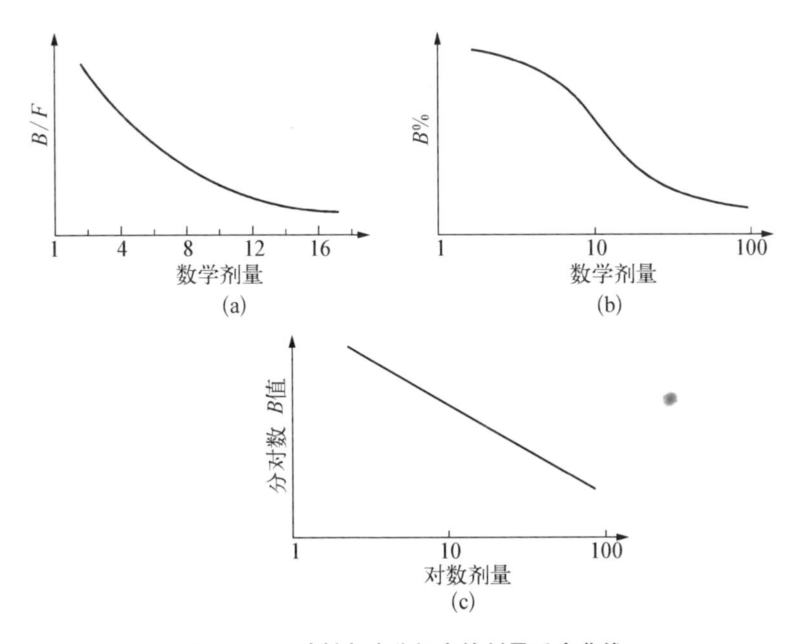

图 7-13 放射免疫分析中的剂量反应曲线

图 7-13(a)和图 7-13(b)中的纵坐标常用 B/F,$B\%$或 B/T 标值,其结果都一样,与所加入的未标记抗原的量成反比。图 7-12(c)中的纵坐标需用

特殊分对数(Logit)。Logit 变换公式如下：

$$\text{Logit}(B/B_{max}) = \ln\left[\frac{B/B_{max}}{1-B/B_{max}}\right] \tag{7-11}$$

理想的配基测定为单种结合点与一种配基或配基上的结合点结合，B/F 对结合物浓度的算术图呈直线，称为 Scatchard 图。根据定义，由此图的斜率可确定亲和常数或平衡常数(K_a，L/mol，就是将 1 mol 的蛋白质稀释成能使少量的示踪配基结合 50%时的容量)，由横坐标的截距可确定最大结合容量 Q。在实际测定中，常有各种不同亲和力的结合部位。因此，Scatchard 图呈现曲率，如图 7－14 所示。实际工作中，Scatchard 图是很有用的。在制备抗体时，被免疫了的动物，在整个免疫过程中，对不同性质、不同浓度和不同亲和力的抗原，均可产生抗体。结合的特性可以表示抗体的特性，从而可知道何时免疫接种最合适。测定组织中不同激素受点含量时，根据 Scatchard 图，对结合容量和由图得来的结合常数分析，可定量测出是否存在某些特殊受体及其浓度。

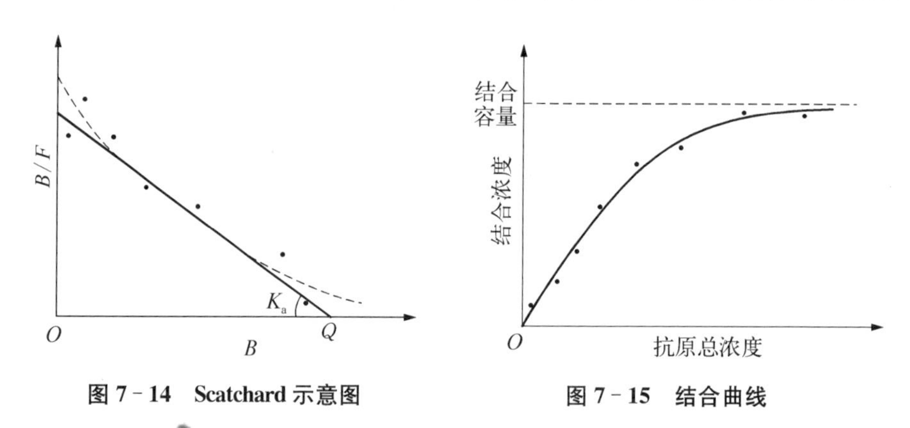

图 7－14　Scatchard 示意图　　**图 7－15　结合曲线**

计算结合参数更为完善的方法是结合曲线分析(见图 7－15)。其横坐标为抗原浓度，纵坐标为结合浓度。结合容量为图 7－15 中曲线的水平渐近线。离解常数为亲和常数的倒数，数量上等于结合容量乘以曲线在原点的斜率。当用 Scatchard 图计算结合位点时，首先应该校正高结合力、低亲和力抗原。

图 7－16(a)和图 7－16(b)显示了 Scatchard 图的特性。由图 7－16(a)可知，受点或抗体(结合性蛋白)的浓度发生改变，结合点的数量 B_{max} 也随即发生改变。图 7－16(b)表示结合蛋白浓度不变(即结合点数量 B_{max} 不变)，但 K (K_a)值发生改变，不同 K 值反映出不同种类的结合性蛋白。图中三条线可代表一种特殊激素(如雌性激素)的三种不同的结合蛋白。直线 c 对激素的亲和

力最大(K 值最大),可能是细胞内激素受点;直线 b 可能是一种血浆结合蛋白,正常时雌性激素特异地附着在其上面,但亲和力比其对受点的结合力小;直线 a 对激素的结合力最小(K 值最小),可能是雌性激素的非特异结合蛋白,如白蛋白。

对图 7-14 至图 7-16 所示的 Scatchard 图进行分析,不仅为我们提供了评价结合蛋白的定性标准,而且通过计算 K_a 值,可以定量的测出对某一结合蛋白的灵敏度。所谓灵敏度只是理论可测限,未考虑其他有可能降低测定限度的操作误差。对同一实验误差,灵敏度随反应曲线的斜率的增大而增大[见图 7-16(a)]。

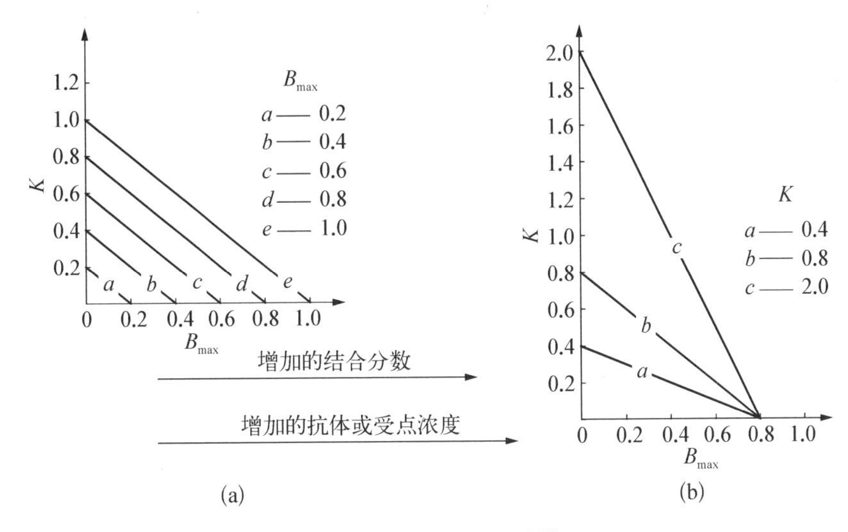

图 7-16　Scatchard 特性

7.3.2.2　RIA 的特点

1) RIA 的优点

放射免疫分析具有许多其他分析方法无可比拟的优点。它既具有免疫反应的高特异性,又具有放射性测量的高灵敏度,因此可精确测定各种具有免疫活性的极微量的物质。

(1) 灵敏度高。一般化学分析法的检出限为 10^{-3}～10^{-6} g,而 RIA 通常为 10^{-9}～10^{-12} g,甚至可达到 10^{-15} g。

(2) 特异性强。由于抗原-抗体间免疫反应的特异性强,被测定的物质一定是相应的抗原。良好的特异性抗体,能识别化学结构上非常相似的物质,甚至能识别立体异构体。

(3) 操作简便。RIA 所需试剂品种不多，可制成配套试剂盒；加样程序简单，一次能分析大量标本，标本用量也少；反应时间不长；测量和数据处理易于实现自动化。

(4) 应用范围广。据不完全统计，目前至少有 300 多种生物活性物质已建立了 RIA。它几乎能应用于所有激素的分析(包括多肽类和固醇类激素)，还能用于各种蛋白质、肿瘤抗原、病毒抗原、细菌抗原、寄生虫抗原以及一些小分子物质(如农药、兽药等)和药物(如地高辛、洋地黄甙等)的分析，应用范围还在不断扩展。近年来由于小分子半抗原制备抗体的技术有很大的发展，有人预测几乎所有的生物活性物质，只要其含量不低于 RIA 的探测极限，都可建立适当的 RIA 法。

2) RIA 的缺点

(1) 只能测定具有免疫活性的物质，对具有生物活性而失去免疫活性的物质无法测定。因此，RIA 结果与生物测定结果可能不一致。

(2) 由于使用了生物试剂，其稳定性受多种因素影响，需要有一整套质量控制措施来确保结果的可靠性。

(3) 灵敏度受方法本身工作原理的限制，对体内某些含量特别低的物质尚无法测定。

(4) 由于存在辐射和放射性废物处理等问题，对操作人员的资质和场地都有一定的要求，限制了其应用范围。

7.3.3 放射免疫分析方法学

7.3.3.1 基本程序

放射免疫测定中，标记抗原的量和特异抗体的量是已知的，结合态的标记抗原的量和自由态的标记抗原的量是可测定的。因此，将所得到的结果与用标准品实验所得的标准曲线相比较，即可求出待测非标记抗原的量。进行放射免疫分析测定时，因待测物不同，具体的分析操作步骤会有一定的差异，但基本程序如图 7-17 所示。

1) 试剂的制备

(1) 标准抗原(Ag)的准备。抗原纯度是影响放射免疫测定灵敏度和准确性的关键因素，作为标准品和标记用的抗原，必须达到高纯级，即以达到免疫纯为标准，在免疫电泳上出现单一沉淀线。为了得到纯标准品，需对原料进行纯化，常用的纯化方法有两类。一类为物理化学法，例如溶剂抽提法、凝胶过

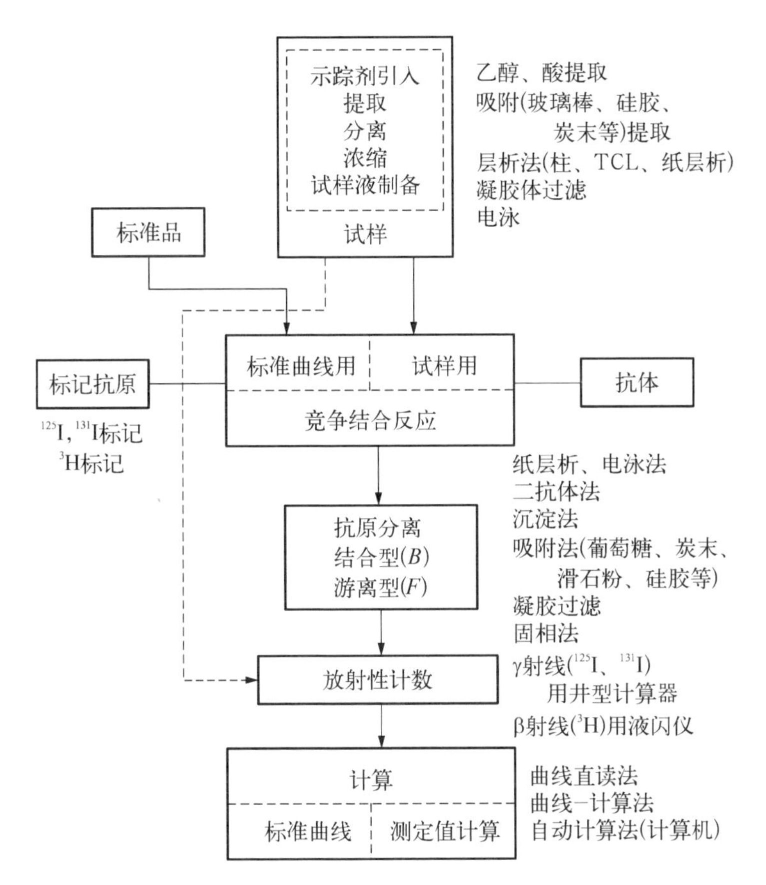

图7-17　放射免疫分析操作程序

滤法、薄层或纸层析法、电泳法、离子交换法、盐析法等；另一类为免疫纯化法，包括抗原抗体复合物离解法和亲和层析法等。此外，还可根据需要，把两者结合起来进行标准品的纯化。经纯化得到的纯抗原应根据实验用量进行分装，保存在−20℃下。

(2) 放射性标记抗原(* Ag)的制备。要求制备的标记化合物比活度高、具免疫活性，且无放射性杂质。制备时，标记核素的选择应根据需标记抗原的结构、放射性核素的半衰期、射线的能量等因子而定，常用^{131}I，^{125}I以及^{3}H等放射性核素标记。制备的方法因标记抗原的结构和所用核素而异，常用的有化学合成和生物合成法。具体合成的工艺流程和路线可参阅有关专著。实际上，标记抗原在我国已有许多专业生产厂商生产，工作中常用的大多都可以在市场上买到，已经无需自己制备。

(3) 特异抗体(Ab)的制备。选择合适而又健康的动物，将抗原(Ag)注入该动物体内，动物体内免疫系统由于受到刺激而产生该抗原的抗体(Ab)。抗原的注射量一般为 0.1～1.0 mg/kg 体重。经过一定时间间隔后取血，将此血样离心即可获得抗血清。将获得的抗血清冷冻干燥，低温保藏，或不经干燥而加叠氮化钠后保存于－20℃下。采用适当方法检查血清中抗体生成情况、抗体滴度，以及其对抗原亲和力的大小。要求制备的抗体(Ab)特异性好、亲和力强、滴度高。

① 特异性。抗体特异性指抗体对相应的抗原及近似的抗原物质的识别能力。抗体对待测抗原的结合力强，而与其结构类似抗原的结合力弱，说明抗体特异性强；反之，说明待测抗原的类似物对测定结果有干扰，会影响测定结果的准确性。

抗体特异性根据交叉反应率评判，将被测物的类似物配成不同浓度，按照被测物相同的放射免疫分析流程操作，从标准曲线上读出置换零管的标记物为 50%的结合率时所需要量。其计算公式如下：

$$\text{交叉反应率}\ \% = \frac{\text{置换零管为}\ 50\%\ \text{时所需的被测物量}}{\text{置换零管为}\ 50\%\ \text{时所需的被测物的类似物量}} \times 100\%$$

以 T_3抗血清为例，置换管为 50%时需 T_3量为 1 ng，而 T_4置换零管 50%时需 150 ng。则 T_3抗血清对 T_4的交叉反应率为

$$\text{交叉反应率}\ \% = \frac{1\ \text{ng}}{150\ \text{ng}} \times 100\% = 0.667\%$$

② 亲和力。抗体亲和力大小反映抗体与待测抗原结合的牢固程度。亲和力大，在反应中结合速度快，解离度小。反之，在反应中结合速度慢，不牢固，易解离。两种不同亲和力的抗血清，在建立标准曲线时表现在剂量反应曲线的斜率上，抗血清亲和力大小可用抗体的亲和常数 K 值表示。K 值测定可用 Scatchard 作图法，假设抗体是同质的，只有一个 K 值；以结合物(B)对游离物(F)的比值为纵坐标，结合物(B)浓度为横坐标，可做出 Scatchard 图。如图 7-14 所示，直线的斜率等于 K 值，直线在横坐标上的截距为结合物的最大浓度。

③ 滴度。滴度是指用来衡量某种抗体识别特定抗原决定部位所需要的最低浓度(也即最大稀释度)，它反映抗血清中有效抗体的浓度，一般表示为仍能产生阳性结果的最大稀释度。为得到最佳测定结果，建立抗体滴定曲线是必要的。当最大结合率为 50%(B_{max}/T)时，可达到理论上的最佳状态。抗体

滴定曲线可用来测定最佳抗体浓度。把结合态抗原的计数对逐渐增加稀释度的天然抗血清(抗体的数量减少)作图(见图 7－18),此时,不仅包含着标记抗原,而且也包含着未标记抗原的另一条滴定曲线就形成了。随着抗体的每一次稀释,未标记的抗原将取代标记抗原(与标记抗原竞争),从而结合态的放射性($B\%$)将降低。

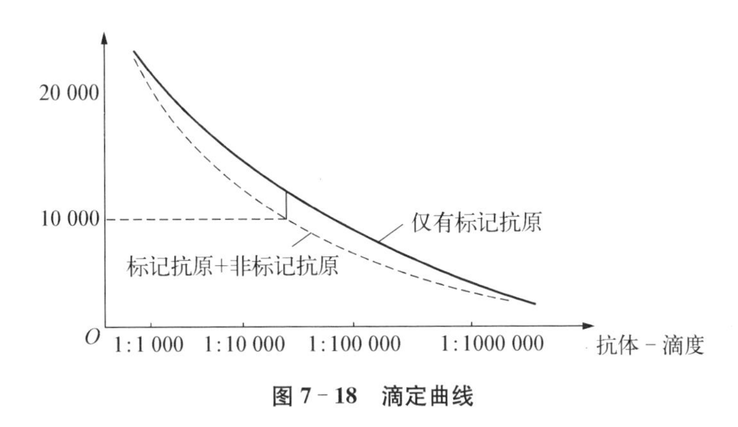

图 7－18　滴定曲线

抗体的稀释造成了两条曲线的最大分离,由此使得这一分析具有最大的工作范围。这时的稀释因子(1∶30 000)称为抗体滴度(见图 7－18)。

2) 绘制标准剂量反应曲线

配制不同浓度的标准品溶液,取一定体积各浓度的标准品溶液,加入一定量的标记抗原和特异试剂,经过一定时间的温育,采用适当方法将结合态的标记抗原和自由态的标记抗原分离开来,测的其放射性,就可绘制标准的剂量反应曲线。

3) 待测试样的测定

将待测样品与特异试剂(抗体)、标记抗原(放射性标记化合物)混合保温培育,待反应达到平衡,将结合态标记抗原和游离态标记抗原分离,测定它们各自的放射性。将所得结果与标准剂量反应曲线比较,即可求得样品的量。

7.3.3.2　分离方法

结合态标记抗原和游离态标记抗原分离的方法可根据条件选用化学沉淀法、吸附法、离子交换法、凝胶过滤法、层析电泳法、双抗体法、固相分离法等。理想的分离技术应具有分离速度快、完全,反应的平衡不受其影响,不受介质因素(pH 值、温度、离子强度、蛋白质含量等)的影响,操作简便,并能同时处理大批样品等。

1）对分离方法的要求

（1）结合物和游离物要尽可能完全分开。

（2）重复性要好，不易受外界因素干扰。

（3）操作要简便，分离要迅速，试剂来源要方便、价廉。

（4）非特异性吸附要低。

2）分离方法

（1）双抗体法：在放射免疫分析中，被测物和标记物与特异性抗体（第一抗体）反应生成结合物是可溶性的，当再加第二抗体后结合物与第二抗体再结合，生成更大的结合物。它是一种不溶性的大颗粒，经离心沉淀就可把结合物与游离物分离。

（2）聚乙二醇（PEG）法：聚乙二醇是非离子型的水溶性聚合物，可诱导水溶液中大分子的聚集。通常选用浓度为 20%、分子质量为 6 000 的聚 L-醇作为分离剂，它能使结合物沉淀。PEG 沉淀剂的主要优点是制备方便，沉淀完全。

（3）活性炭吸附法：活性炭表面包被一层葡聚糖衣，具有一定孔径，让小分子量的标记物通过孔径被活性炭吸收。而大分子量的结合物不能通过，依然在溶液中经离心活性炭沉淀，即可达到分离。

（4）盐析法：利用蛋白质在不同浓度的中性盐（硫酸铵或硫酸钠）溶液中可被沉淀的性质进行分离。如 40%～50%饱和度的硫酸铵溶液能使结合物沉淀，经离心即可将结合物与游离物分离。

（5）微孔滤膜法：这是一种用纤维素脂制成微孔滤膜，它对大分子蛋白质（如结合物）有较强吸附力。而对小分子的标记物在过滤时可随过滤液出来，从而达到分离目的。

（6）固相法：把抗体包被在特制塑料管的管壁上或聚苯乙烯小球上，或用化学方法把抗体交联在固体材料上，制成固相抗体。然后把被测物、标记物与固相抗体加在一起温育反应，经一定时间后反应达到平衡，这时结合物在固相抗体上，标记物的游离物在反应液中，因此只要把反应液移去，即可达到分离。

（7）凝胶过滤法：结合物与游离物的分子量不同，利用葡聚糖微柱，借助葡聚糖的分子筛作用达到结合物与游离物分离的目的。

（8）PR 试剂法：将双抗体法和 PEG 法结合起来的沉淀法，可弥补各自的不足，分离效果好，适用范围广。

(9) 磁化活性炭吸附法：把活性炭和氧化铁混合，加入聚丙烯酰胺交联成胶状颗粒。当反应平衡后把这种颗粒加入反应液，温育片刻，而后把反应管放到磁铁板上，这种颗粒就会沉淀，再移去反应液，即达到分离。

7.3.3.3　放射免疫分析的质量指标

在评价放射免疫分析的质量时，下述四个指标是最有意义的。

1) 灵敏度

灵敏度是用来表示所建立的方法能精密测定的最小量。一般确定灵敏度的方法是以零标准管(B_0管)的平均结合率减去其 2 倍标准差(2*SD*)，然后从标准曲线上查出对应于该结合率的标准品的浓度，即为该方法的灵敏度。

灵敏度与最小可测量(*SQD*)不同，它由反应曲线斜率和实验误差来决定，是整个测定系统的实际可测限。它与 *K* 值、示踪物的放射性比活度和反应条件有关。一般被测物质的最低可测浓度与测定中所用结合性蛋白的亲和常数的倒数成正比。一个浓度为 10^{-11} mol/L 的物质，要求 K_a 为 10^{11} mol/L 的配基结合剂。由此可见，从事配基结合测定工作的人员必须熟悉亲和力常数、结合点的数量(容量 *Q*)及反应物的浓度，也必须熟悉可能的干扰因素，诸如温度、压力、pH 值、反应物的离子强度以及干扰结合反应的基质等。

2) 精密度

精密度是指同样品多次测定结果的变化程度，即反映测量的可重复性。如果一个分析方法测定结果的重复性很差，就无法评价其灵敏度、特异性和准确性，也就无法以得出令人信服的结果。在免疫分析中，通常以批内误差和批间误差来表示精密度。它常用标准差 *SD* 或样品的变异系数 *CV* 来表示。测量值的精确度与标准曲线的斜率有关。

批内误差是指同一批测定中用高、中、低不同剂量的质控管，每一个剂量至少制成 20 个复管，并从标准曲线上查出每一单管的剂量。然后进行标准误差 *SE* 计算，并求出变异系数。一般要求批内误差少于 10%。批间误差是指不同批次测定中，每批测定都取相同质控样品，测定结果求出标准误差和变异系数，一般要求批间误差少于 20%。

3) 准确度

测量准确度指的是测量值偏离真值的程度，通常以回收率和健全性试验来表示。由于系统误差的存在，测量的精确度高，准确度不一定高。测量时要避免系统误差，提高精密度和准确度。若准确性好，则多次测定，其平均回收率应接近 100%。一般要求在 90%～110%范围之内。

4）特异性

放射免疫分析具有特异性，与抗体和待测抗原类似物的交叉反应程度有关。

7.3.4 抗原(抗体)的放射性标记方法

用于抗原或抗体体外标记的放射性核素有^{14}C，^{3}H，^{125}I和^{131}I等。但相比而言，^{125}I具有许多优点，例如，其发射的γ射线能量低、半衰期适中、测量效率高等；因此，在许多情况下常用^{125}I进行蛋白质的体外标记。在蛋白质和多肽分子中引入放射性碘原子后，其物理、化学和免疫性质常引起一些变化。放射分析技术，虽不要求被标记物具有完全的生物活性，但要求具有免疫活性。但在碘标记的过程中，被标记的抗原或抗体常受不同程度的损伤。如果能根据被标记物选择合适的标记方法并严格控制标记条件，可使变性程度保持在低水平。

碘的离子价态有－1，＋1，＋3，＋5，＋7；但用于碘标记时，主要是－1和＋1价。放射性碘一般为NaI，其中的碘为－1价。蛋白质和多肽激素的碘标记最关键的因素和共同点是加入氧化剂，将放射性碘负离子I^-用氧化剂氧化为游离状态的元素碘。元素碘解离为：$I_2 \Leftrightarrow I^+ + I^-$，其中有标记活性的是亲电子基，它向苯核进攻的对象是电子云密度最大的碳原子，即碘取代该碳原子上的氢而发生标记反应。酪氨酸放射碘化标记往往是在羟基的邻位上同时标上两个碘原子。以酪氨酸残基的^{125}I标记为例，反应方程式如下：

$$HOOC-\underset{H}{\overset{NH_3}{C}}-CH_2-\langle\bigcirc\rangle-\ddot{O}-H \xrightarrow[\text{氧化剂}]{Na\,^{131}I} HO-\underset{^{131}I}{\overset{^{131}I}{\langle\bigcirc\rangle}}-CH_2-\underset{H}{\overset{NH_3}{C}}-COOH$$

碘化标记通常条件下是以氧化剂来划分碘化方法，如亚硝酸钠法、过硫酸钠法、碘酸钾法、氯碘法、过氧化氢法、氯胺T法、乳过氧化酶法和葡萄糖氧化酶法，以及联结标记法，Iodogen试剂标记法等。

7.3.4.1 氯碘法

适用于酚类、不饱和脂肪酸的碘化标记。氯碘中的碘是正氧化态的离子，由N_aI，N_aIO_3与HCl反应制得，或由N_aI加二碘氯胺T配制得到。在弱碱性介质中碘化率很高，所有的放射性碘都能转化为正氧化态。含双键的油酸、油精、碘化罂粟油等可采用氯碘法直接打开双键加成到不饱和键上，生成相应的二碘或氯碘饱和酸及其衍生物。^{125}I标记后生物学行为与未标记的不饱和酸相同。

7.3.4.2　氯胺T法

氯胺T法是目前最常用的碘标记法，甲状腺激素、含有酪氨酸残基的蛋白和多肽等均用该法进行标记。它操作较简便，反应时间短，产品比活度也比较高，重复性好，产率稳定，而且选择合适的标记条件可以保持被标记物的免疫活性。氯胺T价格便宜，但不易保存。

氯胺T是一种氧化剂和消毒剂，比过氧化氢、氯化碘温和，与氯化碘相比较可以制得高比活度的抗原；一般情况下可定量地将碘标记在蛋白质分子上。标记时，在水溶液中氯胺T能放出次氯酸，它能将带负电荷的$^{125}I^-$离子氧化成带正电的$^{125}I^+$离子，然后取代分子中酪氨酸残基芳香环上的两个氢原子。

蛋白的碘化程度往往取决于酪氨酸残基的微观环境，如果酪氨酸残基是在蛋白的表面，就较容易标记。在蛋白质分子上的^{125}I标记量还取决于分子中酪氨酸残基的数量。用于放射免疫标记反应时每个蛋白分子标记一个^{125}I原子为宜。

用酪氨T作为氧化剂标记多肽类激素和蛋白质时，其用量一般都是过量的。为得到比活度高的标记抗原，减少损伤以至降低抗原活性。标记的最佳条件为：① 供标记用的$N_a^{125}I$比放射性活度要高（>50 mCi/mL），并且为无还原剂者；② 标记物量要尽可能少（5～10 μg左右）；③ 反应体积要小，以增加作用的深度；④ 氯胺T用量要低；⑤ 要控制标记反应液的pH值，当pH<6.5或>8.5时，其产率都会降低。有些商品$N_a^{125}I$是N_aOH溶液，pH值高达11，因此必须用较浓的磷酸缓冲液（0.1 mol/L）缓冲其pH，达到7.5。

氯胺T法的缺点：对于具有生物活性的物质来说，氯胺T法的氧化性仍嫌高，即使碘化反应时间短、反应温度低，pH值适宜，但仍可能使蛋白损伤变性，生物活性降低，影响分析灵敏度。后来又建立了一种酶催碘化法，该方法是应用乳过氧化氢酶或葡萄糖氧化酶催化碘化。酶催化碘化法快速简单，反应温和，不致引起抗原免疫活性的损伤，大量用于蛋白激素的碘化标记。

7.3.4.3　乳过氧化酶法

乳过氧化酶法反应在十分温和的环境中进行，对抗原、抗体免疫活性影响很小。因为酶的有效寿命不长，一经稀释就停止反应，由此可严格控制蛋白质上标记碘原子的数量。其碘化反应主要发生在酪氨酸残基上，标记时必须有极微量的过氧化氢作催化作用。酶催碘化过程的影响因素有：乳过氧化物酶的用量、过氧化氢的用量，反应时间，温度和 pH 值等。其主要优点是反应温和，H_2O_2 只需极低的浓度，典型操作流程如下：

氯胺 T 法：

将要标记物用 PBS 稀释

⇓

加入放射性的 $N_a^{125}I$

⇓

边搅拌边加入过量的氯胺 T

⇓

用 2 倍于氯胺 T 的偏重亚硫酸钠中和使反应停止

⇓

Sephadex G50 柱分离纯化

乳过氧化酶法：

将 2～10 μg 蛋白质溶于磷酸缓冲液中

⇓

加入 1～10 mCi 的 $N_a^{125}I$

⇓

加入 20～100 ng 乳过氧化物酶

⇓

分 3 次加入 H_2O_2，共 80～150 ng

⇓

反应 30～60 min

⇓

加入巯基乙醇或用缓冲液稀释，停止反应

7.3.4.4　联结标记法

联结标记法又称为酰化试剂法，适用于标记不含有酪氨酸残基或组氨酸残基的多肽激素(该类物质难以用氯胺 T 等方法标记)，且避免了被标记物直接受氧化剂的破坏。联结标记法是先制备碘标记的玻尔顿(Bolton)和赫脱试剂，然后与蛋白或多肽的末端氨基联级得到欲标记的碘标记化合物。

联结标记法的过程：① 先将 ^{125}I 用氯胺 T 法标记在酰化剂 3-(4-羟基苯)-丙酸-N-琥珀酰亚胺基上；标记时务必迅速，因为酯很容易水解成 3-(4-羟苯基)-丙酸。标记后用有机溶剂(苯等)将酯与其他试剂分开。② 再与被标记蛋白质联结。结合反应在弱碱性条件下进行(pH 值为 8～8.5)。结合的程度和反应浓度有关，因此联结前要将蛋白质溶解成较小的体积。联结标记法流程如下：

将 ^{125}I 用氯胺 T 法标记在酰化剂 3-(4-羟基苯)-丙酸-N-琥珀酰亚胺基上

⇓

用有机溶剂(苯等)将酯与其他试剂分开

⇓

在弱碱条件下(pH：8～8.5)被标记蛋白质联结

7.3.4.5　Iodogen 试剂法

Iodogen 化学名为 1,3,4,6-四氯-3a,6a-二苯甘脲，它是一种固相氧化剂，用水溶性的碘可将蛋白质快速碘化，碘利用率高，一般可达 60%以上。

标记步骤：在聚炳稀试管底部预加入 Iodogen(20 μg)和 20 μL 二氯甲烷；

用 N_2 气流吹干；加入欲标记物(2～5 μg)；加入 1 mCi 的 $\mathrm{N_a^{125}I}$(缓冲液为 10 μL 0.2 mol/L pH 值为 8.2 的硼酸)；封口，振摇反应(4～8 min)；加入 100 μL 0.1 mol/L pH 值为 7.4 的磷酸缓冲液；再转移至 Sephadex 柱分离纯化。

浙江省农科院分别用氯胺 T 法和 Iodogen 试剂法将 ^{125}I 标记到鸡法氏囊病的抗体上，测试得 ^{125}I 的利用率分别为 32%和 63.6%。

经典法所得的碘标记抗体在体内易脱碘，从而降低了其效能。20 世纪 80 年代末，报道了一种间接标记法，其过程如下：先以氯胺 T 法标记五肽，然后将过量的碘标记产物与抗体结合，在 4℃下经高碘酸钠氧化，从而获间接标记的抗体。此法的优点是：抗体分子经高碘酸钠氧化后再与 ^{131}I-五肽反应，形成稳定的共价键，免疫活性受损较小。

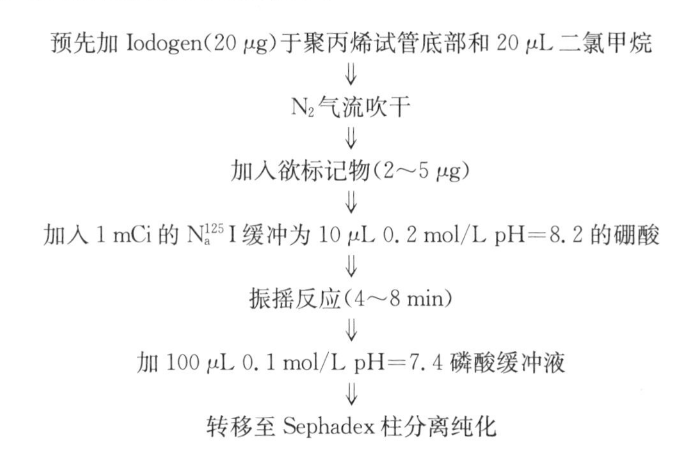

7.3.5　放射免疫分析在农业科学中的应用与进展

放射免疫分析技术的问世，是定量分析技术一项划时代的进步，将微量生物样品检测化学分析法的最小检出值，由毫克、微克级提高到纳克、皮克级的水平，从而为生物医学基础的理论研究和临床疾病诊断提供了新的实验手段，广泛用于激素、肿瘤标志物的测定与研究等领域；同时，其应用也迅速拓展到农业和环境科学等领域。我国的农业科技工作者从 20 世纪 80 年代初开始把 RIA 技术应用于农业科学研究，先后在动物生殖生理、植物生理、植物病理和农药分析等领域进行了一系列应用研究，建立了相应的分析方法，并取得了可喜的成果。

7.3.5.1　RIA 技术在动物科学中的应用

Laing 和 Heap 等人于 1971 年，应用 RIA 测定奶牛孕酮浓度以诊断乳牛早期妊娠，获得了成功[14]。其依据是，正常未受孕奶牛乳汁及血清中的孕酮含量呈周期性变化，而一旦受孕，其规律性即发生变动。配种后第18或19天采样测定，如果乳汁中孕酮含量仍保持原规律者(低于某一数值)可诊断为未受孕；如果孕酮含量改变原规律、测定值明显高于某一数值者，则诊断为妊娠。该方法对孕牛的诊断准确率为85%左右，对非孕牛为94%～100%。采用RIA技术可以争取时间，使未受孕奶牛在下一个发情期重新配种。在配种后第18,19天采样，第20,21天即可得到测定结果，第2天可对未妊娠奶牛进行配种；这样就可以减少空怀，增加产犊数和产奶量[15]。吴美文等近年来用滤纸片采样，并将采好乳汁样品的纸片通过信件寄送测试中心测定(通信采样法)，效果很好，并在若干小奶牛场推广应用[16]。

一些研究者还利用RIA技术测定了一些不同品种山羊在发情周期或妊娠期间体液中孕酮与雌二醇水平，分别根据奶山羊的乳或血中孕酮浓度进行早期妊娠诊断研究；据翟永功等人报道，有学者等用RIA技术测定了莎能奶羊、四川铜羊及其杂种一代的血浆或乳中孕酮、雌二醇，甲状腺素(T_4)和三碘甲状腺素原氨酸(T_3)的浓度，为山羊繁殖和代谢研究提供了依据。RIA技术还应用于马、猪、绵羊、山羊、水牛等动物的妊娠诊断，获得了不同程度的诊断效果。在动物生殖方面，除妊娠诊断外，RIA还应用于生育力监测、卵巢功能检查、排卵预测、产仔数预测、性成熟检查等方面的研究[17]。

Kiss-1基因对下丘脑-垂体-性腺轴具有重要的调控作用，为探索该基因在猪初情期启动机制中的作用，为阐明动物生殖机理和早熟品种选种选育提供理论基础。刘萍等人采用免疫组化技术研究*Kiss*-1 mRNA在初生以及30日龄,60日龄,70日龄(初情期)和90日龄小梅山猪的下丘脑、卵巢和垂体内的定位，并利用RIA方法观察母猪血浆黄体生成激素(LH)，促卵泡成熟激素(FSH)含量的变化。结果表明，*Kiss*-1 mRNA在小梅山猪下丘脑、卵巢、垂体中均有表达，以下丘脑弓状核阳性颗粒最多，尤其初情期时最为明显。各级卵泡中以初情期成熟卵泡的阳性颗粒数目最多。*Kiss*-1 mRNA表达量在小梅山猪下丘脑、垂体和卵巢从初生到初情期逐渐上升，并在初情期达到顶峰，而后逐渐下降。小梅山猪血浆LH,FSH浓度初生时较高，随后迅速下降，60日龄又升高，70日龄达到峰值。以上结果说明*Kiss*-1基因在猪初情期的下丘脑-垂体-卵巢轴推动了其初情期的启动，维持其生殖功能，在雌性中枢神经系统生殖调控中起到关键作用，是控制猪初情期启动的关键因子[18]。

王松波等人采用体外细胞培养和RIA研究了一氧化氮供体硝普钠(SNP)

对昆明小鼠卵母细胞体外自发成熟的影响及作用通路。结果表明，NO供体SNP(1 mmol/L)能够延迟卵丘卵母细胞复合体(COCs)自发成熟过程中生发泡破裂(GVBD)的发生，抑制第1极体(the first polar body, PB1)的释放。1 mmol/L SNP还能够显著提升COCs内环鸟苷-磷酸(cGMP)的水平，而可溶性鸟苷酸环化酶(sGC)抑制剂1H-[1,2,4]oxadiazolo[4,3-a]quinoxalin-1-one(ODQ)(1 μmol/L)能够消除SNP对cGMP水平的提升作用。同时ODQ还能够逆转SNP对卵母细胞自发成熟的抑制作用，而蛋白激酶G(PKG)抑制剂KT5823(1 μmol/L)却不能够逆转SNP对COCs自发成熟的抑制作用。实验结果说明NO是通过激活sGC，提高细胞内cGMP水平而发挥其对小鼠卵母细胞自发成熟作用的，但cGMP下游的PKG信号通路并不参与这一过程[19]。

蒲勇等人为明确铝胶佐剂与白油Span佐剂的促性腺激素释放激素(GnRH)疫苗对公猪睾丸发育和血清睾酮的影响，采用ELISA法和RIA法分别检测GnRH抗体水平和血清睾酮水平[20]。结果表明，应用辅以铝胶佐剂的GnRH疫苗主动免疫公猪，相较于辅以白油佐剂的GnRH疫苗，可使公猪睾丸质量减轻，体积减小，曲精小管内各类生精细胞退化，血清睾酮水平降低且两者差异均显著；说明铝胶佐剂的效果优于白油佐剂，并且铝胶佐剂可以通过代谢排出体外，副作用较小，便于注射，可以应用于生产领域[20]。该实验室还通过酶联免疫分析法检测血清猪生长激素，放射免疫分析法检测血清IGF-Ⅰ和睾酮水平，Pearson相关分析血清睾酮与IGF-Ⅰ的相关性，研究了重组GnRH六聚体-麦芽糖结合蛋白(MBP-GnRH-6)主动免疫对公猪体重、生长激素和胰岛素样生长因子-Ⅰ的影响。结果表明，MBP-GnRH-6主动免疫猪血清睾酮浓度显著地低于阳性对照组($P<0.05$)，体重显著重于阴性对照组($P<0.05$)，但不影响公猪血清生长激素水平($P>0.05$)。在17～21周龄时，免疫组公猪血清IGF-Ⅰ浓度显著低于阳性对照组($P<0.05$)，21～25周龄时免疫组公猪血清IGF-Ⅰ显著高于阴性对照组($P<0.05$)。相关分析表明血清睾酮与IGF-Ⅰ呈正相关，表明MBP-GnRH-6主动免疫改变了公猪生长性能，增加体重，其作用途径可能是睾酮通过调控血清IGF-Ⅰ水平来调控的[21]。

据刘新报道，有学者研究了家蚕从幼蚕至吐丝过程中蜕皮激素和保幼激素的变化规律，探讨这两种激素与家蚕品种、发育过程、蚕丝质量和产量的关系[22]。用RIA测定羽化过程中蛹体内蜕皮激素的变化每次只需10 μL体液，因此可用同一只蛹研究整个羽化过程中体内激素的变化规律而不影响其生长发育。在建立20-羟基蜕皮酮(用^{125}I标记抗原)RIA方法的基础上,研究了蓖麻蚕蛹期血淋巴中20-羟基蜕皮酮含量的变化。还有学者采用RIA对不同时期的注定滞育和非滞育棉铃虫的血淋巴中的类固醇蜕皮素的含量进行了测定。Hua等人利用RIA等技术成功鉴定了一种新的昆虫脑神经肽——抑制胸腺肽[22]。

7.3.5.2 RIA技术在植物科学中的应用

20世纪70年代初期,RIA已由检测人和动物体液中大分子的蛋白质、多肽抗原而发展至测定人体体液中的植物药成分如秋水仙碱、地高辛、吗啡和尼古丁等非蛋白质半抗原。在此基础上,据张汉民报道,有学者将RIA法应用于药用植物的研究,并在品种筛选、资源调查、植物有效成分的形成和组织培养等方面获得显著的成效,在植物生理、化学成分分类等方面RIA法也显示了重要应用价值[23]。

用RIA法研究植物体内有效成分的分布时,其灵敏度和特异性足以精确地测定有效成分在一株植物体内各器官各部位的分布。据张汉民报道,有人采用RIA法测定了四氢蛇根碱(ajmalicine)和蛇根碱在长春花中的含量分布[23]。结果表明,两种生物碱主要分布在长春花的根部,尤其是在近地面的根部,植物体地上绿色部分不含ajmalicne,或仅含少量蛇根碱,且蛇根碱由下而上逐渐降低。这一结果为确定采收部位和筛选工作中的取样部位提供了科学依据[23]。

用RIA法连续测定某一器官有效成分的含量变化又能为研究植物生理、生化过程提供依据。Aezom为证实番泻甙B(sennoside B)是番泻叶的干燥过程中逐步形成的这一假设,巧妙地设计了一个实验。其实验为采摘两张狭叶番泻的新鲜叶,放置自然干燥14天,每天从两张叶上取一小块叶,用RIA法测定番泻甙B含量和含水量。结果显示,最初番泻甙B在叶中含量是相近的,以后随逐渐失水而持续增加,14天后失水75%,这时叶中番泻甙B的含量达最高(5 mg/g鲜叶),这与于60℃时迅速干燥数小时所得结果相同。从而证实番泻甙B的含量和水分增加呈负相关。上述干燥方法也为实际加工所采用[23]。

在筛选长春花的组织培养物以获得高产ajmalicine和蛇根碱的细胞系时,用半抗原用^{3}H标记,其放射性比度达1.3～10 Ci/mmol,这就能测出植物和细胞提取液中浓度低至0.01～5 ng/mL的未标记生物碱,这意味着能定量地测定一个长春花根细胞内生物碱的平均含量。他们用这方法首先从长春花群体中选出了高产植株，然后将这植株上的高产部位的细胞置于特定培养基中培养，以后又将细胞分离再培养得到160个细胞集群。用RIA法测得ajmalicine和蛇根碱的含量分别为0～0.8%(DW)①和0～1.4%(DW)。这结果与植物体中所测得结果相似。再在其中选择高产集群，先后在固体、液体培养基上培养，并经数次继代培养，从而获得含ajmalicine和蛇根碱平均达1.3%(DW)的培养物，该含量为最初培养细胞的1.5倍，为原根平均含量的5倍[23]。

许多植物病毒和病原菌可以用RIA测定和鉴定，如莎草、马铃薯、番茄花叶病毒、芜菁病毒和灰葡萄孢等。通过测定，可以查明病原体的宿主、越冬方式、作物疫病的起源、传播途径和疫区范围等。RIA可用于研究水稻病害和生长调节素的测定，如吉林农业大学用^{32}P标记化合物测定了水稻白叶枯病毒，浙江农科院测定了水稻病毒病，江苏农科院测定了水稻细条病病原菌。南京农业大学研究了植物组织中脱落酸含量的测定方法，并试制了脱落酸RIA试剂盒[24]。

陈杰等人为研究红松种子休眠的原因，利用脱落酸RIA试剂盒测定了红松种子休眠、层积、萌发时脱落素(ABA)的含量。其结果表明干藏种子ABA总含量为463.91 ng/个，其中外种皮ABA含量为才444.9 ng/个，占整个种子含量的95.9%。经过低温层积6个月的种子外种皮ABA下降了4.86倍，胚乳为1.15倍，而内种皮和胚均有少量增加。层积萌发的种子，外种皮ABA下降90.7倍，胚乳下降了6倍，胚为2.64倍，内种皮却增加1.6倍。还测定了不同层积条件下6个月的红松种子各部位ABA含量，均较干藏种子下降，其中变温处理的种子各部位ABA含量明显下降[25]。

宁萍等人从天然苦瓜果实中提取降糖物质，用竞争放射免疫分析方法进行定性和定量分析[26]。结果表明：提取的降糖物质中含有能和胰岛素抗体结合的胰岛素样物质，每克样品中含胰岛素样物质82.1 μIU(international unit)；经过木瓜蛋白酶的水解工艺，每克样品中含胰岛素样物质上升至261.9 μIU。作者认为这可能是水解作用解除了空间位阻，将胰岛素的抗原决定簇暴露出来之故[26]。

转基因植物的检测方法通常分两类，一是利用PCR，Southern blotting和Northern blotting等方法在核酸水平进行检测；二是利用Western blotting和ELISA方法(酶联免疫吸附实验方法)在蛋白水平检测，其中应用最多的还是PCR技术。黄亚东等人利用放射免疫技术对转基因产品进行检测，首先根据

① DW，drained weight，土壤单位，表示固重。

转基因产品普遍含有的35*S*启动子和*NOS*终止子进行了通用引物设计，然后利用PCR技术制备地高辛标记的35*S*启动子和*NOS*终止子探针；最后将^{125}I标记的地高辛抗体与35*S*启动子和*NOS*终止子探针上掺入的地高辛杂交。灵敏度检测可以看出放射免疫技术检测是相当灵敏的，可达到pg级的检测水平，并且可以用于定量检测[27]。

7.3.5.3 RIA技术在农药残留检测中的应用

关于农产品中农药残留的检测方法，除传统的气相色谱、高效液相色谱、质谱等方法外，在免疫学检测方法（主要包括酶联免疫吸附检测和放射免疫技术）方面取得了长足的发展。该方法不像传统的色谱和质谱等方法那样需要复杂、昂贵的设备，其操作简单，前处理简化，检测快速、准确、灵敏、成本低、检测容量大，可同时进行大批量样品检测。因此，在国内外农产品质量安全领域的检测研究越来越多。

据朱赫报道，有学者在1975年建立了狄氏剂和艾氏剂的竞争性RIA，检测限分别为50 pg/mL和2 ng/mL，这是RIA在农药领域中的首次应用。Levitt等人于1977年用RIA测定了百草枯中毒病人血液样品中的百草枯含量，检测限为0.6 μg/L，与气相色谱的测定结果相关性为0.998。1978年，有学者利用菊醋类杀虫剂丙烯菊醋抗血清的制备并于次年建立了测定其活性异构体的RIA[28]。

Charm Ⅱ放射免疫分析法是采用放射性受体竞争的原理快速检测药物残留的方法，可检测磺胺类药物总量。据褚洪蕊等人报道，有学者参考Charm公司的资料，对虾、鳗鱼、饲料和猪尿样中的磺胺类残留检测进行了研究，建立了磺胺类残留的Charm Ⅱ放射免疫分析方法，解决了传统检测方法处理过程繁琐、操作时间长及只能检测单种磺胺类药物的问题[29]。不同基质中青霉素残留的Charm Ⅱ放射免疫分析方法，在动物尿液、血清和组织中的残留筛选水平分别为1 000 μg/L，200 μg/L和50 μg/L，符合欧盟和我国香港地区残留检测限量要求。浙江大学建立了克百威残留的放射免疫分析方法，最低检测量为0.175 ng/mL，线性检测范围为0.256～4 000.0 ng/mL，I_{50}值为650.0 ng/mL。还有人采用放射免疫分析法，测定了湛江市水产市场3份新鲜养殖对虾及2份出口养殖对虾中氯霉素残留量，其检测限量可达0.15×10^{-12}[29]。据吕珍珍报道，陆勤等利用放射免疫方法检测牛奶中四环素、土霉素、金霉素3种四环素类药物的最低浓度可分别达到30、100、50 μg/L，*RSD*($n=6$)均小于3.9%。该方法特异性强，与环丙沙星、链霉素、青霉素G、阿莫西林、磺胺嘧啶、磺胺甲基嘧啶、红霉素、螺旋霉素无交叉反应，能达到检测牛奶中四环素类抗生素残留的要求[30]。

内分泌干扰类农药是一类外源性干扰内分泌系统的农药，可干扰人类或其他动物内分泌系统的诸多环节，从而使生物体产生异常效应。目前认为内分泌干扰类农药与人类和其他动物的癌症、流产、生殖异常、生殖器畸形、出生缺陷、行为异常及子代性别比例不平衡等现象密切相关。内分泌干扰类农药对人类和其他动物健康的危害受到了广泛关注，但在环境介质中鉴别和筛选出痕量的内分泌干扰类农药，需要准确、可靠和快速的鉴定和检测方法。目前 RIA 已被用于测定 2,4 -二氯苯氧乙酸、对硫磷、百草枯和 2 -(2,4 -二氯苯氧基)-丙酸等。据韩志华报道，有人采用放射免疫法测定了氯氰菊酯和甲基对硫磷混配染毒对 Wistar 大鼠、孕鼠及其子代的促卵泡成熟激素(FSH)、促黄体生成激素(LH)、雌二醇(E2)、孕酮、促甲状腺激素(TSH)、T4、T3 以及 IgG 和 IgA 的影响。结果发现，孕鼠血清 LH、E2 和 TSH 无显著性变化，而在 1/300 LD_{50} 的低剂量下，雄性仔鼠血清中孕酮水平显著高于对照组，表明妊娠期氯氰菊酯和甲基对硫磷混配染毒对母鼠及其子代具有一定的内分泌干扰效应。通过放射免疫法测定了莠去津长期暴露(60 d)对幼年雄性鲫鱼血清中性类固醇及甲状腺激素的影响。结果发现，莠去津鲫鱼体内性类固醇及甲状腺激素均有一定的干扰作用，其中 17β -雌二醇可作为评价农药内分泌干扰效应的生物标志物[31]。

近年来，磁性微粒子在标记免疫分子中的应用发展迅速。磁性微粒子表面带有—COOH，—OH 等活性基团，具有直径小(0.8～2 μm)、均一性高的特性，以磁性微粒子为载体、经共价键结合抗体制成的固相抗体在 RIA 中的应用，最大限度地简化了操作程序，缩短了反应时间，为实现 RIA 的自动化检测创造了条件[32]。

7.4　活化分析法

活化分析是一种基于核反应的分析方法。它利用核粒子(或射线)与元(核)素的原子核作用提供的种种信息对该元(核)素进行定性和定量分析。1932 年，查德维克发现了中子；1936 年，赫维西和莱维进行了人类历史上的第一次中子活化分析。1938 年，西博格和利文格德用加速器首次进行了带电粒子的活化分析。

随着近代物理学的发展、γ 谱学的建立、核反应堆和加速器的应用，特别是具有高分辨率的 Ge(Li)探测器的研制成功及其与计算机技术的结合，使活化分析成为灵敏度高、准确度高、选择性好、快速而又能同时分析多种元素的非破坏性分析技术。

我国于1958年开始进行活化分析的研究工作。自此,我国的科学工作者在地球科学、材料科学、环境科学、生命科学、农业、法医学和考古学等领域的研究中取得可喜成果。

7.4.1 活化分析法的基本原理、类型与特点

7.4.1.1 活化分析的基本原理

核反应是活化分析的基础。当用一定能量和通量的中子、带电粒子或者高能 γ-光子轰击待测样品时,待测样品中稳定性核素受到入射粒子的作用转变为放射性的核素。把这种稳定性核素转变为放射性核素的过程称为活化。而核反应产生的放射性核的数量与测样中该放射性核素母核的数量成正比,待测样品在一定条件下照射后,通过测定样品中所产生的放射性核素的活度和发射出的粒子的能量或类型,即可进行定量和定性分析。中子活化分析的基本方程式如下:

$$D_x = \frac{N_A W \theta \psi \sigma}{A}(1 - e^{-\lambda t_b}) = \frac{N_A W \theta \psi \sigma}{A}(1 - e^{-0.693 t_b / T_{1/2}}) \quad (7-12)$$

式中,D_x为照射结束时放射性产物核的核衰变率;N_A为阿伏伽德罗常数(6.023×10^{23});W 为待测元素的质量(g);θ 为靶核素的丰度;ψ 为入射中子通量[中子数/(cm^2 · s)];σ 为靶核素与入射粒子的核反应截面(b);A 为待测元素的原子量;λ 为放射性产物核的衰变常数;t_b为照射时间;$T_{1/2}$为放射性产物核的半衰期。

在实际工作中,分析常用相对比较法,其结果计算用下式:

$$\frac{W_s}{W_x} = \frac{A_s}{A_x} \quad W_x = \frac{A_x}{A_s} W_s \quad (7-13)$$

式中,W_s为标准样品的质量(g);W_x为待测样品的质量(g);A_s为标准样品的放射性活度(Bq);A_x为待测样品的放射性活度(Bq)。

7.4.1.2 活化分析的类型

根据照射粒子类型和操作方法活化分析可做以下分类。

1) 根据照射粒子类型分类

根据照射粒子类型,活化分析可分为中子(热中子、超热中子、快中子)活

化分析、带电粒子(质子、氘子、氚子、^{3}He、^{4}He、重离子)活化分析、光子活化分析三类,详情如表7-6所示。

表7-6　根据照射粒子类型活化分析的分类

方法名称	照射粒子	粒子来源	核反应
中子活化分析	热中子(10^{-3}～0.5 eV)	反应堆、加速器、同位素中子源	(n, γ)
	超热中子(0.5 eV～0.01 MeV)	反应堆(包镉照射)	(n, γ)
	快中子(0.5～15 MeV)	反应堆、加速器、同位素中子源	(n, p),(n, d),(n, α),(n, 2n),…
带电粒子活化分析	质子	回旋和串列式加速器等	(p, n),(p, α),…
	氘子	同上	(d, n),(d, 2n),(d, p),…
	氚子	同上	(^{3}H, n),…
	^{3}He	同上	(^{3}He, α),(^{3}He, P),…
	^{4}He	同上	(α, d),…
	重离子	重离子加速器	(^{7}Li, n),…
光子活化分析	γ-光子	电子直线加速器、位素γ源等	(γ, n),(γ, p),…

2) 根据操作方法分类

根据操作方法,活化分析可分为仪器活化分析和放化分离活化分析两类。

仪器活化分析又称非破坏性活化分析,是指样品经活化后,不经任何处理,直接用放射性测量仪器测量其放射性,计算待测物质的含量。

放化分离活化分析又称为破坏性活化分析法,是指样品经活化后,用化学操作将其溶解,再进行化学分离,然后测定分离后各组分的放射性,经计算得到待测物的含量。

7.4.1.3　活化分析的特点

活化分析是适用于痕量分析的方法。在活化分析中,中子活化分析又最为常用和方便。中子活化分析是用一定能量和流强的中子轰击待测试样,然后测定由核反应生成的放射性核素衰变时放出的缓发辐射或者直接测定核反应中放出的瞬发辐射,实现元素的定性和定量分析。以下的讨论基于中子活化分析。

1）灵敏度高

活化分析对元素周期表中的大多数元素分析灵敏度可达 $10^{-6}\sim10^{-13}$ g。图 7-19 所示为仪器中子活化分析与其他分析法灵敏度的比较。

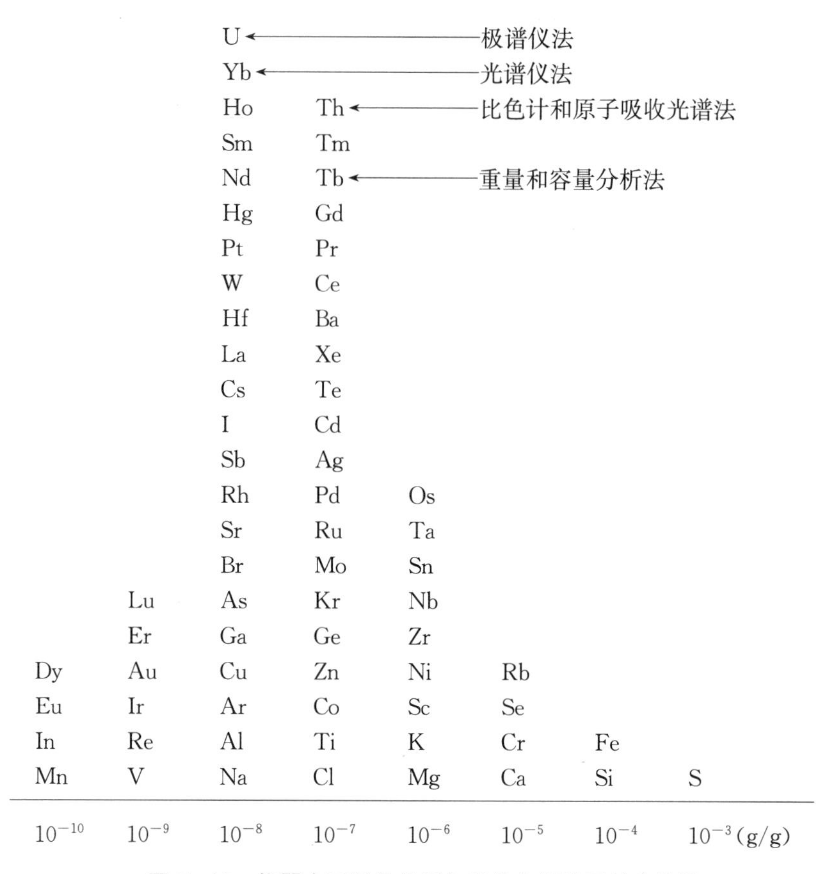

图 7-19 仪器中子活化分析与其他分析法灵敏度比较

［元素的测量限值系基于入射中子通量为 $\phi=10^{13}/(cm^2\cdot s)$，照射时间为 1 h，用 40 cm^3 的 Ge(Li)测定结果］

由图 7-19 可知，仪器中子活化分析在中子通量为 $10^{13}/(cm^2\cdot s)$，照射 1 h，用 40 cm^3 的 Ge(Li)探测器测量其灵敏度为 10^{-10} g/g，若提高中子通量或延长照射时间灵敏度还可提高，而其他分析方法的最高灵敏度为 10^{-6} g/g。

2）准确度和精密度高

在痕量分析方法中，活化分析法的准确度和精密度是属于很高的一种。一般其精密度可达±5%，高的可达±1%。实际工作中，其准确度和精密度还受操作人员的熟练程度和细心程度等因素的影响。

3）可同时进行多元素测定

可同时进行多元素测定是活化分析的一大优点。一个样品中含有的多种元素，在受到入射粒子的轰击时，都有可能变成放射性的。如果所形成的放射性能用仪器或化学法将它们分离开来的话，它们的含量就可同时进行测定。

4）无试剂沾污之虞

在痕量分析中，通常需要将样品用试剂进行化学处理。由于试剂中总含有微量杂质，就给分析引进了误差。而在活化分析中，照射前一般不作任何化学处理，所以也就不会产生试剂污染的问题。

5）可实现高度自动化

在仪器活化分析中，由于测定是非破坏性的，当把传输、测量和计算机连线时，可实现测量的自动化。

然而，活化分析也有其局限性。例如，它只能分析元素的种类和含量，无法分析物质的存在形态和结构；分析灵敏度因元素而异，变化较大；所用设备复杂，价格昂贵，分析成本高；有部分元素分析的周期长等。

7.4.2　活化分析的基本程序

1）选择方法

选用适宜种类的活化分析方法是使分析经济、有效的保证。活化分析种类和方法的选择主要根据待测元素、需用核反应的类型、灵敏度、最佳照射条件和冷却时间，以及可能的干扰反应等因素而定。

2）样品和标准样品的制备

取样和制样也许是活化分析中最困难、最易引入误差的一个环节。在样品的采取、保存和制备过程中，要防止样品被污染和待测元素的丢失。在这些操作步骤中，稍不注意均有可能导致严重的误差。

3）照射

将样品和标准样品置于照射装置中，经受相等流量粒子的轰击，使待测元素转化为放射性的。

4）放射性活度的测量

用仪器或化学的技术方法把待测核素从样品中与其他核素分离开来，并测定其放射性活度。

5）数据处理

计算样品中待测元素的含量和其测定误差。

7.4.3 活化分析中几个操作要素

进行中子活化分析时，下列因素应认真加以考虑。

1) 核反应的选择

中子引起的核反应是多种多样的，其中主要有(n, γ)，(n, p)，(n, n)，(n, α)，(n, 2n)和(n, f)等。在实际工作中，采用何种核反应使 X 变成*X 是需要认真考虑的。核反应的选择主要取决于核反应的有效截面(反应截面和产生该反应的核素的丰度)、产物核*X 的半衰期和射线的能量适于测量的程度，以及是否存在干扰、干扰能否校正等因素。所谓干扰指的是不同的核反应生成相同的产物核*X 或两种不同的放射性核素发射相同类型的射线，而且，其能量相近。例如，$^{160}T_b$的能峰为 299 keV，$^{233}P_a$的能量为 300 keV 和 312 keV，如样品活化产物中同时有这两种核素，就会产生干扰。

2) 照射中子源的选择

中子活化分析中常用的中子源有三种：粒子加速器、同位素中子源和核反应堆。加速器产生的中子能量为 14 MeV，它在轻元素，如碳、氮、氧、氟和硫等分析中有重要意义。同位素中子源和反应堆产生的热中子，均可用于活化分析。同位素中子源中常用的核反应有$^9Be(\gamma, n)^8Be \rightarrow 2^4He$($E_{阈}$为 1.67 MeV)，$^2H(\gamma, n)^1H$($E_{阈}$为 2.23 MeV)。在这些反应中，γ 射线来自^{124}Sb，^{24}Na，^{88}Y或^{140}La。^{252}Cf自发裂变产生中子，可作为一种中子源，它已引起了人们的注意。中子源的选择取决于选定的核反应类型和可供使用的设备，要求有效、方便。

3) 照射条件的选定

照射条件包括中子通量和照射时间。它们的确定取决于核反应的有效截面，产物核的半衰期等因素。中子通量也许是所有因素中最不稳定的因子。为减少和消除样品和标准样品受到不同中子积分通量照射造成的误差，对中子通量进行监测是必要的。

4) 照射后等待测量冷却时间的确定

农业科学研究中，待测样品的基体组成成分往往很复杂，各种元素的含量各不相同，各种放射性核素的产额也不同，为获得最佳测量效果，样品照射后冷却等待一定时间再进行测量是必要的。冷却等待时间视靶核素半衰期的长短、产额、能量，以及干扰情况等因子而定。

7.4.4 可活化示踪法

可活化示踪技术已广泛用于环境科学研究中。它在有害工业废气、粉尘的扩散途径、速度和范围，以及水污染等方面研究，是一种非常有效的技术手段。此外，在生态学包括昆虫生态学的研究中，它也是一种行之有效的方法。

1）可活化示踪的技术原理

某些种类的稳定性核素在中子、带电粒子或高能γ光子的轰击下，会产生各种类型的核反应，从而转变为放射性核素，我们把这些发生反应并转化为放射性核素的稳定性核素称可活化核素。当把某种可活化的核素作为示踪剂引入研究系统，然后将试验过程中采集的样品用适当的粒子进行照射活化，根据该示踪剂活化后产生的放射性对其进行定性和定量测定，这种将示踪技术和活化技术相结合的方法称为可活化示踪法。

2）可活化示踪技术的特点

可活化示踪法的主要特点是示踪剂是非放射性的。所以，在试验过程中无须进行辐射防护，也不存在放射性环境污染问题，为野外试验提供了可能性；它灵敏度高，可与放射性同位素示踪法相媲美；与稳定性示踪剂一样，试验研究的周期不受限制；对某些无合适放射性同位素的元素的示踪提供了可能性。

但是，可活化示踪技术所用的设备昂贵，而且不是所有的元素都有适合于活化的稳定性同位素作为示踪剂，这大大限制了其应用的可行性。

3）可活化示踪剂的选择

选择合适的可活化示踪剂是研究成功的一个重要因素。选用的示踪剂要能代表所追踪物质的运动状态，并且不会对试验系统产生不良影响；可活化示踪核素的核反应截面要大，活化产物核具有适于测量的衰变方式、能量和半衰期；示踪核素在样品中的自然本底低；易于获得而且价格便宜。常用的可活化示踪元素有如下一些：钴(Co)，溴(Br)，氯(Cl)，镧(La)，钐(Sm)，铕(Eu)，镝(Dy)，铜(Cu)，锰(Mn)，铟(In)，钠(Na)等。

4）可活化示踪试验的程序

与其他示踪试验相同，可活化示踪试验也应根据研究目的要求制订试验设计方案，然后根据试验方案把示踪剂引入试验系统。引入示踪剂时和引入后要防止处理间交叉污染。试验过程中，要按试验设计要求，进行管理。根据试验方案定期采集样品，并进行样品制备。活化分析中样品需要量较少，因此，样品的代表性是始终需要注意的一个问题。在采样、样品制备等过程中都要排除影响样品代表性的操作。像其他微量分析一样，防止采样和样品制备过程中的污染。要注意所用器具的清洁，对水样还要防止污染物从容器内溶解出来的可能性。测样的活化、冷却和测量的过程与活化分析同。

交叉污染是可活化示踪中从一开始就要注意的问题。在示踪剂的引入，引入后的管理、采样、制样、活化测量等操作过程的每一步，都要采取有效措施，防止污染和交叉污染的发生[2,3]。

7.4.5 活化分析在农业科学中的应用与进展

7.4.5.1 活化分析在农业、生物学中的应用

分子活化分析是基于传统的中子活化分析与生物环境样品中特定元素化学种态分离技术的结合。众所周知，中子活化分析是一种灵敏度、准确度都非常高的分析方法，但传统的仪器中子活化分析只能给出所研究体系中元素的总量，无法提供感兴趣元素在体系中的化学种态。中科院高能物理研究所多学科中心和核分析重点实验室将化学或生物化学等元素形态分离技术与具有高灵敏度的中子活化分析方法相结合，建立了用于生物样品中微量元素种态分析的分子活化分析(MAA)方法，并在微量元素的生物效应领域做了很多工作。例如，用 MAA 研究了植物、实验动物以及人对稀土元素的吸收，稀土元素进入体内后的分布，以及它们与生物大分子(蛋白质、多糖、DNA)间的结合，为研究农用稀土肥料、饲料进入食物链后可能产生的生物学效应提供了依据。

用 MAA 法在一种富含稀土的蕨类植物的叶片中发现 2 种稀土结合蛋白、4 种稀土结合多糖和 1 种稀土结合 DNA，2 种稀土结合蛋白的相对分子质量分别为 800 000 和小于 12 400，SDS－PAGE 研究结果显示它们各自含有 2 个亚基，这些亚基为具有不同糖基的糖蛋白；4 种稀土结合多糖的相对分子质量均在 10 000～20 000 范围内；叶片内与 DNA 结合的稀土不到总量的 1%。MAA 用于生物体系中金属蛋白的研究还有很多报道。相对于其他非核种态分析方法，MAA 具有灵敏度高、准确度好、在分析过程中可保持元素的化学种态不变、可同时提供多种元素的化学种态信息、无基体效应等优点。然而该方法也有不足之处，主要是在线和实时分析尚有困难[33]。

张鸿等采用中子活化分析方法研究了苹果中有机卤素污染物的分布特征。结果显示，苹果中有机卤素的分布规律为：有机氯含量≫有机溴含量>有机碘含量，而有机氯的分布规律为：种子中的有机氯含量≫果皮中的有机氯含量≫果荚中的有机氯含量≥果肉中的有机氯含量。统计分析结果显示，

苹果中有机氯、溴、碘具有不同的来源。其中有机溴、碘主要来自植物自身合成的天然产物，而有机氯则主要来自人造的污染物[34]。

氟是人体必需的微量元素，但长期摄入过量氟化物会导致氟中毒。茶树是富氟植物，主要富集于叶片，尤其在成熟叶和老叶中。为探究商品茶中氟的含量特征及其成因，为饮茶的安全风险评价提供科学依据，陈清武等应用堆循环中子活化分析(cyclic neutron activation analysis, CNAA)和三种传统氟测量方法分析了含氟标准参考物质茶叶中氟含量。结果表明，CNAA 具有准确性好、灵敏度高、省时、用量少、溯源性强、抗干扰性好等优势。CNAA 分析四类 16 种商品茶中氟含量的结果显示，茶叶中氟含量由高到低依次为黑茶、红茶、乌龙茶、绿茶，其原因与茶叶的选料及加工工艺密切相关。个别黑茶氟含量高达 276 mg/kg，超出国家限量标准(≤200 mg/kg)，存在饮用安全风险[35]。

7.4.5.2　*活化分析在环境科学中的应用*

活化分析从 20 世纪 70 年代就开始用于土壤、水质、尘土、空气等环境背景值的调查，后来又发展到用于大气污染物来源分析、海气交换、灾害性气候、有毒元素(Hg, As 等)污染对人和动物的影响等方面。

近年的研究表明，粒径小于 10 μm，特别是小于 2.5 μm 的大气颗粒物(APM)对健康构成主要危害。气溶胶在大气中的浓度很低，元素的浓度在 10^{-3}～10^{3} ng/m^3之间，且含有多种元素，要求选用灵敏度高、准确度好的方法，而且需要进行多元素同时分析；其中有些元素是难溶的或易挥发的，要求用不破坏样品的方法分析。中子活化分析有着显著的优势，成为研究大气污染的一个主要手段。黄春锋等利用中子活化分析技术研究了成都城东区大气颗粒物污染状况，成都市城东区大气颗粒物的主要来源是土壤尘占48.04%、燃煤尘占 17.13%、汽车尾气尘占 12.42%、建筑尘占 6.37%、钢铁冶金尘占 5.26%、植物及垃圾焚烧尘占 3.61%[36]。

中子活化分析方法在有机氯污染方面也有了初步的应用。传统的有机氯分析方法是，对样品进行提取、分离、净化后，用气相色谱-电子捕获检测器(GC - ECD)或气相色谱-质谱联用仪(GC - MS)测定。这些方法能够准确测定某些有机氯污染物，主要是人类合成的有机氯污染物，但不能对样品中的所有有机氯物质进行定量和定性分析。中子活化分析通过氯核素的(n, γ)反应，测定放射性核素的特征 γ 射线(^{38}Cl, E=1 642.4 keV, $T_{1/2}$=37.24 min)的活度，可以对各种有机氯污染物进行定量分析，检出限可达几十纳克。

用生物标志物监测环境污染状况具有一些独特优点，例如监测面广，能监测积累效应，无人监测，价廉方便，特异性好等。国际上一些核分析研究中心已广泛开展这方面的研究工作。生物标志物的分析主要采用核分析技术，荷兰、德国、俄罗斯等利用中子活化分析等方法，绘制了区域性的环境污染物分布图，直观地显示了污染物的影响范围和程度。这种方法称为生物绘图(biomap)[37]。

7.5 同位素质谱分析技术

同位素质谱最初是伴随着核科学与核工业的发展而发展起来的，质谱学的成就又促进了核科学的重大突破，例如同位素的发现、^{235}U 的制取等质谱成果，为核科学和核工业做出了开创性的贡献；而核科学和核工业的发展又扩大了同位素质谱技术的应用范围，目前该技术已广泛应用于农业科学、生物学、生态学和环境科学等领域。

7.5.1 同位素质谱分析技术相关的术语与基本概念

7.5.1.1 稳定性同位素

稳定性同位素(stable isotope)是指就目前检测技术来说，尚不能发现自行衰变的同位素，如^{12}C，^{13}C，^{16}O，^{18}O 等；其中^{12}C 或者^{16}O 存在的比例很高，大多含量超过 99%，而^{13}C 或者^{18}O 比例很低。一般提及稳定性同位素，大多是指在自然界中含量较低的稳定性同位素，即^{13}C，^{18}O。

7.5.1.2 同位素丰度

同位素丰度(isotope abundance)是指自然界中存在的某一元素的各种同位素的相对含量(以原子百分计)。地球上元素的同位素丰度只是指它们在地壳中的含量，如氢的同位素丰度：^{1}H 为 99.985%，D 为 0.015%；氧的同位素丰度：^{16}O 为 99.76%，^{17}O 为 0.04%，^{18}O 为 0.20%。同位素丰度有相对丰度和绝对丰度之分。

1) 绝对丰度

指某一同位素在所有各种稳定同位素总量中的相对份额，常以该同位素与^{1}H[^{1}H 的份额为 10^{12}]或^{28}Si[^{28}Si 的份额为 10^{6}]的比值表示。这种丰度一般是由太阳光谱和陨石的实测结果给出元素组成，结合各元素的同位素组成计算的。

2) 相对丰度

指同一元素各同位素的相对含量。例如^{12}C 相对含量为 98.892%，^{13}C 相对含量为1.108%。大多数元素由两种或两种以上同位素组成，少数元素为单同位素元素，例如^{19}F为100%。

(1) 同位素比值R和δ值。

同位素比值(isotope ratio)R指元素中各同位素丰度之比，通常为该元素的重同位素原子丰度与轻同位素原子丰度之比，例如$R(D/H)$，$R(^{13}C/^{12}C)$，$R(^{34}S/^{32}S)$等。

由于轻元素在自然界中轻同位素的相对丰度很高，而重同位素的相对丰度都很低，R值就很低且冗长烦琐不便于比较，故在实际工作中通常采用样品的δ值来表示样品的同位素成分。样品(sa)的同位素比值R_{sa}与一标准物质(st)的同位素比值R_{st}比较，比较结果称为样品的δ值。其定义为

$$\delta(‰) = (R_{sa}/R_{st} - 1) \times 1\,000‰$$

即样品的同位素比值相对于标准物质同位素比值的千分差。

(2) 同位素分馏作用。

同位素分子之间由于质量上的微小差异，导致其化学键能的存在差异；在各种物理、化学、生物作用过程中，键能较小的同位素分子被优先利用，从而导致一种元素不同同位素在两种或者两种以上物质或一种物质两种物相之间会发生分配不均匀的现象，这种在分配过程引起的同位素丰度变化现象称为同位素分馏作用(isotope fractionation)。环境、气候、地形、生物代谢类型等因素都可以引起同位素的分馏作用。

7.5.1.3　同位素标准

1) 同位素标准的定义

是指在稳定同位素地质研究中，某一样品的同位素比值常用一个选用“基准”样品的同位素比值相比较的方法来表示，这一“基准”的样品叫同位素标准(isotope standard)。

2) 同位素标准的要求

δ值的大小与所采用的标准有关，进行同位素质谱分析时要有合适的标准，不同样品间的比较也必须采用同一标准才有意义。对同位素标准物质的要求如下：

(1) 组成均一，性质稳定。

(2) 数量较多，以便长期使用。

(3) 化学制备和同位素测量的手续简便。

(4) 大致为天然同位素比值变化范围的中值，便于绝大多数样品的测定。

(5) 可作为世界范围的零点。

3) 常用同位素标准

目前国际通用的同位素标准是由国际原子能机构(IAEA)和美国国家标准和技术研究所(NIST)颁布的，我国的同位素标准物质由国家质量监督检验检疫总局批准颁布。常用同位素标准有以下几种。

(1) 氢同位素：分析结果均以标准平均大洋水(standard mean ocean water，SMOW)为标准报道，$m(D)/m(H_{SMOW})=(155.76\pm0.10)\times10^{-6}$。后来IAEA分发了两个用作同位素标准的水样V-SMOW和SLAP(water light stable isotopic standard)，其氢同位素比值分别是$\delta D_{V\text{-}SMOW}$为0‰，δD_{SLAP}为-428‰。

(2) 碳同位素：标准物质为美国南卡罗来纳州白垩纪皮狄组层位中的拟箭石化石(Peedee Belemnite，即PDB)，其$m(^{13}C)/m(^{12}C)=(11\,237.2\pm90)\times10^{-6}$，定义其$\delta^{13}C$为0‰。

(3) 氧同位素：大部分氧同位素分析结果均以SMOW标准报道，它是根据水样NBS-1定义的，$m(^{18}O)/m(^{16}O_{SMOW})=(2\,005.2\pm0.43)\times10^{-6}$，$m(^{17}O)/m(^{16}O_{SMOW})=(373\pm15)\times10^{-6}$；在碳酸盐样品氧同位素分析中则经常采用PDB标准，其$m(^{18}O)/m(^{16}O)=2\,067.1\times10^{-6}$，它与SMOW标准之间存在转换关系。两个IAEA标准水样V-SMOW和SLAP的氧同位素比值分别是$\delta^{18}O_{V\text{-}SMOW}$为0‰；$\delta^{18}O_{SLAP}$为$-55.50$‰。

(4) 硫同位素：标准物质选用Canyon Diablo铁陨石中的陨硫铁(Troilite)，简称CDT。$m(^{34}S)/m(^{32}S_{CDT})=(45\,004.5\pm9.3)\times10^{-6}$，定义CDT的$\delta^{34}S$为0‰。

(5) 氮同位素：选空气中氮气为标准。$m(^{15}N)/m(^{14}N)=(3\,676.5\pm8.1)\times10^{-6}$，定义其$\delta^{15}N$为0‰。

(6) 硅同位素：硅同位素组成常以$m(^{30}Si)/m(^{28}Si)$比值表示，选用美国NIST的石英砂NBS-28作为标准，定义其$\delta^{30}Si$为0‰。

(7) 硼同位素：采用SRM951硼酸作为标准，NIST推荐的$m(^{11}B)/m(^{10}B)$比值为$4.043\,62\pm0.001\,37$，定义其$\delta^{11}B$为0‰。

7.5.2 同位素质谱仪的基本结构与工作原理

7.5.2.1 同位素质谱仪的基本构成

同位素质谱仪由进样系统、离子源、质量分析器、离子收集检测器、真空系统、电源及监控显示和计算机控制与数据处理系统组成，其基本结构如图7-20所示。

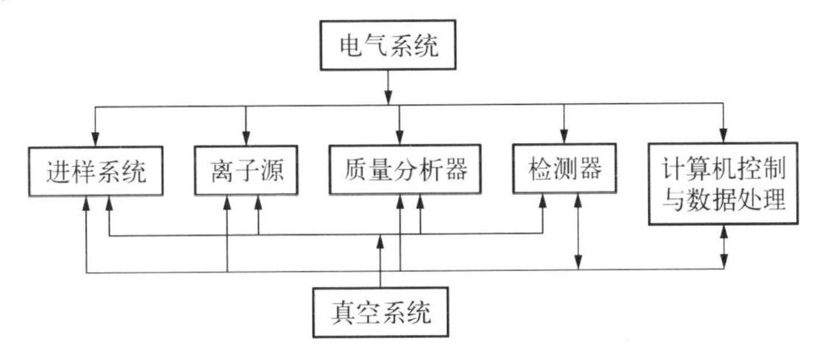

图7-20　同位素质谱仪基本结构框架[38]

1）进样系统

用于同位素质谱分析的样品形态可以是气态、液态和固态，对所连接的质谱仪器的要求也各不相同，形成了不同结构特点的进样系统。但对进样系统有以下共性要求：

(1) 进样过程中，应尽量避免引起样品的同位素分馏、分解、吸附等现象，并减少送样中的"记忆效应"。

(2) 在测定分析过程中，要保证向离子源输入稳定的样品流量，能控制使离子源正常工作的样品压力。

(3) 进样系统引起的时间滞后不得超过质谱分析允许的时间。

与质谱仪器连接的进样系统一般包括气体进样系统、液体进样系统、固体进样系统三种类型。在有机分析中，可以把气相、液相色谱仪当作特殊进样系统，使复杂样品分离后再送入电离室。

2）离子源

离子源是质谱仪的重要部件，其功能是将待测样品电离成正离子，这些离子经光学透镜系统被引出、加速、聚焦成具有一定能量和几何形状的离子束，然后导入质量分析器。离子源通常应具有电离效率高、聚焦性能好、离子初始能量发散小、传输效率高、离子流稳定、质量歧视效应小等特点。在质谱分析中，常见的电离方法包括电子轰击、离子轰击、真空放电、表面电离、场致电离和化学电离等。

3）质量分析器

质量分析器是质谱仪的核心部件，主要是将由离子源中加速产生的离子束按质荷比(m/z)实现在空间位置、时间上的分离、聚焦。质量分析器可分为两大类：

(1) 静态质量分析器。采用稳定的电磁场，并且按照空间位置把不同质荷比离子区分开。

(2) 动态质量分析器。采用变化的电磁场按照时间或空间区分不同质荷比的离子。

在同位素质谱仪器中，一般采用单聚焦质量分析器、双聚焦质量分析器、四极杆质量分析器、飞行时间质理分析器和离子阱质量分析器等几种类型。

4) 离子收集检测器

离子源所产生的离子经质量分析器分离后，被离子接收器收集，再经放大和测量，从而实现样品同位素比值及其组成的测定。常用的离子接收器主要有两种类型。

(1) 直接电测法：离子流直接为金属电极能接收，并用电学方法记录离子流。

(2) 二次效应电测法：利用离子接收时产生二次电子或光子，经电子倍增器或光电倍增器多级放大后再检测，其灵敏度可高达 10^{-19} A。该类型的接收器广泛应用在热表面电离同位素质谱仪和稀有气体同位素质谱仪上，以实现痕量样品和低丰度同位素分析。

5) 真空系统

进样系统、离子源、质量分析器和离子接收器等均需在一定的真空条件下才能正常工作，以确保待测离子不会因与残存气体分子发生碰撞而散射，可提高分辨率和灵敏度。一般情况下，进样系统真空度约为 10^{-2} Pa，离子源区气压约为 $10^{-3}\sim10^{-5}$ Pa，质量分析器区气压约为 $10^{-4}\sim10^{-7}$ Pa，检测器区真空度约为 $10^{-1}\sim10^{-2}$ Pa 以上。而对于稀有气体同位素质谱仪，为提高分析灵敏度，使用静态分析方法时，其真空度必需大于 $10^{-7}\sim10^{-8}$ Pa，达到超高真空状态，可大幅度降低样品用量。

常用的真空系统包括机械真空泵、涡轮分子泵、扩散泵、离子泵和不同类型的吸附泵。真空技术是同位素实验室中，包括同位素样品分离制备，同位素质谱分析中的一门必备的基础技术。

6) 计算机系统

计算机系统在同位素质谱仪中主要功能如下：

(1) 信号采集和数据处理。根据不同的分析对象，设定所需采集的质谱信号，并按照相关规范进行数据处理，包括数据采集的组数、本底扣除、干扰离子校正、标准值设定等,最终给出分析测量结果。

(2) 功能转换、测量参数的选择和监控。随着同位素质谱仪的发展,其分析功能和外部联机设置呈现多样化的特点,计算机系统则起着中心控制的重要作用。例如,在气体稳定同位素质谱仪运行中,可通过计算机设定不同功能的连续流装置,自动进行 EA/MS,TC/EA/MS,GC/C/MS 等在线装置的转换,以完成不同样品的测定。在质谱同位素测量时,可以根据不同的分析对象,设定和选择仪器工作条件和测量参数。例如离子接收方式的选择,谱峰强度的设定,压力调节参数的选择,标准与样品谱峰强度的差值和质谱峰中心的自动调整等。

(3) 质谱仪基本性能检查和故障分析。计算机系统可根据需要完成同位素质谱仪基本性能,包括多接收叠加峰的谱图显示,仪器分辨本领的测定,峰形稳定度的测定和系统稳定性的测定等,以保证高精度的同位素测定结果。

计算机系统还可以通过对结构复杂的质谱仪各功能单元的主要技术指标进行监测,例如,加速电压的稳定度、磁场电流的稳定度、离于源灯丝电流的稳定度以及各系统的真空度的显示,以帮助操作人员能及时判断仪器故障的位置和排除办法。

7.5.2.2　同位素质谱仪的工作原理

同位素比例质谱仪的原理是首先将样品转化成气体(如 CO_2,N_2,SO_2或 H_2),在离子源中将气体分子离子化(从每个分子中剥离一个电子,导致每个分子带有一个正电荷),接着将离子化气体打入飞行管中。飞行管是弯曲的,磁铁置于其上方,带电分子依质量不同而分离,含有重同位素的分子弯曲程度小于含轻同位素的分子。

在飞行管的末端有一个法拉第收集器,用以测量经过磁体分离之后,具有特定质量的离子束强度。由于它是把样品转化成气体才能测定,所以又叫气体同位素比例质谱仪。以 CO_2 为例,需要有三个法拉第收集器来收集质量分别为 44,45 和 46 的离子束。不同质量离子同时收集,从而可以精确测定不同质量离子之间的比率。

带电粒子在磁场中运动时发生偏转,偏转程度与粒子的质荷比 m/e 成反比。带电离子携带电荷 e',通过电场时获得能量 $e'V$,它应与该离子动能相等:

$$\frac{1}{2}m'v'^2 = e'V \tag{7-14}$$

式中，m'和v'分别为粒子的质量和速度；e'为粒子电荷；V为电压。带电粒子沿垂直磁力线方向进入磁场时，受到洛伦兹力作用，此力垂直于磁场方向和运动方向，力的大小为

$$F = e'VB/c \tag{7-15}$$

式中，B为磁场强度；c为光速。合并式(7-15)和式(7-16)，得到

$$F = \frac{Be'\sqrt{2e'V}}{c\sqrt{m}} = \frac{Be'\sqrt{2V}}{c}\sqrt{e'/m} \tag{7-16}$$

显然，F为粒子质量的函数，确切来说是荷质比$\sqrt{e'/m}$的函数。据此，带电粒子在磁场中运动时因洛伦兹力而偏转，导致不同质量同位素的分离，重同位素偏转半径大，轻同位素偏转半径小。

实际测定中，不是直接测定同位素的绝对含量，因为这一点很难做到；而是测定两种同位素的比值，例如$m(^{18}O)/m(^{16}O)$或$m(^{34}S)/m(^{32}S)$等。用作稳定同位素分析的质谱仪是将样品和标准的同位素比值作对比进行测量[38,39]。

7.5.3 常用稳定性同位素样品的制备与分析

7.5.3.1 常用稳定性同位素样品的制备

1) 含C，H，O的样品处理

对含C元素样品，首先用色谱法将待测组分从其他化合物中分离出来，然后经氧化炉燃烧生成CO_2和H_2O，用冷凝法分离除去水后，使CO_2进入质谱仪，测定其^{13}C与^{12}C的同位素比值。

对含H元素的样品，是将植物、土壤有机质、石油、天然气等有机物中的H燃烧转化为H_2O，再用Zn，U，Mg，石墨和氢化物还原法制备H_2，供质谱或其他方法测定。其中石墨还原法效果最好。

氧的分离常用氯化汞、氯化钖、氰化汞在密闭状态下烘烤样品，使其转化为CO_2，经纯化后供质谱测定^{18}O与^{16}O比值。

2) 含N样品的处理

由于N_2稳定性好、图谱简单，又易制备和分离，N是在农业示踪技术中用得最多的稳定同位素之一。常用湿氧化法将含氨基、硝基、亚硝基、偶氮以及脎和肟等有机化合物的N，在催化剂作用下，通过浓硫酸处理，使其分解转化为硫酸铵，用凯氏(Kjeldahl)蒸馏法分离出铵，最后用碱性次溴酸锂转化为分

子 N_2。或以杜马士(Dumas)法为基础,将含 N 化合物转化为 N_2 供质谱测定 N 同位素比。

7.5.3.2　稳定性同位素的基本分析过程

在稳定性同位素分析中均以气体形式进行质谱分析,因此常有气体质谱仪之称。同位素质谱分析仪的测量过程可归纳为以下步骤:

(1) 将被分析的样品以气体形式送入离子源。

(2) 把被分析的元素转变为电荷为 e 的阳离子,应用纵电场将离子束准直成为一定能量的平行离子束。

(3) 利用电、磁分析器将离子束分解为不同 m/e 比值的组分。

(4) 记录并测定离子束每一组分的强度。

(5) 将离子束强度转化为同位素丰度。

(6) 将待测样品与工作标准相比较,得到相对于国际标准的同位素比值。

7.5.4　同位素质谱分析技术的应用

7.5.4.1　同位素质谱技术在农业科学中的应用

C,H,O,N 等稳定同位素一直是农业科学研究的最有力的手段之一,涉及 N 元素循环、肥料利用、最佳施肥方法选择、植物光合作用、氮代谢、水在植物、土壤中的迁移、吸收规律和农业污染源追踪等研究领域。

为提高农作物的产量,^{15}N 示踪技术广泛用于施肥方法与肥效等相关的研究中,20 世纪 70 年代起,就用贫化 ^{15}N 标记的硫酸铵氮肥,研究水稻产量与氮肥利用率的相关性,发现水稻对 N 的吸收率与生长季节有关。有人用 ^{15}N 示踪研究冬小麦的氮肥效应,结果表明,追施氮肥的利用率明显高于基肥,施肥越早 N 损失量越大,追施氮肥可使植株中总 N 的 70%分布在籽粒中,不仅有利于提高小麦产量,而且使籽粒中的蛋白质含量增加 31%～35%。用 N 丰度为 5.52%、含 N 量 46%的标记 ^{15}N -尿素作示踪剂,对冬小麦不同追肥期 N 素利用率、秸秆、籽粒中的分配,土壤中的残留量和损失进行对比研究后发现,拔节期和结穗期各追施一次效果最佳,可使小麦增产 13.5%～16.4%,N 的损失减少 7.23%,籽粒中 N 的利用率提高 4.62%～5.92%[38]。

硝化抑制剂是用来抑制土壤中硝化过程(NH^{+4} - N 向 NO^{-3} - N 转化)的物质,在使用生物化学方法控制土壤 N 转化,从而提高 N 肥利用率中得到广泛的应用。对硝化抑制剂的作用效果的评价,可通过反硝化酶活性测定来实现。张丽莉等人采用加入同位素标记底物结合同位素质谱仪的方法,测定了新型硝化抑制剂3,4-二甲基吡唑磷酸盐(DMPP)作用下的反硝化酶活性[40]。结果表明,该方法能较准确的测定培养体系中的N_2O的浓度,与气相色谱法的测定结果具有良好的相关性。通过测定$^{15}N_2O$和$^{15}N_2$的丰度能够较好地区分两种反硝化酶活性(硝酸还原酶和N_2O还原酶),且克服了传统测定中需要加入乙炔作为酶抑制剂的弊端。对DMPP作用下土壤反硝化酶的测定表明,DMPP对反硝化酶无显著影响,说明DMPP在使用中不会影响土壤中的反硝化过程[40]。

为追溯番茄氮肥种类、判断番茄在种植过程中是否施入化肥提供理论和技术支持,武竹英等人在番茄生长过程中施加不同种类氮肥,并在固定时间取土壤、肥料、植株及果实样品,通过上述样品的氮稳定同位素比率特征研究氮肥种类对番茄$\delta^{15}N$值的影响。结果表明,氮肥种类对番茄果实$\delta^{15}N$值具有显著影响,施入化学氮肥的番茄果实中$\delta^{15}N$值会显著低于未施化学氮肥的番茄果实;相同氮肥条件下,时间因素对番茄$\delta^{15}N$值差异影响不显著;番茄植株(叶和茎)的$\delta^{15}N$值始终大于同株果实的$\delta^{15}N$值,与时间和氮肥种类无关;同时,植物样品的$\delta^{15}N$值一般高于土壤或肥料的$\delta^{15}N$值。植物$\delta^{15}N$值可以作为判断蔬菜在种植过程中是否施入化肥的指标,为区分有机和常规蔬菜提供理论和技术支持[41]。

土壤碳是全球碳循环的重要环节,在全球气候变化中扮演着重要的角色。通常利用$\delta^{13}C$方法研究在时间尺度较大的情况下土壤总有机碳的更新与周转、不同颗粒大小或不同密度组分有机碳的周转。为探索$\delta^{13}C$方法在培养条件下研究土壤有机碳和重组有机$\delta^{13}C$碳分解速率的可行性,尹云峰等人利用$\delta^{13}C$自然丰度方法和同位素质谱分析技术,通过室内培育实验研究了红壤总有机碳和重组有机碳的分解速率,培养时间为180 d,培养温度为30℃。结果表明,施用玉米秸秆明显地促进了红壤原有的总有机碳和重组有机碳的分解,施用量越多,原有机碳分解的越快,表明土壤中原有机碳的分解速率与进入到土壤中的新鲜有机碳量有关[42]。

据贺义惠报道,有人采用氢氘交换及质谱联用方法对酶-抑制剂复合物cystatin-papain相互作用进行了研究,cystatin为一种硫醇蛋白酶抑制剂,papain为木瓜蛋白酶。研究结果表明,cystatin与papain结合时,cystatin分子的柔曲性降低。进一步的研究发现,cystatin N端的柔曲性因cystatin结合部位的氢键作用而丧失[43]。

^{18}O同位素示踪技术主要用于植物和土壤中水的传输迁移等研究领域。

田立德等人对西藏那曲地区降水和不同层区土壤剖面水中稳定同位素的变化规律与水分迁移的关系进行了详细研究，通过测定相关样品 $\delta^{18}O$ 值，发现土壤表层水中 $\delta^{18}O$ 受降水中 $\delta^{18}O$ 的影响，与降水中 $\delta^{18}O$ 有相同的变化趋势；而地下水中的 $\delta^{18}O$ 受降水中占 $\delta^{18}O$ 的影响不明显，变化幅度很小，说明地下水并非源于当年夏季降水，可能代表多年的降水平均状态；不同土壤剖面 $\delta^{18}O$ 的变化反映降水逐渐向地下渗透的过程，表层土壤水中 $\delta^{18}O$ 受降水影响最明显，而向下土壤水中 $\delta^{18}O$ 受地下水 $\delta^{18}O$ 的影响增强，显示地下水在土壤水活动中起重要作用[38]。

7.5.4.2 同位素质谱技术在环境科学中的应用

由于同位素自然丰度的变异起因于同位素分馏效应，而自然条件下的同位素分馏效应又与一系列生物学、化学和物理学过程有关，因此，同位素自然变异可作为生物圈物质循环过程中一系列生物、化学、物理过程中的特征值，通过测定相关环境样品中 C，H，O，N，S 等元素的稳定同位素的自然丰度变异，可对环境污染物的行为与来源进行研究和识别。

据黄达峰等人报道，有学者对青藏高原、香港海滨、深圳海滨等清洁区和深圳罗湖商业区、广州工业区大气溶胶中正构烷烃（C_{12}－C_{31}）稳定同位素的分布特征进行了研究，发现上述地区样品中 $\delta^{13}C$ 有明显的差异，清洁区 $\delta^{13}C$ 的变化与高等植物排放二氧化碳密切相关：商业区以汽车尾气排放的油型污染为主；工业区与煤型污染有关[38]。

$\delta^{15}N$ 可用于研究肥料氮对地表水的污染，并能评估出氮肥对硝酸盐的贡献和对食品质量的影响。由于大量氮肥的使用，氮富营养化对生态环境造成的污染越来越严重，曾用测定土壤和地表水中的 $\delta^{15}N$ 的变化，确定甘蔗汁氮的污染是来自紧临农业区排放的富营养物质所致[38]。

有机氯污染物，如氟氯烃、多氯联苯、有机氯农药和挥发性氯代烃等都是分子中含有氯元素的有机污染物，一直是近几十年环境科学研究的热点。比较环境样品和污染源中有机氯污染物 $\delta^{37}Cl$ 值的异同，可以在一定程度上进行污染物溯源。分析地表下蒸气和室内空气中三氯乙烯（TCE）和四氯乙烯（PCE）的碳和氯同位素丰度，可以发现这些挥发性氯代烃在不同来源的碳氯同位素丰度差异较大，认为这一特征可以用于指示室内空气的挥发性氯代烃是否来源于地表下蒸气入侵[44]。

同位素分馏理论可用于定量描述氯同位素分馏效率等，进而阐释有机污染物在环境中的迁移、转化等过程。通过对比指出二氯甲烷（DCM）在生物降解过程中发生的比挥发作用显示出更强的同位素分馏效应，此特性可用于区分有机污染物在自然衰减过程中的物理性挥发作用和生物降解。

不同有机污染物生化反应过程中可能发生的降解或转化在同位素分馏上表现是有差别的。一些含氯有机污染物在生物降解过程中会发生动力学同位素效应，对生物降解（修复）具有指示作用。采用革兰氏阴性菌 MC8b 在 22℃ 的有氧条件下降解二氯甲烷，并研究其碳、氯同位素分馏，结果显示碳的同位素分馏因子为 0.957 6，氯的位素分馏因子为 0.996 2[45]。

据贺义惠报道，有研究发现石油污染物的碳链越长其生物降解速度就越慢，污染物碳链越短其生物降解速度越快：生物降解速度越快的污染物其氢同位素分馏效应越严重。这表明长链正构烷烃的氢同位素 $R(D/H)$ 比值较稳定，可作为判别石油污染物来源的示踪剂，还有人利用氢同位素 $R(D/H)$ 比值研究甲苯在生物降解过程中氢同位素组成的变化，结果表明甲苯在生物降解过程中其 δD 值增加了 95‰，说明生物降解过程中含轻同位素 ^1H 的甲苯优先降解[43]。

7.6 时间微分扰动角关联分析

7.6.1 TDPAC 基本理论简介

设原子核从初态（initial state）Ψ_i 跃迁到中间态 Ψ 放出一个 γ 光子后，又从 Ψ 态跃迁到末态（final state）Ψ_f 放出第二个 γ 光子。这两种 γ 光子的分布不是各向同性的，其分布概率 ω 与 θ 角有关（θ 是两个 γ 光子传播方向的夹角）。即

$$\omega = \omega(\theta) \tag{7-17}$$

通常称式（7-17）为角关联函数。$\omega(\theta)$ 是可以进行实验测量的物理量。用 γ 探测器 D_1，D_2 分别记录源 S 放出的两条 γ 射线，再进行符合计算，当固定一探测器（如 D_1）移动另一探测器（如 D_2）测量探测器不同夹角 θ 时的符合计数，即可得 $\omega(\theta)$，因此 $\omega(\theta)$ 也称为 γ_1，γ_2 的符合计数率（coincidence count-rate）。

根据角动量守恒，初始核自旋速度、最终核自旋速度及产生 γ 光子角动量的速度必须符合“三角形法则”，由此推出：

$$\omega(\theta) \approx 1 + A_{22}Q_{22}P_2(\cos\theta) + \cdots \tag{7-18}$$

式中，A_{22} 称为“各向异性”（anisotropy）系数，它仅由核能级（nuclear level）和衰变特性（decay properties）决定；Q_{22} 为固体角关联因子（solid angle correction factor)；$P_2(\cos\theta)$是二阶 Legendre 多项式(polynomial)。式(7－18)中，像$A_{44}Q_{44}P_4(\cos\theta)$等高次项由于很小而被省略。在$^{99}Mo(T_{1/2}=66\ h)$衰变成$^{99}Tc$的过程中，绝对强度较大的$\gamma$衰变主要有：二级联[740～181 keV(分别为12.4%和6.1%)]和三级联[740～40～141 keV(分别为12.4%，0.77%和89.9%)]。在上述的二级联和三级联γ衰变中，A_{22}和Q_{22}分别约为+0.08和－0.10(将$A_{22}Q_{22}$用有效值表示，既记为A_{22}^{eff})。由于中间核(如^{99}Tc)有一定寿命，称中间核态寿命(T_N)，这就意味着Ψ_i放出γ_1光子跃迁到Ψ后，要延迟时间t才放出γ_2光子，再跃迁到Ψ_f。根据"符合延迟"测量，T_N为t的平均值。这说明$\omega(\theta)$也是时间t的函数，可测得

$$\omega(\theta,\ t)\approx\exp(-t/T_N)[1+A_{22}^{eff}P_2(\cos\theta)+\cdots] \tag{7-19}$$

在T_N内，当中间核态受到核外电磁场干扰时，其测得的角关联函数就会发生变化，即角关联受到扰动，这种现象称为扰动角关联，并记扰动数为$G_{22}(t)$，这时角关联函数的表达式应为

$$\omega(\theta,\ t)\approx\exp(-t/T_N)[1+A_{22}^{eff}G_{22}(t)P_2(\cos\theta)+\cdots] \tag{7-20}$$

因此，通过测定$\omega(\theta,\ t)$推出$G_{22}(t)$，就可知道核探针(nuclear probe)周围的物理和化学环境是否发生变化。

对于二级和三级级联衰变，通常中间态的$I=5/2$，$T_N=5.19$ ns。下面我们将讨论$I=5/2$，核四级相互作用(nuclear quadrupole interaction, NAC)与时间无关[涨落可忽略或由于涨落太慢($>10^{-7}$ s)或太快($<10^{-7}$ s)而使核不能跟随，用统计平均表示，记"static"]和与时间有关(涨落在10^{-10} s到10^{-7} s之间，即用弛豫"relaxtion")。在轴对称的电场梯度(EFG)张量的影响下，$I=5/2$态可劈裂成能量分别为$E_{\pm5/2}$，$E_{\pm3/2}$和$E_{\pm1/2}$的三种次级态(substates)。这时扰动函数表达式为

$$G_{22}^{static}(t)=0.2+0.371\cos\omega t+0.286\cos\omega t+0.143\cos\omega t \tag{7-21}$$

式中，$\omega=0.9425V_e$，而$V_e=eQV_{EE}/h$是四级频率；V_{EE}是EFG张力在主坐标系中最大的分量；Q是$I=5/2$时的核四级矩(nuclear quadrupole moment)；$G_{22}^{static}(t)$可用Fourier变换成很简单的形式。

当EFG张量不是轴对称时，频率的比值将不再是1∶2∶3；而有不对称系数η来决定：

$$\eta=|(V_{XX}-V_{YY})/V_{EE}|,\ |V_{XX}|\leqslant|V_{YY}|\leqslant|V_{EE}| \tag{7-22}$$

下面我们讨论与时间相关的 NQI_s。即所谓的弛豫现象(relaxtion phenomena)。分两种情况：

(1) 当量子化轴线重取向(quantization axis reoeients)慢于 $T=2\pi/\omega$ 时,有

$$G_{22}^{\text{slowrel}}(t) = e^{-t/T_{\text{cor}}} G_{22}^{\text{static}}(t) \tag{7-23}$$

这种干扰函数适合于溶液中的大分子,如蛋白质等。

(2) 当量子化轴线重取向(quantization axis reoeients)远远快于 $T=2\pi/\omega$ 时,有

$$G_{22}^{\text{slowrel}}(t) = e^{-\lambda t}, \quad \lambda = 15/4(\omega^2) T_{\text{corr}} \tag{7-24}$$

式中,λ 称为弛豫时间常数,这种干扰函数适合于溶液中的小分子。

式(7-23)和式(7-24)中的 T_{corr} 是当温度为 300 K,黏滞度(viscidity)为1 cP (1 cP=10^{-3} Pa·s)时的重取向关联时间(reorientational correlation time)。一般情况下,T_{corr} 取值范围在 10^{-12} s(小分子)和 10^{-8} s(大分子)之间[46]。

7.6.2 TDPAC 的应用举例

由 7.6.1 小节中关于 TDPAC 的基本理论可知,TDPAC 是将级联 γ 放射性的核素(如 ^{99}Mo),用化学标记法或生物合成标记法,引入生物大分子(如 MoFe 蛋白或 Mo 贮存蛋白)中,以这一放射性核素为微观探测原子核,通过观察和测定在不同理化条件下,扰动角关联的电四级相互频率 V_e、不对称系数 η 及弛豫时间常数 λ 等参数的变化,来推测探测原子核(如 ^{99}Mo)周围的电荷分布和电荷转移等微环境的变化。

据汪道涌等人报道,用 DAPC 方法研究了转铁蛋白等生物大分子的结构。用 TDPAC 法对 ^{99}Mo 培养的克氏肺炎杆菌固氮细胞及在氨气存在下如 ^{99}Mo 培养的棕色固氮菌细胞进行研究。分别测定了上述细胞中 MoFe 蛋白和 Mo 贮存蛋白中 ^{99}Mo 周围的核四级相互作用信息。利用 TDPAC 法测定 MoFe 蛋白和 Mo 原子周围化学环境在不同外界条件下的变化,从而可为 Mo 在 FeMoCo 中的状态和作用提供直接证据[47]。

参考文献

[1] 王祥云,刘元方. 核化学与放射化学[M]. 北京:北京大学出版社,2007:340-360.
[2] 温贤芳. 中国核农学[M]. 郑州:河南科技出版社,1999:168-190.

[3] 陈子元. 核农学[M]. 北京：农业出版社，1997：254－310.
[4] 赵墨田. 同位素稀释质谱法特点[J]. 质谱学报，2004，25(suppl)：167－168.
[5] 支建梁. 同位素稀释质谱在食品与环境分析中的应用[J]. 粮食与食品工业，2010，17(5)：59－61，64.
[6] 张玲，陈大舟，武利庆，等. 酸水解同位素稀释质谱法测量基因组 DNA 含量[J]. 化学分析计量，2013，22(5)：9－13.
[7] 陆亚丽，孙爱华，贺福初，等. 同位素稀释法在绝对定量蛋白质组中的研究进展[J]. 生物化学与生物物理进展，2013，40(12)：1201－1208.
[8] Chan S, Kong M F, Wong Y C, et al. Application of isotope dilution gas chromatography-mass spectrometry in analysis of organochlorine pesticide residues in ginseng root [J]. Journal of agricultural and food chemistry, 2007, 55(9): 3339－3345.
[9] Crnogorac G, Schwack W. Determination of dithiocarbamate fungicide residues by liquid chromatography/mass spectrometry and stable isotope dilution assay [J]. Rapid Communications in Mass Spectrometry, 2007, 21(24): 4009－4016.
[10] 潘玉香，董静，吕建霞，等. GC—MS/NCI 稳定同位素稀释技术检测动物源性食品中氯霉素的残留量[J]. 分析试验室，2010(2)：105－110.
[11] 张建清，钟伟祥. 气相色谱高分辨双聚焦磁式质谱联用仪定量检测市售猪肉中二噁英[J]. 分析化学，2002，30(12)：1481－1485.
[12] 李敬光，吴永宁，张建清，等. 自动样品净化系统分析鱼样中二噁英和共平面多氯联苯[J]. 中国食品卫生杂志，2005，17(3)：212－216.
[13] Zhang J, Jiang Y, Zhou J, et al. Concentrations of PCDD/PCDFs and PCBs in retail foods and an assessment of dietary intake for local population of Shenzhen in China [J]. Environment International, 2008, 34(6): 799－803.
[14] Focant J F, Eppe G, Scippo M L, et al. Comprehensive two-dimensional gas chromatography with isotope dilution time-of-flight mass spectrometry for the measurement of dioxins and polychlorinated biphenyls in foodstuffs: comparison with other methods [J]. Journal of Chromatography A, 2005, 1086(1): 45－60.
[15] Laing J A, Heap R B. The concentration of progesterone in the milk of cows during the reproductive cycle [J]. The British Veterinary Journal, 1971, 127(8): XIX.
[16] 吴美文. 应用 RIA 测定奶中孕酮含量诊断奶牛卵巢机能性疾病[J]. 核农学报，1988，1：008.
[17] 翟永功，常智杰. 核技术在动物科学中的应用(上)[J]. 黄牛杂志，1995，21(1)：44－45.
[18] 刘萍，王海飞，汪劲能，等. *Kiss*－1 基因在猪初情期下丘脑-垂体-卵巢轴中的定位研究[J]. 安徽农业科学，2008，36(15)：6324－6327.
[19] 王松波，夏国良，周波，等. PDE5 抑制剂 Sildenafil 对小鼠卵母细胞自发成熟的影响[J]. 中国农业大学学报，2009(4)：10－14.
[20] 蒲勇，方富贵，王索路，等. 不同佐剂 GNRH 疫苗主动免疫对公猪睾丸发育和血清睾酮的影响[J]. 中国兽医学报，2010，30(7)：992－995，999.
[21] 方富贵，张运海，刘亚，等. 重组 GNRH 主动免疫对公猪体重及生长激素和 IGF-Ⅰ的影响[J]. 中国免疫学杂志，2011(9)：809－813.
[22] 刘新，华跃进，孙锦荷，等. 核技术在昆虫学研究领域中的应用进展和前景[J]. 核农学报，2001，15(5)：316－320.
[23] 张汉明. 放射免疫分析法及其在药用植物研究中的应用[J]. 国外医学，药学分册，1982，6：361－366.
[24] 张利增. 放射免疫分析技术在农业上应用的现状和发展前景[J]. 核农学通报，1989，5：232－235.

[25] 陈杰，王文章. 用放射免疫法测定红松种子休眠、层积、萌发时 ABA 的含量[J]. 东北林业大学学报，1987，15(1)：7-12.

[26] 宁萍，许玉杰，张友九，等. 苦瓜中植物胰岛素的放射免疫分析研究[J]. 苏州大学学报(医学版)，2005，25(6)：998-999.

[27] 黄亚东，赵文，李校堃，等. 利用放射免疫技术快速检测转基因植物[J]. 农业生物技术学报，2005，13(3)：310-314.

[28] 朱赫，纪明山. 农药残留快速检测技术的最新进展[J]. 中国农学通报，2014，30(4)：242-250.

[29] 褚洪蕊，唐景春. 农产品中农兽药残留检测技术与应用研究[J]. 农业环境科学学报，2007，26(S2)：656-661.

[30] 吕珍珍，蒋小玲，刘金钏，等. 免疫分析技术在兽药残留检测中的应用[J]. 农产品质量与安全，2012，S1：76-79.

[31] 韩志华，卜元卿，单正军，等. 内分泌干扰类农药生物检测技术的研究进展[J]. 生态毒理学报，2011，6(5)：449-458.

[32] 杨代凤，刘腾飞，邓金花，等. 标记免疫分析在农兽药残留检测中的应用研究进展[J]. 中国农学通报，2012，28(30)：218-225.

[33] 高愈希，陈春英，柴之芳. 先进核分析技术在金属蛋白质组学研究中的应用[J]. 核化学与放射化学，2008，30(1)：1-16.

[34] 张鸿，罗嘉玲，柴之芳，等. 中子活化分析研究苹果中有机卤素污染物分布特征[J]. 核技术，2007，30(4)：352-355.

[35] 陈清武，张鸿，罗奇. 循环中子活化分析茶叶中的氟含量[J]. 核技术，2012，35(3)：206-210.

[36] 黄春锋. 中子活化分析在成都城东区大气颗粒物污染研究中的应用[D]. 成都：成都理工大学，2010.

[37] 李梅，牟婉君. 反应堆中子活化分析应用进展[J]. 分析仪器，2009，4：5-13.

[38] 黄达峰，罗修泉，李喜斌，等. 同位素质谱技术与应用[M]. 北京：化工出版社，2006：1-20.

[39] 祁彪，崔杰华. 稳定同位素比例质谱仪(IR-MS)的原理和应用[J]. 沈阳地区大型科学仪器共享服务网工作简报，2006，3：11-18.

[40] 张丽莉，武志杰，宋玉超. 同位素质谱法对土壤反硝化酶活性的测定研究[J]. 光谱学与光谱分析，2010，30(7)：2011-2013.

[41] 武竹英，钟其顶，王道兵，等. 氮肥种类对番茄 $\delta^{15}N$ 值的影响[J]. 食品与发酵工业，2013，39(1)：108-111.

[42] 尹云锋，蔡祖聪. 利用 $\delta^{13}C$ 方法研究添加玉米秸秆下红壤总有机碳和重组有机碳的分解速率[J]. 土壤学报，2007，44(6)：1022-1027.

[43] 贺义惠. 基质稀释氢同位素质谱法测定微量富氘生物样品的 δD 值[D]. 杭州：浙江大学，2003.

[44] McHugh T, Kuder T, Fiorenza S, et al. Application of CSIA to distinguish between vapor intrusion and indoor sources of VOCs[J]. Environmental Science and Technology, 2011, 45: 5952-5958.

[45] 张原，祁士华. 稳定氯同位素分析技术及其在有机氯污染物研究中的应用[J]. 化学进展，2012，24(12)：2384-2390.

[46] 朱升云，左涛. 时间微分扰动角关联技术在材料科学中的应用[J]. 核技术，1998，21(2)：125-128.

[47] 汪道涌，黄巨富，骆爱玲，等. 锰，铬和钼重组液及其与部分缺金属原子簇钼铁蛋白重组的比较研究[J]. 植物学报，1998，40(1)：62-67.

第 8 章
植物辐射诱变育种

8.1 植物辐射诱变育种的发展、特点和应用

8.1.1 辐射诱变育种的发展与成就

1928 年，美国科学家 L. J. Stadler 首次报道了 X 射线对大麦具有诱变效应，成为现代植物诱发突变研究的奠基者[1]。1934 年 D. Tollener 利用 X 射线辐照烟草育成了花色及烟叶品质得到明显改进的第一个农作物突变品种“Chlorina F_1”。1948 年，印度科学家利用 X 射线诱变培育出抗旱的棉花突变品种“M. A. 9”，核辐射诱变技术开始被植物遗传育种学家重视和应用。1964 年，联合国粮农组织(FAO)和国际原子能机构(IAEA)成立核技术粮农应用联合司(Joint FAO/IAEA Division)，植物核辐射诱变育种技术开始在世界范围内得到应用。IAEA 在 1969—2008 年间先后组织召开了 8 次国际植物诱发突变技术大会，有力促进了国际植物核辐射诱变技术的合作交流与发展[2]。诱变技术在植物突变品种培育和新资源创制等领域得到广泛应用并取得突出进展。

我国的辐射诱变育种研究始于 1956 年，起步较晚，但发展迅速。50 多年来，主要农作物核辐射诱变育种研究一直被列为国家或部门重点科技计划课题，并通过组织全国农、科、教大联合、大协作，形成了一支精干团结的国家农作物核辐射诱变技术育种研发队伍，完善建立了核技术育种领域科技研发、学术交流和国际合作三个网络，有力地促进了核辐射诱变技术育种的持续发展，成为 IAEA 亚太区域合作(RCA)育种项目牵头国以及亚太植物突变研究协会(AOAPM)依托国。核辐射诱变技术为保障我国粮食安全和促进农业科技进步做出了重要贡献[3]。

8.1.1.1 突变新品种的培育与应用

诱发突变技术在早期阶段主要直接应用于改造当地主栽品种或引进优良

品种的个别不利性状，培育改良品种。以突变品种作为亲本材料或间接利用，则更能发挥突变技术的优势，大大加快新品种的培育速度。据FAO/IAEA突变品种数据库统计，到2014年12月底，有70多个国家在214种植物上育成并通过商业注册的植物突变品种总数已达3 218个，其中亚洲1 937个，显然亚洲地区国家育成的植物突变品种份额已经超过了全球总量的60%[4]。

我国利用核辐射诱变及其与现代育种技术结合，在突变品种培育方面堪称亚洲乃至世界典范。据不完全统计，自20世纪50年代末以来，我国利用核辐射诱变技术培育的植物新品种数量逐年增加，80年代末至90年代初发展最为迅速，90年代中期以来突变品种的培育得到稳步发展，到2014年12月底，我国已经累计在45种植物上培育出近900个植物突变品种。我国育成突变品种的数量占国际同期育成植物突变品种总量的1/4，占国内同期各种方法培育成新品种总数的8.6%，种植面积约占全国推广良种种植面积的10%，最大年种植面积达到900万公顷，每年为国家增产粮、棉、油10～15亿公斤，年创社会经济效益20多亿元。植物诱发突变育种技术已经成为提升我国农业综合生产力和保障国家粮食安全的重要途径。

一大批具有重大影响力的农作物突变品种的推广应用，为促进粮食增产和农民增收作出了巨大贡献。例如，浙江省农科院利用核辐射诱变育成的生育期提早45天的水稻品种“原丰早”，成为20世纪70年代我国江浙一带的主栽品种；浙江大学利用核辐射诱变育成的水稻品种“浙辐802”连续9年居全国常规水稻品种推广面积之首，累计面积达到1 060万公顷；江苏里下河地区农科所利用核辐射诱变与杂交相结合育成的高产抗病小麦品种“扬麦158”累积推广900多万公顷，年最大种植面积170多万公顷；中国农科院将诱变技术与杂种优势利用相结合培育的粮饲兼用玉米中“原单32号”分别通过国家农作物品种审定和国家牧草品种审定，曾被国家五部委联合批准为国家重点新产品，被国内龙头种子企业买断经营权，在全国各地推广。此外，小麦突变品种“山农辐63”、“川辐1号”和“扬辐麦2号”、大豆突变品种“铁丰18”和“黑农26”、棉花突变品种“鲁棉1号”等多个品种在生产中发挥重要作用。全国先后有18个农作物突变品种获得了国家发明奖，突变品种的扩大应用产生了显著的社会经济效益和生态效益。我国植物突变育种的成就获得IAEA的高度评价，IAEA在2004年出版《突变育种评论》专辑，介绍和宣传中国的植物核辐射育种成就[5]。

8.1.1.2 突变新种质的创制与利用

与诱发突变技术在品种培育方面的成就相比，诱变创制的数以万计的特色多样的植物突变种质资源的利用价值则更为巨大。利用诱变手段几乎可以实现对所有重要性状的改良，如生育期、株型结构、抗耐逆境、籽粒营养品质和产量潜力等。20 世纪 60 年代捷克利用核辐射诱变育成的矮秆高产大麦突变品种“Diamant”，不仅直接推广到欧洲各国，而且作为核心亲本间接利用先后培育出 150 多个含其血统的优良品种，推广至欧洲、北美和亚洲各国，其种植面积占全欧洲大麦面积的 54.6%，为欧洲酿造业作出了突出贡献[6]。Rutger 报道美国 1976 年利用核辐射诱变育成的半矮秆高产水稻品种“Calsose 76”，直接种植面积曾达到该州水稻面积的 74%，同时作为优异突变种质利用相继衍生出 25 个新品种，分别在美国、澳大利亚和埃及等国家推广应用。澳大利亚利用“Calsose 76”作为亲本育成的水稻品种“Amaroo”，产量潜力达每公顷 13.3 吨，当前该品种的种植面积仍占到该国水稻生产面积的 60%以上[7]。

我国江苏里下河地区农科所利用核辐射诱变与杂交相结合育成的优质高产多抗中籼水稻品种“扬稻 6 号”（又称“9311”）既是突出的常规品种，又是优异的杂交稻恢复系种质。以“扬稻 6 号”为骨干恢复系育成“两优培九”、“粤优 938”、“丰两优 1 号”、“红莲优 6 号”和“扬两优 6 号”等多个杂交籼稻品种，其中“两优培九”是我国第一个两系超级稻品种，先后通过湖南、湖北等 6 个省及国家审定，推广至南方稻区 16 个省、市、自治区，累计面积超过 1 300 万公顷，成为近年来我国年种植面积最大的杂交稻品种。同时，“扬稻 6 号”还作为籼稻代表品种被选为水稻基因组框架测序，为种质资源创新和水稻基因组学研究作出了贡献。四川省原子能研究院利用辐射诱变与杂交相结合育成的水稻恢复系“辐恢 838”及其衍生恢复系，直接和间接育成通过审定的杂交稻组合 43 个，累积应用面积超过 4 000 万公顷，创造了显著的社会经济效益[8]。山东省农科院原子能应用研究所利用核辐射诱变技术创制的“原武 02”等系列优良玉米自交系，选配和推广了 14 个“鲁原单”系列玉米杂交种，累积推广总面积超过 1 600 万公顷，增产粮食约 100 亿公斤。

有效利用核辐射诱变技术可以解决植物遗传育种中的一些特殊问题，创制出优异的突变种质资源。例如，在 20 世纪 70 年代末，巴基斯坦育种家发现很难通过常规杂交育种的方法将香米品种“Basmati 370”的香味导入非香味品种，而利用核辐射诱变技术育成的突变品种“Kashmir Basmati”，既保持了原品种“Basmati 370”的香味特征，又获得了早熟和耐冷的突变新性状，扩大了巴基斯坦香米种植的范围，有效证明了辐射诱变在香米改良中的独特作用[9]。福建农林大学利用核辐射诱变技术及其与杂交优势相结合的策略，创制出了通过常规育种手段不易获得的水稻巨胚不育系、糯性保持系和恢复系种质材料，培育出巨胚杂交稻和杂交糯稻品种，并开始应用于生产。近年来，诱发突变技术在植物品种微营养改良和生物强化育种中发挥着越来越重要的作用，在水稻、小麦、玉米、大豆等多种作物上诱变获得了一批常规种质资源库中少见的低植酸、高锌、高铁突变材料，以及谷物淀粉品质显著地改进了功能性突变种质，为功能作物育种和产品开发提供了重要技术手段和种质资源[10,11]。有效利用核辐射诱变技术直接创制水稻叶色突变，获得一系列骨干不育系的白化转绿突变，并应用于杂交水稻组合配制，为杂交水稻生产的种子质量控制提供了重要新途径。

在远缘杂交中，能够自然获得带有目标基因的异源染色体易位系的频率是相当低的，利用辐射诱变技术则可以大大提高染色体易位频率。1956 年 Sears 首次利用 15 Gy 的 X 射线照射小伞山羊草(*Aegilops umbellulata*)的未成熟花粉，将其抗叶锈基因(*Lr*9)成功地易位到小麦 6B 染色体上，创制出抗叶锈的易位系，并证明电离辐射是诱导染色体易位的一种有效方法[12]。利用核辐射诱变已经成功创造了涉及小麦与簇毛麦(*Haynaldia villosa*)、黑麦(*Secale cereale*)、大赖草(*Leymus racemosus*)等物种的属间染色体易位。南京农业大学陈佩度课题组利用 γ 射线照射处于减数分裂期的花粉或植株的附加系，获得了一系列普通小麦-大赖草、普通小麦-簇毛麦染色体易位系，并探索出基于核辐射诱变成熟雌配子和基因组原位杂交(GISH)分析的高效诱导及鉴定外源染色体小片段易位的新策略，创制出多个抗锈病、白粉病、赤霉病的小麦易位系，育成“南农 9918”、“内麦 9 号”和“石麦 14”等多个优良新品种[12]，在我国小麦抗病育种中发挥了重要作用。

8.1.1.3 突变基因资源的挖掘与利用

植物种质资源在育种中的利用价值，归根结底是种质资源中目标性状的优良基因。利用核辐射技术创制的突变基因资源已经在品种培育和功能基因组等基础研究中发挥重要作用。例如，在美国、澳大利亚和埃及等国家被广泛利用的水稻突变品种“Calsose76”，以及在日本作为骨干亲本衍生培育出 60 个新品种的水稻突变品种“黎明”，均携带有与“绿色革命”半矮秆基因 *sd*1 等位的突变基因位点。

福建农林大学利用核辐射诱变创制水稻长穗颈不育系和恢复系的方法，鉴定克隆出 2 个水稻隐性长穗颈基因 *eui*1 和 *eui*2 基因；利用 *eui* 基因建立起 e-杂交稻育种技术体系，很方便地解决水稻制种中存在的穗颈不能正常伸长的问题,育成和鉴定出 10 个携带 *eui* 基因的长穗颈不育系,培育出“e 福丰优 11”、“eⅡ优 315”、“e 优 27”和“eⅡ优 316”等多个 e -杂交稻品种,累计推广种植 300 万亩以上。同时,由于 *eui* 基因能显著提高水稻内源激素特别是 GA 类激素的含量,因此,含 *eui* 基因的水稻也将成为 *eui* 基因调节节间伸长机理及激素调节节间伸长代谢研究的模式植物之一[13]。

利用核辐射诱变获得的突变体基因资源不仅对于定位和克隆未知基因具有重要意义,对于研究已知相关基因的结构与功能也具有重要价值[14]。官春云等利用 γ 射线辐射双低油“菜湘油 15”的干种子,通过选择获得了高油酸突变体 M6 - 04 - 855,将该突变体的 *fad2* 基因与网上公布的 *fad2* 基因 DNA 序列进行比对,发现突变体 *fad2* 基因 270 位点的碱基 G 转换为碱基 A,导致密码子由 TGG 转换为 TGA(终止密码子)。这一区域是 *fad2* 蛋白的 beta 折叠区和保守区。另外,在 1044 与 1062 的碱基突变也导致终止密码子的产生。这些结构上的变化导致 *fad2* 基因功能的丧失,使油酸不能转化成亚油酸,从而提高了油酸含量[15]。Ikeda 等利用 γ 射线诱变获得了一个对赤霉素不敏感的水稻突变体 *slr*1 - 1。序列分析发现,该突变体中核定位信号域的 *slr*1 基因发生了 1 个碱基的删除,导致阅读框发生了偏移,从而破坏了蛋白质的功能。为了进一步验证 *slr*1 基因的功能,他们将一段含有正常 *slr*1 基因的 DNA 片段导入突变体中,结果突变体恢复了对赤霉素的敏感性。这一研究结果表明 *slr*1 基因能够影响水稻对赤霉素的敏感性[16]。Hase 等利用高能碳离子束诱变获得了抗紫外线 B 的多倍体拟南芥突变体 *uvi*4。该突变体在饱和 UV - B 光下的植株生长量是其野生种的 2 倍,虽然在修复由紫外线诱导的环丁烷嘧啶二聚体(CPD)能力方面与野生种没有差异,但具有强化核内复制功能。原位克隆表明 *uvi*4 基因编码一个未知功能的碱性蛋白,以维持细胞的正常分裂。*uvi*4 基因的功能缺失有助于促进核内复制。由此推定 *uvi*4 突变体耐 UV - B 特性可能来源于其倍性水平的提高。这一发现对于利用基因工程提高农作物抗紫外线的能力具有重要意义[17]。

近年来发展起来一种反向遗传学变异筛选方法,即定向诱导基因组局部损伤(targeting induced local lesion in genomes, TILLING)技术,将化学诱变和基于 PCR 特定基因位点突变筛选有机结合,为高通量突变基因发掘提供了强大的平台[18]。Slade 等首次利用 TILLING 技术对异源六倍体和四倍体小麦 EMS 诱变植株进行筛选,在 1 920 个诱变 M_2 植株中鉴定出 246 个 *waxy* 等位变异位点[19]。Sato 等利用 TILLING 技术对 γ 射线诱变的水稻群体进行突变体筛选，获得6株变异体，其中4株的变异类型为单核苷酸变异，2株的变异类型为小片段DNA缺失（2～4 bp）[20]。目前TILLING技术已经应用与小麦、水稻、大麦、玉米、莲子、香蕉等20多种作物[12]。

8.1.1.4　诱发突变技术的创新与应用

目前世界植物诱变改良的突变品种中约有79%是直接利用γ射线育成的[4]。这个比例在我国则达到82%[5]。尽管传统辐射源的突变频率较低和突变随机性较大，针对这些问题开展的新的诱变因素及诱变技术的发掘与利用研究工作方兴未艾，其中离子注入辐射技术发展迅速。日本原子能研究机构所属的高崎先进辐射研究所以及仁科理化研究所的离子束育种项目组利用离子束辐射育种技术，在水稻、大麦、马铃薯、菊花、拟南芥和甜瓜等植物上培育出多个优良突变品种。我国也开展了重离子辐射育种研究，尤其在低能离子束注入生物应用方面则独具特色，取得一批应用成果[21]。由于离子束辐射或注入技术具有质量沉积、动量传递和电荷交换等不同于传统低线性传能密度（LET）值的γ射线的物理机制，以及生理损伤轻、突变频率较高等生物学效应，将在植物诱变研究与应用中发挥重要作用。

近年来，由我国科学家开创的空间环境宇宙粒子、微重力等综合因素诱变育种技术成为植物诱发突变研究新的生长点，并已经开始在农作物品种改良中发挥作用[22]。2006年9月9日中国农科院航天育种研究中心成功发射了我国首颗“实践八号”航天育种专用卫星，共装载2 020份生物材料，组织全国100多个研究单位参与了地面种植与选育试验，初步形成了国家、省、地三结合的我国农作物空间诱变育种技术研究体系和育种队伍。初步建立起植物种子、幼苗、组织培养物等不同受体材料空间搭载技术和空间处理材料后代选择育种技术；研究了空间环境宇宙粒子、微重力等不同因素对于植物种子萌发与幼苗生长的影响。中国农科院航天育种研究中心利用地面模拟设施，从粒子生物学、物理场生物学和重力生物学等不同角度研究了小麦、水稻、牧草、青椒、番茄等作物的诱变效应与分子机理[23,24]，探索出利用地面加速器产生的高能单粒子和高能混合粒子场等模拟空间环境因素诱变技术。据不完全统计，我国利用空间诱变技术已经在水稻、小麦、番茄、青椒、芝麻、棉花、油菜、花生、牧草等作物上育成160多个突变新品种或新组合，并获得了一批有可能对产量和品质等重要经济因素有突破性影响的罕见突变种质资源。

将诱发突变技术与细胞工程等现代生物技术集成组装，可以实现目标性状的高效诱变和高通量定向筛选，提高突变体选择效率。中国农科院作物科学研究所将核辐射诱变与加倍单倍体技术有效集成，建立起小麦细胞诱变育种技术体系，并应用于耐盐小麦的定向筛选培育，先后创制出“J33”、“YS217”、“H89”和“H6756”等多个耐盐高产小麦新品系。其中“H6756”的综合耐盐性与一级耐盐对照品种相当，在山东省小麦耐盐组区域试验中比对照品种“德抗961”增产17.33%，2004年通过山东省审定[25]。在植物离体培养中结合理化因素诱变处理，同时应用真菌毒素、除草剂、抗生素等作为选择压进行离体筛选，已经成为定向培育抗性突变体较为成功的方法。1979年Behnke用γ射线处理离体培养的马铃薯细胞，在含有马铃薯晚疫病菌毒素的培养基中进行筛选，成功获得抗马铃薯晚疫病的突变体[27]。孙立华等用水稻白叶枯病菌作为筛选压力，通过离体培养筛选出5个抗白叶枯病突变体[26]。孙光祖等研究了辐射对小麦不同外植体离体培养的影响和根腐病毒素的筛选效果，获得3个抗根腐病突变体[27]。Rowlett等报道γ射线辐照种子结合体细胞培养可以成倍提高矮秆、早熟等性状的突变频率[28]。

8.1.2　辐射诱变育种的特点

8.1.2.1　扩大突变谱、提高有益突变频率和塑造新类型

遗传变异是生物进化、获得新种质和选育新品种的基础。自然界经常发生自发突变，但其频率很低。利用各种诱变因素诱发产生的突变频率要比自然突变频率高几百倍，甚至上千倍。诱发突变的范围也极为广泛，类型多样。而且有可能诱发出自然界少有的或利用传统育种方法较难获得的新性状、新类型，丰富植物种质资源，为育种提供宝贵的原始材料。例如，西南农业大学利用$^{60}Co-\gamma$射线辐照“南大2419”小麦，其后代出现了形态、生育期、抗病性、品质等100多种变异类型。印度用γ射线辐射含毒素不能食用的香豌豆种子，在突变后代中选出了毒素含量低的品系，再用γ射线及甲基黄酸乙酯处理，选育出无毒素的香豌豆突变体。近年来，国内外利用辐射诱变技术已经在水稻、小麦、玉米、大豆等多种作物上创制出一批常规种质资源库中少见的低植酸、高锌、高铁突变材料，以及谷物淀粉品质显著改进的功能性突变种质。

8.1.2.2　打破性状连锁、实现基因重组

植物品种的某些优良性状和某些不良性状往往联系在一起，如早熟与低产、高产与晚熟、矮秆与早衰等。利用常规育种方法不易将它们分开，而利用诱变因素处理可通过使染色体结构发生变异，打破这种基因连锁，使基因重新

组合，获得新的类型。例如，Sears 利用 X 射线辐照与杂交、回交的方法，将抗叶锈病的基因从小伞山羊草（*Aegilops umbellulata*）的染色体上转移到小麦染色体上，得到抗叶锈病、育性正常的小麦新品种[2]。南京农业大学陈佩度课题组利用 γ 射线照射处于减数分裂期的小麦异附加系的花粉或植株，获得了一系列农艺性状良好的普通小麦-大赖草、普通小麦-簇毛麦等抗锈病、白粉病、赤霉病的小麦易位系，育成多个小麦优良新品种[13]。

8.1.2.3　有效改良现有品种的某个单一性状

诱变处理易于诱发点突变，可使现有品种某个单一性状得到有效改良，而同时又不明显地改变其他性状。育种实践表明，利用诱变方法可缩短生育期、降低植株高度、改良株型、提高抗病性和抗虫性、改善品质等。例如浙江省农业科学院原子能利用研究所利用 γ 射线辐照晚熟丰产良种“IR8”育成比原品种早熟 45 天的丰产品种“原丰早”[29]。青海省农业科学院利用中子处理丧失了抗锈性的推广良种阿勃，育成了抗条锈性显著提高的新品种“辐射阿勃 1 号”。印度学者辐照墨西哥红粒春小麦品种“Sonora 64”，育成了籽粒呈琥珀色、蛋白质和赖氨酸含量明显提高的新品种“Sharbati Sonora”。中国农业科学院作物科学研究所等单位利用卫星搭载高产优质但易倒伏的小麦品种“辽春 10 号”种子，诱变育成的新品种“航麦 96 号”，抗倒伏性能显著改进，但其他主要农艺性状仍然保持原品种的优点。值得注意的是，通过诱变改良品种的个别不良性状时，由于品种内植株间遗传差异、性状连锁以及基因的多效性等原因，其他性状有时也会随之改变，从而导致综合性状的改变。

8.1.2.4　缩短育种年限

人工诱发产生的突变往往多为隐性的，通过自交可得到纯合的突变体，这样的突变后代通常不再分离，一般在第三四代就可稳定下来，因此可大大缩短育种的年限，有利于加速品种的更新换代。例如山西省农业科学院育成的“太辐 1 号”，就是辐射第二代出现的突变株自交后，由第三代获得的稳定突变系育成的。

综上所述，诱发突变是创造植物新种质、选育新品种的有效途径。尽管如此，目前人工诱发出现的有益突变的频率较之育种家的期望仍然偏低；突变性状的发生还带有较大的随机性，正如其他任何一种诱变途径一样，目前还不能有效地控制变异的方向和性质。这也说明，对诱变育种技术与方法的改进和完善，还有大量工作要做。

8.2 辐射处理的方法及影响处理效应的因素

8.2.1 诱变源种类

辐射诱变因素也称为物理诱变因素，可分为电磁辐射和粒子辐射两大类。电磁辐射是以电场和磁场交变振荡的方式穿过物质和空间而传递能量，本质上讲，它们是一些电磁波，包括无线电波、微波、热波、光波、紫外线、X射线和γ射线等；粒子辐射是一些高速运动的粒子，它们通过损失自己的动能把能量传递给其他物质，包括α粒子、β粒子、中子、质子、电子、离子束及介子等。电磁辐射仅有能量而无静止质量，粒子辐射既有能量，又有静止质量。

国内外利用诱发突变改良作物品种比较有成效的常用辐射诱变因素主要有X射线、γ射线、中子等。X射线是最早应用于作物改良的射线，早期育成的作物突变品种多半是X射线处理诱变育成的。随着钴源设备的发展，γ射线成为国内外目前应用最多、效果较好的物理诱变因素。它易于控制辐照条件，试验重演性好，育种成效显著。中子(快中子、热中子等)也是一种应用较广、效率较高的物理诱变因素。近年来，新的诱变源如电子束、质子、离子束也均有新的发展。

(1) X射线：X射线是一种不带电荷的中性电磁辐射，波长为 $10^{-10}\sim 10^{-5}$ cm。它由X光机产生，在辐照生物材料时，采用高工作电压和适当的滤片，吸收能量较低的软辐射，即可得穿透力强的X射线。

(2) γ射线：γ射线是一种波长很短($10^{-8}\sim 10^{-11}$ cm)的电磁辐射。γ射线来自放射性核素，当前应用得最多的是^{60}Co和^{137}Cs。它对植物组织具有很强的穿透能力，通过与物质相互作用而传递能量，引起遗传物质产生变异。是目前诱变育种中使用最多的一种射线。

(3) 中子：中子是一种不带电的粒子，按能量可分为热中子、慢中子、中能中子、快中子和超快中子。它由反应堆、加速器和中子发生器产生。在诱变育种中应用最多的是热中子和快中子。中子有较高的诱发突变效力，在诱变育种中应用日趋增多。

(4) 离子束：离子束或称重带电粒子，具有高的传能线密度(LET)和尖锐的Bragg峰，分为高能重离子和低能重离子。利用离子辐照种子具有损伤轻、突变频率高和突变谱宽等特点，育种家利用其高激发性、剂量集中性和可控制性，在作物诱变改良上有较高利用价值。目前，国内外在水稻、小麦、棉花、蔬菜和果树等作物上开展研究，获得了不少有利用价值的遗传资源，有的已育成新品种[20]。

(5) 电子束：电子束是由直线加速器或回旋加速器产生。加速器产生的较高能量的加速电子穿透力强，因而产生辐射效应，可以作为诱变源在作物改良上利用。

(6) 同步辐射：随着高能电子加速器的发展，当电子能量在 10^9eV 数量级运动时，沿着运动轨道切线方向会发射出能量为 150 eV～35 keV 的光子，称为同步辐射。同步辐射的特点是从紫外线到 X 射线能区内，都有很强的射线，宽频带连续可调，方向性很强，且有高度极化性，还具有脉冲时间结构。这种加速器也有人称为激光加速器，可预见其在生物学领域中应用有其独特的性质。目前国内已开始进行同步辐射应用于作物育种的方法技术以及诱变作用的研究，并得到一些初步结果。

(7) 紫外线：通常把波长介于 10 nm(124 eV)和 400 nm(3.1 eV)(1 nm= 10^{-9} m)之间的光称为紫外线。经常把紫外线分为三类：近紫外线(300～380 nm)，远紫外线(200～300 nm)和真空紫外线(10～200 nm)。真空紫外线只能在真空或氮气中传播，在空气中被强烈吸收。紫外线虽然属于非电离辐射，但是它具有最邻近电离辐射的能量。紫外线的能量和穿透力低，可用于处理花粉粒或细胞。

(8) 激光：激光具有高度的方向性及高度的单色性，因此它的能量很集中，具有高的亮度，对植物有机体有光、热、压力及电磁场四个方面的效应，由此引起植物组织损伤，诱发产生变异，激光诱发的突变谱与射线诱发的突变谱相近似。激光应用于育种起步于 20 世纪 60 年代。苏联研究较早，曾用激光处理育成早熟、糖分及维生素 C 含量高的番茄及棉花突变品种。我国从 20 世纪 70 年代开始利用激光诱变改良小麦品种，育成了“小偃 6 号”、“鲁麦 4 号”、“鲁麦 6 号”、“鲁麦 16 号”以及“秦麦 6 号”等品种。

(9) 质子：质子是氢原子的核，是基本粒子之一。在初级宇宙射线中超过 9%的带电粒子是质子。随着空间诱变育种(又称航天育种)的研究和应用，人们开始注意质子的作用及其对作物诱变效应研究。

8.2.2 辐射诱变处理方法

8.2.2.1 诱变起始材料的选择

诱变育种实践中成功地从各种原始材料中选育出新优品种。其中现有品种是最常选用的起始材料，通过诱变处理使现有品种的个别性状得到改进从而显著提高它们的农艺价值。此外，优良品系、杂交 F_1、F_2代和高代杂交材料、加倍单倍体品系或野生群体都是诱变育种中常用的起始材料。

(1) 现有品种。包括当地栽培品种、引入品种或新推广品种。此类材料的特点是综合性状较好，适应能力较强，但又须改良某些单一性状。我国 1980 年以前育成推广的突变品种 60%以上是处理优良品种育成的。

现有品种的改良分为以下几种：

① 以当地栽培品种为起始材料的诱变改良。广东省农科院经济作物研究所 1966 年用 225 Gy 的 γ 射线处理棉花品种“洞庭 1 号”干种子，选育出株型紧凑、植株较矮、第一果枝着生节位低、生育期短、比推广品种鄂光棉增产 21.5%的新品种“辐洞 1 号”。原浙江农业大学辐照地方推广品种“扬麦 1 号”小麦，1985 年育成了比亲本早 5 d，株高降低 10 cm 的“核农 1 号”。

② 以引入品种为起始材料的诱变改良。20 世纪 70 年代从菲律宾国际水稻研究所引入中国浙江省的籼稻品种“IR-8”，试种后表现增产潜力大，但生育期偏长，不能作早稻栽培。浙江农业科学院于 1971 年用 γ 射线 350 Gy 处理“IR-8”干种子，于 1973 年育成比原品种早熟 45 d 的“原丰早”，适宜在双季稻地区作中熟早籼栽培，深受稻区农民欢迎，一度成为长江中下游地区早籼当家品种。

③ 以新推广品种为起始材料的诱变改良。原浙江农业大学与余杭县农业科学研究所于 1978 年用 γ 射线 300 Gy 辐射处理新推广的中籼“四梅 2 号”干种子，育成比原品种早熟 4 d 的“浙辐 802”，该品种具有早熟、高产、抗病、适应性广等优点，因而种植面积扩大很快，1983 年在长江中下游地区早季种植面积约 2 万公顷以上，1989 年扩大到 140 万公顷，累计面积达 550 万公顷。

应当指出，不同品种辐射敏感性不同，对诱变处理的反应往往有所不同，变异的方向和性质亦难控制。有的品种容易出现某类突变性状，有的品种则容易出现另一类突变性状。因此，为了实现某一育种目标，应注意避免处理起始材料的单一化，在人力、土地等条件许可下，最好同时选用 2～3 个材料为宜。

(2) 杂交种。包括杂交 F_1、F_2代和高世代材料。此类材料的特点是基因型处于杂合状态，诱变处理后能够扩大变异幅度，提高突变频率，增加杂交重组率，促进双亲染色体间易位，出现杂交亲本原来所没有的优良性状，能够选育出高产且综合性状好的优良突变体进而育成新品种。据 1984—1991 年不完全统计，我国利用杂合材料辐射育成的品种为总体突变品种的58.6%。

杂交种的改良分为以下几类：

① 以F_1种子为起始材料的诱变改良。多数育种工作者认为，选用优良杂交组合的F_1种子辐照，辐射世代与杂种世代同步，有利于杂种辐射后代的选择和提高选择效率。黑龙江农业科学院用180 Gy的$^{60}Co-\gamma$射线处理小麦（“龙辐2108”×“海竖”）的F_1种子，选育成“龙辐麦6号”新品种。广东省农业科学院以海岛棉与陆地棉的杂种（“广陆2号”×“408”）为诱变材料，从F_2M_2中发现10%的棉株花冠呈黄色，花药为白色，这是过去杂交育种后代中很少出现的性状，从F_3M_3代中分离出株型紧凑和结铃较多的海岛棉类型。

② 以F_2种子为起始材料的诱变改良。用杂种一代收获的F_2种子作为诱变材料往往由于辐射分离世代和杂交分离世代不同步，延迟和影响育种进程和年限。若适当延缓选择世代（即在M_2F_3代选择）和适量增加选择群体，也可获得较好的结果。浙江省农业科学院用γ射线辐照（“浙辐802”×“水原290”）F_2干种子，于1989年育成水稻早籼品种“浙852”。黑龙江省农业科学院用中子（$1\times10^{11}/cm^2$）辐照春小麦“新曙光3号”与“辽春8号”的F_2干种子，1984年育成超早熟小麦品种“龙辐麦1号”。

③ 以杂交高代材料为起始材料的诱变改良。与杂种低世代材料相比，高世代材料的多数性状已比较稳定，优缺点基本清楚，通过诱变以改良其中1～2个不良性状容易取得成功，加以稳定较快，因而育种年限一般也较采用低世代材料为短。山东农业大学1974年用γ射线300 Gy辐照小麦（“蚰包”×“欧柔”）组合F_4的一个优良选系的风干种子，1980年育成新品种“山农辐63”，种植面积迅速扩大，1983年成为山东省主要冬小麦推广品种，推广面积达120万公顷，到1986年累计秋播面积达266.7万公顷，在北方黄淮海麦区推广，为中国辐射育成的冬小麦品种中推广面积最大的一个品种。

（3）野生种。由于长期自然选择的结果，野生种具有某些独特的有益性状，如比一般栽培种较强的抗病、抗虫与抗逆能力，对于恶劣的环境条件具有较强的适应性。因此，野生种有时也成为诱变育种的重要材料。通过诱变处理选择使之驯化，成为有价值的亲本资源甚至直接选育成品种。例如在棉属的野生种中，有些具有较强抗黄萎病、抗叶蝉、蚜虫、棉铃虫以及抗旱、抗霜的能力，有的对各种逆境具很强耐性，通过诱变处理，常能获得很有用的变异。

8.2.2.2 诱变处理对象

一般来讲，植物各个部位都可用作诱变处理的对象。但是有的部位处理时比较简易，有的部位就比较费事。通常用作诱变处理对象的有种子、活体植株、营养器官、花粉、子房、合子和离体组织培养物等。处理时，应根据试验目的、条件和植物的不同习性等因素来选定。由于各种诱变处理对象的生物结构与性质不同，生长发育阶段与生理状况不同，在诱变处理时各有其需要加以注意的地方。

(1) 种子。种子是目前作物诱变育种中使用最多最普遍的材料。包括风干种子、湿种子和萌动种子。最方便的是处理休眠干种子，因为它操作方便，可以一次大量处理，不受当地有无辐射源的限制，便于远距离运输和照射后可贮藏一定时间等。此外，还可以在其他活体所不能忍受的条件下，如干燥、短时间的较高温度和极低温度(例如－196℃)，以及在半真空或充氮的环境下进行处理。在用干种子进行诱变处理时，应该注意种子的生理状态和其他因素的影响。其中以种子含水量对干种子辐射效应影响最大。但如用电离密度大的射线(如中子)处理种子，则一般没有必要调节种子的含水量；若用电离密度小的射线(如 γ 射线)，则应在处理以前将种子置于盛有甘油和水(1∶1)混合液的干燥器中存放 7～10 天平衡水分，使种子含水量调节至 13%左右再进行处理。为了提高种子的辐射敏感性，采用在照射前用水预先浸泡种子，提高种子含水量或达到萌动或萌芽状态后再行照射。用萌动种子作为处理材料的最大优点，是可以利用其第一次细胞分裂的同步性，在对辐射最有利的细胞分裂时期(如第一次有丝分裂 DNA 合成期的开始时间)进行处理，以获得较好诱变效果。但是，萌动或萌芽种子照射后需及时播种，否则会影响出苗。对于小麦、玉米、高粱这样一类旱粮作物，萌动种子的播种与保苗比较困难。另外，萌动种子涉及许多复杂因素，如浸种催芽的温度、萌动时间的长短、生长速度的快慢等，对辐射效应都有相当大的影响，使辐照效果不容易重复，因而在应用上受到一定限制。

诱变处理用的种子，应在处理之前进行田间株选或穗选和室内粒选，要求种子纯度高、饱满、无病虫害、成熟度和含水量一致、发芽率高。

(2) 活体植株。活体植株处于生长旺盛时期，对辐射较为敏感，用它作为处理对象，能提高诱变效率。将要处理的植株置于有辐照源的辐照室内进行辐照，也可在 γ 圃、γ 温室或 γ 种植房内进行辐照，钴圃辐照特别适用于多年生植物。可以在植株生长发育的全过程，也可在某一特定发育时期进行辐照。还可以进行整株或局部照射，局部照射时不需接受照射的部位需用铅砖屏蔽。植株辐照一般以慢性照射为主。

(3) 营养器官。一般多用于以无性繁殖为主的作物，例如薯类、果树、观赏植物和热带的很多经济作物。处理对象可以是蔬菜作物中的马铃薯块茎、洋葱鳞茎、山药块根；果树作物的嫁接接穗、插条；观赏植物的鳞茎、球茎、块根等。照射无性繁殖器官进行辐射育种的好处是如果产生了好的突变体，在表型上显示出来了，就无需纯化，用无性繁殖方式就可以推广。缺点是以无性繁殖为主的作物，有的有性世代长，或者很难进行有性繁殖，因此隐性突变的纯化比较困难。

(4) 花粉或子房。用花粉或子房，即雌、雄配子体，作为诱变处理对象，最大的优点是很少产生嵌合体。因花粉是单细胞，而其染色体为单倍体，经诱变处理一旦发生变异，其与未处理的卵细胞结合所产生的植株是异质结合体，后代可分离出较多的突变体，可供选择的概率大。花粉照射的缺点是获得足量的花粉比较困难。辐照花粉的方法主要有两种：第一，先用专门的容器收集花粉或采集将开花的穗子或雄蕊，在花粉、穗子或雄蕊辐照后迅速给未辐照或已辐照的受体植株授粉。这种做法必须能在短时间内收集到大量花粉，而且要求花粉在一定时间内不丧失活力。第二，照射生长植株上的花粉，然后用已辐照的花粉进行授粉，这种做法对在短时间内难以收集到足量花粉的小粒谷类作物或其他的自花授粉作物是适宜的。

辐照子房不仅可以引起卵细胞突变，而且可以影响受精作用，可能诱发孤雌生殖。对小麦自花授粉作物辐照前需进行人工去雄，辐照后用正常的花粉授粉。

在多种作物中都已证明，照射雄配子体比照射雌配子体所产生的突变多，而雌、雄配子体都受照射，则后代突变率更高。为避免嵌合体的形成，雌、雄配子体的照射适宜时期应该在双核期以前。

值得一提的是，花粉的诱变处理特别适用于像玉米这样一类异花授粉作物。它可以使隐性突变性状的分离从 M_3代提前到 M_2代。

(5) 合子。合子是单细胞，照射合子可避免细胞间选择和嵌合体形成，提高突变率，获得较宽的突变谱。其诱变的效果往往比照射干种子好，并可能获得均质的突变株。合子处理技术要求对作物受精及合子延续期做出正确判定，分析合子期这一特殊的细胞周期中对辐射敏感性的差异，确定合子期的适宜处理时间，然后在辐照室进行辐照。

(6) 离体材料。随着植物离体培养技术的长足进步，把离体培养技术同理化诱变技术结合起来进行育种的研究，也已逐步开展，并取得了许多有价值的成果。植物组织培养的外植体(花药、游离小孢子、幼穗、幼胚、幼叶、茎尖等)、离体培养物(愈伤组织、悬浮细胞系和原生质体)和DNA等都已成为新兴的诱变处理对象。郑企成利用γ射线辐照小麦幼穗外植体,其再生株的育性、株高、籽粒、蜡质等发生了变异,这些变异大部分可以遗传[30]。浙江农业大学用γ射线照射小麦品系“1908”的未成熟胚愈伤组织,成功地选育出小麦体细胞无性系变异品种“核组8号”[31]。当以单倍体培养物(花粉和来自花粉的愈伤组织)和植株(从花粉培养和孤雌生殖中得到的植株)为处理对象时,由于其细胞中每一对同源染色体只有一条,所以如果发生了突变,不论是显性突变抑或隐性突变,都能在细胞水平或个体水平上表现出来。突变的单倍体经人工或自然加倍,即可得到二倍体纯系,不需要经过自交再使其纯化,有利于进一步选择。进行单倍体诱变就可以进行单倍体的鉴定和选择,这是用单倍体培养物和植株作为照射材料的最大优点。

8.2.2.3　诱变处理剂量的确定

确定合适的诱变剂量是诱发突变成功的前提,对于提高诱变育种效率至关重要。

在辐射诱变育种中,常用的几种辐射单位为:

(1) 放射强度。

放射强度是衡量放射性物质放射量大小的一种物理量。γ射线和β射线常用的放射性强度单位是居里(curie, Ci),居里以每秒内发生的核衰变次数表示。1居里即每秒有3.7×10^{10}次核衰变。居里的单位很大,诱变育种常用毫居里(mCi)或微居里(μCi)来表示,即

$$1\text{ 毫居里(mCi)}=10^{-3}\text{ 居里(Ci)}$$

$$1\text{ 微居里(}\mu\text{Ci)}=10^{-6}\text{ 居里(Ci)}$$

(2) 剂量。

剂量是辐射诱变育种中常用的一个重要的物理量,是指受辐照的作物所吸收的能量值,其剂量单位有以下两种。

① 伦(伦琴,R):用于度量X射线和γ射线射入的照射量。1伦琴就是1 g空气吸收相当于83尔格(erg)的能量。

② 拉德(rad):是吸收计量单位,又称组织伦琴。1 g受照射物质吸收的能量为100尔格(erg)时的剂量叫1拉德。后经国际剂量会议通过,目前通用的吸收剂量单位改用戈瑞(Gy)。

$$1\ \text{Gy}=100\ \text{rad}$$

中子剂量单位可用 rad 表示。诱变育种中也常用“中子注量”表示中子处理的量，即指被照射的作物单位面积（cm^2）、单位时间（s）内通过的中子数，即中子数/厘米^2。

作物诱变处理时，除选用适宜的剂量外，还应考虑剂量率的问题。剂量率指单位时间内（小时、分、秒等）所受的剂量。在育种实践中，当总剂量相同而剂量率不同时，往往表现不同的生物学效应和诱变效果。

照射剂量和遗传变异的关系存在一定规律：在一定剂量范围内，辐射诱发的突变频率随剂量的增加而提高（包括有益的和不利的突变频率和致死率）。也就是说，在一定范围内，提高剂量时，突变率增高，但辐射损伤也随之增大，植株成活率降低，甚至全部死亡。但如照射剂量过低，起不到诱变的作用，得不到变异。所以必须选用适宜的照射剂量。

育种材料的适宜照射剂量就是能够最有效地诱发育种家所希望得到的某种变异类型的照射剂量。所谓“最有效”，就是能诱发最多、最好的变异，不仅该性状变得好，而且综合性状也好的变异类型。适宜诱变剂量的确定，需根据起始材料的辐射敏感性、拟改良的目标性状、诱变因素的作用以及处理的条件而定。

受照射材料后代中的遗传学效应和 M_1 代的致死、不育等效应在很大程度上有共同的细胞学和细胞遗传学基础。用 M_1 代的辐射效应来判断所用诱变剂量是否合适，是比较迅速和简便的方法。但目前并没有完全一致判断标准，总的趋势是过去主张偏高，目前越来越低。大多数研究者认为以 M_1 代的存活率略高于 50%，不育性低于 30%的剂量比较合适。近年来有研究者主张，如果希望从照射后代中直接选出可以推广的品种，应该用更低一点的剂量，即致死率约为 20%～30%的剂量。在育种实践中，通常用半致死剂量 LD_{50}、半致矮剂量 HD_{50} 和临界剂量 LD_{40} 作为适宜诱变剂量。

由于品种、放射源剂量测量、照射时的准确性、剂量率、种子含水量、生长中材料细胞所处时期、种子照射后的贮存时间与条件、M_1 代与 M_2 代栽培条件等因素，对 M_1 代存活率与后代变异都有一定影响，因此，实际应用中建议同一材料同时照射几个剂量，例如适宜剂量加上比适宜剂量分别高或低 20%的剂量，共 3 个剂量。

不同作物都有其适宜辐照剂量范围，表 8-1 是根据国内外文献资料整理的各种作物辐射育种的适宜剂量的参考。

表8-1　不同植物辐射育种适宜剂量范围

植物种类	处理材料	γ射线/Gy	中子/Gy	中子注量/(10^{10}/cm^2)
谷类作物				
水　稻	干种子(粳)	200～400	12～20①	5～100②
	干种子(籼)	250～450	12～20①	
	萌动种子	150～200		
	秧苗	25～35		
	幼穗分化期植株	20～30		
	花粉母细胞减数分裂期植株	50～80		
	合子期植株	20		
	原胚期植株	40		
	分化胚期植株	80～120		
小　麦	干种子(普通)	200～300	4～7①；	冬小麦 7～50①
	干种子(硬粒)	200～250		春小麦 5～30②
	孕穗期植株	5～20		
	花粉	10～40		
	合子期植株	5～10		
大　麦	干种子	250～300	3～6①	
玉　米	干种子(品种、杂种)	200～350		8～50②
	干种子(自交系)	150～250		5～50②
	花粉	10～30		
	花培愈伤组织	45～55		
谷　子	干种子	250～350		5～100②
高　粱	干种子(杂交种)	200～300		
	干种子(品种)	150～240		5～50②
	花粉	10～40		
	花培愈伤组织	40～50		
燕　麦	干种子	250～400	3～6①	
黑　麦	干种子	100～250		
八倍体小黑麦	干种子	250		
荞　麦	干种子	100～300		
豆类作物				
大　豆	干种子	100～250	10～18①	10～100②
蚕　豆	干种子	20～100		

(续表)

植物种类	处理材料	γ射线/Gy	中子/Gy	中子注量/(10^{10}/cm^2)
绿　豆	干种子	400～700	30～45①	
豌　豆	干种子	60～180	3～7①	10～100②
菜　豆	干种子	80～200	9～17①	
兵　豆	干种子	250	50～100①	
鹰嘴豆	干种子	500	20～30①	
羽扇豆	干种子	150		
田　菁	干种子	300～500		
油料作物				
油菜：白菜型	干种子	700～1 000		
芥菜型	干种子	1 200		
甘蓝型	干种子	1 200～1 300		50～500②
花　生	干种子	150～350	10～20①	10～100②
芝　麻	干种子	100～200		
蓖　麻	干种子	600～800		
纤维作物				
棉花(陆地棉)	干种子	200～300		10～70②
	孕蕾期植株	15		
	花粉	5～8		
黄麻：圆果种	干种子	600～1 200		50～100②
长果种	干种子	500～900		50～100②
红　麻	干种子	300～400		
苎　麻	干种子	30～350		
	种根	60～90		
亚　麻	干种子	400～800		
蔬菜作物				
大白菜	干种子	400～600		
	母　株	100～200		
番　茄	干种子	250～400	10～20①	5～100②
黄　瓜	干种子	200～350	6～10①	5～100②
甘　蓝	干种子	1 000		
花椰菜	干种子	800～850		
菠　菜	干种子	150～300		

（续表）

植物种类	处 理 材 料	γ射线/Gy	中子/Gy	中子注量/($10^{10}/cm^2$)
茄　子	干种子	100～200		5～100②
甜　椒	干种子	130～200		
甘　薯	种子	>400		
	块根	100～300		
	幼苗	50～150		
马铃薯	干种子	100～150		
	萌动块茎	6～30		
洋　葱	干种子	50～200	4～6①	
	鳞茎	6～8		
大　蒜	萌动期	7～9		
莴　苣	种子	100～250		
萝　卜	干种子	800～1 000		
胡萝卜	干种子	1 000		
中草药				
板蓝根	干种子	600～800		
人　参	干种子	45～55		
	根茎	10～25		
观赏乔、灌木				
欧洲赤松	干种子	15～50		
马尾松	干种子	60		
湿地松	干种子	40～60		
南亚松	干种子	100～160		
西伯利亚冷杉	干种子	15		
欧洲云杉	干种子	5～10		
香　椿	干种子	120		
小　檗	干种子	>600		
大叶椴	干种子	300		
欧洲桤	干种子	300		
茶条槭	干种子	150		
鞑靼槭	干种子	150		
银白槭	干种子	100		
沙　棘	干种子	100		

（续表）

植物种类	处理材料	γ射线/Gy	中子/Gy	中子注量/(10^{10}/cm^2)
辽东桦	干种子	50		
其他经济作物				
甘蔗(春种)	干种子(杂种)	100～150		
	干种子(自交系)	200～250		
	蔗芽			1～10②
	实生苗	40		
橡胶	新鲜种子	25～35		1～10②
	芽条	10～20		1～10②
	实生苗	15～30		
	花粉	15～20		
咖　啡	新鲜种子	30～50		
可　可	新鲜种子	30～50		
	芽条	8～10		
茶　树	种子	50～70		5～10②
	实生苗	40～60		

注：中子处理剂量单位：① Astra 反应堆标准中子照射装置快中子(Gy)；② 加速器$^2D-^3T$反应 14 MeV 快中子($\times10^{10}/cm^2$)。

化学诱变剂的适宜诱变剂量取决于诱变剂的特性和处理材料本身。重要的是选择确定诱变剂的浓度、处理时间、温度、诱变剂溶液的 pH 值。

8.2.2.4　*诱变处理方法*

辐射诱变育种过程中，正确地选择适宜的诱变起始材料，确定诱变因素及适宜剂量之后，诱变处理方法技术得当与否，也直接影响诱变效率和育种效率的高低。

根据辐射源和不同的植物材料，辐射处理方法通常有外照射和内照射两种。

(1) 外照射：外照射(external irradiation)是指被照射的植物材料所受到的辐射来自外部辐射源。例如 X 射线、γ 射线或中子源等对作物种子或植株进行的辐照。此种照射方法常需要有射线发生的专门装置(如 X 光机、核反应堆、电子加速器、紫外灯、钴照射源等)，并需专门的处理场所和保护设施。其照射方法简便、安全，可同时处理大量材料，所以目前采用该方法较多。外照射又分急性照射(acute expose 或 radiation)和慢性照射(chronic radiation)、一次照射和分次照射、一代照射和多代重复照射等。

急性照射通常用较高剂量率,在几分钟到几小时内完成预定剂量的辐照过程。目前广泛应用的γ射线急性照射法通常是在γ射线辐照室内固定的γ射线辐照装置上进行,方法简便易行,效果比较稳定,剂量较易测量。据FAO/IAEA突变品种数据库(MVD, 2004)正式发布的突变品种表明,我国和世界各国79%以上的突变品种都是用γ射线急性照射的方法育成的。

慢性照射即是在较长时间内(在植物整个生育期内或在某个发育阶段)用很低的照射量率照射完全部剂量。慢照射需要在专门的γ圃(田间辐照场)、γ温室或γ种植房才能进行。

一次或分次照射是指一次或分几次照射完全部剂量。多代重复照射是指作物在几个世代连续进行辐照。总剂量相同,照射方法不同,其产生的生物学效应和诱变效果均有一定的差异。

外照射处理对象,根据育种目标、研究内容、要求和条件而定,可以照射种子、植株、营养器官、花粉、子房、合子、离体材料等,详见“诱变处理对象”。

(2) 内照射:内照射(internal irradiation)是指利用放射性同位素,将其配成一定比活度的溶液,引入到植物组织细胞内进行辐照。常用的放射性同位素有^{32}P,^{35}S,^{3}H,^{14}C等。β射线(由^{32}P产生)一般用作内照射。这种照射方法的优点是不需建造成本很高的设施,但缺点是需要防护条件,经内照射处理的植物材料都含有放射性,人体不能直接与之接触,需要带胶皮手套,用镊子等工具进行操作,整个内照射过程务必要遵守放射性同位素操作规程。内照射易造成环境污染,处理剂量不易掌握,受一定限制。处理方法有以下几种。

① 浸种法。将放射性同位素配制成一定放射强度的溶液进行浸种处理,使试剂浸入种子内部。实践中通常先用等量试材进行吸水试验,测出种子吸胀后所需水量,再决定配制的溶液用量,一般剂量范围是0.1~10微居里(μCi)/每粒种子。

② 涂抹法。将放射性同位素溶于黏性剂中(如羊毛脂、凡士林、琼脂等),取适量涂抹于处理部位(如生长点、腋芽、花蕾、芽眼等处)。

③ 注射法。用微量注射器将适宜浓度的试剂溶液注入处理部位进行诱变,多用于花蕾、芽、块茎、鳞茎等试材的处理。

④ 施入法。将放射同位素的化合物以无机肥(如^{32}P,^{35}S,^{45}Ca的化合物

磷酸二氢钾、硫酸铵、硝酸钙等)，通过作物根部施肥引入植株体内进行处理或将^{14}C的化合物$^{14}CO_2$进行光合部位的施喂，通过光合作用引入植株体内，达到诱变的目的。

8.2.3 影响辐射诱变处理效应的因素

辐射处理前后的环境条件影响其辐射敏感性和诱变效果，影响因素主要有氧、温度、种子含水量以及辐照后贮藏时间的长短等。

(1) 氧：氧有增效作用，植物在氧气(或空气)中辐照，辐射敏感性一般比在真空或惰性气体中高。不同植物氧的增效率不同。

(2) 温度：辐照时温度的高低对植物辐射效应有影响。在低温下辐照可减少辐射损伤；在极低温度(−196℃)下处理可减少染色体畸变率，提高基因突变率。

(3) 种子含水量：种子含水量对辐射损伤有较大的影响，辐照时环境中的水分对种子含水量有调节作用。γ射线辐照不同含水量的种子，辐射效应随种子含水量的变化而有较大的变化。当含水量达到一定范围时这种相关性减小。种子在辐照前可在盛有甘油和水(1∶1)混合液的干燥器内平衡水分达13%时再辐照，也可用带硅胶的P_2O_5或KOH溶液的干燥器平衡水分。

(4) 贮藏时间：辐照后种子贮藏时间的长短对植物的辐射效应也有影响。这种贮藏效应与贮藏的条件有密切的关系。例如，一般认为γ射线辐照小麦含水量为13%左右的种子，辐照以后，在室温下贮藏半个月左右为宜。

8.3 提高诱变及其育种效率的方法

实践证明，理化诱变因素处理可诱发植物突变、促进基因重组、促进近缘种属间远缘杂交、获得有益的新遗传资源，在解决植物遗传改良中的某些特殊问题上有着独特的作用和效果，诱发突变是植物遗传改良的一条有效途径，也是目前占主导地位的品种间杂交等常规育种的重要补充和发展。

但是，从植物突变育种的总体看，仍存在诱发有益突变的频率较低、诱发突变的随机性较大、尚难以控制突变的方向和性质等问题。其中，以提高诱发突变效率和选择效率为核心，研究利用高效诱变技术和方法创造各种有价值的遗传资源，直接和间接利用这些遗传资源选育新的优良品种是提高植物突变育种效率的重要组成部分。

8.3.1 衡量诱变效果的指标

衡量诱变效果的重要指标是突变频率的高低和突变谱的宽窄。相关的名词术语及其含义如下。

1）突变率

突变率(mutation rate)是指一定的基因在单位时间内(如每一个世代)发生突变的概率。诱发突变产生的概率比自发突变要高得多，可超过万倍。在自然条件下，人的肉眼观察不到基因突变。突变率是在细胞水平上衡量突变发生概率的指标。突变率一般通过突变频率或突变体频率进行估测。

2）突变频率和突变体频率

突变频率(mutation frequency)是指在一生物群体中一定时间内实际发生的突变显现概率。突变体频率(mutant frequency)是指在某一群体内突变体出现的频率。这里，“突变”指的是事件本身，而突变体则是表现某一突变性质的个体。例如，大麦某个 M_1 穗有 20 粒种子，长成幼苗后，其中有正常绿苗 16 株，白化苗 4 株，则可以认为该 M_1 穗包含的突变数是 1 个，突变体数是 4 个。辐射诱发的突变体在多数情况下为单基因隐性突变，在诱变一代(M_1)不易发现，所以一般以 M_2 突变植株数与观察群体的总植株数的比值估算突变体频率，即

$$\text{突变体频率}(\%)=\frac{M_2\ \text{代出现的突变株数}}{M_2\ \text{代群体的总株数}}\times 100\%$$

例如，某一种作物品种在经过辐射诱变处理后，在产生的第二代 1 000 株植株中，出现了 3 株矮秆突变株，那么该品种诱变群体中矮秆突变体频率即为 3×10^{-3}。

突变频率的计算方法是统计每 100 个 M_1 穗(株)行里出现的突变次数，即

$$\text{突变频率}(\%)=\frac{M_2\ \text{代出现的突变数}}{M_2\ \text{代穗(株)行数}}\times 100\%$$

突变频率和突变体频率均是个体水平上的指标，在诱变育种实践中，通常以突变体频率的高低来表示诱变效果。

3）突变谱(mutation spectrum)

突变谱是指作物经诱变处理所产生的各种突变类型。突变谱的宽窄是以诱变后代出现突变类型的多少来确定的。突变类型多即表示突变谱宽；反之，

即表示突变谱窄。突变谱的宽窄直接影响到诱变后代可供选择的突变个体类型概率的高低。一般而言，不同的诱变因素诱变处理后的突变谱可能是有差别的。

8.3.2 提高诱变效率的措施

8.3.2.1 诱变起始材料的选择

诱变起始材料(诱变亲本材料)是突变育种的物质基础，正确选用诱变起始材料是提高诱变效率取得育种成效的首要关键。诱变起始材料的遗传背景、基因型、组织、器官、细胞和发育时期、对理化诱变因素的敏感性，尤其是辐射敏感性、作用特点、突变性状的表现和诱变效果均有影响。应根据 8.2 节诱变起始材料选用的原则选用对诱变因素敏感性强的诱变起始材料。

例如，小麦不同的品种、类型、不同发育时期辐射敏感性有明显差异，多年来小麦辐射遗传育种学家的研究结果表明，辐射敏感性与小麦染色体组型和倍数性有关，染色体倍性高的比倍性低的耐辐射；染色体大的比染色体小的辐射敏感性强；一般适应性较强的地方品种比纯合稳定的品种及杂交育成的品种耐辐射；亲本品种辐射敏感性强弱与诱变后代性状突变频率的高低有明显的对应关系，选择对辐射敏感的材料作诱变亲本可明显提高突变育种效率。

诱变亲本材料的遗传背景(基因型)对突变性状的形成表现和诱变效率有重要影响。选用杂合(异质)基因型为诱变亲本材料，能够增加杂交种原有的变异，提高遗传基因重组率，发挥杂交与诱变的双重作用，提高突变育种效率。杂合型作为一种基因型特性，可影响突变类型和效果。新疆农业科学院核技术生物技术研究所利用杂交与诱变相结合的办法，显著提高了春小麦育种效果。他们从 1986—2010 年，采用这个做法选育出的新品种“新春 2 号”、“新春 3 号”、“新春 6 号”和“新春 17 号”等，先后成为新疆春小麦生产中种植面积最大的主栽品种，生产实践证明杂交与诱变相结合的技术路线可有效提高新疆春小麦育种的效果。

诱变亲本的植株、器官、细胞、活体和离体组织在不同发育时期对不同诱变因素敏感性存在明显的差异，诱变的作用和效果亦各不相同，选择适宜的不同生育时期的活体、离体植株和单细胞系统材料作诱变亲本，有利于提高突变育种效果。一般情况下，种子是诱变处理的主要对象，种子由多细胞组成，是同一品种内辐射敏感性最迟钝的器官，诱变处理种子容易产生嵌合体和二倍体选择；活体植株分生组织和器官，辐射敏感性比种子强，植株发育早期辐射敏感性又比发育晚期强。诱变后代亦可以产生嵌合体；离体组织、培养前的各种外植体对诱变因素的敏感性又比活体组织和器官强；这些材料随着辐射敏感性强弱与诱变效率高低表现出对应关系，即对诱变因素敏感性强的组织、器官，其诱变后代诱变效率高；单细胞系统材料如雄配子、雌配子和休眠期合子，诱变处理一代不产生嵌合体，有利于突变体的选择，加速促进诱发突变遗传改良进程，提高突变育种效果。

利用各种外植体如幼穗、愈伤组织等为诱变材料进行离体培养可有效提高诱变效率和选择效率。选用活体植株分生组织和器官处理能够提高诱变效率。郑企成等用γ射线辐照红粒小麦品种“丰抗8号”的幼穗外植体，再生植株的育性、株高、籽粒等均发生了变异，提高了突变频率，获得了白粒突变新品系[32]。原浙江农业大学以“908”为离体培养材料，用未成熟胚接种，对其愈伤组织用^{60}Co-γ射线10 Gy辐照，愈伤组织分化出的再生株后代中发现了有益变异穗行，调查穗行株行变异率，经选育获得了早熟性稳定、株型好、粒型大、抗病抗倒伏性强、综合性状表现好的突变品系，经产量试验鉴定，我国首次用离体诱变育成的优良突变新品种“核组8号”通过审定并在生产上推广种植[33]。

8.3.2.2　诱变技术改进与诱变新因素的应用

1）传统诱变因素的有效利用

有效利用传统辐射诱变方法，瞄准植物育种中需要解决的特殊问题，从突变体筛选方法上取得突破，可显著提高植物遗传改进水平和效率。例如，福建农业大学的杨仁崔等人，从1997年开始，探索利用传统的^{60}Co-γ射线辐照处理杂交稻亲本品种，直接获得*eui*基因突变系的技术方法，取得重大突破[34]。他们以300～350 Gy ^{60}Co-γ射线直接辐照处理水稻雄性不育保持系和恢复系种子，关键核心筛选技术是采用了直播超大群体的M_2世代，使得在一个待改良品系中获得*eui*-1(即Dr. Rutger定名的*eui*等位基因)[35]突变的概率可达95%以上，其花费仅10美元左右。利用这种方法，改造一个普通不育系(A系)为长穗颈不育系(eA系)仅需4个种植季节(两年之内)，而改造一个普通恢复系(R系)为长穗颈恢复系(eR系)只需两个种植季节(一年)。这一技术方法已获得技术发明专利。同时，他们还诱变发现了一个新的*eui*等位基因，定名为*eui*-2。

正是研究建立了简便易行的突变体筛选技术，使得利用传统诱变方法快速创制农作物低值酸突变体的研究取得重要进展，育种改良效率显著提升。植酸，即六磷酸酯环己六醇(肌醇六磷酸)，是植物性饲料中存在的主要抗营养因子之一。植酸能与钙、镁、铁、铜、锰、锌等金属离子生成稳定的络合物植酸盐，直接影响动物对这些矿物质和微量元素的吸收和利用。培育低植酸作物品种是提高这些微量元素利用率的有效措施。通过诱变技术获得种子低植酸突变系是近年来生物强化品种改良的研究热点。目前的研究广泛采用化学或物理诱变方式处理种子。M_1代自交获得M_2代种子；M_2按单本(株)栽植，按株收获种子，形成株系。每株系取少量种子(通常取8粒)测定植酸含量，初选低植酸变异植株。而该方案的关键突破在于采用了一种称为钼蓝显色比色法的无机磷含量测定技术，因为种子中高无机磷含量与低植酸含量高度正相关。入选的高无机磷变异株的剩余种子种植形成新的株系(M_3)，收获的种子经再次测定无机磷含量确认，最终即可获得低植酸突变系。育种实践表明，通过筛选高无机磷表型来间接获得低植酸突变系加快了育种进程。

因此，建立准确、有效、微量、快速、易行、非破坏性鉴定筛选有益突变体(系)的方法技术，是提高诱变选择效率，进而提高突变育种效率的关键。通常突变体的鉴定筛选以采用传统的常规方法为主。近年来，随着生物技术、分子标记等高新技术的发展，在运用常规方法鉴定筛选突变体的同时，进一步研究建立了诱发突变与生物离体培养技术、生理生化、生物物理方法结合鉴定筛选的方法和程序，有效地提高了选择效率。理化诱变与离体培养技术结合，在人工控制条件下，用较小的空间对较大群体在较短时间内、无破坏性地对抗病虫性、抗环境胁迫因素突变体在不同水平上的鉴定筛选。利用细胞渗透势测定仪，筛选抗旱、抗寒突变；采用中子活化分析、X射线光电子能谱法、核磁共振波谱法等在不破坏籽粒的条件下鉴定筛选品质优良的突变等。此外，研究改善诱变处理时的外界环境条件，如：氧、温度、光照、种子含水量、辐照处理后种子的贮存条件对诱变效应也有影响，因此，不断研究改善诱发突变时的重要有关环境条件对提高突变育种效率都是很重要的。

2) 高通量目标突变筛选平台的应用

功能基因组学的不断发展为诱变技术在作物改良中的应用开拓了新途径。TILLING平台作为一种反向遗传学技术，将诱发产生高频率点突变的化学诱变方法与高通量单核苷酸多态性(SNPs)检测技术相结合，实现了点突变的高通量快速筛选。TILLING方法有以下几个基本步骤：化学诱变创制突变群体(M_2)；提取M_2代植株DNA；利用M_2代植株DNA构建DNA池，并以此DNA池为PCR扩增模板，扩增目的片段；对PCR产物快速变性与缓慢复性，使突变体和野生型DNA由于错配形成异源双链；用不同方法检测异源双链中的错配位点，例如，特异核酸内切酶切割，或用变性高效液相色谱法

(DHPLC)；对含有阳性突变位点的DNA池中每个样本的目的扩增片段测序，检测突变体。

(1) TILLING技术实例——小麦糯质突变体的创制选育。培育直链淀粉含量少或完全糯质的谷类品种，一直是商业作物育种中最重要的目标之一。糯质小麦在食品、造纸和黏合剂等工业中有广泛的潜在商业用途。美国Anavah公司的研究团队利用TILLING方法检测突变，仅仅通过一个实验就在两个优良的小麦品种中高效率鉴定出糯质的246个突变位点[19]。

(2) 突变体库的建立。用两个剂量的EMS处理面包小麦和硬粒小麦的种子。选用优良的推广品种作为诱发突变的基因材料。用于处理面包小麦品种“Express”的EMS浓度分别为0.75%和1.2%；而处理硬粒小麦品种“Kronos”的EMS浓度为0.75%和1%。在用水短时(4 min)预浸后，每一浓度诱变处理持续18 h。处理后，M_1种子用水冲洗4～8 h，播种长成M_1植株。M_1植株自花授粉，按单株收获。大约有10 000株六倍体小麦M_2植株和大约8 000株硬粒小麦M_2植株组建成TILLING技术检测群体。为了防止样品过冗余，每一个M_1自交植株的M_2后代只选1株用于研究。

(3) 糯质基因突变位点筛选。面包小麦的糯质目标基因序列包括$Wx-A1$位点和$Wx-D1$位点，目标片段长度分别为2 114 kb和1 345 kb。硬粒小麦的糯质目标片段为$Wx-A1$位点和$Wx-B1$基因位点，片段长度分别为1 232 kb和487 kb。面包小麦包含1 152株M_2幼苗，硬粒小麦有768株M_2幼苗，提取叶片DNA用于突变筛选。大多数用于分析的面包小麦单株(768株M_2植株)和全部硬粒小麦M_2植株，其EMS诱变剂量均为0.75%。对M_2单株提取DNA后，混合成按2～6倍的DNA池。采用荧光染料IRD700和IRD800标记的两对特异引物进行目的片段PCR扩增。PCR产物经变性和复性，并用CelI核酸特异性内切酶切割。随后利用Li-Cor DNA遗传分析系统在变性聚丙烯酰胺凝胶上对酶切产物分离。最后分析图像，寻找差异位点。

(4) 目标位点的系列等位基因变异。在用于调查的1 920个植株组成的M_2群体中，总共在三个糯质基因位点上鉴定出246个新的等位基因，其中196个等位基因发生在六倍体小麦中，50个存在于四倍体小麦中。绝大多数突变为G到A，或C到T的转换。在鉴定出的突变中，有84个错义突变，3个基因截短型突变和5个片段移接突变。这些新的等位基因编码的$waxy$酶活性表现为从近似野生型到完全丧失等一系列变化，并获得了1个同时缺失三个$waxy$同源基因的突变体。显然，TILLING技术提供了快速创制系列等位基因变异的方法途径。

3）新诱变因素的发掘利用

随着科学技术的发展，一些新兴的诱变因素的开发与利用，对提高诱变频率、改进诱变育种效率发挥了重要作用。这里重点介绍重离子辐射育种和空间诱变育种。

（1）重离子辐射育种。重离子辐射按照能量高低可以分为高能和低能两种。20世纪60年代，日本、美国、法国和德国等就开始了高能重离子辐射的生物学研究。迄今在高能重离子辐射诱变技术研发与应用方面走在国际前列，其中日本原子能研究机构（JAEA）下属的高崎先进辐射研究所以及日本独立行政法人机构仁科理化研究所的高能重离子辐射育种项目组已经分别单独建立起以高能碳离子为主的重离子生物辐射育种技术体系，并应用于水稻、大麦、马铃薯、菊花和拟南芥等植物突变品种的选育和新基因发掘，证明重离子辐射育种具有突变频率较高、突变谱较宽等特点。2009年以来，在亚洲核科技论坛（FNCA）框架下，日本还为FNCA突变育种项目中参与重离子辐射诱变水稻品质改良合作课题的成员国提供重离子辐射技术服务，并取得良好进展。

我国开展重离子辐射育种研究起步虽晚但发展迅速，在低能重离子注入生物改良方面还独具特色，自1986年以来已有大量文献积累，并取得一批农业生物应用成果。重离子辐射或注入技术具有质量沉积、动量传递和电荷交换等不同于传统低LET值的伽马射线的物理机制，以及生理损伤轻、突变频率较高等生物学效应特点。目前，由于低能离子（能量仅为几十至几百keV）注入不能确定其机理是低能离子直接进入植物种胚内起作用，还是由其产生的次级射线（辐射与种皮相互作用）引起的辐射生物学效应，其发展受到一定的限制。

重离子辐射与传统辐射诱变相比在生物学效应方面存在许多不同，这主要是由于重离子与物质相互作用的方式与X射线、γ射线、中子等存在显著不同。一是传统辐射与离子注入辐射都有能量效应，但两者的沉积方式却有所不同。离子与生物体相互作用其能量沉积可形成一个相对电离密度很高的电离峰，即Bragg峰。在峰值处会引起靶原子的移位和重排，并伴有级联碰撞的发生，物质损伤较重，但在峰值两侧物质损伤较轻。注入离子辐射对生物体的损伤是局部的。传统辐射在生物体的能量沉积是以电子阻止本领为主，主要引起靶分子和原子的电离和激发。所以传统辐射的剂量存活率曲线是指数递减的肩型曲线，而低能离子的剂量存活率呈先降后升再降的“马鞍”型曲线。二是离子有静止质量，慢化后可能与周围的生物分子起化学反应，有助于形成新的分子或基团。三是离子束有刻蚀作用。刻蚀主要是溅射引起的，而溅射属于冷加工过程，因此不会伤及邻近的组织或细胞器，而传统的辐照对细胞的加工属于损伤性的热加工作用，对未被照射的邻近组织或细胞有比较大的损伤，所以，荷能离子束对细胞的加工效应明显地优于传统辐射，可以应用于离子束介导遗传转化。此外，离子带电荷，与生物体内的物质发生电荷交换，使生物体电性发生变化。与传统的辐射效应研究相比较，重离子辐射生物改良具有生理损伤小、突变谱广、突变频率高等优点，在植物改良上具有更高的利用价值。

尽管如此，目前重离子辐射育种也存在一些问题。一是高能加速器造价高昂，处理生物材料的成本远远高于传统辐射手段，一定程度上限制了重离子辐照生物学效应的研究与应用；二是重离子虽然能量很高，但穿透力和辐照截面有限，处理生物样品必须定点排放，增加了样品处理的难度；三是目前国内外的加速器重离子辐照装置的材料处理机会和每次可处理的样品数量也十分有限，要满足现代农作物规模化育种的需求有待进一步发展。

(2) 空间诱变育种。空间诱变育种是利用空间宇宙粒子、微重力、弱地磁等综合因素诱变农作物遗传改良，亦称农作物空间环境诱变育种，具体指利用返回式卫星、飞船等，在空间环境对农作物进行诱变来产生有益的遗传变异，返回地面后通过进一步选育，创造农业育种材料、培育新品种的农作物高技术育种新方法。空间诱变育种具有三大特点：一是空间环境诱变因素多，加之各种因素的复合作用，所引起的生物损伤小、变异种类多、幅度大，可产生地面传统理化诱变得不到的变异；二是空间环境诱变产生的变异是DNA内部发生重组、突变产生的，属于生物体内源基因的自身诱变改良，不存在基因安全性问题；三是育种周期缩短，空间环境诱发的变异在第3～4代即可稳定，而常规育种需要6～8代。

空间诱变育种的核心内容是利用空间环境的综合物理因素对作物或生物遗传性的强烈动摇和诱变，获得地面常规诱变方法较难得到的罕见突变材料和种质资源，选育突破性作物新品种。空间诱变育种包括卫星空间搭载、高空气球搭载、地面模拟空间环境要素诱变等途径。空间诱变育种方法可广泛应用于各种作物的遗传改良。研究表明，空间诱变种子当代的生物效应表现与传统的γ射线处理相比，最大区别在于其损伤轻，甚至有刺激生长作用，有益突变的类型和频率较高，有可能诱发出自然界少有的或应用一般传统诱变方法较难获得的作物新性状、新类型，丰富作物种质资源。例如，原广西农学院利用高空气球搭载粳稻品种“海香”和“中作59”的干种子，在其第二代所调查和分析的株高、生育期、穗长、颖壳颜色、品质等11个性状均出现较大的分离，特别是从中分离出一些突变介于籼型和籼-粳型之间的类型，以及能够恢复籼型水稻雄性不育系育性的粳稻恢复基因突变体。小麦种子空间诱变第二代的总变异率虽然低于γ射线，但有益变异频率明显提高。利用卫星搭载红小豆农家品种“辉县红”的干种子，在诱变二代群体中，籽粒百粒重性状发生显著变异，大粒突变频率达到52.9%，并从中选育出特大粒、长角果的红小豆突变体，其百粒重比地面对照增加69.2%，籽粒产量提高了30%以上[32]。

空间环境诱发植物遗传变异具有显著的特点和效应。但由于空间实验投资大，技术要求高，实验机会也十分有限，因此，探索地面模拟空间环境因素的试验研究很有意义。虽然目前国内外还不能对空间环境的宇宙射线粒子、微重力、弱地磁、高真空和超低温等协同因素做出综合模拟，但在单因素地基模拟诱变方面已取得较好进展。

8.4　有性繁殖作物的诱变育种技术

有性繁殖作物诱变育种工作的首要任务是确定育种目标，是否适合采取诱变育种技术，因不同作物、不同育种目的而异。在主推大田作物的改良中，诱变育种技术对多基因控制的、多个性状的改良难以获得突破，对其个别性状，如早熟、抗病、株型等进行改良的，采用常规的杂交育种、诱变育种等方法均可，而对隐性基因控制的个别性状进行改良的，采取诱变育种效果更好。在蔬菜和花卉育种中，采用诱变育种技术易获得大果、大花等多种多样的突变体。

8.4.1　亲本的选择

诱变育种的亲本可以是审定的品种、高世代品系、多倍体等，可对种子、减数分裂期的植株等进行诱变处理，以获得较优良的突变体。

以高产、优质、综合性状优良和适应性广的推广品种为亲本，通过诱变育种技术可选育早熟、矮秆、抗病、提高育性等优良的单株或群体。以高世代稳定的优良品系为亲本，通过诱变改良后即可直接推广。以多倍体材料为亲本，由于其可以忍受染色体畸变的能力，减少了突变体的死亡率，因而获得较多的变异材料。

诱变育种选用的材料一般是表现稳定的材料，否则较难在后代进行鉴定和选择。对种子诱变处理后，在下一代中即可选择变异材料，而对减数分裂期的植株等进行诱变处理，在处理的当代即显现变异，易于识别和选择，并可缩短育种年限。为了扩大诱变后代的变异范围，有时也用杂种当代种子进行诱变处理。

诱变处理群体的大小一般根据突变率和 M_2 群体大小来确定。禾谷类小粒作物要求群体有 10 000 株以上，因此，可根据主穗产生种子的数量来判断处理群体的大小。

突变率的高低与处理当代所见到的损伤有关，但 M_2 获得特定的有益性状突变体的频率很低，一般只有万分之一到百万分之一。如果 M_2 中未能选得理想突变体，则可能处理的剂量不当，或是群体过小，应在重复试验时加以调整。

8.4.2 M_1 的种植和选择

经过诱变处理的种子或营养器官所长成的植株或直接处理的植株均称为 M_1。

大多数突变都是隐性突变，少量是显性突变。如果处理花粉后出现显性突变则经传粉后能在当代立即识别，产生隐性突变则只有经过自交或近亲繁殖后才能发现。如果处理种子就只能产生突变嵌合体，而不是整个植株都出现变异。如果是隐性突变，在自交后代中所发现的比率低于简单的孟德尔遗传期望值。从育种实际出发，只要经过一代自交后能发现理想的突变体就可以了。

种子经处理后一般都可以发芽，但发芽生长均较慢，有时不再生长而逐渐死亡。成活的幼苗则逐渐恢复正常，但有发生叶色、叶形和茎秆粗细等变异，部分植株出现不同程度的不育现象。高剂量处理时，种子胚根、胚芽膨大，不能出土或出土后死亡。个别植株表现株形变矮、叶较短等形态变异以及生理损伤，以致苗期生长受抑制，成熟推迟等。

禾谷类作物种子处理的 M_1，应该采取较高的密度，以控制分蘖，便于收获主茎上的种子。由于 M_1 出现半不育，应尽可能隔离种植，获得自交种子。异花授粉作物更应进行隔离种植，避免与异花授粉出现的变异植株相混淆。

诱变处理后所长成的植株，因个别细胞或分生组织随机出现突变，以致形成的组织出现嵌合现象。如果在该部分形成性细胞则可以遗传到下一代。因为大多是隐性突变，植株本身又是嵌合体，除非是显性突变在形态上不易显露出来，因此通常 M_1 不进行选择。一般来说禾谷类作物的主穗突变率比分蘖穗突变率高，第一次分蘖穗比第二次分蘖穗突变率高。分蘖穗是含生长点部分的分生组织细胞群，出现突变概率相对地比较少一些。因此，M_1 往往采取密植等方法控制分蘖，只收获主穗上的种子。

8.4.3 M_2的种植和选择

M_1所产生的子代为M_2。M_1所产生的突变是否能遗传到后代，还取决于以下几个因素：一是发生突变的细胞应参与形成生殖器官的过程中，使产生的种子也带有突变的性状；二是所产生的种子必须收获并种植获得M_2的植株；三是隐性突变须经纯合后而显示出来。

M_2是分离范围最大的一个世代，但其中大部分是叶绿素突变，这种突变因诱变剂种类和剂量的不同，其出现的情况有所不同。M_1的叶绿素突变只是出现在叶片的局部地方。一般可根据叶绿素突变率来判断适当的诱变剂和剂量。

由于M_2出现叶绿素突变等无益突变较多，所以必须种植足够的M_2群体。一般诱变的性状99%为隐性突变，少数为显性突变，如高秆水稻、矮秆的黑麦和长或短节间的豌豆。在目前还不能大幅度地提高突变率的情况下，扩大种植足够的M_2群体是十分必要的。但现有资料表明，诱变育种所选育的品种以改良株型尤其是降低株高、提高产量、早熟性、抗性和种子性状的数量较高，说明诱变这些性状的变异频率较高。一些研究表明，从略低于适宜剂量处理的后代中较易获得早熟类型，而矮秆突变在略高于适宜剂量的后代中较易获得。

M_2的种植方式因选择方法不同而异，以下做简要介绍。

(1) 系谱法。一般情况下，M_1是不加选择，但必须收获主穗。从M_1收获的每个单穗种成穗行，如小麦则采取稀条播或点播，每隔一定行数以未照射处理的亲本作对照。这种方式观察比较方便，易于发现突变体。因为相同的突变体都集中在同一穗行内，即使微小的突变也容易鉴别出来。这种微突变往往是一些数量性状的变异，如果能够正确鉴别和进一步鉴定，往往可以育成新品种。诱变育种工作中往往注意一些肉眼或适当的筛选技术易发觉的突变体，如叶绿素突变，种皮色、蛋白质含量等突变体，或矮秆、抗病等属单基因控制的突变体。虽然这种突变容易察觉和鉴定，但大部分这种突变并不符合育种目标。

(2) 混合法。从M_1单株主穗上收获几粒种子，混合种植成M_2，或将M_1全部混收后随机选择部分种子混合种成M_2，从中再选择单株和进行产量鉴定。

8.4.4 M_3及以后世代的种植和选择

系谱法选育时，M_3仍以穗行种植，观察突变体的性状是否重现和整齐一致，是否符合育种目标，如已整齐一致可以混收。如果穗行内性状尚不整齐一致，则选择单株或单穗。某些突变性状尤其是微突变性状不一定都在 M_2 中出现，而随着世代的提高，其他性状已整齐一致的情况下能够鉴别出来某些突变类型。因此，M_3 是选择微突变的关键世代。M_4 和以后世代，除了鉴定株系内是否整齐一致等外，在有重复的试验区中进行品系间的产量鉴定。

系谱法的特点是建成穗行，根据穗行的表现初步选出较易察觉的变异植株，再通过后代的鉴定、选择，只是工作量较大。而混合法较省工，只是选择突变体较困难，不易注意到微突变，一般多以个别明显的性状，如早熟、矮秆、抗病等作为诱变育种目标。

总之，期望诱变育种能取得成效，应该考虑的是：选择亲本要恰当，多倍体出现突变体的频率较低，改良隐性性状较显性性状容易得多；选择的群体应尽可能大，因为有益突变频率低；在试验过程中注意避免异花授粉，避免发生一些并非诱变产生的变异；提高选择强度。目前，禾谷类作物辐射育种过程如图 8 - 1 所示。

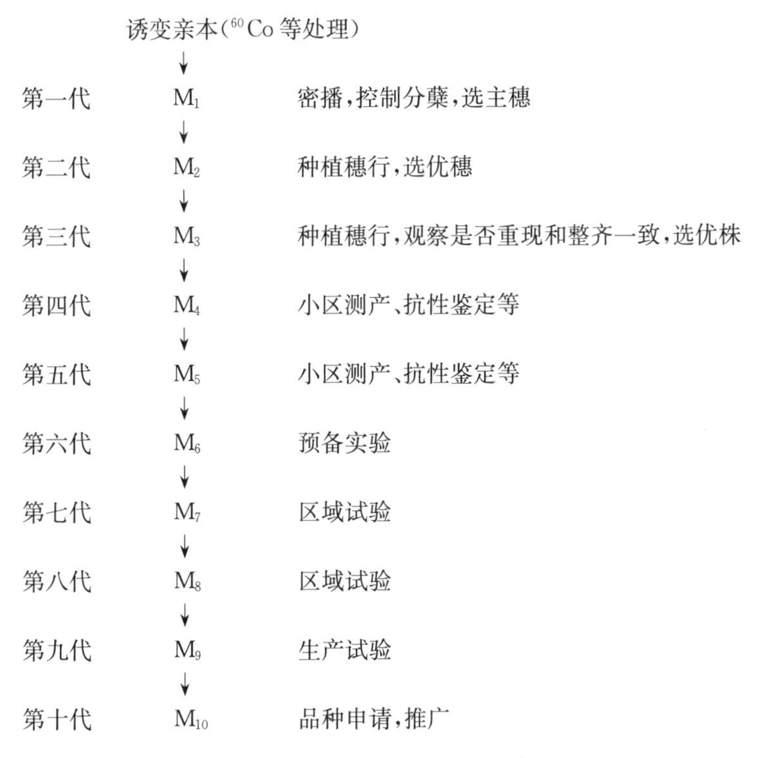

图 8 - 1　禾谷类作物辐射育种过程

8.4.5 突变体的鉴定与利用

8.4.5.1 突变体的鉴定

1) 突变体的核型分析

核型分析是指在一个物种内,对其染色体数目、结构及其他特征进行描述性分析,从而对单一染色体进行初步分析的过程。在突变基因确定为核基因后,则可以进行核型分析。不同物种的染色体都有各自特定的、相对稳定的形态结构特征。因此,染色体核型分析是植物遗传性研究的重要内容。染色体核型分析主要包括染色体长度、染色体臂比、着丝点位置、次缢痕等。染色体的长度差异有两种,一种是不同种、属间染色体组间相对应的染色体的绝对长度差异,一种是同一套染色体组内不同染色体的相对长度差异。

分别取突变株或者突变株系分生组织细胞和花粉母细胞制片,进行核型分析。统计体细胞染色体的数目,判别是否有染色体加倍、减半、单体、三体、四体等染色体数目变异的出现;体细胞中观察统计分析染色体长度、着丝点位置、臂比以及臂指数等,判别是否有染色体结构上的变异,如缺失、易位、倒位等。分析突变体材料花粉母细胞减数分裂中期Ⅰ染色体的联会情况,统计染色体的缺失圈、倒位圈以及易位的十字形交叉的数量以及所对应的染色体的号数。从而了解其染色体的同源性,判别是否有外源染色体,初步推测突变性状的变异来源。

2) 连锁群测验与连锁图位置的确定

经典细胞遗传学已经发展出多种精密设计的实验来确定基因所属的连锁群或染色体。在染色体数目较少或者染色体变异尚未充分积累的生物中,可运用现有的连锁群的遗传标记材料进行测验,即要具备一套常规的测验种,以每一条染色体为单位,在上面要有一个或几个性状易于识别的标记基因。最适于做标记的是种子形状和幼苗性状,因为这些性状分类方便,在操作时可以节省时间和费用。方法是把新突变体与各连锁群测验种进行一次杂交,F_1进行自交或测交,从F_2或测交后代的独立性测验中来判定新突变体与各连锁群标记基因的关系。

当知道了基因所属连锁群之后,下一步是确定该基因在连锁图上的具体位置,以及与其他基因之间的关系。要做到这一步,就需要选择该染色体两臂上适当的连锁基因组合作测验种,进行三点或多点测验。先让突变体与两臂的测验种进行杂交,F_1代在可能的情况下与多隐性材料进行回交(测交),从回交后代出现的类型和比例就可以计算出突变基因与其他基因之间的距离，从而把它们标定在连锁图的相应位置上。回交若有困难，像自花授粉作物，也可以进行自交。根据 F_2 资料来计算交换值。

3）原位杂交

原位杂交技术的基本原理是利用核酸分子单链之间有互补的碱基序列，将有放射性或非放射性的外源核酸（即探针）与组织、细胞或染色体上待测 DNA 或 RNA 互补配对，结合成专一的核酸杂交分子，经一定的检测手段将待测核酸在组织、细胞或染色体上的位置显示出来。荧光原位杂交（FISH）技术是在已有的放射性原位杂交技术的基础上发展起来的一种非放射性 DNA 分子原位杂交技术。FISH 是原位杂交技术大家族中的一员，它检测时间短，检测灵敏度高，无污染，已广泛应用于染色体的鉴定、基因定位和异常染色体检测等领域。将突变植株系与野生系进行 DNA 原位杂交，利用原位杂交技术构建突变体系的 DNA 物理图谱，从而对之前粗略定位的突变性状对应基因进行更精细的定位。

4）表型选择

通过表现型对突变体的筛选更加直观、方便。表型突变包括植株性状的突变，如株高、株型、穗部性状、叶片性状及生育期等，还可从根部性状进行筛选，如主根、侧根等的变化等。如叶俊等人利用 γ 射线和 EMS 溶液诱变处理"籼稻 9311"种子，经过表型选择分别获得了 465 份和 210 份叶、茎、穗和根等性状变异的突变体，突变率高达 5.62%[33]。

8.4.5.2　突变体在育种中的利用价值

突变体在育种中具有极其广泛的作用，主要表现在以下几个方面：

（1）提高产量。中国粮食作物品种平均 6～7 年更换 1 次，一般新品种可比老品种增产 15%左右。产量的提高估计 30%～40%可归功于育种，而利用突变体育种又是较重要的方法，因此利用突变体选育高产品种对农作物的增产起了较大作用。

（2）增强抗性。抗寒或早熟育种已使作物分布逐渐向高纬度和高海拔地区扩展，耐旱作物和耐旱品种的选育，则为半干旱地区农业生产的稳步增长作出了贡献。利用突变体选育抗性品种，又可以利用品种抗性减轻病虫危害，已证明是既经济有效又可避免污染环境的措施。

（3）改善品质。自 20 世纪 50 年代以来，突变体在玉米、棉花、大豆、水稻等作物的品质改良中起了重要作用。如棉花品质育种在使纤维质量不断得到改进的同时，正进一步致力于棉籽高油分、无棉酚、高蛋白品种的选育，有可能使棉花成为棉、油兼用的作物等都离不开对突变体的利用。

(4) 提高生产效率。选育株矮秆壮、穗层整齐、成熟一致、不易落粒的谷类作物品种可大大提高机械化收获的效率。如矮秆高粱品种的育成，使小麦联合收割机可兼收高粱，从而有力地促进了美国高粱生产的发展。利用突变体育种可以大大的缩小育种的年限，同时也避免了一些用其他育种方法时的缺点，因此利用突变体育种可大大提高生产效率。

8.5 无性繁殖作物的辐射育种技术

8.5.1 无性繁殖作物诱变育种的特点

8.5.1.1 繁殖方式与诱发突变

按繁殖的方式，无性繁殖作物可以分成两大类型：无融合生殖的无性繁殖作物和营养体繁殖作物。专一性的无融合生殖作物，无法通过杂交的方式产生任何变异，但是可以采取诱发突变的方法获得有益的变异；营养体繁殖作物，可以有性繁殖，但生产上经常采用无性繁殖的方式，该类多为园艺作物和花卉。该类作物遗传杂合度高，并且往往是多倍体或非整倍体。因此，尽管通过杂交的方式产生的变异很大，但要获得育种所需的优良基因组合的概率很低。

与此同时，无性繁殖作物还存在自交不亲和性和不育问题，加之从播种到开花结实的生长周期较长，因此育种效率不高，这类作物的遗传改良主要依赖自然和人工诱变产生的芽变。采用人工诱发突变的方法有助于实现短平快培育出新品种。

与有性繁殖作物不同，无性繁殖作物的诱变育种，无须多个世代的连续自交分离，一旦在植株上发现有益的变异，就可以直接繁殖加以利用，这无疑显著缩短了育种的年限，可以快速选育出新品种。采用诱变技术选育观赏作物新品种应用最为广泛，是国外观赏作物育种的主要技术手段。

8.5.1.2 解剖学特性与突变显现

茎的顶端分生组织对无性繁殖作物十分重要。茎上的节和节间、叶子、腋芽以及生殖器官都是经过顶端分生组织的分化产生，研究它的结构可以直接指导诱变育种。

1) 有关无性繁殖作物顶端分生组织结构的主要理论

(1) 组织原学说。Hanstein 提出组织原学说，按该理论被子作物的顶端分生组织可以划分3个区：表皮原、皮层原和中柱原。这些原始细胞排列成行，最外面一层为表皮原，由此分化为表皮层；表皮原里面为皮层原，由此分化为皮层；中央为中柱原，组成中央核心的维管组织和髓。该学说首先提出了顶端分生组织具有分层的现象[38]。

（2）原套-原体学说。施米特等提出原套-原体学说，他们认为顶端分生组织原始区域包括：① 原套：垂直于分生组织表面，分裂为一层或几层的细胞层；② 原体：系比较深入的几层细胞，细胞向各个方面分裂，不断增加体积而加粗茎的顶端。与组织原学说有所不同，原套-原体学说认为原有的分生组织中无限定的组织区域[38]。

（3）细胞组织分区学说。萨蒂纳等进一步完善了上述两种学说，提出了目前普遍接受的观点，即无性繁殖作物茎的顶端分生组织是由3个不同的组织发生层构成：最外面一层、第二层、第三层。该学说的特点是：① 三层的组织发生是独立的；② 三层细胞的分裂方式不同，最外面一层和第二层细胞呈垂周分裂，只增加面积，而不增加厚度，而位于中心的第三层细胞的分裂方式，既有垂直分裂，又有平周分裂，使面积和体积同时增加；③ 各层衍生出不同的组织，最外面一层的细胞衍生形成表皮，第二层细胞衍生形成皮层的外层和孢原组织，第三层形成皮层的内层和中柱[38]。

2）嵌合体与突变显现

当顶端分生组织受到辐射之后，体细胞发生突变，如果突变发生在最外面一层，表皮会发生变异；如果发生在第二层，皮层的外层和孢原组织就会出现变异；如果发生在第三层，皮层的内层和中柱就会出现变异。

（1）嵌合体的概念。因突变是单细胞性质的，只能依靠突变细胞的自身分裂形成自己的体系，并且只能通过细胞间的竞争取代正常细胞或其他突变细胞，不可能在不同细胞体系间传递。所以，种子和芽等多细胞的诱变材料发生突变后，其诱变一代个体不再是诱变前遗传性一致的均质体而是含有突变细胞的遗传杂合个体。这种由不同遗传性的细胞组成的器官或组织叫嵌合体(chimera)。

（2）嵌合体的类型。嵌合体主要分为周缘嵌合体和扇形嵌合体两种。由突变造成层间遗传组成的差异称为周缘嵌合体。根据突变所处的不同层次，可以分为外周、中周、内周3种周缘嵌合体。如果两层细胞同时出现变异又可分为外中周、外内周、中内周，共6种周缘嵌合体。由突变造成层内细胞遗传组成的差异，称扇形嵌合体。按其不同分布的层次，又可分为外扇、中扇、内扇、外中扇、外内扇、中内扇 6 种类型。由突变引起细胞遗传组成的差异分散于各个层内，称混嵌合体。

研究无性繁殖作物的突变结构，不但可以揭示组织的解剖学特性，而且可以指导突变选择。对无性繁殖作物的选择，只能在均质体或完整的周缘嵌合体中进行；扇形嵌合体一般无法选择，因为突变与非突变细胞的互作往往导致表现不出典型的遗传变异。不过，按布罗特杰斯的观点，扇形嵌合和部分周缘嵌合，可以通过分枝繁殖或不定芽的方式加以选择[39]。

3）体细胞选择

经诱变作用，位于生长点上原始分生组织中的细胞如果发生突变，突变和非突变细胞间就会在生长发育过程中发生竞争，只有顺利通过竞争的细胞才能发育成有性繁殖器官和无性芽或枝条等无性繁殖器官，突变才能传递。这种在体细胞时期的淘汰筛选过程叫体细胞选择。

随着诱变一代个体的生长发育，突变扇形体会越来越小，特别是那些顶端生长占优势的作物，到了枝条上部，生长锥中可能已经没有突变型细胞，植株变得完全正常，出现突变消失的现象。无性繁殖作物可以由体细胞组织发育成完整的新个体。因此，体细胞选择是无性繁殖作物突变率降低和突变谱改变的主要因素。

为减少体细胞选择，在开展无性繁殖作物育种时，应尽量选用最年幼阶段的材料进行辐射，因此时原基细胞数较少，突变细胞所占比率相对较高。同时，为完全避免嵌合体的形成和体细胞选择，最好辐射单细胞组织。

4）细胞层次的重排

细胞层次重排是无性繁殖作物诱变后产生的一种特殊突变效应。无性繁殖作物各层细胞的生长和分化具有一定的独立性。因此，一些无性繁殖作物品种以周缘嵌合体存在时，其繁殖一般非常稳定。但经较高剂量的诱变时，特别是经电离辐射时有可能发生顶端分生组织细胞层次的重排。使“潜在的变异”暴露而发生突变。许多诱发的变异，起初以为是真的突变，后来却发现它是嵌合体中组织重排的结果。辐射引起细胞层次重排的机制是，当高剂量辐射时，引起某些分生组织细胞有丝分裂的抑制或死亡，使周缘嵌合体的外层产生一些空隙，这空隙就由邻近层次不同基因型的细胞所取代，发生所谓层次间的穿越现象，从而使下面的组织显露出来。

8.5.1.3 遗传特性与突变选择

与有性繁殖作物相同，各种诱变剂诱发无性繁殖作物遗传物质的变异主要也是基因突变和染色体畸变。

1) 基因突变

无性繁殖作物中体细胞内出现基因突变的可能性决定于同源染色体等位基因的原初状态,既有显性基因变为隐性基因的正向突变,又有隐性基因变为显性基因的反向突变。一般来说,正向突变的频率总是高于反向突变。

以一对基因为例,突变发生有下列4种情况:AA→Aa,Aa→aa,Aa→AA和aa→aA。据纽伯姆和科克的研究资料,表明了遗传物质的原初状态对基因突变表现型及其频率高低的影响[40]。纯合基因型(AA)和杂合基因型(Aa)的研究材料,发生显性变隐性的正突变时,它们的表型表现不同。杂合基因型(Aa)出现正向突变(Aa→aa),其突变性状就表现出来,而纯合基因(AA)就不能表现出隐性突变,在杂合材料中产生隐性缺失的频率较高,对表现型的影响较小,产生显性基因缺失的频率也比较高,但对表现型的影响很大,为此进行无性繁殖作物诱变时,应选用杂合基因型材料,这样不仅在发生显性突变时,可以使突变性状表现出来,而且在发生隐性突变或缺失时,也能使突变性状表现出来。另外,若是基因位点呈隐性纯合状态(aa)时,比较容易产生缺失,但对表现型无大的影响,而隐性纯合基因中的一个基因发生显性突变的例子是很少见的,一旦发生显性突变(Aa),表现型变化就很大。

2) 染色体畸变

无性繁殖作物中出现的很大一部分突变是染色体畸变的变异。这类突变在有性繁殖作物中常因减数分裂后产生缺失、重复等无生活力配子而被淘汰,但是在无性繁殖作物里这类变异可以保存下来。

染色体结构发生易位和倒位变异,对表现型影响较小,且生活力和育性也较为正常;如果发生染色体缺失,则对表现型的影响很大。缺失的程度不同,可以对生活力的影响从很小到很大,甚至致死,育性亦降低或完全不育;如果发生染色体重复,对表现型的影响也比较大,但生活力和育性比较正常。对直接利用体细胞突变的无性繁殖作物,重要的是缺失和重复两种染色体畸变。

8.5.2 无性繁殖作物诱变处理技术

8.5.2.1 诱变材料的选择

当诱变育种目标确定之后,材料的选择是否妥当是诱变能否成功的关键。与有性繁殖作物一样,一般应选用适应性好、综合性状优良但某一方面有缺陷的品种、品系或杂交种为诱变的原始材料。另外,原始材料的遗传背景也会对产生体细胞突变的影响较大。

8.5.2.2 诱变方法

1) 处理部位和时期

多年生木本作物的插条、接穗、地下茎(球茎、块茎、根茎、鳞茎)、叶片、叶段、叶柄基部产生的不定芽等营养器官、生长植株、花粉以及种子等材料均可以用于诱变处理。处理的时期应选择所处理的材料的原基所包含的原基细胞数越少越好。

2) 诱变剂的选择

(1) 化学诱变剂。与种子繁殖作物相似,无性繁殖作物常用的化学诱变剂主要有烷化剂和亚硝基化合物,如 EMS,EI,NMU,DES,SA 等。研究发现,化学诱变剂要比物理辐射的效应小,主要有两方面的原因:① 化学诱变剂不易渗透到更为敏感的分生组织之中;② 无性繁殖作物的突变很大一部分突变是由染色体重排所引起,电离辐射比化学诱变剂能引起频率更高的染色体重排。

(2) 电离辐射。由于射线穿透力强,使用方便,重现性好,且有较高的突变率,各种电离辐射在无性繁殖作物诱变育种中得到了广泛的应用,其中 γ 射线应用最为普遍。

采用电离辐射和化学诱变剂复合处理,一些研究获得了更好的效果。研究认为,先采用射线产生的离子使 DNA 分子变性,再与化学诱变剂更易反应。采用复合处理,诱变好望角、苣苔、百合、郁金香、唐菖蒲观赏作物,都获得了有价值的突变类型。

在辐射的方法上,一般认为急性辐射无性繁殖作物比慢性辐射更有效。其中的原因是作物体本身有一套完整的修复系统,在生长中所进行的修复过程使突变不断减少,慢性辐射或分次辐射给予的修复时间更多,而无性繁殖作物的突变主要与染色体重排有关。

在无性繁殖作物中,采用重复辐射或再次辐射突变体是提高突变频率、增加有利突变、扩大突变谱的有效措施,特别在花卉辐射育种上取得很好的效果。

(3) 辐射诱变剂量。无性繁殖作物一般是选用接穗、插条、球茎、鳞茎等无性繁殖器官加以辐射处理,它们的辐射敏感性通常比有性繁殖作物种子更高,所需的辐射诱变剂量约为种子的 1/10。正常生长的枝条,比休眠的枝条敏感性高;生殖芽比营养芽的敏感性高,冬芽比夏芽高;生长点的原始细胞、花粉母细胞、胚细胞都有很高的敏感性。

对无性繁殖作物的适宜辐射量，一般根据生长芽的致死程度和生育期推迟和叶畸形程度等指标加以确定。在果树等无性繁殖作物中，采用植株成活率达60%以上的中等辐射量较为合适。

8.5.3　无性繁殖作物突变体的选择技术

8.5.3.1　体细胞突变显现的方法

为减少因体细胞选择所引起的突变率下降，应采取适当的技术措施使体细胞突变及时显现，使嵌合体尽早分离为同质突变体或稳定的周缘嵌合体，这是无性繁殖作物诱变育种成功的关键要素。

(1) 分离繁殖法：果树休眠芽基部叶原基的叶腋分生组织中细胞很少，辐射时常会产生较宽的突变扇形体，将初生枝基部腋芽，通过重复分离繁殖，可以使突变扇形体继续生长扩大，这样可以将均质突变体从嵌合体状态分离，便于进一步繁殖。

(2) 修剪法：扩大突变扇形体的另一种方法就是修剪法。短截修剪可以促使突变细胞发育，排除或抑制非突变细胞的生长，进而获得遗传组成一致的同质突变体，而且还可以促进基部隐芽萌发或产生不定芽，有利于内部变异体组织暴露出来。

(3) 促生不定芽：在短截修剪过程中结合去芽，更有利于刺激不定芽的发育。这种不定芽一般是从内部(韧皮部)一个或有限的几个细胞再生长的，若不定芽由于突变细胞衍生，就可以完全避免嵌合体形成。若不定芽起源于少数细胞，其中一个发生突变，则可降低嵌合体程度，这就为突变细胞参与枝条的形成提供更多的机会。

(4) 组织培养法：诱变技术与组织培养技术相结合，可能在较短时间和有限的面积内获得大量变异。组织培养可以为不同变异的细胞提供发育机会，大大提高变异率和扩大变异谱，为选择提供了基础。

8.5.3.2　无性繁殖作物突变体的选择方法

有关无性繁殖作物诱变世代的划分，一般以营养繁殖的次数，作为诱变世代数。无性繁殖作物的亲本世代、诱变一代、诱变二代、诱变三代，分别以MV_0，MV_1，MV_2，MV_3，…符号来表示，或简写为V_0，V_1，V_2，V_3，…

1) 突变体选择的适宜时期

对无性繁殖作物，重要的问题是如何在早期选择到所希望的突变体，一些研究者认为，选择的时期应尽可能早些，这是因为体细胞间的竞争，突变细胞会被正常细胞所淘汰。维瑟主张选择可以尽早从 MV_1 就开始，这样可以提高选择效率，他的实验结果表明，MV_1 开始选择要比从 MV_2 开始选择效率要高 7 倍。但是，开花期、果实性状等目标性状，不可能早期鉴定，还要 MV_2 及以后选择[40]。

2）选择方法

为提高效率，选择时应注意以下两点。

（1）只能对纯合突变体或完整的周缘嵌合体进行选择，扇形嵌合体一般是不能进行选择的，因此诱变处理过的枝条须经修剪或转接，使受处理的组织迅速增殖。

（2）早期选择的表型性状须与实际需要的经济性状具有明显的相关性。如在育性选择方面，已发现雄配子的异常程度与雌配子的发育之间存在密切的相关性。

8.6 植物辐射诱变育种展望

诱发突变技术应用于植物品种改良已经为全球粮食安全作出突出贡献，为世界许多国家每年带来数十亿美元的经济收益。在过去 80 多年里，发展中国家和发达国家在利用植物诱变技术育种的主要目标上有所不同。发展中国家如中国、印度和巴基斯坦等着重于粮食作物产量潜力的改良，而发达国家如北美和欧洲地区国家则注重面向加工产业的作物品质改良，如油料作物的油分含量及组分、果树类作物的果汁品质、大麦的麦芽和酿造品质等。毫无疑问，诱发突变技术将继续在植物品种改良中发挥重要作用。

新时期我国辐射诱变育种的发展目标和研究重点，要紧紧围绕发展优质、高产、高效农业和绿色可持续发展农业的总体目标，针对当前农业生产和种业发展的要求，调整育种目标，扩大应用领域，加强与其他育种方法的结合，完善诱变育种方法，提高育种水平。发挥诱发突变改良植物的特点和优势，围绕大农业发展中急待解决的、具有增产潜力的基础理论和技术关键，组织攻关，加以突破；加强应用基础研究、新领域应用的开发研究，促进诱发突变改良作物向更高层次的现代化方向发展；突破一批与现代技术水平相适应的技术成果和先进的适用技术，尽快转化为现实生产力，促进农业持续稳定发展。

8.6.1　调整育种目标，拓宽应用范围

在过去相当一段时间，我国辐射育种重点放在了主要农作物特别是粮食作物上，这与当时国内农业生产和国民经济要求以及诱变育种的现状是相适应的。随着经济的发展和市场要求的变化。除继续做好主要粮食、油料和纤维作物的诱变遗传育种外，应重视作物类别与结构的调整，拓宽应用诱变改良作物范围，加强蔬菜、瓜果、花卉等方面的诱变育种和野生植物的诱变驯化方面的研究。创造出更多的各具特色的突变种质资源，提供育种直接或间接利用，培育出突变新品种。育种目标性状改良上，应从以往的选育高产、早熟、矮秆、抗倒伏品种为主，转向继续提高单产的前提下，选育优质、多抗与有特殊需要品种的重点上来。

8.6.2　加强与其他育种技术的结合

综合应用各种现代育种技术，特别是生物技术与农业信息技术的结合，充分发挥各自的特点，提高植物育种效率和水平，以适应生产上日益提高的对育种的要求，将是十分有益和重要的。诱变育种与其他育种技术的结合，有助于更好地发挥诱发突变在植物育种中的作用，这也是诱变育种取得成功的一项重要经验。

(1) 与杂交育种的结合。诱变育种与杂交育种的结合，仍然是诱变育种获得继续发展的重要保证。诱变育种的一个主要诱变对象就是杂交育种的产物(如栽培品种、高代优异品系、低代材料以及杂交当代种子)，而诱变育种的产物——突变品种和突变种质资源，也是杂交育种重要的亲本材料，两者相辅相成，发挥各自优势，有助于更能发挥人工诱变在植物育种中的作用，解决植物育种中的重大问题。

(2) 与杂种优势利用的结合。辐射诱变可改良作物自交系，一是可诱发雄性不育系和育性恢复系；二是由同一品种不同突变体之间以及突变体与原品种之间所谓“内杂种组合”产生的优势也可能为突变体在作物杂种优势利用方面开辟一条新途径。例如世界各国已在40余种植物上诱变育成了雄性不育系，其中有的已在植物杂种优势利用和轮回选择群体改良中广泛利用。这将为发展雄性不育杂种优势利用提供新材料新种质。

(3) 与远缘杂交的结合。诱发突变与远缘杂交方法的结合，将在创造植物新种、丰富遗传资源上产生巨大的作用。利用辐射诱变能有效地克服与缓

解远缘物种间的杂交不亲和性,诱变处理还可能导致染色体断裂,促使染色体易位发生,产生出新的变异。最为成功的案例就是小麦与山羊草属、偃麦草属、簇毛麦以及黑麦等的易位系创制,国内外均取得了较为理想的效果。

(4) 与细胞工程的结合。细胞工程主要包括单倍体加倍技术、体细胞无性系变异利用技术、变异体离体筛选技术以及原生质培养与细胞融合技术等。这些技术为诱变育种的发展提供了新的有利条件。例如,离体培养结合离体诱变和离体筛选具有十分诱人的前景。利用单倍体加倍技术与诱变技术结合具有很多优点,能在诱变当代即可发现隐性或显性突变体、能提高突变率,能防止或降低嵌合体的形成,并能很快得到纯合突变体。随着基因重组技术的发展,有可能直接对 DNA 进行诱变处理,获得离体诱变,其后再将经改良的 DNA 放入原植物基因组或其他植物基因组中,实现"定向诱变"的理想。

8.6.3 加强辐射诱变育种的基础研究

辐射诱变育种进一步提高诱变频率、扩大诱变谱,以及最终做到定向诱发突变是今后大幅度提高诱变育种效率,选育突破性新品种的根本途径。这些问题的解决,涉及不同诱变源的诱变机理的深入研究与新的诱变源的开发、利用,适宜的诱变对象的选择,诱变方法的改进以及选择技术水平的提高等。这方面的研究是诱变育种的十分重要的基础研究。随着放射生物学、分子生物、生物技术以及其他有关学科的发展和进步,新的物理与化学诱变源不断涌现,诱变技术与选择技术不断完善,上述问题可望逐步获得解决。在此基础上,预期将会出现新的突破,使诱变育种产生根本性的变化。

展望未来,诱发突变技术将在继续发挥传统优势——突变品种培育与突变种质创制的同时,在新基因发掘和功能基因组研究中发挥不可替代的重要作用。例如,随着 DNA 测序技术的快速发展,使我们很快能够获得许多重要作物的全基因组序列信息,结合高通量突变筛选技术,突变新基因的发现与鉴定将成为十分活跃的研究领域。核辐射或化学诱变技术不存在基因型依赖性问题,将可能成为植物饱和突变体库创制最有效的方法之一。一些特殊的诱发突变因素,如中子和离子束等高线性传能密度(LET)诱变源,能够诱发高频率的缺失突变体,将对某些重要基因的功能研究起到不可替代的作用。即便是长期以来一些被育种家淘汰或丢弃的"看不上"或"无利用价值"的突变体,也有可能成为植物功能基因组学研究的全新材料基础而发挥作用。另一方面,海量基因组信息的积累必将全面提升植物突变技术研究和育种水平。随着放射生物学、分子生物学、生物信息学、基因组学等相关学科的快速发展和多种技术的交叉应用，越来越多的植物 DNA 损伤修复基因将被鉴定和克隆，这对阐明植物 DNA 损伤修复基因作用机制和提高诱变育种效率将发挥巨大作用，甚或达到控制突变的方向和性质的目标。植物分子突变育种的时代已经来临。

参考文献

[1] Stadler L J. Mutations in barley induced by x-rays and radium[J]. Science, 1928 Aug. 24;68(1756): 186 - 187.

[2] 徐冠仁. 植物诱变育种学[M]. 北京：中国农业出版社，1996.

[3] 刘录祥等. 植物诱发突变技术育种研究现状与展望[J]. 核农学报，2009，23(6)：1001 - 1007.

[4] FAO/IAEA. Mutant Variety Database. http://mvgs. iaea. org.

[5] Liu L. Officially released mutant varieties in China [J]. Mutation Breeding Review. 2004,14: 1 - 62.

[6] Ahloowalia B S, Maluszynski M, Nichterlein K. Global impact of mutation-derived varieties [J]. Euphytica, 2004,135: 187 - 204.

[7] Rutger J N. Impact of mutation breeding in rice-a riview[J]. Mut. Breed. Rev., 1992, 8: 1 - 24.

[8] 邓达胜，陈浩，邓文敏，等. 水稻恢复系辐恢 838 及其衍生系的选育和应用[J]. 核农学报，2009，23(2)：175 - 179.

[9] Awan M A. Use of induced mutations for crop improvement in Pakistan. In: plant mutation breeding for crop improvement [M]. Vienna: IAEA, 1991(1): 67 - 72.

[10] 杨宋蕊，刘录祥，赵林姝. 低植酸作物研究现状与展望[J]. 植物遗传资源学报，2008，9(2)：263 - 265.

[11] 段智英，吴殿星，舒庆尧，等. 辐照改良水稻淀粉特性研究[J]. 核农学报，2003，17(4)：249 - 254.

[12] Sears E R. Brookhaven symposia in biology, the transfer of leaf-rust resistance from *Aegilops umbellulata* to wheat[C]. New York,1956: 1 - 22.

[13] IAEA. Book abstracts of FAOPIAEA international symposium on induced mutations in plants [M]. Vienna: Austria, 2008, 12 - 15.

[14] 张书标，杨仁崔. 水稻 *eui* 基因研究进展[J]. 作物学报，2004，30(7)：729 - 734.

[15] 李鹏，李新华，张锋，等. 植物辐射诱变的分子机理研究进展[J]. 核农学报，2008，22(5)：626 - 629.

[16] 官春云，刘春林，陈社员，等. 辐射育种获得油菜(Brassica napus)高油酸材料[J]. 作物学报，2006，32(11)：1625 - 1629.

[17] Ikeda A, Tanaka M U, Sonoda Y, et al. Slender rice, a constitutive gibberellin response mutant, is caused by a null mutation of the *SLR*1 gene, an ortholog of the height-regulating gene GAI/RGA/RH/D8 [J]. The Plant Cell, 2001, 13: 999 - 1010.

[18] Hase Y, Khuat H T, Tsukasa M, et al. A mutation in the *uvi*4 gene promotes progression of endo-reduplication and confers increased tolerance towards ultraviolet B light [J]. The Plant Journal, 2006, 46(2): 317 - 326.

[19] Colbert T, Till B J, Tompa R, et al. High-throughput screening for induced point mutations [J]. Plant Physiol, 2001,126: 480 - 484.

[20] Slade A J, Fuerstenberg S I, Loeffler D, et al. A reverse genetic, nontransgenic approach to

wheat crop improvement by TILLING. [J]. Nature Biotechnol., 2005, 23: 75-81.
[21] Sato Y, Shirasawa K, Takahashi Y, et al. Mutant selection from progeny of gamma-ray-irradiated rice by DNA heteroduplex cleavage using Brassica petiole extract [J]. Breeding science, 2006, 56: 179-183.
[22] 袁成凌,余增亮.低能离子生物学研究进展[J].辐射研究与辐射工艺学报,2004,22(1): 1-7.
[23] 刘录祥,郭会君,赵林姝,等.我国作物航天育种 20 年的基本成就与展望[J].核农学报,2007,21(6): 589-592.
[24] 胡延岭,刘录祥,郭会君,等.高能混合粒子场诱发的小麦矮杆突变体的 SSR 分析[J].核农学报,2008,22(4): 399-403.
[25] 尚晨,张月学,李集临,等.γ 射线和高能混合粒子场辐照紫花苜蓿品质变异的比较分析[J].核农学报,2008,22(2): 175-178.
[26] Liu L X, Zhao L S, Guo H J, et al. A salt tolerant mutant wheat cultivar 'H6756' [J]. Plant Mutation Reports, 2007,1(3): 50-51.
[27] Behnke M. Selection of potato callus for resistance to culture filtrates of phytophthoia infestans and regeneration of resistant plants[J]. Theor. Appl. Genet,1979, 55(2): 69-71.
[28] 孙立华,吕学锋,朱作为,等.抗水稻白叶枯病突变体筛选操作技术体系及其利用[J].江苏农业学报,1991,7(1): 32-37.
[29] 孙光祖,陈义纯,张月学,等.抗根腐病小麦突变体的诱发和离体筛选体系的研究[J].黑龙江农业科学,1991,6: 1-4.
[30] Rowlett K, Hemming D, Hobbs S, et al. Seventeenth international congress of genetics: genetics and the understanding of life [J]. Ag Biotech News and Information, 1993, 5: 337-360.
[31] 王琳清.诱发突变与作物改良[M].北京:原子能出版社,1995.
[32] 郑企成,朱耀兰,陈文华,等.辐照小麦幼穗外植体诱变效果初报[J].核农学通报,1991,12(1): 8-11.
[33] 高明蔚.世界上第一个小麦离体诱变新品种——核组 8 号[J].核物理动态,1992,9(4): 45-46.
[34] 杨仁崔,张书标,黄荣华,等.高秆隐性杂交稻(e-杂交稻)的育种技术[J].中国农业科学,2002,35(3): 233-237.
[35] Rutger J N, Carnahan H L. Fourth genetic element to facilitate hybrid cereal production-recessive tall in rice[J]. Crop Science,1981,21: 373-376.
[36] 刘录祥,郑企成.空间诱变与作物改良[M].北京:原子能出版社,1997.
[37] 叶俊,吴建国,杜婧,等.水稻"9311"突变体的筛选和突变体库的构建[J].作物学报,2006,32(10): 1525-1529.
[38] 叶创兴,朱念德,廖文波等.植物学[M].北京:高等教育出版社,2007,7.
[39] Tilnel B, Richard A E. Plant chimerase[M]. London: Arnold, 1986.
[40] 夏英武.作物诱变育种[M].北京:中国农业出版社,1997.

第9章
昆虫辐射不育技术及其应用

9.1 昆虫辐射不育技术的原理与特点

9.1.1 昆虫辐射不育技术的基本原理和发展简史

1895年伦琴发现X射线[1]；1916年Runner发现大剂量的X射线辐照烟草甲虫，能降低其繁殖能力[2]；1927年Müller发现离子辐照能引起果蝇*Drosophila sp*.可见性状的改变和产生大量的显性致死突变，后者表现为辐照处理的雌虫与辐照处理的雄虫交尾后的所产的卵其孵化率降低[3]；20世纪三四十年代，苏联科学家、坦桑尼亚科学家、美国科学家分别提出向野生靶标害虫种群中释放不育虫达到防控害虫目的的设想[4-8]。

昆虫辐射不育技术是昆虫不育技术(sterile insect technique, SIT)中的一种，其基本原理是首先人工大量饲养靶标害虫，然后经过α,β,γ,X射线或中子辐照使其不育，再大量、持续释放到靶标害虫的种群中，通过释放的不育雄虫与野生雌虫交配不产生后代，从而达到控制靶标害虫的目的。

辐照诱导的显性致死突变最主要的损害是造成生殖细胞染色体的断裂或损伤。成熟精子所诱导的染色体断裂或损伤可以一直保持到和卵结合，当精子和卵结合后，细胞核开始分裂，在发育过程中染色体的断裂严重影响到受精卵的活力。在细胞分裂前期，断裂的染色体能正常复制，但在细胞分裂中期，断裂或损伤端能融合，形成双着丝粒和无着丝粒的片段，无着丝粒片段经常丢失，而双着丝粒片段在细胞分裂后期形成联桥，导致其他染色体断裂，这个过程自我复制，导致子细胞的遗传信息严重失衡，最终导致合子死亡。如图9-1所示。概括起来就是致死突变的表现是辐照处理的个体由于生殖细胞染色体断裂而丧失生殖能力，原因是染色体的断裂不影响精子与卵子正常受精，但在受精卵最初的几次卵裂时能导致大多数胚胎死亡。

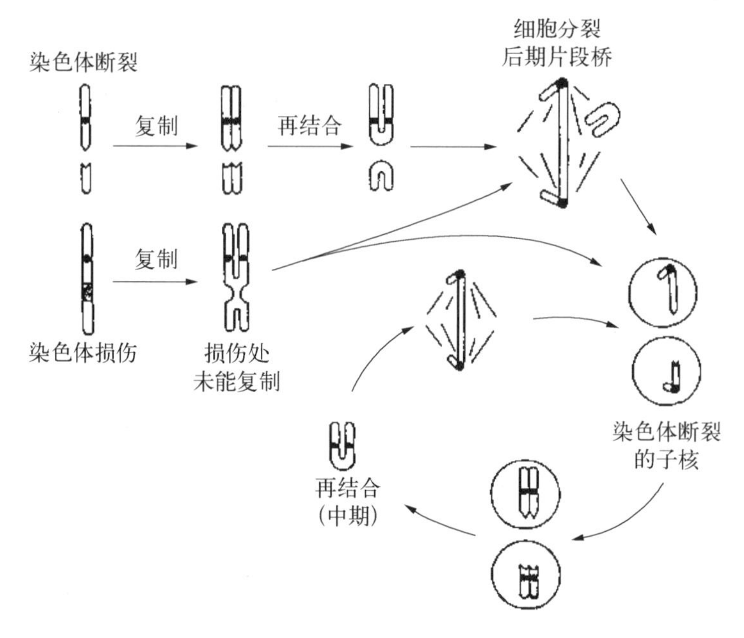

图 9-1　辐照诱导染色体断裂或损伤导致的致死突变原理[9]

20 世纪 50 年代,美国率先开展新大陆螺旋蝇辐射不育试验,并于 1954 年彻底根除了库拉可岛上的新大陆螺旋蝇;1957 年启动应用昆虫辐射不育技术并结合大面积害虫综合治理根除美国东南部新大陆螺旋蝇的项目,2 年后成功根除了该地区的新大陆螺旋蝇。此后直至 1991 年,应用昆虫辐射不育技术彻底根除了美国西南部、墨西哥、中美洲巴拿马地区的新大陆螺旋蝇。新大陆螺旋蝇的成功根除奠定了昆虫辐射不育技术在现代害虫防治中无可争议的地位,而新大陆螺旋蝇也几乎成了昆虫辐射不育技术的同义词[10-14]。

经过几十年的发展,目前,昆虫辐射不育技术已经被许多国家所认可并作为防治重大害虫的手段之一,尤其在实蝇害虫的防治方面取得了显著的成效。美国、墨西哥、危地马拉联手于 1977 年启动大规模阻止地中海实蝇从中美洲入侵墨西哥南部的项目。1978 年在墨西哥的 Metapa 建立了周产 5 亿头不育地中海实蝇的饲养工厂,于 1982 年成功根除地中海实蝇。但至今仍在墨西哥和危地马拉交界处设有隔离带,每周释放地中海实蝇不育雄虫,预防和阻止地中海实蝇入侵和定殖。1919—1970 年间,瓜实蝇入侵到日本南部诸岛,包括冲绳岛,使得这些岛屿的水果和蔬菜被严格禁止进入日本主岛市场。日本政府启动了 2 个独立的项目以根除日本西南诸岛的瓜实蝇,应用 SIT 根除了冲绳岛及所有西南部诸岛上的瓜实蝇，使得这些岛上生产的蔬菜水果得以进入日本主岛市场，并于1993年宣布全国范围内根除了瓜实蝇。澳大利亚的珀斯市于1990年应用昆虫不育技术在125 km^2的区域内根除了昆士兰实蝇 *Bactrocera tryoni* (Froggatt)。智利于1996年宣布应用昆虫不育技术根除了地中海实蝇之后，全国成了无实蝇区，其水果和蔬菜不需要检疫处理，直接大量地出口美国。同时所建立的实蝇工厂继续生产，并与秘鲁合作，在智利北部和秘鲁南部地区的释放不育地中海实蝇防止其入侵危害。阿根廷也在一些重要的水果产区开展了地中海实蝇的SIT项目，并成功建立无地中海实蝇区。美国自1994年开始至今仍在洛杉矶盆地、坦帕、迈阿密等地定期释放地中海实蝇不育雄虫以防止地中海实蝇进入美国大陆定殖，该项目已成为美国永久性预防性释放项目[15]。西班牙的巴伦西亚是世界上最大的新鲜柑橘出口产地，在2000年因地中海实蝇检测问题而关闭了美国市场，进而启动了地中海实蝇辐射不育防控项目。在最初的2003—2004年期间是从阿根廷购买不育地中海实蝇在2个山谷地区进行实验，在2004—2005年建立自己的地中海实蝇人工大量饲养工厂，在2006年全面开展巴伦西亚地区的柑橘上的地中海实蝇SIT防控，自2009年起禁止喷洒农药。

采采蝇 *Glossina spp.* 是非洲传播锥虫病的媒介昆虫。1970—1980年曾在坦桑尼亚大陆东北部的Tanga地区对 *Glossina morsitans morsitans* (Westwood)进行了根除试验，并在尼日利亚北部1 500 km^2的干旱地区根除了G. *palpalis palpalis* (Robineau-Desvoidy)[14]。IAEA等国际机构和多国政府对坦桑尼亚政府的“根治桑给巴尔采采蝇”的技术合作项目于1994年1月开始执行，1997年，坦桑尼亚桑给巴尔岛的采采蝇 *G. austeni* (Newstead)被根除。2014年1月，IAEA启动了塞内加尔的采采蝇根除项目，预计在2015年底或2016年初根除塞内加尔2个地区的采采蝇。非洲大约有37个国家由于采采蝇和锥虫病每年导致300万头牲畜死亡，至此，粮农组织/国际原子能机构(FAO/IAEA)的昆虫辐射不育计划已支持14个非洲国家的努力根除采采蝇。

从1967年开始，在美国加利福尼亚圣杰昆峡谷的棉田释放经过辐照处理的不育棉红铃虫，以预防加利福尼亚南部的棉红铃虫迁移到该地建立种群。在加拿大英属哥伦比亚省的奥克那根地区，SIT也用于防治危害苹果核和梨的苹果蠹蛾[15]。

昆虫防治与不育国际数据库(IDIDAS)的最新统计表明，对270种昆虫进行了相关辐射生物学的研究。其中，28.1%为双翅目，24.8%为鞘翅目，24.1%为鳞翅目，8.1%为半翅目，7.4%为螨类，1.9%为膜翅目，1.5%为网翅目，1.1%为缨翅目，1.1%为蜘蛛目，1.1%为啮虫目，0.4%为等翅目，0.4%为直翅目。在76个双翅目(16科，28属)中，23个种属于实蝇科，说明这一类群在害虫治理和国际贸易上的重要性。另外，对象甲(虫)科的研究数量为21，对螟蛾科的研究数量为17，对e蚊科的研究数量为17，对卷蛾科的研究数量为16。

9.1.2 昆虫辐射不育技术的主要特点和基本条件

9.1.2.1 主要特点

昆虫辐射不育的主要特点有：

(1) 具有物种特异性。是利用害虫的生殖本能防治害虫，不需要向环境中释放另外一种生物。

(2) 可应用于人力无法抵达的特殊地形。释放的不育昆虫能通过寻偶、交尾等生殖本能扩散到人力无法抵达的目标害虫的栖息地为原始或次生森林，或自然保护区的区域。例如坦桑尼亚的桑给巴尔南部的Jozani和Muyuni等地区主要为原始森林或次生森林，不可能对其野生寄主动物施药喷药，更不允许家畜进入Jozani森林等自然保护区。鉴于此，IAEA等国际机构和多国政府对坦桑政府的采用"SIT根治桑给巴尔采采蝇"技术合作项目于1994年启动，并于1997年取得成功[14]。

(3) 能有效阻止外来生物的入侵、蔓延，是解决跨界害虫的理想办法。在一些国界或边境地区，对于跨界危害的害虫，SIT是唯一的理想措施，如在新大陆螺旋蝇的根除过程中，对于巴拿马与哥伦比亚交界地区的新大陆螺旋蝇以及企图从墨西哥入侵的新螺旋蝇均是采用SIT成功遏制的[15]。

(4) 能与其他害虫防控措施相结合用于害虫的预防、抑制、遏制和根除，是目前大区域内唯一能大面积灭绝害虫种群的方法。

(5) 不是一门独立的学科。需要建立在掌握靶标害虫的生物学、生态学特性以及大量人工饲养、不育虫的释放、田间监测技术等基础上。

(6) 是针对整个靶标害虫种群进行的害虫防治。在害虫大区域综合防控(AW-IPM)的过程中，最好是在靶标害虫种群密度很低时就开始使用，而且其防控效果需要长期的连续的应用才能体现，因此需要集中管理。

(7) 是一项高投入、高收益的害虫防治手段。昆虫不育技术的实施需要建立昆虫人工大量饲养设施，不育昆虫还需要借助水、陆、空等交通设施进行释放。所有这些，均导致昆虫不育技术需要较高的投入，但是综合考虑，尽管其运行成本较高，收益也是极高的。克罗地亚内雷特瓦河谷地区通过地中海实蝇的防控，使得该地区出口水果的受害率减少了 93%，其中无花果的受害率减少了 92%～100%，桃的受害率减少了 57%～79%，柑橘的受害率减少了 96%～97%，每年减少农药的使用量 20 万升，投入与收益比高达 1∶6。

9.1.2.2　实施昆虫辐射不育的前提条件

(1) 靶标害虫种群现状、危害的虫态及危害的寄主部位必须明确。

(2) 靶标害虫必须是两性生殖而且是全变态的昆虫，并且具有适度的扩散能力。

(3) 靶标害虫的生物学、生态学特性必须研究清楚。

(4) 必须具备靶标害虫的人工大量饲养、辐照和释放技术。

(5) 不育的靶标昆虫，必须具有与野生的靶标害虫同等的交配竞争能力，且释放的不育虫必须是无害的，并且释放的不育虫数量要足够多。

(6) 具备有效的靶标害虫田间种群检测技术和数据分析及反馈机制。

(7) 具备独立的管理机构、充足的经费保障以及公众的认知。

(8) 需要政府部门的全力支持和投入。

9.1.3　我国昆虫辐射不育技术的发展现状

我国大陆利用 SIT 防治害虫的研究始于 20 世纪 50 年代末 60 年代初，在亚洲国家中曾处于领先地位。对马尾松毛虫、玉米螟、红铃虫、甘蔗黄螟、黏虫、小菜蛾、桃小食心虫、柑橘大实蝇、三化螟、大豆食心虫、谷象、棉铃虫和光肩星天牛等等 20 多种害虫，开展过辐射敏感性、辐射不育剂量的测定、人工饲养、辐照后昆虫的性行为、辐照昆虫的标记与诱捕方法、迁飞与扩散能力的测定、辐照昆虫的运输、释放技术和性行为习性的观察等研究。其中，对鳞翅目亚不育辐照剂量的研究较为深入，发现的 F_1 高度不育在 60 年代初期处于国际领先地位[16,17]。

1981—1983 年中国农业科学院原子能利用研究所在辽宁省兴城市磨盘山岛(面积 30 公顷)释放经过亚不育剂量核辐射处理的亚洲玉米螟防治野生亚洲玉米螟取得了较好的效果，当释放虫与田间野生虫比例为 0.64∶1 时，不育和亚不育卵块占总卵块数的 44%，百株虫口下降了 34.2%。这是我国首次利用昆虫不育技术防控田间害虫[16,17]。

1987 年中国农业科学院原子能利用所和浙江省农业科学院原子能所在当地的配合下，在贵州省惠水县三都区中联橘园(面积 33.4 公顷)释放柑橘大实蝇不育雄虫，当年该果园柑橘大实蝇的虫果率由常年的 5%～8%下降到 0.2%；1989 年继续在该果园释放柑橘大实蝇不育雄虫，虫果率下降到 0.005%；1993 年中国农业科学院原子能利用所在贵州省惠水县 6 个果园 118 公顷的柑橘园内释放辐射不育柑橘大实蝇，取得了显著的压低虫口的效果，使柑橘大实蝇的受害率由释放前的 10%以上下降到 0.1%以下[16,17]。“九五”期间开展的防治棉铃虫的研究，完成了大规模释放试验前各环节的技术攻关。鉴于光肩星天牛等害虫对我国三北防护林造成的毁灭性灾害，“十五”期间，我国曾经开展了辐射不育防治光肩星天牛技术的研究，但进展比较缓慢，主要技术难点在于因光肩星天牛的生长周期比较长，人工饲养难度较大而造成饲养成本过高[18]。

橘小实蝇是我国台湾最重要的实蝇类害虫，从 1975 年开始，台湾在其西南部的 8 个区域共 4 100 公顷的柑橘园和芒果园释放了 3.2 亿头不育橘小实蝇；1976 年释放面积扩展到北部，柑橘园面积达到 60 600 公顷，共释放了 7.5 亿头不育橘小实蝇；1977 年，释放面积增加了 4 000 公顷。从 1978 年开始，采用飞机释放不育橘小实蝇，释放范围包括全台湾岛的 68 000 公顷果园。1978—1984 年间每月释放 2 次，每次释放 1.8 亿头不育橘小实蝇，每年释放 22 次。通过连续 9 年释放不育橘小实蝇并配合甲基丁香酚诱杀雄虫的技术，有效地降低了橘小实蝇的虫口密度和水果危害率，使柑橘的损失从 5.2%～6.7%下降到 0.18%～0.034%，芒果的损失从 26.3%下降到 2.02%[16,17]。

针对橘小实蝇在中国大陆日益严重的危害的局面，中国大陆于 2007 年、2008 年建立了橘小实蝇遗传区性品系，可根据雌雄蛹的不同颜色在蛹期区分雌雄性别，通过研究不同辐照剂量辐照不同蛹龄的蛹，比较成虫羽化率、耐压存活率、实蝇飞出率以及橘小实蝇辐照雄虫的不育率和野生雄虫的交配竞争力、在田间的扩散情况等得出橘小实蝇的适宜辐照虫态为 8 日龄的蛹、辐照剂量为 100 Gy[19,20]。

2011—2012 年研究电子束对朱砂叶螨的辐照效应的结果表明，0.40 kGy 的电子束辐照可作为有效防治朱砂叶螨入侵的参考检疫剂量[21,22]。

尽管我国在 SIT 研究和应用方面曾经取得了一定的成绩，但从“十五”开始，由于缺乏国家公益性财政经费的长期资助、缺乏把靶标昆虫的人工饲养技术、管理者及普通民众对 SIT 的认知不足、社会上普遍存在“恐核”的现象以及基层和农户期待能达到化学杀虫剂一样的“立竿见影”的效果，导致从事 SIT 的人才流失，科研队伍断层，最终造成我国 SIT 研究和应用工作基本处于瘫痪状态。

9.2　昆虫人工大量饲养技术

9.2.1　目标害虫种群的引进和建立

根据国际植物保护公约(IPPC)的定义，SIT 是在大区域的范围内以压倒性的比例释放不育虫来减少田间同种害虫种群繁殖的害虫治理方法。应用 SIT 的前提是必须有大量的并且和野生虫具有同等交配竞争能力的不育虫，因此，人工大量饲养靶标害虫是应用 SIT 的基础和前提。

在建立初始种群时必须考虑种群的遗传多样性，即地理分布要广，同时数量要足够多，这样便于保持饲养种群的遗传特征，避免导致饲养昆虫不同于野生种群以致释放的不育昆虫与野生昆虫交配不相容。建立初始种群时，刚刚从田间收集的昆虫首先要单独保存或饲养，淘汰不健康的个体，通常最初几代的个体死亡率较高，在经历 5 代之后种群基本上会稳定下来。

长期大规模饲养会导致种群发生不良变化，因为饲养过程就是筛选那些适合实验室饲养条件的个体，这些不良变化包括缺乏必要的求偶行为和对信息素、寄主气味、环境信息甚至是视觉的反应能力。在大量饲养的初期，来自野外的种群杂合度会快速下降，但随着长期的大量饲养，由于随机突变的积累，种的杂合度也有可能逐渐恢复，但这些后天获得的杂合度和田间种群的杂合度并不一定匹配，这些改变会导致饲养昆虫不同于野生种群，导致无竞争力或者竞争力下降。因此，在大规模饲养期间，有必要对饲养种群进行质量检测和控制，通过常规的监测可获得一系列参数，随时掌握饲养种群的变化。

如建立橘小实蝇人工饲养种群时，首先是收集田间的受害果，将受害果置于底部有网眼的容器内，用纱网罩住便于沥干水分和防止果蝇干扰，待受害果内的老熟幼虫开始从容器底部网眼弹跳出来时，用经过灭菌的细沙收集老熟幼虫，让其化蛹，并使沙保持在(70±10)%的相对湿度条件下，化蛹后从沙中筛出蛹。正常健康的橘小实蝇蛹深褐色，重约 12 mg/粒，剔除小粒的、颜色不正常的蛹后，将健康的蛹放入饲养笼(约 30 cm×30 cm×30 cm)内，7～10 天后收集羽化的橘小实蝇成虫，按 1∶1 的雌雄比例，每笼放入 350 对同日龄的橘小实蝇成虫，提供水和饲料进行饲养。

实验室饲养中最重要的环节通常在前3～5代种群建立的过程中，尤其是第1代。在橘小实蝇种群建立的初期，最好使用小规格的饲养笼，把采自不同地区的不同寄主的具有相近日龄的橘小实蝇成虫养在一起，扩大规模。当数量达到上千只时，将所有的成虫转移到大的养笼中(约50 cm×50 cm×50 cm)，每笼约500对。当数量再多时，便转移到更大的养虫笼中(约150 cm×60 cm×100 cm)，每笼15万头成虫，雌雄性比约1∶1。在室内扩大繁殖，从而建立橘小实蝇人工饲养种群。

9.2.2 昆虫人工大规模饲养

9.2.2.1 人工饲料

昆虫不育技术的原理是大量释放不育虫到自然种群中去，以降低自然种群的生殖潜能，其应用必须有大量的生理发育一致的昆虫作前提。因此，大量人工饲养是基础，而饲料是大量饲养中最重要的因素，构成了饲养成本的绝大部分。昆虫饲料都是从天然寄主材料逐渐发展到人工合成的饲料，天然饲料虽然能够提供完整的成分，但受到季节、地理分布和品质等因素的影响，而且成本比较高；人工饲料可以打破寄主限制，降低饲养成本，有效控制昆虫生长发育整齐度等。所以改进饲料，降低成本是人工饲养研究的关键，目的是寻求饲料成本和昆虫质量之间的平衡。在初始建立种群的时候，往往需要在人工饲料中加入天然寄主的组织成分，然后随着种群的逐步适应可以逐步去掉这些天然饲料。要降低饲料的成本首先要去除饲料中不必要的成分，其次是尽量使用本地的农产品和工业副产品或者一些廉价的商品，但原材料并非越便宜越好，而应以饲养质量合格的昆虫为前提。

自1908年黑颊丽蝇人工饲料发表以后，昆虫人工饲料的研究逐步发展起来。

20世纪50年代以后，随着有机杀虫剂的大量生产和应用，农药筛选、害虫防治和昆虫毒理、生理、病理、生态等学科研究对实验用虫的需求急剧上升，用天然饲料饲养昆虫已经不能满足各项研究的需要；另一方面，由于农药的大量施用、昆虫抗药性和环境污染日趋严重，在综合治理的策略下，天敌应用、抗性品系、昆虫不育技术防治、性信息素和抗药性机理等的研究都得到了加强，这就需要供应大量生理标准统一的、健康的实验用虫。人工饲料的类型也渐渐从专一性饲料(专门饲养一种昆虫的饲料)向全能性饲料(可以饲养同属甚至同亚科昆虫的饲料)转化。如：Singh在《昆虫饲养的一般性目的饲料》一文中提到了一种昆虫饲料可以对105种昆虫进行完全饲养或是部分饲养[23]。

近几十年来,国外发表的昆虫人工饲料的研究论文数以千计。我国学者在这方面也做了很多工作,1964年,王宗楷编著的《昆虫饲养》[24],首次完整地介绍了昆虫饲养的方法和技术;1979年,忻介六等编著的《昆虫、螨类、蜘蛛的人工饲养》[25]详细叙述了人工饲料的配制原理和方法;1984年,王延年等编写的《昆虫人工饲料手册》[26],收集了200多种具有重要经济意义和具有代表性的昆虫饲料配方,同时介绍了昆虫人工饲料的类别、成分和设计等基本知识。此外,还详细阐述了三化螟和蚊虫等人工饲料的配制及其饲养技术;1986年,忻介六、邱益三编写的《昆虫、螨类、蜘蛛的人工饲养的续篇》[27],进一步叙述了人工饲料的一些基本问题,补充了100多种昆虫的人工饲料和饲养方法。目前,利用人工饲料饲养的昆虫涉及直翅目、等翅目、半翅目、同翅目、鞘翅目、膜翅目、双翅目、脉翅目等农业害虫和多种经济昆虫[28]。

昆虫所需的营养成分与高等动物基本相同,尽管不同昆虫对个别营养物质的需求略有差异,但几乎所有昆虫都对蛋白质、糖类、脂类、维生素和无机盐等有相似的基本营养需求。此外,幼虫或成虫人工饲料的杂质、湿度、质地和pH值等都能影响虫体大小、存活率、寿命、飞行能力、交尾能力和对光的应激性等等。

蛋白质和氨基酸是参与虫体组织的重要物质。从根本上说,昆虫对蛋白质的需要就是对氨基酸的需要,因而蛋白质的营养价值取决于它的氨基酸的质和量。昆虫所需的氨基酸分为必需氨基酸和非必需氨基酸两大类,前者昆虫不能自身合成,主要依靠食物来提供,后者可由昆虫利用其他营养成分进行转化和合成。必需氨基酸一般有10种,但也存在种间差异,对于少数需要其他必需氨基酸的昆虫,则必须添加,否则由于不能满足"氨基酸平衡",昆虫就不能发育。

饲料中的蛋白质含量的高低对不同昆虫饲养效果是不同的,当前人工饲料中,常用的蛋白原物质有黄豆粉、麦胚粉、玉米粉、啤酒酵母等。在已知的鳞翅目昆虫人工饲料中,麦胚是应用最普遍的主要成分之一。

糖类是生物体能量的主要来源,并可转化为氨基酸和脂肪。昆虫对糖类的利用主要取决于对多糖及低聚糖的水解能力,即昆虫能否消化这些物质,并为肠壁细胞吸收。昆虫善于利用葡萄糖、蔗糖、果糖及麦芽糖等,而不善于利用山梨糖,五碳糖类则几乎完全不能利用。有的昆虫也能用淀粉酶分解淀粉而加以利用,但昆虫的淀粉酶作用因其食性差异而差别很大。植食性昆虫一般有活性较强的蔗糖酶,能使蔗糖分解为单糖。研究发现,在一些嗜糖昆虫的饲料中，即使饲料的热量水平已达到要求，但仍需额外添加一些糖，才能保证这些昆虫的正常取食，很显然，这种饲料中的糖就起到了取食刺激物的功能。

脂类是昆虫贮存能量的化合物，也是构成细胞膜的结构要素。昆虫需要甾醇和多种不饱和脂肪酸。昆虫通常具有将蛋白质和糖类转化为脂肪的能力，但有些种类却缺乏这种能力，特别是缺乏合成脂肪酸中亚油酸和亚麻酸的能力，因此必须从食物中获得。大多数鳞翅目昆虫在成虫羽化时需要不饱和脂肪酸。例如，不饱和脂肪酸对美洲棉铃虫成虫的正常羽化有重要影响；亚油酸缺乏或用量不足会降低茶卷叶蛾的化蛹率和羽化率。脂肪酸除对昆虫成虫羽化有影响外，对幼虫的发育、成虫的产卵以及卵的孵化都有很大的作用。但是，脂肪酸的副作用在若干种昆虫中也已经报道。如在二化螟人工饲料中加入脂肪或脂肪酸特别是亚麻酸有强烈阻碍发育的作用。郭培福等研究表明人工饲料中不饱和脂肪酸的含量对小菜粉蝶的羽化和交配影响很大。

人工饲料为防止微生物污染，必须加入防腐剂。常用的防腐剂主要有山梨酸、对-羟基苯甲酸酯类（尼泊金）、苯甲酸及其钠盐、安息香酸及其盐类、福尔马林、乙醇、甲醛、青霉素、金霉素、四环素以及其混合液等等。防腐剂过少会导致饲料很快变质，影响昆虫发育；防腐剂过多，会对昆虫产生毒害作用。因此，在人工饲料中常常将几种防腐剂混合使用，可以加强防腐效果，既可相互弥补防腐的不足又可降低各自的浓度，避免出现毒害。一般认为，昆虫人工饲料中防腐剂的含量在 0.1%～0.3%为最佳。应霞玲等研究认为，幼虫期的延长可能是对防腐剂最敏感的反映。目前，国内外广泛使用的人工饲料防腐剂是山梨酸和丙酸，也有的用苯甲酸钠；抗生素多用氯霉素，但苯甲酸钠和氯霉素对某些昆虫，例如蚕的摄食有抑制作用，影响蚕的生长发育；值得注意的是山梨酸、苯甲酸钠、尼泊金、丙酸的抗菌活性与 pH 值有关。

另外，人工饲料的物理性状对某些昆虫的饲养效果有影响。模拟昆虫天然食物的外形可获得较好的取食效果。如野蚕幼虫饲料做成桑叶形的小片状、桃小食心虫幼虫饲料模拟寄主果实性状做成半弧形等均可提高饲养效果。

9.2.2.2 人工大量饲养

以昆虫不育技术为目的饲养昆虫，是由其他的饲养昆虫的方法发展而来，但是饲养规模更大，操作技术虽然相似，但质量控制途径不同。更大的规模意味着更大的饲养设备，而对这些更大设备的生产控制采用自动化可降低成本、减少人为的差错、提高产品性能和一致性、减少人为的微生物污染、提高空间利用率。在大规模饲养过程中，数据管理是至关重要的一环，现代计算机程序能够进一步简化数据收集和分析的过程，随着饲养的商业化，昆虫状态和质量控制的最新信息都可通过网络进行检测。

昆虫不育技术的特殊性质要求生产的产品，也就是饲养的昆虫应该能够和野生种群的个体进行交配，因此，人工大量饲养应在操作、质量控制等方面形成标准的操作程序，从而能够确保昆虫质量。

人工大量饲养的质量控制分为三大块：① 生产质量控制，主要考虑饲养所需投入的成本，如饲料成分、设备等；② 程序质量控制，主要是确保饲养如何完成，如饲料的准备、环境条件、感染率、幼虫从饲料中分离、蛹的储存、辐照剂量等；③ 产品质量控制，主要是评估保证所生产的不育昆虫的竞争力是否达到相关要求。

质量控制中"控制"是指管理措施，包括：① 设定质量标准；② 评价这些标准是否合适；③ 当偏离标准时应采取的适当措施；④ 标准的改进。影响产品质量的因素包括技术和人两个方面，其中人的因素是最重要的，涉及操作人员、部门领导以及其他人员，多数情况下，相关质量问题都与人的因素有关。质量控制的目的在于鉴别饲养过程中导致低质量的因素，而不是在饲养之后对低质量产品进行更正。

大量饲养也能使野生种群和实验室种群产生遗传上的差别。饲养种群的遗传改变是造成其在飞行能力、交尾龄期、第一次产卵时间、表皮碳氢化合物和成虫寿命等特性改变的原因。特别是野外和实验室交尾环境有很大不同，大量饲养种群对不恰当的交尾行为无意间做的选择对于昆虫不育技术的应用是有较大危害的。为了保持大量饲养品系的竞争力，应采取一些的策略，包括：将种群保持在"宽松"的条件下，使不必要的特性选择降低到最小，并定期替换大量饲养品系。

9.2.2.3　昆虫品系的驯化、维持和更新

当野生昆虫被引进实验室进行大量饲养后，它们所处的环境条件与这个物种长期以来已经适应的田间环境存在极大差异，这些改变的环境条件是一种与田间环境不同的新的选择压力，当它作用于实验室起始种群时，将从中选择一小部分在新环境中具有繁殖优势的个体，从而创造了一个潜在的遗传"瓶颈"。在人工条件下长期饲养之后，昆虫的一些重要的行为和生理性状如繁殖力、预产卵期、求偶、飞行能力、产卵、发育速度、信息素的产量、对信息素的反应、视觉灵敏度、代谢率和抗压能力等由于环境的适应性、选择和驯化的原因发生改变。人工大量饲养所引起的选择作用可能导致幼虫发育加快、蛹

期缩短、性成熟提前、信息素产量减少、求偶行为简化以及产卵提前。交尾行为的改变将降低饲养昆虫的竞争力，但大量饲养导致的其他变异同样可导致一些有害变异。

在应用昆虫不育技术大面积综合治理害虫时，不育昆虫需具备较高的羽化率，足够的活力，能在交尾场所或其他地点找到食物、隐蔽地点和野生雌虫。需具备足够的竞争力，能够与野生雄虫竞争雌虫，与野生雌虫很好地交尾，能够成功地传导精液，能够很好地存活下来。

为保证一个饲养程序能够生产具有这些必要特征的昆虫，必须建立一个质量控制系统对这些参数以及与靶标群体的兼容性和竞争力进行定期检验，以保证在较长的时期内维持产品的质量。

质量控制参数包括下列几项：

1）卵的孵化率

卵孵化率的改变可能导致种群交尾的问题，应当定期进行卵的取样以检测其孵化率，并且保证在饲料上保持正确的幼虫密度。

2）幼虫发育历期

幼虫发育历期可能与求偶行为的变异相关。应当对幼虫发育历期进行检测，以避免发育过快。

3）蛹的大小

蛹的大小是幼虫饲料质量、饲养密度以及饲料是否被污染、灭菌等问题的一个很好的指标。蛹的大小可用最小直径或重量来度量。蛹重是成虫大小的一个很好的指标。针对地中海实蝇，质量标准的一条是要求后期蛹重应当达到大约 7 mg，针对新大陆螺旋蝇，要求后期蛹重不低于 44 毫克/粒，但针对体型较大的鳞翅目昆虫，蛹过大导致飞行能力下降，竞争力反而降低。

4）成虫羽化率

羽化率直接决定了能够释放的成虫的数量。羽化受到幼虫营养（蛹能量储存）、饲养期间和蛹储藏阶段极端温度以及不适当相对湿度的影响。对蛹的不适当操作，如在蛹早期阶段过度拥挤、颠簸以及过高的辐照剂量都将影响成虫的羽化率。

5）性比和羽化时间

性比可能受到蛹期不适当条件的影响，如性别温度敏感致死品系，饲养过程的任何阶段的不恰当的温度都会影响性比。羽化时间是蛹龄一致性（涉及蛹的收集和处理）的指标，可能也是发育过快的一种警示。

6）飞行能力

释放到田间以后，不育昆虫的飞行能力是一个重要的指标。如果这些昆虫不能飞到隐蔽场所或找到食物，或者不能到达交尾场所，不育昆虫就失去了意义。

“飞行率”是指能够飞行昆虫的百分数，是通过将一定数量的蛹放置到羽化/飞行试管中测量得出的。

饲养或辐照所导致的飞行能力、扩散能力和生存能力降低。一些研究发现，在实蝇蛹期的某个关键时期进行筛蛹将使一些与飞行相关的肌肉无法正确插入外骨骼的表皮层，导致了一种“翅下垂综合征”，表现是实蝇翅膀不同程度下垂从而无法飞行。

不育昆虫的扩散和存活率能够通过田间标记释放实验进行测量。为得到数量充分的重新捕获的昆虫，需要大量释放不育昆虫，并且连续释放时应当用不同的颜色进行标记以便于辨别。

7）信息素产量以及对信息素的反应

信息素的散发和对信息素的反应是不育昆虫与野生雌虫最早的互作行为。连续的实验室饲养可能导致不育昆虫释放的信息素的成分发生细微的变化，使其失去对野生雌虫的吸引力。研究表明，在地中海实蝇田间纱笼试验中，不育雄虫比野生雄虫吸引了更多的野生雌虫，通过对笼中雄虫行为的密切观察发现，不育雄虫比野生雄虫“叫”得更频繁，持续时间更长。通过饲喂蛋白能够提高地中海实蝇雄成虫的信息素产量，从而提高其竞争力，雌虫倾向于选择饲喂过蛋白以及个体较大的雄虫。

8）视觉

采用视网膜电流图研究实蝇的视觉质量，发现辐射致使视觉敏感程度和可感受的光谱范围降低了。1980 年发现地中海实蝇一个眼睛为杏色的突变品系，其雄虫的交配竞争力降低。当使用这一突变品系进行交尾和听觉测试时，观察到突变雄虫在求偶时无法紧密跟随正常雌虫翅膀的挥动，从而导致雌虫拒绝雄虫的求偶[15]。

在新大陆螺旋蝇中也观察到大量饲养的昆虫视觉损伤，从而不得不进行品系更新。

9）寿命

在许多昆虫种类中，幼虫阶段储备的营养通过蛹阶段最终影响成虫的寿命。寿命测试（通常与蛹的大小相关），是在不提供食物和水的条件下（依种类而定)测定在给定的时间内成虫存活的比率,是成虫羽化时营养储备的指标。

蛋白饲喂能提高地中海实蝇的信息素产量,但同时也降低了饥饿所导致的死亡率。但有研究证明饲喂蛋白的地中海实蝇能够在田间成功地找到蛋白和糖类食物源。

10) 警觉行为

实验室饲养昆虫的一个常见问题是丧失了兴奋性。由于大量饲养不经意的选择作用,昆虫适应了受到保护的非常拥挤的群体环境,但对环境的反应能力显著降低。因此,这些昆虫在释放到田间后对潜在的危险反应能力降低了,从而与野生昆虫相比,更容易被天敌捕捉到。采用"警觉测试"用于检测昆虫的兴奋性水平,这一测试或相似的测试可以用来选择提高昆虫的兴奋性水平。兴奋性水平似乎是可遗传的性状,通过对雌虫品系的适当管理可能在一定程度上维持昆虫兴奋性水平[15]。

11) 交尾倾向、相容性和竞争力

交尾速度和交尾活力是适应性的一个指标。这项测试检测了大量饲养的未交尾的不育昆虫与处女雌虫交尾的倾向,但这仅仅适用于雄虫选择交尾系统,没有提供雌虫选择系统的相关信息。

饲养的不育昆虫能够成功地与靶标群体的雄虫进行竞争是昆虫不育技术的关键。竞争力的降低可由饲养、辐照以及品系之间内在的不相容性等问题引起。

雄虫体型的大小也可以作为交尾竞争力的一个指标。较大的成虫相对竞争力更强,雌虫更倾向于选择体型较大的雄虫。在田间释放中,体型大的雄虫比体型小的雄虫扩散得更远,存活时间更长。

12) 多次交尾

昆虫不育技术交配行为的另一个重要组成部分是野生雌虫的多次交尾。昆虫不育技术不要求雌虫是单配制的,但如果雌虫第一次与不育雄虫或与野生雄虫的交尾存在不同比率的差异,或者多次交配后存在精子选择问题,则影响昆虫不育技术实施的效果。

雌虫的再次交配依赖于交配过程中雄虫所传递的因子,如果大量饲养的雄虫交配时没有传递必要的因子,则再次交配的概率将不同程度地上升。

如果有害变异开始出现,那么针对饲养系统的反馈通路是必要的,这样就能及时找到缺点,确定原因并解决问题。

当饲养品系的特性与靶标群体差异太大,并且相关调整措施不再有效时,就必须替代更新品系。更新一个品系是一项艰巨的任务，要考虑可行的时间，并且需要投入大量成本。新采集的田间品系通常需要经过几个世代以适应饲养环境，一般在大约5代以后品系特性才能稳定下来。如果这涉及必需的滞育过程，那将是很耗时的。

9.3　昆虫辐射不育处理技术

9.3.1　昆虫对电离辐射的敏感性

不育昆虫是指通过某种适当的处理后不能产生可育后代的昆虫。电离辐射能导致昆虫不育的原因有：使雌虫不能产卵（不孕）、使雄虫不能产生精子（无精）或精子失去功能（精子失活）、使雌雄虫不能交配、使雄虫或雌虫生殖细胞产生显性致死突变等。

昆虫对辐射的敏感性与许多因素有关，不同种类的昆虫对电离辐射的敏感性不同，可能由着丝点的结构、染色体的凝聚程度、辐照损伤的修复程度、染色体的环境不同以及其他自身因素等引起的。根据昆虫对显性致死的敏感性的不同，可分为两个主要类群，即敏感类群和耐辐射类群，双翅目、膜翅目、鞘翅目属于前者，该类群的昆虫均具有一个固定的着丝点；而半翅目、鳞翅目、同翅目、毛翅目、蜻蜓目、革翅目属于后者，均具有全着丝粒结构，即着丝粒分布在整个染色体上。

另外，辐射时昆虫机体的生物学状态也会对辐射敏感性产生显著影响，影响昆虫辐射敏感性的因子有以下几项：

（1）环境和物理因素。① 氧气水平。当环境大气中的氧水平低于空气中氧气水平时，将显著降低辐射导致的损伤，因此通常相应需要更高的剂量才能使昆虫不育。然而，由于这种保护作用对于减小体细胞损伤比减小生殖细胞损伤更为有效，因此降低环境大气的氧水平是在保证不育水平的前提下提高不育昆虫竞争力的常用策略，通常在降低氧气压力或在氮气或缺氧条件下进行辐照，可减少辐照损伤。应当注意到的是，能量线性传递高的辐射（如α射线、中子）比能量线性传递低的辐射（如X射线、γ射线）更少受到氧水平的影响，其原因可能是能量线性传递高的辐射将导致大分子内部的电离反应，其导致的损伤是无法修复的。② 剂量率。通常降低辐照剂量率能够降低辐照引起的副作用。对一次性辐照处理，可通过延长辐照时间而使用较低的剂量率。为保证辐照昆虫的质量，一个可选方案是剂量分级处理，即将预定剂量分成几个较小剂量进行多次辐照。然而,由于这一方法不太实用,目前应用昆虫不育技术的大面积害虫综合治理项目一般都不使用它。③ 温度。一些数据表明降低温度能够提高节肢动物对辐射的抗性。在一定程度下,低温和低氧水平一样也能够降低辐照期间昆虫的新陈代谢的速率,因此也降低辐照期间昆虫发育的速率。

(2) 生物学因素。① 虫态和虫龄。应用 SIT 防治害虫时,虫龄和虫态是辐照处理的一个重点的考虑因素。一般来说,蛹比成虫对辐射更敏感,但是比幼虫更抗辐射。与之相类似,老龄的蛹比幼龄的蛹具有更高的辐射抗性。另外,卵龄则与辐射敏感性呈负相关关系。② 细胞不同发育阶段其敏感性不同。对辐射敏感性最高的细胞有三类:有丝分裂速度较快的细胞、有丝分裂次数较多的细胞和较原始类型的细胞,因此,生殖细胞的辐射敏感性是最高的,在它们的不同发育阶段表现出不同的致死性和不育敏感性。通常认为,染色体损伤(结构和数量异常)是致死突变的基础。生殖细胞中发生的显性致死突变不会影响配子的机能,但会导致受精卵以及胚胎发育的畸变和死亡。精子发育的早期阶段(精母细胞和精原细胞)通常比晚期阶段(精子细胞和精子)对辐射的敏感性更高。雌虫生殖细胞的敏感性由于滋养细胞的存在而变得复杂,这些滋养细胞在有丝分裂期间也对各种伤害敏感。③ 性别。节肢动物的雌性一般都比雄性的辐射敏感性高,但也存在大量例外。如半翅目中红蝽科、拟网蝽科和蝽科、美洲大蠊,还有一些鞘翅类昆虫和硬蜱类,雄虫的辐射敏感性反而比雌虫更高。不同种类的雌雄虫对辐射敏感性的差异可能与辐照期雌虫卵母细胞的成熟程度有关。例如,如果在成虫羽化前两天或更多天辐照处理地中海实蝇,则雌虫所需的不育剂量远低于雄虫的不育剂量。然而,如果在羽化前一天或更晚的时期进行辐照处理,即使辐照剂量能够使雄虫充分不育,雌虫仍可产生一部分可育卵。④ 个体大小和体重。早期的研究结果认为成虫个体较大的种类其辐射敏感性更高,然而,还没有证据证明个体大小、重量和辐射敏感性之间具有的很强的相关关系。如个体较小的昆虫如实蝇,柔茧蜂和赤拟谷盗等仍能够耐受足以杀死美洲大蠊或使之不育的剂量。⑤ 滞育。滞育对昆虫辐射敏感性的影响较大。如苹果蠹蛾幼虫经过滞育处理之后再进行辐照处理,与未经滞育处理的相比,成虫的羽化率降低,但对于其他种类的昆虫,幼虫是否经滞育处理其辐射敏感性没有差异。⑥ 营养状态。辐照前或辐照后的饥饿或营养状态,可能会影响辐照敏感性。如使美洲花蜱 100%不育的辐照剂量在取食血液前后分别为 10 Gy 和24 Gy,但其机理尚不清楚[15]。

(3) 其他因素。昆虫体内的含水量、昼夜节律以及与昆虫地理分布相关的遗传差异等也可能会影响昆虫的辐射敏感性。

9.3.2 辐照方法和辐射剂量的选择

9.3.2.1 辐照源

适用于昆虫不育技术的辐射类型取决于相对生物学效应、穿透力、可用性、安全性以及成本。相对生物学效应是辐照所产生的效应相对于200～250 kV的X射线所产生的生物学效应的比值。导致染色体异常的辐射相对生物学效应取决于其线性能量转移(LET,每单位距离一种具有特定能量的带点粒子传递给一种媒介物的能量)。具有高线性能量转移的辐射在诱导不育时也更加有效,并且所生产的不育昆虫也更具竞争力。然而,高线性能量转移同时也意味着穿透力是有限的。α粒子具有高线性能量转移,但是对昆虫的穿透力不足1 mm,这样就不适用于昆虫的不育处理。中子与γ射线和X射线相比导致昆虫不育的效率更高。然而,中子能够导致被辐射物质产生放射活性,再加上核反应堆(常用中子源)无法移动,因此多数情况下并不适用。

适用于昆虫辐射不育的辐射类型包括γ射线、高能电子和X射线,他们对所作用的物质,特别是昆虫,具有相似的效果。为保证被辐射昆虫的适合度以及工作人员的安全,必须避免被辐射的物质如包装物和昆虫产生诱导辐射活性。为确保这一点,用于昆虫不育技术的能量,光量子类必须低于5百万电子伏特(MeV)(如γ射线和X射线),电子类要低于10 MeV。这样,^{60}Co产生的γ射线,^{137}Cs、由加速器产生的能量低于10 MeV的电子,以及由电子束产生的能量低于5 MeV的X射线都适用于昆虫的不育处理。

目前,昆虫的不育一般利用X射线、电子束或最普遍应用^{60}Co和^{137}Cs产生的γ射线来诱导的,不远的将来,使用高能电子(5～10 MeV)进行昆虫的不育处理可能将增多。这种电子由电子加速器产生,不会涉及任何辐射性物质。

9.3.2.2 辐射不育剂量

昆虫不育技术的"不育"通常被理解为完全不育,即使昆虫达到100%不育的辐照剂量。然而,由于昆虫可以诱导达到不同的不育水平,如辐照诱导染色体异常的鳞翅目昆虫的显性致死突变主要在F_1代中表达,所以,"不育"的意义不再局限于绝对不育,释放的不育昆虫也不总是要求完全不育。在低剂量时,辐照诱导的昆虫不育率随辐照剂量的增加而上升,两者近乎线性关系,但在较高的辐照剂量时,继续增加辐照剂量,昆虫相应的不育率增幅很小,随着剂量的继续增加，不育率只是接近完全不育的渐近线，而不能达到完全不育。因此，完全不育的目标是不现实的。事实上，通过释放一定数量的雄虫来达到野生雌虫不育的比例取决于释放不育雄虫的不育水平和与野生雄虫的交尾竞争能力。因此，应用昆虫不育技术时，应重点考虑采用适宜的辐照剂量，以达到保护体细胞和提高遗传不育之间平衡，最大限度把遗传负荷引入到野生种群，即为了达到这种目的，所选择的辐照剂量所能达到的不育水平将低于100％。

节肢动物辐射抗性高于人类和其他高等脊椎动物，但低于病毒、原生动物和细菌。高辐射抗性的主要原因之一是节肢动物在幼体阶段的不连续生长，这期间只有在蜕皮过程中细胞才变得活跃，也就是昆虫每次蜕皮体重将加倍，这样它们的细胞在每一个蜕皮周期仅仅需要分裂一次，大多数成虫对辐射的高抗性是由于成虫由已经分化的细胞组成，而这些细胞则不会再发生替代，这些细胞比正在分裂的和未分化的细胞对辐射诱导的致死或损伤抗性更高。

鞘翅目平均辐射不育剂量范围 43～200 Gy。在开展辐射不育研究的鞘翅目昆虫中，以象鼻虫科和拟步甲科昆虫为主要类群，其所需的不育剂量为76 Gy。抗性最高的种类为扁谷盗科，200 Gy，最敏感的为窃蠹科，43 Gy。一些数据表明这一目雌雄虫所需的不育剂量存在差异，雄虫比雌虫更敏感，如日本金龟子和欧洲黑拟谷盗；有些反之，雌性抗性更强，如谷斑皮蠹。

从昆虫不育技术的应用角度，彻底地研究了 γ 辐射对棉铃象甲的影响。80 Gy 的辐照剂量能够使其雄虫不育，但寿命缩短，超过 50 Gy 就可使雌虫产卵能力降低，但在辐照剂量达到200 Gy之前雌虫仍能产生可育卵，在这一剂量下，辐照后的虫将完全丧失竞争能力。

蜚蠊目的蟑螂是敏感性最高的种类，仅需低于 5 Gy 的辐照剂量就能诱导不育。在盔蛮折翅蠊中存在辐射敏感性的性别差异。雄虫比雌虫的辐射敏感性更高。蜚蠊目的成虫阶段一般被选做最佳的辐照时期。

双翅目昆虫的辐射不育剂量范围为 20～160 Gy，果蝇科和潜蝇科是辐射抗性最高的类群，寄蝇类是辐射敏感性最高的类群。实蝇科是双翅目中应用昆虫不育技术进行防控的最主要种类，平均不育辐照剂量为 63 Gy。实蝇的辐射敏感性相对均一，其中 5 个主要属（按实蝇属、果实蝇属、小条实蝇属、寡鬃实蝇属、绕实蝇属）的种类所要求的不育辐照剂量低于 100 Gy，这一点为国际贸易中农产品杀虫所设定辐照剂量范围 100～150 Gy 提供了证据。许多应用昆虫不育技术防治实蝇类害虫的大面积害虫综合治理项目所使用的剂量为100～150 Gy，远远超过了实蝇科所需的平均不育剂量63 Gy。在一些早期的项目中，这是一种保证不育水平的“预防”措施，然而高剂量辐射经常会降低不育昆虫的竞争力，从而降低所释放的不育昆虫对自然种群的总体控制作用。因此近来的项目通常采用在低氧水平下进行高剂量辐射以提高雄虫的竞争力。

半翅目昆虫有10个科19个种进行了辐射不育的相关研究，辐射不育剂量范围10～180 Gy，其中甜菜叶蝉的雌虫是目前已经测试种类中辐射抗性最高的，芦笋蚜则是敏感性最高的种类。总体上，雌成虫所需的不育剂量为50～60 Gy，然而，烟蚜和康氏粉蚧雌虫所需的不育剂量高达200 Gy。雄虫所需的不育剂量一般为60～150 Gy。如果辐照时期为4龄或5龄的蛹，则较低的剂量(5～60 Gy)可以达到75%～100%的不育。半翅目雌雄相对辐射敏感性也存在种间差异。

鳞翅目昆虫对辐射的抗性比其他昆虫高，平均不育剂量为40～400 Gy，其中松异带蛾的不育剂量最低，大约为平均40 Gy；而尘污灯蛾不育剂量最高，蛹和成虫所需的全不育剂量分别为300 Gy和400 Gy。

与其他昆虫相比，鳞翅目辐照雄虫的F_1代表现出比双亲更显著的不育效果。F_1代的性比也向雄性偏移。这样，亚不育的雄虫能够产生完全不育的子代，这一现象已经被应用于很多项目之中。

直翅目的蝗虫总科的昆虫和网翅目的折翅蠊科昆虫是迄今为止所记载的辐射敏感性最高的昆虫(不育辐照剂量低于5 Gy)。

目前没有缨翅目的昆虫直接应用昆虫不育技术进行防治的研究，但日本曾开展了危害鲜花的缨翅目害虫的辐照检疫处理研究，用400 Gy(电子束)和100 Gy(γ射线)分别用于西花蓟马和蓟马属几个种的灭杀。

9.3.2.3 辐照方法

1) 辐射剂量测定

辐照处理通常是人工大量饲养的昆虫释放前最后的一个程序。首先，必须对辐射源进行放射剂量测定，以保证所有昆虫接受的辐照剂量达到最低要求，并且没有使用过量的辐照剂量；其次，应选择可以在野生雌虫中引入最大不育水平的辐照剂量，即辐照剂量的选择要考虑到释放雄虫的不育水平和其竞争力。因此，采用一定方式尽量降低辐照对昆虫竞争力的影响是十分重要的，许多研究结果显示在氮气中进行辐照处理可有效保护射线对昆虫的有害影响，但目前在大规模项目中还没有得到应用。

定期的常规放射剂量测定有助于确保昆虫能够按照项目要求受到恰当的辐照处理，可以通过将辐射剂量测定器放置在包装物或承载罐的特定位置预测其剂量率与承载罐内最大以及最小剂量率的关系，可快速检验辐照过程中出现的问题，从而及时避免将没有接受恰当辐照处理的昆虫释放出去的可能。还可采用辐射敏感指示剂作为辅助检验工具，辅助检验装有昆虫的承载罐是否经过了辐照处理。辐射敏感指示剂是一种暴露于特定辐照剂量时能够产生可见性质变化的物质，如包被在胶带纸上的感光层等。但当指示剂在辐照前或辐照后暴露于极度潮湿、高温或高紫外辐射时将会显示错误的指示，因此它们只能在条件能够控制的情况下使用。

2）辐照时期的选择

辐照过程能使昆虫质量下降，因此尽量减少体细胞的损害以保证不育虫质量。辐照时期的选择取决于昆虫生殖器官的成熟时间、辐照处理过程中是否便于操作、辐照之后的运输是否方便以及体细胞损伤的敏感程度等。对于许多全变态的种类，辐照的适宜时期是蛹后期或成虫早期，这时生殖组织已经完全形成，如双翅目蝇类通常在成虫羽化前 1～2 天进行辐照(蛹保持在大约 25℃)，这是因为在蛹早期进行辐照将导致辐照虫质量降低，并可能影响体细胞组织，如果当辐照太接近成虫羽化期，雌虫已经产生发育完全的卵母细胞，这些细胞即使被辐照也仍能存活。理想状态下，最好可以依据发育或成熟阶段表现出一些外部生理特征作为一种快速可靠的鉴别手段，如地中海实蝇蛹眼睛的颜色变化。

3）辐照虫的包装

在大面积害虫综合治理项目中应用昆虫不育技术时，通常在辐射处理前将昆虫包装好，辐射处理后将完整包装的昆虫直接运输到释放设施准备进行释放。这些包装不仅为不育昆虫提供了保护，而且可以防止它们逃逸。包装有多种，如 2～4 L 的聚乙烯袋、不上蜡带盖的纸杯、纸盒、容积大 15 L 的塑料瓶等。昆虫不育技术的辐照设施通常可提供可以重复使用承载罐(通常是钢制、铝制或塑料制)，可以在辐照过程中承载包装好的昆虫。这些承载罐的体积和形状通常与辐照室的体积和形状相适应。

为减少自由基的形成，辐照通常需要在降低氧浓度的条件下进行，因此包装物必须具有气密性。辐照实蝇时，将实蝇的蛹紧密包装在塑料袋或塑料瓶中，并且尽量减少其中的空气，在辐照前将包装好的昆虫放置在低温条件下

(12～20℃)至少1小时。在这期间,昆虫将消耗包装物内的大部分氧。另外,这种缺氧状态也可以通过辐照前在包装物内填充氦气或氮气而获得。

4) 辐照后的不育性检验

辐照昆虫的抽样检验是一项定期的常规措施以确保达到所要求的不育水平。针对实蝇应用昆虫不育技术,是以辐照处理昆虫与非辐照处理昆虫交配后 F_1 卵的孵化率作为不育性的检测指标。如橘小实蝇遗传性别品系羽化前1,2,3天(即－1 d,－2 d,－3 d)的雄蛹,经 Co^{60} 辐照100 Gy的剂量(剂量率为1.71 Gy/min)后,待成虫羽化后分别与普通未经辐照处理的橘小实蝇雌虫杂交,每个组合50♂×50♀,即:－1×N(N为未辐射的普通雌虫,下同),－2×N,－3×N。对照组为N×N。分别在羽化后第10天、第17天对所有杂交组合各取卵200粒,均匀涂抹在湿润的滤纸上,放在培养皿中,置于温度为(25±1)℃,湿度 RH 为(65±5)%,$L:D=12:12$ 条件下,72 h后在显微镜下记录未孵化卵的数量 U,计算卵孵化率 $H\%$,$H\%=(200-U)/200\times100\%$。

除了定期的常规不育检测,如果辐照或饲养过程中有任何设备或程序发生改变或调整,那么应随时对即将出厂的昆虫进行常规的不育性检测。但是,获得不育检测的结果需要一定的时间,并且这些结果可能会滞后,从而无法避免释放没有适当辐照处理的昆虫。因此需要用其他方法作为补充,如常规的放射量测定。

另外,应当针对靶标昆虫群体检测不育昆虫的交配竞争能力,以确保释放项目的效果。

9.4 辐射不育昆虫的释放技术

9.4.1 害虫生物学、生态学特性的综合调查

成功应用昆虫不育技术首先需要了解靶标种群的生态学,包括野生种群的成虫密度及其随时间的变化情况,因为需要释放的不育昆虫的数量取决于靶标种群的大小、项目计划所覆盖的区域、项目治理最终要达到的目标、田间所需不育虫与野生虫的释放比例等。

由于需要生产数量巨大的不育昆虫释放到野生种群中,因此在昆虫不育技术的实际操作中,对于靶标种群大小提出了限制,昆虫不育技术更适用于较小的害虫种群,或靶标害虫分布面积虽广,但种群密度小,如新大陆螺旋蝇;或靶标害虫种群密度虽大,但分布面积相对较小并且有生境隔离,如日本冲绳岛

的瓜实蝇。

昆虫不育技术的本质是作用于害虫种群的繁殖，淹没式的释放比例必须能够抵消害虫种群增长的趋势。由于田间害虫种群增长率很难精确预测，在项目运行中应谨慎检测项目的有效性，并确保适当的释放比例。

害虫种群的数量受寄主植物、气候及耕作周期的影响，对于在其他季节种群数量较大的害虫种群，其数量减少的季节给有效应用昆虫不育技术提供了契机。因此，交替使用昆虫不育技术与其他害虫管理方法（如大量诱捕和农业防治）来治理害虫，可以比持续释放不育昆虫更有效节约治理成本。

大多数昆虫种群在某些区域呈块状分布，即在大量虫口密度较低区域中有高密度虫口区域，这些块状分布通常与资源，如寄主植物的分布有关，并可以随季节的变化而变化。在野生害虫高密度分布区，不育虫的释放比例只有比整个项目地区的整体比例高，才能达到理想的防治效果。

昆虫种群的分布直接受其寄主的分布和害虫单食性或多食性程度的影响，应用昆虫不育技术大面积综合治理的害虫涵盖从单食性或寡食性害虫到高度多食性害虫。使用昆虫不育技术治理单食性害虫相对比较简单，特别是针对寄主植物限制性地生长在零星的小地块。对于多食性害虫，寄主的广泛分布扩大了其分布范围，增加了昆虫不育技术防治的复杂性，并提高了治理的成本。目标害虫在有寄主的地区以及其他生态所需的地区来回移动也影响害虫的分布。

野生种群在栖息地以内或之间迁移的能力影响所需释放面积的大小，当昆虫不育技术应用于害虫根除项目时，害虫种群的扩散能力决定了阻止害虫迁入所需的隔离面积，是害虫种群治理成为结合昆虫不育技术的大面积害虫综合治理的首要因素。害虫的再次入侵也需要考虑在根除项目内。

尽管昆虫长距离的迁移会对应用昆虫不育技术产生影响，但是一定程度的扩散对于发挥该技术的效力是必需的。研究表明，适度的扩散能力有利于昆虫不育技术的应用，因为这样可以减少害虫种群的空间异质性，那些相对不动的节肢动物，如蜱和螨以及各种同翅目类昆虫都不适合应用昆虫不育技术。另外，释放的不育雄虫必须能充分移动以找到本地资源，如食物、交配场所或配偶等。对于特定的害虫种类，设计释放方案时，不育雄虫的扩散能力是首要考虑的因素，因为不育雄虫在整个释放区域内的分布，至少在野生害虫可能出现的栖息地的分布是至关重要的。

9.4.2　不育虫释放比例、释放次数与标记技术

不育虫的释放数量，取决于靶标害虫种群的内禀增长力。假定一种靶标害虫每代净增长5倍，在不育虫具有与野生虫完全相同的交配竞争能力的前提下，不育昆虫和可育昆虫只有保持在4：1的水平才能保证自然种群的稳定。即理论上，当每代净增长为5倍时，不育虫和可育虫的比例为5：1可使自然种群的数量呈下降的趋势。在实际应用的过程中由于野生靶标害虫和不育昆虫在自然环境中不是均匀分布，最初的释放比例应该足够高，以确保从一开始所有防控范围内的野生靶标害虫种群数量全面下降，同时，由于辐照处理过程中或多或少都会导致不育虫的活力和交配竞争能力下降，在释放过程中应从释放数量上对此损失进行弥补。

随着野生种群的密度减少，不育虫对野生可育虫的比例呈线性增加，因此，利用昆虫不育技术治理密度低的种群有巨大优势。当野生种群密度随季节性降低或受到恶劣天气影响而大批死亡后，或配合其他技术如物理的、化学的、生物的等技术将害虫种群密度降低后应立即开始释放不育虫。由于野生靶标害虫种群中包括交配过的雌虫、未达到性成熟的雌虫以及卵、幼虫和蛹，而不育雄虫只对未交配过的雌虫有效，只有当雌虫发育至性成熟时不育雄虫才起作用，在释放不育雄虫前已交配过的雌虫，其后代至少要经历1个世代的时间才受到不育雄虫的影响，因此必须持续释放不育雄虫且保持一定的释放比例。

根据不同昆虫的平均寿命，不育昆虫的释放频次不同。在田间不育虫和野生昆虫具有相同的存活能力对昆虫不育技术是至关重要的。如果不育昆虫的寿命减短，那么释放频次和释放不育虫的数量要相应增加，以确保达到所要求的释放比例。不育昆虫寿命减短可能是由于大量饲养、品系遗传、不育处理、操作和释放方法等引起的。如释放过程中集中释放的不育雄虫短暂不活动、大量饲养改变了昆虫对捕食性天敌的规避行为等，释放到田间的不育虫被天敌捕食的比例会很高。尽管不育虫在田间的存活能力至关重要，并且其影响因素远不止实验室涉及的范围，因此应该在实验室经常评估不育虫的寿命。

释放到目标地区的不育雄虫数量必须大于或等于目标地区正常雄虫的数量，所以必须对目标种群的密度进行评估以决定释放不育雄虫的合适数量。

如果扩散距离比较小，应该增加不育雄虫的释放点，以增加不育雄虫数量与可育雄虫数量比值的一致性。

应用昆虫不育技术进行害虫治理，需要及时并按需提供不育昆虫。人工大量饲养的昆虫需要储存以便与释放周期同步；应在目标种群刚建立但还没有很大时，释放不育昆虫。

全球定位系统和地理信息系统(GPS－GIS)的引入可对诱捕器、害虫寄主和其他信息进行精确导航和地理定位，对数据和图表可进行精确的管理，可大大降低防治成本。

9.4.3 释放时机和释放前的性别分离

在昆虫不育技术的应用过程中，对靶标害虫种群的不育性传递起实质性作用的是不育雄虫。因为仅不育雄虫与野生雌虫交配产生不育效果，但如果同时释放不育雄虫和不育雌虫，通常不经济而且效果不显著，因为昆虫有选择交配的倾向，并且由于不育雌虫与释放的不育雄虫交配从而减少了不育雄虫与野生雌虫的交配机会，浪费了资源，降低了田间防治效率。在血液病的传播中，雌性个体通常是病原的携带者，所以在释放之前必须除去雌性个体。

对于大多数昆虫而言，根据外部形态特征可将性别分离，但这仅能在蛹期和成虫期进行性别区分，而且实际性别区分的自动化有困难。许多昆虫如蚊科、鳞翅目昆虫等在体型大小上呈现雌雄异型的现象(在蛹期尤为明显)，可以此区分雌雄性别，但这些昆虫在体型上有大量重叠，致使分类的效率降低。某些昆虫种群可以通过蛹期外生殖器来区分性别，但观察起来非常困难，并且需要手工挑选，难以实现自动化。

在大范围释放不育雄虫前，把雌虫分离出来，对昆虫人工饲养和田间的生物学效应都有非常重要的作用。目前可应用机械手段分离雌雄的昆虫包括：致乏库蚊、埃及伊蚊、淡色按蚊等；遗传手段也被应用于多种昆虫种类中，如家蚕、二斑叶螨、家蝇 、铜绿蝇、地中海实蝇、瓜实蝇、橘小实蝇等。另外，不同的性别往往在发育速率上有区别，有时利用这点也可以对性别进行区分，如采采蝇的 2 个种，刺舌蝇和奥斯汀舌蝇，成虫的羽化与温度相关，在相同温度条件下雌虫比雄虫更早羽化，可据此区分雌雄成虫。

9.4.4 释放容器和释放方法

不育昆虫的释放有地面静态释放、地面动态释放、空中释放三种方式。

1) 地面静态释放

地面静态释放是先在容器中放置一定数量的不育蛹或成虫，再将容器均匀放置在目标区域,不育成虫羽化后自行飞出容器。容器可以是能回收重复使用的塑料容器,也可以是简单的一次性纸袋。地面静态释放的优点是操作简单,成本低,适用于面积较小且人容易进出的区域。缺点是释放点的分布受到地形限制,造成不育昆虫的分布不均匀,容易受到天气和天敌的影响。

2) 动态地面释放

动态地面释放是借助慢速行驶的交通工具扩散不育昆虫。将性成熟的不育昆虫放在容器中利用人工或机器装置释放到环境中。优点是可在较大面积的区域内根据不育昆虫的需要数量进行释放,释放效率高。缺点是不育昆虫分布不均匀,在靠近释放道路的地区密度高,在交通工具难以达到的区域无法释放。

3) 空中释放

空中释放是利用飞行器释放不育成虫。将羽化后的成虫放置在飞机上的冷冻箱中,不育昆虫从冷冻箱经过传送系统进入释放管中释放。释放的速度和数量由传送带和飞行器的速度控制。释放时由与卫星定位导航系统相联系的电脑控制,记录在目标区域释放的不育昆虫的数量以及飞行轨迹,供释放后昆虫种群数量的分析。空中释放的优点是不受地形、道路有无的限制,不育昆虫能迅速覆盖较大的区域,能按照要求在设定的区域内精确释放不育昆虫。缺点是对天气敏感,设备昂贵。

9.4.5　释放辐射不育昆虫的监测

对于释放的不育昆虫可通过标记监测其在田间和野生昆虫的比例,密切关注项目的进展。适用于标记大规模饲养昆虫的方法有染料标记、化学标记和遗传标记。

染料标记分两类:一种是体内染料标记,是将染料掺在幼虫或成虫饲料中,昆虫通过取食饲料获得标记。这种方法比较简单,但缺点是染料可能有毒或引起昆虫行为或其他方面的变化,并且可能在后面的虫态中染料就不存在了,而且鉴别一系列的标记物有困难,但目前染料卡口红已广泛用于标记鳞翅目昆虫如棉红铃虫和苹果蠹蛾。

另一类是体外染色标记,常用于释放不育昆虫的大面积害虫综合治理中,通常是将荧光染料通过喷雾或喷粉的办法标记。体外标记操作简单,可将几种不同颜色的染料同时使用,缺点是在不育昆虫的生产过程中增加了一个处理步骤,而且染料可能会影响昆虫的质量,不如体内标记可靠。

替代染料标记的另一种方法是元素标记。元素标记有三种，分别是利用放射性同位素、中子激活或者一种或几种原子光学谱的形式。但出于对环境安全的考虑，一般不支持用放射性同位素做标记。中子激活是一项非常灵敏的技术，但需要用到快中子源，使得该技术极其昂贵且不切实际。稳定同位素的原子吸收光谱分析法更易为人们所接受。目前在释放不育昆虫项目中，染料标记仍是首选。

基因工程提供了一项新的标记技术。目前最流行的基因是绿色荧光蛋白(GFP)及其衍生物和红色荧光蛋白(DsRed)。

还有一种方法是通过基因标记，这种方法是找到释放种群和野生种群某个 DNA 序列的差异加以区别。

9.5 辐射不育防治害虫研究的进展和趋势

9.5.1 释放辐射不育虫项目的进展

根据国际原子能机构(IAEA)的统计，美国、加拿大、墨西哥、危地马拉、巴西、阿根廷、智利、西班牙、克罗地亚、南非、埃及、坦桑尼亚、埃塞俄比亚、塞内加尔、以色列、日本、泰国以及澳大利亚等国目前均在实施利用昆虫不育技术防治重大害虫的工作。涉及的害虫包括地中海实蝇、瓜实蝇、橘小实蝇、昆士兰实蝇、番石榴实蝇、桃实蝇、加勒比实蝇、墨西哥实蝇、西印度实蝇等实蝇类害虫；采采蝇、新大陆螺旋蝇等畜牧业害虫；苹果蠹蛾、舞毒蛾、棉红铃虫等鳞翅目害虫；金龟子、棉铃象甲、甘薯小象甲等鞘翅目害虫，均取得了令人瞩目的效果。

随着食品安全和生态安全意识的提高，减少化学农药和化肥的使用正逐渐成为农业生产的主流。化学杀虫剂的使用将受到越来越多的限制，害虫的无公害防控技术将越来越受到重视。SIT 作为害虫大面积综合防控的重要组成部分正被世界上许多国家和地区广泛应用于经济重要性害虫的大面积综合防控中；同时，全球化的发展将不可避免地导致外来害虫入侵到新的区域，SIT 作为唯一的能在人类难以到达或接近的区域解决跨界害虫问题的方法将越来越多地应用到入侵生物的预防、压制、遏制和根除中，其技术本身也在不断完善和改进中，如应用遗传区性品系将人工饲养的雌雄靶标害虫分开，仅辐照和释放靶标雄虫，节约饲养成本，提高防治效率；又如靶标害虫饲养技术的改进，采用半自动流水线进行人工饲料的配制、卵的收集、蛹的分离等；释放技术的改进，用飞机释放替代地面人工释放，大大提高了释放效率和田间不育雄虫释放的均匀性；靶标害虫种群监测和不育靶标害虫的释放和检测与 GPS - GIS 相结合，更有效定位和管理数据库等。

9.5.2 辐射不育防治害虫研究的发展趋势

到目前为止，与其他遗传技术相比较，如利用多重染色体易位、复合染色体和胞质不亲和性等，昆虫不育技术相对简单，比需要大量遗传学研究的其他项目起作用更快，因而具有相当大的优势，作为大面积害虫综合防控的一个部分将继续应用于防治某些重要害虫。另一方面，随着国际贸易往来的频繁和气候条件的改变，外来入侵害虫的问题将越来越严重，昆虫不育技术是唯一能将外来害虫根除在爆发初期而且对环境友好的方法。随着人们对靶标害虫特异性更强、以生物学为基础的防治方法的需求日益增长，昆虫不育技术本身也需不断发展和完善。

9.5.2.1 提高不育雄虫的质量，商业化生产并与其他措施相结合

不育雄虫交配竞争能力的高低是应用 SIT 成功与否的关键，从建立大量饲养的种群开始除对采样的地点、采样数量、饲养条件、人工饲料、品系的复壮替代等方面进行研究外，目前，应加强提高不育雄虫的交配竞争能力。在不育雄虫释放前，通过补充激素、营养物质、化学信息物质或其他有活性的物质对羽化后的不育雄虫进行处理，研究其对不育雄虫的性能力的影响，这方面仅在地中海实蝇上开展了广泛的研究；同时，对不育昆虫的保存期、运输和释放技术及田间检测等方面均需开展大量的研究，以提高不育雄虫的质量。

昆虫不育技术是害虫大面积综合防治的一个重要组成部分，但目前绝大部分项目仍未商品化，探索昆虫不育技术商品化并和其他防治措施如害虫天敌、食物诱剂、性诱剂等相结合将有利于提高昆虫不育技术的防治效果。

9.5.2.2 转基因技术的利用

传统的遗传区性品系是以孟德尔遗传学为基础，利用选择标记和雄性连锁置换相结合实现的伴性遗传。利用分子方法的伴性遗传是在早期以杀死雌虫为目标，或将雌性的受精卵转化为雄性。例如双翅目昆虫性染色体属于 XY 型，决定双翅目昆虫性别的基因位于 Y 染色体上，采用基因注射可直接把能将雌性转变为雄性的目标基因注射到胚胎中，通过基因抑制，产生 XX 型染色体的雄虫。

目前昆虫不育技术释放的不育昆虫常常使用荧光染料进行标记，但或多或少会对不育昆虫的活力造成影响。转基因技术能用绿色荧光蛋白和红色荧光蛋白来标记昆虫，即使在死亡的昆虫中也可以检测到荧光蛋白。

电离辐射是一种非常有效的获得不育昆虫的方法，但电离辐射对昆虫的活力有一定的影响，利用转基因技术可以通过释放携带显性致死基因的转基因雄虫，即 RIDL 系统(release of insect carrying a dominant lethal)，能使后代在胚胎期死亡，省去了电离辐射的步骤，在室内能通过限定的条件大规模饲养。

昆虫共生体通常是一些重要病菌的传播媒介，利用转基因技术开发的共生体沃尔巴克氏体诱导的细胞质不相容现象，可以被用来诱导不育、抑制或改变自然种群，目前该技术正在蚊子等昆虫上应用。

通过辐射导致的不育是以几乎无数的显性致死突变作用为基础的，而且每个释放的雄虫都带有不同的不育因子，因此在田间种群中任何类型抗性的发展都是很难的。辐照导致的不育虽然存在一些缺点和不足，但却是迄今唯一被证实的对环境友好能将不育性导入田间害虫种群的技术。

随着新技术的不断引入，将使昆虫不育技术用于防治新的靶标害虫，而且防治现有靶标害虫的效益将不断提高。

参考文献

[1] Jauncey G E M. The birth and early infancy of X-rays [J]. American Journal of Physics, 1945, 13: 362 - 379.

[2] Runner G A. Effect of Röntgen rays on the tobacco, or cigarette, beetle and the results of experiments with a new form of Röntgen tube [J]. Journal of Agricultural Resarch, 1916, 6: 383 - 388.

[3] Muller H J. Artificial transmutation of the gene [J]. Science, 1927, 66: 84 - 87.

[4] Serebrovskii A S. On the possibility of a new method for the control of insect pests [M]. Zoologicheskii Zhurnal 1940, 19: 618 - 630. English translation published in 1969, PP: 123 - 137. In procedings, panel: sterile-male technique for eradication or control of harmful insects [R]. 27 - 31 May Vienna, Austria: Joint FAO/IAEA Division of Atomic Energy in Food and Agriculture, 1968.

[5] Vanderplank F L. Hybridization between *Glossian* species and a suggested new method of control of certain species of tsetse [J]. Nature, 1944, 154: 607 - 608.

[6] Vanderplank F L. Experiments in the hybridization of tsetse flies ("*Glosssina* Diptera") and the possibility of a new method of control [J]. Transactons of the Royal Entomological Society (London), 1947, 98: 1 - 18.

[7] Bushland R C, Hopkins D E. Sterilization of screwworm flies with X-rays and gamma rays [J]. J. Econ. Entomol. 1953, 48: 648 - 656.

[8] Knipling E F. Possibility of insect control or eradication through the use of sexually sterile males [J]. Journal of Economic Entomology, 1955, 48: 459 - 462.
[9] Van der vloedt A, Klassen W, et al. Insect and pest control newsletter [R]. Vienna: FAO/IAEA, 1991.
[10] Kinipling E F. Screwworm eradication: concept and research leading to the sterile-male method [R]. Washington, D. C. USA: Simithsonian Institution, 1959.
[11] Graham O H. Symposium on eradication of the screwworm from the United States and Mexico [J]. Entomological Society of America, 1985, 62: 1 - 68.
[12] Knipling E F. Sterile insect technique as a screwworm control measure: the concept and its development. Symposium on eradication of the screwworm from the United States and Mexico [J]. Misc. Pub. Entomol. Soc. Am. 1985, 62: 4 - 7.
[13] FAD/IAEA. Report on the research planning workshop on the new world screwworm relevant to the eradication campaign in North Africa [R]. Vienna: IAEA. 1990.
[14] 祝增荣,潘红杰,Vreysen MJB,等. 应用核不育技术根治桑给巴尔采采蝇[J]. 北京：核农学报,2001,15(3)：149 - 156.
[15] Dyck V A, Hendrichs J and Robinson A S. Sterile insect technique — principles and practice in area-wide integrated pest management[M]. Germany: Springer, 2005.（中文：V A Dyck, J Hendrichs 和 A S Robinson. 昆虫不育技术——原理及在大面积害虫综合治理中的应用[M]. 北京：中国农业科学技术出版社,2010.）
[16] 张和琴. 生物防治相关技术的发展[M]. 太原：山西科学技术出版社,1998,629 - 637,644 - 645.
[17] 温贤芳. 核辐射技术应用[M]. 郑州：河南科学技术出版社,1999,793 - 823.
[18] 王志东,高美须. 关于核农学创新的几点思考[J]. 中国工程科学,1998,10(1)：86 - 90.
[19] 季清娥,侯伟荣,陈家骅. 橘小实蝇雄性不育技术——雄蛹辐照最佳时期和剂量[J]. 核农学报,2007,21(5)：523 - 526.
[20] 季清娥,侯伟荣,陈家骅. 橘小实蝇遗传性别品系的建立及雄性不育技术[J]. 昆虫学报,2007,50(10)：1002 - 1008.
[21] 陈宇,吴庆,孔秋莲,等. 电子束辐照对朱砂叶螨成螨存活和繁殖力的影响[J]. 核农学报,2011,25(4)：742 - 745.
[22] 陈宇,吴俊,孔秋莲,等. 电子束对不同发育阶段朱砂叶螨的辐照效应[J]. 江苏农业学报,2012,28(3)：503 - 507.
[23] Singh P. A. General purpose laboratory diet for rearing insect [J]. Insect SCI. Application, 1983,4(4)：357 - 362.
[24] 王宗楷. 昆虫饲养[M]. 北京：农业出版社,1964.
[25] 忻介六. 昆虫、螨类和蜘蛛的人工饲料[M]. 北京：科学出版社,1979.
[26] 王延年. 昆虫人工饲料手册[M]. 上海：上海科学技术出版社,1984.
[27] 忻介六. 昆虫、螨类和蜘蛛的人工饲料(续篇)[M]. 北京：科学出版社,1986.
[28] 任真真. 橘小实蝇幼虫人工液体饲料的研究[D]. 福州：福建农林大学植物保护学院,2008.

第 10 章
辐照食品加工

10.1　食品辐照的基本原理及发展历程

10.1.1　食品辐照的基本原理

食品辐照是指利用射线杀灭食品中的寄生虫、腐败和病原微生物，抑制新鲜果蔬的生理代谢活动，实现杀虫灭菌，抑制发芽，延缓生理过程，从而达到食品的安全保藏和保证食品卫生安全的目的。根据辐射对物质产生的不同效应，辐射可分为电离辐射和非电离辐射，其中在食品辐照中采用的是电离辐射。在电离辐射中，仅有 γ 射线、X 射线和电子束(EB)辐射用于食品辐照。γ 射线和 X 射线属于电磁辐射，是波动形式的能量。而电子束辐射是粒子辐射，它由物质粒子(即电子)组成，能加速到很高的速度，并在运动中传递能量。

10.1.2　食品辐照的发展历程

10.1.2.1　国际辐照食品发展概况

1) 起步阶段

早在 1905 年 1 月，Appleby 和 Banks 申请的英国专利(专利号 No. 1609)描述了辐照加工杀灭食品中细菌，改善食品状况和品质以及减少化学添加剂使用的优点，标志食品辐照时代的来临；1921 年，美国一项授权专利建议利用 X 射线杀灭生猪肉中的旋毛虫；1930 年德国工程师 Wüst O. 利用 X 射线杀灭已包装好食品中的所有细菌，并在法国获得专利授权；1941 年美国麻省理工学院的 Proctor BE 首先利用射线对汉堡包进行食品辐照保藏研究。虽然该时期辐照加工的研究较多，但由于缺乏足以保证食品辐照商业运行的 X 射线装置或放射性同位素，因此辐照加工并未进入实际运行阶段。

二战期间世界科技水平得到了巨大的进步，也促进了辐照加工设备的发展，如用于雷达的速调管的发明使构建高能电子加速器成为可能，核反应堆中产生的放射性同位素可以作为大型γ射线源，这些科技进步极大地加速了辐照加工应用的开展。

20世纪50年代中末期，美国、比利时、加拿大、法国、联邦德国、荷兰、英国以及苏联等国家实施了一系列关于食品辐照的国家研究计划来推动辐照加工产业的发展。世界第一个辐照食品的商业应用出现在1957年的德国，斯图加特的一位香料商人为了改善产品的卫生状况，开始用范德格拉夫加速器产生的电子束来辐照香料，但由于法规的原因，该辐照装置于1959年被销毁。1960年，加拿大允许利用辐照抑制土豆发芽，并于1965年建立^{60}Co辐照厂，但由于经济成本的原因，辐照厂很快就被关闭。1964年，英国开始进行工业化的医疗用品辐照消毒灭菌处理，日本也于1973年开始食品商业化辐照加工。

美国是世界上进行辐照加工研究最多、商业化最早以及基础技术和应用技术保持全面领先的国家。20世纪40年代起，美国已经开始进行适用于粮食辐照装置的研发工作，1951年美国开发出用于粮食辐照处理的装置。在1953—1980年期间，美国政府通过一系列研究形成了国家食品辐照计划，在此计划之下，美国军队和原子能委员会开展一系列关于食品辐照的研究工作。1958年，美国国会修正食品、药品及化妆品法案并定义辐照源为一种食品添加剂，由美国食品和药物管理局(FDA)统一进行管理。20世纪70年代美国航天局(NASA)利用辐照对宇航员的食品进行处理。20世纪六七十年代期间，FDA、美国农业部(USDA)和美国军队不断推进辐照加工的研究及应用，辐照加工已经开始应用于控制食品中害虫、土豆发芽、辐照火腿以及适用于辐照处理的包装材料开发等方面。

2) 推广阶段

1966年国际原子能机构(IAEA)召集来自28个国家的代表，举行了第一次关于食品辐照研究进展的研讨会，但是这些国家的卫生部门对允许辐照食品在市场进行交易仍然很犹豫。当时普遍认为，辐照食品的安全性及其对人类健康影响的不确定性是阻碍辐照加工商业化应用的最大阻碍。随后，国际食品辐照项目(IFIP)创立，该项目的特定目标是在世界范围内开展辐照食品对人类健康安全影响的研究。该项目得到联合国粮食及农业组织(FAO)、IAEA和经合组织(OECD)的资助，参与国家从19个发展为24个，世界卫生组织(WHO)作为指导机构与IFIP共同推进项目的实施，项目实施内容包括了长期动物饲喂研究、短期筛选研究和经10 kGy辐照后的食品化学成分变化的研究。

IFIP 以及 FAO/IAEA/WHO 联合专家委员会(JECFI)对辐照食品的安全进行多次评估(1964 年,1969 年,1976 年和 1980 年),最终 JECFI 在 1980 年得出结论:“任何受到总体平均剂量为 10 kGy 辐照处理的食品没有毒理学危害,也不存在微生物及营养学问题,因此在该处理条件下的食品不再需要进行毒理学实验”。这一里程碑式的结论推动了世界辐照食品的研究、应用和商业化进程。到 1978 年,美国从事辐照加工技术研发以及商业化应用的公司超过 2 万个,从业人员多达 18 万,固定资产约 5 亿美元,总收入达到 172 亿美元。

根据 JECFI 在 1980 年的结论,食品法规委员会(CAC)于 1983 年形成了辐照食品通用标准和辐照装置运行国际推荐操作规范。WHO 也鼓励采用这种“保持及改善食品安全”的技术。这些标准和规范随后进行了调整并广泛被欧盟成员国所接受。另外,WHO 组织的专家组通过进一步的研究也充分肯定了 JECFI 在 1980 年得出的结论。

FAO/IAEA/WHO 研究小组于 1997 年对高剂量辐照食品的安全性进行研究,发现在 25 kGy,甚至 70 kGy 剂量下,辐照后的食品在长期动物饲喂实验中并未表现出对健康的不良影响,食品安全和营养性满足消费要求,因此该研究小组得出结论:“为实现某些技术目的采用任何剂量辐照的食品都是安全的”。表 10-1 中所列的是辐照食品发展过程中的一些里程碑事件。

表 10-1　辐照食品发展里程碑事件

时　间	事　　件
1895 年	德国物理学家 Röntgen 发现 X 射线
1896 年	法国物理学家 Becquerel 发现铀的天然放射性
1898 年	人类第一次观察到 X 射线对病原菌有致死作用
1905 年	英国专利(No. 1609)描述利用放射性物质的辐射来杀灭食物中的细菌
1921 年	Schwartz 在美国专利中描述利用 X 射线杀灭生猪肉中的旋毛虫
1930 年	德国工程师 Wüst 在获得的法国专利中描述利用 X 射线杀灭已包装好食品中的细菌
1957 年	德国出现第一个商业化的食品辐照装置
1966 年	第一次国际食品辐照研讨会在德国卡尔斯鲁厄召开
1970 年	FAO/IAEA/WHO 的专家在日内瓦会议上确立食品辐照领域的国际计划(IFIP)

(续表)

时　间	事　　件
1980 年	IFIP 以及 FAO/IAEA/WHO 联合专家委员会(JECFI)对辐照食品的安全进行多次评估并得出“10 kGy 辐照处理的食品是安全”的结论
1983—1984 年	食品法规委员会(CAC)提出辐照食品通用标准和辐照装置运行国际推荐操作规范
1997 年以后	WHO 进一步废除 10 kGy 的上限量,国际食品法规委员会(CAC)相继提出辐照食品的通用标准及法规

从 1983—2004 年,在 FAO,IAEA,WHO 的赞助下,38 个国家的专家和代表组成国际辐照食品咨询专家组(ICGFI),协助政府对食品辐照应用进行授权,确定食品辐照的控制及辐照食品的市场化,目前 ICGFI 成员已经扩大到 45 个国家。IAEA 整理并出版了关于各类食品辐照技术参数汇编的一系列 ICGFI 文件。FAO/IAEA 和荷兰政府发起一项专门的国际性项目——国际食品辐照技术部门(IFFIT),通过培训和示范协助发展中国家发展食品辐照技术。

3) 实际应用阶段

考虑到可能会出现由于缺乏对食品辐照工艺的了解而妨碍了辐照加工在世界各国的应用,WHO 于 1992 年再次成立商讨会并于 1994 年发布详细的研究报告。研究报告赞同“食品辐照技术是一项经彻底测试过的技术,目前并没有任何证据能证明在符合 GMP 规范下辐照会产生任何有害影响,另外辐照处理能延长食品货架期,杀灭其中害虫及细菌,从而确保更安全、更多样的食品供应”。通过权威组织的不断努力,食品辐照加工在世界范围得到迅速发展,目前已经有超过 55 个国家允许食品辐照加工,有 68 个注册的辐照加工设施,500 多种食品可通过辐照处理进行灭菌消毒。2009 年 IAEA 发布的核技术评价中指出,同位素与辐射正为全世界的社会经济发展作出宝贵贡献。

美国是世界上辐照技术应用及研究最为广泛且深入的国家,非常重视辐照技术在保障其农产品和食品的安全及食品、农产品的国际贸易中的应用。虽然美国政府曾经对辐照食品持谨慎态度,在 20 世纪 60 年代 FDA 认为辐照加工是一种食品添加剂,也不承认 ICGFI 的结论,大大影响了辐照加工技术在美国国内的应用进程,但自从 2000 年后,美国政府逐渐对辐照加工政策进行调整，批准多种食品的辐照许可，也不再将辐照处理作为食品添加剂对待。2000 年 5 月，美国农业部植物健康检验局通过了《辐照作为新鲜果蔬和园艺产品的检验处理方法》的法规建议稿，2002 年 3 月又出台了该法规的补充稿；2002 年，USDA 允许采用辐照对进口水果蔬菜进行检疫处理；2005 年 FDA 批准辐照处理控制贝壳类食物中的病原体；2008 年 FDA 批准辐照处理控制新鲜蔬菜中的致病菌，如大肠杆菌和沙门氏菌。

2000 年至 2008 年间，FDA 和 USDA 批准了小麦及其制品、多种蔬菜水果、肉类产品、农产品及进口食品等进行辐照处理(见表 10-2)，大大推动了食品辐照的商业化应用。

表 10-2　美国 FDA 批准可进行辐照处理的食品

食　品	辐照目的	辐照剂量/kGy
新鲜猪肉	控制旋毛虫	0.3～1.0
新鲜食品	抑制生长和后熟	≤1.0
食品	灭菌(节肢动物)	≤1.0
干酶制剂	灭菌(微生物)	≤10.0
干香料	灭菌(微生物)	≤30.0
禽肉	控制病原体	≤3.0
冷冻肉(仅供宇航员)	灭菌	≤44.0
冷藏肉	控制病原体	≤4.5
冷冻肉	控制病原体	≤7.0
有壳蛋	控制病原体	≤3.0
萌发种子	控制病原体	8.0

巴西等南美诸国非常重视食品辐照的应用。巴西于 2001 年 1 月宣布在遵循相应规则的情况下，任何食品都可以进行辐照处理。智利、阿根廷等国也积极推动辐照技术在食品灭菌保鲜中的应用。

欧盟对食品辐照的态度是谨慎的，目前约 14 座食品辐照装置在欧盟国家中运行。比利时、法国和荷兰、芬兰、意大利、西班牙等国已经立法允许辐照食品上市。在 1999 年欧盟相关法规加强了对已辐照食品标识的要求，辐照食品在欧盟受到了一些阻碍，但一些食品如冰冻蛙腿等不受影响。2000 年 9 月欧盟会议决定允许经最大辐照剂量为 10 kGy 的草药、调味品和脱水蔬菜上市销售。英国于 2009 年颁布新食品辐照法规，批准水果、蔬菜、谷物、块茎或球茎类食物、草药、香料调味料、鱼类、贝类、家禽类等食品可以进行辐照处理。欧盟制定的辐照食品检测标准如表 10－3 所示。

表 10－3 辐照食品鉴别的欧洲标准

标准号	鉴定方法	应用范围
EN 1784—2003	碳氢化合物的气相色谱	鸡肉、猪肉、牛肉、鳄梨、芒果、木瓜
EN 1785—2003	2-十二烷基环丁酮的气质联用测定	鸡肉、猪肉、无壳蛋
EN 1786—1997	含骨类的电子自旋共振	鸡肉、鱼、蛙腿
EN 1787—2000	纤维的电子自旋共振	红辣椒粉、开心果壳、草莓
EN 1788—2001	硅酸盐矿物质的热释光	草药和香料、虾、水生贝类、新鲜/脱水果蔬、土豆
prEN 13708—2001	电子自旋共振法鉴别晶体糖	木瓜干、芒果干、无花果干、葡萄干
prEN 13751—2002	光释光法	草药和香料、水生贝类
prEN 13783—2001	微生物直接外荧光滤光技术/有氧板计数法	草药和香料
prEN 13784—2001	DNA 彗星技术	鸡肉、猪肉、植物细胞

亚太地区各国对于食品辐照加工和处理的要求有一定的差别。韩国至 2000 年允许辐照的食品达到了 30 种。新加坡虽无食品辐照设施，但在符合其法规和法典标准前提下，允许辐照食品的进口和销售。日本北海道的土豆辐照设施是世界上较早的商业化运行的辐照装置(1974 年开始运行)，但日本对于食品辐照一直持谨慎的态度，目前只允许对马铃薯和香料进行辐照。2007 年日本成立一个辐照食品调查小组，通过调查国际辐照食品发展情况，来决定日本食品辐照的发展，近 30 年来日本辐照食品发展缓慢。

澳大利亚和新西兰政府于 1989 年取消了食品辐照禁令，并于 1999 年下半年，澳大利亚-新西兰食品标准委员会(ANZFSC)核准了澳新食品主管局(ANZFA)食品辐照标准，对食品、食品配料或成分进行辐照或再次辐照需得到审核，并对辐照剂量、包装材料及许可的辐照场所和设施进行严格限制。ANZFSC 于 2001 年 9 月发布联合公告，决定采用辐照技术代替 ETO 这一杀虫剂对草药、调味品和注射药进行处理。两国于 2003 年签订双边协议，同意采用辐照技术对水果进行检疫处理。泰国、越南、马来西亚以及南非、以色列等国家也允许采用辐照技术对食品进行处理。表 10－4(1)～表 10－4(3)显示了世界主要国家及地区辐照食品种类等情况。

表 10－4(1)　世界主要国家辐照食品数量概要(2005)

国　家	香料/蔬菜	谷物/水果	肉类/海产品	抑制发芽	其他	总计/t
美国	80 000	4 000	8 000	—	—	92 000
加拿大	1 400	—	—	—	—	1 400
巴西	20 000	3 000	—	—	—	23 000
比利时	218	—	5 530	—	1 531	7 279
德国	472	—	—	—	—	472
法国	134	—	2 789	—	188	3 111
荷兰	2 022	—	944	—	333	3 299
匈牙利	100	11	—	—	—	111
波兰	607	—	—	—	80	687
印度	1 500	—	—	100	—	1 600
印度尼西亚	358	334	1 008	—	2 311	4 011
日本	—	—	—	8 096	—	8 096
韩国	5 394	—	—	—	—	5 394
泰国	3 000	—	—	—	—	3 000
南非	15 875	—	—	—	2 310	18 185
以色列	1 300	—	—	—	—	1 300
澳大利亚	—	200	—	—	—	200
乌克兰	—	70 000	—	—	—	70 000

表 10－4(2)　世界主要地区辐照食品数量概要(2005)

主　要　地　区	辐照食品数量/t	所占比例/%
亚　太	183 309	45
美　洲	116 400	29
非洲、乌克兰和以色列	90 035	22
欧　洲	15 060	4
总　计	404 804	100

表 10－4(3)　主要辐照食品种类及数量(2005)

主　要　地　区	辐照食品数量/t	所占比例/%
香料和脱水蔬菜	18 600	45
蒜头和土豆	88 000	22
谷物和水果	82 000	20
肉类和海产品	33 000	8
其　他	17 000	4
总　计	406 000	100

目前食品辐照所用的装置以钴源为主，然而电子加速器和加速器X射线转靶装置以其独特的优点，如无环境问题、易于控制、运行费用低、X射线穿透力较强、可改变社会对辐照处理的态度等受到越来越广泛的关注，已有超过1 000台加速器用于工业辐照，发展前景良好。

10.1.2.2 国内辐照食品发展概况

我国于1958年开始进行食品的辐照研究，至今全国已有28个省、市、自治区对蔬菜、粮食、肉类、水产品、饮料、土特产品、中药成药等200多种食品进行了辐照保鲜、杀虫防霉、灭菌消毒、改善品质等方面的研究。我国辐照食品发展历程如下所述。

1）起步阶段(1958—1965年)

主要建立相关机构、培训专业人员、开展研究，这段时期的主要活动为：1958年，中国科学院原子核科学委员会同位素应用委员会成立，并在北京组织粮食部科学研究所等12个单位参加的“粮食辐射保藏研究协作组”，对小麦、稻谷、玉米等进行辐照杀虫及土豆的抑制发芽实验；1961年国家科委成立第八局，负责原子能和平利用研究的组织和协调工作；1963年召开全国同位素生物学与放射医学学术会议；1964年召开全国同位素在农业和生物学中应用学术会议。

2）停滞阶段(1966—1975年)

除了放射性同位素生产及其在医学上的应用和辐射育种外，其他应用几乎处于停滞状态。

3）复兴阶段(1976—1981年)

辐射技术开始在各地区得到应用，并取得许多成果。1975年之后，河南郑州、四川成都、山东济南、天津等地先后成立了食品辐照保藏研究协作组，1982年上海也成立该协作组，分别对土豆、洋葱、大蒜、粮食、薯干酒、花生仁、鱼、蛋、苹果、荔枝、草莓等进行辐照试验研究。四川粮食局科研所和四川省原子能研究院采用γ射线辐照粮食，可以杀死粮食中的多种害虫，在普通库房内可以保存三年；四川省原子能研究院还用γ射线辐照用聚乙烯醇塑料包装的鲜猪肉，常温下保存2个月后仍然新鲜，并通过技术鉴定。1977年哈尔滨召开全国放射性同位素应用技术交流会，成都召开全国辐照食品保藏专业座谈会并出版了论文集。1979年中国原子能农学会成立，中国同位素代表团参加第十四届日本放射性同位素会议，开始国际交流。1980年中国核学会成立，大大促进了辐照技术的应用及研究。1980年10月卫生部在成都召开全国辐照食品卫生标准会议，提出了《辐照食品卫生标准试行草案》。1981年卫生部先后通过土豆、大蒜、洋葱、粮食、猪肉等食品辐照技术鉴定。

4）全面发展阶段(1982—1990 年)

这一时期是我国食品辐照发展的高峰时期，主要表现为：1982 年，国家科委、中国科协、国防科工委、核工业部联合在北京召开全国同位素会议，辐照技术列入国家“六五”攻关项目。1982 年 8 月，辐照食品卫生标准讨论会在北京召开，辐照香肠、蘑菇等通过技术鉴定。1983 年 7 月，中国辐照食品卫生安全评价专家 11 人小组正式成立，次年，我国加入 IAEA。1984 年 11 月，我国卫生部正式颁布土豆、洋葱、大蒜等七种辐照食品的卫生标准，多次召开辐照食品卫生评价专家小组会议，并在辐照食品人体试食实验方面取得重大进展。1985 年前后，四川、杭州、广州等地建成了一批科研型^{60}Co装置，在北京、上海、郑州等地先后建造 20 多座示范和工业型的大型辐照装置。1986 年 4 月，亚太地区辐照食品试剂应用技术讨论会在上海召开，这是我国首次举办大型辐照技术国际交流会。1986 年至 1987 年，国内举行辐照工艺、中成药辐照、辐照装置防护安全技术等一系列学术交流会。1989 年 4 月，中国同位素与辐射行业协会成立，并在中国科学院及江苏、四川等地成立辐射行业公司，从此辐射行业进入实际应用和产业化阶段。

10.1.2.3　我国辐照食品行业现状

1984 年 11 月国家卫生部第一次批准了马铃薯、大蒜、洋葱、蘑菇、大米、花生仁、香肠等 7 种辐照食品的卫生标准。在 1986 年颁布了辐照食品卫生管理的暂行规定。到 1994 年，我国又陆续批准了扒鸡、花粉、果脯、杏仁、番茄、猪肉、荔枝、蜜橘、薯干酒、热肉制品等 10 种辐照食品的卫生标准，标志我国相关部门结合国际研究成果与我国 15 年来的系统研究，认为经过正确操作的辐照加工食品是完全安全的。在“八五”期间(截至 1995 年 9 月)，我国已批准 18 种辐照食品投放市场，辐照食品总量达 2.75×10^{4} t，其中大蒜 19 750 t，脱水蔬菜 1 720 t，大米 200 t，保健食品 810 t，生物活性食品 4 290 t，其他 220 t。表 10－5 所示为我国辐照食品六大类国家标准。

表 10－5　我国辐照食品国家标准

食品种类	标准号	辐照剂量/kGy	发布时间
熟畜禽肉	GB 14891.1—1997	8.0	1997.6.8
干果果脯类	GB 14891.3—1997	0.4～1.0	1997.6.8
香辛料	GB 14891.4—1997	10.0	1997.6.8

（续表）

食品种类	标准号	辐照剂量/kGy	发布时间
新鲜果蔬	GB 14891.5—1997	1.5	1997.6.8
冷冻包装畜禽肉	GB 14891.7—1997	2.5	1997.6.8
豆类谷物及制品	GB 14891.8—1997	0.2(豆类);0.4～0.6(谷物)	1997.6.8

1996年我国颁布《辐照食品管理办法》，鼓励对进口原料及食品进行辐照处理，2002年农业部在中国科学院成立辐照产品质量监督检验测试中心，加强全国辐照产品质量监督和辐照设施的管理。目前我国现行有效辐照食品的国家标准28项，进出口行业标准20项，农业部工艺和鉴定行业标准10项，这些法规和标准的颁布将为我国辐照食品行业的发展提供法律保障。

我国已全面深入进行辐照食品安全性评价，建立从辐照工艺剂量控制、检测方法到建造大型设备等的配套技术体系和相应的培训体系，最大限度实现整个辐照产业链的全面安全保障。目前我国每年辐照农产品加工量约为10万吨，约占农产品总量的万分之一。据中国辐射行业协会的最新统计表明，2008年底全国约有140座^{60}Co辐照装置（设计容量大于30万居里）和140多台电子加速器辐照灭菌装置（大于5×10^{5} eV），^{60}Co装源量大约为1亿居里，加速器功率为6 000 kW，到2010年时^{60}Co辐照装置维持以前水平，电子加速器则增加到160台。图10-1所示我国辐照装置的分布概况。

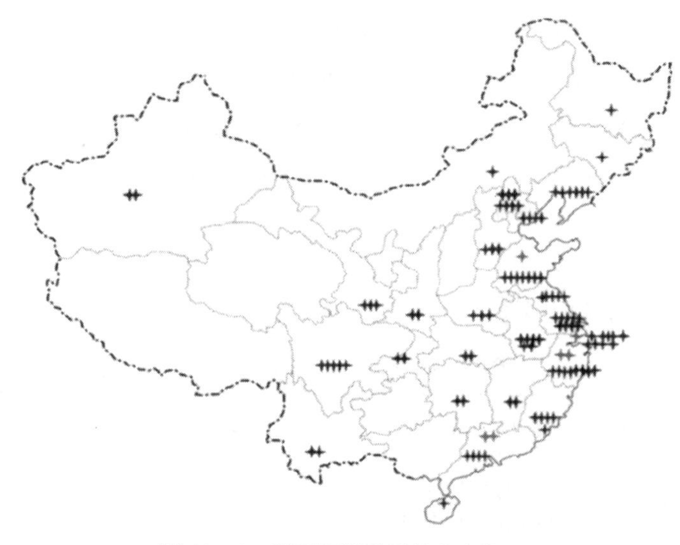

图10-1　我国辐照装置的分布概况

（图中＋表示辐照装置）

10.2　辐照装置及工艺

10.2.1　γ 辐照装置

10.2.1.1　γ 辐照装置的组成部分

1）密封放射源

（1）^{60}Co 放射源

^{60}Co 放射源的半衰期为 5.27 年，其衰变过程中产生的 γ 光子能量分别为 1.17 MeV 和 1.33 MeV。辐照加工用的^{60}Co 放射源是通过将^{59}Co 金属放在反应堆活性区中使之吸收热中子后得到的金属钴片，不溶于水，采用双层不锈钢包壳密封，安全使用寿命一般为 15～20 年，较为经济，目前世界上的 γ 辐照装置大多使用^{60}Co 放射源。

（2）^{137}Cs 放射源

^{137}Cs 放射源也是辐照加工中可以使用的一种放射性同位素，它的半衰期为 30.17 年，γ 光子的能量为 0.661 6 MeV，射线能量较低，易于被屏蔽。铯源在封装前通常制成重结晶的氯化铯盐，用双层不锈钢包壳密封。由于氯化铯可溶于水，所以^{137}Cs 放射源不适宜在湿法贮源的 γ 辐照装置中使用，可适用于移动式辐照装置。

2）放射源的操作系统

（1）源架：为盛载和排布放射源棒以形成特定辐射场的专用设备。一般采用不锈钢材料制造。因辐照装置的规模、用途或辐照工艺的不同而采取不同的结构型式和尺寸，分为：①“线源”源架，单根棒状放射源或排列成一条直线的多根放射源棒，垂直装载在源架的中心位置，形成“线源”。线源仅用于装源量较小的辐照装置。②“筒状源”源架，若干条线源等距离垂直装载在以源架中心线为轴线的圆柱面上，形成“筒状源”。筒状源的装源量一般比线源大，但通常也只用于设计装源量 1.11×10^{16} Bq(30 万居里)以下的辐照装置。③“单板源”源架，将若干放射源棒按垂直或水平方向有序地装载在一个平板式结构的源架上，形成“单板源”。单板源的容量可以很大，用于设计装源量 1.11×10^{16} Bq(30 万居里)以上的辐照装置。④“双板源”源架，装置中同时使用以一定间距平行放置的两个单板源源架，称为“双板源”。双板源也用于设计装源量 1.11×10^{16} Bq(30 万居里)以上的辐照装置。辐照装置对源架的基本要求：

a. 源在源架上的装载安全可靠。

b. 源的装卸方便易行。

c. 保证放射源不受机械损伤。

d. 提出水面后能迅速排空积水。

e. 尽量提高射线能量利用率。

(2) 源架保护：为了保证源架的安全，在源架周围应设有防止辐照箱或辐照产品碰撞源架的保护装置。

(3) 源升降机：是牵引源架使之在井下贮存位置和井上工作位置之间做升降运动或在贮存位置及工作位置保持停留的机械设备，依靠滑轮组和钢丝绳组合使用。按驱动方式，源升降机有电动、液压和气动三种类型。

源升降系统主要功能包括以下几个方面：

① 源架的升降运动和在贮存位置、工作位置的定位。

② 源架位置指示。

③ 驱动系统的过力矩保护。

④ 断电自动降源。

⑤ 源架追降。

⑥ 建立以升降源为中心的安全联锁系统。

(4) 长杆工具：是用于贮源井内装换源等水下操作的一套手动工具。一般包括长杆夹钳、长杆钩和其他各种专用工具头。用于制造长杆的材料，其密度大于 1 g/cm^3；每件连接成一体的长杆工具，其首端和末端均应设有不小于 ϕ10 mm 的进水孔和排气孔，便于在水下作业时水体能够充满长杆，阻止射线在长杆内传播，避免工作人员受到有害辐射。

3) 剂量测量系统

辐射安全监测：在特定位置装配固定式 γ 辐射剂量监测设备，用于监测放射源处于贮存或工作状态，以警报音响和闪烁指示灯形式显示。

设置贮源井水位和井水放射性污染的监测设备，用以监测水层屏蔽厚度和井水的剂量水平。同时还应配备个人剂量计和使用个人剂量报警器，用于记录工作中个人吸收的累积剂量值及避免工作人员受到超过约束值的剂量。对工作场所和外部环境的剂量监测，应使用便携式剂量监测仪。

设立工艺剂量实验室，配备工艺剂量测量设备，建立精确、可靠、快速的剂量测试系统，用于对辐照场和产品吸收剂量进行监测。

4) 辐照室

(1) 屏蔽体：为了将强辐射减小到公众可以接受的水平，采用混凝土、铁、铅、贫铀等重材质构成阻挡辐射的屏蔽结构，使屏蔽体外剂量率处于设计最大装源量情况下小于 2.5 μSv/h。

(2) 迷道：工作人员从出入口到辐照室所经过的通道被设计成曲折的迷宫式路径，可以有效地减少出入口处的辐射水平。在设计最大装源量的前提下，迷道口处的剂量率低于 2.5 μSv/h。

(3) 贮源水池：在辐照室内设一深水井，源架在非工作状态时应位于井下贮存位置，工作人员可以安全地完成装换放射源的操作。

如果在特殊情况下需要检修贮源井或贮源容器，必须首先移走放射源，为此可以在贮源井下设计副井，或将源转移到专门的容器内。

5) 辐照产品输送系统

(1) 过源机械系统。在辐照室内运载产品围绕源架运行或停留，使之接受辐照的传输机械系统。通常采用的有辊道输送系统、气动单轨悬挂输送系统及积放式悬挂链输送系统等。

(2) 迷道输送系统。在操作大厅与辐照室之间，经过迷道运载产品的输送机械系统。

(3) 装卸料操作机械。在操作大厅的装卸料段，将未辐照产品装入辐照箱和将已辐照产品从辐照箱中卸出的机械设备。

6) 水处理系统

为了防止水体中的杂质腐蚀放射源，湿法贮源 γ 辐照装置须设水处理系统，保证贮源井水的电导率为 1～10 μS/cm，总氯离子(Cl^-)含量不大于 1 ppm；pH 值为 5.5～8.5。水处理系统也可用于应急时井水去污处理。

7) 通风系统

在辐照室内，放射源处于工作状态时，射线使空气电离，产生 O_3 等有害气体，γ 辐照装置须设通风系统，使辐照室内形成负压，随时将辐照室产生的有毒气体排放到大气中，保证有害气体不会外泄至工作区。当放射源降至井内贮存位置几分钟后，辐照室内臭氧的浓度，NO_2 浓度(包括 NO，N_2O，NO_2 等各种氮氧化物均换算为 NO_2 的浓度)应降至允许工作人员进入作业的水平。

8) 安全联锁系统

为了防止人员误入辐照室受到过量辐射照射，防止或限制对设施的损害，并将产品的吸收剂量控制在预定范围内，一些安全设施是正常运行所必需的，如人员和货物的进出口门与放射源的联锁控制、防止人员误入的光电装置、紧急降源拉线开关和按钮等；另一些是给出报警或警告指示的，以引起对不正常的但并不是有害状态的注意；其余的是故障指示器，警告运行人员有严重问题存在，同时自动执行规定的动作，如将放射源返回安全位置，以防止人员误入辐照室受到伤害。

安全联锁系统主要使用程序控制的机电器件，还有各种显示屏及指示器、传感器，以及定时器件及辐射监测仪表等。

9）控制系统

主要是在辐照加工过程中按工艺要求完成各种工况下生产过程中的控制，并确保操作人员的人身安全和产品质量的装置。分为源架提升控制、安全联锁控制和悬挂输送链控制三大部分。

10）其他辅助系统和设备

（1）源架护罩及井盖。为了安全运行，贮源井上方设有井盖和护罩，防止物件碰撞源架引起事故，也防止杂物和灰尘落入井内污染井水。

（2）水井水位计。测量贮源井水位用，控制室有信号显示。

（3）辐照室货物进出口门。即安全门，与控制系统联锁。在装置运行时用产品输送系统的货箱控制门的开关。产品输送系统不工作时则用钥匙开关开启。堆放辐照时门与源联锁，门在开启时源在安全位置，此时源升不起来。

（4）烟雾报警、喷淋系统。辐照室设有烟雾报警系统，安放在排风系统通风管道内，当报警时，立即自动停止通风系统的运行，源自动降至井底安全位置。辐照室内还应安装不锈钢管材制造的，置于顶棚的灭火喷淋系统。该系统应能完全覆盖辐照物品所在区域，一旦发生卡源等事件，导致辐照物品温度上升，能在辐照室外操作该系统给辐照室内喷水降温灭火。

（5）电视观察系统。安装有传送装置供摄像系统在辐照室以及其他区域按需移动，或设置可放入摄像头的S形通道的电视可视系统，在辐照装置的升降源操作、倒源操作和故障处理操作时，可确保在电视监控下，实现可视操作。

（6）门安全链。安全链安装在辐照室人员通道内，是有人在辐照室内维修时，用来将源升降机构液压系统断路的装置，以使维修工作能在不会疏忽而提升源的危险威胁下完成。

（7）紧急源冷却系统。是湿法贮源辐照装置利用包括位于源顶部越过源架的喷水口的紧急冷却系统。辐照装置井水可通过屏蔽外的阀门引向喷水口。不大可能发生的事件是源架卡在非屏蔽位置并引发产品起火，此时启动此系统，井水会喷洒在源架上以降低温度并保证放射源的完整性。

(8) 防卡源系统。根据辐照装置的类型,源架两侧应设置护源罩或防撞杆等源架保护设施。该设施必须坚实牢固,能在辐照箱开门、货物倾倒或辐照箱倾斜时有效避免卡阻源架,保护源架安全。动态装置的源架两端还应设置防碰撞报警装置。该报警装置应与传输系统及放射源升降联锁。

10.2.1.2 γ辐照装置种类

1) 国家标准中γ辐照装置的分类

(1) 固定源室湿法贮源γ辐照装置(见图 10-2)。

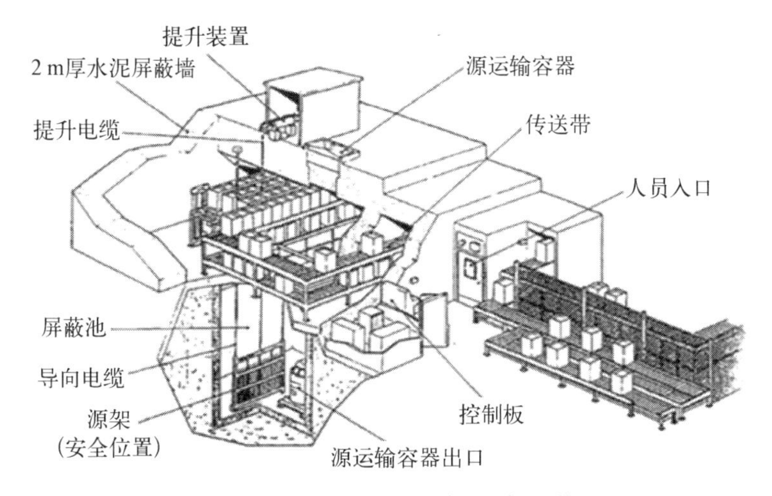

图 10-2 固定源室湿法贮源γ辐照装置

一种可以控制人员进入的辐照装置,在不使用时,其放射源被放在水井内,源是充分屏蔽的,使用时,源被提升到辐照空间,此时,借助于入口控制系统,使人员不能进入该辐照空间。

这种装置的设计一般包括以下部分:

① 放射源必须有双层不锈钢包壳,贮存于水井中,其外包壳不应有明显的腐蚀。

② 根据安全防护要求设计屏蔽体及贮源水井。

③ 放射源源架及其传动系统,源的安全保护机构。

④ 安全联锁系统,声光报警信号系统及标志。

⑤ 控制系统。

⑥ 剂量监测系统(包括辐照室的剂量监测、个人及产品的剂量监测)。

⑦ 通风及水处理系统。

⑧ 装换源的操作工具。

⑨ 产品定位及其输送系统(视业主要求设计)。

⑩ 观察系统及其他辅助系统(视业主要求设计)。

(2) 固定源室干法贮源 γ 辐照装置(见图 10-3)。

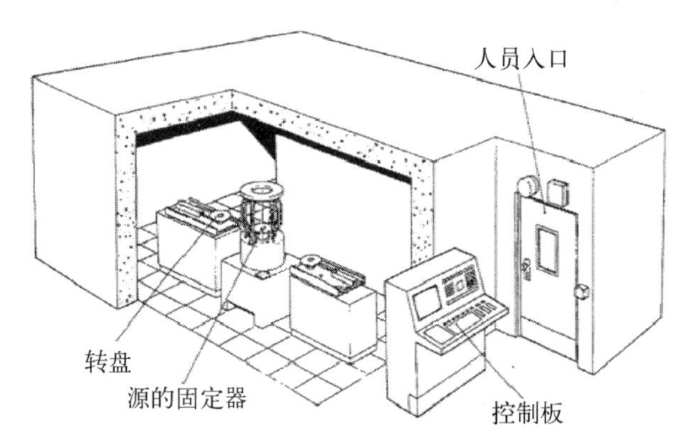

图 10-3 固定源室干法贮源 γ 辐照装置

其放射源装在由坚密材料(例如铅金属)构成的干容器(或干井)内。在不使用时,源是充分被屏蔽的;使用时,被提升到辐照空间,此时,借助于入口控制系统,使人员不能进入该辐照空间。

这种装置的设计一般包括以下部分:

① 放射源必须有双层不锈钢包壳。

② 根据安全防护要求设计屏蔽体及贮源容器。

③ 放射源源架及其传动系统,源的安全保护机构。

④ 安全联锁系统,声光报警信号系统及标志。

⑤ 控制系统。

⑥ 剂量监测系统(包括辐照室的剂量监测、个人及产品的剂量监测)。

⑦ 通风系统。

⑧ 装换源的操作工具。

⑨ 产品定位及其输送系统(视业主要求设计)。

⑩ 观察系统及其他辅助系(视业主要求设计)。

(3) 自屏蔽式辐照装置(见图 10-4)。

此类辐照装置的放射源完全封闭在一个用固体材料制成的干容器内,并且处于屏蔽状态。辐照室的结构和体积设计成使人员不可能接近放射源,也不可能进入正在进行辐照的空间。

这种装置的设计一般包括以下部分：

① 放射源必须有双层不锈钢包壳。

② 根据安全防护要求设计屏蔽体。

③ 放射源源架及其传动系统。

④ 声光报警信号系统及标志。

⑤ 控制按钮。

⑥ 产品定位机构。

⑦ 通风及剂量监测系统。

图 10－4　自屏蔽式辐照装置

(4) 水下辐照装置(见图 10－5)。

此类辐照装置的放射源贮存在充满水的水井内不移动，因而始终处于屏蔽状态，被辐照的物品移动到水下接受照射。这实际上是限制了人员接近放射源，也不可能进入正在进行辐照的空间。

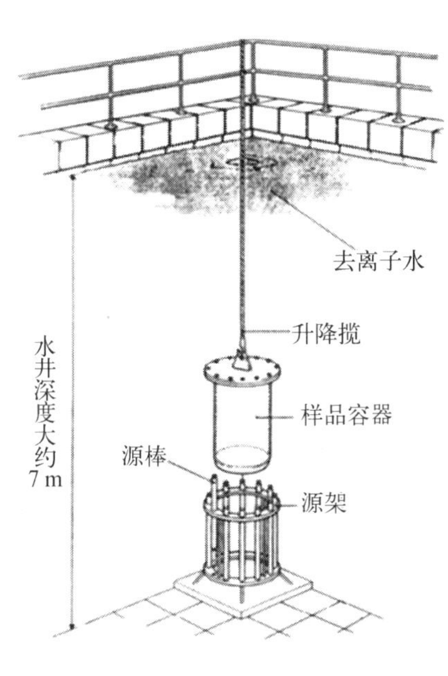

图 10－5　水下辐照装置

这种装置的设计一般包括以下部分：

① 放射源必须有双层不锈钢包壳，贮存于水井中，其外包壳不应有明显的腐蚀。

② 根据安全防护要求设计贮源水井。

③ 辐照产品密封罐及其升降和传输系统。

④ 安全联锁系统，声光报警信号系统及标志。

⑤ 控制系统。

⑥ 剂量监测系统(包括辐照室的剂量监测、个人及产品的剂量监测)。

⑦ 通风及水处理系统。

⑧ 装换源的操作工具。

2) γ 辐照装置其他分类方式

辐照装置还可以按照放射源排列方式、用途、防护层结构特点、产品输送系统进行分类。

(1) 按放射源排列方式分类：

① 单板源 γ 辐照装置。装置结构简单，由一组板源架及升降系统组成，单

板源是点源、线源或棒源的组合，且源架上钴元件放射性活度强弱配置也不尽相同，使辐射场剂量率分布多样化，放射源能量利用率高，目前国内外运行的商业 γ 辐照装置多采用此种装置。

② 双板源 γ 辐照装置。装置由两组板源架及升降系统组成，源的射线利用率较低，产品剂量场分布均匀性较差，但辐照产品的输送系统较为简单，辐照产品不需要换面即可受到双面辐照。

(2) 按装置用途分类：

① 研究性试验辐照装置。装置装源量较小，结构简单，多为产品静态辐照，辐照物品需要人工搬运，装置运行过程对剂量均匀度要求高，植物辐射诱变育种多采用此种装置试验。

② 商业生产型辐照装置。装置装源量较大，设备结构繁杂，多采用板状源、多层多路、间歇变位、停顿受照、自动化输送系统方式辐照产品。

③ 专用型辐照装置。装置适合单一产品辐照，操作简单，自动化程度高，如位于日本北海道士幌的专用于抑制马铃薯发芽的辐照工厂、单一产品的医疗器械灭菌也可适用此种装置。

(3) 按防护层结构特点分类：

① 固定式辐照装置。该装置拥有固定的辐照室和放射源。

② 自屏蔽可移动式辐照装置。此装置装源量小，放射源位于屏蔽设备内，设备体积较小，便于移动使用，适用于科学研究。

③ 商用可移动式辐照装置。装置安装在汽车或轮船上，便于灵活机动，可以移动至产品生产区或产品集散地进行辐照应用。

(4) 按产品输送系统分类：

① 辊道输送系统辐照装置。气缸推动转运箱的辊道输送系统能够使辐照的产品自动换面，吸收剂量的均匀性较好，放射源的能量利用率高，但设备结构复杂，造价成本高。

② 悬挂输送系统辐照装置。装置可以分为单轨悬挂输送系统及积放式悬挂输送系统，设备结构简单，能够多工位进行辐照，且产品在辐照的过程中能自动换面，也可换层(人工或自动)，使产品的吸收剂量均匀性较好，能量利用率很高。此产品输送系统目前是国内外 γ 辐照行业使用最广泛的方式。

③ 人工搬运式辐照装置。国内新建的辐照装置都采用了自动化很高的输送系统，但还有部分辐照装置因为建设时期较早，采用了人工搬运式输送系统。这种输送方式需要辐照室降源通风后，工作人员将产品运进辐照室，或在

辐照室内将产品换层和换面，工作效率低，能量利用率低。工作人员进出辐照室频率高，存在安全隐患。

10.2.2　γ 装置辐照工艺

辐照工艺是对食品进行辐照的过程中按照设定的工艺标准规范控制辐照过程，使食品吸收一定量的辐射剂量，产生特定的辐射效应，达到延长食品货架期、改良食品品质或提高卫生品质等技术要求的措施和方法。选择适宜的、稳定的、可控性高的辐照工艺是确保辐射加工过程质量稳定的重要环节，辐照工艺的进步有力地促进了辐射应用的发展。

10.2.2.1　辐射工艺参数

食品辐射加工中的主要工艺参数有：加工能力、辐射能量利用率、吸收剂量及剂量率、最低有效剂量、最高工艺(耐受)剂量、吸收剂量不均匀度。

1) 加工能力 Q

辐照装置在一定时间内能够处理的辐照食品的产量，与源的辐射功率(源强度)和辐射效率相关，加工能力用 Q(t/h)表示，即

$$Q = 3.6P\varepsilon_e / D_e \tag{10-1}$$

式中，P 为辐射功率(kW)，对 ^{60}Co，1 kW 功率对应的活度为 67 570 Ci；ε_e 为辐射效率；D_e 为实现某种辐射处理所需要的最低有效剂量(kGy)，通常采用总体平均剂量(kGy)来计算，但必须在计算过程中加以说明。

2) 辐射能量利用率 ε_e

辐射一定时间间隔内，产品经过辐照处理并吸收一定能量后产生辐射效应，这些产生辐射效应的能量在辐射源发射的总能量中所占的分数就是辐射效率，是衡量一个辐照装置优劣的重要参数，它决定了在相同装源量的情况下，同一个辐照装置加工能力的大小和经济效益的高低，辐射能量利用率用 ε_e(%) 表示，即

$$\varepsilon_e = 0.28E_o / E_s \times 100\% \tag{10-2}$$

式中，E_o 是指 D_e 与处理的产品质量的乘积(kGy · t)；E_s 为辐射源发射的总能量(kW · h)。

辐射能量利用率与辐射的穿透能力(辐射类型与能量)、源与产品间的几何位置、产品包装模式、产品体积、产品密度有关。

3) 吸收剂量及剂量率

吸收剂量 D 是单位质量受照物质中所吸收的平均辐射能量，单位是 Gy，

1 Gy=1 J/kg。辐照产品的吸收剂量取决于辐照源(类型、活度与排列)、辐照时间、产品的组成、堆积密度、堆码方式与包装以及源与产品间的几何学配置。

吸收剂量率表示单位时间内的吸收剂量，单位为 Gy/s。

这是辐照加工工艺中最重要的参数，辐照工艺的研究最主要的是找出适宜产品的吸收剂量和吸收剂量率，需要找出产品的最大吸收剂量和最小吸收剂量，而辐照加工中实际加工剂量一定在这两个剂量之间。

4) 最低有效剂量

在食品辐照时为达到某种辐照目的所需的最低剂量。

5) 最高工艺(耐受)剂量

在食品辐照时不会对食品的品质和功能特性产生危害的最高剂量。在食品辐照中为了达到预期的工艺目的所需的吸收剂量范围其下限值应大于最低有效剂量，上限值应小于最高耐受剂量。

6) 吸收剂量不均匀度 U

反映辐照质量的一个重要指标，为加工负荷内最大吸收剂量 D_{max} 与最小吸收剂量 D_{min} 之比，即

$$U = D_{max}/D_{min} \tag{10-3}$$

U 值与辐射的穿透能力、源与产品间的几何排布、产品包装模式、产品体积、产品密度及辐照模式等有关。U 值反映了产品中吸收剂量分布的不均匀程度，U 值越大越不均匀，产品不同几何位置处的吸收剂量差异越大。

10.2.2.2　辐射工艺标准(GIP)

辐射工艺标准(GIP)是为了实现相关食品辐照目的，控制辐照工艺流程，确保辐照质量所采取的措施。采用规范的、适宜的辐照工艺是实现辐照质量控制的根本保证，辐照工艺必须严格执行 GIP 和国家有关部门制定的相关法规。

国家卫生计生委办公厅于 2014 年 2 月发布了关于征求《辐照食品》食品安全国家标准(征求意见稿)意见的函，意见稿共涉及 10 类食品辐照标准，将代替以下已经发布的辐照食品标准：GB 14891.1—1997《辐照熟禽畜肉类卫生标准》、GB 14891.2—1994《辐照花粉卫生标准》、GB 14891.3—1997《辐照干果果脯类卫生标准》、GB 14891.4—1997《辐照香辛料类卫生标准》、GB 14891.5—1997《辐照新鲜水果、蔬菜卫生标准》、GB 14891.6—1994《辐照猪肉卫生标准》、GB 14891.7—1997《辐照冷冻包装畜禽肉类卫生标准》、GB 14891.8—1997《辐照豆类、谷类及其制品卫生标准》。

国家新标准《辐照食品》的实施对于规范全国的农产品和食品的辐照工艺、保证辐照产品质量，将起到积极的促进作用。

1）辐照工艺流程

食品辐照工艺流程图如图 10－6 所示。

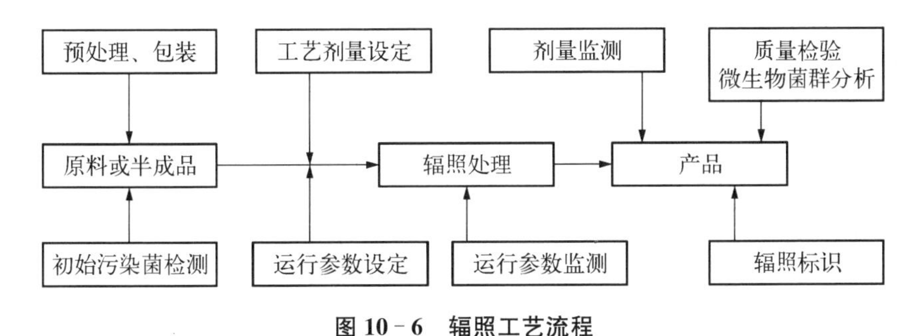

图 10－6　辐照工艺流程

2）质量检查

辐照对象辐照处理前需检查微生物初始污染情况，有没有经过预处理，包装材料及包装方式是否适合辐照加工工艺要求等。

3）工艺剂量设定

辐照处理前依据产品辐照加工目的，研究并确认产品适宜的辐照剂量，产品最小吸收剂量应该大于最低有效剂量，产品最大吸收剂量应该小于最高耐受剂量，总体平均剂量限制在卫生标准的限制内。

我国辐照食品卫生标准和食品辐照工艺规定了许多辐照食品具体的辐照工艺剂量限制与范围，现列于表 10－6 和表 10－7 供参考。

表 10－6　农产品、食品辐照工艺规范

农产品食品	辐照处理目的	最低有效剂量 D_e/kGy	最高耐受剂量 D_t/kGy
豆类 GB/T 18525.1—2001	杀虫	0.3(0.3)[①]	2.5(1.0)[②]
谷物 GB/T 18525.2—2001	杀虫	0.3	0.5～1.0
红枣 GB/T 18525.3—2001	杀虫	0.3	1.0
枸杞干、葡萄干 GB/T 18525.4—2001	杀虫	0.75(0.75)[③]	3(2)[④]

(续表)

农产品食品	辐照处理目的	最低有效剂量 D_e/kGy	最高耐受剂量 D_t/kGy
干香菇 GB/T 18525.5—2001	杀虫 防霉	0.7 3.0	(2)⑤ 8.0(5.0)⑥
桂圆干 GB/T 18525.6—2001	杀虫 防霉	0.4 6.0	9.0
空心莲 GB/T 18525.7—2001	杀虫	0.4	4.0(2.0)⑦
速溶茶 GB/T 18526.1—2001	杀菌	4	9
花粉 GB/T 18526.2—2001	杀菌	4.0	8.0
脱水蔬菜 GB/T 18526.3—2001	杀菌	4	10
香料、甜味品 GB/T 18526.4—2001	杀菌含菌 1×10^6个/克 杀菌含菌 1×10^7个/克	4.0 6.0	10.0 10.0
熟畜禽肉 GB/T 18526.5—2001	杀菌	4	8
糟制肉 GB/T 18526.6—2001	杀菌	4.0	8.0
冷却分割肉 GB/T 18526.7—2001	杀虫 杀菌	1.0 1.5	4.0 4.0
苹果 GB/T 18527.1—2001	保鲜	0.25	0.80
大蒜 GB/T 18527.2—2001	抑制发芽,收获后2个月内 抑制发芽,收获后5个月后	0.05 0.08	0.20 0.20

注:①~⑦带括号的剂量值为设定的工艺剂量上、下限值。

表10-7 各类食品的辐照剂量

食品	辐照处理目的	总平均吸收剂量/kGy
豆类、谷物及其制品	杀虫	
豆类		≤0.2
谷物		≤0.6
新鲜水果、蔬菜	抑芽、推迟后熟、延长货架期	≤1.5

（续表）

食　　品	辐照处理目的	总平均吸收剂量/kGy
冷冻包装畜禽肉	控制微生物	≤2.5
熟畜禽肉	控制微生物、延长货架期	≤8
冷冻包装鱼、虾	控制微生物	≤2.5
香辛料、脱水蔬菜	杀虫、杀菌、防霉	≤10
干果果脯	杀虫、延长货架期	≤1.0
花粉	保鲜、防霉、延长货架期	≤8

4）运行参数设定

按照确认的工艺剂量，结合辐照加工过程中的辐照条件（产品装载模式、产品与源相对几何位置、产品翻转移位方式）设定相应的运行参数，并在辐照过程中对 γ 射线辐照运行参数的变化进行监视。

5）辐照处理

静态辐照产品时，产品可放在等剂量线上，不宜离源太近，需考虑产品密度与产品包装体积，堆码的工位与方式，翻转移位方式，辐照时间等。动态辐照时要考虑产品密度与包装大小，及产品在辐照箱中的装载方式，传输设备的速度及工位停顿时间等。

产品在辐照的过程中须进行剂量监测，判定辐照剂量是否在设定的工艺剂量范围内，以验证辐照工艺的正确性。正确的剂量测量提供了独立定量可行的辐照工艺控制与辐照质量保证并能作为依法监督管理的依据。

6）产品辐照处理后需进行质量检验

如虫检和微生物菌群检测，在辐照过的产品外包装上标明产品已经经过辐照处理的标识，且已辐照产品必须与未辐照的产品分开存放，以防止产品漏照、重复照射等生产事故发生。

7）国际食品法规委员会对辐照食品标签做出了规定

经辐照处理的食品原料或散装食品应在相关货运文件中进行明确说明，应包括确认食品已经辐照、所用的辐照设施、辐照日期、辐照剂量、批号等内容。对出售给最终消费者的散装辐照食品，应通过设置柜台标记、标牌或其他合适的方法，标出“辐照食品”字样及辐照食品标识。辐照食品标识如图 10－7 所示。

图 10－7　辐照食品标识

10.2.3 电子加速器

电子加速器是加速器的一种，是工农业生产、医疗卫生、科学技术等方面应用最多的加速器。电子加速器利用人工方法借助于不同形态的电场，将电子加速到较高能量，广泛应用于热缩材料、电线电缆、发泡材料等的辐射交联和辐射接枝；中药、医疗用品、食品等的辐照消毒、灭菌、杀虫、保鲜；表面固化、水处理、燃煤烟气脱硫脱硝等各个领域。

10.2.3.1 电子辐照加速器分类

在工业辐照范围内，根据不同的应用需要，电子加速器可分为低能、中能、高能三类[1]。

1) 低能电子加速器

能量范围为 80～300 keV，主要有电子帘加速器、高压倍加器(CW)和绝缘芯变压器(ICT)。多用于涂层固化，小截面细线、薄膜的辐照，电池微孔复合隔膜等功能膜的制备，废气处理，橡胶硫化，邮件信件的表面消毒灭菌等。

2) 中能电子加速器

能量范围为 0.3～5 MeV，主要有高压变压器型(ELV)、高频单腔脉冲型(ILU)、高频高压型、绝缘芯变压器型(ICT)和谐振变压器型。多用于电线电缆的聚乙烯绝缘材料和聚乙烯发泡塑料的辐射交联、橡胶硫化、辐射生产高强度耐温聚乙烯热塑管和防水阻燃木塑地板等领域，也有较高能量的高频高压型电子加速器通过电子束转换 X 射线用于食品辐照。

3) 高能电子加速器

能量范围为 5～10 MeV，主要有 Rhodotron 加速器和电子直线加速器。这类电子加速器的应用范围很广，如食品辐照、辐照检疫、中成药和各种商品辐照杀虫杀菌、抗生素降解、医疗用品辐照灭菌、水晶宝石辐照着色、半导体器件改性、化工产品改性等。

10.2.3.2 电子加速器的基本构成

电子加速器基本部分构成如图 10-8 所示。

1) 电子枪

电子枪是发射电子的源头，由灯丝和阳极组成，灯丝能发射电子束，阳极将电子束引出后进入加速系统进行加速，为提高输出束流的品质，电子枪一般都带有聚焦和导向系统。

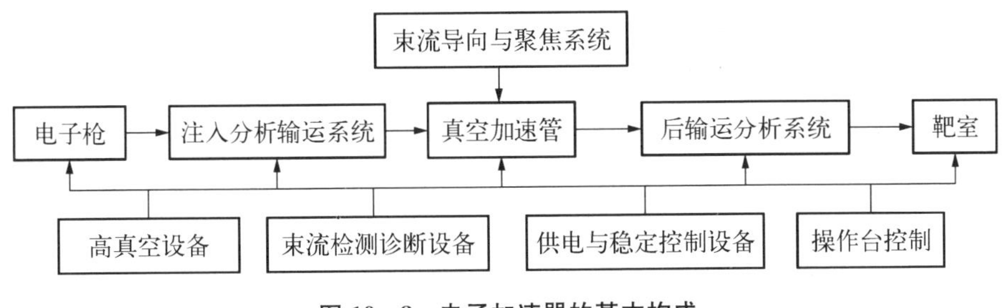

图 10－8　电子加速器的基本构成

2）真空加速结构

电子加速器的加速结构主要是加速管，它是加速器的主体，电子束在加速管内被一系列的电极或微波电场加速，达到设计的目标能量。电子在真空加速电场中不受空气分子散射的条件下获得能量而得到加速。

3）导向聚焦系统

电子束的导向聚集功能一般由各种形态的电磁场，如偏转磁铁四极透镜场等实现。用一定的电磁场引导和约束被加速的电子束，使它沿着一定的轨道加速。

4）束流输运、分析系统

由电磁场透镜、弯转磁铁和电磁场分析器等构成，在粒子源与加速器之间或加速器与靶室之间分析、输运带电粒子束。多个加速器串接工作时，在加速器之间分析、输送粒子束。

除上述四个基本部分外，通常还有束流监测与诊断装置、电磁场稳定控制装置，以及维持加速器所有系统正常运行的电源系统、真空系统、水冷系统、控制系统、束流扫描系统、辐射防护安全联锁系统等各种辅助系统。

10.2.3.3　常见电子辐照加速器介绍

电子加速器种类较多，工业辐照中常用的主要为高频高压加速器、Rhodotron 加速器和电子直线加速器三种。

1）高频高压加速器

高频高压加速器又称地那米加速器，通过电感应耦合将低压交流电转变成高压直流电并用于加速电子。高频高压加速器性能比较稳定，是以负载性能良好的并激耦合倍压线路作为高频高压发生器，产生直流高压。高频高压加速器的级数可以比较大，其束流能量一般在 2～5 MeV，高压端电压可以达到 5 MV 以上，其输出的束流强度可以达到几十毫安，束流功率达到几百千瓦。目前该类型加速器用于食品辐照中的辐照装置主要是将 5 MeV 的电子束打靶后转换成 X 射线后用于辐照加工。

2) Rhodotron 加速器

Rhodotron 加速器是一种谐振型加速器，电子束在高频电磁场中加速，它采用较低的工作频率(107.5 MHz 或 215 MHz)多次加速，电子束在谐振腔内经过一次加速后，经过腔外的偏转磁铁偏转，再返回到腔中再次被加速，经过多次加速后获得高能束流。

Rhodotron 加速器是为辐照加工设计的一种高能大功率加速器，兼具高能量和高功率的优点，产品系列中以 10 MeV 的高能加速器为主。Rhodotron 加速器平均束流功率为 35～1 000 kW，平均流强为 3.5～100 mA。它的最大特点是可以输出任意电子能量的束流，在每一次的加速后都可以引出束流，能实现一机输出不同能量的电子束，灵活制订辐照加工工艺方案。

3) 电子直线加速器

电子直线加速器是带电粒子在高频电场加速下，沿直线轨道传输的加速器装置。电子直线加速器是物理科学研究、工业、医疗领域广泛应用的加速器，是辐射加工 5～10 MeV 高能领域内的主要机型。

加速管是加速器的关键部件，把从电子枪注入的电子在微波电场作用下加速到高能态。根据加速方式的不同，加速管分为行波加速管、驻波加速管及返波加速管三种。

(1) 行波加速管。

振动在空间中的传播过程称为波动，简称波。行波是指某一物理量的空间分布形态随着时间的推移振幅不变的情况下，向一定的方向行进(不断向前推进)所形成的传播方向为无限的波。

行波加速管采用行波方式加速电子，把电子置于交变电场的波峰上同步加速，就像冲浪运动，电子像滑板一样一直待在浪峰上前行。行波型加速管特点之一就是没有能量上限，只要加速器做得足够长就可以把电子加速到任何能量。图 10-9 所示的是一种盘荷波导，是在圆形波导内，沿轴向等

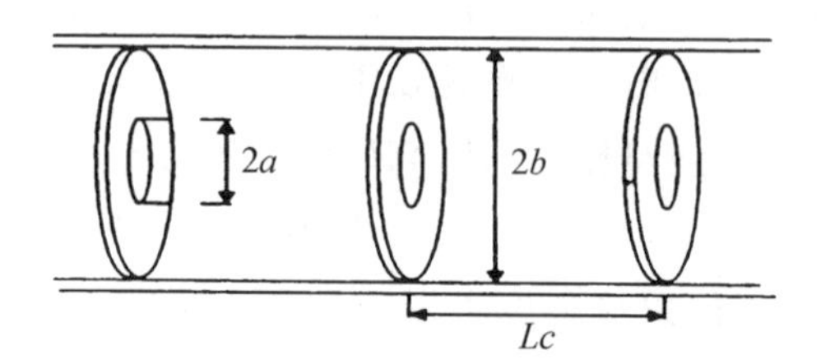

图 10-9　盘荷波导行波加速结构

距离放置中央开有圆孔的圆盘(反射体),圆孔可以使电子束通过,依靠圆盘反射作用,对圆波导周期性加负载,使微波传播速度大大减慢,达到所需要求。

电子枪提供的电子束沿加速段轴线以直线通过圆盘中央孔,同时微波功率源提供的微波经传输系统送到加速段,在慢波结构中产生行波,并与电子速度"同步",电子就能"骑"在波峰上,随着行波一起前进,并不断得到加速,如图 10－10 所示。行波加速结构简单,在中、高能电子直线加速器及长度在 2～3 m的低能电子直线加速器中应用广泛。

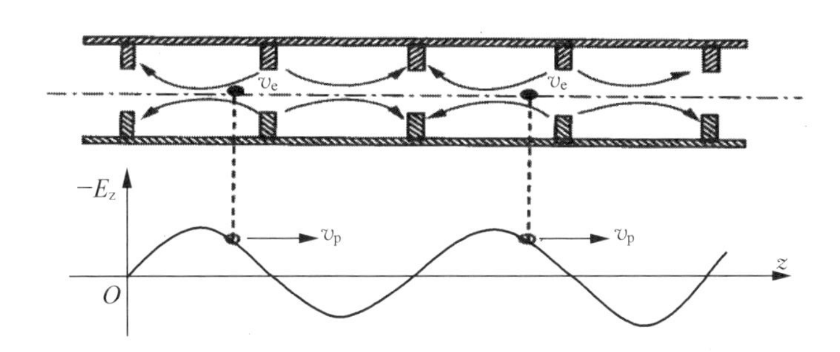

图 10－10　盘荷波导中行波电场分布及电子相对于波的位置

(2) 驻波加速管。

驻波是指两列振幅相同的相干波在同一直线上沿相反方向传播时互相叠加而成的波。驻波加速管加速段由一系列互相耦合的谐振腔链组成,谐振腔中心开孔可让电子通过,腔中建立随时间交变的高频场。微波在加速段内经多次反射形成驻波场,电子在驻波场下沿轴线方向不断前进并加速,产生能量传递,使电子获得高能量。驻波加速电子的原理如图10－11 所示,海豹虽然都不动位置,但通过与球同步进行摆头,就可以把球传向前方。

驻波加速结构分为边耦合、轴耦合、环耦合、同轴耦合等几种,其中轴耦合结构对称,径向尺寸小,工艺性好,便于射线屏蔽,并可减轻机箱重量。加速管要求一定的真空度,一般静态真空度 $1.33\times10^{-6}\sim1\times10^{-7}$ Pa,工作真空度 1.33×10^{-5} Pa,因此工艺要求比行波型更严格。驻波加速结构分流阻抗高,在给定的微波功率下,可激励较高的加速场强,微波利用率高,有利于加速器的小型化,主要应用于对加速管长度有较多限制的情况。

(3) 返波加速管。

返波加速管是一种把驻波结构用于行波工作方式的行波加速管。常规行波加速管的微波入口在电子枪端,微波传输方向与电子加速方向相同,返波加

图 10－11　驻波加速的形象描述

速管的微波入口在加速终端，微波传输方向与电子加速方向相反，如图 10－12 所示。电子刚进入加速管时，所需场强较低，功率较小。随加速过程进行，电子所需场强增强，功率增大。因此，返波加速管的微波传输方向能充分利用微波功率。

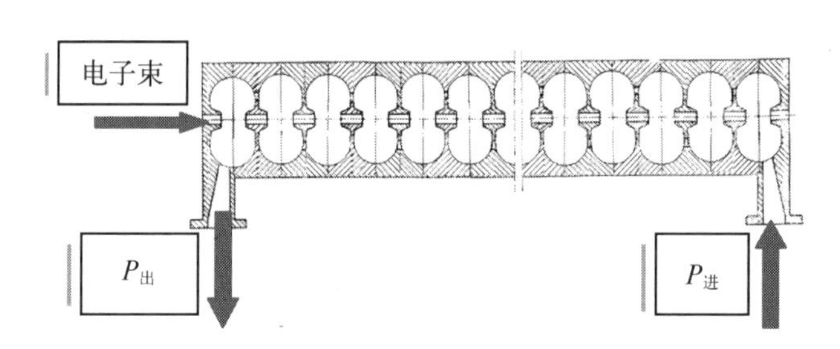

图 10－12　返波加速管

10.2.3.4　电子辐照加速器的性能参数

1）电子束穿透深度

电子束穿透能力较弱，其在给定材料中的穿透深度是影响辐照加工质量的关键因素。图 10－13 为单能电子在介质中吸收剂量的深度分布。曲线中上升部分是由于电子束入射到吸收介质后，产生碰撞及进一步的级联碰撞，导致次级电子逐渐积累，吸收剂量也就随深度增加而增大，大致在电子射程的 1/3～2/3 处达到最大值，随后吸收剂量随吸收材料深度增加而减小[2]。有关穿透深度的相关概念有电子射程、实际射程、半入射值深度、半值深度、最佳厚

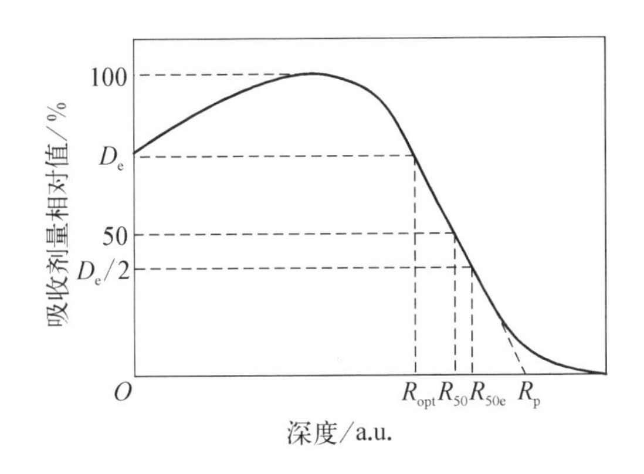

图 10 - 13　典型的电子束在均匀材料中的深度剂量分布曲线

度、外推电子射程，如图 10 - 13 所示。

(1) 电子射程。指在均匀材料中沿着电子束轴线所贯穿的距离，常用单位面积的质量(g/cm^2)表示，有时也可用厚度(cm)表示某一指定材料中的电子射程。

(2) 实际射程 R_p。指电子束深度剂量分布曲线下降最陡(斜率最大处)切线的外推线与该曲线尾部韧致辐射剂量的外推线相交点处所对应的材料深度。

(3) 半入射值深度 R_{50e}。指电子束深度剂量分布曲线中吸收剂量减少到表面入射剂量值的 50%时所对应的材料厚度。

(4) 半值深度 R_{50}。指电子束深度剂量分布曲线中吸收剂量减少到最大值 50%时所对应的材料厚度。

(5) 最佳厚度 R_{opt}。指在均匀材料中，吸收剂量等于与电子束入射表面处的吸收剂量所对应的厚度。

(6) 外推电子射程 R_{ex}。指电子束深度剂量分布曲线下降最陡(斜率最大处)切线的外推线与深度轴相交点处所对应的材料深度。

2) 电子束能量 E

因为从加速器钛窗引出的电子并不是完全单能，而是有一定能量分布的能谱。因此，电子束能量是指电子束中被加速电子的平均动能，常用单位为电子伏特(eV)，1 eV $=1.602\times10^{-19}$ J。

电子在给定的材料中穿透的深度与电子的初始能量成正比，表 10 - 8 表示了不同能量电子束在不同密度物质中射程大小。

表 10－8　不同材料的 E_p－R_p 关系

E_p/MeV	1.0	2.0	3.0	5.0	10.0
水 R_p/(g/cm^2)	0.398	0.918	1.45	2.52	5.18
铝 R_p/(g/cm^2)	0.396	0.912	1.44	2.52	5.18
聚乙烯 R_p/(g/cm^2)	0.396	0.912	1.44	2.50	5.14

根据 GB/T 25306—2010《辐射加工用电子加速器工程通用规范》，电子束在铝中的最可几能量 E_p和实际射程 R_p的关系如下：

$$E_p = 0.22 + 1.98R_p + 0.0025R_p^2 \quad (1.0\ \text{MeV} \leqslant E_p \leqslant 25\ \text{MeV}) \tag{10-4}$$

式中，电子束能量 E_p单位为 MeV；射程 R_p单位为 g/cm^2。

3）电子束流强度

电子束流强度直接关系到束流功率的稳定性和辐照质量的稳定。电子束的脉冲流强 I_P及其稳定性用束流变压器 BCT 监测。原理是电子束的脉冲流强穿过闭合磁环时，在另一端的线圈上会产生感应电压，它与脉冲流强成正比，如图 10－14 所示。

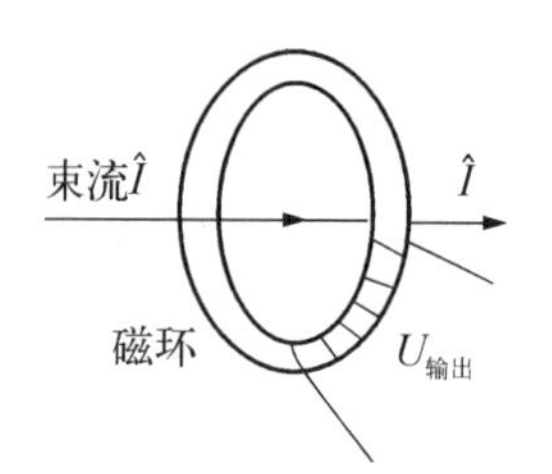

图 10－14　束流变压器工作原理示意图

$$U_{输出} = I_p(N_{初}/N_{次})R_L \tag{10-5}$$

式中，I_p为电子束的脉冲流强；$N_{初}$为磁环的初级绕组；$N_{次}$为磁环的次级绕组；R_L为次极电流的负载电阻。

束流通过磁环的是一单圈的初级绕组，即 $N_{初}=1$。实测前用标准信号对束流变压器 BCT 进行校准和标定，以保证次极输出的监测电压与初极电子束流的强度的准确对应。

在辐照加工生产中，我们更关心的是束流平均流强 I_{av}，因为它与吸收剂量成正比。GB/T 25306—2010 规定了束流平均流强 I_{av}的测定方法，选择束流输出窗外的参考面，即可覆盖住输出窗宽度与束流扫描角引长线相交所形成平面，在参考面上放置等面积的铝收集靶，用 0.5 级直流电流表，直接测量收集靶对地的电流，此即为平均束流强度 I_{av}。参考面的选择如图 10－15 所示。

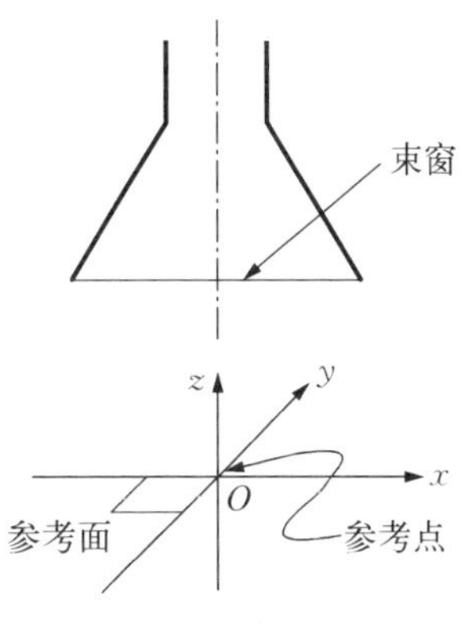

图 10－15　参考面示意图

图 10－16 所示的是一种测量平均束流强度 I_{av}的简易方法，所测电子直线加速器能量10 MeV，脉冲重复频率最高 490 Hz。把 1 000 mm×400 mm×300 mm 的导电水箱装 2/3 的自来水，水箱尺寸大于钛窗尺寸。水箱底部用两根干燥的木头架空以绝缘，一根导线一头连接水箱，一头连接电流表，电流表的另一个接线端子用导线接地，电流表置于辐照室外，以便观察读数。加速器脉冲重复频率从 100 Hz 开始记录读数，束流峰值电流不变，逐步调大脉冲重复频率，观察电流表的读数，脉冲重复频率达到490 Hz 时，测到平均束流强度 I_{av}＝0.999 mA。

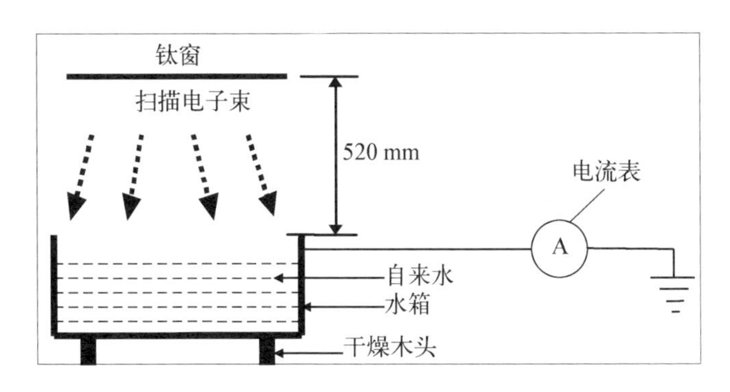

图 10－16　束流强度水箱测量方法

4）电子束流扫描不均匀度

束流扫描不均匀度是电子加速器装置检验的重要参数，也是与辐照加工中剂量相关的参数。GB/T 25306 规定，电子加速器束流扫描不均匀度应≤10％。

其测量方法主要有 4 种：

(1) 将薄膜剂量片均匀分布在非金属板上，保证其分布处于电子束流扫描宽度范围内。将非金属板通过束下辐射场接受束流照射。测量剂量片上的剂量 D，取其最大值 D_{max}和最小值 D_{min}，计算扫描不均匀度。

束流扫描不均匀度 U_x 按下列公式计算：

$$U_x = \frac{U_{max} - U_{min}}{U_{max} + U_{min}} \times 100\% \tag{10-6}$$

另外，扫描不均匀度也有用如下公式计算表示：

$$(最大值 - 平均值) / 平均值 \times 100\% \tag{10-7}$$

$$(最小值 - 平均值) / 平均值 \times 100\% \tag{10-8}$$

(2) 在参考面(见图 10 - 15)上用至少九根材质相同、直径 15 mm 的铝棒或铝管，其直径的最大偏差应≤0.1%。铝棒或铝管均匀排列组成分布靶，测量扫描宽度内的束流分布。铝棒或铝管最上面母线应在参考面上并与 y 方向平行，长度和位置应全覆盖穿越引出窗到达参考面的所有束流的 y 方向投影长度。使电子加速器在各额定脉冲重复率(连续束流无此条件)和扫描频率条件下输出束流扫描，测量同一时刻各铝棒或铝管截获束流所输出的电流强度 I_0，获得最大值 I_{0max}和最小值 I_{0min}。该方法有可能漏掉真正的 I_{0max}和 I_{0min}，使所求得的 U_x值优于实际值。

(3) 在参考面(见图 10 - 15)上用一根长度和位置全覆盖穿越引出窗到达参考面的所有束流的 y 方向投影长度的铝棒，铝棒直径 15 mm，其最上面母线应在参考面上并与 y 方向平行。使铝棒以一定速率沿 x 方向移动，移动过程保证铝棒轴线始终平行于 y 方向，且最上面母线一直处于同一参考面。使电子加速器在各额定脉冲重复率(连续束流无此条件)和扫描频率条件下输出束流扫描，用采样存贮示波器(或函数记录仪)测出铝棒移动全程中 I_0 与其坐标 x 的关系曲线，并读取最大值 I_{0max}和最小值 I_{0min}。该方法的适用前提是，束流强度短时不确定度(不稳定度)在 U_x测量所需时间内可以忽略不计。

(4) 用一块厚约 2～3 mm 的透明玻璃板，保证其表面可全覆盖参考面上有用的扫描束流宽度。控制出束或辐照时间，使玻璃辐射致色响应在线性范围内，用黑度计或分光光度计测出透明玻璃板的黑度分布，读取最大值 D_{max}和最小值 D_{min}。该方法的测量精度取决于玻璃辐射致色的线性特征。一般要求测量次数 $n \geqslant 5$，每次测量时间间隔为 10 min。

5) 电子束流扫描宽度

扫描宽度的监测是确保束流对中和产品完全受照的关键。扫描宽度指电子束在产品受照平面的扫描方向照射野内的有用束流宽度，垂直于束长和加速器扫描窗出射电子的方向，如图 10 - 17 所示。测量中一般取剂量分布曲线中相对于最大剂量 D_{max}的 90%～95%的剂量区间对应的宽度。

以 ESS－010－03 型电子直线加速器加工为例，因辐照加工中扫描宽度的实际应用受到传送带宽度的限制，产品箱最大尺寸不能超过 600 mm，测量采用一个最大尺寸为 600 mm 的产品箱，在其正中央布一个低量程重铬酸银剂量计，并依次往两边每隔 10 mm 布一个剂量计，共计 31 个剂量计，如图 10－18 所示。照射条件为电子束扫描频率为 19.1 Hz、扫描电流为 11 A、脉冲重复频率为 490 Hz、电子束流峰值为 0.2 A、电子束流脉冲宽度为 10.6 μs、束下传送带速度为 170 mm/s。

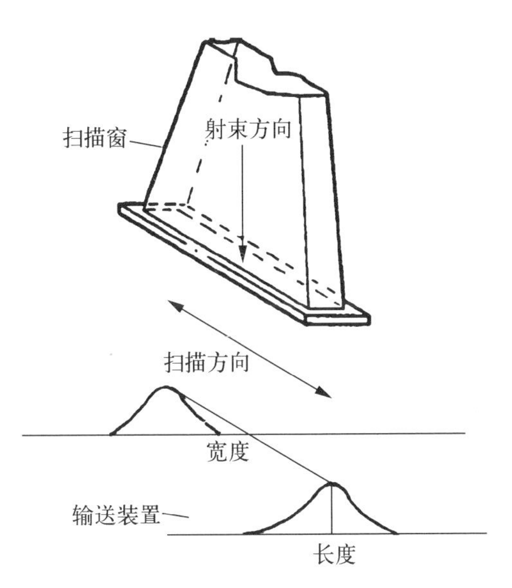

图 10－17 扫描电子束的束长和束宽在传输系统的分布

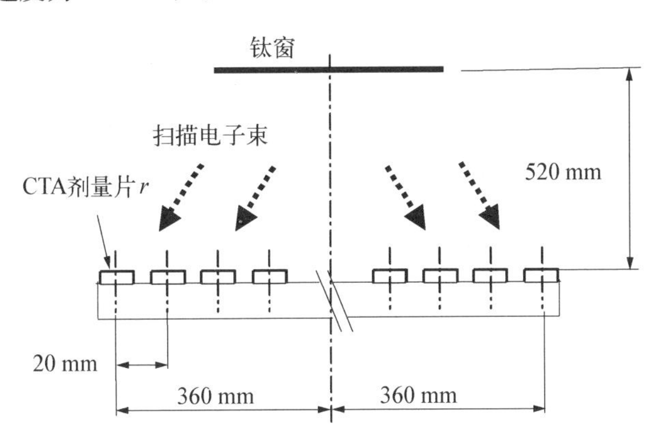

图 10－18 扫描宽度测量

用“岛津 1240”紫外分光光度计测量各剂量计的吸收剂量，并作扫描宽度剂量分布曲线图，取平均剂量的 $0.95D_1 \leqslant D \leqslant 1.05D_1$ 范围内的测量值，可以看到电子束在距钛窗 520 mm 的产品箱上表面扫描宽度可达到 600 mm，宽度为 600 mm 的产品箱在传送带上通过束下时其上表面可完全被一定份额的剂量区间的宽度内的电子束所辐照，符合辐照加工工艺的要求。

6）电子束流焦斑

未经扫描的束流，通过束流引出窗在参考面上形成的束流密度分布，称为束流焦斑。以束流密度为束斑中心处 50％的等密度圆周的直径为束斑直径。

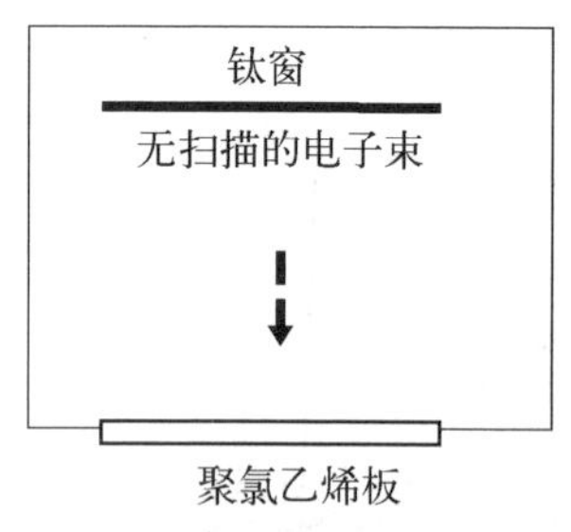

图 10－19　电子束流焦斑测量

图 10－19 表示了一种测量 ESS－010－03 型电子直线加速器束斑直径的简单方法。在钛窗的正下方 100 mm 和 520 mm 的位置，放置厚度为 1 mm 的聚氯乙烯板进行电子束的点照射(非电子束扫描方式)。电子束流脉冲重复频率为 10 Hz、束流峰值强度为200 mA、平均束流强度为 1 mA、电子束流脉冲宽度为 10.6 μs。聚氯乙烯板的变色部分为电子束束斑的形状，以此确认电子束束斑直径的大小。结果为在钛窗正下方 100 mm 处照射时间 10 s 其电子束束斑直径为 ϕ12 mm；在钛窗正下方 520 mm 处照射时间 100 s 其电子束束斑直径为 ϕ35 mm。这种测量方法精确度较低，它受到辐照时间的长短、聚氯乙烯板材质的好坏及其厚度、变色部分的取舍等因素的影响，此类束斑直径测量只作为参考。

10.2.3.5　电子加速器辐照加工的工艺参数控制

1) 束下装置传输速度偏差及不稳定度测量

束下传输速度是影响电子加速器辐照剂量稳定性的关键因素。GB/T 25306 规定，传输速度测量值与设备文件标称值的偏差应≤2%，且在额定负载的条件下，传输速度不稳定度≤1%。

束下装置传输速度用速度传感器测量。分别测量最大传输速度值和最小传输速度值，测量次数各为 $n\geqslant5$，每次测量时间间隔 2 min。其计算公式为

$$\frac{\Delta v_{\mathrm{p}}}{v_{\mathrm{ps}}}=\frac{v_{\mathrm{ps}}-v_{\mathrm{pav}}}{v_{\mathrm{ps}}}\times100\% \tag{10-9}$$

式中，Δv_{p} 为传输速度变量；v_{ps} 为标称传输速度值(m/min)；v_{pav} 为 n 次测量传输速度平均值(m/min)。

注：按公式计算的偏差值有可能为负值，为简便起见，采用其绝对值。

传输速度不稳定度在束下装置达到稳定运行后测量，测量 1 h 内最大传输速度和最小传输速度的变化，每隔 5 min 记录一次控制台上传输速度指示值，按下列公式计算不稳定度。

$$\frac{\Delta v_{\mathrm{p}}}{\Delta v_{\mathrm{ps}}}=\frac{1}{v_{\mathrm{pav}}}\sqrt{\frac{\sum_{i=1}^{n}(v_{\mathrm{ps}}-v_{\mathrm{pi}})^{2}}{n-1}}\times100\% \tag{10-10}$$

2) 剂量分布和产品剂量不均匀度

电子束定向性好,照射范围集中,因而能量利用率较高。但电子射程短,穿透力小,适用于厚度有限的产品或作表面辐照。

(1) 深度剂量分布。

辐射加工直接利用电离辐射能量,对辐照产品来说,最重要的参数是材料中的吸收剂量及其均匀度。单能电子束入射到被辐照物质,不同深度处的物质吸收剂量是不同的。电子束垂直于介质平面入射时,沿束中心轴随深度变化的吸收剂量关系曲线图称为深度剂量分布,一般使用叠层法测定深度剂量分布。图 10－20 所示是不同能量电子束在水中的相对深度剂量分布。

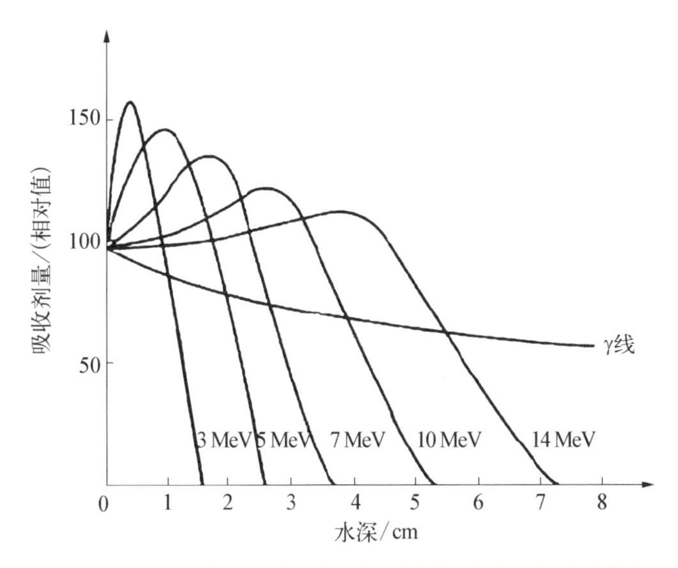

图 10－20　电子束在水中的相对深度剂量分布与能量的关系

(2) 剂量分布图。

剂量分布图描述了在特定的条件下被辐照材料中的剂量分布和变化,用于确定最大剂量和最小剂量的位置和大小,并明确最大剂量与最小剂量同常规剂量点处剂量的关系。为提高剂量分布图的准确性,一般使用略高一点的剂量,可使剂量测量系统能够在更准确的操作范围内使用。另外,作剂量分布图要求使用相似密度的产品充满一个辐照容器,用剂量计测量产品不同已知深度的剂量。

剂量分布图应包括辐照装置的运行情况、剂量测量的方法以及得出的结论。对于电子束和 X 射线辐照装置,需要测量期间辐照装置的运行条件,射线束特性的任何改变都需在辐照装置所限定的范围内，并建立射线束特性（电子或X射线能量、平均束流、扫描宽度以及扫描不均匀度等）和传输速度对剂量的影响关系。

(3) 产品剂量不均匀度。

单能电子束入射到被辐照材料，在同一参考面不同位置和深度处，物质吸收剂量是不同的。因此，辐照产品内各点的吸收剂量是不相同的，剂量最大点 D_{max} 与剂量最小点 D_{min} 的比值称为剂量不均匀度 U。

$$U = D_{max}/D_{min} \tag{10-11}$$

剂量不均匀度是保证辐照产品质量的关键参数，对电子束辐照加工来讲，产品辐照不均匀度控制包括电子束在参考面上的二维剂量不均匀度控制和电子束扫描方向、产品传送方向、产品深度方向的三维不均匀度控制两个方面。

电子束在参考面上的二维剂量不均匀度由扫描不均匀度和传送不均匀度组成。扫描不均匀度是指在参考面上束流扫描宽度内束流密度分布的不均匀度。传送不均匀度主要由传输速度的偏差和不稳定造成。三维剂量不均匀度主要受产品密度、厚度、包装及装载方式的影响。

3) 深度剂量分布的测定方法

深度选取加速器常用参数，小于 300 keV 的电子束用均匀叠层法，大于 300 keV 的电子束用交替叠层法，叠层厚度一般为实际射程 R_p 的 1.5 倍以上。为防止散射束的影响，叠层应置于辐照盒内，辐照盒深度一般为实际射程 R_p 的 3 倍以上，如图 10-21(c)所示。将叠层置于参考点处，辐照后逐片测量。画出深度剂量分布曲线，并根据曲线估算产品适宜辐照厚度。

均匀叠层法用薄膜计本身，如图 10-21(a)所示，也可以应用于类似剂量计薄膜原子组成的材料，它仅用于测量低能电子束(<300 keV)深度剂量分布。

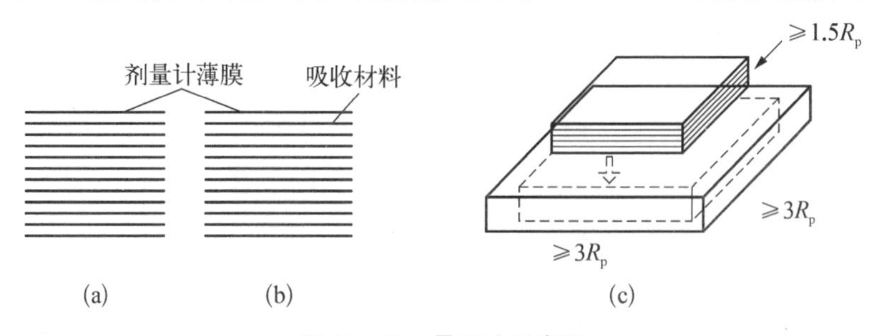

图 10-21　叠层法示意图

(a) 均匀叠层法；(b) 交替叠层法；(c) 辐照盒

交替叠层法用于较高能量的电子束（>300 keV），用薄膜剂量计和具有类似于加工产品原子组成的材料的层片，如图 10 - 21(b)所示。

4) 辐照产品最佳厚度的确定

(1) 单面辐照。

在单面辐照时，产品的最大厚度取决于给定吸收剂量的不均匀度要求，最佳厚度（R_{opt}）对应的产品厚度称为产品的最佳厚度（h_{opts}），由表 10 - 9 曲线计算，电子束单向辐照时，最佳厚度大概为实际射程的 60%～70%，此时辐照不均匀度 $U=1.3$。10 MeV 电子束单向辐照时，最佳厚度与不均匀度的关系如表 10 - 9 所示。

表 10 - 9　最佳厚度与不均匀度的关系

被辐照材料厚度	质量厚度/(g/cm^2)	线性厚度/cm		剂量不均匀度 U
		密度($0.5\ g/cm^3$)	密度($0.2\ g/cm^3$)	
最佳厚度 R_{opt}	4.10	8.2	20.5	1.3
半值深度 R_{50}	4.55	9.1	22.7	2.0
半入射值深度 R_{50e}	4.85	9.7	24.2	2.6

产品的平均原子序数相近时，电子束的穿透深度与产品密度成反比。为消除产品密度的影响，常用水当量厚度 Z_m(g/cm^2)表示穿透深度。

$$Z_m = d\rho \tag{10-12}$$

式中，d 是穿透深度(cm)；ρ 是产品的平均密度(g/cm^3)。

10 MeV 电子束单向辐照时，可完成水当量厚度 4.1 cm 的产品，因此对密度为 $0.2\ g/cm^3$的产品，其最佳厚度为 20.5 cm，此时剂量不均匀度为 1.3。不同能量的电子束单面辐照的条件下，允许不均匀度 1.3 左右时，能量与被辐照产品最佳厚度的关系，用最概然能量 E_p(MeV)表示，可由下列公式计算：

$$E_p = 2.36 \times d \times \rho + 0.32 \tag{10-13}$$

最佳厚度下，单面辐照束流的能量理想利用率 η_s可用下列公式由实测束流能量 E_e计算：

$$\eta_s = 0.51E_e^{0.145} \tag{10-14}$$

(2) 双面辐照。

双面辐照可扩大辐照产品的厚度应用范围，改善不均匀度，提高辐射效率。

双面辐照情况下，10 MeV 电子束可辐照水当量厚度 9.8 cm 的产品，剂量不均匀度为 1.31。双面辐照条件下，最佳厚度大概为实际射程的 1.44～1.68 倍。能量与产品最佳厚度的关系公式计算为

$$E = 0.99 d' \rho + 0.32 \tag{10-15}$$

式中，E 表示电子束能量(MeV)；d' 表示辐照产品最佳厚度(cm)；ρ 表示产品的平均密度(g/cm^3)。

图 10-22 表示 10 MeV 电子束双面辐照时，吸收剂量的深度分布与水吸收体厚度的关系，虚线表示单面辐照的剂量分布，实线表示双面辐照的剂量分布，即两次单面辐照剂量分布的叠加。当产品厚度≥水当量厚度 6 cm 时，剂量峰值出现在产品中部，剂量不均匀度为 2.53；厚度(W)增加到 9 cm 时，深度剂量分布曲线平滑，剂量不均匀度降为 1.37；厚度(W)9.8 cm 时，剂量不均匀度则为1.31，与单面辐照最佳厚度为 4.1 cm 时相近；当产品厚度超过 9.8 cm 后，剂量不均匀度迅速增加，产品深度 11 cm 的剂量不均匀度高达 4.61。双面辐照条件下，能量与辐照产品厚度的关系均可按式(10-15)进行计算，产品厚度太薄或太厚，均会使辐照不均匀度增加。确保双面辐照时产品深度方向均匀的必要条件是：

$$2R_{opt} \leqslant d' \leqslant 2R_{50e} \tag{10-16}$$

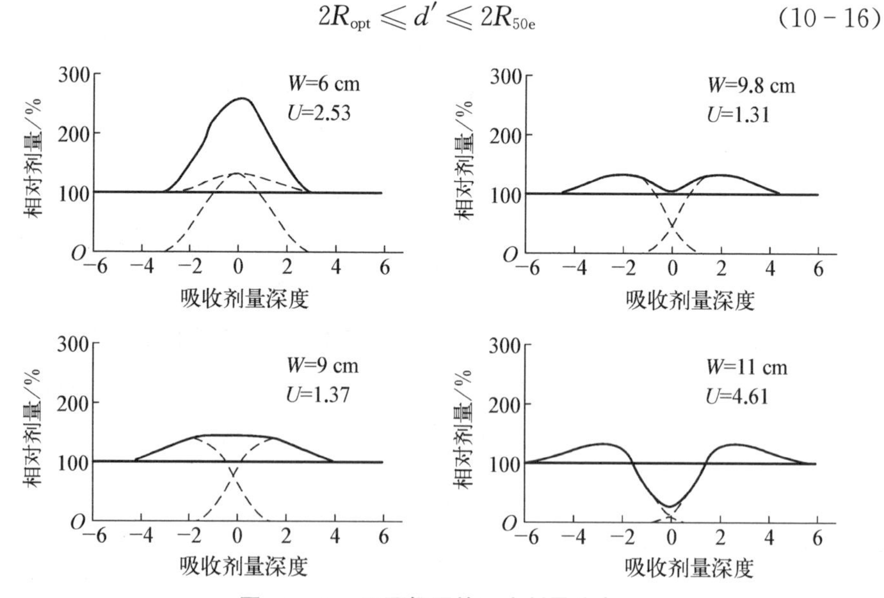

图 10-22　双面辐照的深度剂量分布

从辐照均匀、充分利用能源、提高效率来看，产品密度为 1 g/cm^3 时，双面辐照的包装箱当量厚度约为 $2R_{50e}$ 即为 9.8 g/cm^3 较佳。

对于 10 MeV 单一能量的电子束，各射程深度与不同密度材料的相互关系，其经验公式如下（ρ 的单位：g/cm^3，R_{opt} 的单位：cm）：

$$R_{opt} = 3.98/\rho, \quad R_{50} = 4.4/\rho, \quad R_{50e} = 4.76/\rho, \quad R_p = 5.5/\rho \tag{10-17}$$

对于电子加速器而言，10 MeV 是最概然能量，并非单一能量，因此，需要修正，修正系数约 0.9～0.95。一般对各个不同的产品均要在理论计算的基础上再做穿透试验，最后才确定辐照工艺。

辐照穿透深度的计算是单一能量对单一介质处理而得到的实验数据，实际生产中电子束的穿透能力与理论值存在偏差，即便修正也不一定完全吻合。因此，针对密度不均匀性高的产品，更科学的方法是在理论估计的基础上再进行薄膜变色片的穿透实验。

以宠物食品皮压骨为例说明如下（见图 10－23）。选取产品密度厚度最大位置粘贴剂量片，对样品进行辐照。辐照后，被穿透的压骨上的剂量片变为红色，没有被穿透的压骨上的剂量片依旧为黄色。把所有皮压骨上的剂量片揭下可以看出，单次辐照只能穿透大约 3 根皮压骨。

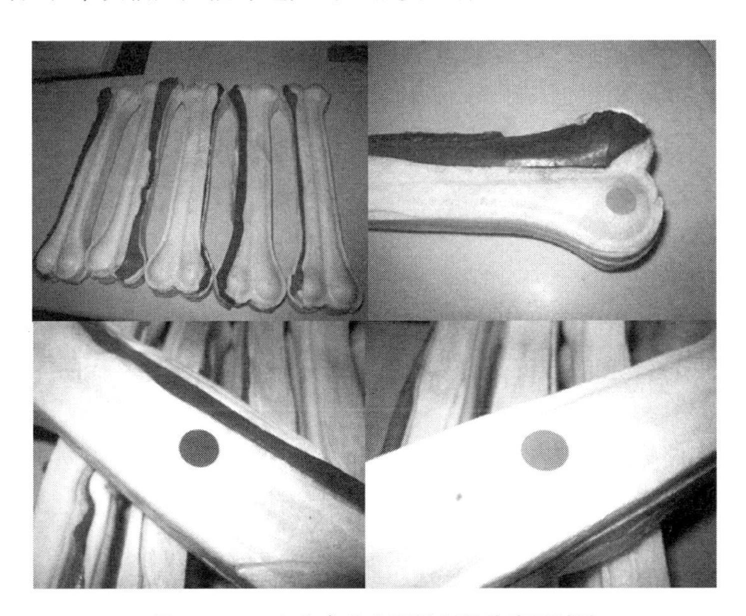

图 10－23　宠物食品皮压骨剂量片穿透试验

10.2.3.6　电子加速器辐照加工的技术特点

电子加速器产生的电子束与^{60}Co－γ 射线同属于冷杀菌技术，都具有常温常压、无损伤、无毒无害、无残留、环保、低能耗、运行操作简便、自动化程度高和适宜于大规模工业化生产的特点。但相比于^{60}Co－γ射线辐照，电子束辐照具有自身的特点和优势，主要包括以下几个方面。

1）电子束辐照环保、安全、节能

电子加速器是机械源，没有放射性核素衰变，设备装置简单，可通过关闭电源停止电子束的产生，没有废旧辐射源处理的问题，因此更加环保、安全与节能。

^{60}Co辐照装置利用的是放射性元素^{60}Co原子核衰变所产生的γ射线，其故障处理、维修维护都比较复杂，影响安全的因素也较多，主要事故有人源见面、钴源泄漏、卡源、火灾等。不仅涉及烦琐冗长的退役周期，面临许多未知的安全隐患，还要承担昂贵的退役费用。

2）电子束辐照能量利用率更高

辐射加工就是被加工品接受辐射能量的过程，射线能量利用率越高，辐照效率和经济效益就越高。

加速器辐照视野小，方向性好，剂量率高，剂量场分布均匀，对空间利用率可高达100%。而^{60}Co辐照装置是4π方向发射，单位面积剂量率低，空间有效利用率低。另外，加速器停机时不损失能量，而^{60}Co却不间断地释放能量，因此加速器时间利用率也高于^{60}Co辐照装置。就目前国内外的应用情况而言，^{60}Co辐照装置的能量利用率约15%～40%，而电子加速器的能量利用率可达60%以上。

3）电子束辐照剂量不均匀度低，产品质量更均一

电子束集中并且方向一致，产品辐照采用逐箱连续通过束下的辐照方式，只要加速器的参数确定，并且同一产品的包装与装载模式等因素完全一致的话，不同产品箱之间吸收的剂量以及剂量分布情况是一致的，产品的辐照质量比较均一。

^{60}Co辐照装置采用静态堆码辐照和动态花篮辐照两种方式，同时辐照几十箱产品。由于每个方向^{60}Co－γ射线的强度都不一样，每箱产品所处的射线状态也不同，导致同时辐照的产品没有一箱是完全一样的，产品不均匀度较高。

因为产品剂量不均匀度低，辐照质量更加均一，加速器适合处理精密度要求较高的电子产品。以芯片为例，利用电子束辐照，可以做到每盒内芯片之间吸收的剂量在深度上的不均匀度小于1.1，并且每盒芯片之间无质量差异。而^{60}Co辐照的产品均匀度目前都为1.2以上。

4）电子束辐照剂量率高，产品加工速度快

辐照剂量率是指产品单位时间内的吸收剂量，剂量率越高，单位剂量所需的照射时间越短，生产效率越高。以上海束能辐照技术有限公司从日本 IHI 公司引进的 ESS-010-03 型电子直线加速器为例，额定能量 10 MeV、功率 10 kW（折合约等同于 70 万居里的^{60}Co 辐照装置），其剂量率为 8.44 kGy/s。而设计装源量为 500 万居里的单板工业^{60}Co-γ 辐照装置，钴源棒从上到下分为三层垂直排布在源架上，应用蒙特卡罗程序 GEANT 4 模拟计算，其常用辐照空间的剂量率在 10～300 Gy/min。由两者剂量率的差别可以看出，加速器的加工速度远远快于^{60}Co 辐照。

5）电子束辐照剂量控制简单准确，加工操作方便灵活

电子束辐照的吸收剂量与束流大小成正比，与束下传动的线速率成反比。在束流稳定情况下，吸收剂量的影响因子只有束下传动的线速率，控制简单准确，加工操作方便易行。

γ 射线辐照时，辐照场内的吸收剂量与产品密度、装载模式、工作停留时间等多因素有关，吸收剂量的控制较复杂，通常需要通过验证来确认。

6）电子束辐照穿透力弱，对产品的密度及包装尺寸要求较高

电子束穿透能力较弱，更适合粉体、薄层物料、低密度制品或小袋包装食品的辐照。γ 射线穿透力很强，受密度与包装体积的限制较小，适用于大体积、高密度、不方便拆箱的产品。随着对加速器研究的不断深入，人们在加速器穿透能力提升方面做了大量工作。研究表明，等于或低于 5 MeV（美国允许不高于 7.5 MeV）的加速器，通过电子束打靶转为 X 射线，可提高穿透深度，并且不会产生感生放射性。X 射线比 γ 射线穿透力更强，可以非常容易到达食品内部，不仅可杀灭表面的各种寄生虫和致病菌，还可杀灭食品内部的害虫及微生物，起到灭菌的效果。但电子束转换 X 射线的效率比较低，提高电子束转换 X 射线的效率研究具有非常重要的意义。

电子束转换 X 射线的原理是利用高能电子束轰击金属靶发生韧致辐射，产生 X 射线。转换过程中，大量功率消耗在转换靶上，转换效率低，产热率高。因此技术关键是增加 X 射线转换效率、改善韧致辐射 X 射线品质，其中转换靶的选材和设计是关键。靶材必须选择耐高温、导热性能好、易加工、机械强度高的材料，目前报道涉及的有金、钽、钨等及其复合材料。金是贵金属，成本昂贵；钨硬度很高、质地脆，加工难度大；钽的原子序数和密度与钨相近，且物理性能相对较优，是较理想的靶材。但有关各种常用靶的韧致辐射主要特性

的系统性研究报道不多。在转换靶合适的情况下,5 MeV 电子束 X 射线的计算转换效率约为 8%,7.5 MeV 的计算转换效率约为 14%,10 MeV 的计算转换效率约为 20%,但实际转换效率较难测定。

电子束及其转换 X 射线的研究与应用作为目前国际相关领域的研究热点,俄罗斯、美国、日本等国有关单位都开展了这方面的研究工作,但应用方面公开报道并不多。2000 年以来美国已经建成了几座 X 射线商业化加工厂,其中一座用于热带水果辐射检疫处理,其他几座加工肉类。

近年来,我国大功率电子加速器的运用为 X 射线辐照技术提供了坚实的基础。但电子束转 X 射线的应用大都在医学、工业 CT 方面,应用于辐照加工的很少。上海束能辐照技术有限公司根据研究需要,在直线电子加速器 IS1020 上设计加载了移动 X 射线转靶装置,并对剂量转换率、穿透深度进行了初步探索。

10.3 辐照加工的质量控制

食品辐照是为了控制食源性病原体、减少微生物和虫害、抑制块根农作物发芽以及延长易腐产品保存期,采用电离辐照的方式对食品进行加工的过程。辐照食品关系到消费者的健康,国家对其生产、贮存和销售进行法制管理,制定了一系列强制性的管理办法和技术标准,对食品辐照必须严格控制产品的吸收剂量,保证吸收剂量符合国家相关标准和工艺要求。

辐照加工的质量是对实施某项辐照工艺后的产品是否达到预期目的的要求和质量指标的确认。辐照加工质量控制包括对剂量测量质量、辐照工艺质量和辐照产品质量的全面控制,以确保食品的辐照加工以安全、正确的方式实施,并符合所有相关标准和卫生操作规范,确保进入国际贸易的辐照食品产品符合辐照加工的标准,并对辐照食品按要求进行标识。

10.3.1 辐照加工的过程控制

辐照加工质量控制的关键就是辐照的过程控制,辐照食品通用标准对过程控制作了要求,体现在辐照前、辐照中和辐照后产品质量和相关参数的正确设定、实施和监测的全过程。

10.3.1.1 辐照前加工产品的质量确认

用于辐照处理的食品应按着 GB 14881 的相关要求生产、加工和运输,产品符合相关标准和规定，对于已经变质或不合格的食品不能再用辐照加工手段进行处理。辐照食品的包装材料要选用符合食品卫生的要求，且符合辐照要求，形状和大小要满足辐照加工的需要，尽量使装载做到效益最大化，并且要考虑影响包装容器剂量分布的因素，如产品的传输系统和辐照源类型等。对于使用电子加速器的辐照处理，包装形状和尺寸尤为重要。

10.3.1.2 辐照前装置的确认

产品在辐照前要进行启用剂量的测量，启用剂量测量包括测量源到位的重现性，辐照场(剂量分布)，不同堆积密度的产品中的剂量率，确认典型密度范围内产品在特定辐照条件下所接收的剂量、剂量分布和剂量不均匀度，以及它们的准确性与重复性。除了上述抽样监测产品吸收剂量外，还应定期标定辐照场、核对产品剂量不均匀度，检验装置运行 GB 16334 参数及其与产品吸收剂量的关系。

10.3.1.3 辐照前产品辐照工艺剂量的确认

辐照剂量工艺参数的确定是辐照加工中很重要的参数，工艺剂量是指在食品辐照中，为了达到预期的工艺目的而采取的剂量，在最低有效剂量与最高耐受剂量之间。吸收剂量受多种参数影响，如辐照源种类、强度和布局、输送速度和停留时间、食品产品密度和装载配置，以及载体尺寸和形状等，生产企业针对每类产品类型按着 EN 1999/2/EC 的要求进行辐照产品单独装载模式的确定。装载模式的设计应在辐照容器容许重量范围内最大限度地充满辐照容器空间，并尽可能均匀分布，以使剂量不均匀度最小。装载模式的技术规格应制订下述文件：① 包装产品的说明，包括尺寸、密度及在此参数中可接受的偏差，在需要时还有包装内产品的方位；② 在辐照容器内产品装载模式的说明；③ 辐照容器机器尺寸说明。在确定了装载模式后，进行产品剂量分布的测量，找出产品装载模式下的最大和最小区域，绘制产品剂量分布图。

10.3.2 辐照加工的剂量监测控制

10.3.2.1 剂量监测系统

辐照加工的目的是给产品照射一定的剂量，使其达到一定的辐照效果，因此，辐射加工吸收剂量和剂量不均匀度是辐照加工质量控制特有的质量控制指标，准确可靠的剂量监测是保证辐照加工质量的重要手段。剂量监控依赖计量监测系统完成，其构成包括剂量计、测量仪器以及相关的测量参考标准和系统使用的程序等。根据剂量计所测量和应用领域将其分为基准剂量计、参考标准剂量计、传递标准剂量计和工作剂量计四类。在使用前,除基准剂量计外,其他所有级别的剂量计都需要进行校准。辐照加工运行中,最常用的剂量计是传递标准剂量计和工作剂量计。传递标准剂量计是一种标准剂量计,具有稳定性好、精密度高,能够在标准实验室和用户之间可靠地传递吸收剂量量值。工作剂量计可用来测量辐射场和产品中的剂量分布及进行日常剂量监测,以控制加工工艺,保证产品质量。工作剂量计在使用过程中要利用标准剂量计进行校准,所选用的剂量计测量范围要适合产品辐照工艺的要求,具有确定、重现、稳定的剂量响应曲线(函数),系统误差能够控制或修正,剂量测量系统操作简便,稳定可靠,受环境因素影响小。

10.3.2.2　辐照过程中剂量分布和不均匀度监测

剂量分布应按指定装载模式在产品装载内找出最小和最大剂量区域,并研究辐射的重复性。生产企业应将该信息用于常规辐射选择剂量监测位点。测量产品剂量分布的目的是取得平均剂量值与剂量不均匀度,以及确定最大剂量、最小剂量的位置,并选定日常剂量监测位置。剂量分布应采用在整个产品或模拟产品辐照箱中按三维空间网格方式均匀布置剂量计的方法,并针对较宽的产品密度范围进行测量。对动态辐照,辐照室内必须充满同种产品或模拟产品辐照箱。为保证剂量分布测量的准确性,考虑到由于辐照过程的统计性、产品堆积密度的波动、设定的运行参数的涨落及运行参数测量与剂量测量本身的不确定性等出现偏差,通常测量不少于三个辐照箱。企业应对所有的装箱模式和辐照加工中运行的各途径做剂量分布试验,用于辐射的产品通道也应包括在该工作中。

10.3.2.3　辐照运行的日常检测

在辐照装置日常运行中一般是通过监测辐照工艺参数进行加工控制,但日常剂量监测仍是辐射加工质量保证的必要手段。日常剂量监测包括抽样监测产品吸收剂量、定期标定辐照场、核对产品剂量不均匀度、检验装置运行参数及与产品吸收剂量的关系。日常剂量监测要求把剂量计置于产品辐照箱最大剂量或最小剂量位置上,亦可放在装卸方便的部位,但该处的剂量值与最大剂量或最小剂量的关系已被确定,记录在案,并能重现。对动态辐照,每批产品中至少应把剂量计置于为首的、中间的及最后的三个辐照箱内,并且保证在任何时候辐照室内至少有一个剂量计在监测。静态辐照时在每批(种)堆码的产品中至少放置一个剂量计监测所吸收的剂量值。同时监测并记录其他加工控制参数，如辐射源位置、产品辐照箱传输状况、停顿时间（或传输速度）、启动与停照时间、故障引起的辐照中断、辐照室内的辐射水平、温度、湿度等。此外，产品箱上应贴有目视辐照指示片，既可以作为区别辐照过与未辐照产品间的库存标志，又可在辐照中断时粗略判断辐照情况。

10.3.3　辐照后产品质量要求

辐照后的产品按照食品卫生标准实施检验，辐照后产品的各项指标要符合国家食品安全产品标准的规定，对于不符合卫生标准的辐照食品不得出厂或者销售，严禁用辐照加工手段处理劣质不合格的食品。辐照后的产品应存放于成品库（区）内，严禁与未辐照产品同区存放，并按不同批次分开存放，贮藏的条件按照产品的规定进行存放。一般情况下食品不得进行重复照射。辐照食品包装上加以标识，散装的必须在清单中注明“已经电离辐照”。

10.3.4　产品贮运的要求

辐照产品的贮藏和运输也是过程控制的重要环节，由于辐照产品和未辐照产品之间无法通过肉眼进行区分，因此，辐照企业在运行管理过程中，需要采取一些措施保证辐照的产品和未辐照的产品不会相互混淆，以避免重复辐照事件的发生。辐照加工企业在设计时就要规划好产品的贮藏区域，辐照后产品和未辐照产品储藏区要有明显的区别，这两个区域要有明显的标记，辐照后的样品和未辐照的样品分别存放在辐照区和未辐照区，如果没有独立的空间，可以采用物理屏障等将辐照产品和非辐照产品分开，这样可以防止产品漏照或重照，并且在辐照食品外包装上应有辐照指示标记，如在每个包装上附加不同颜色的指示标签，作为区分辐照和非辐照产品的方法等。

10.3.5　辐照加工过程中的记录

记录是保证辐照加工质量控制的有效手段，完整的记录能够将辐照食品产品来源和辐照加工过程的信息有机地联系在一起，辐照加工过程中要保证辐照记录的完整性和可追溯性，这样的记录能提供辐照过程的核查，通用标准中也强调了需要有合格的记录。记录必须有运行操作人员、剂量监测人员及负责人等相关人员的签名，由专人保管，并存档备查。

辐照加工过程中涉及的记录主要有：① 辐照装置启用与日常运行中与剂量测量有关的内容，如产品名称、编号、批号、辐照日期、产品堆积密度、装载方式、吸收剂量及影响产品吸收剂量的加工参数、剂量分布不均匀度，以及辐射源的类型和活度或辐照装置的能量、束流、扫描宽度、传输速度、排列方式；② 用于测量辐照产品吸收剂量与剂量分布的常规剂量监测方法与数据，包括剂量计的制造单位、型号与批号、读数仪器、辐照箱内的监测位置、产品吸收剂量；③ 剂量计的校准数据，包括日期、标准或传递标准、所用的校准装置、校准方法、溯源性的建立；④ 工作剂量计辐照的环境条件，包括温度、湿度、光照、气氛等，工作剂量计的制备或来源与分析仪器的日常维护、检定与使用，吸收剂量测量值不确定度的估算、测量结果的精密度与一定置信水平下的总不确定度；⑤ 辐照产品记录，包括应记录产品种类、辐照目的、辐照剂量、辐照日期、辐照后产品质量检测（包括辐照后取样、留样及库存管理等）和辐照产品的出入库记录。

10.3.6 食品辐照的危害控制

HACCP(hazard analysis and critical control point)意思是“危害分析与关键控制点”，它是一种对食品安全危害予以识别、评估和控制的系统方法，HACCP 关注整个生产过程的安全危害，是企业质量保证系统中的一个重要组成部分[3]。美国是最早应用 HACCP 原理建立食品质量保证体系的国家，其改变了传统的单纯依靠对最终产品进行检验的产品质量控制方法。合理、规范的辐照技术是解决食品安全问题的重要措施之一，辐照食品已成为食品和农产品的重要组成部分，HACCP 的原理同样适用于辐照食品加工的质量控制。中国是世界上辐照技术推广应用最为广泛的国家之一，但辐照食品加工过程中的危害控制的 HACCP 理念尤其薄弱，尚未引起食品加工企业和政府管理部门的重视，因此，应加快在辐照食品加工企业中推行 HACCP 原理的应用，建立食品辐照加工企业的质量保证体系[4]。

HACCP 是科学、简便、实用的预防性食品安全控制体系，是食品加工和生产企业建立在 GMP(良好的操作规范)和 SSOP(卫生标准操作程序)基础上的食品安全自我控制的最为有效的手段之一。HACCP 体系主要包括两部分内容，即危害分析(HA)和关键控制点(CCP)。HACCP 原理经过实际应用和不断完善，现已被联合国食品法规委员会确认，由以下 7 个基本原理构成：① 危害分析(conduct hazard analysis)，根据危害因素的严重及危险性来确定危害的性质和对人体潜在性影响的程度；② 确定关键控制点(identify critical control point)，生产过程中对于可控的因素进行分析，明确哪些因素一旦失控将危机消费者安全和健康的那些控制点，如吸收剂量等；③ 建立有效的预防或控制措施及判断关键控制点是否得到控制的标准；④ 监测每个关键控制点并评价其是否得到控制记录监测数据；⑤ 当监测结果表明未达到控制标准时即关键控制点失控时应立即采取纠正措施；⑥ 建立验证程序以检验系统是否按设计要求进行工作；⑦ 建立监测记录的档案。

10.4 辐照食品鉴定技术

辐照食品在控制食品卫生安全、减少食源性疾病发生率、降低农产品产后损耗、延长食品货架期等方面具有明显的优势，已经被越来越多的国家和地区所认可，辐照食品的产量和国际贸易量逐年增加。随着全球经济一体化的发展，国际上对辐照食品的监管越来越严格，国际食品法典委员会(Codex)对辐照食品的标签和标识做了严格规定，关于辐照食品各国也都出台了相应的政策，不同国家对辐照食品的态度不尽相同[5]。辐照食品鉴定技术的建立和完善，进一步强化了辐照食品的国家法规，有效提高了辐照食品的监管，减少了国际贸易的纠纷，打破了国际技术贸易的壁垒，有效地促进了辐照食品的发展。

10.4.1 辐照食品鉴定技术概述

辐照食品在世界范围贸易量的日益增加，而且不同地区和国家对于辐照食品的法规也有不同的规定，因此建立统一和有效的辐照食品检测技术越来越受到重视。辐照食品鉴定检测技术研究最早开始于20世纪60年代。1989年，国际原子能机构(IAEA)组织了为期5年的辐照食品分析检测方法国际协调研究项目，将辐照食品检测方法由实验室推向了国际应用。1990年在波兰召开了由FAO/IAEA资助发起的第一届辐照食品分析检测方法研究合作会议，将辐照食品检测方法的研究列为优先考虑的问题，其目的就是为了规范辐照食品的全球贸易，确保辐照食品建立正确的标签制度。国际食品辐照协作规划组织(IMRP)，在每届的IMRP会议上均设有讨论辐照食品检测方法的分会场，以推动检测方法向国际标准化发展。自国际食品辐照协作组织将辐照食品检测技术推广应用以来，辐照食品的检测鉴定已成为辐照技术中较为活跃的研究领域之一。

辐照食品鉴定是利用电离辐射与食品相互作用产生的独特细微的物理、

化学和生物反应迹象的可检测性而建立的检测辐照食品的方法。即直接或间接通过辐照生成的自由基会引起食品内部发生化学、物理、生物学等变化，会产生一些辐照特异物质，通过对这些辐照特异产物和辐照特有性状变化的测量，并与未辐照样品对比，可区分辐照样品。依据联合国 IAEA 的标准，理想的检测方法应该满足以下要求：① 不受食品的其他加工方法及贮藏的影响；② 准确及良好的重现性；③ 能甄别用于食品中的可能最小的剂量；④ 具有相对较好的应用范围；⑤ 快速且容易操作。在实际中，完全满足上述要求非常困难。因为辐照食品没有重大的化学、物理或感官上的变化，其检测必须要注意细微的变化。

目前辐照食品检测鉴定较常用的方法有：电子自旋共振法(ESR)法、热释光分析法(TL)、2-烷基环丁酮法、挥发性碳氢化合物法、DNA 裂解产物检测法、有机过氧化物检测法、直接表面荧光滤光/平板计数法(DEFT/APC)等，但迄今还未找到一种能普遍适用于所有辐照食品的令人满意的鉴别方法，也很难准确测量出辐照食品实际的辐照剂量。目前检测方法的研究处于对不同类型食品的分类检测，且均需要严格的条件控制和本底样品，具有一定的局限性，检测方法的优化和改进有很大的应用价值。

10.4.2 辐照食品检测鉴定方法标准的发展概况

辐照食品的鉴定检测一直是最活跃的研究领域之一，目前颁布辐照食品鉴定标准的组织和国家主要有食品法典委员会、欧盟、日本和中国等少数几个国家和组织。欧盟是最早建立辐照食品鉴定标准的国家，依据辐照过程中产生的独特细微的物理、化学变化及微生物迹象，欧盟建立了完善的检测鉴定标准体系，在 1996 年 11 月 CEN 起草了五种辐照食品检测的标准方法。在辐照食品框架指令(1999/2/EC 和 1999/3/EC)之下，先后颁布了含筛选方法在内的 10 个辐照食品鉴定方法标准，如表 10-10 所示。

表 10-10 辐照食品鉴别的欧洲标准

标准号	鉴别方法	应用范围
EN 1784	碳氢化合物的气相色谱测定法	鸡肉、猪肉、牛肉、鳄梨、芒果、木瓜
EN 1785	2-十二烷基环丁酮的气质联用测定法	鸡肉、猪肉、无壳蛋
EN 1786	含骨类的电子自旋共振鉴别法	鸡肉、鱼、蛙腿

(续表)

标准号	鉴 别 方 法	应 用 范 围
EN 1787	纤维的电子自旋共振鉴别法	红辣椒粉、开心果壳、草莓
EN 1788	硅酸盐矿物质的热释光鉴别法	草药和香料、虾、水生贝类、新鲜/脱水果蔬、土豆
EN 13708	电子自旋共振法鉴别晶体糖	木瓜干、芒果干、无花果干、葡萄干
EN 13751	光释光法	草药和香料、水生贝类
EN 13783	微生物直接外荧光滤光技术/有氧板计数法	草药和香料
EN 13784	DNA 彗星技术	鸡肉、猪肉、植物细胞
EN 14569	用 LAL/GNB 程序对辐照食品进行微生物扫描	新鲜的整禽或胸脯、腿、翅膀等器官，去皮或未去皮的冷冻或冰冻畜体

国际食品法典委员会(CAC)在 2001 年第 24 届会议上批准了“辐照食品鉴定方法”的国际标准(CODEX STAN 231. 2001)，主要引用了欧盟的 EN 1784～EN 1788 标准，截至 2004 年，CAC 在欧盟标准的基础上，先后颁布了 10 项辐照食品的鉴定方法标准，这些检测鉴定方法大致可以分为三大类：物理检测方法、化学检测方法、生物检测方法。而其中较常用的有 ESR 法、DNA 裂解产物检测法、热释光发光法、挥发性碳氢化合物的 GC 检测法等，这些方法已成功应用于辐照食品的检测，成为各国食品辐照行业借鉴的主要参考标准。2007 年日本原生劳动省民药食品局也发布了日本辐照食品检测方法(热释光法)，并于 2008 年修订，增加检测范围为香辣调味品、蔬菜及茶，在欧盟和 CAC 标准中也能找到相应部分。

我国随着辐照食品加工量的日益增多和出口贸易纷争日益突出，以及保护消费者自由选择权利日趋重要，建立辐照食品的检测标准已势在必行。20 世纪 90 年代，我国就已开展辐照食品检测方法标准的研究，2006 年以来已经颁布的各类辐照食品检测方法标准至少有 17 个。GB/T 21926—2008《辐照含脂食品中 2 -十二烷基环丁酮测定气相色谱/质谱法》、GB/T 23748—2009《辐照食品的鉴定 DNA 彗星试验法筛选法》、SN/T 2910. 1—2011《出口辐照食品检测方法电子自旋共振波谱法》、SN/T 2910. 2—2011《出口辐照食品的鉴别方法第 2 部分：单细胞凝胶电泳法》、SN/T 2910. 3—2012《出口辐照食品的鉴别方法第 3 部分：气相色谱-质谱法》、SN/T 2910. 4—2012《出口辐照食品的鉴别方法第4部分：热释光法》、SN/T 2910.5—2013《出口辐照食品检测方法第5部分：直接落射荧光滤膜-需氧菌计数法》、SN/T 2522.1—2010《进出口辐照食品检测方法微生物学筛选法》、NY/T 2211—2012《含纤维素辐照食品鉴定电子自旋共振法》、NY/T 2212—2012《含脂辐照食品鉴定气相色谱分析碳氢化合物法》、NY/T 2214—2012《辐照食品鉴定光释光法》、NY/T 2215—2012《含脂辐照食品鉴定气相色谱质谱分析 2-烷基环丁酮法》、NY/T 1573—2007《辐照含骨类动物源性食品的鉴定-ESR法》、NY/T 1207—2006《辐照香辛料及脱水蔬菜热释光鉴定方法》、NY/T 1390—2007《辐照新鲜水果、蔬菜热释光鉴定方法》、DB32/T 1100—2007《含骨类辐照食品的检测 ESR 波谱法》、DB32/T 1269—2008《ESR 波谱法含纤维素辐照食品的检测》。相对欧盟的检测标准，我国采用的检测标准数量不少，但适用范围都较小。因此我国必须提高辐照标准制定的技术水平，不断完善辐照食品检测标准和相应的法规体系，促进食品辐照产业更好更快地发展，争取早日与国际食品辐照业接轨。

10.4.3 食品辐照鉴定技术原理和应用

10.4.3.1 基于辐解化学产物的检测技术和应用

1) 基于挥发性碳氢化合物的 GC，GC/MS 检测技术

食品中的脂肪酸 $C_{m:n}$(m 为碳原子数；n 为双键数)或甘油三酯受到辐照以后，脂肪酸 α 键位和 β 键位的断裂导致了一对挥发性碳氢化合物的出现，即少一个碳原子的烷烃 $C_{(m-1):n}$类和少两个碳原子的烯烃 $C_{(m-2):(n+1)}$类以及 C_m 醛的产生。虽然辐照食品中挥发性碳氢化合物的产生并不是辐照食品所特有的，但是针对每一种脂肪酸受辐照后，产生对应于这种脂肪酸的两种碳氢化合物烷烃和烯烃的出现可以明确地表明这种食品是经过辐照处理的。因此，挥发性碳氢化合物 C_{m-1} 和 C_{m-2} 可以认为是辐照专一产物，采用 GC 和 GC-MS，可以得到较好的分离和识别。

虽然不同食品中脂肪酸的种类和含量有所差别，但总体上，植物性食品和动物性食品中主要以棕榈酸、油酸、硬脂酸和亚油酸为主，经辐照后这些脂肪酸会产生特定的碳氢化合物，如表 10-11 所示。与辐照前物质相比，$C_{16:2}$，$C_{17:1}$，$C_{14:1}$，$C_{16:2}$ 和 $C_{16:3}$ 是辐照食品中可能出现的特征性辐解产物，不同的辐照食品产生的标志物是不同的。

表 10-11　主要脂肪酸辐照后产生的挥发性碳氢化合物

脂肪酸	各脂肪酸辐解产生的挥发性碳氢化合物
棕榈酸($C_{16:0}$)	$C_{15:0}$(十五烷)、1-$C_{14:1}$(1-十四烯)
硬脂酸($C_{18:0}$)	$C_{17:0}$(十七烷)、1-$C_{16:1}$(1-十六烯)
亚油酸($C_{18:1}$)	8-$C_{17:1}$(8-十七烯)、1,7-$C_{16:2}$(1,7-十六二烯)
亚麻酸($C_{18:2}$)	6,9-$C_{16:2}$(6,9-十六二烯)、1,7,10-$C_{16:3}$(1,7,10-十六三烯)

该方法不仅成功用于卡门贝松软干酪、牛油果、番木瓜和芒果的实验室检测，对生鸡肉、猪肉和牛肉也是一种行之有效的检测方法。

2) 基于 2-环丁酮的气相色谱/质谱(GC/Ms)检测法

在辐照中，甘油三酸酯中的酰氧键发生断裂，这一反应导致了 2-环丁酮(2-ACBs)的形成，2-环丁酮与母体脂肪酸有相同数量碳原子，而且羰基在 2 号环位上[6]。通过大量的实验分析，辐照样品中检测到的 2-环丁酮是 2-十二烷基环丁酮(DCB)和 2-十四烷基环丁酮(TCB)，它们分别是棕榈酸和硬脂酸经辐照后衍生产生的[7]。2-环丁酮可以用正己烷或者正戊烷连同脂肪一起提取出来。提取物经过分馏后用气相色谱法分离再用质谱法检测，根据 GC/MS 分析所得到的图谱结果就可以确定食品经过辐照与否。

2-ACBs 类化合物是含脂辐照食品的特异性辐解产物，可作为含脂食品辐照的标志化合物[8]，通过对仪器条件的选择、标样稳定性、方法检出限、精密度、回收率及不同辐照剂量和辐照含脂食品存储期对测定结果影响等研究表明，该方法稳定。研究结果表明辐照剂量与脂肪中 2-十二烷基环丁酮(2-DCB)含量存在线性相关关系。

目前该方法已成功检测过辐照生鸡肉、猪肉、蛋清、鲑鱼、奶酪、三文鱼和软干酪，并可拓展到更广范围。对 0.3 kGy 以上剂量辐照的新鲜牛油果、番木瓜和芒果的检测是有效的，鲜鸡肉的可鉴别剂量为 0.5 kGy，液态鸡蛋、鲜猪肉、鲑鱼、奶酪为 1.0 kGy。已有实验室用 CO_2 超临界流体萃取法提 2-ACBs，样品经 Florisil 柱再经银离子色谱柱分离，可使辐照食品的检测限降低达 0.1 kGy，且可检测到添加于非辐照食品中的 3% 含量的辐照组分，扩大了 EN1785 标准的应用范围。

3) 基于辐照食品中邻络氨酸的 HPLC 和 HPLC-MS/MS 检测法

苯丙氨酸或含苯丙氨酸的蛋白质食品辐照产生的羟基化产物邻酪氨酸和间酪氨酸，在食品辐照中生成的酪氨酸异构体中，邻酪氨酸的量最大，这些产物的存在可视为是食品已被辐照的标志，通过 HPLC/HPLC-MS 检测辐解产物邻酪氨酸的含量来判断蛋白质食品是否经过辐照，国内外已有相关研究。近来也有用胰蛋白酶水解辐照样品，代替传统的酸水解蛋白的方式，并采用 HPLC-MS/MS 技术对邻络氨酸含量进行检测的报道。

加入丙酮和氯仿的混合物能用于纯化样品，它可以减少样品中的脂肪和糖类。然后真空条件下 110℃用盐酸水解纯化蛋白 24 h，使蛋白水解成氨基酸并用于分析。样品通过自动吸收系统与 NBD-F 试剂(4-氟-7 硝基苯并呋喃)进行反应后注入 HPLC 系统，进行样品检测。

10.4.3.2 基于生物学特性的辐照食品检测技术及应用

1) 直接荧光过滤技术/平板计数法(DEFT/APC)

直接表面荧光过滤技术(direct epifluorescent filter technique, DEFT)测量出样品中微生物总量(包括非活性细胞)，菌落平板计数(aerobic plate count, APC)给出疑似辐照样品中微生物存活量，对于未辐照食品来说，两种计数法的结果应相近，但是辐照食品中 APC 法所得结果显然少于 DEFT 法的测定结果[9]。通过比较辐照前后 DEFT 计数和 APC 计数的差异，可判断食品是否经过辐照处理。

与其他检测方法相比，该方法具有适用面广、费时少、操作方便的优势，但也有一定的局限性。首先，样品初始污染程度影响检测结果的可靠性，若样品中微生物太少(APC<103 cfu①/g)或经过其他杀菌处理，如熏蒸或加热灭菌等，以及样品中含微生物抑制成分(如丁香、肉桂、大蒜和芥末)，或者使用的辐照剂量较低，采用低温贮藏等都会导致 APC 降低(假阳性)，DEFT/APC 计数与辐照样品接近。因此，对 DEFT/APC 技术检出的辐照食品，推荐用标准参考方法(如 EN 1788，EN 13751)进一步确认阳性结果，从而证实有疑问的食品经过辐照处理。经过 5～10 kGy 剂量辐照的样品中，DEFT 计数和 APC 计数的差异一般在 3～4 个数量级。该检测方法可用于辨别 5 kGy 的辐射剂量。该方法已在草药和香料上成功应用。

2) DNA 裂解产物检测法

电离辐照等各种不同的物理和化学作用都可导致 DNA 断裂，含 DNA 的食品经过电离辐射后，产生了大量单链和双链的 DNA 片段，利用辐照导致 DNA 产生的裂解物可作为辐照处理的标记物，利用单细胞或核微凝胶电泳对

① cfu，指样品中含有的细菌菌落总数。

裂解的产物进行检测。完整的DNA在电泳时不会移动到细胞外面，而DNA碎片则能迁移到细胞外，在着色后出现一个肉眼可见的“彗星”状图像，且在辐照样品中观察不到完整的或表观完整的细胞，未辐照样品也可能产生“彗星”，但能观察到不具“彗星”的完整细胞，且形成的“彗星”总是靠近没有“彗星”的完整细胞，未辐照样品的图谱接近圆形或略微拖尾，以此可以对食品是否经过辐照进行鉴定。

这种检测方法原则上讲可用于所有含DNA的辐照食品检测，但DNA碱基自由基等DNA片段不是辐照特异性产物，其他加工过程如加热、反复冻融以及存储期的酶催化反应也能引起链的断裂，从而大大干扰鉴定结果。基于上述原因，一些检测DNA链断裂的方法只能作为检测辐照食品的筛选方法，其结果需要用另一种特定的技术鉴定。DNA检测法目前已成功应用于多种食品，包括动物食品和植物食品。

3）内毒素/革兰氏阴性菌(LAL/GNB)法

该方法也是一种通过微生物筛选辐照食品的方法，包括两个平行的步骤：检测样品中的革兰氏阴性菌含量和内毒素法检测样品中菌体毒素含量。GNB法可测出样品中的活菌量，而LAL法则可以测出包括失活的微生物组织在内的所有菌体毒素含量，并通过公式(lg *EU*/g—lg cfu *GNB*/g)计算两种方法的差异。

该方法已成功通过实验室验证，通常适用于新鲜的整禽或胸脯、腿、翅膀等器官，去皮或未去皮的冷冻或冰冻畜体的鉴别。在进行辐照鉴定的同时，还可以提供辐照样品微生物学质量的情况。但样品中存在大量的失活的微生物组织，可能由多种原因造成，所以该方法只能说明样品可能经过电离辐射。因此，和上述的两种生物学方法一样，有必要采用标准的参考方法(EN 1784，EN 1785或EN 1786等)来证实食品是否经过辐照。该方法尤其适用于微生物实验室中对食品的日常检测试验。若样品中存在大量失活的微生物组织，则影响检测结果的可靠性，这种局限性大大限制了该方法的广泛使用。

10.4.3.3　基于物理发光效应的辐照食品鉴定方法

1）基于自由基的电子自旋共振光谱检测法(ESR)

食品经电离辐射处理后生成一定数量的自由基，尤其液态下很不稳定，但如果食品中存在固态或干硬物成分(如骨头或碎骨、纤维素等)，自由基则能为其所捕获而稳定。自由基含有未成对电子，具有自旋角动量，能够产生磁性和自旋磁矩，这样当用ESR波谱仪检测时自由基将会产生电子自旋共振现象，由受激跃迁产生的吸收信号经ESR波谱仪处理即得ESR波谱曲线。长寿命自由基是 ESR 检测技术的基础,通过检测物质的电子自旋共振光谱来判定食品是否经辐照处理。同时这种 ESR 信号的吸收峰强度随着辐照剂量的增大而增强,辐射所致的自由基数量通常与吸收剂量成比例,这种关系被应用于反推出辐照食品所吸收的辐照剂量。

ESR 方法准确灵敏,能够检测 0.5 kGy 剂量辐照的食品,ESR 作为检测辐照食品极为有效的方法,在欧盟制定的四个标准中,有三个是采用 ESR 法对辐照食品进行鉴定的,越来越被世界各国广泛使用。ESR 检测方法可检测含骨鱼类、肉类和含纤维素等辐照食品。ESR 方法也应用于检测含结晶糖的辐照食品,如无花果、脱水芒果、脱水木瓜等[10]。需要说明的是,缺乏特定谱并不能说明样品未经过辐照,因为鉴定能力主要由样品中糖晶体决定,样品中如果没有糖晶体,辐照不会产生 ESR 信号。在进行 ESR 测量前必须将样品研磨成一定大小的颗粒,此过程本身也会产生自由基,而且自由基不稳定,这就会干扰信号的检测。在实际的食品的检测中,辐照所致的 ESR 信号与食品的种类、状态甚至是所观察的部位有关。ESR 法的检测限和稳定性受样品中羟磷灰石的矿质化程度和结晶糖影响,不同种类和个体之间其检测限存在差异。通常,对于低矿质化的鱼骨来说,如果超过了加热干燥所允许的温度,可能产生较强的干扰信号,影响放射诱导信号的检测。此外,若样品中没有糖晶体,辐照样品将不会产生 ESR 信号。

2) 基于硅酸盐的发光信号的热释光分析法(TL)检测技术

食品中如果含有或沾染硅酸盐粒子(如尘埃),在辐照过程中,硅酸盐粒子吸收能量,分离出的硅酸盐粒子在控制加热的条件下释放出其吸收的能量,从而放出荧光,利用专门的热释光检测仪可测得所谓的辉光曲线。在原理上辐照样品的发光值应高于未辐照的样品。由于食物中所含的硅酸盐种类和矿物质含量不同,因此在测得分离矿物质的辉光后,需要将同样的样品经固定剂量辐照,再测定其辉光,两者比较进而得出所需的结论。

此法已成功应用于草药、甲壳类动物如虾、香料及混合物、新鲜蔬菜、马铃薯和脱水蔬菜等多种食品的辐照鉴定。理论上说,热释光分析法适用于几乎全部食品[11],但 TL 的检测限和稳定性取决于样品所含的矿物质数量和类型,以及发光温度间隔的选择。热释光信号强度主要受发光温度的影响,在 200～250℃范围内,TL 信号较为稳定。非辐照类食品中 TL 信号在发光温度 300℃以上时会出现最大亮度,这就会干扰 200～250℃温度范围内的检测。另外,由于受样品种类、矿物质含量、提取方法等因素的影响,热释光检测法甚至会出现误判的现象。研究表明：辐照剂量是影响检测香辛料是否辐照准确率的最主要因素，香辛料样品经过辐照的剂量越高，检测判定的准确率越高，当香辛料样品的辐照剂量低于0.5 kGy时容易出现误判。

3）辐照食品的激光成像检测方法(PSL)

大部分食品中都含有硅酸盐或羟基磷灰石等无机矿物，如贝类中有成分为方解石的外骨骼，动物骨骼和牙齿中有羟基磷灰石。这些物质在接受电离辐射时会积累电荷载体中的能量，当受到激发光刺激时，储存的能量会以光子的形式释放出来而形成激发光谱。利用光释光仪记录激发光的信号的强度，采用比较的激发光阈值的方法实现样品辐照与否的判定。

此方法包括初步视频PSL观察样品的状态，再用PSL进一步校准样品的辐照敏感性。初步视频PSL设置了上下限，辐照样品的PSL信号一般超过上限，未辐照样品信号低于下限，信号在上下限之间的样品需进一步研究。用上下限既方便了观察，又可标度辐照吸收剂量。为判别PSL信号低的样品是否受过辐照，可将样品在初测PSL后用特定剂量再辐照后测定PSL，辐照过的样品PSL信号只增加少许，而未辐照样品再辐照后PSL信号会大幅增加。

PSL方法是属无损检测，样品可以进行重复测试，但同一样品重复测试会使PSL信号减弱。并且，样品中的矿物种类和数量会影响PSL敏感度。信号低于下限(T1)的受检材料通常是未辐照的，但也可能是辐照低敏感的辐照物质，不过PSL校对可区分这种情况。低敏样品(校对后的阴性信号和中间信号)可用热释光(TL)或其他方法进一步分析。矿物含量低的甲壳类和高纯香料(如肉豆蔻、黑白胡椒粉)，可用PSL校对方法排除假阴性结果。未掺杂样品检验效果比较理想，混合食品(如咖喱粉与PSL敏感的矿物质混合物)，PSL校对提供的结果有时难以明判；样品中的盐可能会发出很强的PSL信号掩盖其余辐照成分发出的信号，加水重测可识别校正。这种方法广泛应用于甲壳类动物、草药、香料和调料的检测。

综上可知，食品辐照鉴定技术是根据辐照在食品中导致的物理、化学、生物学和生理学等变化推断食品辐照与否的检测技术。辐照食品检测方法除了上面的检测方法外还有：过氧化物法、电阻抗法、钻度法、种子发芽法、免疫化学法、超微弱发光法等。辐照食品的鉴定要根据食品本身的特性选择不同的鉴定检测方法。迄今为止，尚未发现一种简单的方法可以检测辐照食品实际使用的辐照剂量及其导致的微化学变化。如何检测辐照食品所使用的剂量并形成国际化标准，仍有待于辐照食品检测技术体系的研究和创新。

10.5 辐照食品的安全性及公众接受性

10.5.1 辐照食品的安全性研究

用于食品照射的电离射线只限于^{60}Co 和^{137}Cs 的 γ 射线，以及能量在 10 MeV 以下的电子射线和能量在 5 MeV 以下的 X 射线。这样限定是为了防止被照射食品产生感生放射性。辐照食品的安全性，是指综合毒理学上的安全性、微生物学上的安全性以及营养学上的合格性的一个概念。在探究辐照食品的急性毒性、慢性毒性、致癌性、遗传毒性、细胞毒性、致畸形性、变异原性等毒性的同时，必须研究是否因污染食品的微生物产生突变而增加毒性以及是否破坏了营养成分[12]。

10.5.1.1 辐照食品安全性评价的国际历史

20 世纪 50 年代，辐照食品的安全性试验主要在美国和英国进行，后来各国也都实行。从 20 世纪 70 年代开始，国际原子能机构（IAEA）、世界卫生组织（WHO）和国际粮农组织（FAO）等多个国际组织就开始在全球范围内，组织实验室对辐照食品的安全性进行论证。另外，还相继实施和召开国际计划和国际会议，并根据历年所取得的试验成果对辐照食品的安全性进行了研究（见表 10 - 12）。美国的科学界对老鼠、狗等不同种类的动物进行了持续几代的研究，未发现任何辐照食品对这些动物造成健康危害。联合国粮农组织和国际原子能机构根据世界卫生组织的建议，于 1970 年开始了国际食品照射计划（IFIP）。针对世界上以低于 10 kGy 剂量辐照的食品为对象进行的各种动物试验，为了节省各国动物试验的经费，IFIP 在保持统一性的前提下，进行动物试验信息交流。另外，IFIP 还进行有关辐照食品安全性的委托试验。试验结果表明，没有发现任何辐照食品有害的证据。该计划弄清了低于 10 kGy 剂量辐照食品的安全性，1981 年结束。与 IFIP 计划同时进行的还有各国自己的探究辐照食品安全性的计划，实施了大量的试验研究。

表 10 - 12 辐照食品的安全性评价及管理上的国际动态

1961 年	辐照食品的安全性及食品照射管理国际会议（布鲁塞尔）——提出了进行辐照食品安全性评价的必要性
1964 年	FAO/IAEA/WHO 辐照食品管理技术标准联合专家委员会（罗马）——讨论辐照食品安全性评价方法、食品添加物的处理

（续表）

1969 年	FAO/IAEA/WHO 辐照食品安全性联合专家委员会(JECFI)(日内瓦)——指出若是同一食品就没有品种差异和地域差异
1970 年	国际食品照射计划(IFIP)启动(卡尔斯鲁厄)——讨论安全性试验研究的方法，提供委托与信息
1976 年	FAO/IAEA/WHO 辐照食品安全性联合专家委员会(JECFI)(日内瓦)——指出食品照射是物理加工技术，与类似食品的安全性相同，是放化知识的合理应用
1980 年	FAO/IAEA/WHO 辐照食品安全性联合专家委员会(JECFI)(日内瓦)——指出 10 kGy 以下的辐照食品的安全性没有问题
1981 年	国际食品照射计划完成
1983 年	FAO/WHO 食品管理委员会制定《国际辐照食品一般标准》和《国际食品照射实施规范》
1984 年	国际食品照射咨询小组成立(ICGFI)——以促进食品照射的应用和辐照食品贸易
1988 年	有关辐照食品的接受、贸易、管理的国际会议召开(日内瓦)
1989 年	国际食品标准委员会食品标识部门会议对辐照食品的标识问题做了结论(渥太华)——辐照食品用语言来表示
1994 年	WHO 再次对辐照食品的安全性进行评价——辐照食品的安全性与营养适应性
1997 年	WHO 对高剂量辐照食品的结论——10 kGy 以上的辐照食品的安全性没有问题

10.5.1.2　辐照食品的安全性

1) 没有放射性污染、残留或感生放射性

通俗地讲，食品辐照加工工艺如在太阳光下晒被子，不同的只是使用的射线比太阳光的能量高；另外食品与放射源根本不接触，因此不会产生污染和残留。

目前用于食品辐照的射线，主要是 ^{60}Co 或 ^{137}Cs 辐射源所产生的 γ 射线，或加速器产生的 10 MeV 以下的高能电子束。辐射加工用 ^{60}Co 放射源采用双层不锈钢包壳密封，管内放射性物质不会泄漏出来，平时贮存在水井中。当辐照处理食品时，食品本身不直接接触放射源，不可能沾染上放射性物质，射线只能透过不锈钢管壁照射到食品上，食品接收到的是射线的能量，而不是放射性物质。此外，受辐照的食品皆严密包装，在包装内接受照射，因此食品不可能直接接触辐射源。这充分说明辐照食品不会沾染放射性物质。

食品经过射线处理后，究竟会不会产生感生放射性？从理论上讲，组成食品的主要元素是C(碳)、O(氧)、N(氮)、P(磷)、S(硫)等，要使这些元素在辐照后诱发放射性，需要10 MeV以上的能量。在此能量范围内，即使使用高辐照剂量，它们所生成的同位素的寿命也很短，放射性仅为0.001 Bq，只有食品中天然放射性的15万分之一至20万分之一。^{60}Co－γ射线平均能量为1.25 MeV，^{137}Cs－γ射线能量仅有0.66 MeV，远低于产生感生射线的能量阈值。因此辐照食品本身不会产生感生放射性。当使用10 MeV以上甚至更高的高能电子束辐照时，则有生成诱发放射性的可能。所以FAO/IAEA/WHO对食品辐照源能量有明确规定，这就从根本上杜绝了诱发放射性的问题。这里要特别说明的是放射性污染食品和辐照食品有本质区别的，放射性污染食品是指受到放射性污染的食品，这样的食品本身就具有一定的放射性，不适合食用[13]。

1977年，我国四川省原子能研究院用19～114 kGy剂量辐照猪肉后立刻测定，未见感生放射性。1980年四川省工业卫生研究所用1.2～19 kGy剂量辐照大曲酒后，立刻测定其中α射线、β射线和γ射线，均未见产生感生放射性。

2) 没有毒理学方面问题

(1) 食用辐照食品不会对人体有致癌致畸致突变作用。

在过去40多年中，许多国家进行了辐照食品的动物喂养试验，结果表明辐照食品对试验动物不构成任何危害。奥地利、澳大利亚、加拿大、法国、德国、日本、瑞士、英国和美国的食品和药物及相关研究机构用25～50 kGy进行辐照的食品喂养动物的试验，没有发现辐照食品对试验动物有致畸、致突变和致癌作用。在动物试验的基础上，一些国家进行了辐照食品的人体食用试验。世界上最早正式批准辐照食品供人食用的国家是苏联(土豆抑制发芽，1958年3月)；美国陆军纳蒂克(Natick)实验室1955—1959年间除进行小动物试验外，还对54种辐照食品，其中包括肉类11种、鱼类5种、水果9种、蔬菜14种、谷物9种及其他6种食品分别进行了人的食用试验。膳食中辐照食品的总热量卡数为32%～100%。受试者经过全面的医学检查，包括临床检查和各种生理检查，结果无一例出现毒性反应。美国Fred Hutchinson癌症研究中心在20世纪70年代中期对病人提供了几年的辐照灭菌食品，均表现出很好的效果。

我国的卫生部门对辐照食品也格外重视，在 1970 年代末期，曾进行了全国性的包括鼠、犬等的动物毒理试验，也得到了与国外同行同样的研究结果。乳饼经 8 kGy 和 16 kGy 辐照后饲喂小鼠，小鼠血液常规和生化指标均在正常范围，试验组与对照组无显著差异。为了消除人们对辐照食品的心理障碍，我国在 1982 年开始了以人体试验为主的短期安全性研究，1984 年成立了辐照食品安全性评价专家小组，对多种辐照食品的安全性进行了认真的大量的实验研究，特别是做了大量的人体试食实验，证明了辐照食品是安全的。供试辐照食品有马铃薯、大米、蘑菇、花生、香肠等，试验用的最高剂量（猪肉香肠）为 8 kGy，食用量为全饮食量的 60%～66%，试验持续 7～15 周。试验结束后，经详细检查，结果表明辐照食品对人体无害。

世界各国和国际组织经过数十年的辐照食品安全性试验表明，食用辐照食品对生长、繁殖、寿命无不良影响，且无致癌、致畸、致突变性。

(2) 含脂辐照食品的特异性辐解产物对人类健康无显著危害。

自 Le Tellier 等用 60 kGy $^{60}Co-\gamma$ 射线辐照三酰基甘油首次发现 2-烷基环丁酮(2-ACBs)以来，2-ACBs 即被视为含脂辐照食品的特异性辐解产物，仅在辐照的含脂食品中发现，任何未辐照食品中从未检测到此类化合物[6]。因此对辐照含脂食品产生的环丁酮类物质的安全性问题一直存在争议。欧盟、日韩等国家认为辐照含脂肪食品产生的环丁酮类物质的安全性没得到证实，而美国、ICGFI、菲律宾、中国等认为辐照脂肪产生的环丁酮类物质没有安全性问题。但最新研究结果表明，在未辐照和辐照后的腰果、肉豆蔻中均检出 2-ACBs。这一结果表明，2-ACBs 并非辐照食品中的特有产物，未辐照食品中同样含有 2-ACBs。美国东部研究中心用 6 种目前使用的毒理学分析试验方法，评价 2-ACBs 的毒理学特性，结果证明辐照肉中低浓度的 2-ACBs 对人类健康无显著危害。

3) 不存在卫生安全性问题

微生物是导致食品腐败变质和引发食源性疾病，影响食品安全的主要原因。近几年的研究表明，食品经过辐照后可以使 99.9%常见的以食物为载体的病源菌失去活性。食物中的微生物如沙门氏菌、李斯特菌、大肠杆菌等对辐照较敏感，10 kGy 以下的剂量就可以完全灭活。辐照杀死了致病菌且不会带来食品的安全性问题，是防止食品微生物污染的有效方法。自 1976 年以来，人们认为在完善的操作条件下没有必要担心微生物辐照引起的变异。由变异引起的与毒理学有关的特性变化还没有在食品辐照的实际条件下观察到。国内外对大量辐照食品微生物学的研究也证明，在实际条件下，没有观察到由于突变引起有关性状的改变，也没有任何证据证明辐射会加强诱发食源性微生物的致病性。

4）辐照过程中营养成分的损失问题

辐照食品营养成分检测表明，低剂量辐照处理不会导致食品营养品质的明显损失，食品中的蛋白质、糖和脂肪保持相对稳定，而必需氨基酸、脂肪酸、矿物质和微量元素也不会有太大损失。辐照食品营养卫生和辐射化学研究结果表明，食品经辐照后，辐照降解产物的种类和有毒物质含量与常规烹调方法无本质区别。电离辐射可直接造成生物学效应，抑制被照食物采后生长、防止发芽、杀虫灭菌、钝化酶的活性，可以使预制食品以冷藏销售代替冷冻销售，具有充足的货架期和微生物安全性。至于对辐照敏感的维生素的损失也不必担心，辐照食品维生素损失低于烧煮及其他加热、冷藏等处理方法。

辐照猪肉的蛋白质凝胶电泳(SDS)、氨基酸和维生素分析表明，在－(20±5)℃温度下进行 45 kGy 辐照，猪肉样品的蛋白质无重大损伤，仅发生很小的结构变化，氨基酸基本维持不变，维生素 B1 和 B2 的保留率分别为 22％和 61％。剂量为 2.0～8.0 kGy 的辐照对大豆蛋白粉中蛋白质、粗纤维、总糖、氨基酸(除亮氨酸外)含量的影响不明显。小于 10 kGy 剂量辐照对奶粉营养素没有明显影响，微生物指标大幅度下降，从而延长了奶粉的保质期，增加了奶粉的食用安全性。银杏经高剂量(10～50 kGy)辐照后粗脂肪含量、17 种氨基酸、微量元素等与对照无显著差异；可溶性总糖提高了 1.7％和 84％，碳水化合物提高 6.6％～25.3％；维生素 C 含量减少了 27.7％～50.3％，色泽、硬度和气味随剂量增加明显减弱。4～10 kGy 辐照后，宠物食品中水分、脂肪、蛋白质、粗纤维、碳水化合物、矿质元素(除钙)及 17 种氨基酸的含量与对照相比差异均不显著，说明所用剂量范围的辐照对宠物食品的营养品质影响很小，在此剂量范围内，样品辐照前后的色泽、风味与滋味也没有明显变化。研究表明，3～5 kGy 的剂量辐照可以杀灭冷冻虾仁中 99％以上的微生物，－7℃以下，3 kGy 处理可以保存 150 天以上，5 kGy 处理保存 200 天以上，保鲜期比对照延长 6 个月，7 kGy 处理保存 360 天，辐照对理化、主要营养成分及其余各项感官指标无显著影响。

综上所述，辐照对食品中各种营养成分的影响很小，辐照食品是卫生安全的。

10.5.1.3　辐照食品的卫生安全法规标准体系

1）国际食品法典委员会食品辐照标准的建立和修订

早在 1976 年，联合国粮食及农业组织、国际原子能机构、世界卫生组织就成立了国际辐照食品联合专家委员会（JECFI），经过审阅并评估了大量国际研究资料后，JECFI 于 1980 年得出“任何食品受到 10 kGy 以下的辐照，没有毒理学危险，在营养学和微生物学上也是安全的”的结论。据此，国际食品法典委员会（CAC）于 1983 年正式颁发了《辐照食品通用法规》和《食品辐照加工工艺国际推荐准则》，为各国辐照食品法规的制定提供了依据，引导和推动着食品辐照技术在世界各国的研究和应用。世界上最早正式批准辐照食品供人食用的国家是苏联，此后是加拿大、美国等。1991 年，第一个商业食品辐照工厂在美国佛罗里达州 Tampa 开业。目前世界上已有 38 个国家正式批准 224 种辐照食品的标准。

1999 年 10 月，WHO 参与的评估报告发布了“不必设置一个更高剂量上限”的结论，并指出在当前技术可达到的任何剂量范围内的辐照食品都是安全的并具有营养适宜性。这个结论推动了《食品辐照通用标准》在 2003 年的修订。在标准的修订过程中，保留了对辐照食品标识的要求，但是否取消 10 kGy 辐照剂量的上限仍是争议的焦点。反对者认为虽然现在没有研究数据证明高于 10 kGy 辐照的食品存在毒理学或其他安全性的问题，但这并不意味着以后的研究也一定没有问题，辐照可以延长食品的货架期的说法也被反对者认为是对消费者的一种欺骗。欧盟及日本等国家出于贸易保护方面的考虑反对取消剂量上限，而中国、美国等农产品出口国则支持取消辐照上限的决定。经过激烈的争议最后的标准还是采用一个折中的方案，即“辐照剂量应该在 10 kGy 以下，但在需要时可以应用 10 kGy 以上的辐照剂量处理食品。”应该说修订后的标准放松了对食品辐照剂量 10 kGy 的上限限制的要求。

2）我国辐照标准体系的建立

我国食品辐照的研究开始于 1958 年，当时中科院同位素委员会组织粮食等部所属的 12 个单位组成了“粮食辐照保藏研究协作组”，对稻谷的辐照杀虫、土豆的辐照抑制发芽等进行了有计划的研究。我国 1984 年正式加入国际原子能机构（IAEA），1994 年加入国际食品辐照咨询组（ICGFI）。目前我国约有近百种辐照食品通过了鉴定，到 1998 年国家已颁布批准了 6 大类辐照食品的卫生标准，在 28 个省市自治区建立了 50 多个商业化规模的辐照装置，到

2013年底已达200多座。食品辐照规模不断扩大，中国辐照食品已占全球总量1/3，2013年辐照食品约50万吨，位居世界首位；消费者对辐照食品接受性良好，我国食品辐照已步入商业化应用阶段。

(1) 法规体系。

为了加强辐照食品的监督管理，保证消费者的健康，促进辐照食品保藏技术在中国的快速发展，国家卫生部首先从立法和编制卫生标准做起，经过20世纪50年代到90年代四个不同阶段的开发研究，目前对于辐照食品安全卫生的监督管理，从法规到标准以及监督管理的专业队伍，已初步形成了一个比较健全的监督体系。涉及辐照食品卫生及辐照食品加工设施安全防护的法规，自1982年以来，已先后颁布了5部，它们分别是《食品卫生法》(主席令第59号)、《放射性同位素与射线装置放射防护条例》(总理令第44号)、《辐照食品卫生管理办法》(卫生部令第47号)、《辐照食品人体试食试验暂行规程》、《γ辐照加工装置卫生防护管理规定》(卫生部令第12号)，法规层次及发布实施的时间如表10-13所示。

表10-13　已发布实施的辐照食品及其设施的行政法规

法规名称	发布单位	实施时间
《食品卫生法》	全国人大常委会	1982年11月试行， 1985年10月正式实施
《放射性同位素与射线装置放射防护条例》	国务院	1989年10月
《辐照食品卫生管理办法》	卫生部	1996年4月
《辐照食品人体试食试验暂行规程》	卫生部	1991年4月
《γ辐照加工装置卫生防护管理规定》	卫生部	1986年6月

(2) 标准体系。

自1984年以来，卫生部开始组织研制，并批准发布了辐照食品的卫生标准共18项，其中专业标准7项，国家标准11项。随后为了和国际辐照食品类别标准接轨，1997年卫生部又发布了6类辐照食品国家标准。以前发布的7项专业标准全部废止。另外11项国家标准中，除保留3项国家标准外，其余8项国家标准也已废止。仍然有效的国家标准具体名称(品种)和平均吸收剂量限值如表10-14所示。2006年农业部组织专家制定了水产品、茶叶、饲料等辐照工艺规范，还建立了几种辐照食品的鉴定标准。2008年我国转化接受了IPPC(国际植物保护公约)的辐照检疫标准。

表 10 - 14　辐照食品卫生国家标准一览表

品　　种	编　　号	平均吸收剂量/kGy	发布(实施)时间
辐照熟食肉类	GB 14891.1—97	8.0	1997 年 6 月 (1998 年 1 月)
花粉	GB 14891.2—94	8.0	1994 年 3 月 (1994 年 6 月)
辐照干果果脯类	GB 14891.3—97	0.4～1.0	1997 年 6 月 (1998 年 1 月)
辐照香辛料类	GB 14891.4—97	<10.0	1997 年 6 月 (1998 年 1 月)
辐照新鲜水果蔬菜类	GB 14891.5—97	1.5	1997 年 6 月 (1998 年 1 月)
猪肉	GB 14891.6—94	0.65	1994 年 3 月 (1994 年 6 月)
辐照冷冻包装禽肉类	GB 14891.7—97	2.5	1997 年 6 月 (1998 年 1 月)
辐照豆类谷类及其制品	GB 14891.8—97	豆类 0.2 谷类 0.4～0.6	1997 年 6 月 (1998 年 1 月)
薯干酒	GB 14891.9—94	4.0	1994 年 3 月 (1994 年 6 月)
豆类	GB/T 18525.1—2001	0.3～1.0	2001 年 12 月 (2002 年 3 月)
谷类制品	GB/T 18525.2—2001	大米 0.5　高粱米 0.8 玉米渣 0.8　小米 0.8 黄米 0.8　燕麦片 0.8 面粉 1.0	2001 年 12 月 (2002 年 3 月)
红枣	GB/T 18525.3—2001	0.3～1.0	2001 年 12 月 (2002 年 3 月)
枸杞干、葡萄干	GB/T 18525.4—2001	0.75～2.0	2001 年 12 月 (2002 年 3 月)
干香菇	GB/T 18525.5—2001	0.7～5.0	2001 年 12 月 (2002 年 3 月)
桂圆干	GB/T 18525.6—2001	0.4～9.0	2001 年 12 月 (2002 年 3 月)
空心莲	GB/T 18525.7—2001	0.4～2	2001 年 12 月 (2002 年 3 月)
速溶茶	GB/T 18526.1—2001	4.0～9.0	2001 年 12 月 (2002 年 3 月)

(续表)

品　种	编　号	平均吸收剂量/kGy	发布(实施)时间
花粉	GB/T 18526.2—2001	4.0～8.0	2001年12月(2002年3月)
脱水蔬菜	GB/T 18526.3—2001	4.0～10.0	2001年12月(2002年3月)
香料和调味品	GB/T 18526.4—2001	4.0～10.0	2001年12月(2002年3月)
熟畜禽肉类	GB/T 18526.5—2001	4.0～8.0	2001年12月(2002年3月)
糟制肉	GB/T 18526.6—2001	4.0～8.0	2001年12月(2002年3月)
冷却包装分割猪肉	GB/T 18526.7—2001	1.0～4.0	2001年12月(2002年3月)
马铃薯辐照抑制发芽	NY/T 2210—2012	0.1	2012年12月(2013年3月)
苹果	GB/T 18527.1—2001	0.25～0.80	2001年12月(2002年3月)
大蒜	GB/T 18527.2—2001	0.05～0.2	2001年12月(2002年3月)
茶叶	NY/T 1206—2006	4.0～9.0	2006年12月(2007年2月)
豆类、谷类(加速器处理)	NY/T 1895—2010	1.0～2.5	2010年7月(2010年9月)
大豆蛋白粉及制品	NY/T 2317—2013	4.0～8.0	2013年5月(2013年8月)
食用藻类	NY/T 2318—2013	4.0～8.0	2013年5月(2013年8月)

上述法规、标准对辐照后的食品感官性状、卫生质量、农药残留以及平均辐照吸收剂量、剂量均匀度、辐照加工食品的卫生许可、市场销售、辐照加工设施的安全防护、操作人员的资格等都作了严格的规定。

我国《标签法》和《辐照食品卫生管理办法》中都规定辐照食品在包装上必须有卫生部统一制定的辐照食品标识，凡未贴标识的辐照食品一律不准进入国内市场。我国没有对进出口辐照食品的辐照设施和生产企业的资质认证作出要求，对进出口没有标注辐照的食品如何进行卫生学鉴定、检疫和评估没有明确规定，只是鼓励在口岸地进行辐照检疫处理。

我国进出口辐照食品管理的一些建议：① 及时修订和制定相关食品辐照法规，与 CAC 相关标准保持一致性；② 制定食品辐照装置的资格认证国家标准；③ 建立满足进出口辐照食品检测要求的辐照食品检测机构和检测基准实验室；④ 加强国际交流与合作，积极参与 CAC 各项标准的制定和审议工作，并从中了解和学习 CAC 食品辐照标准的建立过程；⑤ 加强国内涉及食品辐照监督管理的部门（环保部、商务部、国家质检总局、卫生部、农业部等）之间的交流与合作；⑥ 开展辐照食品的市场规范化研究。

10.5.2　辐照食品的公众接受性

1943 年美国麻省理工学院的罗克多尔利用射线处理汉堡包，至此揭开了辐射保藏食品研究的序幕，食品辐照技术经过多年的研究和应用，已发展成为一种成熟的食品加工技术，但是，任何技术和产品只有经过市场的检验，并被消费者接受才能真正实现商业化应用。由于人们对辐照食品是否有害，是否存在放射性问题，是否有新产物生成等问题存在很多担心和误解，不能客观了解食品辐照技术的优点，从而导致辐照食品的商业化进程比较缓慢，提起“辐照食品”，消费者还是闻之色变。因此，我国应积极推进辐照食品安全性的信息、教育、交流和培训，加大对消费者宣传力度，通过各种渠道让消费者充分了解辐照食品的优点，消除消费者的心理障碍，增加公众对辐照食品的接受程度，增强辐照食品消费者、加工者和进出口企业的信心，提高贸易的透明度，促进辐照食品的商业化的健康发展，提高辐照食品的公众认可度。

有关辐照食品调查的研究表明，由政府权威部门发布辐照食品的相关信息，使消费者对食品辐照技术有一定了解后，可以大大增加消费者对辐照食品的接受程度。一项由美国农业部（USDA）资助的调查表明，美国加利福尼亚州和印第安纳州的一些社区负责人在观看了大约 10 min 的食品辐照相关录像后，愿意和非常愿意尝试辐照食品的比例由 57%增至 83%。在南非一家市场关于辐照食品的调查中发现，最初只有 15%的人表示愿意购买辐照食品，在观看视频和品尝辐照食品后，愿意购买辐照食品的比例增至 76%，只有 5%的人表示将可能不会购买辐照食品。2006 年，在土耳其进行一项关于辐照食品的认知度和接受度调查，结果消费者认知度的比例只有 29%，而美国则达到 72%，这一结果也反映了消费者辐照加工技术知识的缺乏。被告知“辐照能够减少生肉和禽肉产品中的病原微生物”这一信息时，大部分消费者（62%）表示会购买辐照食品，另外有 25%的人犹豫是否购买该类产品。以上几个例子说明，公众接收全面客观的辐照食品相关信息，自身对辐照食品的一定认知和了解，是增加辐照食品公众接受度，增加辐照食品市场消费量的有效手段。

自 20 世纪 70 年代，许多国家开始进行辐照食品的市场试验，并相继取得成功。美国是尝试将食品辐照技术进行商业化推广最早的国家之一。1986 年，美国佛罗里达州开始销售辐照处理的芒果，且取得较好的销量。1987 年 8 月，在南加利福尼亚州的两个市场内进行辐照处理的夏威夷番木瓜为期 1 天的销售试验，2 个市场分别有 66%和 80%的消费者购买辐照番木瓜，而且辐照番木瓜的销量是未辐照番木瓜销量的 10 倍。另外，辐照后的苹果在密西西里州的市场销量也非常好。1992 年，佛罗里达州的一家市场上出售辐照的草莓，标价 2 美元的产品第一天的销量就达到 600 pint[①]，超过标价 1.29 美元销量 450 pint 的未辐照草莓；而且调查发现，两种草莓在价格一样时销量基本相当，当辐照的草莓标价更高时，则其销量更高。同样，芝加哥的一家零售商店里草莓、葡萄柚和甜橙的销量也超过未辐照产品，所售的 1 200 pint 草莓中，90%～95%是辐照处理后的草莓。1995 年，美国中西部的几个超市同研究部门合作，进行夏威夷生产的热带水果的辐照检疫试验，试验的水果材料包括番木瓜、荔枝和杨桃。在 1998 年 8 月底，来自夏威夷的辐照水果共销售了 28 000 lb[②]。这些研究调查都表明消费者愿意购买辐照水果。美国堪萨斯州在 1995 年进行了小规模的辐照禽类市场试验，结果显示：辐照禽肉的价格低于非辐照禽类价格的 10%时，有 60%的人购买辐照禽肉；在辐照禽类的价格和非辐照禽类价格相同时，有 39%的消费者购买辐照禽肉；在辐照禽肉的价格高于非辐照禽肉的价格时，有 30%的人购买辐照禽肉。在 1996 年其他市场上进行的试验中，辐照禽肉的价格低于非辐照禽类价格的 10%时，有 73%的人购买辐照禽肉；在辐照禽类的价格和非辐照禽类价格相同时，有 58%的消费者购买辐照禽肉；在辐照禽肉的价格高于非辐照禽肉的价格时，有 18%的人购买辐照禽肉。这些市场试验结果与美国其他的一些市场调查结果相一致，即美国消费者对辐照食品有很高的认知度，且对其接受程度较高。另外一项调查报告也指出，相对而言公众并不十分关心辐照技术的加工处理过程，大约有 85%～90%的消费者认为辐照处理能够杀灭病原微生物，避免病从口入，降低生病风险，并

① pint(品脱)，容量单位，1 美制湿量品脱＝473.176 473 毫升；1 美制干量品脱＝550.610 47 毫升。

② 1 lb(磅)＝0.453 6 kg。

且 80%左右的消费者购买过辐照处理的产品，即使在标签中明确注明。辐照食品的业内人士乐观指出，食品辐照处理作为食品安全技术的时代已经来临，作为产业，业内人士应有勇气在市场上支持辐照产品。辐照食品正逐渐进入市场，辐照加工企业也正慢慢使消费者相信食品辐照处理杀菌技术的优势和应用价值。从 2000 年起，经辐照处理的冷冻生牛肉饼、汉堡包、生牛肉饼、禽肉、猪肉、鸡肉、牛肉和蛋类产品等相继进行了商业化生产并投入市场。2002 年，在抽查的餐馆经营者中，54%的人愿意接受并出售辐照处理的汉堡包。不过，大部分消费者还是认为，购买辐照食品是安全的，尽管辐照处理方法不可能解决全部的食品安全问题。

除美国外，其他国家在推进辐照食品商业化的过程中，均通过市场试验来推动辐照食品的公众接受性和商业化进程。1985 年，阿根廷在首都布宜诺斯艾利斯的超市中首次进行辐照大蒜和洋葱的销售，在市场销售前 3 天通过当地的电视、电台以及新闻媒体向公众宣传辐照食品，所以在开始销售后的 3 天内辐照食品的销量达到 10 t，在随后的销售中也同样取得成功。孟加拉国在 1988 年也成功进行了洋葱和干鱼的市场试验。泰国在从 1980 年开始就成功进行了洋葱、香米、甜罗望子果(Tamarind)和一种在当地称为 Nham 的发酵猪肉香肠的市场试验。在 1986 年的市场试验中，有辐照食品标识的 Nham 与没有标识的产品同时销售，结果有 34%的消费者选择购买经过辐照的 Nham，66%的消费者认为经辐照后的 Nham 更安全，因为 Nham 是一种即食食品，很容易感染沙门氏菌和旋毛虫，而 95%的人表示会再次购买辐照的 Nham。在随后的 3 个月的市场销售试验中，辐照 Nham 的销售量是未经辐照 Nham 销量的 10 倍。目前，泰国的市场上仍然可以看到商业化辐照处理的 Nham 产品。相对于其他国家，欧盟的大部分成员国都禁止对产品进行辐照处理(除极少数类别以外)，部分消费者认为，该技术并没有真正给消费者带来益处，而且最终会误导消费者对所购食物新鲜度和品质的判断，比利时、法国、意大利、荷兰和英国是仅有的允许辐照食品的欧盟国家。1987 年，法国在里昂对2 t 辐照草莓进行市场试验，尽管辐照草莓的价格比未辐照的价格高 30%，但销量依然很好。1991 年，法国经过辐照处理的食品大概有 14 000 t，其中 40%为香辛料，然后是干水果、干蔬菜和去骨禽肉。意大利在 1976 年开始辐照处理土豆，防止其发芽，并且在博洛尼亚、米兰、罗马和佩斯卡拉等城市成功应用。波兰在 1988 年进行了辐照洋葱和马铃薯的市场试验，97%的消费者对辐照产品给予积极评价，表示将再次购买辐照产品。

1994—1996年，韩国进行了干蘑菇、干肉、干鱼和脱水蔬菜的试验，55%以上的消费者表示会购买辐照产品，显示出公众对辐照产品有相当的接受性。巴基斯坦在1991年进行了辐照洋葱和马铃薯的市场销售试验，通过对300名消费者的调查，有39%的人愿意购买辐照产品，57%的人认为辐照技术应该商业化。菲律宾在1985年就进行了辐照洋葱的市场销售，一直保持着良好的销量。印度尼西亚也成功地进行了辐照紫色米、糯米和绿豆的市场试验。在巴西，1973年即出现了有关辐照的法规，并在2001年进行修改和完善，并于2011年将辐照技术应用于海关产品检疫。

1978年和1979年，南非在20个超市中进行了辐照马铃薯、芒果、番木瓜和草莓的市场试验，有90%的消费者表示可以接受辐照产品。在一个为期6年的销售试验中，南非进行了几种畅销食品的辐照产品销售，包括鸡肉馅、咖喱鸡肉、咖喱牛肉、腊猪肉和一种称为Bobotiede的马来西亚鱼。经过广泛范围的消费者调查和评估，结果均显示，消费者对这些辐照产品具有很高的接受度。另外，大约有200名南非军事人员在品尝了辐照食品后，认为辐照食品比冻干食品和罐头食品有更高的接受度。

中国作为开展食品辐照研究和商业化较早的国家之一，食品辐照的研究始于1958年，在20世纪80年代和90年代，成功进行了大量的辐照食品市场试验，包括大蒜、番茄、马铃薯、苹果、脱水蔬菜、薯干酒、香辛料、肉类产品等，国家也相继出台和制定了相关的标准和政策来规范辐照产品的商业化生产。中国在北京、成都、上海等城市进行的辐照食品的公众接受性调查表明，公众对辐照食品持积极态度，80%～90%的消费者表示愿意购买辐照产品。1984—1996年先后批准了18种辐照食品的卫生标准，1996年正式颁布了《辐照食品卫生管理办法》，1997年颁布了6大类辐照食品类别卫生标准，2001年发布了17个辐照工艺标准，2006年农业部组织有关专家制订了水产品、茶叶、饲料等辐照工艺规范，建立了5种辐照食品鉴定标准。我国是世界辐照食品的第一大国，2005年我国辐照食品产量达到14.5万吨，占世界辐照食品总量的36%，产值达到35亿元，2006年后又有进一步增加。

近年来，一些突发的公共卫生安全事件，导致政府部门和公众对食品卫生安全问题更加关注，这也进一步推动辐照食品的公众接受性。根据美国和其他国家的一些大学和研究机构的研究结果，消费者对食源性疾病的担心远远超过对辐照食品本身的担心，一些消费者了解了辐照食品带来的卫生安全的巨大利益后，他们将愿意购买辐照食品。辐照技术作为一种技术处理手段，对食品生产链中前期污染问题有更好的处理效果，其作用和效果已经得到消费者的公认。据不完全统计，世界上有 20 多个国家进行了多于 40 次的辐照食品市场试验，消费者对辐照食品都给予了积极评价。以上的市场调查结果均表示，消费者对辐照产品持积极态度，相对于食品是否经过辐照，消费者更关心食品的质量安全，会因为辐照食品质量的提高而选择购买辐照食品。因此，如果对辐照技术和辐照产品有更高的认知度，则消费者对辐照食品的公众接受度就会更高，更加有利于将辐照技术更多的应用于食品加工中，并进行商业化生产。

10.6　辐照技术在食品安全中的应用

10.6.1　辐照技术在农产品安全上的应用

10.6.1.1　辐照杀菌

辐照杀菌技术，是利用 X 射线、γ 射线和电子束等对食品进行杀菌处理，降低食品中微生物含量，以提高食品质量和延长食品货架期。辐照杀菌属于冷杀菌技术，有利于保证食品的色、香、味及营养成分。辐照杀菌主要是通过初级和次级作用杀灭微生物，初级作用主要是射线直接作用于微生物生物大分子上，引起生物大分子的结构发生变化而丧失功能，导致微生物死亡，如 γ 射线照射于 DNA 上，引起 DNA 链发生断裂、碱基丢失、错配等损伤，导致细胞无法正常运转，从而引起细胞死亡；次级作用主要是射线照射于细胞间质，引起细胞内的水分子产生大量的自由基，如羟自由基、过氧化氢、超氧阴离子等，这些自由基能够攻击细胞内的蛋白质、脂类、DNA 等生物大分子，引起生物大分子的过氧化作用，从而导致细胞凋亡。因此，辐照杀菌不仅能够杀灭有害的细菌、真菌，也能杀灭病毒等有害微生物。

辐照杀菌技术在包装食品中的应用，大大延长了包装食品的货架期，减少了食品中防腐剂、添加剂的使用，使包装食品更健康、更环保。利用高剂量辐照加工技术开发的太空食品、应急食品等，为人类探索外太空、应对自然灾害提供了食品安全保障。利用辐照杀菌技术开发的各种功能性食品也为人类健康提供了保障。最新的研究报道指出，将辐照技术应用于鼻饲液体饲料配方(nasogastric liquid feed formulation，NGLF)中，能大大延长其货架期，鼻饲液体饲料配方是一种针对免疫功能低下的病人开发的食品，这些病人对病菌的抵抗力极为低弱，利用辐照杀菌既能有效地降低鼻饲液体饲料配方中的微生物含量，同时也不影响食物的营养成分，能够满足特殊病人对食物的需求。

辐照杀菌技术在冷冻、新鲜食品中的应用使新鲜食品的品质得到了大大的提升。辐照加工可有效地抑制有损大众健康的致病性微生物生长，能有效清除对高蛋白质食品如肉类、乳制品、蛋制品危害极大的沙门氏菌。在保证新鲜菠菜品质的前提下，利用辐照处理杀灭菠菜中的沙门氏菌、李斯特菌、大肠杆菌，结果发现菠菜中沙门氏菌的 D_{10} 值为 0.19～0.20 kGy，李斯特菌为 0.20～0.21 kGy，大肠杆菌为 0.17 kGy。对食用槟榔进行辐照处理，当辐照剂量为 3.65 kGy 时，食用槟榔的菌落总数由初始的 5.8×10^5 cfu/g 降低到 1.1×10^3 cfu/g，霉菌数小于 10 cfu/g，大肠菌群数由 4.6×10^2 MPN/g 降低到 3 MPN/g 以下；当辐照剂量为 8.45 kGy 时，菌落总数、霉菌和大肠菌群均未检出。

随着人们对生活品质的追求，动物饲料、宠物食品安全也随之受到广泛的关注，利用辐照加工技术对宠物食品进行灭菌处理，也能减少动物、宠物患病概率，降低人畜共患病害的风险，降低微生物毒素在食物链中的传递累积。研究表明，25 kGy $^{60}Co-\gamma$ 射线照射的实验动物饲料能够使饲料储藏时间延长至 120 天以上，说明 ^{60}Co 辐射灭菌动物饲料是可行的。对宠物食品皮卷、鸡肉排骨、鸡胸肉进行辐照灭菌处理的研究表明，辐照剂量为 6 kGy 时杀菌率已达 99%以上，8 kGy 时检测的各项微生物指标均符合国家食品卫生标准要求，10 kGy 即可达到完全灭菌的效果，并且在一定剂量范围内（4～10 kGy）辐照后，宠物食品中水分、脂肪、蛋白质、粗纤维、碳水化合物、矿质元素（除钙）及 17 种氨基酸的含量与对照相比差异均不显著，说明所用剂量范围的辐照对宠物食品的营养品质影响很小，在此剂量范围内，样品辐照前后的色泽、风味与滋味也没有明显变化，由此确定宠物食品适宜的辐照工艺剂量范围为 4～10 kGy。

中药材的辐照灭菌加工工艺研究为中药材的储藏提供了技术支持。对西洋参的辐照灭菌效果进行研究发现，0.8 kGy 可以有效地防止西洋参贮藏期的虫害，10 kGy 能有效防止西洋参霉变，辐照剂量在 15 kGy 以下时对所测皂苷成分没有影响，在较高辐照剂量 40 kGy 时对氨基酸含量基本没有影响，西洋参的最佳辐照灭菌剂量为 10 kGy。对枸杞的辐照灭菌试验发现 5～8 kGy 可以将枸杞中的霉菌杀死，8 kGy 时细菌总数符合国家卫生标准要求，5～8 kGy 辐照后的枸杞经开水冲泡后味道没有明显改变。

在 20 世纪 80 年代就开展了食用香精香料及干性调料（如辣椒粉、洋葱粉、胡椒粉等）的辐照灭菌研究。辐照技术可以较好地保持香料和调料品原有的色、香、味。对酵母提取物的辐射灭菌研究表明，当辐照剂量低于 7 kGy 时，酵素的色泽、口感、氨基酸含量与未辐照样品无明显变化，当辐照剂量超过 7 kGy 时，有明显的辐照异味产生。酵素中存在两类微生物，其 D_{10} 值①分别为 0.7 kGy 和 4.6 kGy。因此，酵母提取物辐照灭菌的最高耐受剂量为 7 kGy。

通过模拟样品污染单增李斯特氏菌的方法，对真空包装的烤鸭、烧鸡和熟肉制品进行了杀菌的辐照研究，结果表明：当样品染菌量为 $1.5\times10^3\sim2.3\times10^3$ 时，杀菌的最低辐照剂量为 2.5 kGy；杀灭烤鸭中的腐败微生物所需最低剂量为 10 kGy，烤鸡为 15 kGy，熟肉制品为 20 kGy。

10.6.1.2　辐照杀虫

辐照杀虫是利用电离辐射与害虫的相互作用所产生的物理、化学和生物效应，导致害虫不育或死亡的一种物理防虫技术。用于辐照杀虫处理的射线主要是 γ 射线（^{60}Co 或 ^{137}Cs）、10 MeV 以下电子束以及 5 MeV 以下的 X 射线，其中钴源辐照杀虫产业化发展迅速，电子束和 X 射线辐照发展相对滞后。随着近年来加速器技术的进步，电子束辐照杀虫显示出独特的优势，并受到越来越广泛的重视。

辐照杀虫主要应用于粮食储藏、鲜果蔬菜干果储藏、中药储藏以及农产品进出口安全检验检疫等领域。

我国储粮害虫的防治主要依靠化学药剂熏蒸，但是随着人们对化学药品的认知，很多药品对人体有巨大伤害而淘汰，而且熏蒸导致的残留问题也被普通百姓所诟病。辐照杀虫在粮食储藏中的应用，不仅能够降低化学药剂的使用，而且杀虫效果显著，对环境友好，适合产业化发展。辐照对不同储粮害虫、同一种储粮害虫的不同发育时期和性别有着不同的生物学效应，总体来看不同害虫的辐射敏感性顺序为：鞘翅目＞蜱螨目＞鳞翅目；同种害虫不同虫态的敏感性顺序为：卵、幼虫＞蛹＞成虫；雌性害虫的敏感性大于雄性害虫。目前我国对谷物、麦类及其面粉、豆类等大宗粮食都有相应的辐照加工的规范及标准，能够有效地将辐照技术应用于粮食储藏领域。

辐照杀虫技术在鲜果、蔬菜、干果、中药的储藏领域的应用也大大提高了粮食储备技术的安全性。用 ^{60}Co－γ 射线对桃小食心虫（*Carposina sasakii matsmura*）3 日龄和 5 日龄卵进行辐照处理，辐照卵在苹果上发育的结果表明：20～140 Gy 的亚致死剂量对卵的孵化率没有显著影响，辐照卵发育为幼

---

① D_{10} 值，指杀灭 90% 微生物所需的辐射剂量。

虫的脱果率和成虫的羽化率均随着剂量的提高而显著降低;100 Gy 和 140 Gy 不能完全阻止 3、5 日龄卵发育为老熟幼虫;经 60 Gy 辐照处理,3、5 日龄卵羽化率差异显著,概率值分析也表明 3 日龄卵的敏感性大于 5 日龄卵。概率值分析预测出阻止 5 日龄卵发育出现成虫的剂量为 161.4 Gy,5 日龄卵为成熟卵,其辐照耐受性最强,建议将 160 Gy 作为桃小食心虫卵检疫辐照处理的最低吸收剂量。香菇的仓储害虫主要为长角扁谷盗、椭圆板白螨和凹黄蕈甲 3 种。不同害虫对^{60}Co－γ 射线的反应各异,椭圆板白螨表现较强的抗性,经 0.6 kGy 辐照方能致死,而长角扁谷盗成虫经 0.2 kGy 辐照即可被杀死。害虫不同生育期对 γ 射线的反应也不相同,长角扁谷盗的卵最为敏感,只需 0.08 kGy 辐照即可全部杀死,而其成虫的致死剂量则为 0.2 kGy。为防治香菇贮藏期所有虫害的发生,辐照杀虫剂量要求在 0.6 kGy 以上。以散装花生为材料对比研究辐照对花生生虫的影响表明,未经辐照处理的花生储藏 2 月后开始生虫,而经过辐照处理的花生始终未生虫。莲子在每年夏秋收获,在贮运和销售过程中受虫害损失不少,用^{60}Co－γ 射线辐照莲子取得良好杀虫效果:仓储主要害虫米象成虫经 1.5 kGy 辐照,5 天后死亡率达 100%;市售红、白莲子经 1.50 kGy 辐照,聚乙烯薄膜袋封口包装,室温下保藏 1 年,好果率为 98%,而未辐照莲子 2 个月后的好果率仅 20%;经辐照杀虫的莲子贮存 240 天,不影响蛋白质、脂肪、无氮抽出物及 17 种氨基酸的正常含量。对枸杞干进行 γ 辐照杀虫保果研究表明,杀死果品表面自然污染虫卵的适宜辐照剂量为 3.5 kGy 左右,常温下可保藏 7 个月,可安全越夏,杀死小包装枸杞干中幼虫的适宜剂量为 2.0～3.0 kGy。

辐照技术在农产品进出口安全检疫中的应用具有很多的优点,不仅降低了熏蒸剂的使用,而且很多有害生物基本上只能靠辐照技术才能有效地杀灭,如滋生在芒果种子中的象鼻虫。应用^{60}Co 对进境莲雾进行辐照处理,600 Gy 剂量对果实品质无影响,300 Gy 剂量可将莲雾果实中橘小实蝇的卵及 1,2 和 3 龄幼虫杀死或成为无效个体。随着我国经济总量的不断攀升,国际贸易的持续增长,辐照检疫技术仍需继续研究,辐照检疫相关法规亟待完善,辐照检疫技术将在进出口检疫过程中发挥更重要的作用。

10.6.1.3 辐照降残

高能射线作用于物质时会引起物质内部发生各种类型的反应,物质的降解就是其中的一种。辐照降残,就是利用高能射线使农产品中残留的有害农药、抗生素、生物毒素等有害物质降解的过程。化学污染物残留超标是我国农产品出口面临的主要问题，除了在源头上控制污染物外，利用射线降解化学污染物以其独特的优越性引起了国内专家学者的重视。

目前，农产品中辐照降解化学污染物残留大部分还处于研究阶段，主要集中在水产品、蜂产品、茶叶、饲料等领域。利用吸收剂量 8～10 kGy 的 γ 射线照射氯霉素残留浓度在 50 μg/kg 以下的蜂蜜、蜂王浆，能使氯霉素的残留降至 0.1 μg/kg 以下，且产品品质仍能符合 GB/T 18796—2002，GB/T 9697—2002 标准。辐照降解混浊苹果汁中的有机磷农药效果较好，降解率从大到小依次为毒死蜱、敌敌畏、乙酰甲胺磷、氧化乐果，辐照剂量小于6 kGy时对混浊苹果汁品质无显著影响。

近年来，利用电子束辐照降解食品中残留的兽药成分的研究已经取得了一定的成果(见表 10－15)。较低剂量的电子束辐照在不显著影响食品营养成分和风味的前提下，能够改变兽药等化学分子的结构，达到去除这些成分的目的。

表 10－15　电子束辐照在食品中兽药残留降解的应用

残留对象	对象状态	吸收剂量	降解程度
克伦特罗	克伦特罗水溶液	6～10 kGy	浓度＜9 mg/L，降解率＞95％
	呋喃西林水溶液	8～10 kGy	降解率＞90％
硝基呋喃类化合物	呋喃唑酮/硝基呋喃妥因	8 kGy	降解率 100％
	鱼肉及鸡肉残留的 AOZ	＞9 kGy	降解率＜50％
	呋喃妥因水溶液	8 kGy	浓度在 LC/MS 检测限下
磺胺类物质	磺胺类物质水溶液	8 kGy	浓度＞110 mg/kg，降解率＞94％
氯霉素	水产品	6～10 kGy	降解率＞93％
	虾仁	6～10 kGy	残留量由 1.4 μg/kg 降至0.1 μg/kg
孔雀石绿	蜂蜜	4～10 kGy	残留量＜0.1 μg/kg
	鲫鱼肌肉	10.1 kGy	降解率＞97％

真菌毒素是由真菌产生的一系列次级代谢产物，大多数真菌毒素具有毒性、致癌性、致突变性和致畸性，被人误食后往往会造成严重的病理变化和生理变态。目前发现的真菌毒素在 200 种以上，普遍存在于小麦、稻谷、玉米、调味品、坚果和饲料中，最具代表性的如黄曲霉毒素(AFT)、赭曲霉毒素 A

(OTA)等,利用辐照技术降解食品中的真菌毒素国内外的研究已经相当成熟。Aquino 等 2005 年合作研究了辐照技术对玉米中 AFTB1 和 AFTB2 的降解效果,结果发现,辐照剂量为 10 kGy 时,AFTB1 和 AFTB2 均全部降解[14]。利用$^{60}Co-\gamma$射线对受玉米赤霉烯酮(ZEN)污染的玉米照射,研究发现随着辐照剂量的增大,玉米粉中 ZEN 降解率逐渐提高,当辐照剂量为 18 kGy 时,粉末态玉米中 ZEN 降解率可达 74.9%。Di Stefano 等研究发现用 15 kGy 的 γ 射线照射动物饲料,能够分别降低饲料中赭曲霉素 A 23.9%,黄曲霉素 B1 18.2%,黄曲霉素 B2 11.0%,黄曲霉素 G1 21.1%,黄曲霉素 G2 13.6%[15]。

10.6.1.4　农产品保鲜

农产品的辐照保鲜技术是农副产品辐射加工技术的重要组成部分。几十年来国内外学者已经对多种新鲜果蔬产品的辐射保鲜技术进行了广泛研究,取得了可喜进展,并制订了相关产品的辐照加工技术工艺。

以不同剂量电子束辐照处理草莓,研究利用辐照技术对草莓保鲜的工艺。结果表明:2.0～3.5 kGy 为草莓电子束辐照保鲜的有效剂量范围,与对照相比,可使草莓保鲜期延长 8～9 d(腐烂指数<20%),且 2.0 kGy 辐照对果实硬度、水分、糖、酸及维生素C 等贮藏品质的保持效果较好。5.0 kGy 辐照虽然能够显著抑制微生物,但对草莓品质产生一定影响,使草莓在贮藏期间发生失色、玻璃化现象,失去保鲜意义,可作为电子束辐照草莓的最高极限剂量。

智利进口甜樱桃经过 0.00 kGy,0.41 kGy,1.06 kGy,1.88 kGy 剂量电子束辐照处理后分别于室温(13～17℃)贮藏 7 d、低温(4±1)℃下储藏 15 d。结果表明,电子束处理对果实花青素含量的影响与贮藏温度和剂量有关,0.41 kGy 电子束处理的总花青素和单体花青素含量高于对照和其他剂量电子束处理。电子束处理可影响花青素的聚合和降解,4℃贮藏 15 d 时,电子束处理花青素聚合色素比均小于对照。硬度下降是甜樱桃贮藏的主要问题,适宜剂量电子束处理结合低温贮藏可减缓果实硬度的下降幅度。电子束辐照对甜樱桃的色泽、总可溶性固形物含量影响不大,其果实的失重率和霉变率均低于未辐照果实,保鲜效果良好。

对蓝莓采用不同辐照剂量进行处理,结果表明:当辐照剂量为 0.3～2.0 kGy 时,其辐照蓝莓的感官品质改变不明显,与对照基本一致;当对蓝莓的辐照处理剂量为 1.5 kGy 时,蓝莓的有效冷藏期可达 60～70 d,比对照延长 30～40 d。

马铃薯、生姜、大蒜等农产品在收货后休眠期较短,发芽会影响农产品的销售时期，目前采用辐照加工技术，在保证产品品质的前提下，对这些农产品进行照射能够有效地抑制其发芽，进而延长它们的货架期。

辐照技术应用于水产品保鲜可以提高水产品鲜品品质。在冷冻水产品方面，3～5 kGy 的辐照剂量可以杀灭冷冻虾仁中 99%以上的微生物，经 1～9 kGy 剂量辐照，虾肉中大多数氨基酸含量均有增加，其总量明显高于对照组虾肉，增加幅度在 0.33%～24.16%之间，辐照后挥发性盐基氮的含量降低，有害重金属元素含量辐照前后无显著差异，辐照后虾仁在－7℃下贮存，保鲜期比对照延长 6 个月。

利用 0～10 kGy 的辐照剂量对真空包装鲫鱼、针鱼、皮虾 3 种水产品的保存期进行系统研究发现：4℃冷藏条件下辐照剂量与水产品保存期呈正相关，辐照使水产品菌落总数的增长明显减慢，一定剂量的辐照可将水产品中的志贺氏菌、沙门氏菌和副溶血性弧菌完全灭活，2.5 kGy 的辐照剂量可延缓鲫鱼、针鱼和皮虾样品中挥发性盐基氮的增高。

辐照与冻干技术相结合，还能有效延长武昌鱼的贮藏期。武昌鱼经冻干处理后，再经^{60}Co 不同辐照剂量杀菌处理，细菌总数由 3 100 cfu/g 降低至小于 10 cfu/g，达到国家食品卫生标准，辐照杀菌最佳剂量为 1 kGy。

低剂量辐照处理可大大延长冰鲜大黄鱼的货架期，未经辐照处理的对照组货架期仅为 17 天，而经过 1 kGy 和 2 kGy 射线照射后大黄鱼的货架期分别延长至 30 天和 26 天。2 kGy 的辐照剂量会加速大黄鱼的脂肪氧化从而产生辐照异味，1 kGy 的辐照剂量能有效地抑制大黄鱼腐败菌的生长繁殖，而其对脂肪氧化的影响程度又较小，因此 1 kGy 的辐照剂量处理冰鲜大黄鱼较为合适。

电子束辐照能有效降低美国红鱼肉的菌落总数，冷藏期间辐照组样品菌落生长缓慢，且辐照剂量越大，杀菌效果越强；电子束处理后美国红鱼肉TVB－N、POV 值均有不同程度增加，但在冷藏期内对照组 TVB－N 值和 POV 值的上升速度大于辐照组样品；辐照对美国红鱼肉感官影响不明显，但6 kGy 辐照组鱼肉色泽略微变红。综合考虑，美国红鱼肉经 4 kGy 电子束辐照，能有效杀灭其中的微生物，冷藏条件下保质期可达到 14 d，比对照组样品延长 5 d 左右。

利用辐照技术杀灭肉制品中的微生物，可以有效地保证产品在贮运及销售中的卫生质量。该技术与其他常规保鲜技术相比，具有无残留、工艺简单、工效高等明显优势。在肉制品辐照保鲜方面，我国的研究工作主要集中在烧鸡、烤鸭、板鸭、牛脯、酱鸭、盐水鹅、盐水鸭等众多具有独特风味的地方传统名特畜禽肉类熟食品上。

低温火腿肉制品口感鲜嫩、营养全面、食用携带方便，已成为旅行和餐桌上的佳肴，越来越受到人们的欢迎。但由于其加工工艺要求最高温度不得超85℃，造成产品中保留的微生物较多，残存致病菌的风险大，在4℃以下储存保质期为1个月，从而限制了低温火腿肉制品的销售。用$^{60}Co-\gamma$射线辐照肉制品，当辐照剂量为1.0 kGy时，产品贮存60 d后其微生物指标仍符合GB 2726—2005熟肉制品卫生标准要求，色泽、质构和风味变化不显著，货架期可从1个月延长至2个月。

在1.8 kGy剂量辐照处理下，γ射线和电子束2种射线对牛肉火腿中的微生物杀灭效果显著；盐水鹅辐照剂量大于6 kGy、风鹅大于4 kGy，鹅肉制品常温条件下的货架期可延长至2个月以上；对20余种即食菜肴进行2～8 kGy辐照保鲜处理，即食菜肴品种如宫保鸡丁、炒双菇、牛腩煲、烧蹄花、蒸牛肉、酥皮鸭、腌菜肉丝的感官品质较好，微生物指标<30 cfu/g。

10.6.2 食品辐照的潜在应用技术

食品辐照技术被公认为目前控制病原体微生物的最佳技术之一，以及化学熏蒸方法的最优替代方法。由于该技术在食品处理中兼具有效性、健康卫生和成本经济性，已经被国际组织(WHO/IAEA/FAO)和行业专家正式接受。除卫生防疫之外，一方面辐照技术用来减少或去除食品中的不良或有毒物质，这些成分包括了食物致敏成分、强致癌挥发性N-亚硝胺、生物胺、胚胎毒性的棉子酚以及抗氧化活性增强的植酸。此外，辐照技术也用于低亚硝酸盐肉制品和低盐发酵食品的颜色改善。另一方面，辐照技术可用于消除叶绿体Ⅱ，并在植物油榨取中成功应用。在此基础上，开发了绿茶提取物的辐照技术。通过辐照的商业化应用改善植物提取产物颜色，且无须改变提取物自身有益的生物活性，这种技术已经在化妆品和食品中得到应用。

辐照技术作为一种新型处理技术，具有巨大的发展潜力，尤其在传统的酿造食品开发、品质提升和安全性提升方面。在本小节中，将对潜在的食品辐照技术的背景资料和近期相关研究进行介绍，并讨论未来可能获得推广的应用方式。

10.6.2.1 辐照消除食物致敏原

食物过敏是人们对食物的一种不良反应，属于医学上的变态反应。食物过敏可引起荨麻疹、疱疹样皮炎、口腔过敏综合征、哮喘等症状，严重时可导致过敏性休克，危及生命。数据统计在欧美发达国家，食物过敏反应危害着约3%～4%的成人和8%的婴幼儿，我国的发病率高于发达国家，而且发病率还在逐年上升。食物中可引起机体内 IgE 抗体生成的抗原成分称为过敏原，含有这些过敏原的食物被称为致敏性食物。联合国粮农组织 1995 年发布的技术报告中统计了 90%以上的过敏反应由 8 大类，共 170 多种富含蛋白质成分的致敏性食物所引起，这些致敏性食物包括：蛋类、花生、乳类、豆类、谷物、树果仁、贝类(甲壳类和软体动物)、鱼类。理论上通过改变食物结构，降低机体敏感性，缓解表现症状，可控制食物过敏的发病率。如已有研究者通过基因技术表达一种重组 α 淀粉酶基因，降低了大米的致敏性。但该方法适用面较小且可控性不高，要全面推广尚有难度。另一方面，致敏蛋白的抗原性可被 γ 射线或电子束辐照所改变，已在多个研究中报道。

耦合蛋白质分子中的孤立子波是承担生物能量和信息任务的理想载体，电离辐照产生的大量活性自由基将使蛋白质发生诸如脱氨、脱羟、交联、降解、硫氢键氧化等复杂化学反应，引起蛋白质结合构象畸变。孤立子波在传播过程中，将会在自由基伤害的构象畸变处被散射，从而使孤立子波所传输的能量和信息减少甚至中断，从而使生物大分子丧失生物活性。组成食物物质成分的分子经过电离辐照后产生的自由基等活性分子，进而引发多种化学反应，破坏了分子结构和构象，其破坏程度与辐照剂量成正相关。

近年来，在食物辐照脱敏领域研究者们进行的探索性工作统计如表 10－16 所示。

表 10－16　多种过敏原的辐照生物学效应

过敏原来源	辐照处理	结　论	项目研究组
鸡蛋	γ 射线辐照	联合热和辐照可有效降低 OM(卵黏蛋白)，OVA(清蛋白)的致敏性	韩国原子能研究院
虾	γ 射线辐照	辐照可使 Pen al① 降解，致敏性降低	同上
牛奶	γ 射线辐照	破坏 BLG② 及 ACA③ 的抗原表位，降低其致敏性	同上
链格孢菌	电子束辐照	过敏原发生降解、抗原表位丢失	WalterReed 陆军医疗中心(美国)
豚草	电子束辐照	过敏原发生降解、抗原表位丢失	同上
黑麦	电子束辐照	过敏原发生降解、过敏原活性丧失	同上
猫尾草	电子束辐照	过敏原发生降解、过敏原活性丧失	同上
屋尘螨	电子束辐照	过敏原发生降解、过敏原活性丧失	同上

注：① Pen al ② BLG 和③ ACA 分别为 tropomyosin，β－lactoglobulin 和 α－lactalbumin。

研究结果显示：牛奶经辐照处理后，SDS-PAGE测试中蛋白质条带相对减少，浊度测试显示蛋白质溶解性由于牛奶凝固明显降低。该结果证实了牛奶过敏原表位在γ射线辐照后发生结构性变化；牛奶BLG蛋白（β-lactoglobulin）、鸡蛋清蛋白、虾原肌球蛋白（tropomysin，TM）等过敏原成分均可被γ射线辐照降解，且降解效应与辐照剂量呈相关性；10 kGy的γ射线辐照会改变卵清蛋白OVA（oval bumin）的分子结构，并对OVA特异引发的体液和细胞免疫反应产生了抑制作用；各种软体动物和甲壳类食物中的TM过敏原经辐照后均有下降，最低2.5 kGy的辐照剂量即可去除虾中0.10×10^{-6}的过敏原；对花生过敏原Ara h6纯化蛋白和花生粗蛋白分别进行辐照处理，结果表明，Ara h6经辐照处理后，蛋白质分子展开，疏水基团暴露，二级结构改变，且辐照处理可使Ara h6形成多聚体；间接ELISA检测结果表明，随着辐照剂量的升高，Ara h6纯化蛋白和粗蛋白的抗原性降低。由此推断，辐照处理破坏了Ara h6蛋白的结构特征，导致该蛋白抗原性降低，该蛋白的结构稳定性对其抗原性具有至关重要的作用。

10.6.2.2 辐照降解挥发性N-亚硝胺与亚硝酸盐残留

N-亚硝胺化合物属于强致癌物，在人类生活环境中，空气、食物、饮料、化妆品、药物、烟草中等均有N-亚硝胺存在。多数挥发性N-亚硝胺（volatile N-nitrosamine，VNAs）化合物耐热，但因为其特殊的化学性质，在紫外线照射下会发生光解。国内外对如何抑制各种食物成分中VNAs的形成已经进行了大量的实践，使用的材料包括了抗坏血酸、绿茶及一些酚类化合物。

国内外辐照降解挥发性N-亚硝胺与亚硝酸盐残留的研究，多以肉制品和烟草为研究材料，相关研究结果表明：^{60}Co和^{137}Cs辐照灭菌可降低肉制品中NVA及亚硝酸盐成分的含量；30 kGy的辐照灭菌处理可减少猪肉煎炸之前亚硝酸盐含量，从而减少煎炸后猪肉中VNAs的含量，并在辐照之前破坏猪肉中的挥发性亚硝胺成分；5 kGy的γ射线辐照可使鳗鱼中4.12×10^{-5}的亚硝酸盐降为2.1×10^{-5}；辐照处理可降低腊肠中亚硝酸盐成分，在真空包装中呈现出辐照剂量相关性。辐照后的样本中NDMA和NPYR含量较对照更低，这种差异在辐照后初期并不明显，但在保存4周后，随着对照样本中NDMA和NPYR含量升高，呈现出显著的差异。

空气和真空包装的猪肉在辐照后NDMA和NPYR的含量均有下降。有趣的是真空包装的样本存放4周后，10 kGy和20 kGy处理组间NDMA含量差异更加明显，但空气包装样本中，NDMA含量与0周情况相当，并未呈现出存放的时间效应。

^{60}Co 对 3 个烤烟品种进行辐照，发现当辐照剂量达到 3 Gy 时，3 个烤烟品种的平均 TSNA（烟草特有亚硝胺）总量均有下降，但不同品种之间存在降解幅度差异。

10.6.2.3　辐照降解生物胺

生物胺（biogenic amine，BA）是一类具有生物活性含氮的低分子量有机化合物的总称。生物胺存在于多种食品尤其是发酵食品中，包括奶酪、葡萄酒、啤酒、米酒、发酵香肠、调味品、水产品及肉类产品等食品。BA 的来源是通过微生物中脱羧基反应的氨基酸所获得。BA 也被认为是可能的致癌物前体，诸如 N-亚硝胺。BA 经常被发现以高浓度存在于食物之中，而且高温处理并不能降低它们的含量，而 5 kGy 以上的辐照可显著降解腐胺、亚精胺、精胺等 BA 成分。

10.6.2.4　辐照降解植酸和增强抗氧化活性

植酸（phytic acid），又称肌醇六磷酸（myoinositol hexaphosphate，IP6），广泛分布于谷物，坚果类、豆类、油类作物种子、花粉和孢子，长期以来被认为是一种反营养因子。国外研究者关于降低食品中植酸含量已进行了大量尝试，包括了物理方法、化学方法、基因改造和酶法水解等方法。目前研究者已开发出包括玉米、大麦和水稻等作物的突变株，在不减少总磷的情况下明显减少植株中植酸的含量。这些发现对于猪饲料和家禽饲料成分优化意义重大。辐照可降低植酸成分，将植酸钠盐溶于水中，通过最高 20 kGy 的辐照剂量处理，可明显观测到植酸的降解，同时发现植酸含量与降解效果具有相关性。

10.6.2.5　辐照降解叶绿素

叶绿素（chlorophyll）是一类与光合作用（photosynthesis）相关的重要色素。但在植物油脂制备过程中，残留的叶绿素会导致植物油脂中的异常颜色变化，并影响后续的氢化反应效果。尽管叶绿素在黑暗环境中具备抗氧化活性，但在有光时会促进油脂的氧化反应。研究发现含有 3×10^{-6} 的叶绿体的油脂样本，在 20 kGy 的辐照剂量处理后即检测不到叶绿素活性。通过过氧化物检测，未辐照参照样本中油脂的过氧化值（POV）明显高于 20 kGy 处理的辐照样本。经过辐照处理的油脂样本在光照条件下也不会发生油脂氧化的现象，这说明叶绿素功能已完全被辐照处理破坏。油脂辐照降解叶绿素技术，为无氧条件中油脂的长期保存提供了重要的技术支撑。

10.6.2.6　辐照改善植物提取物色泽

辐照技术可用于茶叶的色泽改进。干制绿茶中 30% 的成分为多酚类物质,包括黄烷醇、黄烷双醇、类黄酮和酚酸类。尽管这些成分都是公认的有益物质,但绝大多数绿茶叶片只能作为发酵原料,这是因为多数叶片颜色黯淡、香气全无,不宜作为化妆品、药品或供食用。因此,作为一种可改善色泽的并同时保留其生物学功能的处理方法,茶叶提取物辐照技术应运而生。70%乙醇绿茶提取物的辐照后,呈现出更高的亨特色度 L 值,以及更低的 a/b 值。在实际颜色中,相对于对照样本的黑褐色,提取物呈现为亮黄色。但在自由基清除功能和酪胺酸酶抑制活性上,与未辐照对照样本并无明显差别。之后的一系列研究,在柿子叶、甘草根及其匍匐茎、金银花中均证实了该结果。将辐照后的绿茶叶粉末加入原料制作肉饼,结果显示 0.1%的绿茶提取物增强了自由基的消除活性,使原料和成品肉饼呈现更低的油脂氧化程度。

对绿茶、红茶、乌龙茶进行辐照处理,发现在 5~30 kGy 辐照剂量下,茶叶的水浸出物含量略有增加,茶多酚、咖啡因含量没有明显变化,高剂量辐照对绿茶的滋味和汤色有一定的影响,对红茶、乌龙茶的感官品质无明显影响。辐照对不同种类茶叶的感官影响不同,绿茶需在较低剂量下进行,红茶、乌龙茶可以在 5~30 kGy 剂量下进行。

10.6.2.7 辐照技术开发传统酿造食品

韩国腌制和发酵食品的发酵过程由多种乳酸菌和酵母菌株的活动所得。尽管如此,当发酵阶段超过成熟期时,微生物会继续活动,产生苦味和酸味,释放恶臭,发酵食物也会因为变质而出现软化。因此,保护和延长发酵食品的货架期的关键是使发酵微生物停止活动。目前已经有多个研究报道 γ 射线辐照在发酵食品中的发酵微生物活性控制方面具有显著效果,并在三大类的腌制和发酵食品中进行了验证,这些食品包括: ① 发酵蔬菜(泡菜);② 发酵鱼制品(鱿鱼);③ 发酵豆制品(酱)。尽管 γ 射线的辐照效应对不同发酵食品的发酵微生物各自不同,研究报道辐照处理均能有效提升发酵食品的品质和货架期。产酸细菌群、酵母菌群和芽孢杆菌群的 D_{10} 值分别为 1.0~3.0 kGy,0.80~2.50 kGy 和 2.5~5.0 kGy。D_{10} 值的巨大方差来源于产品中菌种和环境的差异。

有研究报道表明: 辐照处理可控制微生物的活化,但对产品中水解酶活性无明显影响,推测辐照处理除了可增强发酵产品的品质和货架期,而且可以控制产品的老化过程。10 kGy 的辐照剂量对发酵食品的营养组成、生理性质和生理生化性质的影响甚微。尽管如此,感官评价的一般规律提示 10 kGy 剂量辐照对发酵食品的感官评测影响较大,2.5~5.0 kGy 的感官评价结果相对更优。因此发酵食品中多推荐2.5～5 kGy辐照剂量来延长货架期和提升品质。在低盐含量的发酵鱼制品和豆制品中，辐照处理获得了更理想的保藏效果，从而推荐制作辐照处理的发酵食品时，盐的用量可减至原用量的25%～50%。

近20年食品辐照应用技术发展迅速，在杀菌消毒领域之外获得了巨大的应用潜力。针对食品安全，辐照提供了有效的方法来降解消除食品中的不良或有毒成分；针对食品品质，辐照可改善食物色泽，控制发酵食品的成熟度；辐照后的天然产物更可以作为食品原料，增加食品的抗氧化活性和营养价值。从未来的发展来看，食品辐照应用技术的关键是通过不断提升辐照食品的品质，开发新的辐照食品品种，提升消费者对辐照食品的接受度和信心，从而进一步保障大众消费者的食品安全。

10.7　辐照技术在检疫处理中的应用与发展

应用γ射线、X射线和电子束辐照处理货物及其携带的有害生物，导致有害生物死亡、不能继续发育或丧失繁殖能力，防止有害生物传播、扩散，利用辐照技术对进出境货物及其携带的限定性有害生物进行检疫处理即称为检疫辐照处理(phytosanitary irradiation, PI)。由于水果检疫处理中常用的熏蒸剂二溴乙烷(ethylidene dibromide, EDB)对动物有致癌作用，1984年被禁用，促进了替代措施溴甲烷熏蒸的广泛应用，成为检疫处理的主要手段。但溴甲烷具有破坏臭氧层的负面影响，1992年被《关于破坏臭氧层物质的蒙特利尔议定书》(简称为《蒙特利尔议定书》)列为需要淘汰的物质，由此催生了溴甲烷替代技术的研究和发展。辐照处理不仅能有效控制有害生物，而且对货物特别是水果、蔬菜等鲜活产品的品质影响较小，并且还具有储藏保鲜和延长货架期的作用，是行之有效的替代技术之一，受到国际组织和相关国家植物保护机构的高度重视，相继建立了检疫辐照处理的法规和标准，实现了辐照技术在进出口水果检疫处理中的应用。

10.7.1　检疫辐照处理的技术经济优势

10.7.1.1　辐照对水果品质的影响

在考虑辐照食品的营养、卫生安全性的同时，也要考虑鲜活产品的感官品质。多数水果如木瓜、红毛丹、荔枝、梨果(pome fruits)、草莓、蓝莓、樱桃等的耐受剂量超过600 Gy；有些水果如鳄梨和杂交番荔枝(atemoyas)的最高耐受剂量为 300 Gy,不同品种的耐受剂量有较大差异。检疫处理过程中影响耐受能力的因素还包括品种、成熟度、采收后的储藏时间以及处理后的储藏状态等。表 10－17 归纳了水果和蔬菜的相对耐受性,1 kGy 以下剂量对品质没有明显的影响。根据目前检疫辐照处理的最低有效剂量研究结果,除鳞翅目(*Lepidoptera*)的蛹和成虫以外,其他害虫的最低吸收剂量均低于 300 Gy,按照食品辐照技术应用中允许的剂量不均匀度小于 2 的要求,即产品箱中达到最低的 300 Gy 时,产品的最大剂量会有 600 Gy。因此,对于表 10－17 所列的产品(属于当前国际贸易中敏感的、高风险的产品),都能够耐受检疫辐照处理规定的剂量。

表 10－17　新鲜水果和蔬菜辐照处理的相对忍耐性(辐照剂量≤1 kGy)

相对耐受性	产　品　名　称
高	苹果、樱桃、海枣、番石榴、龙眼、芒果、香瓜、油桃、番木瓜、桃、红毛丹、木梅、草莓、番茄
中	杏、香蕉、欠勒莫牙番荔枝、无花果、葡萄柚、金橘、枇杷、荔枝、橙、西番莲果、梨、凤梨、李、橘柚、红橘
低	鳄梨、葡萄、柠檬、来檬、花茎甘蓝、花椰菜、黄瓜、青豆、利马豆、叶类蔬菜、橄榄、甜椒、刺果番荔枝、南瓜

10.7.1.2　处理费用与特异性

20 世纪 90 年代末 γ 射线辐照费用与溴甲烷熏蒸费用相当。当与其他溴甲烷替代技术比较时,辐照处理的费用总体上与热空气处理[包括蒸热处理(steam heat treatment)和强制热空气处理(forced hot air treatment)]相当,高于其他替代技术,但与其他物理技术相比较,辐照处理的能耗最低。导致辐照处理费用高的原因是:① 辐照设施与其他检疫处理设施相比较,其造价高、投资大,单位质量(体积)货物的处理费用和成本高;② 目前使用的辐照剂量远远高于防控有害生物所需的最低剂量,如美国农业部规定进境水果和蔬菜检疫辐照处理的最低剂量为 400 Gy,明显高于许多限定性有害生物的剂量,随着最低吸收剂量的降低,处理费用也将降低。

目前,辐照处理虽然没有价格方面的明显优势,但对于有些不能忍耐其他检疫处理损伤的水果如红毛丹和山竹,辐照处理是唯一的选择。红毛丹在美国夏威夷的处理成本是 0.6 美元/千克,具有经济可行性。印度芒果的辐照费用虽然是墨西哥芒果处理费用的 4～5 倍,运输费用也高,但是对于某些价值高的品种来说，检疫辐照处理也仍然具有应用价值。

由于辐照的射线具有很强的穿透性能使这项技术可以处理果实内特别是果核内的害虫。芒果果核象甲（*Sternochetus mangiferae*）的幼虫、蛹寄生于芒果的果核中，50℃－90 min 以及 70℃－5 min 热水处理后仍然有活虫；－12.2℃可 100%杀死，但水果无法忍受如此低温；微波处理（microwave treatment）和介电质加热（dielectric heating）也严重伤害水果品质。38.2 mg/L溴甲烷常压熏蒸 6 h 可达到 100%的杀虫效果，但在 21.1℃和 26.7℃下真空熏蒸 2 h，仍有 5%成虫存活，二溴乙烷和氯溴乙烷（ethylene chlorobromide）的效果更差，硫酰氟处理无效，而且严重伤害水果的品质。然而，使用 100 Gy辐照处理可以 100%阻止雌虫产卵，目前被认为是唯一有效的检疫处理方法。

10.7.1.3 广谱与快速

辐照处理是利用射线破坏有害生物的 DNA 等生物大分子，导致其生理生化特性改变，从而阻止其发育和繁殖，具有广谱性特征，从处理对象来看，辐照处理是迄今为止最广谱的杀虫方法。表 10－18 综合比较了辐照与其他检疫处理的技术优势，认为辐照处理的杀虫谱广，商品的耐受性最高，处理速度最快，能直接处理已包装的产品，但目前辐照处理还不能通过有机认证。

表 10－18 检疫处理方法的比较

处理方法	目标有害生物	商品耐受能力	处理费用	处理速度	操作难度	有机认证
冷藏	死亡	中等	低廉	慢	容易	是
热空气	死亡	中等	中等	中等	中等	是
热水浸泡	死亡	中等	低廉	快	中等	是
溴甲烷熏蒸	死亡	中等	低廉	快	容易	否
辐照	阻止发育	高	中等	快	中等	否

从处理速度分析，商业化辐照设施在对包装食品进行检疫处理时，如果要求最低吸收剂量小于 1 kGy，所需时间在 30 min 以内，而水果熏蒸、热水处理、蒸热处理等需要的时间分别为 2 h，1 h，6 h 以上，强制热空气处理需要的时间更长，辐照处理被认为是处理速度最快的水果检疫处理方法。

由此可以看出，辐照作为检疫处理方法业已具备商业应用的优势，被公认为是最有应用前景的检疫处理方法之一。随着检疫辐照处理被广泛地接受，辐照装置利用率的提高，较好的经济效益将会使辐照设施的投入有较好的回报，进而推动辐照技术在检疫处理中的广泛应用。

10.7.2 限定性有害生物的最低吸收剂量

检疫处理的目标是阻止进出口货物中限定性有害生物的传播和扩散，因此，检疫辐照处理的最低要求是有效阻止有害生物的发育或繁殖。研究发现，辐照处理的生物学效应(阻止害虫的发育或繁殖)与吸收剂量相关，发育率或繁殖力随着吸收剂量的增加而降低，当吸收剂量达到一定剂量值时，可以达到检疫处理要求的处理效能(一般要求在95%置信水平下，处理效能为死亡率99.996 8%或99.99%)，该剂量值就成为检疫处理中的最低吸收剂量(minimum absorb dose)的技术指标。

10.7.2.1 研究进展

检疫处理最低吸收剂量的研究始于20世纪六七十年代，FAO和IAEA成为检疫辐照处理国际合作研究的领导者，组织有关国家的研究机构对实蝇(*fruit fly*)和芒果果核象甲等进行了深入的研究，在剂量响应试验(dose response test)的基础上开展验证试验，证明水果中可能存在的最耐辐照的实蝇的3日龄幼虫不能羽化的剂量小于150 Gy，确立了实蝇科(*Tephritidae*)的最低吸收剂量标准。

另外，IAEA还专门建立了“国际昆虫杀灭和不育数据库”(International Database on Insect Disinfestation and Sterilization, IDIDAS)，收集害虫包括螨类杀灭和不育的最低吸收剂量、研究结果摘要和参考文献等。到2013年8月统计，该数据库已收录313种害虫的研究结果。但是中文发表的研究结果很难被收录。在此，将我国针对限定性有害生物(害虫)检疫辐照处理的最低吸收剂量(见表10-19)摘要列出。

分析表10-19中我国的研究，发现我国检疫辐照处理研究呈现出以下特征和趋势：由单一虫态发展为寄主商品中可能存在的多种虫态的辐照耐受性比较研究，确定最耐受的虫态；从少量剂量(少于5个)发展到设计多个剂量，预测达到检疫处理要求的剂量；在分析辐照剂量与辐照生物学效应的关系时，预测方法也由简单的直线回归(linear regression)发展为采用国际通行的概率值分析(probit analysis)；在判定辐照处理效果时，由仅仅采用100%作为标准逐渐发展为开展大规模验证试验(large scale confirmatory test)，验证试验的样本也由混合虫态发展为单一虫态(商品中最耐辐照的虫态)。这些变化表明

表 10-19　我国限定性有害生物(昆虫)检疫辐照处理研究的最低吸收剂量

害虫名称	虫态	处理目标	最低吸收剂量/Gy	效能①	年代
荔枝蒂蛀虫(*Conopomorpha sinensis*)	老熟蛹	阻止发育为成虫	250	100%	1995
	幼虫	阻止发育为成虫	250	$ED_{99.5}$	1998
昆士兰实蝇(*Bactrocera tryoni*)	幼虫	阻止发育为成虫	60	$ED_{99.9913}$	1995
	蛹	阻止 F_1 代卵孵化	75	100%	
桔大实蝇(*Bactrocera citri*)	蛹	阻止 F_1 代卵孵化	90	100%	1992
桔小实蝇(*B. dosalis*)	3 龄幼虫	阻止发育为成虫	87.7(73.8～98.3)	预测 *P*9	2010
	3 龄幼虫	验证试验(番石榴)	116(100～)	$ED_{99.9963}$	2010
	3 龄幼虫	验证试验(莲雾)	116(100～)	$ED_{99.9970}$	2013
木瓜实蝇(*B. papayae*)	3 龄幼虫	阻止发育为成虫	106.8(90.3～135.2)	预测 *P*9	2010
	3 龄幼虫	验证试验(番石榴)	161(140～)	$ED_{99.9957}$	
番石榴实蝇(*B. correcta*)	3 龄幼虫	阻止发育为成虫	125.5(101.2～167.5)	预测 *P*9	2012
	3 龄幼虫	验证试验(番石榴)	113(90～)	$ED_{99.9957}$	
芒果实蝇(*B. ocipitalis*)	3 龄幼虫	阻止发育为成虫	150	100%	1989
	3 龄幼虫	阻止发育为成虫	107.1(97.1～123.1)	预测 *P*9	2011
香蕉新菠萝灰粉蚧(*Dysmicoccus neobrevipes*)	带卵雌虫	阻止出现 F_1 代成虫	150	100%	2011
杰克贝尔氏粉蚧(*Pseudococcus jackbeardsleyi*)	成熟雌虫	阻止出现 F_1 代 2 龄若虫	133.7(117.2～168)	预测 *P*9	2013
			160(133.5～159.6)	$ED_{99.9973}$	2013
桃小食心虫(*Carposina sasakii*)	成熟卵	阻止发育为成虫	161.4(135.5～216.3)	预测 *P*9	2012
	老熟幼虫	阻止发育为成虫	200(195.2～208.7)	预测 *P*9	2013

（续表）

害虫名称	虫态	处理目标	最低吸收剂量/Gy	效能[1]	年代
玉米象(*Sitophilus zeamais*)	幼虫、蛹	阻止产生 F_1 成虫	90	100%	2005
	成虫	阻止产生 F_1 成虫	180	100%	
绿豆象(*Callosobruchus chinensis*)	卵,幼虫,蛹	阻止 F_1 代卵孵化	100	$ED_{99.9905}$	2004
谷斑皮蠹(*Trogoderma granarium*)	幼虫	阻止发育为成虫	100	100%	2004
	蛹,成虫	阻止 F_1 代卵孵化	200	$ED_{99.5754}$	
光肩星天牛(*Anoplophora glabripennis*)	老熟幼虫	阻止产生成虫	60	100%	2006
	5 龄幼虫	验证试验	60	$ED_{99.5172}$	2006
	雄虫	雄性不育	97	100%	1994
松墨天牛(*Monochamus alternatus*)	幼虫	阻止发育为成虫	61.4(55.5～72.6)	预测 *P*9	2011
	蛹,	阻止 F_1 代卵幼虫	120	100%	
	<7 d 成虫	阻止 F_1 代卵幼虫	120	100%	
	>7 d 成虫	阻止 F_1 代卵幼虫	160	100%	
云杉小墨天牛(*Monochamus sutor*)	幼虫	阻止发育为成虫	60	100%	2011
	成虫	阻止 F_1 代卵幼虫	160	100%	
青杨虎天牛(*Xylotrechus rusticus*)	幼虫	阻止发育为成虫	60	100%	2011
	蛹	阻止 F_1 代卵幼虫	80	100%	
落叶松八齿小蠹(*Ips subelongatus*)	幼虫、蛹	阻止发育为成虫	80	100%	2011
	成虫	阻止产生 F_1 代成虫	80	100%	
	成虫	阻止产生 F_1 代蛹	140	100%	
松十二齿小蠹(*Ips sexdentatus*)	成虫	阻止产生 F_1 代蛹	140	100%	2011

注：① *ED*：根据验证试验中的样本数量推算出在 95%置信水平下的效能,P9：概率值 9,即 $ED_{99.9968}$。

我国的研究水平在逐步接近国际检疫辐照处理研究的要求，规范化的研究不仅会有助于研究数据的发表和数据库的收录，也更利于促进我国辐照检疫技术的商业化应用。

10.7.2.2　研究规范

美国作为检疫辐照处理研究和应用最为广泛的国家之一，为了研究结果便于得到其他国家的认同，于 1996 年在其水果检疫辐照处理的法规中首先提出了检疫辐照处理的研究规范(Research Protocol)。2002 年，IAEA 在其协调研究项目(Cooperative Research Project, CRP)的验收总结会上，由 Neil Heather 编写了检疫处理的通用研究规范(Generalised Quarantine Disinfestation Research Protocol)，初衷是为了满足日本、美国、澳大利亚、新西兰等 4 国的检疫处理要求，并期望被东盟国家、中国、韩国、台湾、印度、南非、南美洲和中美洲国家/地区原则上接受。该议定书规定了标准的实验条件和方法，包括检疫害虫和商品的确定及鉴别、辐照处理有效水平的确定、害虫敏感期、剂量学、数据处理、实验规模和商品的辐照耐受性等。随着国际社会对辐照作为检疫处理方法兴趣的增加，国际植物保护公约(IPPC)在 2001 年召开的植物检疫措施临时委员会(ICPM)第三次会议上决定制定“辐照作为检疫处理方法”的国际标准，当年 11 月发出了标准草稿，ICPM 第五次会议(2003 年)，于 2003 年 4 月颁布 ISPM No. 18：辐照作为检疫辐照处理的准则，研究规范也作为资料性附录予以颁布。该附录也作为审定检疫辐照处理国际标准的依据，目前已为 IAEA 组织的 CRP 项目所采用，并逐渐为各国研究工作者采纳。该研究规范包括研究材料、剂量测定、最低吸收剂量的测定和记录保存等 4 部分内容，主要要求是：① 用(最适合的)寄主材料饲养害虫，需要比较人工饲料饲养的害虫与寄主饲养种群的辐照耐受性。② 应按照公认的国际标准校准、验证和使用剂量测定系统；应确定辐照产品的最低和最高吸收剂量，最好达到剂量均匀；应当定期进行常规剂量测定。③ 针对商品中存在的所有虫态开展辐照耐受性比较试验，并针对最耐受的虫态开展剂量响应试验和验证试验。④ 剂量响应试验中，对照的死亡率一般不应超过 10%。建议设置 5 个以上辐照剂量和 1 个对照，每个处理的试虫数量在 50 头以上，根据剂量与害虫的反应来预测最低吸收剂量。⑤ 在验证试验中，应根据检疫辐照处理所要求的反应和效能，确定需处理的害虫数量，试验中监测的最大吸收剂量作为检疫处理中的最低吸收剂量，因此，应尽可能降低辐照剂量不均匀度。⑥ 要求保存原始记录并核实其有效性。

10.7.2.3 验证试验的目标剂量及效能

关于验证试验中目标剂量的选择，通常采用概率值分析的预测结果。也采用逐步逼近法，即以剂量响应试验中100%死亡率的剂量为中心，设计间距更小的剂量再一次试验，选择略高于100%死亡率的剂量作为验证试验的目标剂量。或者根据简单的一元线性回归方法预测的结果。另外，由于对数模型、重对数模型、动力学模型等也较多地应用于剂量响应试验的数据分析，其预测结果也可作为验证试验的目标剂量。

当所有试虫完全死亡（达到要求的反应如阻止发育为成虫或阻止繁殖）时，所需的最低试虫数 $n_{\min}$ 可采用下述公式计算：

$$n_{\min} = [\lg(1-c_0)]/\lg(1-P_u) \tag{10-18}$$

式中，$n_{\min}$ 表示试虫数量；c_0 表示置信水平，数值为0～1，通常采用0.95；P_u 表示害虫最大存活率；$(1-P_u)$ 表示害虫的最小死亡率，可用 m 表示，则式（10-18）变化为

$$n_{\min} = [\lg(1-c_0)]/\lg m \tag{10-19}$$

如针对实蝇的辐照处理，要求辐照效能为“在95%置信水平下死亡（阻止成虫羽化）率达到99.996 8%”，则 $c_0=0.95$，$m=0.999\,968$，用式（10-19）计算 $n_{\min}=93\,615.1$，即至少需要93 616（约10万头）头害虫。澳大利亚、新西兰、日本等国接受处理效能为死亡率99.99%，用式（10-19）计算出 $n_{\min}=29\,955.8$，至少需要29 956头（约3万头）害虫。由此看来，检疫处理技术标准制定需要的试虫数量非常巨大，标准的出台非常不易。

然而，试验中害虫的数量可能与预期数量有一定的出入，那么，根据试验中实际使用的试虫数量，当害虫完全死亡时，可以用式（10-20）推算出验证试验的效能 ED。

$$ED = (1-c_0)/n_{\min} \tag{10-20}$$

10.7.2.4 通用剂量

辐照处理对水果等鲜活产品的伤害较小，是最适合进行推广应用的溴甲烷替代技术之一，由于水果携带的限定性有害生物种类繁多，也需要针对同一类有害生物确定一个可以被广泛接受的吸收剂量指标，即通用剂量（generic absorb dose）。1986年，国际食品辐照咨询小组（International Consultative Group on Food Irradiation，ICGFI）在工作会议上首先提出通用剂量的概念及

其指标，推荐 150 Gy 和 300 Gy 分别作为实蝇类、非实蝇类害虫检疫辐照处理的最低吸收剂量，并在 1991 年和 1994 年的两次会议中重申该通用剂量。由于水果中很多非实蝇类害虫缺乏研究或者研究不深入，无法满足检疫处理的要求，其通用剂量难以被全球广泛认同和接受，未能实际应用。但 ICGFI 的努力，使用通用剂量进行检疫处理的观点得到广泛的认可，1996 年美国农业部颁布法规，就直接采用推荐的 150 Gy 作为实蝇检疫处理的通用剂量。

对有害生物辐照研究结果进行分析发现，辐照处理的目标不是导致有害生物的快速死亡，处理效果是导致害虫不育(sterile)或不能完成发育周期；最耐辐照的虫态为发育最为完善的虫态，雌虫的耐受性小于雄虫(螨类除外)；同一类(目、科)有害生物的耐受能力相似，蚜虫、粉虱、鞘翅目甲虫、实蝇等最低剂量小于 100 Gy，某些鳞翅目和大部分螨类的最低剂量小于 300 Gy，仓储害虫不育的剂量为 1 000 Gy。国外学者全面分析了实蝇辐照处理的研究的结果，重新提出了实蝇的通用剂量为 150 Gy，这些结果也被国际标准 ISPM No. 18 采纳。由于辐照处理对有害生物具有广谱性，对多数鲜活产品的伤害小，最适合研究和应用通用剂量，对促进水果等鲜活产品的国际贸易具有重要意义。针对美国农业部 2006 年颁布的水果和蔬菜检疫辐照处理的通用剂量标准，非实蝇类害虫(不包括鳞翅目的蛹和成虫)通用剂量为 400 Gy，通用剂量的发展目标：① 制订其他鳞翅目害虫的通用剂量；② 为缩短处理时间和减少对产品的伤害，降低特定商品和特定有害生物检疫辐照处理的最低吸收剂量；③ 非实蝇类害虫的通用剂量降低到 400 Gy 以下；④ 建立鲜活产品耐受能力的信息数据库，拓展用通用剂量在其他鲜活产品的辐照处理上。IAEA 也于 2009 年开展了题为“建立检疫辐照处理通用剂量”的国际合作研究项目[coordinated research project (CRP)：D6. 20. 08 development of generic irradiation doses for quarantine treatments]，开展 12 个国家参加的非实蝇类害虫最低吸收剂量、不同辐照源的生物学效应、剂量率对辐照效果的影响等项研究。为了便于参考，将目前归纳的害虫的通用剂量研究结果列于表 10 - 20 中。

表 10 - 20　害虫检疫辐照处理的通用剂量

有害生物类群	辐照处理目标	通用剂量/Gy
蚜虫(Aphid)	阻止成虫繁殖	100
粉虱(Whiteflies)	阻止成虫繁殖	100
象甲(Dried seed weevils)	阻止成虫繁殖	100

(续表)

有害生物类群	辐照处理目标	通用剂量/Gy
实蝇幼虫(Fruit fly larvae)	阻止发育为成虫	150
水果象甲(Fruit weevils)	阻止成虫繁殖	150
蓟马(Thrips)	阻止成虫繁殖	250
鳞翅目卵(Lepidoptera eggs)	阻止产生成虫	250
鳞翅目幼虫(Lepidoptera larvae)	阻止产生成虫	250
鳞翅目蛹(Lepidoptera pupae)	阻止羽化后成虫繁殖	350
软蚧(Scale insect)	阻止成虫繁殖	250
介壳虫(Mealybugs)	阻止成虫繁殖	250
鳞翅目蛹和成虫以外的所有害虫	阻止产生成虫/阻止卵、幼虫(若虫)发育为成虫	250
螨类(Mites)	阻止成虫繁殖	350
鳞翅目成虫以外的所有节肢动物	阻止成虫繁殖	350

10.7.3 检疫辐照处理的应用与发展

10.7.3.1 影响辐照效果的主要因素

应用辐照作为检疫处理方法首先需要考虑限定性有害生物的处理效果，即辐照的生物学效应，根据要求的效应确定最低吸收剂量，作为判定辐照效果的技术指标。但辐照效应受处理过程中其他因素如处理环境中气体组分、温度、剂量率等因素的影响，可能引起最低吸收剂量指标的改变。

1) 低氧环境

辐照的生物学效应主要由间接作用(indirect effect)产生，即以自由基(free radical)发挥作用，氧气可以加速自由基尤其是生物自由基(biological radical)的形成，而生物自由基存在时间长，破坏作用大。所以，在厌氧环境下，辐照的生物学效应减弱。如地中海实蝇(*Ceratitis capitata*)在氮气中死亡率降低，蛹羽化后比在空气中处理的更为活跃。研究发现苹果绕实蝇(*Rhagoletis pomonella*)在有氧与无氧条件下辐照效应的差异很小，原因是水果中的实蝇已经处于低氧的环境中。由此可见，低氧环境是影响辐照效果的重要因素，也被认为是主要的影响因素。为此，IPPC在发布的国际标准ISPM No. 28中规定了有害生物在非厌氧状态下辐照处理的最低吸收剂量。但美国农业部允许对处于低氧环境下的产品进行辐照处理。另外，氧气浓度与辐照效应的量化关系，氧气浓度的最低阈值等也需要进一步研究。

2）低温环境

辐照处理的低温效应主要是由于低温，特别是在冰点条件下影响水分子的移动，降低水分子自由基反应的速度，从而减少自由基的形成，降低辐照处理效果。如昆士兰实蝇（*Bactrocera tryoni*）在不同温度条件下辐照，阻止成虫出现的剂量为18～30 Gy，但检疫辐照处理的最低吸收剂量为60～70 Gy，因此，低温的效应无法观测。冰点温度可能出现在食品辐照中，但对于水果检疫处理来说，一般不会在冰点条件下进行。水果在低温条件下的辐照效果与常温条件下的效果无差异，需要更多的研究才能得出统一的结论。因此，辐照处理的国际标准（ISPM No. 28）也没有对环境温度进行限制。

3）剂量率

由于电子加速器的应用，人们开始研究高剂量率条件下生物学效应的变化，结果发现在低剂量条件下生物学效应随剂量率增加而增加，如辐照处理墨西哥实蝇（*Anastrepha lundens*）3日龄幼虫，10 Gy辐照条件下，40 Gy/min羽化率为8%，0.1～1 Gy/min羽化率为83%；但在20 Gy辐照时，80 Gy/min的羽化率（0%）与0.2 Gy/min羽化率（1%）相差很小。目前对剂量率影响及其机理仍然不清楚。有学者认为，在实际的检疫处理中，一般不会使用很低的剂量率，检疫辐照处理剂量所产生的生物学效应已经完全克服了剂量率所产生的差异，所以，目前在制定标准时，并未考虑剂量率的影响。但近年来辐照研究中常常使用辐照试验机，其剂量率非常高，所以，检疫处理研究中需要对剂量率进行测定。

此外，检疫辐照处理的其他因素，如寄主（产品）种类、有害生物不同地理种群，其辐照处理效果没有明显差异。

10.7.3.2　标准

1）区域性标准和国际标准

1970年，FAO和IAEA组织专家进行评估，首先提出了辐照可作为新鲜水果和蔬菜检疫处理的有效方法。1986年，ICGFI首次提出了水果和蔬菜检疫辐照处理的通用剂量。在1986年至1990年期间，FAO和IAEA联合组织开展了“辐照作为食品和农产品的检疫处理方法”CRP项目，ICGFI根据该项目研究成果出版了第13号文件《新鲜水果和蔬菜的辐照检疫处理》（ICGFI, No. 13 Irradiation as A Quarantine Treatment of Fresh Fruits and Vegetables），并于1991年组织了第二个工作小组，评估FAO/IAEA研究项目的结果和常规检疫方法，认定已有的研究结果，证明辐照可以保证各种商品中大多数害虫的检疫安全，重申了 ICGFI 在 1986 年的推荐剂量。1989 年，北美植保组织(NPPO)率先接受辐照处理作为新鲜水果和蔬菜的检疫处理方法。1992 年，检疫辐照处理得到了欧洲植保组织(EPPO)、亚太植保组织(APPPC)、中美洲国际动植物保护组织(OIRSA)，南锥体区域植物保护委员会(COSAVE)等地区植物保护组织的认可。1999 年，IAEA 与区域合作协定组织(Regional Cooperative Agreement, RCA)在菲律宾马尼拉召开会议，制定了《亚太地区辐照作为一种植物安全处理方法的协调议定书》(Harmonized Regulation on Food Irradiation for Asia and the Pacific)。2003 年，IPPC 发布了《辐照用作检疫处理措施的准则》(ISPM No. 18)的国际标准，到目前为止，已颁布 12 种害虫(7 种实蝇和 5 种其他蛀虫)辐照处理的最低吸收剂量标准及实蝇科(*Tephritidae*)害虫的通用剂量标准，列入第 28 号标准《限定性有害生物的植物检疫处理准则》(ISPM No. 28)的附录中。2010 年 3 月，IAEA 组织有关专家起草辐照设施审核标准，2011 年提出了"用于食品卫生处理和检疫处理中辐照设施的审核与认可指南"(Draft Guidelines for the Audit and Accreditation of Irradiation Facilities Used for Sanitary and Phytosanitary Treatment of Food and Agricultural Products)的草稿。

2) 我国检疫辐照处理的标准

我国也在积极开发检疫辐照处理技术和标准，以促进辐照技术在检疫处理中的应用。2008 年转化国际标准"辐照作为检疫处理的准则"(ISPM No. 18)，发布了国家推荐标准 GB/T 21659—2008《植物检疫措施准则辐照处理》。拟定中的检验检疫行业标准"香蕉中新菠萝灰粉蚧检疫辐照处理技术要求"、"莲雾、木瓜中橘小实蝇辐照处理技术要求"、"芒果、荔枝中橘小实蝇检疫辐照处理的最低吸收剂量"、"进境水果检疫辐照处理基本要求"等即将实施。

10.7.3.3 商业化应用

美国农业部(USDA)和动植物检疫局(APHIS)于 1986 年和 1989 年先后批准辐照用于鲜活产品的检疫处理，1995 年 4 月，在还没有商业化辐照设施的情况下，夏威夷动植物检疫局特批当地的新鲜水果空运到位于芝加哥的钴源辐照厂进行辐照处理，最低吸收剂量为 250 Gy，处理后投放到伊利诺伊州和俄亥俄州的超市销售，首次实现了检疫辐照处理的商业化应用。在其后的 5 年中，处理的水果(木瓜、红毛丹、荔枝、香蕉、甜瓜等 8 种水果)数量总计 403.8 t。

2000 年夏威夷建立了一套 X 射线辐照设施，主要用于处理甘薯，每年辐照数量达到 4 000 t。

2004 年，IAEA 组织开展了国际贸易中热带水果检疫辐照处理的商业化试验项目，澳大利亚的芒果(1.5 t)辐照处理(最低吸收剂量 250 Gy)后输往新西兰，首次成功实现了检疫辐照处理技术在国际贸易中的应用。2005 年开始处理荔枝，2006 年开始处理木瓜，但由于木瓜辐照费用为 106 美元/吨，与热处理相比没有优势，2008 年停止，表 10 - 21 列出了 8 个出口季的辐照水果种类及数量。

表 10 - 21　澳大利亚输往新西兰的辐照水果数量统计(2004—2012 年 9 月，单位：t)

水果	2004—2005	2005—2006	2006—2007	2007—2008	2008—2009	2009—2010	2010—2011	2011—2012
芒果	19	129	201	346	585	1 095	620	1 262
荔枝	—	5	10	20	57	110	15	48
木瓜	—	—	12	1	0	0	0	0

从 2006 年开始，美国先后与印度、泰国、越南、墨西哥等国签订了进口水果检疫辐照处理的相关协议，2007 年开始上述国家的芒果、荔枝、山竹、凤梨、火龙果等水果经过 400 Gy(最低吸收剂量)处理后输往美国，进一步扩大了辐照产品的国际贸易。墨西哥因为数量大、运输费用低等成为最大受益国和出口国，2010 年出口总量超过 10 000 t，2011 年为 5 553.4 t。另外，巴基斯坦的芒果也试验性出口到美国，越南的火龙果辐照后出口到智利。

10.7.4　检疫辐照处理面临的挑战

溴甲烷具有广谱的杀灭昆虫、线虫、真菌和杂草的特性，是目前世界上已知应用范围最广，也是对农业生产及国民经济影响最为深远的一种农用化学药剂。口岸检疫处理也基本上以溴甲烷熏蒸作为基础。根据《蒙特利尔议定书》哥本哈根修正案的要求，溴甲烷必须逐步淘汰。虽然检疫和装运前(quarantine and pre-shipment，QPS)的溴甲烷消费属于《蒙特利尔议定书》的豁免范畴，但也逐步受到限制，如欧盟自 2010 年 3 月 1 日开始全面禁止使用溴甲烷熏蒸，2011 年和 2012 年的《蒙特利尔议定书》缔约方大会也已经通过决议，要求对 QPS 用途的溴甲烷进行监控和管理。辐照处理作为替代溴甲烷熏蒸的主要技术方法和检疫处理未来发展的方向，在水果国际贸易中的应用有了初步的发展，检疫辐照处理水果的国家、水果种类、数量、有害生物等逐年增加。然而检疫辐照处理仍然面临着价格高、缺乏设备和有害生物的最低吸收剂量指标、回避辐照食品等多项挑战，核心挑战是费用高。此外，辐照处理货物及其有害生物所接受的最低吸收剂量的检测方法也是需要解决的技术难题。虽然经过大量研究没有找出可实际应用的技术方法，美国等进口国家采用系统的检疫监管手段来保证货物达到最低吸收剂量的要求，包括派人员到出口地进行检疫监管等，这样既增加了辐照处理的费用，而且操作上也存在人力、时间安排方面的难度。因此，建议在设施、研究、法规等方面加大投入和扶持力度，降低辐照处理的价格，推动检疫辐照处理技术的发展和应用。具体的建议为：① 加大研究投入，采用规范化的研究方法，重点在水果非实蝇类害虫的国际合作研究，发展水果检疫辐照处理的国际公认的通用剂量指标，研发实用的辐照检测方法。将会有利于扩大商业化应用规模、节约检疫监管费用，从而降低检疫辐照处理的费用。② 在进出口的口岸建立包装、检疫辐照处理设施，降低运输、包装等费用，从而降低费用。③ 加强检疫辐照处理的法规建设，扩大应用范围和规模，降低辐照处理的价格。④ 普及食品辐照的知识，扩大人们对辐照食品的认知度和接受度。

进入 21 世纪以来，国际贸易中水果检疫辐照处理技术的快速发展和实际应用，相信通过研究、标准、设施、技术储备等方面的建设，积极应对检疫处理中溴甲烷限制使用和替代的挑战，必将会积极推动和促进检疫辐照处理技术的应用和发展。

10.8　辐照加工的其他应用

辐照加工技术被誉为人类加工技术的第三次革命，与传统的机械加工和热加工技术不同，是通过放射源释放的强穿透能力的射线深入物质内部进行“加工”，反应易于控制，加工流程简单，适合产业化、规模化生产，无化学及放射性残留。可常温下加工，尤其适用热敏和压力敏感产品。

辐照加工在国民经济发展中扮演着愈来愈重要的角色，已广泛用于工业、农业、医疗、环境等各个领域。目前辐射加工产业重点应用领域是消毒灭菌、环保处理、辐射交联、半导体改性。除了前面涉及的食品安全和农产品检疫领域外，还广泛用于商品养护，高分子材料交联、改性、降解，快速晶闸管、芯片性能优化，黄玉、珍珠、水晶致色，中药材、医疗用品、化妆品、玩具杀菌等领域。

10.8.1　聚合物的辐射加工

高能射线作用于高分子材料，引起物理或化学变化，改变聚合物性能，开拓了高分子材料新的性能和用途。

20 世纪 50 年代英国科学家发现聚乙烯的辐射交联现象，欧洲、美国、日本等国在 20 世纪六七十年代开展了大量高分子材料的辐射效应研究。我国则是在 20 世纪 80 年代初开展聚烯烃辐射交联研究，并成功实现产业化。高分子材料辐射改性是目前辐照加工技术产业化发展最快的领域之一，高分子材料的四大辐射效应——交联、接枝、聚合和降解，均已实现产业化[16]。产品涉及电子、电力、通信、交通、石油化工、航空航天等方面，新产品新材料应用在建筑业、家用电器、自动化仪表、机电一体化设备、汽车、造船、石化等诸多领域。

10.8.1.1　辐射交联

辐射交联是目前产业化最为成功、应用最广的领域。辐射交联是指在辐射作用下，聚合物大分子间形成化学键(交联键)，导致分子量增加，高分子材料的长线状分子互相结合，结构转变成网状大分子结构，从而大大增强高分子之间的束缚力，进而增强材料的热稳定性、化学稳定性、阻燃性、耐滴流性、强度、耐应力开裂等一系列物理和机械性能。

相比化学交联，辐射交联一般不需要催化剂、引发剂，后处理简单，可在常温下反应，生产效率高，无污染，反应便于控制，重现性好，可交联聚氯乙烯、氟塑料、高密度聚乙烯、聚丙烯等一些几乎不能用化学交联的材料。交联材料具有以下优越性：① 提高了绝缘材料的耐热性；② 电性能优良；③ 提高阻燃性；④ 辐照交联电线质量好，绝缘层交联均匀性佳，无焦烧、无气泡；⑤ 绝缘层不粘导体，容易剥离、机械性能好、耐应力开裂。但大剂量辐照可能产生氧化降解，破坏材料中的添加剂，影响材料使用性能。因此，如何抑制副反应、降低达到所需新材料的辐射剂量，是目前辐照加工中的重要研究方向。

辐射交联技术的开发，为电线电缆绝缘层材料、热收缩材料、橡胶硫化、高分子温控材料、泡沫塑料、工程塑料等辐射新产品的问世奠定了基础，同时也促进了相关产业的技术进步，其主导产品是高性能热缩材料、交联线缆、橡胶硫化、高分子发泡材料。

1) 热缩材料

热缩材料是一种记忆型材料，又叫“辐射交联热收缩材料”、“高分子形状尺寸记忆功能材料”。20 世纪 50 年代发现并使用，从而开创了功能高分子材料新的纪元。热缩材料加热到一定温度能收缩变小，原理是线性高分子材料在高能射线作用下交联，生成三维的具有特殊的“记忆”性能的网状结构。热缩制品在出厂前被施加外力变形，受热后即能记忆起形变前的形状，进而迅速恢复原状。利用这种特殊性质，通过加热将热收缩制品紧紧包覆在物体外面，起到防腐、防潮、绝缘、密封、接续等作用。

有专利报道了一种环保型阻燃聚烯烃热缩管的生产方法，先用双螺杆挤出机混炼造粒，再用单螺杆挤出机挤出粒料，制得成型管材，然后将管材经过电子加速器 100～150 kGy 辐射交联，最后将管材扩张定型。

热缩材料广泛应用于通信、电工、电力、石油、建筑、家电、军工等行业，主要分为电子类、电力类、管道防腐类、通信类等。电子类产品主要用于电子信息产业、汽车电子设备、家用电器等行业，电力类产品主要用于电力行业，管道防腐类主要用于石油、天然气输送管网等，通信类产品主要用于通信网络。例如为减少事故，国外很多标准(如美国国家标准 ANSI)都明确规定开关柜母线必须作绝缘防护处理。ABB 公司、德国西门子公司等均已使用热缩材料加强其电气产品的绝缘性能。而我国目前是最大的热收缩材料生产国，部分材料出口国外。

2) 交联电缆

因发现聚乙烯经辐射后不再溶解于溶剂的现象，Charlesby 和 Dole 成为辐射交联的先驱和创始人。如今交联聚乙烯(XLPE)已是电缆绝缘层最常用的材料，绝大部分高压电缆都采用了交联聚乙烯绝缘。交联电缆是指电缆的绝缘层采用交联材料，最常用的材料为交联聚乙烯(XLPE)。交联电缆在保持其原有优良电气性能的前提下，大大地提高了实际使用性能。长期工作温度由 70℃提高到 90℃或更高，短路允许温度由 140℃提高到 250℃或更高。

生产交联电缆的工艺方式分为过氧化物化学交联(包括熔盐交联、硅油交联、饱和蒸气交联、惰性气体交联)、硅烷化学交联和辐照交联。辐照交联是采用经过改性的聚乙烯绝缘料通过 1+2 的挤出方式完成导体屏蔽层-绝缘层-绝缘屏蔽层的挤出后，将冷却后的绝缘线芯均匀通过高能电子加速器辐照的过程。辐照交联电缆料中不含交联剂，由加速器产生的高能电子束穿透绝缘层，通过能量转换产生交联。辐照交联形成的交联键结合能量高，稳定性好，耐热性能优于化学交联电缆，电缆的电压等级以 6 kV 以下产品为主。因为工艺和剂量率等方面的原因，电线电缆生产中一般不采用 γ 射线交联。

3）橡胶硫化

橡胶辐射硫化过程中不需要加硫黄，而是通过高能射线粒子激活橡胶基中的橡胶分子，产生大分子自由基，自由基之间相互结合使橡胶大分子交联。与硫黄硫化的橡胶相比，无 SO_2 污染，橡胶的耐热性能提高，交联均匀，生产效率高，节约原料和能源，控制方便。

国外的轮胎制造工业生产工艺已大规模地引入电子束辐射交联技术，如利用辐射技术对橡胶预硫化，使橡胶预交联，降低橡胶的流动性，保证了轮胎在加工流水线上和最后硫化时的形状和三维尺寸。又如气胎制造法中，有一个内衬垫部件的尺寸稳定性非常重要，通过辐射预硫化赋予橡胶一定的生胶强度，保证内衬垫尺寸的稳定性。

另外，辐射硫化天然胶乳具有较高的安全性，在奶嘴、医用手套、避孕套、导尿管、玩具气球等方面有重要意义。相比传统硫化技术，天然橡胶辐射硫化不使用 N-亚硝胺类，细胞毒性（胞毒性）非常低，SO_2 逸出及产生灰烬较少，透明和柔软（低模量），降解性好。1986 年日本原子能研究所和冈本制作所成功试制出辐硫手套，焚烧时不会放出 SO_2，也不会留下灰渣，可用于原子能核电站防放射性污染。天然橡胶中含有一些致敏蛋白质，天然橡胶辐射硫化技术也可解决这一问题。

目前主要辐射硫化设备有 ^{60}Co 辐照装置和电子加速器两大类。^{60}Co 辐照装置适于进行体积较大的橡胶制品硫化及接枝。电子加速器种类很多，如电子帘加速器适用于薄型雨衣、医用硅橡胶薄膜制品等薄型橡胶制品的辐射硫化；电子直线加速器则可加工稍厚的橡胶产品；高频高压加速器是最适于辐射硫化的设备，目前大部分橡胶制品的辐射硫化都通过高频高压型加速器完成的。如日本在 20 世纪 70 年代已经实现汽车子午线轮胎的工业化生产，目前约 95％的轮胎均采用加速器辐照工艺。

4）高分子发泡材料

高分子发泡材料属于新材料行业，主要有软质发泡材料和结构泡沫材料。软质发泡材料柔软度好、质量轻，具备缓冲、保温、吸音、吸震、过滤等功能，广泛用于电子、汽车、家电、体育休闲等行业。以塑料（PE，EVA 等）、橡胶（SBR，CR 等）等原材料，加以泡沫稳定剂、催化剂、发泡剂等辅料，通过物理发泡或交联发泡，使塑料和橡胶中产生大量细微泡沫，体积增加，密度减少。结构泡沫材料以塑料（PVC，PET 等）等为基础，与软质发泡材料一样密度低、强度高，适于要求材料轻、强度高的高端领域，主要用于风力发电、游艇、轨道交通、航空航天、建筑节能等行业。

泡沫塑料主要品种是聚氨酯(PU)、聚苯乙烯(PS)、聚烯烃(PO)。聚烯烃类泡沫塑料物理、化学、力学性能良好,韧性、挠曲性、缓冲性能较优,具有电绝缘、隔热等优良性质,广泛用于化工、包装、建筑等领域。辐射交联聚乙烯具有轻、柔、软等独特性能,是目前市场上最为流行的软包装材料,也是各种家电、精密仪器等不可缺少的包装材料。聚乙烯发泡材料辐照加工用加速器能量为1.5～3.0 MeV,束流强度为10～40 mA,束功率为20～120 kW。

电子加速器装置与^{60}Co装置相比,具有功率大、辐射场稳定、处理量大、可调节、易维护、安全性好等诸多优点。各种类型的工业用加速器已经成为辐射加工的主要装备,也促进了加速器技术的发展和辐照加工工艺的不断创新。随着加速器技术和制造水平逐步走向专业化、智能化和系列化,高能电子束作为主流辐射加工技术是辐射化工行业的主要发展趋势。

10.8.1.2　辐射降解

辐射降解是指高分子聚合物在电离作用下发生主链断裂,从而使溶解度增加、热稳定性及机械性能降低。聚合物辐射降解无须添加物,成本低,无污染,反应易控,产品品质高,降解后产品的生物相容性不受影响。但辐射降解为无规律降解,主链断裂后形成较小的非均等的大分子,导致平均分子量减少和分子量分布变化,很少出现端基断裂和单体分子的生成。

辐射降解同样应用于废塑料的处理和橡胶的再生利用等方面。目前应用比较广泛的是聚四氟乙烯辐射裂解制造PIFE超细粉。聚四氟乙烯称为塑料之王,具有优良的力学、电学、化学性能,应用广泛,易辐射降解,是解决废弃聚四氟乙烯的方便手段,产品经过50～250 kGy剂量的γ射线或电子束辐照,辐解粉末具有自润滑性和耐药品性,是一种良好的润滑剂,可用作抗静电、耐摩擦的上等润滑剂。研究表明,聚四氟乙烯辐照降解的相对分子质量取决于辐照温度、剂量、气体成分等因素,全氟油生成的G值,300℃为0.89;500℃为2.07;在惰性气体下辐照生成的全氟油是全氟烯烃和全氟烷烃的混合物,在氧气气氛下辐照可生成全氟羧酸。

辐射法再生丁基橡胶与其他橡胶再生方法相比,具有能耗低、工艺简单、不产生"三废"等优点。辐射再生丁基橡胶可代替部分进口丁基橡胶,还可用作润滑油添加剂,减少进口,节约外汇。掺入辐射再生胶后制造橡胶制品,还可改善丁基橡胶的加工工艺。方法报道是废丁基橡胶回收,分离,粉碎后,装箱经过45～100 kGy辐照,可实现橡胶的再生。

此外,天然高分子如甲壳素、壳聚糖、纤维素等也可通过辐照降解提高应用效果或增加应用领域。采用 10～15 kGy 辐照剂量处理原料木质纸浆,可将聚合度从 800 降解至 400,纤维素的熟化反应阶段更易控制,且无硫化物排出,减少环境污染。藻酢酸,角叉菜胶辐射降解产物可用于制备具有促进植物生长的固化剂。壳聚糖 50～300 kGy 辐照降解产生的壳聚糖低聚物具有良好的抑菌作用。辐射降解魔芋精粉,得到的葡甘露中、低聚糖液产品纯净,物性安全、稳定。海藻酸钠辐照降解产物的粒径可达纳米量级,为其应用食品、药品提供了新的领域。稻麦秸秆等植物纤维可辐照水解成容易水解的糖类,成为生物能源,用作发酵生产酒精的原料。

10.8.1.3　电子束辐射固化

辐射固化是一种先进的材料表面处理技术,借助辐射实现化学配方(涂料、油墨、胶黏剂)由液态转为固态的加工过程。辐射固化包括紫外线固化、电子束固化。电子束固化是辐射固化的一种主要能量来源,通过电子加速器的高能电子束流辐射特定组分的树脂体系,引发聚合、交联反应,从而实现固化。电子束固化的能量范围为 150～300 keV,不仅不受涂层颜色的限制,还能固化纸张或其他基材内部涂料和铝箔等不透明基材之间的黏合剂,可应用于紫外固化不能完成的不透明涂料的固化。固化速度快、能源消耗低、产品质量好,可避免化学固化因使用溶剂而造成的环境污染。

电子束固化技术不适于加工形状复杂或厚度大的制件,厚制件可将电子束转换成 X 射线固化,但 X 射线的固化时间将延长 10 倍以上。目前研究最多的是电子束固化阳离子环氧树脂(EP),这种 EP 贮存稳定性优异、固化速度快、污染小、固化收缩率低,固化物的耐热性好、吸湿率小。

电子束固化技术已较成熟地用于涂层固化,如金属、陶瓷、磁带、纸张等产品表面加工处理。在某些条件下,涂层和基材还可发生接枝反应以增加涂层的牢固性。另外,由于电子束辐射穿透性高,在研制轻质、耐腐蚀、抗磨损、抗冲击、抗损伤、高强度、高模量的先进复合材料方面独具优势,这些增强复合材料可用于交通运输、基础结构、运动器材、航天及军工产业等方面。

美国福特公司首次将电子束固化技术用于汽车零部件和仪表涂层,开创了电子束固化技术用于工业生产的先河。同一时期,Album 印刷公司在包装材料上使用了电子束固化油墨和涂层。美国芝加哥家电印制公司也已经利用电子束固化油墨加工生产薄膜开关。据统计,2005 年世界各国拥有的电子束固化生产线共 800 条,其中美国 400 多条,占比 55%;日本 300 多条(包括科研开发)，占比38%；欧洲50～60条，占比7%。

表10-22 几种电子束固化复合材料与热固化复合材料[1]的性能比较

项　目	电子束固化树脂				977-3
固化条件	1 2 590 kGy	2 150 kGy	3 150 kGy	4 150 kGy	177℃×3 h
孔隙率/%	1.77	0.72	1.24	0.64	
T_g/℃	396	392	232	212	190/240
弯曲强度/MPa	1 986	2 006	1 793	1 765	1 765
弯曲弹性模量/GPa	196	163	163	154	150
压缩强度/MPa	1 565				1 680
压缩弹性模量/GPa	149				154
层剪强度/MPa	77	79	79	89	127
湿热[2]层剪强度/MPa	61				89

注：① 复合材料均用IM7纤维增强；
② 湿热条件为71℃浸泡一周，测试温度93℃。

10.8.1.4 辐射接枝聚合

接枝聚合是利用电离辐射导致某种聚合物分子的激发和电离，在主干聚合物A的主链上产生自由基等活性引发点，从而引发接枝聚合物单体B的接枝聚合反应，形成接枝共聚物，如图10-24所示。辐照聚合常采用溶液聚合法，获得高接枝率要求三个要素，即保持自由基活性、单体与自由基的充分接触、减少均聚，可分别通过低温下辐照和保存、保证主干聚合物与溶剂的高亲和力、适当加入阻聚剂来实现。

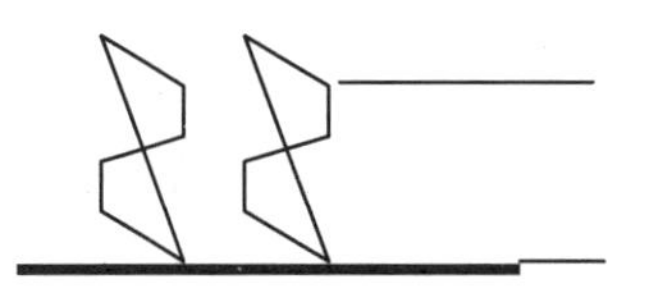

图10-24 接枝聚合物中单体聚合物分子和主干聚合物分子

辐射接枝通过改性增强或者增加物质的性能。利用辐射技术将极性分子接枝到聚乙烯材料表面，可改善其表面亲和性，有利于进行材料的粘接、印刷及涂层等二次加工。聚合物接枝后的表面状态和物理机械性能明显改善，从而拓宽了其应用范围。辐射接枝对象从天然高分子(如淀粉、天然橡胶、羊毛、丝绸)到合成高分子(合成橡胶、合成纤维、塑料)，几乎遍及整个高分子领域，是研制性能优异新材料的有效手段之一。

高能辐射接枝技术在纺织品改性方面的研究很多，如提高棉、麻的染色性能、增加尼龙 66 的阻燃性、改善真丝抗皱性等。利用电子加速器对蚕丝和棉纤维进行 2D 树脂及 BTCA 的预辐照和共辐照交联试验，可提高织物的抗皱性。还可以在纤维素表面通过辐射法接枝功能性单体，制成具有吸附气体（如 H_2S，NH_3）功能的特殊纤维。采用辐射技术对天然胶乳等进行接枝改性制备粉末橡胶也已取得阶段性进展，改性粉末橡胶可制造橡胶制品，也可作为增韧剂和增容剂，用于工程塑料的增韧。

辐射接枝还可用于功能性膜的制备，如电池隔膜、均相离子交换膜、电渗析膜、反渗透膜、生物医学功能膜等功能高分子材料。目前研究最热也最为普遍应用的是燃料电池隔膜，即在聚烯烃薄膜表面接枝水性单体，通过接枝不同的单体，可赋予聚合物薄膜特定的电化学和理化性能，使其符合不同电池对隔膜的技术要求。如通过辐射接枝制备接枝硅酸钙的功能化聚丙烯纤维，可用于吸附去除环境激素双酚 A。

近几年发展很快的淀粉类高吸水性树脂是一种新型功能高分子材料。使用 $^{60}Co-\gamma$ 射线作为辐射源，高岭石作引发剂，将丙烯酰胺和丙烯酸辐射接枝共聚到淀粉上，合成新纳米超级吸水聚合体（NASP），产品的吸水倍率可以高达 1 200 倍。

另外，辐射接枝由射线引发，不需要引发剂，接枝共聚物纯净，同时对产品有消毒作用，在医用高分子材料和功能药物载体制备方面具有重要意义。通过辐射方法，将生物酶、药物等活性物质固定在高分子聚合物中，制成长效缓释药物，植入人体内长期发挥作用。辐射高分子材料表面接枝共聚合可用于改善材料的表面亲水性、生物相容性，将不同官能团引入到聚合物，进行本体或表面改性，可提供与人体相容性更高的材料。如膨体聚四氟乙烯（PTFE）具有多孔渗水的纤维化物理结构，作为生物医用功能材料广泛地应用于牙齿和面部的骨骼再生临床医学、美容方面。如与人体组织十分接近的水凝胶，可用作抗血凝导管、插管、人造脏器、隐形眼镜等。辐照法制备的水凝胶具有纯净、不含杂质的特点，广泛应用于生物、医疗领域。水凝胶的主要成分为聚合物和水，是水溶胶的聚合物体系。聚合物水溶液用射线辐照，溶液的黏度随剂量增加而增大，到达某一剂量后，其中出现布丁状物质，就生成了水凝胶。该剂量称为凝胶化剂量。聚合物相对分子量越大，凝胶化剂量越小；水溶液浓度越高，凝胶化剂量也越小。

辐射接枝还可用于木材改性。木材改性是通过物理、化学处理，克服和改善人工林木材尺寸稳定性差、易变色、干缩湿胀、易燃、不耐腐、不耐磨等缺陷，延长木材使用寿命，赋予木材某些特殊功能，使低档木材高档化。木材改性技术包括木材塑合（软化）、热处理压缩和弯曲、浸渍、乙酰化、漂白、染色等。将有机单体浸渍到木材中，通过辐照处理诱导有机单体与木材细胞壁的主成分纤维素产生交联，增加木材的某些性能。

通过辐照把木材和辐射聚合的塑料结合，可生产木塑复合材料。木塑复合材料各方面性能指标都有所提高，如硬度提高 5～10 倍，抗压强度提高 1.2～3 倍，耐磨性能提高 2～9 倍，抗张强度提高 1.2～5 倍，冲击强度提高 1.1～2 倍，静态屈服强度提高 1.2～2.5 倍。利用辐射方法，提高普通木材（如桦木、枫木等）的密度、耐磨性、硬度、力学强度等性能，可克服易变形、腐烂、虫蛀等缺点，并使其达到或超过天然珍稀木材的性能。

目前，辐照改性阻燃木材是研发和生产的重要方向。将高效阻燃基团引入木材合成材料，经辐照交联固化形成阻燃木材，阻燃效果持久稳定。辐照改性阻燃木材性能指标与未加阻燃剂的辐射改性木材一样，成本大约提高 10%。产品具有天然木材的外观和纤维结构，改善了天然木材的尺寸稳定性、力学强度、耐腐蚀性、耐虫蛀等性能，可以避免和减少火灾形成的财产损失和人员伤亡。

10.8.2 辐射加工与医疗产品消毒灭菌

10.8.2.1 医疗卫生用品的消毒和灭菌

医疗卫生用品的灭菌、消毒主要有加热法、化学消毒法（如环氧乙烷熏蒸法）和辐照法三大类（见表 10 - 23）。其中加热法灭菌消毒能耗较大，环氧乙烷熏蒸法易造成环境危害。欧共体及其贸易伙伴自 1991 年起就禁止医疗保健行业用环氧乙烷、溴甲烷进行熏蒸灭菌处理，辐照灭菌取代其他灭菌方法已是人们的共识，是一种高效、节能、安全的灭菌方法。

表 10 - 23 医疗卫生用品 3 种灭菌、消毒方法比较

比较因素	灭菌程度	能　耗	残　留	工艺参数	生产方式
加热法	良	高	无	温度、时间	间隙、小批量加工
环氧乙烷熏蒸法	良好	低	残留并污染环境	温度、时间、压力、浓度、湿度	间隙、小批量加工
辐照法	彻底	低	无	时间	原包装、连续、不限量、冷加工

辐射消毒灭菌穿透力强，均匀彻底，产品温升小，不破坏包装，可连续操作，尤其适合风险高、灭菌要求高的医疗用品。美国 1956 年开始用加速器对手术缝合线进行灭菌，之后又将辐照技术用于塑料医疗用品灭菌，一次性医疗器械的辐照灭菌是美国 FDA 认可的医疗用品的最优终端灭菌方法。目前发达国家一次性医疗用品 40%～50%的比例采用辐射灭菌，全世界辐照源的 80%产能用于辐照医疗卫生产品。辐照灭菌消毒的医疗用品包括塑料制品、金属制品、一次性高分子材料医疗用品等，如一次性注射器、骨挫、外用手术刀、子宫避孕环、绷带、胶布、卫生巾、卫生纸、儿童卫生用品等。

我国现有医疗卫生用品采用辐照法灭菌的量并不大，一方面是社会对辐射法的优越性认识、宣传不够，社会对此缺乏了解和接纳；另一方面，对具体生产厂家来讲，辐照方法费用高于蒸汽法和化学熏蒸法，厂家为节省成本不愿采纳辐照法。

随着生活水平、认识水平的提高和立法执法的完善，辐照灭菌将逐渐得到认可，将对医疗设施和环境作出重要贡献，为社会带来巨大的经济效益。今后，应继续拓宽医疗卫生用品灭菌、消毒的应用范围，积极推进医疗用品辐照产业化。通过产学研结合，加强辐照加工工艺研究，减少吸收剂量不均匀度，尽可能降低辐照成本，提高工作效率；同时加强技术规范和标准化研究，与国际标准(ISO 11137)接轨，通过欧洲技术检验协会(TUV)等机构认证，使我国医疗卫生用品灭菌质量得到世界公认，为出口创汇的拓展贡献一分力量。

10.8.2.2 中药材的消毒和灭菌

中药材含有大量有机质，所有的中药材，包括根、茎、叶、花、果实等在生长、储存、运输及加工过程中，都容易滋生微生物，不仅影响药物质量，还可导致药源性疾病的发生。因此中药材生产中需要对原料进行杀虫灭菌处理。辐照技术广泛用于药品中的致病微生物消毒或所有微生物灭菌，对一些不耐高温、成分易挥发的药粉和中成药尤为适用，我国产业规模辐照的医药品种主要是中药，中药材辐射消毒已成为中药加工中的一道工序。1997 年，卫生部发布了《^{60}Co 辐照中药灭菌剂量标准》，规定了中药辐照最高耐受剂量，散剂和片剂 3 kGy、丸剂 5 kGy、中药原料粉 6 kGy；允许辐照中药材共 198 种、允许低剂量(不超过 3 kGy)辐照中药材 5 种(紫菀、锦灯笼、乳香、天竺黄和补骨脂)、不允许辐照中药材 2 种(秦艽、龙胆及其制品)。目前，美国药典(USP25)规定高有效灭菌剂量为 2.5 kGy，中剂量为 1 kGy，低剂量为 0.2～0.4 kGy。

我国于20世纪60年代开始中药辐照杀菌研究，先后进行了辐照中药灭菌工艺、质量评价、药效评价、生物指标指示剂、辐解产物等方面的研究，并对一些品种进行了化学、药理、毒理的系统研究。中成药辐照灭菌研究表明，2 kGy辐射的散剂，细菌数降低90%以上；蜜丸经辐射后细菌数降低，降低幅度分别为，2 kGy为78%～85%，4 kGy为85%～93%，5 kGy为87%～96%，6 kGy为89%～97%。大部分品种辐照处理未见明显变化，仅个别品种有明显变化，如秦艽中龙胆苦苷10 kGy辐照后含量明显变化。另外，部分单体辐照后虽没有明显变化，但测定含此成分的药材，尤其是中成药，发现此成分的含量有一定程度下降，而且水分对成分含量影响较大，表明液体制剂受辐照影响比较大。

10.8.2.3　医疗产品灭菌的实施与管理

灭菌是指使产品中无任何类型的存活微生物，但灭菌过程中的微生物死亡曲线呈指数函数下降，因此单位产品上的微生物存在用概率(无菌保证水平*SAL*)表示，概率可减少到很低，但不可能为零。通常无菌是指出现微生物污染品的概率为百万分之一，即无菌保证水平为10^{-6}。

灭菌是一个特殊过程，其加工的有效性不能通过检验最终产品而加以证实。因此，灭菌过程需经过确认才能使用。医疗产品辐照灭菌验证遵循ISO 11137，相应的国家标准是GB 18280。ISO 11137标准分为3个部分，一是灭菌过程的设计、确认和常规控制，二是灭菌剂量的建立，三是剂量测量指南。待灭菌的医疗产品要求是在合乎要求的条件下制造，确保产品在辐照之前就具有相对较低的微生物污染数。一般医疗产品采用有效灭菌剂量25 kGy，即可提供10^{-6}的灭菌保证水平。

辐照灭菌验证主要包括安装确认、操作确认、性能确认等内容。安装确认是确认辐射源、传送系统、附属设施、计量装置的计量状态、工作环境的符合性。操作确认是针对每个传送系统，测量不同位置的吸收剂量，验证不同辐照容器或包装的剂量分布，保证不同位置的吸收剂量都在规定范围内。一般相关因素有变化后都需要进行操作确认。性能确认包括物理性能确认和微生物性能确认，物理性能确认包括确认产品装载模式、包装方式、剂量分布、最大和最小吸收剂量数值及位置、产品最大可吸收剂量等；微生物性能确认是证明在灭菌过程后，产品的无菌性能已经达到特定的要求(*SAL*①$=10^{-6}$)。

① *SAL*，sterility assurance level，指产品灭菌后微生物生存概率。

灭菌剂量对微生物性能有至关重要的影响，建立灭菌剂量的方法在 ISO 11137第二部分有详细阐述。辐照灭菌产品的放行采用参数放行，不需要进行无菌实验，这一放行准则的依据是定期的辐照灭菌剂量审核，审核内容在 ISO 11137第二部分有详细阐述。具体操作是在最大和最小剂量点放置剂量计，监测每批次灭菌的最大和最小剂量，若数值在验证剂量的范围内，产品即可放行。

10.8.3　辐射加工在其他领域的应用

10.8.3.1　电子元器件辐照加工

通过辐照在材料中引起位移损伤、电离等效应，导致材料光电等物理性质变化，用于改善、提高电子元器件性能。应用高能电子束辐照技术控制半导体器件参数是近年来半导体器件控制技术的重大突破。如电子束辐照快速可控硅、双向可控硅，可提高其参数性能。电子束辐照加工硅阻尼二极管、硅P^+NN^-结构高频整流二极管，其反相恢复时间和止向压降的一致性和重复性优于传统工艺制造的二极管，产品高温性能明显改善，满功率热老化试验(≤175℃)稳定安全，产品合格率可提高 30%。电子束辐照开关二极管、超高速二极管、快速二极管也能提高其主要参数和降低废品率。电子束辐照掺磷、硼的 NPN 型电子器件，可提高其反向击穿电压。辐照小规模 TTL 和中规模 SG 系列的集成电路，可改善其开关速度，增大集成电路的增益等。如用电子束辐照后，SnO_2传感器有比较好的稳定性，SnO_2气敏传感器在电子束辐照下，其灵敏度显著提高，在乙醇、氢气浓度相同条件下，随辐照剂量增加，SnO_2气敏传感器灵敏度显著提高，传感器所需的响应时间和恢复时间缩短。

10.8.3.2　宝石着色

利用核辐照技术对天然宝石进行改色处理，也是应用核物理学研究领域里的热门课题。利用高能射线和粒子辐照宝石，破坏其正常晶格结构，使晶体内部产生不同类型的点阵缺陷(空位、离位原子或离子)，进而诱发新色心的形成，导致颜色改变。使淡色或无色宝石产生鲜艳的颜色，提高产品质量和价值。

已有辐照赋色法主要包括粒子辐照法、γ 射线辐照法和中子辐照法。其中 α 射线辐照产生的电子陷阱极浅，宝石易受放射性污染，不宜采用。γ 射线穿透力强，不诱发放射性，可使整个钻石改色，是大多数宝石最常用的辐照方法。

目前辐照赋色的宝玉石品种主要有钻石、蓝宝石、黄玉、电气石、绿柱石、金绿宝石、锆石、水晶、养殖珍珠等。辐照处理的改色效果如下：

钻石：从无色、浅色到蓝色、绿色、黑、黄色、褐色、粉红色、红色。

黄玉：从无色到黄褐色，再经加热形成天蓝色。

石英：从无色到烟灰色和紫色。

珍珠：从杂色到深灰色、黑色。

绿柱石：从无色到黄色，再经加热到天蓝色，但易褪色。

锂辉石：从无色到绿色，但易褪色。

刚玉：从无色到黄色，从粉红色到橙色(帕德马蓝宝石)。

碧玺：从浅色到黄褐色，从粉红色到红色。

海蓝宝石：从蓝色到绿色，从浅蓝色到深蓝色。

锆石：从无色到褐色、微红色。

美国、加拿大、巴西、俄罗斯、德国等国研究较早，我国 20 世纪 80 年代才开始这项工作。辐照宝石的目的不尽相同，如去杂色、改善宝石颜色和色调，因此对辐照源的要求也不尽相同，需进行效果和经济估算确定最佳辐照源。研究发现，绿柱石不能用核反应堆辐照改色，其化学成分中^{9}Be可与中子发生核反应变成半衰期长达 1.36×10^{6} 年的放射性元素^{10}Be，释放出 β 射线。

另外，实际加工过程中要注意宝玉石辐照处理可能会出现的负面效应，如颜色不稳定、分布不均匀，损伤宝石表面，局部产生的高温可能使宝石碎裂等。研究发现：无色黄玉辐照后变为棕黄色，同批次辐照样品中，产生了深浅两种颜色，深色样品变色速率慢，浅色样品变色速率快，颜色达到一定程度后，再延长辐照时间，两者颜色都不再加深。黄玉的棕黄色不稳定，浅色样品强阳光下数小时即褪色，深色样品也只需 1～2 d 颜色就减退，200℃时处理时两者都会很快褪色。部分黄玉样品 γ 射线处理后变成棕色，再经 250℃加热一个晚上后变成稳定的蓝色，对光和热稳定，用标准的宝石学测试方法也无法将它与天然的蓝色黄玉区别[17]。

10.8.3.3 *环保废物处理*

近年来，电子加速器和 γ 射线辐照处理环境污染物的应用显示了巨大潜力，辐照烟气脱硫脱硝技术、污泥及废水处理等方面的应用已初步工业化，一些中间试验装置已成功运转。与常规处理技术相比，辐照除废一般在常温常压下进行，工艺简单、反应速率快、效率高、可控性好、降解反应物(CO_2 和 H_2O)无二次污染，尤其适用于常规技术难处理的环境污染物，如难以降解的有毒有机污染物等。

利用辐射化学效应，通过加速器处理除去工业废气中的 SO_2，NO_x 和 HCl 气体，使其生成 H_2SO_4，HNO_3，处理前向废气中加入适量的氨，使 SO_2，NO_x 同氨反应转成农用复合氨肥，实现烟道同时脱硫脱硝。成本估算表明，电子束辐射净化废气的成本较湿法处理低 40%。日本已在一家铁厂建成投产一座中间工厂，最大废气净化量 10 000 m^3/h，对 $(200\sim2\ 000)\times10^{-6}$ 的 SO_2 和 $(160\sim620)\times10^{-6}$ 的 NO_x 有很高的去除率。

辐射处理生活污水和工业废水（如印染污水、造纸污水），除可以杀菌外，还能使有机、无机污染物改性、氧化或分解，显著降低 BOD（生化需氧量）、COD（化学需氧量）值，可用于醛类、氰化物、有机汞、亚硝胺、含氯有机物及染料等除废处理，对于生化方法难以处理的污染物更具实用意义。

辐照消化污泥能杀灭细菌、病毒和寄生虫卵，抑制杂草种子发芽，破坏胶体，减少体积，提高脱水速率，灭菌后的淤泥可作肥料施于农田。

辐照除废的主要问题是所需剂量一般较大，因自由基与有机物反应的选择性较差，易受自由基消耗剂的影响。为降低能耗，节约成本，可采取与其他常规技术如催化技术、敏化技术等相结合的方法。

10.8.3.4　其他

皮革、羽绒、羊毛等商品在贮运过程中易受虫蛀，损失常达 10%以上。用 0.8 kGy 电子束辐照，30 天内害虫即全部死亡，起到防霉杀虫的作用。辐照还能抑制羊皮变质、变味，对新鲜皮革有着特殊的效果。

利用辐射化学效应，还可制备纳米金属材料、纳米合金、纳米氧化物及纳米复合材料。辐射法制备的贵金属有 Pd(10 nm)，Pt(5 nm)，Ag(8 nm)，Au(10 nm) 等粒径很小的纳米粉末。

结语

随着环保意识的增强，高效、节能、无污染、易控制的绿色化工产业愈来愈受到重视。辐射技术正在以旺盛的生命力、绿色环保的优势，源源不断地开发出新的应用领域，渗透到社会生产生活的方方面面、各个环节。作为新时代的核技术专业研究人员，应进一步加强技术开发，努力创新，重点解决好从研究开发到产业化过程中的关键技术、关键工艺问题，使技术和产品与国际接轨，尽快把已有的成熟技术应用到生产中去，为我国辐射加工产业发展做出更多更新更大的贡献。

10.9 辐照技术的快速发展及其前景

食品辐照技术在20世纪50年代在美国开始进行辐照杀菌的研究，20世纪七八十年代在WHO，FAO和IAEA等国际组织的支持下进行了全球合作研究，全面研究和评估了辐照灭菌、杀虫和延长货架期等应用的有效性和辐照食品的安全性，1980—1990年代建立了食品辐照技术应用的国际标准和各国国家标准，而各国的认可进一步促进了1990年代食品辐照技术在保障食品安全商业化的应用以及推动了21世纪初食品辐照技术在保证植物安全的检验方面的商业化应用。

10.9.1 辐照设施的发展

自1983年食品法典委员会标准中规定用于食品辐照技术的辐照源为钴或铯放射源、能量小于10 MeV的电子加速器和能量小于5 MeV X射线机以来，绝大部分国家和地区标准均采用了这个规定。我国和食品辐照相关的所有标准均认可这3种辐照源。但这3种辐照源在技术和实际应用中的发展并不平衡。

现阶段全球用于食品辐照的放射源均为钴源，铯源只在少数几个实验室作为研究用源。由于钴源技术相对简单，且具有穿透力强、剂量范围适合食品辐照等优点，钴源是大部分国家商业化应用的首选辐照源，特别是在东南亚的发展中国家。例如我国有近百台钴源在运行，每年处理几十万吨的辐照食品，为提高我国的食品安全作出了重要贡献。但由于放射源的逐年衰减，钴源的运行每2～3年需要再投资添加新的源，而钴源的购买和运输手续烦琐，等候时间长，有时还供不应求。再加上钴源可用于制备核弹等防恐的担心，为钴源的应用投下阴影。

电子加速器技术的应用先是在电线电缆的交联等领域，低能量小功率的加速器就可以满足这方面应用的要求。由于穿透力差、大功率的加速器运行不够稳定、一次投资大等原因，加速器在食品上的应用一直落后于钴源。但近年来，随着技术的成熟，大能量和功率的加速器运行稳定性在提高，设备的一次性投资也逐步和钴源有可比性，用于食品辐照方面应用的加速器迅速增加。电子加速器关闭电源后就不在产生放射性，没有了核恐方面的担心，也是投资者考虑采用的原因之一。但电子加速器在运行和维护上技术要求较高，在一段时间内加速器的发展还得面对钴源的竞争。

X 射线机在食品辐照方面的应用依然很少。虽然 X 射线机具有电子加速器高剂量率和钴源高穿透力的优点，但技术上的原因直接影响着 X 射线机的应用。X 射线机为电子加速器产出的电子束经转靶得到 X 射线，所以高性能的电子加速器技术的发展是 X 射线机发展的基础，电子加速器技术的成熟将会促进 X 射线机的应用。但射线转靶的能量转换率低导致了运行成本加大。为了提高 X 射线的转化率，美国已经批准了将 X 射线的能量由 5.0 MeV 提高到 7.5 MeV，CAC 也正在修订有关标准提高 X 射线的能量限。

总之，钴源在食品辐照技术的应用中仍然会占主要的地位，电子加速器发展迅速，有望在不久的将来和钴源平分市场，X 射线的应用是未来发展的一个方向，还要依靠技术和标准等因素的保证。

10.9.2　辐照应用领域

食品辐照技术的应用主要有两大领域，即辐照保障食品的卫生安全和辐照作为一种检疫处理方法。

与冷冻、微波等其他食品安全技术相比，由于“辐照”本身的敏感性，食品辐照技术的应用研究得到了深入全面的研究，而这些研究结果本身为食品辐照在全球的发展打下了很好的理论基础，从科学上已证明辐照处理的食品没有致癌致畸和致突变等问题，随着宣传的深入，逐步打消了企业应用这项技术的顾虑，提高了消费者的接受性。因此，辐照的食品是否有经济可行性成为是否可以商业化应用的主要因素。辐照香辛料和脱水蔬菜控制微生物含量已经在全球得到广泛的应用，辐照大蒜、土豆等抑制发芽，及冷冻水产品的辐照在东南亚均有规模的商业化应用；辐照加工的肉制品延长货架期在中国应用越来越多；生肉制品如牛肉饼的辐照在美国已应用多年。但谷物的辐照杀虫需要设计专用的辐照设施，辐照处理后的谷物不能解决二次染虫的问题，水果蔬菜延长货架期和低温贮藏相比没有竞争优势，均没有大规模的商业化应用。随着钴源装源能力的增加和电子加速器的应用，可以在短时间内满足较大剂量的辐照，从技术上可以支持中高剂量的辐照如长货架期或应急食品等食品上的应用。

辐照作为一种检疫处理方法的应用近些年发展很快。美国在 2003 年开始接受辐照作为进口水果的检疫处理后，已有近 10 个国家的水果经辐照检疫处理后在美国市场销售。目前的应用主要是解决果蝇等水果害虫的检疫问题。美国市场接受辐照检疫对辐照检疫的商业化应用起到了很好的引导作用，受其影响，随后新西兰和澳大利亚也开始接受辐照检疫水果，辐照检疫已经成为一种可以接受的检疫处理方法。从辐照检疫技术的应用程序上，美国等已结合原有的熏蒸检疫等检验程序，建立了包括辐照设施认可等一套成熟的程序来建立和执行水果的辐照检疫处理。

除此之外，辐照技术在医疗用品的灭菌、宠物食品的杀菌、中草药和化妆品等方面也有广泛的应用。

10.9.3 标准

在辐照食品的技术应用中，相关标准的制定一直在影响着这项技术的商业化进程。与其他的食品加工技术不同，食品辐照技术应用的前提是得到国家相关部门的批准，包括辐照食品的种类和辐照设施两方面。20 世纪 80 年代 CAC 标准“辐照食品国际通用标准”(Codex STAN106 - 1983, Rev. 1 - 2003)和“食品辐照加工工艺国际推荐准则”(CAC/RCP19 - 1979, Rev. 1 - 2003)的制定，成为很多国家标准制定的主要参考标准，也得到不少国家的直接采用，这些标准促进了食品辐照技术在全球的商业化。在欧洲地区，欧盟成立之前，法国、荷兰等国家的辐照食品均有一定规模，但欧盟成立后，只通过了允许香辛料这一类食品的辐照，结果是严重地阻碍了这项技术在欧盟的应用，辐照食品的量逐年下降，到 2012 年每年只有不到一万吨。而在亚太地区，由于各国支持辐照食品标准的制定，相应的标准在不断地完善，辐照设施和辐照食品的数量一直在增加，成为世界上发展最快的地区。

辐照食品标准的及时制定和完善是保证辐照食品技术应用的基础。辐照食品种类上，大部分国家与我国一样，采用了国际原子能机构推荐的按类批准食品辐照，但还需要从事辐照的研究人员和加工企业的推动，及时添加补充有市场应用前景的种类到标准中。标准的制定和宣贯本身就是一个推广过程，美国在这方面的经验也值得推广。如近期叶类蔬菜引起了几起严重的食物中毒事故，美国农业部和相关企业合作，对辐照控制叶类蔬菜中的病原菌进行了研究，推动了相关法规的出台。目前美国正在对生食海产品的辐照标准进行评估，而这项标准同样也是在发现生食海产品中的病原菌的问题，经过研究和企业的提议而推动制定的。对中国来说辐照冷冻水产品有很大的市场前景，正在制定的食品安全国家标准《食品辐照》中包括了水产品的辐照，相信这个标准的批准会进一步促进我国水产品的辐照。

允许用于食品辐照的设施在食品辐照标准中有严格的要求。正如本节前面谈到 CAC 正在修订有关标准提高 X 射线的能量限到 7.5 MeV，若这个标准能顺利通过，势必会促进 X 射线在食品辐照中的应用。

10.9.4　消费者的接受性

消费者的接受性一直以来都是辐照食品无法回避的一个议题。自从辐照技术用到食品上，就一直有反对者的声音。部分反对者是反对一切原子能的利用，包括核电等。核爆炸和原子弹带来的恐惧，让一部分人将所有的原子能利用都与恐惧挂上了钩。另外，"辐照食品"这个名字本身也容易让人误解，认为辐照食品就是有放射性的食品。

消费者的担心，也一直影响着食品辐照的标准的制定。1983 年 CAC 标准的建立过程中争议的主要问题就是是否要求辐照食品标识。CAC 有关食品标签要求中的一个基本原则，即是在不能从科学上证实某种新技术的使用，会使产品发生重要变化的情况下，就没有必要对这项新技术的标识提出特殊要求。但在制定《食品辐照的通用法规》时，确实是考虑了消费者对这一较为特殊的食品加工技术的反应而做出折中的决策。即虽然已从科学上证明，辐照不会使食品发生重要变化，但还是从消费者的知情权上考虑对"辐照食品"强制标识。实际上，CAC 规定的辐照食品标识非常严格，不只是辐照的食品需要标识，而当辐照食品作为食品的加工材料时也必须在原料表中说明。大部分国家采用了 CAC 对辐照食品标识的要求。

标准制定过程中的争议，也暗示了这项技术在商业化应用中所遇到的困难。对消费者进行教育一直伴随着辐照食品的应用，但似乎还远远不够。当消费者首次接触到辐照食品时，首先表现出的是怀疑这种食品是否安全。在食品企业认可了辐照技术时，也会由于消费者的表现也让食品企业担心，担心强制标识会影响辐照食品的商业化。

但是 30 多年的经验证明，尽管有不少反对的声音，标识的辐照食品并没有因为标识在销售上受到太大的影响。新西兰是世界上反对辐照食品声音最大的国家之一，辐照检疫处理的水果还是在正常销售。中国 2009 年"辐照门"事件发生后，媒体对辐照食品有持续一个月的宣传和讨论，方便面企业普遍对其中的辐照调料包进行了标识，而标识并没有影响销售量。另外一个事实是辐照加工企业在这次事件后的辐照加工业务普遍增加。

总而言之，食品辐照技术随着辐照设施的逐步升级，辐照食品标准的逐步完善，辐照食品种类的增加，企业和消费者对这项技术的逐步接受，会在提高食品安全性和国际贸易中发挥越来越重要的作用。

参考文献

[1] 史戎坚. 电子加速器工业应用导论[M].（第一版）. 北京：中国质检出版社，2012 年.

[2] 黎亚平，万兰芳. 电子束辐照材料剂量分布的蒙特卡罗计算[J]. 三峡大学学报（自然科学版），2010，32(2)：110－112.

[3] 史小卫. 国内外 HACCP 体系建立和实施的法规和标准汇编及分析[M]. 北京：中国标准出版社，2007，9－10.

[4] 哈益明. 控制辐照食品安全的 HACCP 质量管理体系[J]. 核农学报，2004，18(1)：22－25.

[5] 哈益明. 辐照食品鉴定检测原理与方法[M]. 北京：中国农业出版社，2013.

[6] Lee H J, Byun M W. Detection of radiation-induced hydrocarbons and 2－alkylcyclobutanones in irradiated perilla seeds [J]. Food protect, 2000, 63: 1563－1569.

[7] Crone A V J, Hamilton J T G. Effect of storage and cooking on the dose response of 2－dodecylcyclobutanone, a potential marker for irradiated chicken[J]. J. Sci. Food Agric., 1992, 58: 249－252.

[8] Stewart E M, Moore S. 2－alkylcyclobutanones as markers for the detection of irradiated mango, papaya, Camembert cheese and salmon meat [J]. J. Sci. Food Agric., 2000, 80: 121－130.

[9] Betts R P, Farr L, Bankes M F. The detection of irradiated foods using the direct epifluorescentfilter technique [J]. Journal of applied bacteriology, 1988, 64: 329－335.

[10] Della W M Sin, Yiu Chung Wong. Analysis of γ－Irradiated Melon, Pumpkin, and Sunflower Seeds by Electron Paramagnetic Reso-nance Spectroscopy and Gas Chromatography Mass Specrometry [J]. J. Agric. Food Chem., 2006, 54: 7159－7166.

[11] Jo D, Kim B K, Kausar T. Study of photo stimulated -and thermo -luminescence characteristics for detecting irradiated kiwifruit [J]. J. Agric. Food Chem., 2008, 56(4): 1180－1183.

[12] Sulaxana K C, Kumar R, Nadanasabapathy S, et al. Comprehensive Reviews in Food Science and Food Safety[J]. Journal of Food Science, 2009, 8: 1－168.

[13] Aleksieva K, Georgieva L, Tzvetkova E. EPR study on tomatoes before and after gamma-irradiation [J]. Radiation Physics and Chemistry, 2009, 78: 823－825.

[14] Aquino S, Ferreira F, Rhbeiro D H B. Evaluation of viability of Aspergillusflavus and aflatoxins degradation in irradiated samples of maize[J]. Brazilian Journal of Microbiology, 2005, 36: 352－356.

[15] Di Stefano V, Pitonzo R, Cicero N, et al. Mycotoxin contamination of animal feedingstuff: detoxification by gamma irradiation and reduction of aflatoxins and ochratoxin A concentrations [J]. Food Addit. Contam. Part A Chem. Anal. Control Expo. Risk Assess, 2014 Sep 25.

[16] Luo W, Zhang W A, Chen P. Synthesis and properties of starch grafted Poly[acrylamide-co-(acrylic acid)]/montmorillonite nano superabsorbent via-ray irradiation technique[J]. Journal of Applied Polymer Science, 2005, 96: 1341－1346.

[17] Nassau K, Prescott B E. Blue and brown topaz produced by gamma irradiation[J]. American Mineralogist, 1975, 60(7): 705－709.

附录 1

中国核农学大事记(1997—2014 年)

1997 年

4 月 21—25 日,中国原子能农学会辐射专业委员会和中国同位素与辐照加工行业协会共同主持召开的“小型钴源经济效益研讨会”在江苏扬州举行。

7 月 24 日,农业部发文(农人函[1997]14 号),同意中国农业科学院原子能利用研究所增挂中国航天工业总公司空间技术农业应用研究所的牌子,业务上由农业部和中国航天工业总公司共同领导。

12 月 28 日,中国农业科学院组织召开成立大会,庆祝“中国航天工业总公司间技术农业应用研究所”成立,中国航天工业总公司刘纪元总经理,农业部路明副部长,卢良恕、王淦昌、王希季院士,以及中国农业科学院吕飞杰院长等领导出席会议。

1999 年

8 月 21 日,国家发展计划委员会将农业部、中国科学院和中国航天工业总公司联合申请的国家航天育种工程项目建议书上报国务院。同年 12 月 28 日,经国务院第 56 次办公会议研究通过,批准国家航天育种工程立项。

2000 年

2 月 17 日,国家发展计划委员会发文(计高技[2000]155 号)批复国家航天育种工程项目,并要求农业部等部门尽快组织编写项目可行性研究报告。

5 月,中国原子能农学会在黄山召开第六届全国会员代表大会暨第四届核农学青年学术交流会,70 多位代表出席大会。

2001 年

5 月 24 日，国家航天育种工程项目可行性研究报告通过了国家发展计划委员会委托中国国际工程咨询公司组织的专家论证评审。

2002 年

11 月，由中国原子能利用研究所组织筹建的农业部辐照产品质量监督检验测试中心，通过了国家质检总局和农业部的双认证，获准正式成立。这是我国第一个辐照产品的质量监督检验测试中心。

10 月，中国农业科学院原子能利用研究所申报的农业部核农学重点开放实验室在农业部第三批重点实验室论证中获得通过。2003 年 10 月农业部正式批准挂牌。

12 月 24 日，中国农业科学院党组书记、院长翟虎渠、副院长屈冬玉，到中国农业科学院原子能利用研究所宣布：根据科技部、财政部、中编办联合下发的(国科发政字〔2002〕第 356 号)“关于农业部等九个部门所属科研机构改革方案的批复”文件精神，原子能利用研究所，转制为科技型企业，更名为农产品加工研究所。同时宣布，中国农业科学院党组任命魏益民为农产品加工研究所所长，免去张宝明所长职务。

2003 年

4 月 22 日，国家航天育种工程项目可行性研究报告获国家发展和改革委员会批准(发改高技[2003]138 号)。

2004 年

8 月 28—30 日，中国原子能农学会和中国同位素与辐射行业协会共同主办的“食品辐照质量标准与管理国际研修班”在中国农业科学院召开。此次培训活动是国际原子能机构技术援助项目(CPR05/16)的一部分内容。来自全国各地从事食品辐照研究与应用单位的约 80 名代表参加了此次国际研修班。国际原子能机构给予了积极的支持。国际原子能机构食品辐照与环境保护科技术官员 Ms. Tatiana Rubio 博士和国际原子能机构聘请的专家 Mr. Yves Henon 博士来华参加了此次国际研修班的授课和研讨活动。国际研修班开幕式由项目主持人——中国原子能农学会秘书长、中国同位素与辐射行业协会副理事长王志东研究员主持。中国原子能农学会理事长温贤芳研究员、中国同位素与辐射行业协会陈殿华秘书长和国际原子能机构食品辐照与环境保护科技术官员 Ms. Tatiana Rubio 博士分别在开幕式上致辞。研讨会主要内容包括：① 食品辐照的国内外标准和辐照食品的贸易现状，辐照食品检测及其在贸易中的需求；② 辐照装置运行的质量保证体系：将以国外的辐照设施为实例介绍包括人员要求、安全操作、剂量和辐照食品质量保证、运行程序等内容；③ 辐照设施的国际认证：包括 ISO 9000：2000、ISO 11137：2000，美国、欧盟等主要农产品进口国对辐照设施的资格认证；④ 辐照加工的新领域、新技术。

10月27—29日，中国原子能农学会在杭州召开第七届全国会员代表大会暨学术交流会。来自全国各科研单位、高等院校的专家学者100多人出席会议。中国国家原子能机构、中国核学会、中国同位素与辐射行业协会、中国农业生物技术学会、浙江省科学技术协会、中国农业科学院原子能利用研究所和浙江大学农业与生物技术学院的代表先后在开幕式上致辞。大会选举产生新一届理事会和常务理事会及理事会领导班子，浙江大学核农学徐步进教授被选为理事长，王志东(常务)、杨剑波、陈秀兰、哈益明、朱永官任副理事长，秘书长由王志东兼任，温贤芳任名誉理事长，陈子元院士任荣誉理事长。

在大会收到36篇学术论文中，推选了18篇在会上进行了交流。学会常务理事会根据《核农学报》编辑部的统计，对2000年以来在《核农学报》上积极发表论文、成绩突出的单位和个人进行了表彰；其中中国农业科学院原子能利用研究所、浙江大学原子核农业科学研究所分别获得集体第一名和第二名、江苏里下河地区农科所和山东省农业科学院原子能利用研究所并列集体第三名。

2005年

3月14日，经国防科技工业委员会批准，中国农业科学院成立“中国IAEA/RCA协调管理办公室”。办公室的主要职责是：协助国防科工委(对外称“国家原子能机构”)组织、开展与IAEA/RCA在农业领域的核技术合作与交流活动，包括项目的征集、筛选、评审和实施过程中的管理、监督、总结及评价；承办相关国际合作与交流活动；负责全国IAEA/RCA合作项目数据库和有关网站的建立、运行、维护和管理；完成国防科工委交办的其他相关事务。

7月27日，中国农业科学院宣布：为加强国家层面核农学领域的平台建设和组织协调工作，决定成立“中国农业科学院核农学研究中心”。“中心”实行理事会制度，由刘旭副院长担任“中心”第一任理事长，国际合作局、科技局、农产品加工研究所和作物科学研究所领导任副理事长，“中心”挂靠农产品加工研究所并设秘书处，王志东副所长任秘书长。“中心”主要任务：有效整合我院在核农学领域的技术、人才和设施等资源优势；推动核农学科技创新体系的形成，促进核农学学科的纵深发展，积极承担国家核农学研究项目；为国际原子能机构特别是 RCA 工作提出设计规划，协调国内各研究单位与本地区成员国之间的有关合作与交流活动。

2006 年

1 月 24 日，中国原子能农学会与中国农业科学院国际合作局在北京联合召开核农学领域国际合作研究工作总结暨专家座谈会。国家原子能机构国际合作司张静司长到会，并就核农学领域国际合作的主要项目申请渠道和支持重点做了主旨发言；中国农业科学院章力健副院长以及农产品加工研究所、作物科学研究所、农业环境与可持续发展研究所、植物保护研究所、北京畜牧研究所的专家出席会议并介绍了各自在核农学领域国际合作的工作进展和主要问题。会议由院国际合作局张陆彪局长主持。

6 月 21 日，中国原子能农学会在湖北三峡，召开第五届全国核农学青年学术交流会，130 多位代表出席大会。大会评选出优秀论文 12 篇。为办好此次活动，学会秘书处申请到了国家自然科学基金委的经费资助。

9 月 9 日，搭载 2 000 多份育种材料的我国第一颗农业育种科研专用卫星“实践 8 号”，在酒泉卫星发射中心顺利升空。农业部杜青林部长、城市建设部汪涛部长、农业部机关各司局领导、各省农业厅厅长和中国农业科学院的专家、领导观摩了整个发射过程。

9 月 24 日，“实践 8 号”专用卫星在四川遂宁地区成功回收。

10 月 12 日，农业部在中国农业科学院组织召开了国家航天育种工程项目全国育种协作组启动大会。

2007 年

4 月 23—25 日，中韩核技术农业与生命科学应用学研讨会于在杭州召开，会议由中国原子能农学会、浙江省原子能农学会、浙江省核学会与浙江大学原子核农业科学研究所联合承办。来自中国和韩国的核技术农业与生命科学领域的专家共30多人参加了学术交流。

6月30日，为扭转核农学发展的不利局面，中国原子能学会秘书处起草并征求专家意见后，形成关于加强我国核农学发展的专题报告。报告由陈子元、卢良恕、李振声、王乃彦、方智远、王琳清、徐步进、郑企成、梁劬等9位院士、专家联合署名，上报给国务院总理温家宝。信中呼吁在国家层面上重视和加强我国核农学的发展，并给予积极支持。

8月10日，国务院向国防科工委传达了温家宝总理的批示。

10月25日，国防科技工业委员会根据温家宝总理的批示，对专家建议进行了认真的研究，并将有关考虑上报国务院。国务院秘书局将该文转发农业部、科技部、财政部和中编办。

12月17日，国防科技工业委员会根据温家宝总理的再次批示，由孙勤副主任组织召开了委内系统二司、人事教育司、财务司、科技司和国际合作司参加的核农学发展专题会议。会议研究了中国原子能农学会秘书处提交的"关于我国核农学发展状况的情况报告"，提出上报国务院的七点建议(12月24日上报国务院)，即：① 根据国务院"三定"方针，国防科工委的职能包括核行业管理，其中涵盖核农学；② 在核农学管理方面，国务院各部委的职能确实存在部分交叉，需要加强协调，国防科工委作为核行业主管部门可以牵头；③ 组织制定全国核农学发展规划，牵头建立必要的协调机制，从核能开发项目中给予核农学适当支持；④ 国防科工委可在基础科研计划中，继续支持军民两用核技术应用的科研项目，加强研究成果的转移和应用，促进核技术应用的产业化发展；⑤ 加强核农学专业人才的培养和专业学科建设；⑥ 研究设立国家核农学研究中心的建议；⑦ 牵头召开有关部委参加的核农学专题会，研究如何做好相关工作。

2008年

1月17日，国防科技工业委员会牵头，邀请中编办四局、农业部、科技部、财政部和中国原子能农学会参加，由国防科工委王毅韧副秘书长主持召开"关于加强我国核农学发展"的专题合作协调会议。中国原子能农学会理事长徐步进、常务副理事长兼秘书长王志东和王琳清研究员参加会议，王志东汇报了我国核农学的发展状况和面临的主要问题以及解决问题的建议。经过讨论研究，会议形成五点建议，即：① 关于核农学的中长期发展规划问题，会后国防科工委将与科技部、农业部协商谁负责牵头；不论谁牵头，国防科工委都要支持；② 请中国原子能农学会准备中长期规划的草案；③ 以中国农业科学院核农学领域的科研骨干为基础成立国家核农学研究中心很有必要，会后商中编办、农业部人事司；④ 建立跨部委的协调机制，建议定在司长级，由副部长牵头；⑤ 对核农学的经费投入问题，"十二五"肯定要有考虑，但不要等到"十二五"，尽快在"十一五"启动，几个部委都从各自的角度支持一部分，不要重复，要保证"十二五"能正常运作。具体工作可委托农业部、中国农业科学院和中国原子能农学会。

3 月 18 日，中国原子能农学会在中国农业科学院组织召开了编写《中国核农学发展规划》的启动会，中国农业科学院刘旭副院长致辞，国内知名专家 24 人参加，会议讨论通过了《规划》的编写提纲和工作进度及任务分工等项内容。

6 月 24 日，中国原子能农学会在杭州组织召开《中国核农学发展规划》统稿会。与会专家经过充分讨论，对《规划》内容进行了修改、完善。浙江省农业科学院作物与核技术研究所承办会议。

8 月 27 日，中国原子能农学会在北京组织召开《中国核农学发展规划》定稿会。国家国防科工局郭永吉副司长、中国农业科学院科技局戴小枫副局长及参与规划编写工作的 20 余位专家出席。会议对《规划》进行了修改和最终审定，并同意上报国防科工局。

10 月 8—9 日，农业部批准由浙江大学核农所主持的、中国原子能农学会主要会员单位参与的公益性行业科研专项经费"核技术农业应用"研究项目启动实施；项目启动会在浙江大学召开，来自全国 35 家科研单位的 58 名专家参加了会议。

2009 年

农业部公益性行业科研专项"核技术农业应用"项目中期考评会议于 2009 年 6 月 26—28 日在武汉顺利召开。此次大会由浙江大学原子核农业科学研究所主办、湖北省农科院辐照加工研究所承办，共有来自全国 8 大区域、4 大分课题的从事核技术农业应用研究的近 30 家项目执行单位的 70 余位代表参加了此次大会。会议分别对照项目任务书和协议，考评每个子课题的执行进度；同时审核经费使用情况，严格按照预算和国家规定使用项目经费以期保质保量地完成任务。

11 月 18—19 日，中国原子能农学会召开第八届会员代表大会暨中国核学会 2009 年学术年会。18 日，与会全体代表出席了在北京国家会议中心举行的中国核学会学术年会，中国原子能农学会第七届理事会理事长徐步进教授做了“中国核农学发展战略思考”的大会邀请报告，受到代表们的关注。

19 日，中国原子能农学会第八届全国会员代表大会暨学术报告会在北京国家会议中心召开。农业部、国家原子能机构、中国农业科学院、中国核学会、中国同位素与辐射行业协会及中国原子能农学会挂靠单位中国农业科学院农产品加工(原子能利用)研究所的领导，以及中国科学院院士、中国核农学创始人之一陈子元教授出席了开幕式。

会议开幕式由第七届中国原子能农学会理事长徐步进教授主持。中国农业科学院党组薛亮书记、国家农业部科技教育司石燕泉副司长、国家原子能机构国际合作司宋功保处长(代表刘永德司长)、中国核学会潘传红秘书长、中国同位素与辐射行业协会陈殿华秘书长、中国农业科学院农产品加工(原子能利用)研究所魏益民所长等领导分别讲话和致辞，对大会召开表示热烈祝贺。学会荣誉理事长陈子元院士出席会议并发表了讲话。

徐步进理事长代表第七届理事会向大会做了工作报告；王志东常务副理事长(兼秘书长)向大会做了财务工作报告；陈秀兰副理事长做了理事会换届工作的说明，并主持了投票选举。经与会代表的无记名投票，产生 106 位第八届理事会理事。在随后召开的八届一次理事会上，选举产生 36 位常务理事及理事会领导班子，王志东研究员担任理事长，华跃进、陈秀兰、陈浩、哈益明、许德春、杨俊成任副理事长，秘书长由哈益明兼任。

2010 年

1 月 7—8 日，中国原子能农学会在四川省成都市召开了八届一次理事长会议，会议由学会理事长王志东研究员主持。会议主要内容如下：① 根据农业部对社会团体的工作要求，组织开展深入学习实践科学发展观活动；② 讨论研究学会 2010 年工作计划；③ 人事问题。

2009 年 11 月学会完成换届工作，但副秘书长人选及《核农学报》编委会副主任人选尚未确定，本次会议对候选人进行了研究后，同意将名单提交常务理事会表决。会议建议：① 今年学会活动计划要注意与“公益性行业经费(农业)项目验收会”的结合。争取通过这次项目验收，为核农学在“十二五”规划中立项提供技术支持和可靠保证。同时加强对申报成果奖的组织协调工作，最好能够形成“一家牵头、多家参与”形式。② 重视筹备组建核农学国家工程中心等平台建设的前期工作。这将为今后整个学科的发展创造极为重要的有利条件。现在应该动员各单位积极创造条件。

会议还对学会会费收取工作进行了研究。会议确定：为保证会费能够按时收取，每年1—3月为会费收取时间；秘书处要及时提醒催办。

3月5日，学会召开了八届二次常务理事会（通讯）会议，对学会副秘书长、《核农学报》副主编和编委会副主任以及常设机构负责人等人选进行了投票选举。

3月12日，国家国防科技工业局组织专家，对我会组织申请、中国农业科学院农产品加工研究所主持的"辐照保障食品安全的控制技术研究"课题进行论证，并一致同意该课题启动实施（2010—2012年），专家论证会由王乃彦院士主持。

7月28—30日，由学会主办，延边大学农学院承办的"中韩食品辐照研讨会"在吉林省延吉市举行。来自中国原子能农学会、延边大学农学院和韩国原子能研究院等单位的21位专家就两国食品营养与安全、辐照技术在现代食品加工中的应用、特殊用途食品（应急食品等）的研究与开发、天然功能性产物的研究与开发等内容进行了报告与交流。会后，我会与韩国原子能研究院共同签署了"中韩食品辐照双边合作备忘录"；相互约定在今后进行进一步的交流与合作，并努力寻求各自政府项目支持。

12月，应国际原子能机构核技术农业应用联合司和瑞士理工大学邀请，中国原子能农学会组团访问了瑞士理工大学、国际原子能机构总部及塞贝斯多夫实验室。

2011年

1月7日，中国原子能农学会八届三次常务理事会在北京召开，26位常务理事出席了会议。会议除听取学会秘书处对学会2010年的工作总结和2011年工作计划的汇报外，重点讨论研究全国核农学"十二五"期间组织争取科研项目的工作思路。会议邀请中国同位素与辐射行业协会陈殿华秘书长、中国核学会潘传红秘书长、国家环保部核与辐射安全中心商照荣处长分别介绍了本部门、本系统即将组织的、与核农学相关的科研项目和活动。各位常务理事对"十二五"期间学会工作方向、形式及重点提出了宝贵的意见和建议，并达成共识，特别是表达了对支持学会在"十二五"开局之年积极争取国家项目、发挥学科优势的强烈意愿。

1月11日，农业部组织对浙江大学主持的公益性行业科研专项"核技术农业应用”研究项目进行专家验收,该项目 4 个课题全部通过专家验收。会前,该项目通过了农业部委托社会力量进行的财务审计。

3 月 21 日,国际原子能机构委托中国原子能农学会在北京组织召开“食品辐照技术在社会经济发展中的新应用”项目(IAEA/RCA RAS5046)中期评估会,来自中国、孟加拉国、印度、印度尼西亚、马来西亚、蒙古、缅甸、新西兰、巴基斯坦、菲律宾、韩国、斯里兰卡、泰国和越南 14 个 IAEA 成员国的国家协调员出席了本次会议。此次会议主要目的是推动亚太地区食品辐照技术进展,以及食品辐照领域的国际合作。学会邀请了国家卫生监督部门、检验检疫部门和国内核农学科研单位、辐照设施研发企业的 20 余位专业人员以观察员身份参加会议。会上对该项目 4 年来的各项活动进行了回顾和总结,各国协调员详细介绍了食品辐照技术在本国内的应用情况,具体包括辐照设施数量、标准法规的建立与修订、食品辐照技术面临的问题等。参会代表一致认为自该项目执行以来,辐照技术的应用在大多数国家得到了提高。同时,各国代表对当前存在的问题分别提出了对策,并确立了下一步的研究目标和计划。

4 月 7 日,中国原子能农学会在江苏省扬州市组织召开“核农学发展战略研讨会暨中国原子能农学会八届四次常务理事会”,并同期召开了《核农学报》编委会会议,探讨了学报如何进一步发展、提高和扩大影响力的工作。

发展战略研讨会上,分别邀请了学会辐射育种、同位素示踪、辐射加工等专业学术委员会负责人,对国内外核农学各领域的最新发展趋势及“十一五”期间国家科研项目的执行情况进行了介绍。与会代表认真听取报告,并进行了充分的讨论。结合核农学科中长期发展规划和“十二五”期间协同立项等方面内容展开研讨与交流,会议的交流提供了极具建设性的思路和建议。

《核农学报》编委会上,学报编委们纷纷就收稿时严把关、提高英文质量、适当缩短稿件时滞、充分发挥编委的力量、保持影响因子稳定、充分利用网络平台、加大宣传力度和保持办刊经费稳定等方面提出建议和措施。编辑部工作人员认真听取这些建议,并表示要把这些建议积极落实到日常工作中。本次会议得到了江苏里下河地区农业科学研究所的大力支持。

4 月 16 日,农业部批准启动公益性行业科研专项经费研究项目“核技术在高效、低碳农业中的应用”(201103007),项目启动会在浙江大学核农所召开。

8 月 18 日,由学会主办,四川省原子能研究院承办的 2011 年“中韩食品辐照专题研讨会”在四川省成都市成功召开。来自中国原子能农学会及韩国原子能研究院的 30 位从事食品辐照研究的代表出席了会议,会上有 14 位代表分别报告了辐照技术在功能性食品、应急食品、太空食品、特殊人群食品、地方风味食品、新型食品材料等方面的应用与发展情况。参会代表就报告的内容进行了深入讨论。会后，中韩双方代表签订了合作备忘录，并就今后共同促进相关技术合作，争取两国政府项目支持等方面达成了一致意见。本次会议得到四川省原子能研究院的大力支持。

10月14日，中国原子能农学会在贵州贵阳召开第六届全国核农学青年学术交流会暨中国核学会2011年学术年会，90多位代表出席大会。会上有19位青年学者汇报了自己的科研工作，并同与会专家进行了交流、讨论；经过无记名投票打分，10篇报告被评选为本次交流会的优秀报告。会议期间，中国原子能农学会召开学会八届四次理事会会议。会议经过无记名投票，同意增补中国农业科学院农产品加工研究所所长戴小枫同志为中国原子能农学会副理事长；学会副秘书长叶庆富教授代表秘书处对学会2011年的工作进行了总结汇报，重点内容包括：开展创先争优活动、学科建设与发展及学会日常工作3个方面内容。学会理事长王志东研究员到会并主持会议，名誉理事长徐步进教授在闭幕式上做了重点发言。此次青年学术交流会活动，得到国家自然科学基金委的经费资助。

2012年

2月14—17日，中国原子能农学会在广东省广州市与中国检验检疫科学研究院联合举办辐照检疫国际培训班。培训班邀请了国际原子能机构(IAEA)专家 Yves Henon 先生和 Woodward D. Bailey 博士与中国检验检疫科学院詹国平研究员、中国农业科学院高美须女士共同授课，重点讲授辐照技术基本原理、法规制定、应用现状、检疫监管、设施核查等内容。来自全国检验检疫系统和食品辐照行业的44名正式代表全程参加了培训，广东出入境检验检疫局检验检疫技术中心部分技术人员旁听了技术报告。培训中，学员赴华南农业大学华大辐照中心对辐照设施进行了实地考察，广泛开展了技术交流，并参加了辐照设施核查和检疫辐照处理应用技术的两次考试。在考试合格的基础上，IAEA专家代表机构向每位学员颁发了培训证书。

3月12日，学会在江苏扬州召开八届五次常务理事会会议暨《核农学报》编委会会议。常务理事会听取了学会秘书处关于我会2011年度的工作总结和2012年度工作计划的汇报。编委会由学报编委会主任王志东研究员主持，28位编委出席了会议；学报主编华跃进做主旨发言；编委们围绕进一步改进审稿流程、缩短稿件时滞(由双月刊向月刊过渡)、提高期刊质量、加大期刊宣传、增加期刊收入等方面进行了讨论,提出了许多可行性强的建议。

4 月 11 日,由学会主办,河南省同位素研究所有限责任公司承办的农业部公益性行业科研专项经费研究项目“核技术在高效、低碳农业中的应用”(201103007)项目执行交流会在河南省郑州市召开,会议共有来自 28 家项目参加单位的 60 余位专家参加。会议对 2011 年项目启动以来总体进展情况进行了汇报,并由 4 位课题负责人分别组织子课题单位进行讨论,集中汇报了各子课题研究进展、阶段性成果及 2012 年工作计划。会议还就项目管理中存在的问题进行了分析,讨论制定出解决和完善这些问题的有效对策。江苏省里下河地区农业科学研究所、河南省科学院同位素研究所有限责任公司负责人先后对本单位在科研管理、成果转化、开发应用等方面进行了经验介绍。

11 月 11—13 日,学会参与组织的首届中国核技术应用产业国际论坛在成都召开。来自国际辐射协会、亚太及欧盟的核技术专家、中国的两院院士以及全国辐照行业的 200 余名正式代表在成都双流国际会展中心聚集一堂。王志东理事长率团,陈浩、哈益明副理事长及刘录祥专委会主任参会,哈益明和刘录祥分别就辐照食品、辐射育种两大核农技术应用的国际发展与产业现状进行了主题演讲、交流,展示了我国核农领域的成就和应用前景。

2013 年

4 月 15—21 日,由中国农业科学院农产品加工研究所主持的国际原子能机构 TC 项目(CPR5021)资助,中国原子能农学会组织了由华跃进、陈秀兰、陈浩副理事长和陈勋副院长组成的科访团,参加了在美国德克萨斯州 T&M 大学国家电子束研究中心举行的 2013 年度国际电子束与 X 射线辐照技术研讨会。该研讨会有来自中国、美国、韩国、墨西哥、法国、罗马尼亚等多个国家的 30 多名专业人士参加。

研讨会期间,与会专家听取了 20 场讲座,就电子束和 X 射线应用于食品辐照的原理、技术实现、过程控制等以及公众对辐照食品的认同问题进行了讨论,参观了美国国家电子束研究中心,并在该中心进行了 3 次剂量测试实验工作;同时也与世界领先的电子束与 X 射线设备制造厂商就技术、设备等问题进行了良好深入的交流。

5 月 11 日,浙江大学核农学组织召开农业部公益性行业科研专项“核技术在高效、低碳农业中的应用”(201103007)中期考核会议,项目内 4 个课题的负责人分别汇报了本课题 2 年来的主要工作进展和存在的问题。项目首席科学家华跃进教授主持会议。

5 月 12—13 日,学会在杭州召开中国原子能农学会八届六次常务理事会暨《核农学报》编委会。

9 月 12—13 日,中国核学会 2013 年学术年会在黑龙江省哈尔滨市召开,学会王志东、华跃进、陈秀兰、许德春、哈益明等学会领导及专家、科研骨干 50 余人参加会议。会上共有 12 篇核农学领域论文参加了学术交流。

2014 年

1 月 3—4 日,中国原子能农学会在中国农业科学院研究生院召开换届工作领导小组第一次工作会议。15 位小组成员中有 13 位参加,会议由王志东理事长主持。会议研究了领导班子换届方案,同意前期酝酿后形成的第九届学会领导班子候选人方案,以及学报编委会和正副主编的换届人选方案。

2 月 17—22 日,由中国农业科学院农产品加工研究所主持的国际原子能机构 TC 项目资助,中国原子能农学会组织我会理事长王志东和湖北农业科学院农产品加工与核农技术研究所所长程薇研究员、中国计量学院生物系副主任潘家荣教授赴巴西核技术研究所执行项目科访活动。科访期间,代表团重点考察了巴西在食品辐照领域的研究工作以及在食品保鲜方面的生产应用情况,与巴西核技术研究所辐照技术研究室围绕食品辐照技术研究与应用进行了学术交流;双方讨论了在食品辐照领域深入开展科技合作的意向并签署了合作备忘录。

7 月 16 日,学会八届七次常务理事会在杭州召开。会议重点研究了换届工作中新增理事、常务理事候选人的情况等。

7 月 17 日,中国原子能农学会在杭州召开第九届全国会员代表大会暨学术交流会,122 位代表出席会议。大会选举产生新一届理事会、常务理事会及理事会领导班子,华跃进教授担任理事长,戴小枫、王志东(常务)、陈秀兰、陈浩、程薇、范家霖、彭选明、赵奇、叶庆富、刘录祥任副理事长,哈益明任秘书长。

9 月 24 日,联合国粮农组织与国际原子能机构在奥地利首都维也纳国际原子能机构总部联合召开颁奖大会,隆重颁发植物突变育种奖,中国大使代表中国科学家接受颁奖。中国江苏里下河地区农科所陈秀兰研究员领导的辐射突变育种团队荣获联合国植物突变育种杰出成就奖,四川原子能研究院、中国农业科学院作物科学研究所和浙江大学原子核农业科学研究所等三个中国科研团队同时获得育种成就奖。该奖项颁发于联合国粮农组织/国际原子能机构核技术粮食和农业应用联合司成立 50 周年之际，以表彰科研人员为国际粮食安全做出的贡献。

11 月 15 日，浙江大学农学院在紫金港校区隆重举行陈子元院士执教从研 70 年暨中国核农学发展论坛大会。全国政协文史和学习委员会副主任、浙江省政协原主席、浙江大学校友会农学院分会会长周国富，浙江省人大原副主任孔祥有，浙江大学副校长张宏建，中国科学院院士唐孝威，中国工程院院士陈宗懋、陈剑平，全国核农学界的专家学者及浙江大学师生代表共计 250 余人参加会议。农学院副院长、核农所所长华跃进主持仪式。

中国科学院院长白春礼院士专门发来贺信，对陈子元先生的业绩予以高度评价。张宏建副校长、周国富校友在致辞中，高度赞扬陈子元院士 70 年如一日，兢兢业业，呕心沥血，和国家命运同呼吸，与时代脉搏共起伏，为祖国科技教育事业做出的卓越贡献。陈子元院士在答词中谦逊地表示："我能为国家做点事情，离不开父母的养育、党和人民的培育、老师的教育，离不开前辈、同行特别是同事们的鼎力相助"。国家"老科学家学术成长资料采集工程"成果《让核技术接地气——陈子元传》一书同时首发。

当天下午，中国原子能农学会举办"陈子元先生执教从研 70 周年核农学发展论坛学术研讨会"。

附录 2

常用放射性核素表

说明：

EC：电子俘获；IT：同质异能跃迁；SF：自发裂变。

在核素左上角质量数后有“m”者，表示相应核素的同质异能素；“γ”辐射栏中核素符号后带有“KX”或“LX”者，表示相应核素的 K 层或 L 层电子转换的 X 射线。如 V-KX，就表示 V(钒)的 K 层电子转换的 X 射线；0.511(β^+)表示正负电子湮灭时所释放出的 γ 光子能量。α 射线能量是定值，该表值在 E_0 栏内。

（a-年；d-天；h-小时；min-分）

核素	半衰期	衰变方式	β或α辐射			γ 辐 射			
			能量/MeV		比率/%	能量/MeV	比率/%	内转换系数/%	内转换电子能量/MeV
			E_0	E					
^{3}H	12.35 a	β^-	0.018 6	0.005	100				
^{14}C	5 720 a	β^-	0.156	0.049	100				
^{22}Na	2.601 a	β^+	0.546		90.49	0.350	2.3		
			1.820		0.05	0.511(β^+)	200		
		EC			9.46				
^{32}P	14.26 d	β^-	1.709	0.694	100				
^{35}S	87.48 d	β^-	0.167	0.048	100				
^{36}Cl	3.01×10^{5} a	EC			1.9				
		β^-	0.709	0.252	98.1				
		β^+	0.12		0.017	0.511(β^+)	0.04		
^{45}Ca	164 d	β^-	0.257	0.076	100	0.012 5	1.7×10^{-3}		
^{46}Sc	83.34 d	β^-	1.48		0.004	Ti-KX			
			0.357	0.112	~100	0.889	100		
						1.121	100		
^{51}Cr	27.7 d	EC			(100)	0.005~0.006	~22		
						(V-KX)			0.312
						0.320	9.83		

（续表）

核素	半衰期	衰变方式	β或α辐射 能量/MeV			γ辐射			
			E_0	E	比率/%	能量/MeV	比率/%	内转换系数/%	内转换电子能量/MeV
^{55}Fe	2.7 a	EC			100	0.006	～28		
						(Mn-KX)			
^{59}Fe	44.6 d	β^-	0.048		0.1	0.143	0.8		
			0.132		1.1	0.195	2.8		
			0.274		45.8	0.335	0.3		
			0.467	0.116	52.7	0.383	0.02		
			1.566		0.3	1.095	55.8		
						1.292	43.8		
						1.482	0.06		
^{58}Co	70.8 d	β^+	1.3		6×10^{-4}	0.006～0.007	～26		
			0.475		15	(Fe-KX)			
		EC			85	0.511(β^+)	30		
						0.811	99.4		
						0.864	0.7		
						1.675	0.5		
^{60}Co	5.27 a	β^-	0.318	0.094	99.9	1.173	99.86	0.02	
			1.491		0.1	1.333	99.98	0.01	
						其他	<0.01		
^{63}Ni	100.1 a	β^-	0.066	0.017	100				
^{65}Zn	243.8 d	β^+	0.325		1.46	0.008～0.009	38		
		EC			98.54	(Cu-KX)			
						0.345	～0.003		
						0.511(β^+)	3.0		
						0.770	～0.003		
						1.115	50.7		
^{76}As	26.3 h	β^-	0.542		2	0.56	45		
			1.184		2	0.646	6		
			1.756		8	1.205	6		
			1.854		4	0.64	均<1		
			2.413		29	—2.66			
			2.972		54				
^{85}Kr	10.73 a	β^-	0.672	0.249	99.57	0.514	0.43		
			0.158		0.43				

（续表）

核素	半衰期	衰变方式	β或α辐射 能量/MeV		β或α辐射 比率/%	γ 辐射 能量/MeV	γ 辐射 比率/%	内转换系数/%	内转换电子能量/MeV
			E_0	E					
^{86}Rb	18.7 d	β^-	0.69		8.8	1.077	8.8		
			1.77	0.558	91.2				
^{85}Sr	65.0 d	EC			100	0.364	0.002		
						0.514	100		
						0.88	0.017		
						0.013～0.015 (Rb－KX)	～60		0.499
^{89}Sr	50.75 d	β^-	1.463	0.583	～100	0.913	0.009		
			0.554		～0.01				
^{90}Sr	28.5 a	β^-	0.546	0.200	100				
^{90}Y	64.1 h	β^-	0.513		～0.02	1.734	很弱		
			2.274	0.931	～99.98				
^{91}Y	58.6 d	β^-	1.545	0.213	99.7	1.205	0.3		
			0.356		0.3				
^{95}Zr	63.98 d	β^-	0.360	0.115	43	0.235	0.19		
			0.396		55	0.724	44.5	0.11	
			0.89		2	0.757	54.6	0.1	
^{95}Nb	35.1 d	β^-	0.160	0.046	>99.9	0.776	99.98	0.1	
			0.924		<0.075				
^{99}Mo	66.2 h	β^-	1.234	0.398	82	0.041	1.2	4.8	
			0.88		1.0	0.140	5.4	0.7	
			0.448		17	0.181	6.6	1.0	
			0.25		0.3	0.372	1.4		
						0.412	0.02		
						0.529	0.05		
						0.621	0.02		
						0.741	13.6		
						0.778	4.7		
						0.823	0.13		
						0.950	0.1		
						0.998	<0.01		
						1.002	<0.01		
						1.016	<0.01		

(续表)

核素	半衰期	衰变方式	β或α辐射			γ 辐射			
			能量/MeV		比率/%	能量/MeV	比率/%	内转换系数/%	内转换电子能量/MeV
			E_0	E					
^{99}Te	2.13×10^{5} a	β^{-}	0.204		很弱	0.089	6×10^{-4}		
			0.293	0.085	～100				
^{103}Ru	39.35 d	β^{-}	0.101		6.3	0.053	0.4	0.8	
			0.214	0.062	89.0	0.113	～0.01		
			0.456		0.3	0.242	～0.01		
			0.711		4.4	0.295	0.3		
						0.444	0.4		
						0.497	88.2		
						0.557	0.8	0.4	
						0.610	5.5		
						0.020～0.023 Rh-KX	～9		
^{105}Rh	369 d	β^{-}	0.039	0.009	100				
^{110m}Ag	250.38 d	β^{-}	0.084	0.070	67.6	0.116	～0	1.4	0.090
			0.531		31	0.447	3.4		0.113
			1.5		0.6	0.620	2.7		
		IT			1.4	0.658	94.2	0.3	
						0.678	11.1		
						0.678	6.9		
						0.707	16.3		
						0.744	4.5		
						0.764	22.5		
						0.818	72		
						0.885	71.7	0.1	
						0.937	34.4		
						1.384	25.7		
						1.476	4.1		
						1.505	13.7		
						1.562	1.2		
^{111}Ag	7.47 d	β^{-}	0.16		0.4	0.096	0.28		
			0.69		6.8	0.245	1.35	0.08	
			0.79		0.8	0.278	<0.001		
			1.03		92	0.342	6.55		
						0.374	0.003		
						0.524	0.003		
						0.621	0.018		
						0.867	0.005		

（续表）

核素	半衰期	衰变方式	β或α辐射 能量/MeV E_0	E	比率/%	γ辐射 能量/MeV	比率/%	内转换系数/%	内转换电子能量/MeV
^{109}Cd	453 d	EC			100	0.088 0	3.6	96	0.062
						(^{109m}Ag)			0.084
						0.022～0.025	67.6		
						Ag－KX			
^{114m}In	49.5 d	IT			96.3	0.024～0.028	～37		
		EC			3.7	(In－KX)			
						0.192	16.6	79.7	0.164
						0.558	3.7		0.188
						0.725	3.7		
^{113}Sn	115 d	EC				0.255	1.8		
						0.393	64	0.1	
						0.024	73		
						～0.028			
						In－KX			
^{121m}Sn	76.3 a	β^-	0.354		100	0.037 2			
						Sb－KX			
^{123}Sn	125 d	β^-	0.34		～2	1.089	2		
			1.42		98	1.032			
^{122}Sb	2.72 d	β^-	1.41		63	Sn－KX			
			1.97		30	0.56	63		
			0.73		4	0.69	3.4		
		β^+	0.73		0.01	1.20	0.7		
		EC	0.59		2.4	1.14	0.7		
^{124}Sb	60.2 d	β^-	2.3	0.385	23	0.603	98.0	0.4	
			1.65		3	0.464	7.2		
			1.57		5	0.709	1.4		
			0.94		2	0.714	2.3		
			0.86		4	0.723	11.2		
			0.61		52	0.791	0.7		
			0.21		9	0.968	1.9		
						1.045	1.9		
						1.325	1.5		
						1.355	0.9		
						1.368	2.5		
						1.437	1.1		
						1.691	50.4		
						2.091	6.1		
						其他	＜0.5		

（续表）

核素	半衰期	衰变方式	β或α辐射			γ 辐 射			
			能量/MeV		比率/%	能量/MeV	比率/%	内转换系数/%	内转换电子能量/MeV
			E_0	E					
^{132}Te	78 h	β^-	0.215	0.047	100	0.053	13.9	86.1	0.020
						0.112	1.8	1.2	0.048
						0.116	1.9	1.1	0.197
						0.228	89	8	
^{125}I	58 d	EC			100	0.027	138		
						—0.032			
						Te - KX			
						0.035	7	93	0.004
^{131}I	8.03 d	β^-	0.247		1.8	Xe - KX			0.003
			0.304		0.6	0.080	2.4	3.8	0.046
			0.334		7.2	0.164	0.7		0.330
			0.606	0.180	89.7	0.284	5.9	0.3	
			0.806		0.7	0.364	81.8	1.7	
						0.637	7.2		
						0.723	1.8		
^{131m}Xe	11.77 d	IT			100	Xe - KX			0.129
						0.164	2	79	0.159
^{133}Xe	5.29 d	β^-	0.266		0.9	0.030	～46		0.043
			0.346		99.1	～0.036			0.075
						Cs - KX			
						0.080	0.4	0.5	
						0.081	36.6	63.3	
						0.160	0.05		
						0.302			
^{134}Cs	2.06 a	β^-	0.089	0.152	25	0.243	0.021		
			0.415		3.0	0.327	0.014 4		
			0.658		70	0.475	1.46		
			0.891		0.045	0.563	8.38		
			1.454		0.008	0.569	15.43		
						0.605	97.6	0.5	
						0.796	85.4	0.2	
						0.802	8.73		
						1.039	1.00		
						1.168	1.8		
						1.366	3.04		

（续表）

核素	半衰期	衰变方式	β或α辐射			γ 辐射			
			能量/MeV		比率/%	能量/MeV	比率/%	内转换系数/%	内转换电子能量/MeV
			E_0	E					
^{137}Cs	30.17 a	β^-	1.173 2		5.3	0.032～0.038	8		
			0.511 6	0.196	94.7	(Ba-KX)			
						0.662	85.1	9.5	
						0.636	11.4		
						0.671	1.7		
						其他	<0.5		
^{131}Ba	11.7 d	EC			100	0.029 6			0.019
						Cs-KX			0.042
						0.496	48	0.5	0.049
						0.124	28	25.0	0.088
						0.216	19	2.0	
						0.373	13	0.3	
						其他			
^{133}Ba	11.3 a	EC			100	0.031			0.045
						Cs-KX			0.075
						0.053	2.2	11.9	0.266
						0.079	2.4	4.2	0.319
						0.081	33.8	55.6	
						0.303	18.7	0.8	
						0.356	61.9	1.5	
						其他			
^{140}Ba	12.80 d	β^-	0.468		24	0.014	1.3	72	0.024
			0.582		10	0.030	14	79	0.029
			0.886		2.6	0.163	6.2	0.7	
			1.005		46	0.305	4.5	0.3	
			1.019		17	0.424	3.2		
			其他		0.4	0.438	2.1		
						0.537	23.8	0.2	
						0.602	0.6		
						0.661	0.7		
^{140}La	40.27 h	β^-	1.247		11	0.131	0.8		
			1.253		6	0.242	0.6		
			1.288		1	0.266	0.7		
			1.305		5	0.239	21		
			1.357	0.490	45	0.432	3.3		
			1.421		5	0.487	45		

（续表）

核素	半衰期	衰变方式	β或α辐射			γ 辐 射			
			能量/MeV		比率/%	能量/MeV	比率/%	内转换系数/%	内转换电子能量/MeV
			E_0	E					
			1.685		18	0.752	4.4		
			2.172		7	0.816	23		
						0.868	5.5		
						0.925	2.5		
						0.920	2.9		
						0.950	0.6		
						1.597	95.6		
						2.348	0.9		
						2.522	3.3		
						其他	<0.5		
^{141}Ce	32.53 d	β^-	0.581	0.144	30	Pr-KX		22	0.104
			0.44		70	0.145	48		0.139
^{144}Ce	284.4 d	β^-	0.19		19.5	Pr-KX			
			0.24		4.5	0.080	2		
			0.320	0.081	76	0.134	11		
^{143}Dr	13.6 d	β^-	0.931	0.314	~100	0.742	1.2×10^{-3}		
			0.191						
^{147}Nd	11.02 d	β^-	0.803	0.227	81	0.091	27.9	57.4	0.046
			0.363		15	0.121	0.5		0.084
			0.208		2	0.275	0.9		
						0.319	2.1	0.1	
						0.398	0.9		
						0.440	1.2		
						0.531	13.3		
						0.686	0.8	0.2	
						其他	<0.5		
^{147}Pm	2.623 a	β^-	0.103			0.122	4×10^{-3}		
			0.225	0.062	~100				
^{151}Sm	~93 a	β^-	0.076			Eu-LX			0.014
						0.022	4		0.020
^{154}Eu	16 a	β^-	0.26		28	Gd-KX			
			0.58		38	0.123	32	36	0.073
			0.87		24	0.248	6	1	0.115
			1.86		10	0.593	6		0.122
						0.693	<4		

（续表）

核素	半衰期	衰变方式	β或α辐射			γ辐射			
			能量/MeV		比率/%	能量/MeV	比率/%	内转换系数/%	内转换电子能量/MeV
			E_0	E					
						0.706	<4		
						0.726	20		
						0.759	<4		
						0.875	15		
						0.998	11		
						1.007	19		
						1.277	38		
						1.60	2		
^{185}W	74 d	β^-	0.304			0.125	~0.005		
			0.429	0.124	>99.9				
^{195}Au	183 d	EC			100	Pt-KX	~90		0.018
						0.030	1.1	~37	0.028
						0.099	10.4	75	0.085
						0.129	0.7	1.3	
^{203}Hg	46.6 d	β^-	0.212	0.057	100	0.071			0.194
						~0.085	12.8		0.264
						(Tl-KX)			0.275
						0.279	81.5	18.5	
^{204}Ti	3.78 a	β^-	0.763	0.267	97.4	0.069~			
		EC				0.083	~1.5		
					2.6	(Hg-KX)			
^{210}Bi	5.013 d	α	4.69		5×10^{-5}	Po-KX	很弱		
(RaE)		β^-	4.65		7×10^{-5}				
			1.160	0.390	99				
^{210}Po	138.38 d	α	4.5		0.001				
(RaF)			5.305			0.803	0.001 2		
					~100				
^{239}Np	3.35 d	β^-	0.332	0.135	58	Pu-KX			0.02—
			0.393		7	0.044 7			0.04
			0.437		25	0.088 1			0.048
			0.654		1	0.106	23		0.088
			0.713		6	0.209	4		0.106
						0.228	12		0.156
						0.278	14		

（续表）

核素	半衰期	衰变方式	β或α辐射			γ 辐 射			
			能量/MeV		比率/%	能量/MeV	比率/%	内转换系数/%	内转换电子能量/MeV
			E_0	E					
^{239}Pu	2.44×10^{4} a	α	5.155		73	0.039	8×10^{-3}	2.7	0.008
			5.142		15	0.052	2.3×10^{-2}	5.6	0.019
			5.103		11	0.129	6×10^{-3}		0.033
						0.375	1.6×10^{-3}		0.047
						0.414	1.5×10^{-3}		
						其他	$<1.0\times10^{-3}$		
	5.5×10^{15} a	SF							
^{241}Am	426.3 a	β^-	4.800～			0.012			0.022
			5.279		$<3\times10^{-3}$	～0.022	～40		0.038
			5.322		1.5×10^{-2}	(Np-LX)			0.054
			5.417		～0.01	0.0264	2.5	～10	
			5.443		12.7	0.0332	0.1	～20	
			5.486		86	0.0434	0.1	～10	
			5.513		0.12	0.0595	36	～40	
			5.545		0.25	0.099	0.024		
						0.103	0.019		
						0.125	0.005		
						0.164～			
						0.771	$<1\times10^{-4}$		
	9.0×10^{13} a	SF							
^{252}Cf	2.659 a	α	6.119		84.3	0.0433	0.014		0.022
			6.076		15.5	0.101	0.01		0.038
			5.975		0.28	0.16	2×10^{-3}		
	85.2 a	SF			3.1				

附录 3

部分常用物理常数

1. 真空中光速 $c=2.997\,924\,58\times10^{8}$ m/s
2. 普朗克常数 $h=6.626\,176\times10^{-34}$ J·s$=4.135\,701\times10^{-21}$ MeV·s
3. 阿伏伽德罗常数 $N_{A}=6.022\,045\times10^{23}$/mol
4. 基本电荷 $e=4.803\,242\times10^{-10}$ esu$=1.602\,189\,2\times10^{-19}$ C
5. 电子静质量 $m_{e}=9.109\,534\times10^{-31}$ kg$=0.511\,003\,4$ MeV/C^{2}
6. 质子静质量 $m_{p}=1.672\,648\,5\times10^{-27}$ kg$=938.279\,6$ MeV/C^{2}
7. 中子静质量 $m_{n}=1.674\,954\,3\times10^{-27}$ kg$=939.573\,1$ MeV/C^{2}
8. 原子质量单位 1 u$=1.660\,565\,5\times10^{-27}$ kg$=931.506\,1$ MeV/C^{2}

附录 4

植物辐射育种诱变剂量参考表

	植物种类	处理材料	GR_{50}①/Gy		突变育种常用剂量		
			γ	快中子	γ/Gy	辐射剂量/Gy	中子注量/ $(10^{10}/cm^2)$
禾谷类作物	燕麦	种子	200～350	8～12	100～250	3～6②	
	大麦	种子	250～400	8～14	200～250	3～6②	
	水稻	种子(粳)	200～300	20～28	250～350	12～20②	5～100③；～1 400④
		种子(籼)	250～350	25～34	250～450	12～20②	
		浸种 48 h 萌动种子			150～200		
		秧苗			25～35		
		幼穗分化期植株			20～30		
		花粉母细胞减数分裂期植株			50～80		
		合子期植株			20		
		原胚期植株			40		
		分化胚期植株			80～120		
	黑麦	种子	200～300		100～200		
	高粱	种子(杂交种)			200～300		
		种子(品种)	200～300		150～250		5～50③
		花粉			10～30		
	小黑麦	种子	200～300		200～300		
	小麦	种子(普通)	200～350	16～24	200～250	4～7②	冬小麦 7～50③；春小麦 5～30③

（续表）

	植物种类	处理材料	GR_{50}[1]/Gy		突变育种常用剂量		
			γ	快中子	γ/Gy	辐射剂量/Gy	中子注量/$(10^{10}/cm^2)$
	玉米	种子(硬粒)	200～300	14～19	200～250		
		植株(孕穗期)			10～20		
		花粉			20～60		
		种子(杂交种)			200～350		8～50[3]
		种子(自交系)	200～400		150～300		5～50[3]
		花粉			10～30		
	小米	种子			200～400		5～100[3]
	青稞	种子			200～300		
	莜麦	种子			200～300		
	黍	种子			200～300		
	黑麦	种子			100～200		
	荞麦	种子			100～150		
豆类作物	绿豆	种子	650～1 000	50～75	400～700	30～45[2]	
	香豆	种子	90～160	16～27	50～100	7～16[2]	
	菜豆	种子	150～300	17～27	80～150	9～17[2]	
	豌豆	种子	100～270	7～15	60～180	3～7[2]	10～100[3]
	大马蚕豆	种子	40～60	1.2～1.8	20～40	0.5～1.0[2]	
	小马蚕豆	种子	80～140	3～4	40～80	2.0～3.5[2]	
	豇豆	种子	300～500	20～40	150～250～600[5]	12～25[2]	
油料作物	花生	种子	350～450	22～28	150～350	10～20[2]	10～100[3]
	大豆	种子	150～300	20～40	100～200	10～18[2]	10～100[3]；300～700[4]
	油菜	种子(白菜型)			800～1 000		
		种子(芥菜型)			1 200		
		种子(甘蓝型)	1 200～1 400		700～1 000		50～500[3]
蔬菜	辣椒	种子	300～400		150～250		
	甜椒	种子			400～800		5～100[3]

（续表）

植物种类	处理材料	GR_{50}①/Gy		突变育种常用剂量		
		γ	快中子	γ/Gy	辐射剂量/Gy	中子注量/（$10^{10}/cm^2$）
番茄	种子	500～600	18～28	300～400	10～20②	5～100③
马铃薯	种子	400～600		200～400		
	休眠块茎			30～40		
	萌动块茎			6～30		
菠菜	种子	350～500		150～300		
胡萝卜	种子	300～400		150～250 1 000⑤		
洋葱	种子	200～300	8～11	100～200 500⑤	4～6②	
	鳞茎			6～8		
甜瓜	种子	350～500		150～300		
黄瓜	种子	400～600	16～22	200～350 700～1 000⑤	6～10②	5～100③
笋瓜	种子	400～600		200～350		
大白菜	种子			400～800		
	母株			100～200		
花椰菜	种子			800		
茄子	种子			500～800		5～100③
大蒜	萌动期			6～12		
莴苣	种子			100～500		
甘薯	块根			100～300		
	幼苗			50～150		
四季萝卜	种子			2 000		
萝卜	种子			800～1 000		
红小豆	种子			250～400		
四季豆	种子			130～180		
芹菜	种子			80～100		
大葱	种子			73		
苦瓜	种子			300～630		
银瓜	种子			360		
芝麻	种子			500		
蓖麻	种子			600～800		
瓜儿豆	种子			350		

(续表)

	植物种类	处理材料	GR_{50}①/Gy		突变育种常用剂量		
			γ	快中子	γ/Gy	辐射剂量/Gy	中子注量/(10^{10}/cm^2)
牧草	饲用田菁	种子			1 000		
	田菁	种子			300～500		
	紫云英	种子			300		
	红三叶草	种子			1 000～2 000		
	木豆	种子	150～240	25～35	80～140	10～20②	
	鹰嘴豆	种子	180～260	35～50	120～180	20～30②	
	兵豆	种子	160～250	9～14	100～170	50～100②	
	白羽扇豆	种子	300～400	20～30	150～250	10～15②	
	苜蓿	种子	750～900		400～600～1 050⑤		
	白香草樨	种子	800～1 000		500～700		
经济作物	烟草	种子	400～500		200～350 1 000⑤		
		粉花小植株			30		
		培养中的愈伤组织			30		
	苎麻	种子			30～350		
		种根			60～90		
	红麻	种子			300～400		
	大麻	种子			250		
	亚麻	种子			400～800		
	龙舌兰麻	种子			60～80		
	甘蔗	种子(杂种)			100～150		
		种子(自交种)			200～250		
		蔗芽			60～80		1～10③
		实生苗			40		
	甜菜	种子			400～500		
	啤酒花	种子			5～10		1～10③
	橡胶	种子			25～35		1～10③
		芽条			10～20		
		实生苗			15～30		
		花粉			15～20		
	可可	种子			30～50		
		芽条			8～10		

（续表）

	植物种类	处理材料	GR_{50}①/Gy		突变育种常用剂量		
			γ	快中子	γ/Gy	辐射剂量/Gy	中子注量/($10^{10}/cm^2$)
	胡椒	种子			120～200		
		催芽 7～8 天萌动种子			40		
		种苗			20～30		
		扦条			50～80		
	油梨	种子			40		
	咖啡	种子			30～50		
	棉花（陆地棉）	种子			150～250		10～70③裂变中子 18 Gy
		孕蕾期植株			15		
		花粉			5～8		
	黄麻	种子(圆果种)			600～1 200		50～100③
		种子(长果种)			500～900		50～100③
	桑	生长期活苗			30		
		桑籽			200～250		
		湿桑籽			150～200		
		鲜花粉			25～35		
		桑苗冬芽			60～70		
	茶树	种子			50～70		5～10③
		实生苗			40～69		
		扦插苗			5～10		
	油茶	沙藏湿种子			30		
	白豆蔻	种子			60		
		幼苗			15～25		
	油棕	种子			>60		
		湿种子			20～30		
	木薯	扦条			40		
		花粉			30		
果树	芒果	老芽条			>40		
		幼苗			>10		
	红毛榴莲	种子			50		

（续表）

植物种类	处理材料	GR_{50}①/Gy		突变育种常用剂量		
		γ	快中子	γ/Gy	辐射剂量/Gy	中子注量/(10^{10}/cm^2)
苹果	种子			100～150		
	经层积的种子			60～80		
	休眠枝芽			40～50		1～10③
	生长期枝芽			20～40		
葡萄	种子			100		
	枝条			30～40		
石榴	种子			100		
柑橘	种子			100～150		10～100③
	接穗			50～70		10～100③
核桃	混合芽			15～30		
	韧皮部			60		
菠萝	种子			200		
樱桃	休眠接穗			30～50		40～70③；4～700④
香蕉	球茎			25～50		
柠檬	扦条			25～50		
桃	夏芽			10～40		50③；500④
梨	休眠接穗			40～50		
草莓	幼嫩长匍匐枝			150～250		
	花粉			30		
李	休眠芽			25		
欧洲李	休眠接穗			40～60		
杏	种子			300～400		
板栗	休眠接穗			10～40		6～23③
	层积种子			20～60		10～100③
木瓜	种子					10～100③
荔枝	接穗			10～20		
山楂	芽条			40		
柿	休眠接穗			10～20		
黑醋栗	休眠扦条			30		
黑莓	幼嫩的休眠植株			60～80		
覆盆子	春季根蘖			100		

（续表）

植物种类	处理材料	GR_{50}[1]/Gy		突变育种常用剂量		
		γ	快中子	γ/Gy	辐射剂量/Gy	中子注量/（10^{10}/cm^2）
林木　杉	种子			60～80		
马尾松	种子			60		
湿地松	种子			40～60		
南亚松	种子			100～160		
黑荆	种子			＞600		
香椿	种子			120		
火力楠	沙藏湿种子			40～60		
葡萄桐	沙藏湿种子			50		
广西米桐	沙藏湿种子			60		
	种子			35		
白云杉	幼苗			4		
	花粉			40～120		
辽东桦	种子			50		
灰赤杨	种子			10～50		
小檗	种子			＞600		
大叶椴	种子			300		
欧洲岑	种子			300		
茶条槭	种子			150		
鞑　槭	种子			150		
桃色忍冬	种子			＞150		
绿岑	种子			＜150		
灌木锦鸡儿	种子			150		
山茶树叶风箱果	种子			150		
黄忍冬	种子			100		
沙棘	种子			100		
瘤桦	种子			100		
银槭	种子			100		
毛桦	种子			＜100		
阿尔泰山楂	种子			50～100		
欧洲桤木	种子			15～50		

（续表）

植物种类		处理材料	GR_{50}①/Gy		突变育种常用剂量		
			γ	快中子	γ/Gy	辐射剂量/Gy	中子注量/（10^{10}/cm^2）
	欧洲赤松	种子			15～50		
	西伯利亚冷杉	种子			15		
	欧洲云杉	种子			5～10		
中草药	胡椒薄荷	休眠匍匐茎			60		20③
	板蓝根	种子			600～800		
	薏仁	种子			200～250		
	人参	种子			40～60		
		三年生苗			5～10		
	百合	休眠鳞茎			2.5～3.0		
	早小菊	种子			50～60		
		枝条			25～37		
观赏植物	玫瑰	芽条			380		
	杜鹃	嫩枝插条			50～70		
	仙客来	种子			90～150		
	唐菖蒲	休眠球茎			70～80		
	君子兰	种子			700～800		
	矮牵牛	种子			150～200		
		丛生芽			30～40		
	金盏菊	种子			700～800		
	水仙	休眠鳞茎			7.5～10		
	小苍兰	休眠球茎			40～50		
	一串红	种子植株			150～200		12 Gy③
	山茶	嫩枝插条			10～330		
	三色堇				200～300		
	风信子	鳞茎			3		1 Gy③
	虎叶万年青	叶片			10		3～5 Gy③
	非洲紫苣斑	叶柄			30	15 Gy	
	耐寒苣斑	叶片			20～40	10～20 Gy	
	好望角苣斑	叶片			30		

（续表）

植物种类	处理材料	GR_{50}①/Gy		突变育种常用剂量		
		γ	快中子	γ/Gy	辐射剂量/Gy	中子注量/(10^{10}/cm^2)
菊花	发根插条			10～20		3～5 Gy③；600～1 200④
	发根插条(慢照射)			10～20		
	嫩花枝			8～9		
非洲菊	幼株			15		
绣线菊	种子			300		
大波斯菊	发根插条			19		
大丽菊	新收块根			20～30		
朱顶兰	鳞茎片			5～10		
藏红花	块茎			10～15		
鸢尾属	鳞茎(收后即照)			10		
晚香玉	鳞茎			20		
绵枣儿	鳞茎			5～10		
葱莲	鳞茎(芽块形成)			12～50		
毛叶秋海棠	扦插叶上不定芽			100		
秋海棠	叶片			20～30		
罂粟秋牡丹	种子			100		
	小块茎			100～150		
郁金香	大鳞茎(二倍体)			5		
	大鳞茎(三倍体)			>5		
	小鳞茎(收后即照射)			4		
果子蔓	种子			31		
花叶兰	种子			30～40		
仙客来	种子(二倍体)			90～100		
	球茎			10		
一品红	发根插条			30～40		
红羽大戟	发根插条			40		
虎刺	发根插条			20		
倒挂金钟	嫩枝			25		

（续表）

植物种类	处理材料	GR_{50}①/Gy		突变育种常用剂量		
		γ	快中子	γ/Gy	辐射剂量/Gy	中子注量/(10^{10}/cm²)
扶桑	发根插条			100～200		
落地生根	叶			20		
	幼苗			10～20		
天竺葵	植株			10～15		
豆瓣绿	叶			20～30		
日本杜鹃	发根插条及幼株			40～60		
石岩	发根插条及幼株			15		
牡丹	种子			45		
	接穗			18～27		
芍药				30～40		
锦紫苏	插条			2～10		
黄榕	发根插条			＜50		
常春藤	插条			40		
六出花	幼株根茎(二倍体)			3～5		
	幼株根茎(三倍体)			5～7		
麝香石竹	插			20～50		
	插条(慢照射)			5～10		
	一年生植株			80～90		
蔷薇属	休眠芽,插条			40～50		
	夏芽			20～40		
美人蕉	根茎(二倍体)			20		
	根茎(三倍体)			＞30		
半支莲	插条			10～25		
六道木	插条或幼茎			50～60		
委陵菜属	插条或幼茎			75		
绣球花	插条或幼茎			20		
金链花	插条或幼茎			30		
丁香属	插条或幼茎			30		
铁线莲	插条或幼茎			2～3		
槭属	种子			100～150		
岑属	种子			300		

（续表）

植物种类	处理材料	GR_{50}①/Gy		突变育种常用剂量		
		γ	快中子	γ/Gy	辐射剂量/Gy	中子注量/(10^{10}/cm²)
桃色忍冬	种子			>140		
黄忍冬	种子			100		
金雀花	种子			60		

注：① GR_{50}休眠种子经$^{60}Co-\gamma$射线照射后，苗高降低50%的剂量（种子含水量13%）；
② Astra反应堆标准中子照射装置的快中子，单位为：Gy；
③ 加速器$^{2}D-^{3}T$反应14 MeV快中子，单位为：$10^{10}/cm^2$；
④ 热中子，单位为：$10^{10}/cm^2$。
⑤ 为我国测定。

附录 5

辐射应用常用参数

某些细菌与真菌的辐射敏感性

细菌名称		照射介质	D_{10}/Gy
革兰氏阴性菌	绿脓杆菌	纸盘	29
	大肠杆菌	纸盘	85
	产气杆菌	纸盘	56
	肺炎杆菌	纸盘	220～240
	乙型副伤寒杆菌	磷酸盐缓冲剂	100
革兰氏阳性菌	金黄色化脓球菌	纸盘	180
	藤黄八叠球菌	纸盘	890
	肺炎对球菌	纸盘	520
	化脓球菌	纸盘	320
	痤疮丙酸杆菌	纸盘	290
喜氧芽孢杆菌	圆胞芽孢杆菌	纸盘	1 200
	枯草杆菌	纸盘	1 700～2 500
	生胞芽孢杆菌	纸盘	1 900～3 000
	嗜热脂肪芽孢杆菌	纸盘	2 100
	短小芽孢杆菌	纸盘	2 600～3 300
厌氧芽孢杆菌	诺非氏杆菌	纸盘	2 200
	产芽孢杆菌	纸盘	2 200～2 900
	魏氏杆菌(产气荚膜杆菌)	纸盘	2 700
	破伤风杆菌	纸盘	2 200～3 300
	肉毒杆菌	磷酸盐缓冲剂	1 300～3 400
酵母菌	酿酒酵母		500
	白色球拟酵母		400
霉　菌	黑曲霉		470
	特异青霉		200

某些病毒的辐射敏感性

病　毒　名　称	照　射　介　质	D_{10}/10 kGy
柯萨基病毒	埃格尔氏+2%牛胎血清	0.35～0.55
柯萨基病毒	水	0.08～0.21
埃可病毒(一种肠道传染病毒)	埃格尔氏+2%牛胎血清	0.37～0.68
埃可病毒(一种肠道传染病毒)	水	0.11～0.21
脊髓灰质炎病毒	埃格尔氏+2%牛胎血清	0.38～0.65
脊髓灰质炎病毒	水	0.07～0.21
脊髓灰质炎病毒	冻干	0.32
脊髓灰质炎病毒	磷酸盐缓冲生理盐水冷冻	0.55
圣路易脑炎病毒	磷酸盐缓冲生理盐水冷冻	0.55
委内瑞拉马脑脊髓炎病毒	硼酸盐盐水冷冻	0.40
西方马脑脊髓炎病毒	磷酸盐缓冲生理盐水冷冻	0.45
风疹病毒	M-199(一种培养剂)冷冻	0.44～0.67
新城疫病毒	埃格尔氏+2%牛胎血清	0.49～0.56
呼肠病毒	埃格尔氏+2%牛胎血清	0.41～0.49
流行性感冒消毒	埃格尔氏+2%牛胎血清	0.43～0.56
流行性感冒消毒	水	0.06～0.25
流行性感冒消毒	冻干	0.15
流行性感冒消毒	生理盐水	0.05
瘤病毒	埃格尔氏+2%牛胎血清	0.36～0.51
腺病毒	埃格尔氏+2%牛胎血清	0.38～0.61
单纯疱疹病毒	埃格尔氏+2%牛胎血清	0.39～0.47
痘苗病毒	磷酸盐缓冲生理盐水冷冻	0.28
痘苗病毒	10%硼酸盐盐水冷冻	0.16～0.53

某些食品辐射加工的适宜剂量

食品辐射加工	适宜剂量范围/kGy
抑制马铃薯、大蒜、洋葱发芽	0.05～0.15
杀灭肉类寄生虫	0.1～2.0
杀灭谷物中的寄生虫	0.1～2.0
杀灭蔬菜和水果中的霉菌	1.0～5.0
杀灭肉类、家禽、蛋类和动物饲料中的沙门氏菌，防止食品中毒	5.0～10

（续表）

食品辐射加工	适宜剂量范围/kGy
杀灭腐败性微生物、延长肉类和肉制品在0～4°C下的贮藏期	1.0～10
调味品的辐射保藏（杀灭污染微生物）	10～30
供实验动物食用的“无菌”食物	10～25
肉类、鱼类及其他非酸性食品的长期常温保藏	40～60
改进脱水蔬菜的复水率	10～80

食品中常见微生物的 D_{10}

微生物的种类	培养基	D_{10}值/kGy
肉毒杆菌A型（芽孢）	食　品	4.0
肉毒杆菌B型（芽孢）	缓冲液	3.3
肉毒杆菌E型（芽孢）	肉　汁	2.0
产芽孢杆菌（芽孢）	缓冲液	2.1
韦氏梭菌（芽孢）	肉　汁	2.1～2.4
短小芽孢杆菌（芽孢）	缓冲液（嫌气）	3.0
短小芽孢杆菌（芽孢）	缓冲液（好气）	1.7
嗜热脂肪芽孢杆菌（芽孢）	缓冲液	2.0～2.5
枯草杆菌（芽孢）	缓冲液	2.0～2.5
粪沙门氏菌	肉　汁	0.5
鼠伤寒沙门氏菌	冻　蛋	0.7
耐辐射球菌 R_1	生牛肉	2.5
耐辐射球菌 R_1	生　鱼	3.4
铜绿假单胞菌	营养肉汤	0.03
荧光假单胞菌	营养肉汤	0.02
弯曲假单胞菌	营养肉汤	0.05
大肠杆菌	营养肉汤	0.1～0.2
绝链霉菌	营养肉汤	0.1
绝链霉菌	干燥状态	0.65
米曲霉	缓冲液	0.43
产黄青霉	缓冲液	0.40
酿酒酵母	缓冲液	2～2.5

应用辐射不育技术控制或消灭害虫种群实例

目	昆虫名称	国家或地区
双翅目	新大陆螺旋蝇(*Cochliomyia hominivorax*)	美国、墨西哥
	地中海实蝇(*Ceratilis capitata*)	美国、墨西哥、澳大利亚、西班牙等
	柑橘大实蝇(*Bactrocera minax*)	中国
	橘小实蝇(*Bactrocera dorsalis*)	美国、日本、中国台湾省
	瓜实蝇(*Bactrocera cucurbitae*)	日本、美国
	葱地种蝇(*Delia antigua*)	荷兰、加拿大
	刺舌蝇(*Glossina m. morsitans*)	尼日利亚、津巴布韦、坦桑尼亚
	油橄榄实蝇(*Dacus oleave*)	瑞士、澳大利亚
	樱桃绕实蝇(*Rhagoletis indiffevenc*)	瑞典
	墨西哥按实蝇(*Anastrepha ludens*)	墨西哥、美国
	昆士兰实蝇(*Bactrocera tryoni*)	大洋洲
	厩　蝇(*Stomoxys calcitrans*)	美国
	家　蝇(*Musca domestica*)	意大利
	南美按实蝇(*Anastrepha fraterculus*)	秘鲁
	致乏库蚊(*Culex fatigans*)	印度
	淡色按蚊(*Anopheles albimonus*)	圣萨尔瓦多
	四斑按蚊(*Anopheles quadrimaculalus*)	美国
鳞翅目	苹果蠹蛾(*Laspeyresia pomonella*)	加拿大
	棉红铃虫(*Pectinophora gossypiella*)	美国
	烟芽夜蛾(*Heliothis virescens*)	美国
	烟草天蛾(*Manduca sexta*)	美国
	谷实夜蛾(*Helicoverpa zea*)	美国
鞘翅目	墨西哥棉铃象(*Anthonomus grandis*)	美国
	鳃角金龟(*Melolontha vulgaris*)	瑞士
半翅目	棉红蝽(*Dvsdercus cinqulatus*)	秘鲁

34 种雄虫的辐射不育剂量

虫种		照射虫态	不育剂量/Gy
双翅目	淡色按蚊	蛹、成虫	120
	四斑按蚊	蛹、成虫	100
	新大陆螺旋蝇	蛹	25(♀[①]50)
	地中海实蝇	蛹	110

(续表)

虫　　种		照射虫态	不育剂量/Gy
	葱地种蝇	蛹	30
	橄榄实蝇	蛹	120
	橘小实蝇	蛹	100
	柑橘大实蝇	蛹	90
	瓜实蝇	蛹	100
	刺舌蝇	蛹	90
	家蝇	蛹	30
	厩蝇	蛹	50
	蚕蛆蝇	蛹	55
鞘翅目	谷象	成虫	80
	米象	成虫	80
	绿豆象	成虫	200
	棉铃象	蛹	150
	金龟甲	成虫	50
	杂似谷盗	成虫	40
	赤拟谷盗	成虫	50
	谷斑皮囊	蛹	150
鳞翅目	玉米螟	蛹	450
	桃小食心虫	蛹	500
	小菜蛾	蛹	700(♀[①]350)
	野蚕	蛹	500(♀[①]250)
	棉红铃虫	蛹	400
	苹果小卷蛾	成虫	450
	甘蔗黄螟	蛹	300
	苹果蠹蛾	蛹	400
	舞毒蛾	蛹	200
	印度谷螟	蛹	500
	油茶尺蠖	蛹	350
	谷实夜蛾	成虫	330
	粉纹夜蛾	成虫	400

注：① ♀,表示雌性。

地中海果蝇的竞争能力与照射条件的关系

照射剂量/Gy	处　理	供试虫比例 处理：正常：正常	检查卵总数	卵孵化率/%	竞争能力指标
0	对照	0：4：1	6 035	91.1±1.40	
100	空气	3：1：1	5 950	42.6±5.80	0.38
		1：0：1	6 337	0.54±0.04	
160	真空	3：1：1	6 204	30.6±5.10	0.67
		1：0：1	6 391	0.37±0.04	
160	二氧化碳	3：1：1	5 842	30.4±5.30	0.57
		1：0：1	4 800	0.33±0.09	
160	氦	3：1：1	5 043	24.7±2.50	0.91
		1：0：1	6 501	0.26±0.04	
160	氮	3：1：1	4 693	22.7±5.50	1.01
		1：0：1	6 012	0.21±0.05	

用杀虫剂、不育虫释放相结合的方法来防治的假想昆虫种群数量变化的比例

代次	不防治的种群	杀虫剂处理（每代杀死90%）的种群	以9：1的释放比用不育虫释放防治的种群	
			每代释放不育虫900万	先用杀虫剂杀死90%，然后每代释放不育虫90万
亲代	1 000 000	1 000 000	1 000 000	1 000 000
F_1	5 000 000	500 000	500 000	50 000
F_2	25 000 000	250 000	131 580	13 160
F_3	125 000 000	125 000	9 535	955
F_4	125 000 000	62 500	50	1
F_5	125 000 000	31 250	0	—

附录 6

与核科技有关的网址

http://www.caea.gov.cn　中国国家原子能机构

http://www.china-isotope.com　中国同辐股份有限公司

http://www.cirp.org.cn　中国辐射防护研究院

http://www.csnm.com.cn　中华核医学专业网

http://www.eanm.org　European Association of Nuclear Medicine

http://www.iaea.org　国际原子能机构

http://www.jsast.com/kjll/xhk/04/gk28.htm　江苏省核学会

http://ie.lbl.gov/education/glossary/glossaryf.htm　Glossary of Nuclear Science Terms

http://lib.yctc.edu.cn/qk/tl.htm　原子能技术类核心期刊表

http://nst.pku.edu.cn　核科学与核技术教育部网上合作研究中心

http://www.ns.org.cn/cn/index.html　中国核学会

http://www.snm.org.tw　中华民国核医学学会

http://www.nnsa.energy.gov/　美国国家核安全管理局

http://www.jsnmt.umin.ne.jp　日本核医学技术学会

http://www.ans.org　American Nuclear Society

http://www.asnc.org　American Society of Nuclear Cardiology (ASNC)

http://www.ansto.gov.au　ANSTO (Australian Nuclear Science and Technology Organization)

http://www.arpansa.gov.au　Australian Radiation Protection and Nuclear Safety Agency

http://www.biomedcentral.com/bmcnuclmed　BioMed Central | BMC

Nuclear Medicine

http://www.bnms.org.uk The British Nuclear Medicine Society

http://www.chemtopics.com/unit11/munit11.htm Animations of Nuclear processes

http://www.cns-snc.ca Canadian Nuclear Society

http://www.elsevier.nl/inca/publications/store/5/0/5/7/1/6 Nuclear Physics B

http://www.euronuclear.org ENS-European Nuclear Society

http://ie.lbl.gov The Isotopes Project Home Page

http://www.gwu.edu/~nsarchiv/nsa/NC/nuchis.html Nuclear History at the National Security Archive

http://neis.org Nuclear Energy Information Service

http://www.nmtcb.org Nuclear Medicine Technology Certification Board

http://www.nirma.org Nuclear Information & Records Management Association

http://nuclearhistory.tripod.com Nuclear History

http://www.nwtrb.gov US Nuclear Waste Technical Review Board

http://jnm.snmjournals.org The Journal of Nuclear Medicine

http://www.lbl.gov/abc The ABC's of Nuclear Science

http://www.nea.fr OECD Nuclear Energy Agency

http://www.nci.org The Nuclear Control Institute，Washington DC

http://www.nndc.bnl.gov National Nuclear Data Center

http://www.nei.org The Nuclear Energy Institute

http://www.nirs.org Nuclear Information and Resource Service (NIRS) homepage

http://www.nrc.gov US Nuclear Regulatory Commission

http://www.nuclearmed.com Clinical Nuclear Medicine

http://www.medphysics.wisc.edu/~vrm/VRMHOME.HTM Virtual Radiation Museum

http://www.rarf.riken.go.jp/rarf/np/nplab.html Nuclear Physics

http://tech.snmjournals.org Journal of Nuclear Medicine Technology http://cern. web. cern. ch/CERN　CERN — European Organization for Nuclear Research

http://www. world-nuclear. org　World Nuclear Association-Energy for Sustainable Development

索　引

F

辐射敏感性　194,198,213,218—220,371,373,374,376,382,384,385,400,411,421—425,507,587,588
辐射敏感性　194,198,213,218—220,371,373,374,376,382,384,385,400,411,421—425,507,587,588

G

H

J

基因突变　11,188,195,196,199,200,206,216,264,265,382,383,385,387,390,399

K

L

M

N

P

Q

R

S

T

诱变育种 6,9—12,18,19,21,